인간과 식량

인간과 식량

성락춘 · 이 철

고려대학교출판부
KOREA UNIVERSITY PRESS

머리말

'인간과 식량'을 고려대학교에서 처음 대학 교양과목으로 개설한 것은 지난 1984학년도 1학기였다. 세계 인구의 급격한 증가 및 지구환경의 심각한 오염 문제에 관심이 커짐에 따라 폭넓은 전문지식에 대한 필요성이 대두되었기 때문이다. 1993년 우루과이 라운드(UR)의 타결 이후 여타 많은 대학들에서도 '인간과 식량'을 교양과목으로 개설하여 강의하고 있다. 그러나 미국을 비롯한 선진국의 대학 중에는 이 과목의 역사가 100년이 훨씬 넘는 대학들도 많이 있다고 하니 우리가 너무 늦은 셈이다.

처음에는 인문·사회 계열 학생들을 대상으로 식량과 식품뿐만 아니라 환경과 농업경제 등을 광범위하게 아우르는 일반적인 내용을 강의하였으나, 최근 교양강의가 개편되면서 이 과목은 '핵심교양'으로 분류되고 환경·경제 영역을 다루는 다른 새로운 과목들도 개설되었다. 따라서 '인간과 식량'은 그 내용을 본연의 식량과 식품의 영역으로 더욱 집중하고 미래의 국제적 이슈가 될 문제들을 주로 다루기로 하였다. 21세기에 들어선 오늘날은 자유무역협정(FTA)의 시대로서, 식량은 물론 각종 가공식품도 글로벌경쟁 속에 놓이게 되었다. 다가올 국제화 시대에는 식량안보 의식이 첨예화되고 가공식품의 국제교역 증가에 따른 심각한 도전적 상황이 예상된다. 따라서 식량 문제와 관련하여서도 국제적 감각의 증진이 절실하며 이에 필요한 중요한 과제들에 관한 개념과 용어를 이해하도록 하는 데 중점을 두었다.

제1부 '식량작물'(성락춘)의 제1장에서는 인간에게 필요한 에너지 및 작물의 정의 그리고 작물의 이용형태를 설명하였다. 제2장에서는 21세기 전반의 세계 식량 이슈를 관련 문헌을 기반으로 논술하였다. 제3장은 수요와 생산, 경지의 이용 그리고 생산성에 대하여 통계를 이용하여 관찰하고, 제4장에서는

식량작물을 약술하고 작물의 이름을 열거하였다. 제5장과 6장 그리고 7장은 작물학 용어를 중심으로 설명하도록 노력하였다. 특히 제5장에서는 생물공학에 관한 논문을 인용하여 이해를 돕고자 하였다. 제8장도 식량작물을 중심으로 약술하였다. 학술용어는 관행으로 사용되는 경우에 그대로 사용하였음을 밝혀 둔다.

제2부 '식품'(이 철)의 제9장과 10장에서는 식량, 식품, 가공식품 및 식품산업의 개념과 현대산업사회에서 식품산업의 당위성을 살펴보았고, 이어서 식품과학기술의 발달에 따른 가공식품의 변천사를 기술하였다. 제11장에서는 식품 구성성분의 영양적 가치와 이화학적 성질에 관한 식품용어를 간략히 설명하고, 제12장에서는 근래 식이식품 및 기능성식품의 출현 배경과 함께 현대적 개념에서의 가공식품의 산업적 의의를 재조명하고자 하였다. 제13장에서는 식품의 본래적 기능에 비추어 본 곡물의 중요성을 논하고, 제14장에서는 전통적인 식품저장 기술과 최근의 가공기술을 약술하였다. 특히, 식품과학에서는 전통적인 식량의 개념과 현대산업사회의 가공식품의 개념을 비교 · 설명하는 데 노력하였다.

이번 개정판에서는 최근 통계를 추가하여 설명하였으며, 학술용어들을 보완하였다. 더욱 깊은 전문 학술원리 등에 대한 연구를 위해서는 각 장 말미의 참고문헌에 소개된 전공서적과 논문들을 참고하기 바란다. 앞으로 관심 분야의 부족한 내용들은 전문가의 의견을 종합하여 보완하고자 한다. 끝으로, 이 책을 출판하는 데 애써 주신 교양교육실과 고려대학교출판부의 담당자들께 심심한 사의를 표하는 바이다.

2012년 12월

저자 識

차례

II. 식품

제9장 식품과 식품산업

제10장 산업사회와 식품과학기술의 발달

제11장 식품과 영양

제12장 식이식품과 기능성식품

제13장 식품의 기능과 곡물

I. 식량작물

1. 생물에너지

지구생태계

지구 생태계(global ecosystem)는 생물에너지 흐름(bioenergy flow)에서 하나의 구성체가 되고 생물(organisms)과 환경(environments)이 상호보완의 관계로 발전하는 기능 체계이다. 생물은 분류학적으로 동물(animals), 식물(plants), 균류(fungi), 조류(algae) 및 세균(bacteria)의 다섯 주요 계(five major kingdoms)로 구분된다. 이들 가운데 식물, 조류 및 세균은 생물에너지 생산자(producer)이고 동물은 소비자(consumer)이며 균류와 다른 세균은 분해자(decomposer)이다. 인간은 만물의 영장으로 유일한 소비자(unique consumer)이다. 그리고 식물은 생물에너지 흐름의 기능으로 보아 가장 중요한 역할을 하는 생물에너지 제1차 생산자(primary producer)이다(그림 1-1).

생산자와 소비자의 영양 단계(trophic level)에 따른 생물에너지 흐름이 생산자인 식물에서 초식동물, 육식동물, 잡식동물 등 일렬로 연결되는 현상을 먹이사슬(food chains)이라 하고, 이 먹이사슬이 복잡하게 연결되어 있는 현상을 먹이그물(food webs)이라고 한다. 그리고 이들 각 영양 단계에서 생물에너지 손실이 발생하여 생태적 피라미드(ecological pyra mids)를 형성하는데 이는 에너지 피라미드(energy pyramids), 개체수 피라미드(numbers pyramids) 및 생물량 피라미드(biomass pyramids)의 셋으로 구분되어 생태계에 분포한다. 그리고 이 손실된 생물에너지는 열(heat)과 탄산가스(CO_2), 물(H_2O) 및 질소물(NO_3, NO_2, N_2) 등의 무기성분이 되어 대기, 수분 및 토양 환경으로 순환한다.

식물, 초식동물, 육식동물, 잡식동물 및 인간은 모두 생물로서 생물에너

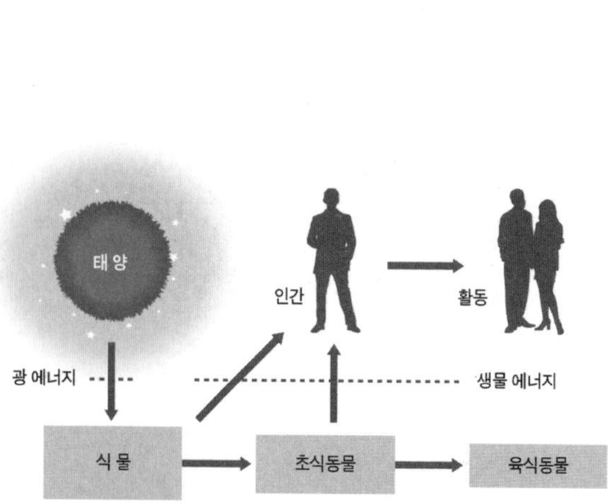

그림 1-1. 지구 생태계의 생물에너지 흐름 모식도

지를 이용하여 살아가면서 열을 발생시키고 무기성분을 배출하지만, 이 가운데 식물은 최초의 제1차 생산자로서 산소(O_2)도 또한 생산하게 된다. 식물이 생산한 산소를 이용하여 식물 그 자체는 물론, 초식동물, 육식동물, 잡식동물 및 인간이 호흡을 하며 살고 있다. 그리하여 식물은 생물에너지를 생산(production, 원소의 환원: reduction of elements)하는 생물이고, 동물들과 인간은 소비(consumption, 원소의 산화: oxidation of elements)하는 생물이 된다. 또한 식물을 광영양생물(phototrophs) 또는 자급영양생물(autotrophs; 독립 영양자)이라고 하고, 동물들과 인간을 화학영양생물(chemotrophs) 또는 타급영양생물(heterotrophs; 종속 영양자)이라고 한다. 인간은 생명유지 및 활동을 위하여 반드시 식량인 생물에너지와 산소를 필요로 하게 되는데, 이 생물에너지를 얻기 위해서는 식물과 동물을 이용하여야 하며 산소를 얻기 위해서는 식물이 있는 환경이 요구된다.

생물에너지 생산자인 식물은 자체의 잎에서 유일한 광합성(photosynthesis) 작용으로 태양의 물리 에너지인 복사 에너지(radiant energy)를 이용하여 생물에너지를 합성한다. 식물은 탄산가스와 물의 무기성분을 탄수화물(carbohydrates), 단백질(proteins) 및 지방(lipids) 등으로 전환하고 또한 이 광합성 작용과정에서 산소를 방출하게 된다(그림 1-2).

태양으로부터 지구에 도달하는 광 에너지는 파장으로 나타난다. 광합성에 이용되는 광 파장은 가시광선 파장으로 400-700nm 범위의 파장이며 전

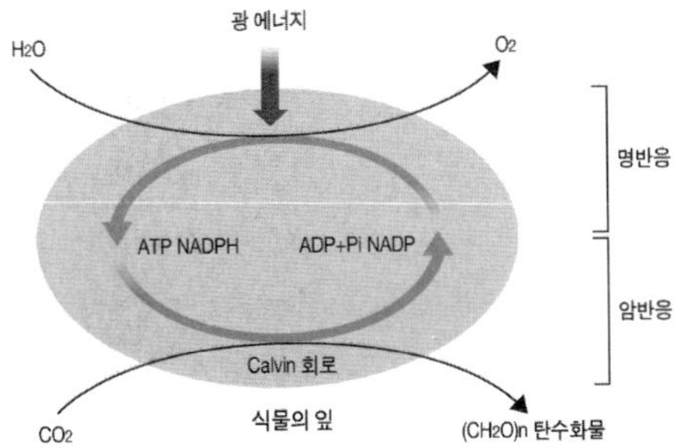

그림 1-2. 광합성의 기초 물질대사 과정 모식도

자전달 반응 파장은 680nm과 700nm로 각각 광계 II와 광계 I로 구분한다. 식물체 잎의 엽육세포 안에 있는 엽록체(chloroplast) 안의 그라나(grana)의 막(lamella)에 있는 엽록소(chlorophyll) a와 b에서 광 파장은 전자전달 반응을 일으켜 화학반응을 일으킨다. 분자 수준의 생물에너지(adenosine triphosphate, ATP)와 환원제(nicotinamide adenine dinucleotide phosphate H, NADPH)가 생산되고 여기서 물 분자가 분리되어 산소가 발생한다. 이 과정을 광합성의 명반응(light reaction)이라고 한다. 생산된 ATP와 NADPH는 옆의 스트로마(stroma)의 막으로 가서 효소(enzyme, rubisco)의 반응에 의하여 탄산가스를 탄수화물로 전환시키고 ADP와 NADP가 된다. 탄수화물의 단당인 포도당(glucose)이 최초로 여기서 합성되는 것이다. 이를 암반응(dark reaction)이라고 한다. 그리고 ADP와 NADP는 다시 명반응에서 ATP와 NADPH가 되어 순환하게 된다. 이 광합성의 생화학반응과정은 1950년대에 캘빈(Calvin)의 실험으로 보고되어 캘빈회로(Calvin cycle)라고 한다. 이렇게 생산된 탄수화물은 물질대사(metabolism)의 복잡한 과정을 거치게 된다. 셀룰로오스, 헤미셀룰로오스, 펜토산, 펙틴 등 세포의 구성 물질이 생산되고, 핵산, 효소, 엽록소, 사이토크롬 등 활성세포물질이 생산되며, 탄수화물(전분, 설탕, 프룩테인), 단백질, 지방 등의 저장물질이 생산된다. 인간은 주로 식물의 저장물질을 생물에너지로 이용하고 있다.

이 광합성 작용의 암반응 과정은 C_3광합성, C_4광합성 및 CAM(crassulacean acid metabolism)광합성의 세 가지로 분류되어 식물의 종을 구분한다. C_3종

(species)은 외떡잎식물의 벼과인 벼, 보리, 밀, 귀리, 호밀 등과 쌍떡잎식물의 콩과와 목화, 사탕무, 감자 등이 있고, C_4종(species)은 외떡잎식물의 벼과인 옥수수, 수수, 사탕수수, 기장, 조, 피, 율무, 진주조 등이 있고, 쌍떡잎식물에는 비름유가 있다. CAM식물은 파인애플(pineapple)과 선인장(prickly pear)이 대표적이다. C_3종 식물은 저온 다습 조건에서 고온 다습 조건까지 적응하고, C_4종 식물은 고온의 건조하거나 다습한 조건에 적응한다. CAM식물은 열대지방의 건조지역에 잘 적응하여 이 지역의 매우 중요한 식물이 된다. 따라서 광합성 물질대사 과정에 따른 식물 종의 분포는 지구의 위도에 따른 일장의 차이, 고도에 따른 온도의 차이 및 강우의 모형에 따라, 열대의 건조·다습지역, 아열대지역, 온대지역, 냉온대지역 등 다양한 지구환경에 따라 진화 및 적응되어 왔다. 이 가운데 강우가 식물생태계에 가장 중요한 제한요소가 된다. 따라서 농업생태계를 강우량에 따라서 열대 다우지역, 열대 우기·건기지역, 계절 강우지역(한국이 여기에 속한다), 건조 농업지역, 건조 관수지역 및 방목지역 등 여섯으로 구분한다. 이와 같이 생산자인 식물 종의 분포 및 적응과 기후조건이 세계 인구, 식량 문제 및 환경오염과 자연보호의 인간 생태계에 지대한 영향을 주게 된다.

작물과 식물

지구상에 존재하는 식물의 종수는 50만여 종으로 추정하나 기록된 종의 수는 30만여 종으로 보고되고 인간에 의하여 이용되는 작물의 총 수는 학자에 따라 2,226-2,270종으로 본다. 이 가운데 원예작물을 포함한 식용작물은 888-916종으로 알려져 있고 식량작물은 169종이다. 현재 세계에서 가장 많이 재배되는 30대 작물의 종들을 최근 통계에서 보면 〈표 1-1〉과 같다. 이 세계 30대 작물은 1976년 할런(J.R.Harlan)이 보고한 30대 작물과 비교하여 보면 유채가 들어오고 수박이 빠졌을 뿐 29개 작물은 모두가 같다. 재배면적이 가장 많은 밀부터 열두 번째의 사탕무까지 식량작물은 인류가 농경을 시작한 이래 큰 변화가 없는 것으로 보고되고 있다.

표 1-1. 세계 30대 주요 작물

순서	작물명	영명	주요 용도	과명	학명
1	밀	wheat	식용	벼과	*Triticum aestivum* L.
2	벼	rice	식용	벼과	*Oryza sativa* L.
3	옥수수	maize, corn	식용, 사료	벼과	*Zea mays* L.
4	감자	potato	식용	가지과	*Solanum tuberosum* L.
5	보리	barley	식용	벼과	*Hordeum vulgare* var. *hexastichon* (L.) Asch.
6	카사바	cassava	식용, 전분	대극과	*Manihot esculenta* Crantz
7	고구마	sweet potato	식용, 전분	메꽃과	*Ipomoea batatas* (L.) Lam.
8	콩	soybean	식용, 기름	콩과	*Glycine max* (L.) Merr.
9	사탕수수	sugar cane	설탕	벼과	*Saccharum officinarum* L.
10	수수	sorghum	식용, 사료	벼과	*Sorghum bicolor* (L.) Moench
11	귀리	oats	식용, 사료	벼과	*Avena sativa* L.
12	사탕무	sugar beet	설탕	명아주과	*Beta vulgaris var. saccharifera* Alef.
13	호밀	rye	식용, 사료	벼과	*Secale cereale* L.
14	조	millet	식용	벼과	*Setaria italica* (L.) Beauv.
15	유채	rapeseed	기름	십자화과	*Brassica napus* L.
16	강낭콩	beans	식용	콩과	*Phaseolus vulgaris var. humilis* Alef.
17	땅콩	peanut	식용, 기름	콩과	*Arachis hypogaea* L.
18	완두	peas	식용	콩과	*Pisum sativum* L.
19	바나나	banana	식용, 과수	파초과	*Musa xparadisiaca* L.
20	포도	grape	식용,양조,과수	포도과	*Vitis vinifera* L.
21	해바라기	sunflower	기름	국화과	*Helianthus annuus* L.
22	마	yams	식용, 전분	마과	*Dioscorea batatas* Decne.
23	사과	apple	식용, 과수	장미과	*Malus pumila var. dulcissima*
24	코코넛	coconut	식용, 기름	야자과	*Cocos nucifera* L.
25	목화	cotton	기름, 섬유	아욱과	*Gossypium indicum* Lam.
26	오렌지	orange	식용, 과수	운향과	*Citrus sinensis* L.
27	토마토	tomato	식용, 채소	가지과	*Lycopersicon esculentum* Mill.
28	양배추	cabbage	식용, 채소	십자화과	*Brassica oleracea var. capitata* L.
29	양파	onion	식용, 채소	백합과	*Allium cepa* L.
30	망고	mango	식용, 과수	옻나무과	*Mangifera indica* L.

자료: FAO 연보(1999).

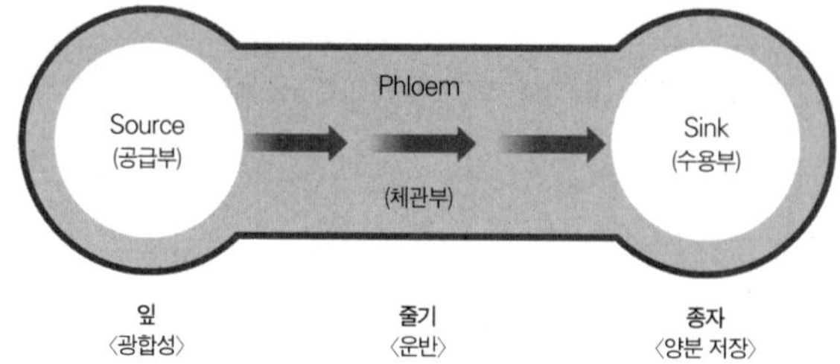

그림 1-3. 작물의 수확지수 결정 모식도

작물(crop)이란 수확을 목적으로 기른 식물로 정의된다. 수확물은 유용한 생물에너지를 말하고 주로 식량을 의미한다. 따라서 인류 역사의 흐름과 함께 작물은 재배(cultivation)되고 순화(길들이기; domestication)된 식물이 된다. 재배의 정의는 유용한 식물을 의도적으로 기르는 습관적 행위이다. 작물의 재배역사는 인류가 농경을 시작한 신석기시대 초기로 약 1만여 년 전으로 추정된다. 이 오랜 역사 동안 재배기술도 많이 발달하였고 작물도 순화과정에서 많이 변형되었다. 이들 작물은 종자에 탄수화물, 단백질, 지방 등 저장양분의 함량이 많아 영양적인 측면에서 유용하여 인간에 의해서 선택되었고, 선발 또는 개량되어 왔다. 따라서 그 많은 식물 종들 중에서 이 작물들이 인간의 식량으로 가장 유용하였던 것이다. 이 작물들에 대하여 저장양분의 함량을 연구하는 분야를 학자에 따라 운반과 분배(transport and partitioning), 체관부 수송(translocation in the phloem), 또는 체관부 운반(transport in the phloem)이라고 하는데 이는 공급부(source)와 수용부(sink)의 관계를 구명하기 위한 연구주제이다. 여기서 공급부란 광합성을 하는 작물의 잎을 말하고 수용부란 양분을 저장하는 종자를 말한다(그림 1-3). 즉 작물이 주어진 생육기간에 광합성물질을 잎으로부터 체관부를 통하여 성숙되어 가는 종자로 얼마나 많이 운반하느냐는 것이 관찰의 목적이 된다. 이를 재배생산 측면에서 작물의 생물학적 수량(biological yield)에 대한 경제적 수량(economic yield)의 비율, 즉 외견상 수확지수(harvest index, HI), 효율계수(coefficient of effectiveness), 또는 이전계수(migration coefficient)로 나타낸다. 이 모두가 작물의 수확부위가 되는 종

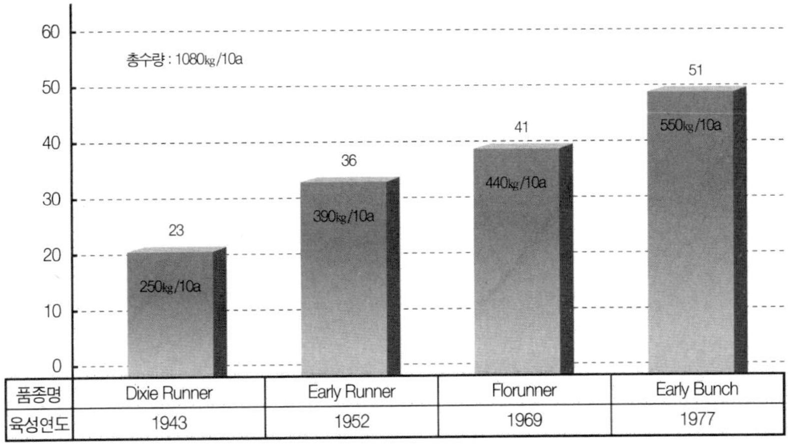

그림 1-4. 육성연도에 따른 땅콩품종의 수확지수와 수량(Duncan et al.,1978)

자로 가는 저장양분의 이동 정도를 표시하는 것이다.

수확지수(%) = 경제적 수량/생물학적 수량 x 100

경제적 수량은 경제적으로나 농업적으로 가치가 있는 작물 기관의 용적이나 무게를 표현하는 것으로 종자 수량을 말하고, 생물학적 수량이란 잎, 줄기, 종자 등 뿌리를 제외한 지상부의 총 건물 수량을 말한다.

수확지수의 개념으로 작물의 종을 보면 작물은 인간에 의해서 오랜 기간을 두고 선발, 순화 및 개량되어 재배되었기 때문에 자연의 야생종 식물과는 형태적으로도 매우 다르다. 예를 들면 야생종 벼 식물과 재배종 벼 작물과의 차이나 야생종 콩 식물과 재배종 콩 작물과의 차이를 들 수 있다. 야생종 식물과 인류가 개량한 재배종 작물과의 차이는 공급부(소스; 잎)와 수용부(싱크; 종자)의 비율, 즉 수확지수의 차이에서 비롯한다. 다시 말하면 재배종이 경제적 수량이 크고 저장양분인 종자의 수량이 많아졌다는 것이다. 인간이 오랜 역사 동안 식량을 얻기 위하여 노력하고 연구한 결과로 나타난, 자연환경에서는 찾아볼 수 없는 기형식물(deformed plant)이 바로 작물인 것이다.

단기간의 작물 개량 및 재배 역사에서 수확지수에 분명히 나타난 최근의 연구 예를 하나 인용할 수 있다. 던컨(Duncan) 등의 땅콩시험(1978)에 의하면 〈그림 1-4〉에서 보는 바와 같이 1943년에 육성하여 보급한 장려품종 'Dixie Runner'는 수확지수가 23%였고, 1952년에 육성된 품종 'Early Runner'는 36%로 늘었고, 1969년에 육성된 품종 'Florunner'는 41%였으며, 1977년에 육성된 품종 'Early Bunch'는 수확지수가 51%였다. 그런데 생물학적 수량인 총 건물 수량은 1.08톤/10a로 모두 같았다. 따라서 종자 수량을 차례대로 보면 1943년에 육성 보급된 품종에서 1952, 1969 및 1977년에 육성 보급된 품종까지 10a당 250kg에서 390, 440 및 550kg으로 수량이 증가했다. 그동안 인간은 작물의 수확지수를 높이거나, 수확지수는 같지만 광합성의 총량을 높여 총 건물 수량을 높이거나, 수확지수와 총 건물 수량 모두를 높이거나 하는 방법으로 품종을 개량하여 보급하였던 것이다. 땅콩뿐만 아니라 다른 작물들도 같은 현상을 보이고 있다. 밀의 경우 52-55%의 실험성적도 있으나 일반적으로 재배하여 생산하는 작물 가운데 밀, 보리 및 귀리 품종들의 수확지수는 40-50%의 범위이다. 현재 재배되고 있는 작물, 벼와 콩의 품종들도 또한 40-50% 범위의 수확지수를 나타낸다. 그러나 이들 일년생 또는 이년생 식물들의 야생종은 종자의 수는 많은 경우가 있어도 종자의 크기는 작아 수확지수는 5-10%이거나 10-20% 범위로 저장양분의 중량은 매우 적다.

이와 같이 작물종의 품종이 형태나 기관의 구조 면에서 야생종의 식물과 다른 예는 벼, 콩, 밀, 보리 등 일년생 또는 이년생 식량작물뿐만 아니라 다년생 과수 등 원예작물에서도 흔히 볼 수 있다. 이러한 예로는 야생종 식물 포도와 개량된 재배종 작물 포도, 야생종 식물 복숭아와 재배종 작물 복숭아, 야생종 식물 사과와 재배종 작물 사과의 품종들이 있다. 그런데 이 개량된 재배종 작물 품종들은 자연의 야생으로 돌아가면 생산성을 유지할 수 없다. 자연으로 내보내면 다시 야생종 식물과 같아지거나 멸종되고 말기 때문이다. 모든 작물 종들은 자연으로 돌아가면 야생종 식물과 같아진다. 이는 인간이 식물을 이용할 목적으로 저장양분 즉 탄수화물, 단백질, 지방 등이 많은 품종으로 개량 및 개발하였기 때문에 변형된 품종으로는 자연환경에 적응하지 못하게 되면서 보여 주는 현상이다. 다시 말하면 자연조건의 일반 식물과 다르게 작물은 인간의 이용 목적으로 개발되었기 때문에 인간의 재배생산기술에 의해서 존재할 수 있는 것이다. 따라서 작물은 인간에 의존해서만이 유지 될 수 있고, 인간 또한 작물에 의존해서 생물에너지를 획득할 수 있다. 이를 일컬어 인간과 작물은 상호의존 관계에 있다고 한다. 지난 2세기 동안 인구의 급격한 증가가 작물의 연구개발로 인한 식량 생산량의 급격한 증가를 통해 이루어졌기 때문에, 21세기에 들어와 식량안보의 의식이 더욱 중요한 과제로 대두되고 있다. 왜냐하면 작물의 수확지수를 앞으로 얼마나 더 올릴 수 있는지가 의문이 되기 때문이다.

이용형태

인간이 필요로 하는 영양요소는 생물에너지 요구에 기초를 두고 있다. 탄수화물(carbohydrates), 단백질(proteins), 지방(lipids), 비타민(vitamins; 14개) 및 무기물(minerals; 20개)이 인간생명유지에 필수 요소이다. 이 생물에너지는 첫째 기초 신진대사(생명기관의 기능에 의한 생체유지), 둘째 조직의 구축(성

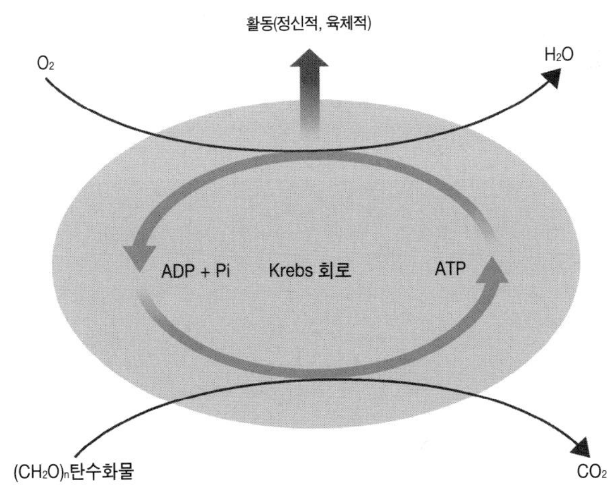

그림 1-5. 생물의 기초 호흡작용 모식도

표 1-2. 주요 작물종자의 구성성분

작물명	탄수화물(%)	단백질(%)	지방(%)
밀(wheat; all)	79.1	14.2	2.0
벼(rice; 현미)	86.8	9.4	1.8
보리(barley)	76.0	13.1	2.1
옥수수(corn; dent)	81.2	10.4	4.5
수수(sorghum)	79.2	12.5	3.4
귀리(oats)	63.7	16.2	6.1
호밀(rye)	80.1	13.4	1.8
기장(millet, proso)	71.4	13.1	4.0
메밀(buckwheat)	71.6	12.6	2.9
콩(soybean)	24.5	37.9	18.0
땅콩(peanut)	11.7	30.4	47.7
강낭콩(beans)	57.2	22.9	1.4
녹두(mungbean)	56.9	23.9	1.1
동부(cowpea)	55.8	23.4	1.3
해바라기(sunflower)	16.3	27.7	41.4

자료: C.S.Hoveland, 1980, *Crop Quality, Storage, and Utilization*, p.97.

표 1-3. 세계 식량생산의 분류군별 공헌도

분류군	총 식용건물(%)	총 단백질(%)	주요 종명
화곡류	69	55	밀, 옥수수, 벼, 보리
두류	6	13	콩
유료작물	3	2	유채
괴근경 작물	8	5	감자, 카사바, 고구마
당료작물	4	0	사탕수수, 사탕무
채소	2	<1	토마토, 양배추, 양파
과수	<1	<1	포도, 사과, 코코넛, 오렌지
육류	6	13	소, 돼지, 닭
어류	<1	4	
기타	2	7	

자료: J. Janick. 2001. *Crop Science: Progress and Prospects*. p.308.

장), 셋째 재생을 위하여 요구된다. 인간이 영양요소를 이용한다는 것은 결국 음식물을 섭취하여 소화시킴으로써 일어나는 영양분의 산화를 의미한다(그림 1-5). 인간은 호흡작용(respiration)으로 생물에너지를 소비한다. 이러한 인간의 정신적 또는 육체적 활동은 태양에서 얻은 작물의 저장양분을 이용하는 과정이고 이 생물에너지는 근본적으로 식량작물로부터 얻어야 한다.

호흡작용은 세포의 미토콘드리아(mitochondria)에서 산소가 있는 조건에서 일어난다. 세포질(cytosol)에서 탄수화물의 단당인 포도당(glucose)이 해당작용(glycolysis)을 통하여 피루브산(pyruvic acid)이 된다. 이 피루브산이 미토콘드리아로 들어가 아세틸 CoA(acetyl-CoA)가 되어 크렙스 회로(Krebs cycle)에서 일련의 생화학반응을 통하여 분자 수준의 생물에너지(ATP)를 생산하고 탄산가스를 방출하여 사라진다. 이 물질대사과정을 1937년에 크렙스(Krebs)가 발견하여 보고했기 때문에 크렙스 회로로 명명되기 시작했고 이것은 시트르산(구연산) 회로(citric acid cycle), 또는 트리카복시산 회로〔tri-carboxylic acid(TCA) cycle〕라고도 한다. 이 물질대사과정에 이용된 생물에너지는 작물종자의 저장양분에 서 왔고, 이 저장양분은 작물 잎의 광합성 물질이 운반된 것이며, 광합성을 하는 잎은 태양의 물리적 에너지인 광을 이용하여 저장할 양분을 합성한 것이다.

인간이 식량으로 이용하고 있는 주요 작물종자의 구성성분을 보면 〈표 1-2〉와 같다. 밀, 벼, 보리, 옥수수, 수수, 귀리, 호밀, 기장 등의 벼과 작물은 탄수화물의 함량이 많다. 마디풀과의 메밀도 탄수화물이 많은 작물이다. 콩, 땅콩, 강낭콩, 녹두, 동부 등 콩과 작물은 상대적으로 단백질의 함량이 많은데 특히 콩은 식량작물 가운데 단백질을 가장 많이 함유하고 있다. 지방 함량은 콩과 땅콩에 많은데 땅콩은 식량작물 가운데 지방 함량이 가장 많은 작물이다. 국화과의 해바라기도 지방 함량이 많은 작물이며 단백질의 함량도 높다.

세계의 식량생산에서 총 식용건물과 총 단백질의 분류군별 공헌도를 〈표 1-3〉에서 보면 밀, 벼, 옥수수, 보리의 화곡류와 감자, 카사바, 고구마의 괴근경 작물이 총 식용건물에서 가장 크고 화곡류와 두류의 콩이 총 단백질에서 가장 크게 나타났다.

1. 탄수화물(carbohydrates)

인간이 필요로 하는 탄수화물은 총 에너지의 75%를 차지하고 주로 식량작물을 이용하고 있다. 탄수화물 가운데 단당(simple sugar; mono-saccharides)에는 포도당(glucose), 과당(fructose), 갈락토오스(galactose) 등이 있고, 이당(disaccharides; 복당)에는 자당(sucrose; 설탕), 맥아당(maltose) 등이 있으며, 과당류(oligosaccharides; 혼당)에는 라피노오스(raffinose), 스타키오스(stachyose) 등이 있다. 다당류(polysaccharides)의 전분(starch)은 대표적인 식량작물의 저장 탄수화물이다. 이 전분은 입자(granules)의 형태로 존재하며, 전분입자들 속의 아밀로오스(amylose)와 아밀로펙틴(amylopectin)의 비율은 작물에 따라 다르다. 아밀로오스는 포도당이 직선상 분자(linear molecules)로 연결된 중합체이며, 아밀로펙틴은 포도당의 결합양식이 아밀로오스와는 다르게 가지(branch)가 많이 달린 분자구조를 갖고 있다.

1) 밀의 이용

밀의 이용은 단백질의 주성분인 부질(gluten) 함량에 의한 반죽(dough)의 강도에 따라 다른데, 이는 재배생산지역과 품종도 다르다. 듀럼밀(durum wheat)은 단백질 함량이 12.5-15.0%로 면(noodles), 마카로니(macaroni), 스파게티(spaghetti)를 만드는 데 이용되고, 경질밀(hard red spring or winter wheat)은 단백질 함량이 11.0-14.0%로 전통적인 빵(white bread)을 만드는 데 이용되며, 연질밀(soft red winter or soft white wheat)은 단백질 함량이 8.0-11.0% 정도로 크래커(crackers), 파이 크러스트(pie crust), 도넛(doughnuts), 쿠키(cookies), 케이크(cake) 등을 만드는 데 이용된다. 그러나 가공기술의 발달로 단백질 함량이 많은 콩가루와 혼합하여 다목적 밀가루로 이용하기도 한다. 최근에는 콩뿐만 아니라 땅콩, 옥수수, 보리, 귀리, 쌀 등을 다양하게 혼합하여 수많은 제품을 만들어 내고 있다.

표 1-4. 작물종자의 아밀로오스와 아밀로펙틴 함량 비교

작물명	전분(100%)	
작물명	Amylose	Amylopectin
옥수수(corn)	24	76
찰옥수수(waxy corn)	1	99
고아밀로오스 옥수수 (High amylose corn)	75	25
밀(wheat)	25	75
쌀(rice)	18	82
찹쌀(waxy rice)	1	99
수수(sorghum)	25	75
찰수수(waxy sorghum)	1	99

자료: C.S.Hoveland, 1980, *Crop Quality, Storage, and Utilization*, p.19.

2) 쌀의 이용

쌀의 이용은 종자전분의 아밀로오스와 아밀로펙틴 함량비율로 설명할 수 있다. 〈표 1-4〉에 나타난 바와 같이 멥쌀은 아밀로오스가 18%인데 찹쌀은 1%밖에 없다. 같은 방법으로 인도 및 미국계의 쌀(long grain)은 아밀로오스 함량이 18%보다 높아서 밥을 지으면 푸실푸실(fluffy)하게 된다. 반면에 한국, 중국(동북부) 및 일본계 쌀(short, medium grain)은 아밀로오스 함량이 18%보다 낮아서 밥을 지으면 찐득찐득(sticky)하게 된다. 찹쌀은 아밀로오스 함량이 1%밖에 되지 않아 더욱 찐득찐득하다. 인도 및 미국계의 열대지방 쌀로 지은 밥에 비교하여 한국, 중국(동북부) 및 일본의 쌀로 지은 밥은 젓가락을 사용하여 먹기 때문에 이 세 나라를 젓가락 문화권(the origin of chopsticks culture)이라고 한다.

한국에서 쌀의 전통적 이용은 멥쌀밥, 찹쌀밥, 콩밥, 약밥, 잡곡밥, 시루떡, 송편, 인절미, 경단, 떡국, 떡볶이, 라면, 죽, 식혜, 엿(당밀; syrup), 강정(찹쌀과자), 과자류(rice cakes and candies) 등이 있으나, 식품의 국제화 추세에 따라 쌀의 이용도 더욱 다양하게 개발되고 있다.

쌀은 밥 짓는 재료로 정의된다. 또한 벼와 쌀을 구분할 필요가 있다. 벼를 도정하면 현미가 되고 현미를 도정하면 멥쌀, 입쌀 또는 백미가 된다. 쌀이라고

하면 멥쌀의 준말이다. 찰벼도 찰현미에서 찹쌀이 된다. 같은 방법으로 쌀보리쌀, 겉보리쌀, 찰쌀보리쌀, 기장쌀, 좁쌀, 율무쌀 등을 들 수 있다. 또한 주곡은 주식곡물의 준말이고 전통적으로 오곡을 의미한다. 오곡은 역사적으로 삼한시대에는 보리, 기장, 피, 콩, 참깨였고, 삼국시대 후기에 관수시설의 이용과 함께 보리, 벼, 콩, 조, 참깨였으며, 고려시대부터 조선시대 후기까지 벼, 보리, 콩, 조, 기장으로 되어 있다. 최근의 생산과 이용을 보면 벼, 보리, 콩, 옥수수, 밀이 오곡이 될 수 있다. 그러나 주식곡물을 다섯 가지로 제한하기보다 국제화 추세에 따라 다양하게 많이 지정하여 안정적 식량생산을 연구하는 것이 식량안보의 과제일 것이다.

3) 보리의 이용

보리의 이용은 오랜 역사와 함께 매우 다양하다. 우선 보리밥, 보리잡곡밥, 보리떡, 보리죽(porridge)이 있고, 국수가공으로 보리면, 보리냉면, 보리 생칼국수, 보리수제비, 보리국수, 제빵 및 제과에는 속성 빵(quick bread), 머핀(muffin; 살짝 구운 둥근 빵) 및 쿠키(cookie)가 있고, 엿기름으로 식혜, 엿, 조청을 만들며, 튀김보리(puffed barley), 보리감주(syrup), 비알코올성 음료인 보리차(barley coffee), 맥주, 보릿가루, 보리과자(pastry crust), 장유 제조, 전분 제조 등 매우 다양하다. 최근 개발된 찰쌀보리는 밥을 짓는 데 가열 횟수를 단축시켰다.

4) 옥수수의 이용

옥수수를 식용으로 이용하는 데는 이삭(ear) 또는 낟알(grain)을 직접 조리하는 방법이 있다. 거친 가루(grits)로 부식(side dishes)나 아침식사(breakfast food)를 만들고, 가는 가루(meal)로는 빵(bread), 머핀, 옥수수죽(mush), 보리죽 등을 만들며, 고운 가루(flour)로는 각종 요리용 분말(baking mixes, pancake mixes, cooking mixes), 스낵류, 옥수수 과자(corn chip) 등을 만들어 이용한다. 최근에는 가공식품들이 다양하게 생산되어 이용하고 있다.

5) 감자의 이용

식용으로서 감자의 이용은 세계 여러 나라에 매우 광범위하게 분포되어 있다. 찐 감자(steamed potato), 구운 감자(roasted potato), 섞은 감자(scrambled potato), 으깬 감자(squash potato), 감자떡(cakes), 튀긴 감자(french fried potato), 감자 과자(potato chip) 등이 있고 가공식품으로도 많이 이용된다.

6) 전분공업(starch industry)

주요 식량작물인 밀, 쌀, 옥수수, 수수 등의 전분을 이용하는 산업분야이다. 대표적인 분야는 전분(starch)을 이용하는 화장품 산업, 페이스트(paste) 산업(풀, 치약, 연고), 시럽(syrup) 산업(당밀, 엿), 포도당 산업(glucose; 링거액: 포도당 5% 이상; 혈액에는 1%), 시약 산업(dextrose) 등이 있다. 전분의 아밀로오스(amylose)를 이용하여 만드는 투명필름(transparent film) 및 셀로판(cellophane) 산업이 있고 아밀로펙틴(amylopectin)을 이용하여 만드는 접착제(glues) 및 과자류(pudding mixes) 산업 등이 있다.

7) 음료산업(liquor industry)

술이란 탄수화물의 단당인 포도당이 발효과정을 통하여 에틸알코올(ethyl alcohol; ethanol)이 된 것을 말한다. 술을 만드는 원료는 대부분이 쌀, 찹쌀, 밀, 옥수수, 보리, 수수, 귀리, 감자, 고구마 등 주요 식량작물이다. 다만 포도주(wine)를 비롯한 과실주는 과실의 포도당이 술이 된 것이다.

(1) 막걸리(crude rice wine)

탄수화물로 쌀, 찹쌀, 밀, 보리, 옥수수 등은 효모(yeast)를 이용하여 발효시킨다. 술을 만든 후에 증류(distillation)를 하면 증류식 소주가 된다(예: 안동소주).

(2) 맥주(beer) 산업

맥아(malting) 및 양조(brewing)라고도 하며 탄수화물의 원료로는 옥수수와 쌀이 대표적이다. 제조과정에 효모(yeast)에 더하여 맥주보리(malt)와 산업작물인 호프(hop)가 필요하다.

(3) 발효(fermentation) 및 증류(distilling) 산업

탄수화물의 원료로 옥수수, 수수, 밀, 귀리, 쌀, 보리, 고구마, 감자 등을 효모(yeast)로 이용하여 술을 만든 후에 증류한다. 에틸알코올은 시약용으로 또는 희석(dilution)하여 소주 제조용으로 쓰이며 공업용 에탄올(ethanol)로도 이용된다.

위스키(Whiskey) 중 스카치위스키(Scotch whiskey)는 스코틀랜드에서 맥아를 이용하여 만들고, 진(Gin)이나 보드카(Vodka)는 러시아에서 감자를 이용하여 만든다고 한다.

2. 단백질(proteins)

단백질은 20개의 아미노산(amino acids)으로 구성되어 있다. 그중 8개의 필수 아미노산〔phenylalanine, lysine(N), isoleucine, leucine, valine, methionine(S), tryptophan, threonine〕은 반드시 섭취되어야 하며, 유아의 경우 2개의 아미노산〔histidine(N), arginine(N)〕이 더 필요하여 필수 아미노산이 10개가 된다. 단백질은 효소(enzymes), 근육(muscles), 혈액(blood albumins)의 구성분이 됨과 동시에 성장(cellular growth) 및 신체유지(body maintenance)의 기능을 하는 등 인체에 5대 기능을 하고 있다.

식량작물에서는 콩이 단백질 함량이 38%로 가장 많아, 콩으로 만든 베이컨, 햄, 소시지, 닭고기 및 쇠고기를 생산하여 육류를 대치하고 있다. 땅콩(30%)과 해바라기(28%)도 좋은 단백질 자원이 되고, 강낭콩(23%), 녹두(24%) 및 동부(23%)도 콩과 작물로 단백질 함량이 많다. 탄수화물이 주요 성분인 벼과의 식량작물은 귀리(16%), 밀(14%), 보리(13%), 호밀(13%), 기장(13%), 수수(13%), 옥수수(10%), 벼(9%) 등으로 상대적으로 단백질 함량이 적어 육류를 함께 섭취해야 한다(표 1-2).

한민족은 콩을 효과적으로 이용하여 벼과 곡류의 단백질 부족분을 보충하여 왔다. 이는 유전자원의 측면에 못지않게 우리가 콩의 종주국임을 증명하는 실례이다. 예를 들면 콩밥, 6종의 콩나물, 콩국수, 16종의 두부(tofu), 청국장, 간장(soysauce), 된장(toenjang), 고추장, 콩죽, 콩강정, 콩자반, 콩떡(인절미, 다식, 송편, 시루떡), 콩과자(candies), 두유 등으로 매우 다양하게 이용하고 있다. 심지어는 전통적으로 음력 1월 15일에는 잡곡밥을, 2월 1일에는 콩 볶아 먹는 날까지 정하여 단백질을 섭취하였던 것이다.

최근에는 콩의 영양적 우수성이 국제적으로 인정되어 황금작물(golden crop), 환금작물(cash crop), 수출작물(export crop), 기적의 작물(miracle crop) 또는 미래의 식량(future food)이라고 부르기도 한다.

3. 지방(lipids)

지방은 탄수화물보다 2배 정도 농축된 풍부한 에너지 자원이다. 지방에는 3대 필수 지방산(essential fatty acids)인 리놀레산(linoleic acid), 리놀렌산(linolenic acid) 및 아라키돈산(arachidonic acid)이 있어 반드시 섭취하여야 하며, 비타민(vitamin) A, D, E, K, F가 결합되어 있다. 육류를 섭취할 때에 함유된 포화 지방산으로 콜레스테롤(cholesterol)이 체내에 집적되어 고혈압 및 심장질환 등을 유발한다는 문제를 작물의 지방은 불포화 지방산으로 이를 해결할 수 있으며 들깨의 경우 많이 함유된 리놀레산이 집적된 콜레스테롤을 제거하는 작용이 있다고 한다.

식량작물인 콩과 유료작물인 들깨는 필수 지방산 리놀레산과 리놀렌산이 풍부하게 많이 함유되어 대표적인 식물성 지방자원이다. 이 때문에 콩을 유료작물로도 분류한다. 땅콩과 해바라기에는 종자에 지방 함량이 많아 가공으로 많이 이용되고 있다. 유료작물 참깨와 유채는 전형적 지방자원 작물이다. 탄수화물의 자원인 식량작물 옥수수의 배(embryo)와 의류의 자원인 섬유작물 목화의 종자(독소제거) 또한 식용지방으로 많이 이용되고 있다.

식용으로 이용하는 방법은 닭고기, 물고기, 케이크, 도넛, 산자 등을 튀길 때 쓰는 식용유(cooking oil), 날 채소를 이용할 때 쓰는 샐러드유(salad oil), 조미료(flavor)나 맛을 좋게 하기(palatability) 위해 쓰는 식품첨가물(food preparation), 땅콩버터(peanut butter)와 같이 샌드위치, 캔디(candies), 제과(baked goods), 및 아이스크림 등에 쓰이는 마가린(margarine), 쇼트닝(shortening)이 있다.

식물성 지방의 공업용으로의 이용은 매우 다양하다. 제약업(pharmaceuticals), 페인트, 구명장비(oil cloth or paper), 플라스틱, 콩기름으로 만드는 인쇄용 잉크, 자동차의 디젤 엔진오일, 유료작물 아주까리로 만드는 포마드(pomade) 등과 유채, 땅콩 등을 이용한 화장품 산업, 아주까리, 땅콩, 유채를 이용하는 윤활유(lubricating oils), 그리고 비누산업이다.

작물의 종자에 함유된 저장지방에는 지방산과 결합하여 있는 글리세린(glycerine)이 있다. 이 글리세린을 공업적으로 이용하는 대표적 분야가 폭약(explosives)산업이다. 이것이 바로 1862년에 노벨(A.B.Nobel, 1833-1896)이 특허를 낸 다이너마이트(dynamite: nitroglycerine+diatomite; 규조토)이다. 이것으로 모은 재산을 노벨이 국가에 기부하여 1900년에 제1회 노벨상(First Nobel Prize)이 수여되기 시작했다고 한다. 작물의 종자에서 추출한 글리세린은 또한 화장품, 시약(reagents) 및 식품산업(food industry)으로 많이 이용된다.

참고문헌

고희종 외 3인. 2004.《작물과 인간 그리고 미래》. 교우사.

최기철. 1981.《기초생태학》. 향문사.

Duncan, et al. 1978. "Physiological aspects of peanut yield improvement." *Crop Sci.*18: 1015-1020.

Gardner, et al. 1985. *Physiology of Crop Plants*. Iowa State University Press, Ames.

Gliessman, S.R. 2000. *Agroecology*. Lewis Publishers, New York.

Harlan, J.R. 1992. *Crops and Man*. 2nd. American Society of Agronomy, Wisconsin.

Hay, R.K.M., and A.J.Walker. 1989. *An Introduction to the Physiology of Crop Yield*. Longman Scientific and Technical, New York.

Hoveland, C.S. 1980. *Crop Quality, Storage and Utilization*. American Society of Agronomy, Wisconsin.

Janick, J. 2001. *New crops for the 21st century*. In Nosberger et al. (ed.) *Crop Science: Progress and Prospects*. pp.307-327. CABI Publishing, New York.

2. 세계의 식량

지구의 위도와 육지의 고도에 따라 각 지역의 일장과 광질, 온도, 강우량, 토양의 물리 화학적 특성 등 작물의 생산 환경이 달라 주식작물의 종류가 다르고, 세계 각 나라의 민족, 종교 및 문화적 특성도 다르기 때문에 식량에 대한 21세기 전반의 전망을 논의하는 것이 단순하지가 않다. 최근에 발표된 국제식량농업기구(FAO)의 통계자료를 이용하고 박진도(1997)가 번역한 브라운(L.Brown)의 《식량대란》(Tough Choices, 1996)과 최영경(2000)의 논문을 참고하여 세계의 식량문제를 논술하고자 한다.

급증하는 식량수요(demand for grain soaring)

역사적으로 인류는 식량공급을 농업, 해양어업, 방목축산업 이 세 가지의 방법에 의존하고 있다. 인류는 식량의 98%를 육지에서 수확하며 2%를 바다나 담수에서 얻는다. 98%의 육지에서 생산되는 식량 중에 81%는 식물에서, 19%는 동물에서 얻는다. 식량의 주종은 벼, 보리, 밀, 옥수수, 호밀, 귀리, 조, 수수 등의 곡물을 들 수 있다. 이러한 식량작물이 전 세계 경작지의 50% 이상을 차지하고 있다. 1970년부터 2010년까지 40년 동안에 국제식량농업기구(FAO)의 통계를 보면 세계의 인구는 지속적으로 증가하는 데 비하여 곡물의 생산량은 1990년대 후반에 들어서 증가율이 둔화되고 있다(표 2-1). 1970년의 세계 인구는 37억 명이고 2012년 초에 70억 명으로 발표되어 이 기간 동안에 90%가량이 증가하였다.

표 2-1. 세계인구와 곡물생산 추세

구분	1970	1975	1980	1985	1990	1995	2000	2005	2010
인구(백만명)	3,687	4,067	4,443	4,853	5,296	5,726	6,123	6,507	6,896
비율(%)	100	110	121	132	144	155	166	176	187
화곡류(백만톤)	1,193	1,360	1,550	1,821	1,952	1,898	2,060	2,268	2,432
비율(%)	100	114	130	153	164	159	173	190	204
콩(백만 톤)	44	64	81	101	108	127	161	214	262
비율(%)	100	145	184	230	245	289	366	486	595

자료: http://faostat.fao.org 2012

세계의 곡물수요는 세계 인구의 증가뿐 아니라 생활수준의 향상에 의해서도 증대되고 있다. 소득의 증대로 세계의 저소득층 소비자들 가운데 대단히 많은 수의 사람들이 식품연쇄의 단계를 끌어올려 곡물 집약적인 축산물을 많이 먹게 된 것이다.

인구증가와 소득수준 향상이 기록적인 속도로 진행되고 있다. 1950년 이전에 출생한 사람들은 자신의 생애에 세계 인구가 두 배로 증가하는 것을 목격했다. 세계 인구의 연간 증가율은 1962년 2.2%로 최고치에 도달한 이후로 낮아지기 시작하여 1995년에는 1.6% 이하로 떨어졌다. 그러나 증가율 통계의 바탕이 되는 세계 인구 그 자체가 계속해서 증가하고 있기 때문에 세계 인구에 매년 새로이 추가되는 인구는 1962년의 7천만 명을 약간 넘는 수준에서 1995년에는 거의 9천만 명 수준으로 증가하였다. 다시 말하자면 증가율이 낮아지기는 하였지만, 인구기반의 증대를 상쇄할 만큼 떨어지지는 않았다.

세계 인구의 증가는 결코 지역적으로 균등하게 분포하고 있는 현상은 아니다. 매년 증가하는 9천만 명 중에서 8천만 명 이상이 개발도상국 사람들이며, 아시아에서만 5,400만 명으로 지구 전체 인구증가의 약 6%를 차지하고 있다.

1990년대 부의 증대도 개발도상국, 특히 아시아에 집중되어 있다. 지난 수년간에 아시아(파키스탄에서 동쪽으로 일본에 이르는 지역, 단 일본은 제외) 경제는 매년 8% 이상의 성장을 보였다. 오늘날 아시아에서 일어나고 있는 것과 같은 광범위하고 급속한 부의 증대 현상은 그 유래를 찾아볼 수 없는 것이다. 현재 인구가 12억 명이며 인구가 안정될 시점까지 16억 명으로 늘어나리라 예상되는 중국은 이 지역에서 가장 큰 국가인 동시에 1990년대에 들어 세계에서 가장 빠른 경제성장을 하고 있는 나라이다.

1990년대 아시아의 경제성장률은 예상보다 훨씬 높았다. 1995년 중국 경제는 10.2% 성장하였다(이것도 4년 동안 가장 낮은 수치). 한국의 경제성장률은 중국 바로 다음으로 10%에 약간 못 미쳤으며, 베트남은 9%, 태국은 8%였다. 9억 3,100만 명의 인구를 가진 인도의 경제도 성장속도를 높이기 시작하였고 1995년에는 6% 가까이 성장하였다. 인구 1억 9,800만 명의 인도네시아 경제도 매년 8% 가까이 성장하고 있다. 이 지역에서 어느 정도의 경제 규모를 가진 나라 가운데 방글라데시의 경제성장률이 가장 낮은데도 4.9%이다. 예측하지 못한 사태가 발생하지 않는 한 앞으로 몇 년간 이 지역의 경제성장률은 이러한 수준을 유지할 것으로 예상되고 있다.

인구증가가 곡물수요 증가에 영향을 미치는 방식은 매우 단순하고 직선적이다. 증가한 인구를 먹여 살리기 위해 매년 2,800만 톤, 매일 7만 8천 톤의 곡물이 필요한 것이다. 그러나 부의 증대가 영향을 미치는 방식은 보다 복잡하다. 인도와 같이 소득이 낮은 나라에 살고 있는 사람들은 매년 200kg의 곡물밖에 소비하지 못한다. 이는 하루에 1파운드(0.454kg)가 겨우 넘는 양이다. 이 적은 양의 곡물의 거의 대부분은 최소한의 필요 칼로리를 충족시키기 위해서 직접적으로 섭취된다. 육류, 우유, 계란, 그 밖의 축산물로 전환될 수 있는 양은 거의 없다. 미국이나 캐나다와 같은 부유한 사회에서는 1인당 곡물 소비량은 연간 약 800kg이며 축산물의 형태로 간접적으로 소비된다.

인도에서는 종교적 계율로 인해 육류의 소비가 제한되어 있어서 계란이 일반적인 단백질 공급원인데, 1인당 계란 소비량은 1년에 약 30개, 2주일에 한 개 정도이다(평균적인 미국인이 1995년에 소비한 계란은 174개). 다른 식품의 경우 인도와 선진국 간의 차이는 더 크다. 우유의 연평균 1인당 소비량(유제품은 우유 함유량을 포함)은 인도에서는 34kg이지만 미국의 경우 288kg, 이탈리아에서는 197kg이다. 미국인들은 많은 양의 우유를 그냥 마실 뿐 아니라 치즈, 요구르트, 아이스크림 등의 형태로 소비한다.

육류의 경우 1인당 소비량의 차이는 더욱 크다. 인도는 연간 3kg인데 비해 중국은 42kg, 이탈리아는 80kg, 미국은 123kg이다. 중국인은 돼지고기와 달걀은 1인당 서구 선진국 국민만큼 소비하지만, 쇠고기나 가금육과 우유의 소비량은 인도의 수준에 가깝다. 인도에서는 가금육 소비량이 매년 15%씩 증가하여, 가금육이 주된 육류 공급원이 되고 있다. 이와는 대조적으로 미국인들은 다량의 쇠고기, 돼지고기, 가금육을 소비한다.

1950년 이후 45년간 육류의 생산량은 거의 매년 꾸준히 증가해 왔다. 세계 곡물가격이 두 배로 뛴 1960년과 1973년을 제외하면, 육류 생산량은 가장 예측하기 쉬운 세계 경제동향의 하나였다. 소득이 증가함에 따라서 육류 소비를 늘리는 것은 인간의 타고난 성향처럼 보인다. 이는 아마도 수렵과 채집이 인간 생존에 필수적이었던 4백만 년 동안의 인간의 진화과정을 반영하는 것인지도 모른다.

1950년에서 1995년 사이에 세계 육류 소비량은 4,400만 톤에서 1억 9,200만 톤으로 4배 이상 증가했다. 대부분 중국에 집중된 것이기는 하지만, 1995년의 8백만 톤 증가는 사상 최고의 수치였다. 고기를 먹고자 하는 욕망은 매우 강하고 광범해서 경기후퇴기에도 육류 섭취량은 계속해서 증가하고 있다. 전 세계의 1인당 평균 육류 소비량은 1950년에는 17kg이던 것이 1988년에는 32kg으로 거의 두 배 가까이로 늘어났다. 그 후 1994년까지는 거의 같은 수준에 머물러 있었는데, 1995년에는 아시아지역의 부의 증가로 인해 33kg으로 최고치를 기록하였다.

오늘날 세계의 인구는 식량연쇄의 단계라는 관점에서 크게 세 가지 범주로 구분된다. 세계 인구 중 가장 부유한 5분의 1에 해당하는 10억 명 가까운 사람들은 주로 축산물로 배를 채운다. 북아메리카와 대부분의 유럽지역(구소련지역의 유럽지역 포함), 일본, 오스트레일리아, 아르헨티나의 경우 식량연쇄의 단계를 끌어올리고자 하는 욕구는 거의 없다. 사실 서부유럽의 곡물 총 소비량은 지난 10년 동안 약간 감소하기까지 했다. 이는 축산물 소비가 주춤하고 곡물의 축산물로의 전환효율이 다소간 높아졌기 때문이다. 몇 나라에서는 최근 수년 사이에 식품연쇄의 단계가 낮아졌다. 예를 들면 독일에서는 1995년의 쇠고기와 돼지고기의 소비량은 1990년 소비량보다 약간 감소하였다.

또 하나의 그룹은 소득이 증가하지 않는 빈곤한 국가에 사는 10억 명에 가까운 사람들이다. 이들은 식품연쇄의 단계를 높여 식생활을 다양하게 하고 싶어 하지만 그럴 능력이 없다. 아프리카의 대부분의 나라가 이 범주에 속한다.

나머지 37억 명은 소득이 꾸준히 상승하고 있는 저소득, 혹은 중간소득 국가에 살고 있다. 이들은 소득이 착실히 증대하고 있기 때문에 부유한 사람들이 걸어온 길을 따라갈 것이다. 아시아와 중동의 대부분의 국가, 라틴아메리카 대부분의 국가, 아프리카 몇몇 국가들이 이 범주에 속한다. 앞에서 말한 대로 식품연쇄 단계의 상승은 주로 아시아에 집중되어 있다. 예를 들어 중국의 경우 돼지고기 소비량은 1990년 2,300만 톤에서 1995년 3,700만 톤으로 단 5년 사이에 약 60%에 달하는 경이적인 증가세를 보였다. 오늘날 중국은 세계 돼지고기 소비량의 절반을 차지하고 있다. 같은 기간 중국의 쇠고기 소비량은 1,100만 톤에서 4,400만 톤(추정치)으로 4배의 신장세를 보이고 있다.

인도에서도 경제성장이 가속화됨에 따라 축산물 소비가 증가하고, 가금육과 유제품 산업도 급격히 성장하고 있다. 매우 낮은 수준에서 출발했지만, 가금육, 우유, 계란, 심지어 쇠고기까지 포함해서 축산물의 생산이 증가하고 있다. 예를 들자면 인도의 브로일러(broiler) 산업이 1980년에 기르고 있던 닭은 약 3천만 마리이던 것이 1995년에는 3억 마리로 증가하였다. 매년 15% 속도로 성장하여 그 산출량은 5년마다 두 배가 되고 있다. 우유 생산은 지난 4년 동안 매년 4%씩 증가하였다. 쇠고기와 송아지고기의 생산은 110만 톤으로 전년도에 비해 12% 상승하였다.

인도네시아는 인도와 중국에 비하면 인구가 적은 나라이지만, 아시아 이외의 지역에서 보면 큰 나라에 속한다. 인도네시아에서도 최근 한 자리 숫자의 후반에 달하는 경제성장률로 소득이 증대되어, 가금육과 계란의 소비가 급격히 증가하고 있으며 이러한 경향은 당분간 지속되리라 전망되고 있다. 태국이나 말레이시아, 필리핀 등 아시아의 몇몇 작은 국가들에서도 급속한 경제성장의 결과로 육류 소비량이 증가하고 있다.

세계적으로 가축과 가금의 사육에 쓰이고 물고기의 사료로 사용되는 곡물은 1995년에 총 6억 4천만 톤으로 전 세계 곡물 소비량의 37%에 달한다. 이전

30년 동안에도 사료로 사용된 곡물의 비중은 항상 37-40% 정도였다.

미국이 세계 제일의 사료용 곡물의 소비국이라는 사실은 그다지 놀라운 일이 아니다. 미국은 현재 소, 돼지, 가금 사육과 물고기 양식에 약 1억 6천만 톤의 사료용 곡물을 사용하고 있다. 다른 주요한 사료곡물 소비국은 유럽연합(EU)과 중국이다. 중국의 사료용 곡물 소비량은 1950년에서 1978년 사이에 거의 증가하지 않았으나, 1978년의 경제개혁 이후 다섯 배로 증가하였으며, 1994년에서 1995년 사이에도 8,200만 톤에서 9,500만 톤으로 증가하였다. 중국의 주된 사료인 옥수수의 국내 가격이 1994년 초에서 1995년 말 사이 거의 두 배로 올라 세계 시장가격보다 훨씬 높았는데도 말이다. 1996년에는 사료작물의 소비량이 1억 톤을 돌파할 것으로 전망되고 있다. 중국에서의 축산물 수요는 연속 4년 동안 두 자리 수로 증가하였고, 1996년에는 5년 연속으로 이러한 경향이 지속되리라 전망될 정도로 뜨거운 증가세를 보이고 있다.

중국에서는 이렇게 사료작물의 사용이 증가하고 있는 반면 구소련에서는 급격히 감소하고 있다. 1988년 경제개혁이 시작되고 소비에트연방이 여러 독립국가로 해체됨에 따라 소득이 격감하였으며 이에 따라 축산물 소비도 감소했기 때문이다. 구소련에서의 사료용 곡물 소비량은 1990년 1억 4,900만 톤에서 1995년에는 7,500만 톤으로 감소하였다.

점차 풍요해지고 있는 아시아 소비자들의 축산물에 대한 수요가 유례없이 증가함에 따라 사료 산업도 비상한 성장을 보였다. 곡식을 가루로 갈아서 콩가루와 같은 단백질을 혼합하여 영양상으로 균형 잡힌 혼합 사료를 제조하는 사료산업이 성장산업이 되었다. 매일같이 새로운 사료회사가 조업을 개시하고 있다. 문자 그대로 매년 수백 개의 새로운 사료공장이 건설되고 있으며, 이러한 공장의 대부분은 중국, 인도, 인도네시아, 말레이시아, 한국, 태국 등 고속으로 경제성장을 하고 있는 나라에 건설되고 있다. 중국이 분명 이러한 경향을 선도하고 있지만, 혼합사료 시장은 아시아 전역에서 팽창하고 있다. 만약 앞으로 수년간 아시아 경제가 계속해서 번창한다면 수천 개의 사료공장이 추가로 필요하게 될 것이다.

가축, 가금, 어류는 곡물을 동물성 단백질로 전환시키는 효율에 있어서 커다란 차이가 있다. 비육장의 비육우가 1kg의 체중을 불리기 위해서는 일반적으로 약 7kg의 곡물이 필요하다. 물론 풀을 뜯는 방목가축의 경우 곡물은 전혀 필요하지 않다. 많은 양의 섬유질을 소화하지 못하는 돼지는 주로 곡물이나 그 밖의 농축사료에 크게 의존한다. 보통 돼지고기 1kg을 늘이는 데 4kg의 곡물이 필요하다. 치즈나 계란의 경우 이 비율은 약 3 대 1이다. 즉 가금이나 어류가 가장 효과적으로 곡물을 단백질로 바꾸어 주는 것이다. 현대적인 양계장에서는 닭고기 1kg을 얻기 위해 2.2kg의 곡물이 필요하다. 메기나 잉어와 같은 물고기의 경우 1kg의 살을 찌우기 위해 필요한 곡물은 2kg 이하이다.

이러한 효율의 차이 때문에 세계의 육류 소비패턴이 변화하고 있다. 1978년 경제개혁 이래로 중국이 풍요롭게 되면서 돼지고기의 생산이 크게 늘어났다. 이것은 중국에는 많은 소를 방목할 방목지가 없기 때문이다. 현재 세계의 거의 모든 방목지는 쇠고기와 양고기의 생산에 사용되고 있다. 그러므로 쇠고기를 더 얻기 위해서는 비육장을 사용할 수밖에 없지만, 전환 효율성의 문제 때문에 쇠고기는 돼지고기나, 특히 가금육과의 경쟁에서 패하고 있다. 앞으로 2년 안에 세계 가금육 생산량은 역사상 최초로 쇠고기 생산량을 넘어설 것으로 보인다.

아시아에서는 맥주 소비량도 급격히 증가하고 있는데, 이것도 곡물 공급에서 또 다른 압박요인이 되고 있다. 이미 800여 개의 양조장을 갖고 있는 중국의 맥주 소비량의 증대 경향은 1인당 소비량에서 세계 최고인 일본이 지금까지 걸어온 길을 거의 그대로 따르고 있는 것처럼 보인다. 중국은 이미 맥주의 총 소비량에서는 독일을 추월하였으며, 미국에 이어 세계 2위의 소비국으로 올라섰다.

몇몇 지역에서 곡물수요가 증가하게 된 것은 거의 전적으로 인구증가 때문이다. 그러나 소득의 증대만으로 곡물수요가 증가하는 지역도 있다. 또한 두 요인이 함께 작용하는 지역도 있다. 서유럽에서는 인구가 안정되었고 더 이상 식품연쇄의 단계를 높이는 움직임이 없기 때문에, 곡물사용은 더 이상 증가하지 않는다.

인구증가가 곡물소비 증가의 원인이 되고 있는 주요 지역은 아프리카이다. 미국의 경우에도, 식품연쇄의 단계를 상승시키는 변화가 거의 없으므로, 곡물소비 증가의 주된 요인은 인구증가이다. 아시아와 라틴아메리카에서는 두 요인이 함께 작용하고 있다.

중국과 같이 소득이 급격히 상승하고 있는 몇몇 국가에서는 식품연쇄단계의 상승이 곡물수요 증가의 주된 원인이다. 예를 들어 1990년에서 1995년 사이에 중국의 곡물 소비량은 3억 2,800만 톤에서 3억 6,800만 톤으로 증가하였다. 이 4천만 톤의 증가분 중에서 5분의 4이상인 3,300만 톤이 사료로 이용되었다. 이는 지난 5년간 중국에서 사료로 쓰인 곡물의 증가분이 1995년의 오스트레일리아의 곡물 수확량 2,600만 톤을 훨씬 상회한다는 것을 의미한다.

앞으로 세계 농민의 곡물증산 능력은 인구증가나 소득증대의 도전을 받을 것이다. 이들 경향(인구증가와 소득증대)은 곡물수요의 기록적인 증가를 가져오게 될 것이다. 이것은 세계의 농민들에 대한 엄청난 도전이며, 정치지도자들에게는 보다 심각한 도전이 될 것이다.

심화되는 농지 부족(land hunger intensifing)

약 1만 년 전 농경이 시작된 이래 농민들은 경작지를 확대하기 위해 노력해왔다. 처음에는 계곡에서 계곡으로, 그리고 나중에는 대륙에서 대륙으로 이동하면서 경작에 적합한 비옥한 토지를 찾아다녔다. 현재 세계 육지 면적의 10분의 1만이 작물재배에 적합하고 10분의 2가 소나 양의 방목에 사용될 뿐이다. 그동안 여러 나라들이 농지확장을 위하여 임야 및 간척지를 개간했음에도 불구하고 지난 40년의 세계 작물재배면적의 추이를 국제식량농업기구의 통계로 보면 4%가 증가했을 뿐이다(표 2-2).

인구가 증가함에 따라, 경작에 이용할 수 있는 토지를 확대하기 위한 여러 가지 참신한 방법들이 고안되었다. 이러한 방법으로는 관개, 계단식 농지, 배수, 휴경, 그리고 심지어 네덜란드와 같이 바다를 육지로 바꾸는 간척 등이 있다. 계단식 농법을 통해 농민들은 급경사의 토지를 지속 가능한 형태로 경작에 이용할 수 있게 되었다. 문자 그대로 산지에서도 평지와 같이 경작이 가능하게 되었다. 습지의 배수시설을 이용하여 비옥한 저지(低地)에서도 경작이 가능해졌다.

표 2-2. 세계 경지면적과 수확면적

(단위: 백만 ha)

구분	1970	1975	1980	1985	1990	1995	2000	2005	2010
경지	1,330	1,340	1,352	1,393	1,404	1,396	1,385	1,386	1,381*
비율(%)	100	101	102	105	106	105	104	104	104
화곡류	675	711	717	720	708	687	673	690	683
비율(%)	100	105	106	107	105	102	100	102	101
콩	30	39	51	53	57	63	74	93	102
비율(%)	100	130	170	177	190	210	247	310	340

*: 2009년 성적

자료: http://faostat.fao.org 2012

땅의 습기를 보존하기 위한 1년 간격의 휴경농법을 통해 반(半)건조지대에까지 경작을 확대할 수 있게 되었다. 그러나 20세기 중반에 이르러 농업의 미개척지는 거의 소멸되어 버리고, 경지면적이 확대되는 속도가 급격히 둔화되었다.

최근 몇 년간의 경지면적의 동향을 살펴보면 장기적인 식량수급을 전망하는 데 도움이 된다. 1950년 이래 곡물경작면적의 확대에는 두 번의 커다란 계기가 있었다. 그 첫 번째 계기는 1950년대에 일어났다. 소련에서 소위 처녀지가 경작지로 개간되었던 때이다. 주로 카자흐스탄에 집중된 이러한 개척활동으로 약 2,550만ha의 미개척 초원지대가 개간되어 봄밀이 파종되었다. 이 면적은 캐나다와 오스트레일리아의 밀 경작지를 합친 것과 거의 맞먹는다.

경지면적 확대의 두 번째 계기는 1970년대 중반 곡물가격이 거의 두 배로 올랐을 때 찾아왔다. 이번에는 소련뿐만 아니라 미국에서도 경작면적을 확대하려는 움직임이 나타났다. 그러나 1950년대에 경작되기 시작한 처녀지나 1970년대에 개간된 토지는 침식에 매우 취약하여 장기간 경작을 계속할 수 있는 토지는 아니었다.

역사적으로 세계 곡물작부면적이 가장 넓었던 시기는 1981년이었다. 미국이 작부면적에 대한 규제조치를 해제함으로써 경지의 끝에서 끝까지(from fence row to fence row) 경작할 수 있게 되었다. 한편 구소련에서는 작부면적이 이미 최고치에 달하게 되어 점차 감소하기 시작하였는데, 이는 농민들이 대단히 침식되기 쉬운 토지의 일부를 경작하지 않고 포기해 버렸기 때문이다. 그리하여 1977년에 1억 2,300만ha로 정점에 달하였던 곡물작부면적은 18년간 거의 매년 계속해서 감소해서 1995년에는 9,100만ha로 줄어들었다.

최근 경작이 중단된 대부분의 농지들은 카자흐스탄의 농지이다. 1980년대 중반에 최고 2,500만ha에 달했던 경작지 면적은 한계지 경작을 포기하게 되면서 1995년에는 1,860만ha로 감소하였다. 카자흐스탄 농업과학 아카데미의 한 보고서는 경작지가 1,630만ha까지 계속 감소할 것이라고 전망하고 있다. 토양관리연구소의 또 다른 분석은 곡물생산에 적당한 경지는 1,300만ha이므로, 결국에는 500만ha의 경지가 다시 줄어들 것이라고 전망하고 있다. 어떤 예측이 현실에 가깝든지 간에 앞으로도 경지상실이 계속될 것은 틀림없다. 이 지역은 강수량이 적고(연간 300mm 이하), 주로 바람에 의한 토양침식과 그 밖의 토질저하로 한계농지의 수확량은 1ha당 500kg 이하로 낮아져 버렸다. 이는 아프리카의 대부분의 국가들의 수확량보다도 낮다.

미국에서는 1970년대 중반 곡물 고가격시대에 경작되기 시작한 침식에 취약한 토지를 구제하기 위한 보다 공식적인 노력이 이루어지고 있다. 1985년 환경단체의 강력한 지원을 받은 미국 의회는 토지보전계획(Conservation Reserve Program, CRP)을 통과시켰다. 이 법은 농민들에게 보조금을 지급하여 이러한 토지가 황폐해지기 전에 경작을 중단하고 초지로 전환하도록 하고 있다. 따라서 구소련에서도 미국에서도 곡물가격 상승으로 인해 확대되었던 경작지들은 결국에는 대폭 축소되고 있는 것이다.

토질이 악화되는 것 이외에 경지면적이 감소하는 또 다른 주요 원인으로 공업화를 들 수 있다. 이러한 현상은 급속한 공업화가 진행되기 전에 인구밀도가 높았던 국가의 경우 특히 두드러진다. 공업화로 인한 변화의 와중에서 공장과 창고 등을 건설할 많은 토지가 필요하고, 자동차 중심의 운송체계의 발달도 마찬가지로 많은 토지를 필요로 한다. 그러나 문제는 그뿐만이 아니고, 공업화에 따른 소득의 상승은 식물성 기름이나 과일, 야채 등 곡물 이외의 농산물에 대한 수요도 창출하였다는 점이다.

이 모든 요인들이 일본, 한국, 대만 등에서 실제로 작용하고 있다. 일본의 곡물 경지면적은 1955년 최고치에 달하였고 그 이후로 52%나 감소하였다. 한국의 곡물 경지면적은 일본보다 10년 뒤늦게 1965년에 최대에 달했고 그 후 46%

감소하였다. 대만의 경우에도 최고는 1962년이었는데 그 이후로 42%가 감소하였다. 위의 세 나라의 경우 현재의 곡물 경지면적은 최대였던 시기에 비해 48%가 감소하였는데 이는 1년에 1% 이상 감소한 것이다.

상실된 곡물 경작지 중 일부는 공장 및 주택건설과 자동차에 필요한 고속도로나 일반도로, 주차장 등에 사용되었다. 또한 채소, 과실, 그 밖의 소득의 상승으로 인해 다양해진 취향을 만족시키기 위한 고소득 작물을 재배하는 쪽으로 전환되기도 했다.

아시아가 공업화됨에 따라 수천 개의 공장, 도로, 주차장, 신도시의 개발로 남아 있는 생산적 경작지가 잠식되고 있다. 세계에서 인구가 제일 많은 중국에서는 농지가 공장, 주택, 도로의 건설뿐만 아니라 쇼핑센터, 테니스장, 골프장, 개인용 별장을 짓는 데 전용되고 있다. 공업화가 급속히 진행되고 있는 광동성(廣東省)에서는 최근 부유해진 주강(珠江) 유역의 삼각주지대에만 40여 개의 골프장이 건설된 것으로 추정된다. 1995년 광동성 토지이용국은 대규모의 농지가 레크리에이션 용지로 전용되는 것을 우려하여, 계획은 있으나 아직 완성되지 않은 골프장의 건설을 모두 중지시켰다.

중국의 경우 특히 남부 해안지역에서 경작지의 상실이 급격히 진행되었다. 급속한 공업화와 경지의 비농업 용도에로의 전용이 맞물려, 광대한 벼 재배지가 상실되고, 그 결과 1990년에서 1995년 사이에 벼 생산량이 실질적으로 감소하였다. 간단히 말하면 벼 경작지가 토지생산성의 상승분 이상으로 감소하여 수확량이 줄어들게 된 것이다.

다른 국가들도 심각한 경작지 감소현상을 겪고 있다. 급격한 공업화를 겪고 있는 인도네시아의 경우 자바 섬에서만 28만 명분의 벼를 공급할 수 있는 2만ha의 경작지가 매년 사라지고 있는 것으로 추산되고 있다. 베트남에서는 1995년 봄에 수상 보 반 키에트(Vo Van Kiet)가 경작지 보전을 위해 논에 공장을 건설하는 것을 금지했다. 그러나 겨우 4개월 만에 마음이 바뀌어 포드자동차와 그 외 몇 개의 회사들이 하노이 부근 6,310ha의 농지에 공장을 짓도록 허가하였다.

예외조치는 이것만이 아니었다. 한국의 재벌회사인 대우개발이 베트남의 전용금지조치가 호텔, 관공서, 아파트 등을 포함한 반 트리(Van Tri) 습지대 골프 종합단지개발계획의 완성을 방해한다고 항의하면서, 예외조치를 취소해 줄 것을 요청하였는데, 이것 또한 받아들여졌다. 대우 측은 베트남의 장래는 농업이 아니라 공업화에 달려 있다고 역설하였다. 벼 경작지의 전용금지조치가 내려지기 이전에 베트남에서 매년 2만ha에 달하는 벼 경작지가 다른 용도로 전용된 것으로 추정되고 있다.

사태를 더욱 악화시키는 것은, 공업화로 전용되는 경작지가 그 지역에서 가장 좋은 경작지라는 점이다. 예를 들면 현재 공장부지가 된 중국 남부의 토지는 몇 년 전까지만 해도 매년 벼의 이모작 혹은 삼모작이 이루어지던 경작지였다. 이 토지들은 중국에서뿐만 아니라 세계에서도 가장 생산성이 높은 경작지였다.

미국 캘리포니아 주에서도 동일한 현상이 발생하고 있다. 세계에서 가장 집약적인 과일 및 야채 생산지역인 센트럴 밸리(Central Valley)에서는 1990년대 초에 매년 1만 7천ha의 매우 비옥한 경작지에 주거 및 상업지구가 건설되었다. 매년 130억 달러의 수확을 하는 이 지역의 경작지를 보호하려고 하는 미국 농지 트러스트(American Farmland Trust)는 현행의 1에이커(0.405ha)당 세 채가 아니라 여섯 채의 집을 짓도록 하는 규제를 실시한다면 2040년까지 20만ha의 경지를 개발로부터 보호할 수 있을 것이라고 추산하고 있다.

곡물 경작지 감소에 영향을 미치는 또 다른 요인으로 관개용수를 비농업적인 용도에 전용하는 것을 들 수 있다. 미국의 애리조나 주, 그리고 사우디아라비아에서는 강우량이 매우 적기 때문에, 대수층이 고갈되거나 관개용수가 도시 생활용수로 전용되어 버리면, 토지는 쉽게 다시 사막화한다. 사우디아라비아에서 지하 수백 미터의 화석대수층에서 물을 퍼 올리는 데 대한 보조금 지급이 중단되자 이 지역에서의 밀 경작지는 1993년 80만ha에서 1995년 47만ha로 급격히 감소하였다.

세계 관개농지의 적어도 10분의 1은 인류가 관개농업을 시작한 이래 늘 겪어 온 침수와 염분집적이라는 위협에 직면해 있다. 실제로 역사가들은 중동지역에서 고대문명이 쇠락한 원인을 침수와 염분집적으로 인해 관개시스템이 제대로 기능하지 못한 데서 찾고 있다.

하천의 지표수가 관개에 사용되면, 그 일부는 대기 중으로 증발하고 일부는 식물에 흡수되지만 일부는 땅속으로 스며들게 된다. 이 물의 침투로 지하수면이 상승하게 된다(이러한 현상은 대수층의 고갈로 지하수면이 낮아지는 상황과는 대조적이다). 관개농업이 시작될 때까지만 해도 지표 100m 아래였던 지하수면이 시간이 흐름에 따라 점차 상승하여 지표에서 수 미터 아래에 이를 정도로 높아지게 되면, 토양의 침수로 인해 토양 깊숙이 뿌리내리는 작물의 생육이 방해되고 수확량은 감소하게 되는 것이다.

지하수면이 지표로부터 몇 센티미터 내의 범위에 이르게 되면 물은 상부의 토양층을 통해 대기 중으로 증발하게 된다. 이때 물속에 포함되어 있던 염분과 광물질들이 토양에 잔류하게 되어 작물이 자라기에는 너무 많은 염분이 토양에 잔류하게 되고 토지는 못쓰게 되는 것이다.

이러한 과정을 역전시키기 위해 사용되는 가장 일반적인 방법은 우물을 파서 여분의 배수(排水)를 퍼 올려 관개에 이용하는 것이다. 시간이 지남에 따라 지하수면이 낮아지게 되고 염분도 다시 밑으로 재배분된다. 비록 비용이 많이 들고 상당한 시간이 소요되기는 하지만, 이것은 침수와 염분집적으로 인해 척박해진 토지를 되살리는 유일한 방법이다.

아시아에서, 특히 중국과 인도에서 경작지에 대한 가장 큰 잠재적 위협요인은 자동차이다. 1995년 중국의 자동차 대수는 미국 자동차 대수의 1% 수준에도 못 미치는 2백만 대였다. 현재 예측되는 바로는 2010년에 이르면 자동차 대수는 2,200만 대로 증가할 것이며, 고속도로나 일반도로의 전국적 망을 위해, 그리고 시가지 도로나, 주차장 및 주유소의 건설을 위해 많은 토지가 사용되고, 이는 불가피하게도 그나마 부족한 농지에 심각한 타격을 가할 것으로 전망되고 있다.

또한 인도에서도 자동차를 위해 농지가 희생되고 있다. 소수의 자동차 소유자의 위신을 세우는 대가로 다수의 사람들에 대한 안정적인 식량공급이 희생되는 것이다. 1996년 회계연도에 인도의 자동차 산업은 26% 성장하였다. 세계 유수의 업체들이 인도로 몰려들고 있다. 한국의 현대자동차는 인도에 추가로

11억 달러를 투자하여 인도에서의 자동차 생산능력을 2010년까지 연간 20만 대로 높일 계획이다. 포드자동차도 향후 7년간 두 곳의 생산시설에 8억 달러를 투자할 계획이다. 인도의 인구는 1999년에 10억 명에 이르렀고 2030년까지는 14억 명에 이를 것으로 예상되고 있는데도, 중국에서 최근 유사한 발전에 대해 논쟁이 시작되고 있는 것과는 달리 인도에서는 식량의 안정적 공급에 대해 자동차가 가하고 있는 위협을 심각하게 고려하고 있지 않은 듯하다.

인구밀도가 높은 개발도상국은 공업화가 진전됨에 따라 자동적으로 선진국의 자동차 중심의 운송체계를 채택할 것이라는 가정이 있는데, 그것은 지금 중국에서 논쟁의 대상이 되고 있다. 중국 과학자들은 "중국은 토지, 석유, 및 그 외 다른 자원이 심각하게 부족하며 인구도 매우 많다는 점을 생각할 때 앞으로 수년간 자가용차 사용의 대규모적인 확대를 권장하는 것은 적절치 못하다"는 내용의 보고서를 내놓았다. 이 보고서는 자동차 대신에 "편리하고 완벽한, 모든 지역으로 통하는 공공 운송망"을 대안으로 제시하고 있다.

흥미 깊은 점은 이 보고서가 교통정책의 전환 이유로서 석유부족보다도 토지부족을 먼저 내세우고 있는 점이다. 중국은 연료수요를 충족하기 위해 이미 석유를 수입하고 있음에도 불구하고 토지부족이 석유부족보다 먼저 언급되고 있는 것은 주목할 만한 현상이다. 자동차 산업의 팽창을 지원하고 있는 기계공업부와 과학계 사이의 이러한 논쟁은 중국 이외의 다른 나라에서도, 정책결정자들이 자동차 소유의 증대와 식량의 안정적 공급이 양립할 수 없다는 것을 인식하게 됨에 따라 전면으로 부상할 것으로 보인다.

곡물경작지가 비농업 용도로 전용되고 있을 뿐만 아니라 공업화가 진행되고 소득이 증가함에 따라 상당한 곡물경지가 유류종자나 과실, 야채 등의 다른 작물 재배로 전환되고 있다. 1950년에서 1995년 사이에 세계 콩 생산량은, 조리용 식물성 기름과 사료용 단백질분말의 수요가 급증함에 따라 1,700만 톤에서 7배인 1억 2,300만 톤으로 증가하였다. 그러나 곡물의 경우와 마찬가지로 콩의 경우에도 단위면적당 생산량을 급격히 늘릴 수는 없으므로 생산량을 확대하기 위해 재배면적이 확대되어야만 했다. 그리하여 세계 유류종자 수확량의 절반을 차지하는 콩 재배면적은 1950년 1,400만ha에서 1995년 6,200만

ha로 증가하였는데, 그 대부분은 곡물 경지를 희생시킨 것이다. 예를 들어, 미국에서 콩 재배면적은 밀과 옥수수 재배면적과 경합하고 있다. 콩 및 그 밖의 유류종자의 생산량과 재배면적의 증가는 1981년 이후 곡물경작지가 줄어들게 된 주된 원인의 하나이다.

이미 언급한 대로 소득의 증가에 따라 식생활이 다양화되어 축산물뿐만 아니라 신선한 과일과 야채도 더 많이 소비되게 되었다. 이러한 경향은 중국에서 아주 분명하게 드러난다. 채소 재배지역이 개혁조치가 시작될 무렵인 1978년에는 3백만ha에 지나지 않았으나 1994년에는 거의 9백만ha에 육박할 만큼 증가했다. 동일한 경향을 일본이나 대만 등의 다른 나라에서도 찾아볼 수 있다.

아직도 지구상의 경작지를 넓힐 여지가 많다는 주장이 종종 제기되지만, 사실상 그러한 여지는 현재의 가격 체계하에서는 매우 제한되어 있다. 가격이 두 배로 오른다면 브라질 동부의 건조한 평원 세라도(cerado) 등 한계지의 경작도 경제적으로 타당해질 수 있을지 모른다. 그러나 세라도의 경우 그곳에 경작이 행해진다고 하더라도 해당 지역의 수요를 충족하는 것 이상의 생산을 기대할 수 없다. 서반구 최대의 곡물수입국이 된 브라질에서, 향후 반세기 동안 인구가 1억 명 이상 증가할 것으로 전망된다. 브라질이 곡물의 자급자족을 이룰 수만 있어도 다행한 일이며, 중국이나 인도네시아, 방글라데시와 같은 인구밀도가 높은 국가들에게 수출할 수 있는 여력은 없을 것이다.

세계의 곡물 작부면적은, 공급량을 조절하기 위해 휴경 중인 농지에서 곡물 경작이 다시 시작된다면 다소간 증가할 수는 있을 것이다. 미국 농무성은 농산물 휴경프로그램에 의해서 휴경 중인 경지의 일부, 즉 옥수수 재배지의 약 7.5%를 1996년에는 다시 경작할 것이라고 발표하였다. 이는 세계 곡물 경작면적이 약 2백만ha만큼 늘어난다는 것을 의미한다. 한편 유럽연합은 1996년에 곡물 공급조절계획에 따라 휴경 중인 약 160만ha의 곡물경작지에서 생산을 재개할 것이라고 발표하였다. 만약 유럽연합이 휴경 중인 모든 토지에서 생산을 재개한다면 4백만ha의 곡물경작지가 증가할 것이다.

경지를 증대할 수 있는 또 하나의 공급원은 미국의 토지보전 프로그램이다. 이 프로그램에 따라 대단히 침식되기 쉬운 1,400만ha의 곡물경작지가 10년 계약으로 휴경되고 있다. 1996년부터 가장 계약이 오래된 농지부터 순차적으로 만기를 맞이하게 된다. 이 1,400만ha 대부분은 밀 경작지인데, 그 대부분은 풍식작용에 매우 취약하다. 그렇지만 이 토지보전 프로그램에 해당되는 토지 중에서 아마도 절반 정도는 적절한 경작방법을 사용한다면 계속해서 경작이 가능할 것이다. 그렇게 되면 토지보전 프로그램이 만기를 맞이함에 따라서 향후 5년간 비교적 생산성이 낮기는 하지만 7백만ha의 곡물경작지가 늘어나게 될 것이다.

세계 곡물 작부면적은 1950년부터 최고점에 달했던 1981년까지 꾸준히 증가하다가 그 이후로 점차적으로 감소하고 있다. 그러나 1인당 곡물 경작면적은 1950년의 0.23ha에서 1995년에 0.12ha로 계속해서 감소해 왔다. 설사 곡물 경작면적이 1996년의 6억 9천만ha에서 2030년까지 7억ha로 확대된다고 하더라도 1인당 면적은 현재의 3분의 2 수준인 0.08ha로 줄어들 것이다.

농민들은 20세기 중반 이후 토지생산성의 상승을 통해 1인당 곡물경작지의 감소를 상쇄하는 것 이상의 효과를 올렸다. 그러나 1984년 이후에는 이것도 불가능해졌다. 무언가 새로운 방법을 찾지 못한다면, 세계는 1인당 곡물 생산량이 계속 감소하고 곡물가격은 지속적으로 상승하는 상황에 직면하게 될 것이다.

확산되는 물 부족(water scarcity spreading)

물은 생명의 기본이다. 현재 전 지구촌에서 강 또는 호수에서 끌어들이거나 대수층의 지하수를 퍼 올린, 전체 물의 70%는 농업용으로 쓰이고, 20%는 공업용으로, 그리고 10%는 주택용으로 사용된다. 그러나 물의 공급에 제한을 받게 되는 나라들의 수가 증가됨에 따라, 농업·공업·주택용으로 쓰이고 있는 사용비율이 도전을 받고 있다.

많은 나라에서 물의 수요는 대수층으로부터의 지속 가능한 취수량 이상으로 급증하고 있으며 세계의 몇몇 주요 하천은 바다에 도달하기도 전에 바닥을

드러낼 정도이다. 관개용수의 수요와 산업용이나 생활용수의 수요가 함께 계속해서 증가하고 있으며, 이용 가능한 물을 둘러싸고 도시와 농촌 간의 갈등이 심화되고 있다. 세계의 몇몇 지역에서는 증대하는 도시의 물 수요를 충족하기 위해서는 관개용수를 유용하는 수밖에 없는 현상이 벌어지고 있다.

1950년에서 1990년 사이에 곡물수확량이 거의 3배로 증가할 수 있었던 주요한 요인 중의 하나는 관개면적이 2.5배로 증가한 데서 찾을 수 있다. 관개농업의 발전으로 인해 거의 비가 오지 않는 지역에서도 경작이 이루어지게 되었으며, 강우량이 적은 지역에서 집약적 농업이 이루어지게 되었고, 몬순기후지역에서는 건기 작물 생산량이 증가하였다. 관개농지에서 1톤의 밀을 생산하기 위해서는 1천 톤의 물이 필요했던 것이다. 그것은 또한 세계 화학비료 사용량이 20세기 중반 이후 경이적으로 증가한 원인의 하나이기도 하다. 세계 벼 생산량의 거의 대부분과 밀 생산량의 많은 부분이 관개농지에서 생산되고 있다.

관개농법은 새로운 방법은 아니다. 비록 관개농법의 기원은 역사 속의 안개에 가려져서 알 수 없으나 고고학의 자료에 따르면 관개는 중동지역에서 농경이 시작된 1만 년 전부터 오늘날 사이의 중간쯤에 시작된 것으로 추정되고 있다. 하천의 물길을 막아 주변의 토지에 물을 공급하기 위한 토목공사에 필요한 협력체제는 문명과 함께 발달해 왔다. 문명이 어느 수준 이상 발전하여야만 대규모 관개가 가능하기 때문이다.

관개가 시작된 이래로 1900년까지 관개면적은 서서히 확대되어 4천만ha에 이르게 되었다. 1900년에서 1950년 사이에 확대속도가 빨라져서 전체 면적은 9,400만ha로 두 배 이상 늘어났지만, 대규모 확대는 그 이후에 이루어졌다.

표 2-3. 세계 관개설비 보유면적

(단위: 백만 ha)

구분	1970	1975	1980	1985	1990	1995	2000	2005	2009
보유면적	178	196	216	234	252	267	285	305	312
비율(%)	100	110	121	131	142	150	160	171	175
관개비율(%)*	13	15	16	17	18	19	21	22	23

*: 경지면적에 대한 보유면적

자료: http://faostat.fao.org 2012

1970년에서 2009년에 이르는 기간 동안 관개면적은 1억 7,800만ha에서 3억 1,200만ha로 75%나 확대되었다(표 2-3).

그러나 이 기간 중 1979년에 큰 변화가 일어났다. 1950년부터 그때까지는 관개면적이 인구증가율 이상으로 빠르게 확대되어 1인당 관개면적도 3할 정도 증가하였다. 이것은 전 세계적으로 1인당 곡물 생산량이 3할 정도 증가한 것과 맥을 같이한다. 그러나 1979년 이후 관개면적의 확대는 인구증가에 미치지 못하고, 1인당 관개면적은 약 7% 감소하였다. 이제는 기정사실이 되어 버린 이러한 경향은 분명히 앞으로도 계속될 것이며, 물 수요량의 증가가 물 공급에 미치는 압력이 강해짐에 따라 앞으로는 더욱 가속화될 것이다.

20세기 중반 이래 1억 5,400만ha 관개면적이 증가한 것은 하천의 물을 활용할 수 있도록 수천 개의 댐을 건설하고 지하수를 활용하기 위해 수백만 개의 우물을 팠기 때문에 가능했다. 댐을 건설하거나 우물을 파는 공사는 많은 자본을 필요로 하기 때문에 정부와 국제개발기구들은 관개사업에 공공투자의 주된 초점을 맞추었다. 또한 자신의 농지에 직접 우물을 판 농부들도 관개면적의 이처럼 놀라운 확대에 한몫을 하였다.

하천을 이용한 관개의 최적지는 아시아이다. 세계 최대급 하천인 인더스 강(Indus), 갠지스 강(Ganges), 양자강(楊子江), 황하(黃河), 브라마푸트라 강(Brahmaputra) 등이 모두 아시아에 있다. 이러한 하천들은 고지대에서 발원하여 매우 긴 거리를 흐르기 때문에 댐을 건설할 만한 곳도 많고 중력을 이용한 운하나 수로망에 물을 공급할 기회도 많다. 그렇기 때문에 세계 관개지역의 3분의 2는 아시아에 있다. 중국과 인도의 경우 관개면적은 각각 5천만ha와 4,800만ha로 세계에서 가장 넓다. 중국에서는 70%의 곡물수확이 수리시설이 되어 있는 농토에서 생산되고 있으며, 인도에서는 50%의 곡물수확이, 그리고 미국에서는 15%의 곡물수확이 수리시설이 되어 있는 농토에서 생산되고 있다.

몬순기후에서는 우기 후에 몇 개월 동안 비가 오지 않는 건기가 이어지기 때문에, 관개 여부가 수확의 횟수를 결정하는 경우가 많다. 대부분 지역은 1년 내내 경작이 가능한 기온이기 때문에 관개가 이루어지면 1년에 이모작 또는 삼모작까지 가능하다. 특히 중국에서 급격히 관개면적이 확대됨에 따라 다모작

지역이 증가하여 ha당 다모작 지수가 1950년 1.3에서 1980년에는 1.5로 높아졌다.

1960년대 초 이래 관개용 우물에 의한 지하수원 개발은 지표수의 개발보다 상대적으로 더욱 중요해졌다. 특히 인도에서는 1960년대 중반에 수익성이 높은 다수확 곡물 품종이 도입되자, 농민들은 특히 갠지스평야에서, 자기 자신들의 우물개발에 많은 투자를 하였다. 미국의 경우에도 20세기 중반 이후 남부 대평원지역(The Great Plains)에서 확대된 관개농지 중 많은 부분이 지하수를 이용한 대규모 중심 선회축(center pivot) 관개시스템에 의한 것이었다.

1990년대에 들어서면서 관개지역을 축소하는 몇 가지 경향, 즉 대수층의 고갈, 관개용수의 도시로의 전용, 위험에 처한 생태계 보호를 위한 하천 흐름의 회복 등이 나타나고 있다. 세계 주요 곡물생산지역에서 지하수면은 낮아지고 있다. 이러한 현상은 관개농업이 미국의 대평원지역이나 사우디아라비아, 리비아처럼 화석수(化石水)에 의존하고 있는 곳에서 가장 현저하다. 미국 관개농지의 25%는 지하대수층을 고갈시키는 지속 불가능한 방법에 의해서 물이 공급되고 있다고 추정된다. 이란에서는 전체 곡물경작지의 3분의 1의 관개는 지하수를 지나치게 많이 퍼 올리는 방법에 의해서 이루어지고 있다고 추정되고 있다.

미국의 대평원지역 사우스다코다 주에서 네브래스카 주, 캔자스 주, 콜로라도 주 동부, 오클라호마 주 일부 지역, 텍사스 주 팬핸들지역 의 농민들은 20세기 중반부터 1980년까지 광대한 오갈랄라(Ogallala) 대수층을 이용하여 관개면적을 확대하였다. 그런데 오갈랄라 대수층은 기본적으로 화석대수층이다. 비록 일부지역에서는 빗물로 대수층이 약간이나마 보충되기는 하지만 대수층의 거의 대부분의 물은 태곳적에 저장된 것이다. 그러므로 이렇게 화석대수층에 크게 의존하는 것은 오래 지속될 수 없다. 그리고 대평원지역에서도 남부의 일부 얕은 지역에서는 대수층이 이미 부분적으로 고갈되고 있다. 이 결과로 1982년 이후 텍사스 주의 관개면적은 11%가 감소하였고 이로 인해 농민들은 생산성이 훨씬 낮은 전통적인 건조농업으로 회귀하였다. 관개면적은 오클라호마 주, 캔자스 주, 콜로라도 주에서도 줄어들고 있다.

인도에서도 지하수위는 인도의 곡창인 펀자브지역을 포함한 여러 주에서 낮아지고 있다. 1960년대 중반 이래 펀자브지역에서의 겨울 밀과 벼의 이모작으로 전반적인 곡물 생산량이 극적으로 증가하였으나, 이로 인해 물의 사용량도 지하대수층의 지속 가능한 수준 이상으로 증가하였다. 지하수위는 라자스탄 주의 조드퍼지역에서도 낮아지고 있다. 그렇게 되면, 도회지는 이전보다 우물을 깊게 파야 되는 한편 자신의 우물을 깊게 팔 자본이 없는 시골사람들은 관개농법을 포기하고 건조한 고지대를 떠나지 않을 수 없다.

풍요해지는 13억 명의 인구를 먹여 살려야 하는 중국에서도 물이 부족한 지역인 북부 일부 지역에서는 대수층을 과다하게 퍼 올려 물의 수요를 충당하고 있다. 예를 들어 베이징(北京)에서 지하수면은 1950년의 지하 5m에서 오늘날은 50m 이상의 깊이까지 낮아졌다. 중국과학원 부원장으로 농업과 수자원에 대한 책임을 맡고 있는 첸의유 교수는, 월드워치연구소를 방문했을 때, 중국 북부의 광대한 지역에서 지하수면이 지난 20-30년 사이에 약 30m나 낮아졌다고 말했다. 그의 추산에 따르면 약 1억 명의 주민들이 그 영향을 받을 지역에 살고 있다.

그가 이러한 영향을 받을 지역에 사는 사람들의 수를 알고 있다는 사실로 보아 대수층의 고갈을 예의 주시해 온 그와 그의 과학원 동료들이, 대수층이 고갈되면 불가피하게 물의 공급을 줄여야 하는 지역의 주민 복지에 많은 신경을 쓰고 있다는 것을 알 수 있다. 이러한 고갈이 임박한 것인지 아니면 아직 몇 년 여유가 있는 것인지는 분명하지 않다. 그러나 언제고 대수층이 고갈되면 이 지역 주민 1억 명이 사용 가능한 물의 양은 극적으로 감소할 것이다. 이 지역의 생활용수와 공업용수의 수요를 맞추기 위해서는 관개용수를 크게 줄이는 수 밖에 없을 것이다.

물 상황이 특히 심각한 것은 하북성(河北省)이다. 여기서는 지하수의 고갈로 인해 관개농지가 축소되고 있다. 성(省) 내의 공업도시에서 물의 수요가 증가함에 따라 농민들은 그들이 전통적으로 이용하던 물의 공급원을 빼앗기고 있다. 대수층의 고갈이 지나치게 급속히 진전되고 있기 때문에, 지반침하, 지호현상(sink-holes), 균열 등이 나타나고 있다. 하북성 남부의 공업도시인 한단

(邯鄲) 주변은 지하수의 고갈로 인해 땅에 약 30군데의 균열이 생겼다. 이 균열 중 하나는 도시 중심가를 지나고 있어 주민들은 건물들이 붕괴하지 않을까 하는 두려움에 떨고 있다.

산서(山西), 하북(河北), 하남(河南), 산동(山東) 등 중국 중앙부 및 북부의 성(省)에서는 관개용수로 이용 가능한 물의 양은 수확량을 극대화하기 위해 필요한 양의 일부에 지나지 않을 정도로 줄어들었다. 캐나다 마니토바 대학의 중국 전문가인 바졸라브 슈밀(Vaclav Smil)은 중국의 도시와 공업지역에서 물의 수요 증대는 "지금도 보잘것없는 관개율을 더욱 떨어뜨릴 것"이라고 보고 있다.

지하수를 지나치게 퍼 올리는 것은 눈앞의 작은 위기를 피하기 위해 장래의 보다 큰 위기를 초래하는 짓이다. 이러한 방법은 정책결정자들로 하여금 환경 허용량이나 인구정책, 물 시장의 창설 필요나 수자원 이용의 효율성을 높이기 위한 투자의 중요성 등 어려운 문제를 일시적으로 피할 수 있게 해 준다. 그러나 사실은 이러한 방법은 어려운 선택을 다음 세대에게 미루는 것이고, 다음 세대는 현재보다 훨씬 더 어려운 판단을 하지 않으면 안 될 것이다.

물의 수요가 인구증가에 따라 늘어나면서, 퍼내는 물의 양도 증가하였다. 어떤 시점에 이르면 물의 수요증가가 대수층이 감당할 수 있는 수준을 넘어서고 이로 인해 지하수면이 내려가기 시작할 것이다. 대수층이 고갈되고 물의 공급이 줄어들게 된다면 퍼내는 물의 양도 지하수가 보충되는 속도에 맞추어 어쩔 수 없이 줄어들 수밖에 없는 것이다. 만약 지금 빗물에 의해 대수층이 보충되는 속도의 두 배로 물을 퍼내 쓰고 있다면, 대수층이 고갈되었을 때는 물의 공급량은 반으로 줄어들 것이다.

인도의 펀자브지역과 같은 지역에서 이러한 현상이 벌어지게 되면 밀과 벼의 이모작을 변경하여 벼 대신에 수확량은 적지만 건조지대 작물인 사탕수수나 수수를 재배해야 할 것이다. 매년 1,600만 명의 인구가 늘어나고 있는 인도에 있어 이러한 전망은 결코 유쾌한 것이 아니다.

중국 북부지방 일부 지역에서는 지하수위가 매년 0.5-3.0m씩 낮아지고 있으며, 공업용수와 생활용수에 대한 수요가 기록적인 속도로 증가하고 있으므로 관개지역의 대폭적인 감소는 불가피하다. 사실 이미 관개면적이 줄어들고 있는 지역도 있다. 펀자브, 하리야나, 라자스탄, 타밀 나두 등 인도의 몇 개 주, 캘리포니아 주나 애리조나 주 등 미국의 몇 개 주 역시 관개면적을 크게 줄일 수밖에 없는 처지에 처해 있다. 앞서 언급한 대로 텍사스 주, 오클라호마 주, 캔자스 주, 콜로라도 주 등 대평원지역 남부에서 관개지 면적은 이미 감소하고 있다.

보충이 가능한 대수층을 마구잡이로 퍼내 사용한 가장 극단적인 예는 아마도 튀니지의 경우일 것이다. 튀니지에서는 보충량의 10배 이상의 속도로 물을 퍼내 사용하였다. 튀니지에 관해 최근 만들어진 수문학적 모델에 따르면, 앞으로 수년 내에 대수층이 고갈되고, 이로 인해 퍼내는 물의 양은 급격히 줄어들고, 곡물 생산량이 줄어들어, 추가적인 곡물수입이 필요하게 된다.

물에 대한 수요의 증대는 대수층뿐만 아니라 하천에도 과도한 압력을 가하고 있다. 지구의 대하천은 끊임없이 재생되고 있다. 그러나 인구가 많은 지역의 하천들은 댐에 의해 가로막히고 흐름이 변경되어 더 이상 흐르지 못할 정도로 물이 말라 버릴 때까지 이용된다. 실제로 오늘날 바다에 도달하기 전에 바닥을 드러내 보이는 하천들이 적지 않다.

중국의 황하는 1972년 처음으로 물이 말라 바다에 이르지 못했다. 그러나 이제는 매년 바닥을 드러내고 있으며 그 기간도 점점 길어지고 있다. 1996년 늦은 봄에는 황해로 흘러들어 가기 직전에 거치는 산동성에 이르기도 전에 이미 완전히 말라 버렸다. 1997년에는 한 해에 7개월 동안 강바닥이 말라 물이 바다에 이르지 못했다. 황하는 티베트(Tibet)에서 시작되어 8개 성을 거쳐 바다에 이르게 되는데 마지막이 산동성이다. 관개용수의 절반 이상을 이 하천에 의존하여 중국 밀의 5분의 1, 옥수수의 7분의 1을 생산하는 산동성 농민들에게 이것은 결코 반가운 소식이 아니다.

같은 시간에 지구 반대편에서는 콜로라도 강이 애리조나 사막으로 사라져 버리고, 캘리포니아 만에 거의 이르지 못하는 상황이 발생하고 있다. 중앙아시아에서도 투르키스탄과 우즈베키스탄의 목화재배 농민들이 아무다리야 강의 물을 전부 사용해 버려서, 강이 아랄해에 이르기 전에 종종 말라 버린다. 이로 인해 아랄해가 점차 사라져 가고 있을 뿐만 아니라, 종래 아랄해가 유지해 오던 연간 4만 4천 톤의 어장도 붕괴되어 버렸다.

강물이 말라 버릴 때까지 사용하는 것도 인류의 식량생산을 위해 불가피하다고 합리화할 수 있을지 모른다. 그러나 이로 인해 얻어지는 이득은 이로 인해 지불하게 되는 큰 대가와 비교하여 평가되어야 한다. 강물이 말라 버리거나 유량이 줄어들면 이들 강에서 알을 낳던 물고기들의 생존이 위협받게 된다. 해양어족의 산란장소로 기능해 온 하구(河口)도 파괴된다. 어장의 유지에 도움을 주는 영양분이 육지로부터 바다로 흘러들어 오는 것이 줄거나 어떤 경우에는 아예 중단된다.

이에 따라, 몇몇 정부는 이러한 어장을 지키기 위해 강물의 흐름을 다시 회복하려는 움직임을 보이고 있다. 비록 이러한 조치가 관개면적을 줄인다고 할지라도 말이다. 예를 들어 캘리포니아 주 정부의 관료들은 센트럴 밸리의 강에 있는 물고기와 야생동물의 서식지를 유지하기 위해 약 12억 톤의 물을 회복할 방침을 결정하였다. 이들은 또한 샌프란시스코 만(灣)을 보호하기 위해 만으로 흘러 들어오는 강으로부터 취수해서 전용할 수 있는 민물의 양에 제한을 두기로 결정하였다.

1990년에 3천만 명인 캘리포니아의 인구는 2020년까지는 63% 증가한 4,900만 명에 이를 것으로 예상되고 있다. 이 기간 동안 도시지역의 물 수요는 54% 증가하여, 식량수요가 증가하고 있음에도 농업에 이용 가능한 물의 양은 감소할 것으로 예측되고 있다.

인구가 증가하면 도시의 생활용수와 공업용수의 수요가 증가하고, 이것을 충당하기 위해서는, 증가한 인구에 식량을 공급하는 데 필요한 관개용수를 전용할 수밖에 없다는 것은 딜레마이다. 콜로라도 주 덴버 시 북서쪽에 있는 손턴이라는 작은 마을은 주의 북쪽 접경지역의 웰드 카운티(county)의 농민들과 목장주들로부터 물의 사용권을 사들였다. 이 마을은 앞으로 수년 내에 물의 수요량이 지역의 공급량을 초과하게 되면 100km의 송수관을 설치하여 이 물을 운송할 예정이다. 1995년 일본 남부의 후쿠오카 시도 앞으로의 물 부족현상을 피하기 위해 약 700명의 벼 재배농민으로부터 관개용수권을 사들였다.

중국정부는 1994년 초 농민들이 베이징(北京) 주변의 저수지의 물을 사용하는 것을 금지했다. 이는 급속히 늘어나고 있는 북경의 생활용수와 공업용수를 충당하기 위한 조치였다. 사람들이 부유해지고, 주택 내로 수도를 끌어들이는 사람들이 늘어남에 따라 1인당 물 소비량이 증가하면서 물 수요가 증대하고 있다.

1996년 봄, 산동성의 황하 유역의 농민들은 강물의 흐름이 되돌아오기만을 학수고대하였으나, 그들이 그 물을 사용할 수 없으리라는 사실을 깨달았을 뿐이다. 물은 모두 황하의 하구 근처의 동영(東營) 유전에서 필요로 했기 때문이다.

중국 북부의 물 수요는 황하의 물 공급능력을 급속히 초과하고 있기 때문에 극단적인 물 부족이 예견되고 있다. 현재도 산서성 일부지역에서는 식수 배급제가 실시되고 있다. 황하 유역의 8개 성(省)에서 가장 피해를 본 것은 농업이었다. 물 부족현상이 심화됨에 따라, 공업의 확대와 도시의 성장에 우선적으로 물이 공급되는 것이다.

중동지역에서 물의 수요는 주로 나일 강, 티그리스-유프라테스 강, 요르단 강의 3개 하천에 의해 충족된다. 1990년대 중반의 시점에서 나일 강과 요르단 강물은 거의 전량 이용되었다. 이 두 강 유역에서 늘어나는 생활용수나 도시용수에 대한 수요는 그 지역의 물의 80%를 사용하고 있는 관개(灌漑)로부터 물을 전용하는 것에 의해서 충당되고 있다. 이 지역의 물은 이미 고갈되어 가고 있으나 이에 따른 가족계획은 제대로 실시되지 않고 있다. 그 결과 중동지역의 인구는 매년 3% 가량 증가하고 있으며, 1인당 사용할 수 있는 물의 양은 꾸준히 감소하고 있다.

요컨대, 인간의 물 수요는 많은 지역에서 수문학적 사이클의 한계에 부딪히기 시작했다는 것이다. 산드라 포스텔, 그레첸 데일리, 폴 에릭은 1996년에 《사이언스》지에 세계의 담수(淡水) 가운데 인간이 이용할 수 있는 비율을 분석한 기념비적인 논문을 발표하였다. 그들은 다음과 같이 전망하였다. "많은 지역에서 담수가 부족하다. 이로 인해 생태계가 파괴되고 농업과 공업생산에 제한이 가해지고 있으며, 인류의 건강이 위협을 받고 있을 뿐만 아니라 국제적인 분규의 가능성도 높아지게 된다."

전 세계적으로 하천으로부터 끌어오거나 지하에서 퍼 올린 물 가운데서 3분의 2 정도가 관개에 사용되고 있다. 따라서 어떤 형태로든 물의 공급량이 줄게 되면 식량의 장래에 영향을 미치게 된다. 이용 가능한 물이 모두 이용되고 있는 지역에서는 농민과 도시 간의 갈등이 심화되고 있다. 이러한 싸움에서 패배하는 것은 거의 농민이다. 관개용수가 도시지역으로 전용됨에 따라 곡물 생산량은 감소하게 되고, 각국은 식량수입을 늘리지 않을 수 없다.

농업개척지의 프런티어가 반세기 전에 사라진 것처럼, 오늘날은 수자원 개발의 프런티어도 사라져 가고 있다. 그리고 개간할 토지가 없어지면서 토지생산성을 높이는 데 중점을 두었던 것처럼, 물의 생산성을 높이는 데 전력을 기울여야 할 시기가 다가오고 있다.

세계는 바야흐로 새로운 시대로 접어들고 있다. 새로운 시대에는 관개면적은 더 이상 증가하지 않는다. 물론 지구 여기저기에서 아직도 몇몇 관개개발 프로젝트가 진행되고 있다. 터키는 티그리스 강과 유프라테스 강에서 사용되지 않고 있는 물을 체계적으로 끌어내어 이용하려는 계획을 진행 중이다. 베트남은 메콩 강의 물을 끌어들여 관개면적을 확대하려는 계획을 세우고 있다. 그러나 이러한 관개프로젝트로 새로운 관개면적이 늘어난다 하더라도 어딘가 다른 곳에서 대수층의 고갈과 도시로의 수자원 전용으로 인해 줄어든 관개면적으로 인해 곧 상쇄되고 만다.

국제관개관리연구소의 사무국장인 데이비드 세클러는, 이제는 줄어드는 면적이 늘어나는 면적보다 많기 때문에 세계의 관개면적은 감소하고 있다고 믿고 있다. 아마도 이 견해는 타당하다고 생각되는데, 그렇다면 지금까지 수년간 완만한 속도로 감소해 오던 1인당 관개용수의 공급량은 인구가 예상대로 계속 증가한다면 더욱 빠른 속도로 감소할 것이다. 1인당 이용할 수 있는 물의 양이 줄어드는 것을 막을 수 있는가 없는가는 그 무엇보다도 정책결정자들이 인구증가를 안정시킬 수 있는가 없는가 하는 것에 달려 있다.

한계에 달한 토지생산성(rise in land productivity slowing)

20세기 중반 이후 새로이 경작할 토지는 줄어들고 있다. 이렇게 새로이 경작할 만한 토지가 부족해지자 농민들은 토지생산성을 높이는 방법으로 활로를 찾았다. 토지의 생산성(productivity)이란 토지의 단위면적당 작물의 생산량 비율을 말한다. 1950년부터 1995년까지 45년 사이에 ha당 곡물수확량은 1.06톤에서 2.76톤으로, 토지생산성은 2.6배나 향상되었다. 사실 농경이 시작된 이후 1만 년 동안보다 1950년 이후에 더 많은 토지생산성의 향상이 이루어졌다. 이 토지생산성을 높이는 중요한 역할을 한 세 가지는, 첫째 작물육종, 둘째 수리시설의 확대, 셋째 비료사용을 들 수 있다.

이것은 좋은 소식이다. 하지만 나쁜 소식도 있다. 최근의 국제식량농업기구(FAO) 통계를 보면 토지생산성의 증가는 점점 둔화되고 있다(표 2-4). 농작물을 시들게 한 이상고온현상이 닥친 1995년의 1ha당 수확량은 2.76톤으로, 이것은 1990년의 수확량 2.76톤과 기본적으로 변함이 없다. 표에 나타난 바와 같이 이 기간의 정체 경향이 비정상적인 것이라면 단위면적당 수확량의 역사적인 급속한 상승이 다시 계속될 것인가, 아니면 앞으로 경작지의 생산성이 더 둔화될 것인가는 의문이 아닐 수 없다. 1970년부터 2010년까지 40년 동안에는 2.0배의 토지생산성이 화곡류에서 증가했을 뿐이다.

1950년부터 1990년 사이에 토지생산성이 꾸준히 상승했지만, 공업 국가들과 개발도상국 사이에 그 추세가 서로 다르다. 1950년대와 1960년대에 이루어진 곡물의 단위면적당 생산성 향상은 주로 북미지역과 구소련을 포함한 유럽지역에서 이루어졌다. 그러나 1960년대 후반, 밀과 벼의 다수확품종 도입으로

표 2-4. 세계의 곡물 생산성

(단위: kg/ha)

구분	1970	1975	1980	1985	1990	1995	2000	2005	2010
화곡류	1,766	1,913	2,161	2,529	2,756	2,763	3,063	3,287	3,564
비율(%)	100	108	122	143	156	156	173	186	202
콩	1,480	1,657	1,600	1,906	1,897	2,031	2,169	2,318	2,555
비율(%)	100	112	108	129	128	137	147	157	173

자료: http://faostat.fao.org 2012

개발도상국 특히 아시아 에서도 생산성이 증가하기 시작했다. 아시아 개발도상국에서 1970년대와 1980년대 밀과 벼의 토지생산성 증대는 아주 인상적인 것이었다.

1990년에는 선진공업국이나 개발도상국 모두 더 이상의 단위면적당 수확량의 향상을 이루기 어려울 정도의 수준에 도달하게 되었다. 사실상 농민들은 입수 가능한 수확량 증대기술을 거의 대부분 이미 사용하고 있다. 인도와 같은 몇몇 나라에서는 여전히 지속적으로 수확량의 급격한 증대가 이루어지고 있다. 그러나 많은 나라들은 그러한 성과를 달성하기 힘든 단계에 도달해 있다.

선진공업국과 개발도상국 사이의 차이점은 세계 양대 곡물 생산국인 미국과 중국의 단위면적당 수확량의 추세를 통해 분명히 알 수 있다. 미국과 중국은 각기 세계 곡물의 5분의 1씩을 생산하고 있다. 미국의 경우 대규모의 성장이 이루어진 시기는 1950년대와 1960년대로, 이 시기에는 단위면적당 수확량이 매년 4%씩 상승하였다. 그러나 그 이후로 이러한 성장세는 1970년대에는 2% 이하로, 그리고 1980년대에는 겨우 1%로 둔화되었다. 1990년대 들어 성장률은 더욱 저하될 것으로 보인다.

중국의 경우 단위면적당 수확량의 증대가 최근에야 이루어졌을 뿐 아니라 성장률의 부침도 대단히 심한 편이다. 1950년에서 1977년까지는 생산성은 연평균 2.7%의 비율로 비교적 천천히 상승하였다. 그러던 것이 대규모 집단농장을 해체하고 토지 관리의 책임을 개별농가에게 돌려 준 1978년의 경제개혁조치 이후 생산성은 극적으로 증가하였다. 1977년부터 1984년 사이에 중국의 농민들은 단위면적당 수확량이 매년 7% 상승하는 획기적인 성과를 거두어 농업선진국을 바짝 추격했다. 이 성과의 대부분은 화학비료 사용량의 급상승에 의한 것이다. 그러나 그 후 1984년부터 1995년 사이의 성장률은 매년 1.6% 수준으로 급락하였다.

1950년에서 1990년 사이에 생산량을 획기적으로 증대시킨 모든 국가들은, 화학비료에 대한 반응도가 좋은 다수확작물의 재배와 화학비료 사용의 극적인 증대라는, 기본적으로 동일한 방법을 사용했다. 또한 중국, 인도, 미국 등에서는 관개면적도 크게 늘어났다. 1950년에서 1989년 사이 세계 화학비료 사용량은 1,400만 톤에서 1억 4,600만 톤으로 10배나 증가했다. 이 기간 동안은 세계 화학비료 사용량의 증가가 가장 손쉽게 예측할 수 있는 세계 경제지표 가운데 하나였다.

1989년 이후 세계 화학비료 사용량은 감소세로 돌아섰다. 그 주된 원인은 1988년 시작된 구소련의 농업개혁조치였다. 화학비료의 국내 가격과 세계 시장가격의 격차를 줄이려는 조치로 화학비료가격이 급등하였고, 이로 인해 사용량은 급격히 감소하였다. 그 이후로 매년 구소련지역에서의 화학비료 사용량은 계속 감소하여 1995년에는 1989년 사용량의 5분의 1에도 못 미치는 수준으로 떨어졌다.

북미, 서유럽, 일본 등 농업이 발전한 다른 지역에서는 1980년대에 들어서서 화학비료의 사용량 증가세가 제자리걸음을 했다. 실제로 미국에서 1990년대 중반의 화학비료 사용량은 1980년대 초반보다 줄어들었다. 다른 농업선진국의 농민들처럼 미국의 농민들도, 화학비료를 어느 수준 이상으로 투입하면 그 이상 아무리 화학비료 양을 증가시키더라도 단위면적당 곡물수확량이 더 이상 늘어나지 않는다는 사실을 인지하게 된 것이다. 이러한 인식과 더불어 토양의 차이에 따른 화학 비료 필요량의 차이를 상세하게 검사하는 방식을 채용함으로써 곡물의 필요에 정확하게 맞도록 화학비료가 사용되게 되었다.

몇몇 개발도상국에서도 화학비료의 사용량 증가세는 둔화되고 있다. 예를 들어 매년 2,800만 톤의 화학비료를 사용하는 중국의 경우(미국은 매년 2천만 톤을 사용한다) 화학비료의 사용을 현재 수준 이상으로 증가시키는 것은 그다지 경제성이 없다. 사실 중국에서의 화학비료 사용량은, 1980년대 미국에서 그랬던 것처럼 1990년대 말에는 감소할 것으로 전망되었다.

인도, 방글라데시, 파키스탄 등 많은 개발도상국에서 화학비료의 사용량은 비록 완만하기는 하지만 계속 증가하고 있다. 인도의 경우 매년 1,400만 톤을 사용하고 있는데, 이는 미국보다 약 5백만 톤이 적은 양이다.

그 밖에도 세계 경작지의 토지생산성에 영향을 미치는 요인으로 바람과 물의 침식작용으로 인한 표토의 유실과 기온의 상승 특히 주요 곡창지역에서 하절기의 기온상승 현상을 들 수 있다. 표토의 유실이 미국의 토지생산성에 미치는 영향에 관한 농학연구에 따르면, 표토 1인치(2.5cm)가 유실될 때마다 밀이나 옥수수 수확량은 6%씩 감소한다고 한다. 이러한 생산성의 감소는, 물론 표토층 밑에 토질이 떨어지는 하층토가 있느냐 아니면 암석이 있느냐에 따라 달라지게 된다. 만약 암석층이 있는 경우라면 수확량은 더욱 급격히 줄어들게 된다.

아직 대기오염은 토양의 침식처럼 곳곳에서 일어나고 있지는 않지만, 그럼에도 불구하고 세계 곡물수확에 부담을 주고 있다. 미국 전역의 70여 개 소의 관측지점에 대한 조사를 토대로 이루어진 미국 농무부와 환경보호청(EPA)의 세부적인 연구결과에 따르면, 대기오염 주로 지상의 오존 으로 인해 미국의 곡물수확량은 적어도 5-10% 정도까지 감소하고 있다고 한다.

대기오염이 곡물수확량에 미치는 영향을 평가하기 위해 유럽에서 이루어진 연구결과는 이러한 사실들을 뒷받침해 주고 있다. 예를 들어 스웨덴에서는, 대기가 오염됨에 따라 35만 톤의 수확량이 감소한 것으로 추정된다. 세계에서 공기가 가장 많이 오염된 곳의 하나인 구체코슬로바키아에서 1980년대 중반에 대기오염으로 인해 입은 작물 손실은 밀 130만 톤에 해당한다고 추산되고 있다. 중국과 인도를 포함한 아시아 국가들이 현재의 예상대로 석탄 사용을 급격히 늘려 간다면, 이들 국가에서 대기오염이 수확량에 미치는 피해는 미국에서의 화석연료의 사용으로 인한 수확량의 손실보다 더 심각해질 것이다.

기온의 상승으로 인해 수확량이 감소할 가능성도 존재한다. 기상기록이 시작된 이래 가장 더운 해였던 1995년, 북반구 공업국가 전체 미국, 캐나다, 유럽연합 국가들, 우크라이나, 러시아 에서 농작물을 시들게 할 정도의 이상고온 현상으로 인해 세계 곡물수확량이 크게 감소하였다. 미국에서는 1980년, 1983년, 1991년에도 하절기에 비정상적인 폭염으로 수확량이 크게 감소했었다. 이 가운데 어떤 해에는 한발이 겹친 해도 있었다. 1988년에는 중서부지역 전역을 강타한 혹독한 더위와 한발로 인해, 미국 역사상 최초로 곡물 생산량이 국내 소비에도 미치지 못하였다. 여름 생육기에 엄습한 이상고온현상은 단위면적당 수확량을 떨어뜨릴 뿐만 아니라, 농작물에 크나큰 피해를 주기 때문에 작물의 생산동향을 불규칙적으로 만든다.

미래의 기후변화를 예측하기에는 너무나도 불확실한 요소가 많지만, 온실

효과 가스(이산화탄소)의 증가와 지구의 기온 사이의 관계, 즉 온실효과는 분명히 입증되고 있다. 대기 중의 이산화탄소 수준은 처음 계측된 1959년 이후 매년 상승하여 지난 36년간 약 14% 증가하였다. 그리고 과학자들은 지구의 평균기온이 상승하고 있다는 사실을 입증했다. 1866년 기상기록이 시작된 이래 가장 더웠던 11년은 모두 1979년 이후이다.

세계 에너지 경제에서 화석연료가 중심적인 역할을 하고 있다는 점을 생각하면, 대기 중의 이산화탄소량은 향후 분명히 크게 증가할 것이다. 혹독한 이상고온현상이 닥칠 수 있다는 점을 제외한다면, 이산화탄소 수준의 상승에 의해 세계의 기후 패턴이 어떠한 영향을 받을지는 아무도 예측하지 못하고 있다. 지금 세계는 기후 면에서는 미지의 영역에 접어들고 있다. 농경이 시작된 이래 접한 어떠한 기후와도 다른 기후를 향해 가고 있는 것이다.

수확량의 증대 가능성을 점치는 예측들은 대개 다수확의 물리적 환경에 대한 이해가 부족한 데서 나오곤 한다. 예를 들면 어째서 아프리카에서는 녹색혁명이 이루어지지 않았는가를 의아해 하는 사람들이 많다. 그 이유는 오스트레일리아에서 녹색혁명이 일어나지 않는 것과 같다. 아프리카 대륙은 거의가 반건조지대 또는 건조지대이기 때문이다.

물론 아프리카에서도, 비옥한 토양과 충분한 수자원을 갖춘 이집트의 나일강 계곡지역이나 동부 아프리카의 고원지대, 경작에 알맞게 강수량이 연중 고르게 분포된 케냐 남부지역과 짐바브웨 등 일부 지역에서는 수확량이 크게 증가하였다. 그러나 아프리카 대륙 전체를 보면, 건조 상태가 장기적인 식량생산 능력을 크게 제약하고 있다. 충분한 물이 없이는, 효과적으로 사용할 수 있는 화학비료의 양도 크게 제한되는 것이다. 화학비료를 사용할 수 없다면, 토지 생산성을 높이기 위한 주요한 투입물이 없는 셈이다.

위도(緯度) 역시 작물의 단위면적당 수확량을 좌우하는 요인이다. 세계은행의 도널드 미첼(Donald Michell)과 머린다 잉코(Merinda Ingco)의 연구에 따르면 벼의 단위면적당 수확량은 적도지역에서 가장 낮고 위도가 높아질수록 점차 증대한다. 일본의 벼 단위면적당 수확량이 인도네시아보다 훨씬 높다는 것을 예로 들 수 있다. 설사 양국의 농경방식과 사용되는 투입물이 똑같다고 하더라도 일본의 생산량이 더 많을 것이다. 일본의 경우 벼의 생육기간인 여름철에 일조시간이 훨씬 더 길고 그로 인해 광합성작용이 활발히 일어나기 때문이다.

이와 비슷한 경우는 밀의 경우에도 존재한다. 생육조건에 따라 단위면적당 수확량이 나라마다 크게 다르다. 북반구 고위도지역의 밀 재배국들 중에서는 서부유럽이 러시아나 캐나다의 경우보다 단위면적당 수확량이 높다. 러시아와 캐나다에서는 혹독한 겨울 때문에 겨울 밀을 재배할 수 없어서 거의 봄밀만을 파종하게 된다. 겨울 밀은 가을에, 대개의 경우 9월 하순에 파종된다. 겨울 밀은 겨울이 오기 전에 발아하여 수 인치(inch) 높이로 자랐다가 겨울이 되면 휴면상태에 들어간다. 봄이 찾아와 기온이 상승하기 시작할 무렵이면, 밀은 뿌리를 내리고 급속히 생장할 준비가 되어 있다. 그리하여 늦은 봄과 초여름의 긴 일조시간 동안 최대한의 생장(生長)을 하는 것이다.

이와는 대조적으로 봄밀은 5월에 파종되어 8월 하순이나 9월에 수확되므로 생장기간도 매우 제한되고, 또 이로 인해 잠재적 생산능력도 크게 제한된다. 온난한 멕시코 만류의 영향을 받고 밀의 생장에 유리한 강우(降雨) 패턴을 가진 서부유럽에서의 단위면적당 수확량이 캐나다나 러시아의 3배에 달하게 되는 것은 어려운 일이 아니다.

태양광선의 강도 또한 단위면적당 수확량에 영향을 미친다. 필리핀, 인도네시아, 인도 남부지역 등 벼의 이기작이 가능한 기온의 지역에서는, 건기에 재배되는 벼의 단위면적당 수확량은 우기(雨期)에 재배되는 벼보다 20%, 경우에 따라서는 30%나 더 많다. 건기에는 태양광선이 훨씬 더 강하기 때문에 거의 대부분 두꺼운 구름층이 뒤덮고 있는 우기보다 광합성작용이 활발해 수확량이 높아진다. 그러므로 일본의 단위면적당 벼 수확량을 이보다 훨씬 높은 캘리포니아 벼 수확량과 비교하여, 캘리포니아의 생산량을 토대로 일본의 생산 잠재능력을 계산하는 것은 큰 오류다. 캘리포니아 쪽의 태양광선이 훨씬 강하기 때문이다.

국내에서나 국제적으로 밀, 벼, 옥수수의 최대 단위면적당 수확량을 다른 지역이나 세계 전체의 잠재적 생산력을 평가하는 기준으로 삼으려는 경향이

종종 나타나고 있는데 이는 지극히 비현실적이다. 왜냐하면 지금까지 살펴본 것처럼 강우량, 기온, 위도(일조시간의 길이), 태양광선의 강도, 토양 자체의 생산성이 각기 다르기 때문이다.

미국에서 흥미 있는 신기술이 도입되어 언론의 관심을 끌고 있다. 일반적으로 "정밀농업"(precision agriculture)이라고 일컬어지는 것으로 전 지구 위치 파악 위성(Global Positioning Satellites, GPS)을 활용하는 것이다. GPS는 농지 내의 어떤 지점이건 1m 이하 단위까지도 세밀하게 보여 줄 수 있다. 농민들은 수확용 기계에 위성 수신기를 부착하여 광활한 농지의 수확상황을 매우 세밀하게 점검할 수 있다. 수신기를 장착한 사륜구동차량이 경작지 내의 지정된 지점의 토양에 대한 표본추출을 할 수도 있다. 토양의 영양분, 유기물의 함유량, 토양의 수분상태와 단위면적당 수확량을 비교하면, 농민들은 보다 정밀하게 화학비료 등 필요한 투입물을 사용할 수 있게 된다. 단위면적당 수확량과 토양에 대한 조사결과를 비교해 보면 같은 농장 내에서도 어떤 곳에서는 화학비료의 투입량을 늘려야 하고 다른 곳에서는 줄여야 할 필요가 있다는 것을 알 수 있다.

GPS는 아이오와 주나 인디애나 주 등 중서부지역과 같이 기복이 심한 지역에 가장 알맞다. GPS의 주된 목적은 생산량을 증대시키는 것이 아니다. GPS를 통해 몇 % 정도의 생산량을 증가시킬 수는 있겠지만, 이것은 화학비료, 제초제, 살충제 등의 농업투입물의 이용효율을 높이기 위한 것이다. 이 신기술은 대규모의 고가의 장비를 필요로 하기 때문에, 그 이용은 당분간 미국, 캐나다, 서유럽에만 한정될 것이다.

토지생산성의 급속한 상승을 부활시킬 가능성이 있는가 없는가를 평가하는 열쇠의 하나는, 다수확옥수수(hybrid corn)의 재배나 화학비료의 사용처럼, 세계 곡물수확량의 엄청난 증가를 다시 가져다 줄 새로운 신기술이 나타나느냐에 달려 있다. 그러나 그러한 신기술은 더 이상 있을 것 같지 않다.

20세기 중반 이후의 기록적인 토지생산성 향상을 견인한 여러 가지 기술들은 모두 1840년에서 1930년 사이에 개발된 것들이다. 예를 들어 토양에서 사라진 모든 영양분들은 광물질의 형태로 보충될 수 있다는 사실은 1847년에 독일의 농화학자인 유스투스 폰 리비히(Justus von Liebig)에 의해 발견되었다. 품종개량에 이용되는 유전학의 기본 원리들은 오스트리아의 수도사인 그레고르 멘델(Gregor Mendel)에 의해 발견되었다. 그가 이 기념비적인 연구를 수행한 것은 1860년대였다. 1960년대 중반에 아시아에서 시작된 녹색혁명에서 중심적인 역할을 한 다수확 왜소품종(high-yielding dwarf)의 밀과 벼에 유전학 지식이 적용된 것은 1880년대의 일이었다. 미국에서 단위면적당 옥수수 생산량을 4배로 증가시킨 옥수수의 이종교배가 상업화된 것도 1930년 이전의 일이었다. 물론 관개기술의 개발은 수천 년 전으로 거슬러 올라간다.

1950년 이래의 토지생산성의 대폭 상승은 이러한 신기술이 지구 전역으로 확대되고 개량되고 지역적인 조건에 맞게 적용된 데 기인한다. 그러나 지금까지 말한 여러 가지 기존의 기술혁신이 가져다 준 것과 맞먹을 만큼 세계 식량생산의 획기적인 증대를 가져다 줄 수 있는 새로운 기술혁신은 20세기 중반 이후에는 나타나지 않고 있다.

이것은 생물공학(biotechnology)의 경우에도 마찬가지이다. 생물공학에 대해 자주 제기되는 의문이 있다. 즉 전통적 기술을 사용한 작물육종으로 개발된 품종보다 단위면적당 수확량이 훨씬 많은 품종을 개발할 수 있는 잠재력이 생물공학에 어느 정도 있는가 하는 것이다. 그러나 대답은 아무도 확실히 알지 못한다. 생물공학이 시작된 지 30년 이상의 세월이 흘렀지만, 생물공학은 밀이든 옥수수든 벼이든 상업적으로 성공한 다수확 품종을 하나도 개발하지 못하였다. 왜냐하면 이전의 작물육종학자들이 단위면적당 수확량을 증대시킬 수 있다고 생각되는 모든 방법을 이미 시도해 보았기 때문이다. 생물공학이 작물생산에 공헌한 것 중에 주된 것은 다양한 질병이나 병충해에 대해 저항력이 있는 품종을 개발하는 게 될 것이다. 이것은 농약 사용의 필요성을 줄일 것이다. 농약을 사용했을 때보다 생물공학의 적용으로 작물의 손실이 줄어든다면, 그만큼 생물공학은 단위면적당 수확량을 높인 셈이 된다.

생물공학은 육종학자들이 이전의 육종기술로는 이룰 수 없었던 한 가지를 이룰 수 있도록 해 주었다. 생식질(生殖質; germplasm)을 하나의 종(種)에서 다른 종으로 이식할 수 있게 된 것이다. 이것을 제외하면 생물공학은 농학자들의 도구함에 있는 여러 도구의 하나에 지나지 않는다. 작업을 보다 빠르게, 보다 적은 비용으로 수행할 수 있게 해 주는 도구일 뿐이지 식량부족상태를 헤치고 나갈 수 있는 마법의 지팡이는 결코 아니다.

역설적으로 토지생산성을 크게 높일 가능성은, 전적으로 전통적인 육종기술에만 의존하고 있는 필리핀의 국제미작연구소(IRRI)의 육종학자들의 연구에 달려 있다. 그들은 벼의 생산성을 다른 주요 작물인 밀과 옥수수에 필적하는 수준으로 높이기 위해 문자 그대로 벼를 재설계하고 있다. 초기의 연구결과를 보면 새로운 벼의 품종이 이용 가능할 때쯤에는 아마도 21세기 초가 될 것이다 단위면적당 수확량이 20% 정도 증대될 가능성이 있다. 만약 그렇게 되면 세계 곡물 수확량에 7,000만 톤이 추가되어, 세계 인구의 증가분을 30개월 먹여 살릴 수 있다.

수확량을 늘리는 데에 많은 장애요인이 있지만 그중에서도 가장 크게 대두되는 것은 화학비료의 추가 투입분에 대한 작물의 반응이 체감하고 있는 것이다. 이것이 1990년대에 들어와서 토지생산성의 증대가 크게 둔화된 주된 원인이다. 1950년에서 1990년 사이 1인당 곡물생산면적이 줄어들기는 했지만, 토지생산성의 상승을 통해, 축소된 곡물생산면적의 감소분 이상을 생산해 낼 수 있었다. 그러나 1990년 이후로는 이것은 더 이상 가능하지 않다.

1950년에서 1989년까지 화학비료의 사용량이 늘어난 것이 세계 곡물수확량을 증가시켜 온 주 엔진이었다. 그러나 이 엔진은 힘을 잃어 가고 있다. 많은 나라에서 화학비료의 사용을 늘려도 단위면적당 수확량에 영향을 거의 미칠 수 없는 오늘날, 어떻게 생산량을 늘릴 것인가 하는 문제는 더 이상 농민만의 문제가 아니다. 그것은 매년 거의 9,000만 명씩 늘어나고 있는 세계 소비자들에게 보다 심각한 문제인 것이다. 최근의 세계 비료사용량을 〈표 2-5〉에서 보면 2002년 기준으로 2009년에 14%가 증가되었고, 농약 및 제초제 사용량은 1990년 기준으로 2009년에 44%가 감소되었다(표 2-6).

이렇게 토양의 화학비료에 대한 반응성이 떨어지고 농약 및 제초제 사용량이 줄어드는 것은 오늘날의 세계정치지도자들에게 이전의 정치가들이 직면하였던 어떠한 문제보다 훨씬 어려운 도전에 봉착하도록 하고 있다. 과연 이들

표 2-5. 세계의 비료 사용량

(단위: 백만 톤)

구분	2002	2003	2004	2005	2006	2007	2008	2009
질소비료(N)	86.4	89.5	88.9	90.5	95.5	100.1	99.0	105.0
인산비료(P_2O_5)	33.9	35.9	39.7	40.2	40.6	41.2	36.7	37.9
칼륨비료(K_2O)	24.1	25.2	23.5	27.5	27.4	30.8	26.2	21.5
합계	144.3	150.6	152.1	158.2	163.5	172.1	162.0	164.4
비율(%)	100	104	105	110	113	119	112	114

자료: http://faostat.fao.org 2012

표 2-6. 세계의 농약 사용량

연도	농약*(천 톤)	비율(%)	제초제(천 톤)	비율(%)	합계(천 톤)	비율(%)
1990	679	100	453	100	1,132	100
1991	662	97	443	98	1,105	98
1992	737	109	458	101	1,195	106
1993	629	93	417	92	1,046	92
1994	646	95	507	112	1,153	102
1995	677	100	490	108	1,167	103
1996	625	92	515	114	1,140	101
1997	688	101	544	120	1,232	109
1998	646	95	528	117	1,174	104
1999	621	91	458	101	1,079	95
2000	728	107	485	107	1,213	107
2001	650	96	510	113	1,160	102
2002	436	64	236	52	672	59
2003	444	65	263	58	707	62
2004	494	73	255	56	749	66
2005	570	84	302	67	872	77
2006	539	79	355	78	894	79
2007	561	83	344	76	905	80
2008	499	73	306	68	805	71
2009	406	60	223	49	629	56

*: 살충제, 살균제, 종자처리 살균제, 종자처리 살충제, 식물생장조절제, 살서제, 소독제, 기타 농약의 합계

자료: http://faostat.fao.org 2012

이, 이 문제를 충분히 재빨리 인식해서, 세계 식품사정이 가혹할 만큼 악화되어 정치적 불안정을 야기할 정도로 식품가격이 앙등하는 것을 피할 수 있을지 없을지는 앞으로 두고 볼 일이다.

참고문헌

국제식량농업기구(FAO). 2012.《농업통계》.〈http://faostat.fao.org〉

브라운, 레스터. 1997.《식량대란》. 박진도 역. 한송.(Brown, Lester R. 1996. *Tough Choices; Facing the Challenge of Food Scarcity*. Worldwatch Institute. Norton & Company, New York)

최영경. 2000.《지구촌의 식량위기는 오고 있다》pp.1-18. 농촌진흥청 특강 자료집, 수원.

최영경. 전운성. 2009.《지구촌의 마지노선 2015》. 강원대학교출판부, 춘천.

Evans, L.T. 1998. *Feeding the Ten Billion. Plants and Population Growth*. Cambridge University Press, Cambridge.

Smil, Vaclaw. 2000. *Feeding the World. A Challenge for the Twenty-First Century*. The MIT Press, London.

Unklesbay, Nan. 1992. *World Food and You*. Food Products Press, New York.

3. 한국의 식량

21세기는 국제화시대로 지구촌 각 국가에서 급속한 변화가 일어나고 있고 또한 피할 수 없는 무한경쟁에 당면하고 있다. 한국의 식량농업 분야도 예외가 아니어서 최근 들어 엄청난 도전에 직면하고 있다. 1947년에 발족한 관세 및 무역에 관한 일반협정(GATT)은 1993년에 우루과이 라운드(UR)의 타결을 거쳐 1995년에 세계 무역기구(WTO)를 출범시킴으로 세계화는 구체화되었다. 한국은 1996년에 경제협력개발기구(OECD)에 29번째 회원국으로 가입하여 세계화에 참가하게 되었고 모든 것을 열어 놓았다. 2001년에는 도하 개발 아젠다(DDA; 뉴라운드, 밀레니엄 라운드)가 합의되어 다자간 무역협상이 출범됨으로써 농업분야도 협상에 포함되었다. 실제로 2002년에는 한국-칠레 자유무역협정(FTA)이 타결되고 2011년에는 농업대국 미국과도 타결함으로써 국제화에 가속화가 시작되었다. 따라서 자주국가의 조건인 식량안보의 측면에서 바라보면 한국은 식량농업의 위기를 맞게 되었다고 할 수 있다.

인구증가와 식량수요(population growth and food demand)

한국의 인구증가 현황을 농림수산식품 주요통계에서 보면 1970년의 3,200만 명에서 2010년에는 4,860만 명으로 나타나 40년 동안 51%가 증가되었다(표 3-1). 이 증가율은 같은 기간의 세계 인구 증가율 87%보다는 낮다. 21세기 인구증가에 대한 전망은 학자에 따라 여러 가지로 나타난다. 일반적인 예측은 2030년에서 2050년까지는 지속적으로 증가하여 세계의 인구는 현재 70억 명

표 3-1. 한국의 인구증가와 식량수요

구분	1970	1975	1980	1985	1990	1995	2000	2005	2010
인구(천 명)	32,241	35,281	38,124	40,806	42,869	45,093	47,008	48,138	48,580
비율(%)	100	109	118	127	133	140	146	149	151
양곡수요(천 톤)	8,825	9,996	12,596	14,667	16,282	19,974	19,961	19,847	20,617
비율(%)	100	113	143	166	184	226	226	225	234

자료: 농림수산식품 주요통계(2011).

표 3-2. 농축산물 1인당 연간 소비량

구분	1970	1975	1980	1985	1990	1995	2000	2005	2010
양곡(kg)	219.4	207.3	195.1	181.7	167.0	160.5	153.3	135.5	125.8
비율(%)	100	94	89	83	76	73	70	62	57
원예작물(kg)*	59.9	62.5	142.6	134.6	174.4	215.0	224.3	205.5	210.8**
비율(%)			100	94	122	151	157	144	148
축산물(kg)***	13.0	17.6	31.6	48.7	76.1	89.9	105.8	112.4	122.6
비율(%)	100	135	243	375	585	692	814	865	943

*: 원예작물은 과실류와 채소류의 합계이며 과실류는 1980년부터 포함됨.
**: 원예작물의 2010 성적은 채소류의 2009성적이 포함됨.
***: 축산물은 쇠고기, 돼지고기, 닭고기, 우유, 계란이며 계란은 개당 80g으로 환산.

자료: 농림수산식품 주요통계(2011)

이 90-100억 명 수준이 될 것이라고 한다. 그러나 식량생산의 한계 때문에 각 나라의 인구정책이 어떻게 변화될지는 모른다. 한국의 인구증가에 대한 전망도 여러 가지가 있을 수 있다. 현재의 세계 12위권 이상의 경제위상을 유지한다면, 세계 전체 인구의 1%도 안 되는 한국의 인구를 많다고 할 수는 없고, 따라서 인구 감소정책은 바람직한 것이 못 된다고 본다.

한국의 식량수요는 1970년의 약 900만 톤에서 2010년에는 약 2,100만 톤으로 급증하여 증가율이 134%나 된다(표 3-1). 이것을 1인당 연간 곡물 소비량으로 계산하면 1970년에 274kg에서 2010년 424kg로 55%를 더 소비한 셈이 된다. 통계에 나타난 성적으로 보면 짧은 기간에 엄청난 변화이다. 1970년대에는 한국이 식량이 부족할 뿐만 아니라 경제적으로 가난한 나라였기 때문일 것이다.

이 곡물소비를 농축산물 1인당 연간 소비량의 내용으로 보면 〈표 3-2〉에 나타난 바와 같다. 1970년 1인당 양곡 소비량은 219kg이었으나 2010년에는 126kg으로 43%가 줄었다. 그런데 축산물 소비량은 같은 기간에 13kg에서 123kg으로 843%가 증가되었다. 그리고 원예작물은 1980년 기준으로 48%가 늘었을 뿐이다. 고기 1kg을 생산하는 데 육우는 7.0kg, 돼지는 4.0kg, 그리고 닭은 2.2kg의 곡물이 필요하다고 하니 전체 식량수요가 급격히 늘어난 것은 축산물의 수요가 많이 증가되었기 때문이다.

양곡 1인당 연간 소비량을 작물별로 나누어 보면 식량의 주종인 쌀은 1970년에 136kg에서 2010년에 73kg으로 47%가 줄어들었다(표 3-3). 한국역사의 삼한 시대부터 2천 년 동안 5곡으로 자리했던 보리쌀은 같은 기간에 37kg에서 1kg으로 97%까지나 감소되었다. 그리고 밀, 콩, 서류, 옥수수 등은 46kg에서 52kg으로 쌀과 보리쌀에 비하면 큰 변화는 아니라고 할 수 있다.

이와 같이 1970년부터 2010년까지 최근 40년 동안의 식량수요에서 축산물은 843% 증가하고 양곡은 43%가 감소되었는데 특히 주곡인 쌀과 보리의 소비량이 많이 감소되었다. 한국국민의 식량소비양상의 이 같은 급격한 변화로 인해 청소년에서 어린이까지 비만이 문제가 되는 사회가 되었다. 비만문제는 세계에서 지난 50여 년간 식량대국인 미국의 가장 큰 고민이라고 한다. OECD 국가들 가운데 식량자원의 취약점을 지닌 한국이 이제 미국과 같은 비만문제를 고민하게 되었으니 설명하기가 매우 어렵다. 역사가 상대적으로 짧고 여러

표 3-3. 양곡 1인당 연간 소비량

구분	1970	1975	1980	1985	1990	1995	2000	2005	2010
쌀(kg)	136.4	123.6	132.4	128.1	119.6	106.5	93.6	80.7	72.8
비율(%)	100	91	97	94	88	78	69	59	53
보리쌀(kg)	37.3	36.3	13.9	4.6	1.6	1.5	1.6	1.1	1.3
비율(%)	100	97	37	12	4	4	4	3	3
밀(kg)	26.1	29.5	29.4	32.1	29.8	33.9	35.9	31.8	31.0
비율(%)	100	113	113	123	114	130	138	122	119
기타(kg)*	19.6	17.9	19.5	16.9	16.0	18.6	22.2	21.9	20.7
비율(%)	100	91	99	86	82	95	113	112	106

*: 콩, 옥수수, 서류 및 기타의 합계

자료: 농림수산식품 주요통계(2011)

민족이 혼합되어 구성된 미국의 경우는 이해할 수 있겠으나, 5천 년 역사의 식문화를 가진, 그리고 단일민족으로 구성된 국가라면, 21세기 시작과 더불어 한국의 식량문제를 논의하기에는 부끄러움이 앞선다.

식량작물의 생산과 수입(production and importation of food crops)

한국 식량수요의 구성은 크게 생산과 수입으로 구분할 수 있다. 전체 양곡의 수급실적을 보면 생산량은 1970년에 710만 톤에서 2010년의 551만 톤으로 40년 동안 22%가 감소되었다(표 3-4). 반면에 수입된 양곡은 같은 기간에 212만 톤에서 1,571만 톤으로 643%나 증가되었다. 전체 식량 자급도로 보면 1970년의 80%가 2010년에 27%로 낮아졌다. 2010년에 한국 국민 양곡 소비량의 73%를 외국에서 수입하여 충당했다는 의미이다.

주요 식량작물의 생산현황을 보면(표 3-5) 1970년부터 2010년까지 미곡, 옥수수, 땅콩, 및 감자는 생산량이 증가되었고 맥류, 두류, 및 고구마는 감소되었다. 생산량 증가가 많은 작물은 땅콩으로 133%가 증가하였고, 다음이 미곡인 논벼와 밭벼 및 옥수수로 각각 9%의 증수를 나타냈다. 생산량이 감소한 작물은 맥류와 고구마로 1970년에 모두 100%였던 것이 2010년에 각각 4%와 14%밖에 되지 않았다. 특히 맥류의 경우 1970년의 182만 톤이 2010년에는 8만 톤밖에 생산되지 않아 큰 문제로 대두되고 있다. 작물별 생산량으로 보면

표 3-4. 식량의 생산, 수입 및 자급도

구분	1970	1975	1980	1985	1990	1995	2000	2005	2010
생산(천ton)	7,097	7,295	7,048	7,102	7,013	5,816	5,931	5,718	5,507
비율(%)	100	103	99	100	99	82	84	81	78
수입(천ton)	2,115	3,012	5,051	7,336	10,022	14,258	14,624	13,851	15,712
비율(%)	100	142	239	347	474	674	691	655	743
자급도(%)	80.4	73.0	56.0	48.4	43.1	29.1	29.7	29.4	26.7

자료: 농림수산식품 주요통계(2011)

표 3-5. 주요 식량작물의 생산현황

(단위: 천톤)

구분	1970	1975	1980	1985	1990	1995	2000	2005	2010
미곡*	3,939	4,669	3,550**	5,626	5,606	4,695**	5,291	4,768	4,295
비율(%)	100	119	90	143	142	119	134	121	109
맥류***	1,820	1,806	906	584	417	292	163	200	81
비율(%)	100	99	50	32	23	16	9	11	4
옥수수	68	54	154	132	120	74	64	73	74
비율(%)	100	79	226	194	176	109	94	107	109
콩	232	311	216	234	233	160	113	183	105
비율(%)	100	134	93	101	100	69	49	79	45
땅콩	6	8	9	16	18	17	9	7	14
비율(%)	100	133	150	267	300	283	150	117	233
감자****	121	132	89	115	74	118	141	179	123
비율(%)	100	109	74	95	61	98	117	148	102
고구마****	662	605	342	244	134	95	107	88	93
비율(%)	100	91	52	37	20	14	16	13	14

* : 미곡은 논벼와 밭벼.
** : 1980년 냉해로 감수, 1995년 일조부족으로 감수.
*** : 맥류는 겉보리, 쌀보리, 맥주보리, 밀 및 호밀.
**** : 정곡환산율(중량)은 감자 20%, 고구마 31%.

자료: 농림수산식품 주요통계(2011)

표 3-6. 주요 식량작물의 수입현황

(단위: 천톤)

구분	1970	1975	1980	1985	1990	1995	2000	2005	2009
쌀	541	481	580	-	-	-	106	204	267
비율(%)	100	89	107	-	-	-	20	38	49
밀	1,254	1,584	1,810	2,996	2,239	2,860	3,337	3,645	3,878
비율(%)	100	126	144	239	179	228	266	291	309
옥수수	284	532	2,234	3,035	6,198	8,879	8,830	8,533	7,352
비율(%)	100	187	787	1,069	2,182	3,126	3,109	3,005	2,589
콩	36	61	417	885	1,092	1,435	1,567	1,330	1,105
비율(%)	100	169	1,158	2,458	3,033	3,986	4,353	3,694	3,069
땅콩	-	-	8	4	7	10	28	31	31
비율(%)	-	-	100	50	88	125	350	388	388

자료: 농림업 주요통계(2011)

미곡이 주종을 이루어 1970년 394만 톤이 2010년에는 430만 톤이 되었다. 이 생산량은 맥류 등 다른 작물의 합계보다도 8.8배나 많아 한국의 식량생산이 단일작물인 미곡에 편중되어 있음을 보여 주고 있다.

주요 식량작물의 수입현황에서 쌀은 아직까지는 매우 미미하다(표 3-6). 수입 식량작물의 대부분은 밀, 옥수수 및 콩이다. 밀은 1970년에 125만 톤, 2009년에 388만 톤을 수입하여 209%가 증가되었다. 옥수수는 같은 기간에 28만 톤 수입이 735만 톤이 되어 26배가 증가되었다. 옥수수는 전통적으로 가축사료로 많이 이용되었다. 콩은 약 4만 톤 수입이 111만 톤이 되어 약 31배가량 증가되었다. 콩은 식용뿐만 아니라 기름용, 가공용, 사료용 등 다양하게 이용되었다. 땅콩은 1980년도부터 수입하기 시작하여 2009년에는 3만 톤 정도이다. 이와 같이 한국은 많은 양의 곡물을 수입에 의존하고 있음을 통계표는 보여 준다.

이들 주요 양곡 쌀, 밀, 콩 및 옥수수의 수입량과 금액을 합계로 보면 〈표 3-7〉과 같다. 1970년을 대비하여 2009년에 수입양은 596%로 증가하였다. 작물의 생산량 측면에서 보면 엄청난 양이 된다. 그리고 이 수입금액은 같은 기간에 1,728% 증가되었다. 금액으로는 2009년에 35억 달러가 되고 이 식량작물의 수입가격은 1970년에 비하여 약 3배 상승한 것이 된다. 현재 세계 곡물시장의 상황으로는 큰 문제가 없으나 식량의 부족사태가 발생하면 식량의 가격은 예측하기 어려워지는 것이 식량작물의 속성이다. 식량문제는 세계가 우려하는 21세기 과제의 하나이다. 한국의 식량안보 문제가 중요한 이유는 바로 여기에 있다. 21세기가 국제적으로 무한경쟁의 시대라고 한다면 한국의 가장 큰 도전

표 3-7. 주요 식량작물(쌀, 밀, 옥수수 및 콩)의 수입량 및 수입액

구분	1970	1975	1980	1985	1990	1995	2000	2005	2009
수입량(천톤)	2,115	2,658	5,041	6,916	9,529	13,174	13,840	13,712	12,602
비율(%)	100	126	238	327	451	623	654	648	596
수입액(백만$)	202	619	1,015	1,071	1,522	2,058	1,787	2,378	3,490
비율(%)	100	306	502	530	753	1,019	885	1,177	1,728

자료: 농림수산식품 주요통계(2011)

이 바로 식량문제일 것이다. 현재 한국의 식량자급도는 OECD 국가 가운데 최하위에 있다. 때로 식량자급도를 일본과 비교하는 경우가 있는데 이는 위험한 발상이다. 일본은 1980년대 이전에 이미 남미 등에 식량작물 생산농지를 많이 확보해 두었기 때문이다. 한국이 현재의 경제적 국제 위상 수준을 유지하려면 가장 시급한 과제가 식량안보에 대한 근본적인 대책일 것이다.

경지이용과 재배면적(arable land utilization and cultivated area)

농경지 이용 상황을 농림수산식품 주요통계에서 보면 〈표 3-8〉과 같다. 1970년에 국토에 대한 농경지 비율은 23.3%였으나 2010년에는 17.1%가 되어 6.2%가 감소되었다. 농경지면적은 1970년의 230만ha에서 2010년의 170만ha로 감소하여 실제로 농경지면적은 25%가 감소한 셈이 된다.

주요 식량작물의 재배현황을 〈표 3-9〉에서 보면 미곡의 재배면적은 1970년 120만ha에서 2010년에 89만ha가 되어 26%가 줄어들었다. 그러나 맥류의 재배면적은 같은 기간에 83만ha에서 5만ha가 되어 94%나 감소되었다. 이는 역사상 가장 오래된 5곡인 맥류재배가 한국의 농경지에서 사라질 위기에 있다는 말이 된다. 두류, 잡곡, 서류 등의 재배면적도 1970년에 비하여 급격하게 줄어들어 2010년에는 평균 78%가 감소되었다. 따라서 그나마 미곡재배를 제외하면 식량작물의 재배는 매우 적은 것이다.

경지이용률(rate of arable land utilization)과 작물 재배면적을 〈표 3-10〉에서 보면 더욱 심각하게 느껴진다. 경지이용률이란 주어진 경지에 1년에 몇 번

표 3-8. 경지비율과 경지면적

구분	1970	1975	1980	1985	1990	1995	2000	2005	2010
경지비율(%)	23.3	22.7	22.2	21.6	21.2	20.0	19.0	18.3	17.1
경지면적(천ha)	2,298	2,240	2,196	2,144	2,109	1,985	1,889	1,824	1,715
비율(%)	100	97	96	93	92	86	82	79	75

자료: 농림수산식품 주요통계(2011)

표 3-9. 주요 식량작물의 재배현황

(단위: 천ha)

구분	1970	1975	1980	1985	1990	1995	2000	2005	2010
미곡	1,203	1,218	1,233	1,237	1,244	1,056	1,072	980	892
비율(%)	100	101	102	103	103	88	89	81	74
맥류	834	761	360	242	160	90	68	61	51
비율(%)	100	91	43	29	19	11	8	7	6
두류	365	324	244	196	188	132	107	118	83
비율(%)	100	89	67	54	52	36	29	32	23
잡곡	123	73	53	40	37	28	25	26	25
비율(%)	100	59	43	33	30	23	20	21	20
서류	181	146	92	65	40	40	44	48	42
비율(%)	100	81	51	36	22	22	24	27	23

자료: 농림수산식품 주요통계(2011)

표 3-10. 경지이용률과 식량 및 원예작물 재배면적

구분	1970	1975	1980	1985	1990	1995	2000	2005	2010
경지이용률(%)*	142	140	125	120	113	108	111	105	109
식량작물 재배면적(천ha)	2,706	2,522	1,982	1,780	1,669	1,346	1,316	1,232	1,093
비율(%)	100	93	73	66	62	50	49	46	40
원예작물 재배면적(천ha)**	318	324	476	475	450	577	559	453	407
비율(%)	100	102	150	149	142	181	176	142	128

*: 동작물, 하작물 포함
**: 채소류 및 과실류

자료: 농림수산식품 주요통계(2011)

을 재배하느냐 하는 것으로, 예를 들어 한 논에서 보리를 재배한 후에 벼를 재배하면 경지이용률은 200%가 된다. 이것을 이모작 비율이라고 하기도 하고 이러한 경지를 이모작지라 한다. 1970년의 경지이용률은 142%로 전체 경지의 42%는 이모작지로 보리수확 후에 벼를 재배하여 수확하든 원예작물을 재배하든 1년에 두 번을 재배하였다는 말이다. 그런데 2010년에는 이 경지이용률이 109%로 단지 9%만이 이모작지로 이용되었다. 앞에서 경지면적이 25%나 줄었다고 밝혔는데 경지 이용률에서 다시 33%의 경지면적이 줄어든 셈이다. 식량작물 재배면적은 1970년의 271만ha에서 2010년의 109만ha로 60%가 감소하였다. 과수와 채소를 포함한 원예작물의 재배면적은 1970년 32만ha에서 2010년 41만ha로 28%가 증가하였으나 전체 경지면적으로 보면 크게 영향을 주지는 못했다. 경지면적이 줄어든 2010년의 경지면적을 기준으로 하여 가능한 경지이용률을 1970년으로 환산을 하면, 식량작물 재배 가능경지는 245만ha가 된다. 그런데 실제로는 109만ha만이 식량작물이 재배되었으니 식량작물 재배 가능경지의 45%만이 재배되었다는 셈이 된다. 여기서 원예작물 재배면적을 빼면 이론상 식량작물을 더 재배할 수 있는 가능 경지 약 95만ha는 무엇에 이용되고 있는지가 의문이 될 수 있다.

한국의 농가인구의 감소추세를 농림수산식품 주요통계에서 보면 1970년부터 꾸준하게 감소된 것으로 나타났다. 1970년에 1,442만 명으로 전체 인구의 45%를 차지하던 농가인구는 2010년에는 306만 명으로 6.4%가 되었다. 이 농가인구 비율은 주요 선진국에 비하면 아직도 높은 수준이다. 농가소득, 농촌경제, 농산물가격 등에는 다양한 논의가 있을 수 있을 것이다. 따라서 농가인구를 더 줄여야 식량작물 재배면적이 늘어나고 생산량이 많아져서 식량자급도를 높이게 되어 국민식량을 안전하게 보장할 수 있다고 하는 주장은 성립될 수 없다.

식량작물의 생산성(productivity of food crops)

주요 식량작물의 생산성은 지난 40년 동안 꾸준히 향상되었다(표 3-11). 벼는 1970년에 비하여 2010년에 46%가 증가하여 10a당 수량은 483kg가 되었다. 재배면적이 가장 많은 벼는 1970년대에 녹색혁명을 통하여 이미 국제 수준의 생산성에 올랐고 그동안 연구개발도 많이 하여 현재는 세계적 수준이 되었다. 보리와 밀의 생산성은 1970년에 비하여 2010년에 평균 15%가 증가하였으나 생산성향상의 여지가 있다고 볼 수 있다. 옥수수는 2010년에 10a당 479kg으로 1970년에 비하면 230%가 증가했으나 국제적 수준으로 보면 개발의 여지가 많다. 콩과 땅콩은 같은 기간에 생산성이 각각 86%와 205%가 증가하여

표 3-11. 주요 식량작물의 생산성(kg/10a)

구분	1970	1975	1980	1985	1990	1995	2000	2005	2010
벼	330	386	289	456	451	445	497	490	483
비율(%)	100	117	88	138	137	135	151	148	146
겉보리	195	217	241	254	254	280	199	288	239
비율(%)	100	111	124	130	130	144	102	148	123
쌀보리	238	258	246	222	246	325	246	338	199
비율(%)	100	108	103	93	103	137	103	142	84
밀	226	222	330	343	303	444	255	321	312
비율(%)	100	98	146	152	134	196	113	142	138
옥수수	145	172	436	504	461	425	406	484	479
비율(%)	100	119	301	348	318	293	280	334	330
콩	79	113	115	150	153	152	131	174	147
비율(%)	100	143	146	190	194	192	166	220	186
땅콩	86	84	77	141	150	183	189	194	262
비율(%)	100	98	90	164	174	213	220	226	305
감자	224	254	241	371	353	474	486	542	494
비율(%)	100	113	108	166	158	212	217	242	221
고구마	522	640	622	729	706	634	662	510	483
비율(%)	100	123	119	140	135	121	127	98	93

* 정곡 기준
자료: 농림수산식품 주요통계(2011)

많이 향상되었으나, 국제적 수준으로 보면 아직도 생산성이 매우 낮다. 콩의 경우 2010년 10a당 147kg의 수량은 미국의 콩 수량에 비하면 겨우 50% 수준밖에 되지 않는다. 감자도 121%의 증수를 보였으나 외국의 생산성에 비하면 높은 것이 아니고, 고구마는 1970년부터 2000년까지 평균 25% 이상의 증수를 나타냈으나 2005년부터 감소를 보였다. 이상의 주요 식량작물에 대한 생산성을 요약하면 벼를 제외하고 보리, 밀, 옥수수, 콩, 땅콩, 감자, 고구마의 면적당 수량은 세계 선진국의 수량에 비하면 매우 낮은 수준에 있음이 통계자료에 나타나 있다. 식량작물 생산의 안정화 및 다양화를 도모한다면 기장, 조, 호밀, 수수, 귀리, 율무, 메밀 등의 면적당 수량에 대하여도 조사 및 연구가 진행되어야 한다.

제2장 세계의 식량에서 논술한 바와 같이 앞으로의 반세기(2000-2050년) 동안 세계의 식량에 대한 전망은 밝다고 볼 수 없다. 1950년 이래 식량작물의 생산성을 높이는 데 중요한 역할을 한 세 가지는 작물육종, 수리시설의 확대, 비료사용의 증가였다. 그러나 이제는 수리시설의 확대나 비료사용이 증가될 가능성은 희박해지고 있다는 것이다. 작물 육종가의 가장 큰 공헌은 광합성물질이 종자로 분배되는 비율을 증가시킨 것이다. 옛날의 재래종 밀 품종들은 수확지수가 20%로 광합성물질의 20%가 종자로 분배되고 나머지 80%는 잎, 줄기 및 뿌리의 성장에 전환되었다. 현재 다수확 밀 품종은 수확지수가 50%나 되며, 학자들은 이론적으로 62%까지는 가능할 수 있을 것이라고 하나 작물의 기능유지에 필요한 에너지 균형 때문에 60% 수준까지 올릴 수 있는지는 알 수 없다. 다른 하나는 작물수량 증가에 대한 생물공학의 지나친 기대이다. 제초제 및 병충해 저항성 품종의 육성으로 생산효율을 높이는 것과 내한성(drought tolerance) 및 내염성(salt tolerance) 작물품종을 육성하여 생리적 장애를 완화함으로 안정적 생산을 도모하는 것이다. 이 생물공학에 대하여는 제5장 작물의 품종개량에서 보다 자세히 논의하게 된다.

21세기 전반, 만약 세계에서 식량수급의 불균형이 발생하게 된다면 식량자급도가 27%밖에 안 되는 한국은 식량안보에 문제가 발생할 수 있다. 현재의 식량수급현황을 국제적 수준에 비교하면 한국농업의 참회가 필요하다. 지난 30년간 쌀만은, 쌀만은, 하는 식량안보의 구호가, 보리를 비롯한 밀, 콩, 옥수수, 감자, 고구마 등 주요 식량작물을 사라지게 했는데, 국민은 쌀을 점점 적게 먹어 해마다 남아돌게 되고 이제 쌀도 내놓게 되었으니, 농민에게 무엇을 재배하여 생산하라고 할 것인가 말이다. 현재의 당면과제는 앞에 나타난 것처럼 농축산물 소비양식의 개선, 수입곡물의 대체 생산, 경지이용률의 제고, 연구개발 강화를 통한 생산성 향상이다. 모두가 다 힘겹고 어려운 선택일 것이다. 인간이 사회적 동물이고 국가 구성요소의 하나가 국민이라면 국가는 그 국민을 부양할 의무가 있을 것이다. 국민 각자가 알 권리를 주장하려면 할 책임, 질 의무, 갈 사명도 있다. 국가 역시 식량안보의 측면에서 국민에 대한 책임에 겸손히 귀기울여야만 한다. 경제이론을 넘어 생물에너지로 살아야만 하는 것이 바로 인간이기 때문이다.

북한의 식량농업문제에 대한 논술은 통계자료와 식량작물 생산현황 자료 수집의 불충분으로 여기서는 생략한다. 2001년에 출간된 부경생 외 공저의 《북한의 농업 실상과 발전방향》을 소개한다. 다만 식량의 생산과 수급의 총량 측면에서 국제적 매체를 통해서 얻어지는 정보로만 보면 한국의 식량안보적 상황보다는 더욱 심각한 상태일 것으로 추측될 뿐이다.

참고문헌

김광호 외 3인. 2004.《생존과 번영의 조건 식량》. 건국대학교출판부.

김무성 외 6인. 2004.《식량과 인류》. 아카데미 서적.

농림수산식품부. 2011.《농림수산식품 주요통계》. 농림수산식품부.

박준근 외 5인. 2003.《인류의 식량》. 전남대학교출판부.

부경생 외. 2001.《북한의 농업》. 서울대학교출판부.

브라운, 레스터. 1997.《식량대란》. 박진도 역. 한송.(Brown. Lester R. 1996. *Tough Choices; Facing the Challenge of Food Scarcity*. Worldwatch Institute. Norton & Company, New York).

최상진. 2002.《인간, 식량, 환경》. 선진문화사.

최영경. 2000.《지구촌의 식량위기는 오고 있다》pp.1-18. 농촌진흥청 특강 자료집, 수원.

Evans, L.T. 1998. *Feeding the Ten Billion. Plants and Population Growth*. Cambridge University Press, Cambridge.

Gardner, et al. 1985. *Physiology of Crop Plants*. Iowa State University Press, Ames.

Hay, R.K.M., and A.J.Walker. 1989. *An Introduction to the Physiology of Crop Yield*. Longman Scientific and Technical, New York.

보유

쌀, 보리, 콩의 시련

식량작물 벼(쌀)와 보리 및 콩의 역사를 살펴보자면 5곡에서 그 유래를 찾을 수 있다. 삼한시대에는 보리, 기장, 피, 콩, 참깨가 5곡으로 그중 보리가 가장 중요한 식량이었다. 삼국시대에 들어오면서 저수지 등 수리시설의 발달과 함께 5곡은 보리, 쌀, 콩, 조, 참깨가 되어 쌀의 생산과 이용이 많아짐을 알 수 있다. 콩은 만주 및 한반도가 원산지로 우리가 종주국이다. 고려시대부터는 쌀, 보리, 콩, 조, 기장이 5곡이 되어 조선후기까지 주식곡물로서 쌀, 보리, 콩이 주요 식량이었다. 지금도 우리는 1천 년 이상의 역사를 가진 이 5곡을 그대로 인정하고 있다. 근대에 들어오면서 5곡은 재배면적이나 생산량 및 이용률의 측면에서 쌀, 보리, 콩, 옥수수, 밀이 되어 현재에 이르고 있다.

우리민족의 가장 중요한 식량인 쌀, 보리, 콩은 어떤 작물인가. 쌀은 탄수화물작물로 가을에 수확한다. 보리는 탄수화물작물이지만 늦은 봄부터 초여름에 수확을 한다. 인체영양의 75%를 차지하는 이 탄수화물을 이렇게 연간 두 번 생산하여 안정화를 도모한다. 콩은 초여름부터 늦가을까지 반년 동안 수확을 할 수 있다. 콩의 단백질과 지방은 쌀, 보리와 더불어 인체의 3대 영양분을 완전하게 충족하는 것이다. 이 세 가지 곡물은 우리 민족의 주곡작물로서 주어진 기후환경에서 용이하게 많은 수확량을 얻을 수 있고, 인체의 영양에 적합하며, 연중 안정된 생산을 할 수 있는 안보식량이다. 식량안보란 가뭄이나 홍수 등

---

* 성락춘, 《안암》 제11권(고려대학교 안암산우회, 2002년), 35-37쪽; 2007년 3월 개고.

의 이상기후, 전쟁이나 천재지변의 긴급 상황에도 국가가 양적, 질적으로 안전한 식량을 국민에게 지속적으로 보장하는 것이다. 이것이 국가의 국민에 대한 의무이다. 이 5곡이 우리민족에게는 최소한의 안보식량으로 오랜 역사에 걸쳐 정착되어 왔고 쌀, 보리, 콩은 언제나 그 중심이 되었다.

세계 인류의 식량은 어떠한가. 우리의 5곡에 더하여 감자, 고구마, 수수, 귀리, 호밀, 조, 땅콩, 강낭콩, 카사바, 사탕수수가 세계 15대 식량작물이다. 우리의 경우에는 열대작물인 카사바와 사탕수수 그리고 강낭콩 대신에 기장, 율무, 메밀이 15대 식량작물이다. 현재 65억 명 이상 인구의 식량으로 이들 작물을 이용한다. 세계 인류의 식량은 역사가 증명하는 바와 같이 앞으로도 이 작물들일 수밖에 없다. 세계의 주요 선진국들은 이 식량작물을 안보식량으로 지정하여 연구하고 개발하여 이를 국제 식량전략에 이용하고 있다. 최근에는 유전자변형 농산물이나 농약 오염 등이 문제가 되어 식량안보에 대한 관심이 국제적으로 더욱 강조되고 있는 실정이다. 국제식량농업기구에서는 매년 식량의 위기를 경고하고 있고 현재도 8억 명의 인구가 기아현상을 겪고 있다고 발표하고 있다.

우리의 5곡에서 가장 중요한 쌀, 보리, 콩은 생산체계에서 어떠한 작물인가. 벼는 여름작물로서 봄에 파종하여 이앙하고, 보리는 겨울작물로 가을에 파종하며, 콩은 여름작물이지만 봄부터 초여름까지 파종한다. 이는 식량의 연중 균형생산의 의미로도 중요할 뿐만 아니라 같은 농지에서 이모작으로 두 번을 생산할 수 있어 경지의 이용률을 배가시킨다. 또한 이는 윤작체계에서 매우 합리적인 조합이며 지속적 생산체계이다. 벼와 보리는 벼과 작물이지만 콩은 콩과 작물로 공중질소를 고정하여 토양의 비옥도를 높인다. 논의 보리, 벼와 밭의 보리, 콩 뿐만 아니라, 논과 밭의 콩, 보리 및 벼의 윤작이 가능하다. 즉 겨울작물과 여름작물의 균형, 콩과 작물과 벼과 작물의 조합, 논과 밭의 윤작체계 등은 생산성이나 토양비옥도 그리고 친환경 생산체계에서 보면 연중 푸르른 농토를 유지할 수 있어 지속적이고 과학적이다. 그리고 환경변이의 대응작물이 조와 기장이고, 이용변이의 대응작물이 옥수수와 밀이다. 이러한 벼, 보리, 콩이 최소한 2천 년 이상의 역사를 지켜 온 가장 중요한 주곡으로 국가의 식량안보 작물인 것이다.

그러나 20세기에 접어들면서 쌀, 보리, 콩은 고난의 길이 시작되었다. 국제사회에 대한 무사안일주의가 부른 우리 민족의 재앙이었을 것이다. 우리는 어이없게도 나라를 빼앗기고 말았다. 일본은 강제점령기간에 우리의 소중한 식량인 쌀을 약탈해 갔다. 이 약탈된 쌀은 일본군의 전쟁터에서 군량미로 사용되었다. 우리는 일제의 억압에서 35년 동안 질곡의 세월을 견뎌야 했다. 땀 흘려 지은 쌀을 빼앗긴 국민의 마음은 어떠했을까. 이 쌀의 기근에서 국민의 생존을 지켜 준 것은 바로 보리와 콩이었다. 수많은 보릿고개의 애환을 겪으면서도 보리와 콩은 우리민족의 건강과 생존을 보장했던 것이다.

기나긴 고난의 세월 끝에 1945년 우리는 광복의 환희를 맞이하게 되었다. 그러나 광복의 기쁨도 잠시뿐이었다. 엉뚱하게도 이념문제의 갈등 때문에 이번에는 민족상잔의 전쟁을 시작하였다. 1950년부터 3년 동안 수십 개 나라의 군대가 남북으로 나누어 살육전을 벌인 것이다. 2천만 동포의 15%인 3백만 명이, 그것도 젊은이와 어린이가 목숨을 잃었다. 쌀도 보리도 콩도, 먹을 식량도 없고 생산할 수 있는 농민도 전쟁에서 사라져 부족하였다. 그리하여 국제연합의 원조식량에 국민의 생명을 의존할 수밖에 없었다. 보리는 35년 동안 너무 편식을 해서 싫증을 내게 되고 쌀을 먹기 원하는 국민에게 국가는 원조식량인 밀가루와 옥수수밖에 공급할 수 없었다. 이를 좋아하지 않는 국민에게 밀가루를 대체식량으로 하여 분식장려를 하고 국민을 계몽, 지도하였다. 잔칫날에나 먹던 국수나 수제비를 우리는 그렇게도 많이 먹어야만 했고, 보릿고개를 또다시 넘겨야만 하는 가난의 세월이었다.

아버지와 아들의 두 세대를 거친 질곡과 굶주림의 기나긴 세월에 국민의 마음은 어떠했을까. 이때부터 주곡자급을 위하여, 안보식량의 확보를 위하여 많은 노력과 시간을 국민은 아끼지 않았다. 1960년대에 시작한 새마을 운동은 한강의 기적을 낳았다고 국제적으로 칭송되고 있다. 그러나 그 노래는 우리도 한번 잘 살아 보자는 국민의 한 맺힌 절규가 서려 있다. 좌절하지 않고 일어선 뼈아픈 개척의 기간이었다는 것을 잊을 수 없다. 1970년대에 우리는 처음으로 벼에서 녹색혁명을 달성하여 쌀의 자급을 이루었고, 보리와 콩의 생산증가뿐만 아니라 옥수수와 밀 등 식량의 안전보장을 유지하려 준비하였다.

그것도 잠시, 1980년대에 들어와 '쌀만은…', '쌀만은…' 하는 한풀이식의 구호는 이번에는 보리와 콩의 수난을 초래하게 되었다. 우리의 역사에도, 세계의 선진국 어느 나라에서도 안보식량을 하나의 작물로 지정하는 나라는 없다. 예를 들면 1845년에 영국에서 발생한 대기근에서 감자가 이것을 증명하고 있기 때문이다. 이것은 7년 동안 2백만 명이 아사하고 인구의 25%가 이민을 떠난 역사로 남아 있다. 재배면적에서 1970년과 대비하여 현재 보리는 7%만 남아 한반도에서 사라질 위기에 있고, 콩은 30%가 남아 종주국이지만 1년 소비량의 90% 이상을 수입하여 먹는 처지가 되었다. 식량안보의 측면에서 보면 한국 농업의 붕괴를 의미한다. 지난 20여 년 동안 쌀만을 증산하였는데 국민은 점점 쌀만 먹는 것을 싫어하고 있다. 쌀을 많이 먹지 않으니 생산량은 증가하나 소비량은 감소하고 있다. 특히 다음 세대인 청소년층으로 갈수록 쌀을 더욱 적게 이용하고 있다. 그래서 쌀은 남아서 국가적인 문제가 되고 있다고 한다. 우리 국민은 일제하의 보리 편식처럼 쌀만 먹는 것을 바라지 않고 있는 것이다. 인간의 영양분으로 가장 많이 이용하는 탄수화물의 자원인 쌀은 남아서 천덕꾸러기, 보리는 싫어서 천덕꾸러기가 되어 버렸다.

21세기를 맞은 우리는 식량안보문제에 있어서 힘겨운 도전에 직면해 있다고 본다. 식량생산에 균형을 잃은 동안에 식량의 소비는 급격하게 늘어나고 있다. 콩, 옥수수, 밀의 이용은 계속해서 늘어나고 있어 1년 쌀 생산량의 두 배 반 이상을 수입에 의존하고 있다. 1년 총 식량 소비량의 70%를 콩, 옥수수, 밀로 수입해 먹는 나라가 되어 버렸다. 향후 20-30년 후에는 세계의 인구가 90-100억 명까지로 증가되어 지구촌의 식량은 절대부족의 상태가 된다고 예측하고 있다. 현재도 세계 120개 나라가 곡물수입국인 데 비하여 곡물수출국은 10개가 못 된다. 만약에 이 식량을 수입하는 데 문제가 발생하면 어떻게 될까?

우리 국민은 쌀 하나가 아닌 원래의 5곡으로 양적, 질적, 그리고 친환경적인 식량안보를 바라고 있는 것이다. 국가의 주권을 지키려면 교육문화가 있어야 하고, 영토를 지키기 위해서는 외교국방이 있어야 하며, 국민을 지키기 위해서는 식량과 환경을 유지할 수 있어야 자주, 자립, 자존의 나라가 될 수 있다. 교육문화나 통일국방을 거론하지 않더라도, 식량안보의 측면에서 쌀과 보리 및 콩을 바라보면 우리는 100년이 지나고 있는 지금도 방황하고 있는 나라이다. '한국의 내일을 묻는다'에서 저자가 말했듯이 광야에서 백마 타고 오는 초인을 기다리고 싶다.

참고문헌

정범모. 2004.《한국의 내일을 묻는다》. 나남.

4. 작물의 분류

일반 식물의 분류는 벼과, 콩과, 배추과, 국화과, 가지과 등 식물학적 분류법을 사용한다. 그러나 작물은 일반적으로 이용성, 경제성, 재배성 등을 중심으로 분류한다. 가장 보편적으로 사용되는 작물의 분류법은 용도에 의한 분류이다.

생태적 분류로는 생존연한에 따른 벼, 콩, 옥수수 등 1년생 작물(annual crop), 가을보리, 가을 밀 등 월년생 작물(winter annual crop) 또는 2년생 작물(biennial crop), 호프, 목초 등 다년생 작물(perennial)이 있다.

생육계절에 따라 봄에 파종하는 벼, 콩, 옥수수, 수수, 귀리, 조, 팥, 녹두, 고구마, 감자, 참깨, 들깨, 땅콩, 목화, 삼, 강낭콩, 완두 등 여름작물(summer crop)과, 가을에 파종하는 보리, 쌀보리, 찰쌀보리, 맥주보리, 밀, 호밀, 유채, 자운영 등 겨울작물(winter crop)이 있다. 생육적온에 따른 분류로 맥류, 감자 등 저온작물, 벼, 옥수수 등 고온작물, 고무나무, 카사바 등과 같이 열대환경에서 자라는 열대작물(tropical crop) 등 여러 가지 분류방법이 있다. 또한 재배, 이용에 따른 분류방법이 국가나 지역의 경영에 따라 다양하게 사용되기도 한다.

분류학과 학명

식물 분류학(taxonomy)에서 식물의 종류를 나누는 기본단위는 종(species)이고, 종 위의 분류단위가 속(genus)이다(표 4-1). 식물학적 종은 개체 간에 교배가 자유롭게 이루어지는 자연집단을 말하며 학명(scientific name)은 속명과 종명을 함께 표시하는 2명법(binomial nomenclature)으로 이름을 붙인 것

표 4-1. 식물계에서 벼와 콩의 분류체계

분류체계	벼	콩
계(界; kingdom)	식물계(plants; plantae)	
문(門; division; phylum)	종자식물문	
아문(亞門; subdivision)	피자식물아문	
강(綱; class)	단자엽식물강(monocot.)	쌍자엽식물강(dicot.)
목(目; order)	영화목	장미목
과(科; family)	벼과(grass)	콩과(legume)
족(族; tribe)		
속(屬; genus)	*Oryza*(벼속)	*Glycine*(콩속)
절(節; section)		
열(列; series)		
종(種; species)	*sativa*(아시아재배벼)	*max*(재배콩)
아종(亞種; subspecies)	indica, japonica	
생태종(生態種; ecospecies)		
생태형(生態型; ecotype)		
품종(品種; variety)		
재배종(栽培種; cultivar)	Ilpumbyeo(일품벼)	Daewonkong(대원콩)

* 생물은 plants, animals, fungi, algae, bacteria로 구분한다.

이다. 이 학명은 라틴어로 명명하고 이탤릭체로 쓴다. 뒤에는 최초 명명자를 표시한다. 예를 들면 벼에는 24종이 있고 그 가운데 재배 벼는 *Oryza sativa* L.인데 L.은 린네(Linnaeus)의 약자이다.

하나의 종 내에서 형질의 특성이 차이가 나는 개체군을 아종(subspecies) 또는 변종(variety)이라 한다. 이는 특정 지역 환경에 적응하여 생긴 것으로 생태종(ecospecies)이라 부르고, 생태종 내에서 재배유형이 다른 것을 생태형(ecotype)으로 구분한다.

작물의 생태형은 다양한 재배환경에 적응하여 생긴 것이며, 각 생태형에는 많은 품종(cultivar, variety)이 속해 있다. 품종이란 다른 것과 구별되는 특성을 지니고, 그 특성이 재배하고 이용하는 데 지장이 없을 정도로 균일하며, 세대가 진전되어도 균일한 특성이 변화하지 않는 개체군(population)을 가리킨다.

식량작물

한국에서 재배생산하여 이용되고 있는 주요 식량작물(food crops)은 다음과 같다.

1. 곡류(grain crops)

1) 화곡류(cereal crops)

벼(수도, 도: rice), 벼과(Poaceae), *Oryza sativa L.*

벼의 원산지에 대해서는 여러 가지 설이 있는데 아시아대륙 동남부의 열대 및 아열대지역이라고 하는 동남아시아설이 유력시되고 있다. 벼의 염색체수(chromosome number)는 2n=24이다. 인간(Homo sapiens)의 염색체수는 2n=46이다. 벼는 자가수정을 하는 작물이다. 벼 종자의 1,000립중은 31g 정도(쌀은 22g 정도)이다. 벼는 재배에 따라 논벼와 밭벼로 구분하고, 조생종, 중생종, 만생종으로 나누며, 까락에 따라 유망종과 무망종으로 구별된다. 용도에 따라서는 메벼와 찰벼로 구분하고, 벼의 모양에 따라 협립도, 장립도, 단립도로 나누고, 크기에 따라 대립도, 중립도, 소립도로 구별하며, 쌀의 색깔에 따라서는 상색미종과 특색미종으로 분류하기도 한다.

벼는 두 아종이 있는데 Japonica type(일본형)은 한국, 일본 및 화북의 재래종이 속하고, Indica type(인도형)은 대만, 자바, 인도, 스리랑카, 화남의 품종들이 속한다. 한국에서 1960년대에 육성한 Tongil type(통일형)은 인도형 IR8×(일본형 Ukara×대만품종 대중재래1호)를 3원 교배하여 개발한 것이다. 이 통일형 품종은 단간수중형(작은키큰이삭형)의 다수성으로 종래의 품종들과는 다른 점이 많다. 주요 장려품종은 메벼 품종에는 일본형의 일품벼, 남평벼, 대안벼, 오대벼(조생종)와 통일형의 통일벼, 밀양 23호, 삼강벼가 있고, 찰벼 품종에는 일본형의 신선찰벼, 화선찰벼, 동진찰벼와 통일형의 통일찰벼, 한강찰벼, 백운찰벼가 있다. 또한 특색미종으로 흑진주벼와 흑향벼도 있다.

벼는 재배시기에 따라 조기재배, 조식재배, 보통기재배, 만식재배, 만기재배로 구분한다. 재배양식에 따라서는 이앙재배와 직파재배가 있고, 이앙재배는 다시 관행이앙재배와 기계이앙재배가 있다. 이앙재배를 하려면 육묘(모 기르기; raising seedling)를 하여야 하는데 기계이앙을 하려면 기계이앙육묘를 하여야 한다. 일반적으로 기계이앙 상자육묘를 한다. 관행이앙재배의 못자리 육묘와 기계이앙 상자육묘 모두 본답 이앙시기를 예측하여 벼 종자의 파종기(씨뿌림 때; seeding time)를 정하여야 한다. 본답의 이앙기(모내기 때; transplanting time)는 중부지방에서는 5월 중순에서 6월 중순까지이고, 남부지방에서는 5월 하순에서 6월 하순까지이다. 논벼재배에서 벼는 담수상태에서 생장과 발육이 이루어진다. 따라서 벼의 생육기간 동안에 관수, 배수 등의 물 관리를 잘하여야 된다. 수확기(거두기 때; harvesting time)는 중부지방에서는 9월 하순부터 10월 하순까지이고, 남부지방에서는 10월 상순부터 11월 상순까지이다.

보리(대맥: barley), 벼과(Poaceae), *Hordeum vulgare L.*

보리의 원산지는 6조종은 티베트의 타오푸, 라사 등을 중심으로 한 동부아시아의 양자강 원류 지역이고, 2조종은 서부아시아의 온대지방, 특히 홍해로부터 코카서스 및 카스피해에 이르는 지역으로 알려져 있다. 염색체수는 2n=14이고 자가수정 작물이다. 종자의 1,000립중은 껍질보리(겉보리, 피맥; covered barley, hulled barley)는 28-45g이고, 쌀보리(과맥, 나맥; naked barley, unhulled barley)는 22-40g이다. 종자의 전분성분에 따라 메보리와 찰보리가 있다. 보리의 이삭이 6줄로 되어 있으면 6조종(여섯줄보리), 6각종(여섯모보리), 4모로 되어 있으면 4각종(네모보리), 2줄로 되어 있으면 2조종(두줄보리)이라고 한다. 이삭의 까락에 따라서도 장망, 중망, 단망, 무망으로 구분한다. 춘파형, 추파형, 중간형보리로 춘파성 정도를 분류하고, 숙기에 따라서도 조생종, 중생종, 만생종으로 구별한다. 또한 줄기의 길이에 따라 장간종, 중간종, 단간종 등으로 나누기도 한다. 주요 장려품종으로 껍질보리는 올보리, 강보리, 상록보리, 쌀보리는 새쌀보리, 강호쌀보리, 올쌀보리, 새로 개발한 찰쌀보리(쌀과 같이 1회 가열)는 두원찹쌀보리, 새찰쌀보리, 신찰쌀보리가 있고, 맥주보리에는 남향보리, 진양보리, 신호보리 등이 있다.

보리의 파종기는 중부의 북부지방에서는 10월 상순, 중부의 남부지방에서는 10월 상순, 중순, 남부의 북부지방에서는 10월 중순, 남부의 남부지방에서는 10월 중순, 하순경이다. 보리, 밀 등 겨울작물은 월동을 위하여 별도의 관리를 하여야 한다. 수확기는 다음 해의 중부지방에서는 6월 상순, 중순이고, 남부지방에서는 5월 말부터 6월 상순이 된다. 특수재배로 전남, 경남, 제주도 등에서 맥주보리도 생산한다.

밀(소맥: wheat), 벼과(Poaceae), *Triticum aestivum L.*

보통밀의 원산지는 아프가니스탄에서 코카서스에 이르는 지역, 특히 코카서스 남부인 아르메니아지방으로 추정한다. 염색체수는 2n=42(6x)이고 자가수정 작물이다. 밀은 2립계의 2n=28(4x), 1립계의 2n=14(2x)도 있다. 종자는 1,000립중이 30-45g이다. 종자의 표피 색깔에 따라 백소맥과 적소맥으로 나누는데, 백소맥은 백황색인 것이고, 적소맥은 황색, 적황색, 황금색, 황적색, 갈적색 등이 있다. 밀 이삭의 모양에 따라 곤봉형, 봉형, 방추형, 추형이 있고, 까락에 따라 완전무망, 무망, 반망, 유망으로 구분한다. 주요 장려품종으로 금강밀, 고분밀, 탑동밀 등이 있다.

밀의 파종기는 중부의 북부지방에서는 10월 초순, 중부의 남부지방에서는 10월 상순, 남부의 북부지방에서는 10월 상순, 중순, 남부의 남부지방에서는 10월 중순경이다. 수확기는 다음 해의 중부지방에서는 6월 중순, 하순이고, 남부지방에서는 6월 상순, 중순이 된다.

옥수수(강냉이, 옥촉서: maize, corn), 벼과(Poaceae), *Zea mays L.*

옥수수의 원산지는 아메리카설이 정설인데 중앙아메리카설과 남아메리카설이 있다. 염색체수는 2n=20이고 타가수정 작물이다. 종자의 1,000립중은 100g에서 400g까지 큰 차이가 있다. 종자의 표피 색깔도 백색, 황색, 등황색, 적갈색, 자흑색 등 여러 가지가 있다. 옥수수는 종자의 모양이나 품질에 따라 마치종(오목씨: dent corn), 나종(찰씨: waxy corn), 감미종(단씨: sweet corn),

경립종(굳음씨: flint corn), 폭열종(튀김씨: pop corn), 연립종(가루씨: flour corn), 유부종(껍질씨: pod corn), 아밀로오스종(amylose corn: 아밀로오스 함량이 70% 이상) 등으로 구분한다. 식용뿐만 아니라 사료용으로 재배할 때에도 종자사료용과 청예사료용으로 구별된다. 수이삭은 줄기 끝에 암이삭은 줄기 중간마디에 착생한다. 옥수수는 잡종강세(heterosis, hybrid vigor)를 이용하는 교잡종(hybrid)이 크게 발달하였다. 주요 장려품종은 마치종(dent corn)에 수원 19호, 광안옥, 찰옥수수(waxy corn)에 찰옥 1호, 찰옥 2호, 단옥수수(sweet corn)에 단옥 1호, 단옥 2호, 단옥 3호 등이 있다.

옥수수의 파종기는 평야지에서는 4월 상순부터, 산간지에서는 4월 하순부터 5월 중순까지이다. 수확기는 평야지에서는 9월 중순이고, 산간지에서는 9월 중순부터 10월 상순까지이다. 사료로 이용하는 사일리지용 옥수수재배와 풋이삭을 쪄서 먹는 단옥수수재배 등의 특수재배도 있다.

호밀(호맥: rye), 벼과(Poaceae), *Secale cereale L.*

호밀은 트랜스코카서스, 터키 및 이란 북서부가 제1차 중심지이고, 카스피해 동부 아프가니스탄, 이란 동북부 및 투르키스탄지역이 제2차 중심지로 원산지일 것이라고 한다. 염색체수는 2n=14이고 타가수정 작물이다. 종자의 1,000립중은 30g 내외이고, 입의 색은 담황색, 담녹색, 담갈색 등이 있으며, 낱알 모양이 가늘고 길다. 재배되는 품종은 팔당호밀, 신기호밀, 하이바세 등이다.

파종기는 중부지방에서는 10월 상순, 중순이고, 남부지방에서는 10월 중순, 하순이다. 수확기는 다음 해의 6월 하순에서 7월 상순이다. 호밀은 사료나 녹비로 이용하는 청예재배도 한다.

귀리(연맥: oats), 벼과(Poaceae), *Avena sativa L.*

원산지는 중앙아시아 및 아르메니아지방이다. 염색체수는 2n=42(6x)이고 자가수정 작물이다. 종자의 1,000립중은 35-45g이다. 품종은 메귀리, 상, 라레인, 스비아 등이 있다.

파종기는 3월 중순에서 4월 중순까지이고, 수확기는 6월 하순에서 7월 중순까지이다. 귀리는 사료나 녹비로 이용하는 청예재배를 많이 한다.

수수(촉서: sorghum), 벼과(Poaceae), *Sorghum bicolor Moench*

원산지는 열대아프리카설이 타당한 것으로 인정되고 있다. 염색체수는 2n=20이고 자가수정 작물이다. 종자의 1,000립중은 보통 25-30g이고 메수수와 찰수수로 구별한다. 종자의 표피 색깔은 백색, 황색, 갈색, 갈홍색, 흑색 등이 있다. 수수의 분류는 식용으로 하는 곡용수수, 설탕원료로 하는 당용수수, 사료용으로 하는 청예용수수, 비를 만드는 데 쓰는 소경수수로 구분한다. 곡용수수 품종에는 마일로, 카피어, 헤가리, 페터리타 등이 있다.

직파단작으로 재배할 경우의 파종기는 5월 상순, 중순이다. 이식 및 혼작의 경우에는 육묘하여 6월 하순에서 7월 상순에 이식한다. 수확기는 지방에 따라 또는 품종에 따라 다르나 보통 9월 하순에서 10월 중순경이 된다.

조(속: italian millet, foxtail millet), 벼과(Poaceae), *Setaria italica (L.) Beauv.*

원산지는 동부아시아에서 중앙아시아에 가까운 지방을 포함하는 지역으로 보는 견해가 인정되고 있다. 염색체수는 2n=18이고 자가수정 작물이다. 종자는 작아 1,000립중이 2.5-3.0g이고 메조와 차조가 있다. 조의 이삭은 원통형, 곤봉형, 선단분기형, 방추형, 분기형, 원추형으로 구별된다. 품종은 봄조와 그루조로 구분하고 재래종 품종으로 모래조, 호조, 천안조, 청미실, 강돌립 등이 있다.

파종기는 봄조는 5월 상순, 그루조는 6월 중순, 하순이고 파종방법에는 조파, 점파, 산파가 있다. 수확기는 봄조의 경우 9월 상순, 중순이고, 그루조는 10월 상순, 중순이다.

기장(서: common millet, broom corn millet, proso millet), 벼과(Poaceae), *Panicum miliaceum L.*

원산지는 동부아시아에서 중앙아시아에 가까운 지방까지 포함한 대륙성 기후의 온대지역이라는 견해가 유력하다. 염색체수는 2n=36이고 자가수정 작물이다. 종자는 작아 1,000립중이 4-5g이다. 재래종으로 봄기장과 그루기장이 있다.

파종기는 봄기장은 5월 상순, 그루기장은 6월 중순, 하순이다. 수확기는 봄기장은 8월 하순에서 9월 상순이고, 그루기장은 9월 하순에서 10월 상순이다.

피(삼: barnyard, Japanes millet), 벼과(Poaceae), *Echinochloa crusgalli* (L.) Beauv. var. *frumentaceae* (Roxb.) Wight

인도가 원산지로 추정되고 있다. 염색체수는 2n=54로 알려져 있고 자가수정 작물이다. 종자의 1,000립중은 2.8-3.8g으로 작고 메피와 찰피가 있다. 이삭의 형태에 따라 방추형, 단방추형, 장방추형, 원통형, 장난형 등으로 구별하고, 까락의 유무에 따라 유망종과 무망종으로 구분한다.

직파재배의 파종기는 4월 하순에서 5월 중순이지만 6월 중순, 하순까지도 파종할 수 있다. 수확은 9월 하순에서 10월 중순까지 한다.

메밀(교맥: buckwheat, common-buckwheat), 마디풀과(Polygonaceae), *Fagopyrum esculentum* Moench

원산지는 동북아시아의 한대를 제외한 지역과 중앙아시아로 보는 견해가 유력하다. 염색체수는 2n=16이고 타가수정 작물이다. 종자의 1,000립중은 25-30g이다. 메밀은 생태형에 따라 여름메밀, 가을메밀, 중간메밀로 분류되고 재래종이 있다.

파종기는 중부지방은 7월 중순, 하순이고, 남부지방은 7월 하순에서 8월 상순이다. 파종방법에는 산파, 조파, 점파 등이 있다. 생육기간이 짧아 70-90일 정도이다. 수확기는 중부지방에서는 10월 상순에서 중순이고, 남부지방에서는 10월 중순, 하순이다.

율무(의이, 의이인: job's tears, tear-grass), 벼과(Poaceae), *Coix lachryma-jobi* var. *mayuen* (Roman.) Stapf

원산지는 인도와 버마지역이 유력하다고 한다. 염색체수는 2n=20이고 타가수정 작물이다. 종자의 1,000립중은 100g 내외이다. 재래종이 있다.

율무는 열대지방 원산으로 따뜻한 기후에 알맞아 7월의 평균기온이 20℃

이상인 지역에서 재배된다. 직파재배와 이식재배가 있다. 직파할 때의 파종기는 4월 중순부터 5월 중순이다.

2) 두류(legume, pulse crops)

콩(대두: soybean, soja bean), 콩과(Fabaceae), *Glycine max* (L.) Merr.

콩의 원산지는 만주를 중심으로 한 한반도지방으로 보는 견해가 타당할 것으로 믿고 있다. 염색체수는 2n=40이고 자가수정 작물이다. 콩은 이용 면에서 콩 단백질의 양과 질, 재배 면에서 안전 및 용이성, 작부체계 면에서 윤작 및 다른 전작물과 혼작, 간작, 주위작, 그리고 지력의 유지 및 증진 면에서 뿌리혹박테리아와 공생으로 인한 공중질소의 고정과 공급량 등 재배와 경영상의 특성을 지닌다. 종자의 100립중은 13g이하로 극히 소립인 콩나물콩, 쥐눈이콩(서목태, 약콩), 13-21g으로 소립인 좀콩, 21-31g으로 중립인 중콩, 31-40g으로 대립인 굵은콩, 40g이상의 극대립인 왕콩으로 유별한다. 꼬투리 길이는 2-7cm이지만 보통 4cm 내외이고, 한 꼬투리에는 1-4립, 보통 2-3립의 종자가 들어 있다. 또한 종자의 모양에 따라 구형, 편원형, 타원형, 편타원형, 장타원형, 장편타원형으로 구분한다. 종자의 색깔에 따라 푸른콩(청태), 검정콩(속청, 속황), 누렁콩(황태), 흰콩(백태), 아주까리콩, 밤콩, 우렁콩, 선비재비콩이 있다. 줄기의 신육형(growth type)에 따라 무한신육형(indeterminate type), 중간형, 유한신육형(determinate type)이 있고, 생태형에 따라서는 올콩(유월태), 중간콩, 그루콩, 서리콩 등으로 구별하기도 한다. 용도에 따라서는 일반용, 혼반용, 유지용, 두아용, 청예용으로 구분하는데, 용도별 주요 장려품종을 보면, 장류용 콩(두부콩) 품종에는 황금콩, 태광콩, 대원콩, 나물용 콩 품종은 은하콩, 풍산나물콩, 소원콩, 밥밑용 콩 품종은 검정콩 1호, 청자2호, 청자3호, 풋콩용 및 올콩 품종에는 큰올콩, 화엄풋콩, 단미2호 등이 있다.

콩의 생육과정은 지역, 품종 및 파종기에 따라 크게 다르다. 생육일수는 보통 90-160일이지만 변이 정도가 커서 75-200일에 이른다. 일반적으로 여름 콩은 생육일수가 짧고 가을 콩은 길다. 파종기도 여름 콩은 4-5월이지만 가을 콩은 6-7월이다. 실제로 단작의 경우에는 중부지방은 5월 중순, 하순, 남부지방은 5월 상순, 중순이며, 맥후작의 경우에는 중부지방은 6월 중순, 하순, 남부지방은 6월 중순이 파종기가 된다. 콩은 생육기간 중에 뿌리혹박테리아를 이용하여 질소를 고정한다. 이 생물학적 질소 고정량은 콩과 작물 중에 사료작물 알팔파의 다음이고 식량작물 중에서는 가장 많다. 따라서 콩을 재배하면 질소비료를 적게 주고 토양에도 고정된 질소를 첨가하여 다음에 재배하는 작물이 이용하는 친환경 생산체계도 제공한다. 콩의 수확기는 그루콩을 기준하여 중부지방에서는 10월 상순, 중순, 남부지방에서는 10월 중순, 하순경이 된다.

땅콩(낙화생, 지두: peanut, groundnut), 콩과(Fabaceae), *Arachis hypogaea* L.

원산지는 브라질 및 페루를 중심으로 한 남아메리카의 중부 산악지대라는 것이 정설로 되어 있다. 염색체수는 2n=40이고 자가수정 작물이다. 종자의 100립중은 소립종은 40-50g, 중립종은 50-70g, 대립종은 70g이상이다. 꼬투리는 누에고치와 같은 모양으로 표면이 그물모양으로 되어 있고, 한 꼬투리에 1-4개의 종자가 들어 있다. 땅콩은 수정 후에 자방병이 땅속 3-5cm 깊이로 들어가 꼬투리를 형성한다. 땅콩은 초형에 따라 포복형, 중간형, 직립형, 종자의 크기에 따라 대립종, 중립종, 소립종, 형질에 따라 스페인형(Spanish type), 발렌시아형(Valencia type), 버지니아형(Virginia type), 사우스이스트러너형(Southeast runner type) 등으로 구별한다. 주요 장려품종으로 올땅콩, 신풍땅콩, 새들땅콩, 남풍땅콩, 대광땅콩 등이 있다.

파종기는 남부지방은 4월 하순부터 5월 상순, 중부지방은 5월 상순이 알맞다. 땅콩은 종자가 땅속에서 자라므로 토양은 배수가 잘 되고 석회가 풍부한 사질양토나 양토가 알맞다. 뿌리혹박테리아에 의한 생물학적 질소고정으로 상당량의 질소를 공급한다. 폴리에틸렌(polyethylene)으로 멀칭재배를 하면 보온에 의하여 증수효과가 크다. 수확기는 대체로 9월 하순부터 10월 상순경이다.

팥(소두: small red bean, azukibean), 콩과(Fabaceae), *phaseolus angularis* W. F. Wight

원산지는 중국으로 보는 견해가 유력하다. 염색체수는 2n=22이고 자가수정 작물이다. 종자의 100립중은 5-18g이지만 보통 13-16g이다. 종자의 색깔은 주로 적색이지만 흑색, 회백색, 크림색, 담록색, 담황색, 갈색, 얼룩무늬 등이 있다. 줄기는 콩보다는 덩굴성의 경향으로 도복에 약하다. 한 꼬투리에 4-8개의 종자가 들어 있다. 여름 팥, 가을 팥, 중간형으로 생태형을 구별한다. 장려품종으로 충주팥, 중원흑두가 있다.

파종기는 6월 중순부터 7월 상순이며, 파종 한계기는 중북부지방에서는 7월 중순, 남부지방에서는 7월 하순이다. 성숙한 꼬투리는 튀게 되므로 전체의 70-80%가 성숙하면 수확을 하는데 수확기는 대체로 10월 상순에서 중순이 된다.

녹두(녹두: mungbean, green gram), 콩과(Fabaceae), *phaseolus radiata* L.

원산지는 인도라고 추정되고 있다. 염색체수는 2n=22이고 자가수정 작물이다. 종자의 100립중은 3-6g이다. 종자의 색깔은 일반적으로 녹색이지만 황색, 녹갈색, 흑갈색도 있다. 줄기는 길이가 보통 60-80cm의 덩굴성이다. 꼬투리 길이는 6-10cm이며 한 꼬투리에 10-15개의 종자가 들어 있다. 봄 녹두, 그루녹두 및 중간형 등의 생태형이 분화되어 있다. 장려품종으로 방아사, 선화녹두 등이 있다.

녹두는 4월 상순부터 7월 하순까지 파종할 수 있어 파종기간이 여름작물 중에서 가장 길다. 단작의 봄 녹두는 4월 중순에 파종하고, 간작에는 5월 하순부터 6월 상순에 파종하며, 맥류의 후작으로 재배하는 그루녹두는 6월 하순부터 7월 상순에 파종하고, 늦은 경우 중북부지방은 7월 중순, 남부지방에서는 7월 하순까지 파종하여야 한다. 수확기는 봄 녹두의 경우에는 9월 중순경이고, 그루녹두의 경우에는 10월 상순경이다. 녹두는 성숙하면 튀어 탈립이 심하므로 꼬투리가 개열되기 전에 몇 차례에 걸쳐 수확을 한다.

강낭콩(채두: common bean, garden bean, kidney bean, snap bean, dry bean, navy bean, edible bean, pinto bean), 콩과(Fabaceae), *Phaseolus vulgaris* L. var. *humilis* Alef.

강낭콩의 원산지는 남아메리카설이 유력시되고 있다. 염색체수는 2n=22이고 자가수정 작물이다. 종자의 모양이 구형, 신장형, 난형, 세장형, 타원형 등 다양하다. 종자의 100립중이 30-70g이지만 15g 또는 80g이 되는 것도 있고, 종자의 색깔도 백색, 자색, 갈색, 흑색, 얼룩색 등이 있다. 줄기도 직립성, 만성, 반만성 등으로 구분한다. 꼬투리 길이는 10-20cm가 되며 한 꼬투리에 3-5개의 종자가 들어 있다. 생육기간은 조생종이 90일, 만생종은 130일 정도이다. 분류도 다양하여 숙기에 따라, 줄기의 특성에 따라, 꼬투리 특성에 따라, 종자의 색깔에 따라 구별한다. 용도에 따라, 꼬투리용, 종자용, 생태적 특성에 따라, 감광형, 감온형, 그리고 생육적온에 따라 고온형, 중간형, 저온형 등으로 구별한다. 품종으로는 재래종과 도입종 등이 있다.

파종기는 4월 중순부터 5월 중순까지이다. 수확은 꼬투리의 70-80%가 황변하고 마르기 시작할 때 하며, 수확기는 6월 하순부터 7월 중순경이 된다.

완두(완두: pea, garden pea, green pea, field pea), 콩과(Fabaceae), *Pisum sativum* L.

원산지는 남부유럽을 중심으로 한 지중해연안으로 추정한다. 염색체수는 2n=14이고 자가수정 작물이다. 종자의 100립중은 20-50g이다. 한 꼬투리에 5-6개의 종자가 들어 있다. 줄기의 특성에 따라 직립종과 만성종이 있고 용도에 따라 종자용, 채소용 등이 있다. 도입품종으로 스파클완두, 알래스카완두가 있다.

파종기는 중부지방에서는 3월 하순에서 4월 상순이지만 남부지방에서는 답리작으로 9월 중순, 하순에 추파하기도 한다. 채소용은 개화 후 14-16일경부터 수확이 가능하다. 종자용의 수확은 대체로 6월 상순에서 중순경이다.

동부(강두: cowpea), 콩과(Fabaceae), *Vigna unguiculata* (L.) Walp.

원산지는 아프리카의 중서부지역이 유력시되고 있다. 염색체수는 2n=22이고 자가수정 작물이다. 종자는 100립중이 9-15g이다. 한 꼬투리의 길이는

8-23cm로서 6-21개의 종자가 들어 있다. 생육일수는 80-160일이다. 동부는 줄기의 생육특성에 따라 유한직립형, 덤불형, 덩굴형, 만화형 등으로 구분하고, 생육일수에 따라 조생종, 중생종, 만생종이 있고, 이용특성에 따라 종자용, 채소용, 사료용으로 구분한다. 재래종과 선발한 품종 서원동부가 있다.

파종은 남부지방에서는 4월 하순부터 중부지방에서는 5월 상순부터 하며, 한계파종기는 6월 하순경이다. 꼬투리가 황색 또는 갈색으로 변하면 성숙한 것으로서 성숙하는 대로 3-4회 수확한다.

2. 서류(potatoes) 또는 괴근경류(roots and tuberous crops)

감자(마령서: potato, Irish potato, white potato), 가지과(Solanaceae), *Solanum tuberosum* L.

감자의 원산지는 남아메리카의 칠레지역으로 보는 견해이다. 염색체수는 기본염색체수를 12로 하는 배수성으로 2n=48(4x)이고 타가수정 작물이다. 감자의 수확물은 종자가 아니라 괴경(덩이줄기: tuber)으로 땅속에서 자란다. 주성분이 전분으로 식용, 가공식품용, 공업용, 사료용으로 구분한다. 괴경의 모양은 구형, 편구형, 타원형, 편타원형, 장타원형, 원통형 등으로 구별된다. 괴경 표피의 색깔도 여러 가지가 있어 백색, 홍색, 황색, 적색, 자색 등으로 구분한다. 줄기도 직립형, 중간형, 포복형 등이 있다. 주요 품종은 남작, 도원, 강원계 6호, 수미, 대지 등이 있다.

감자는 재배형에 따라 크게 춘작과 추작으로 나눈다. 감자의 파종은 씨감자를 4개로 절단하여 1개의 무게가 30-40g되는 절편을 파종한다. 난지육아조식춘작은 2월 하순에 파종하여 6월 상순, 중순에 수확한다. 난지춘작은 3월 하순에 파종하여 6월 하순에서 7월 중순에 수확한다. 고랭지하작은 4월 하순에 파종하여 9월 중순, 하순에 수확한다. 난지최아추작은 7월 하순에서 8월 상순에 파종하여 10월 중순, 하순에 수확한다. 난지직파추작은 8월 중순, 하순에 파종하여 10월 하순에서 11월 상순에 수확한다. 제주도에서는 난지최아동작으로 12월 중순에 파종하여 4월 상순, 중순에 수확한다. 이와 같이 감자는 생산시기와 방법이 다양하지만 수확물이 괴경으로 수분 함량이 78%나 되어 저장을 하여야 한다. 저장환경은 온도 1-4℃에 상대습도 85-90%가 적당하다고 한다.

고구마(감저: sweet potato), 메꽃과(Convolvulaceae), *Ipomoea batatas* Lam.

고구마의 원산지는 열대아메리카, 특히 멕시코를 중심으로 한 중앙아메리카로 보는 견해가 정설이다. 염색체수는 2n=90(6x)이고 타가수정 작물이다. 고구마의 수확물은 종자가 아니라 괴근(덩이뿌리: tuber root)으로 땅속에서 자란다. 주성분이 전분으로 식용, 가공식품용, 부식용, 공업용, 사료용으로 구분한다. 괴근의 형상은 구형, 도추형, 방추형, 원통형, 괴형 등으로 구분한다. 괴근 표피의 색깔도 적색, 홍색, 자색, 황색, 등적색 등으로 구별된다. 줄기는 생육습성에 따라 입형(bush type)과 포복형(vine type)으로 구분하는데, 입형은 줄기의 길이가 60cm 정도로 짧으며, 포복형은 길어서 6m에 달하는 것도 있다. 주요 품종은 홍미, 은미, 진미, 선미 등이 있다.

고구마의 재배는 육묘와 이식의 두 과정이 필요하다. 육묘기간은 40-60일로 묘상에 씨고구마를 묻은 후 채묘까지의 기간이다. 육묘법에는 양열온상육묘법, 비닐냉상육묘법, 전열온상육묘법이 있다. 채묘는 이식시기가 되고 고구마 싹이 25-30cm로 자라면 자른다. 이식기는 지온이 17-18℃가 되어 묘가 정상적으로 발근할 수 있는 시기로 남부지방은 5월 상순, 중부지방은 5월 중순부터 이식할 수 있다. 맥후작으로는 6월 중순, 하순에도 이식할 수 있다. 이식할 때에 고구마 싹을 심는 방법을 삽식법이라 한다. 고구마도 폴리에틸렌(polyethylene)으로 멀칭재배를 하면 유리하다. 고구마의 수확은 8월 이후 수시로 할 수 있으며, 늦어도 10월 중순 첫서리가 내리기 직전까지는 수확하는 것이 좋다. 고구마도 괴근의 수분 함량이 65% 이상이 되어 저장을 하여야 된다. 저장환경은 온도 12-15℃에 상대습도 85-90%가 적당하다고 한다. 저장방법에는 굴저장법, 옥외움저장법, 옥내움저장법, 온돌저장법, 큐어링(curing)저장법 등이 있다.

산업작물

공예작물 또는 특용작물로도 분류되는 산업작물(industrial crops) 가운데 중요하게 이용되는 작물들은 다음과 같다.

1. 유료작물(oil crops)

유료작물은 제1장에서 논의된 바와 같이 식용 및 공업용으로 이용되고 있다. 식량작물의 콩(soybean), 땅콩(peanut), 옥수수(corn) 종자의 배와 섬유작물의 목화(cotton) 종자, 아마(flax) 종자도 유료로 이용된다. 현재 세계 5대 유료작물은 콩, 유채(canola), 해바라기(Sunflower), 야자유(Oil palm), 땅콩이다.

참깨(호마: sesame), 참깨과(Pedalidaceae), *Sesamum indicum* L.

일년생 초본으로 종자로 번식한다.

들깨(소마: perilla), 꿀풀과(Lamiaceae), *Perilla frutescens var. japonica* Hara

일년생 초본의 재배작물로 종자로 번식한다.

아주까리(피마자, 피마주, 비마: castor bean)(공업용), 대극과(Euphorbiaceae), *Ricinus communis* L.

일년생 초본으로 종자로 번식한다. 전형적 공업용 유료작물로 윤활유로 쓰인다. 특수지방산 리시놀레산(ricinoleic acid; 18:1, 12-OH)이 88%나 되는 고순도의 단일지방산이다. 잎과 종자에는 맹독성 알칼로이드 ricin과 ricinin을 함유하여 이용할 때에는 반드시 가열한다.

유채(평지: rape, winter rape, rape seed, canola), 십자화과(Brassicaceae), Brassica campestris subsp. *napus* var. *nippo-oleifera* Makino

이년생 초본으로 종자로 번식한다. Canola는 GM작물로 인체에 유해한 erucic acid와 glucosinolate 함량을 낮추어 식용유로 이용하는 유채이다.

해바라기(sunflower), 국화과(Asteraceae), *Helianthus annuus* L.

일년생 초본으로 종자로 번식하며 관상용도 있다.

2. 섬유작물(fiber crops)

방직용, 제지용, 편물용 등으로 이용되며 방직용 섬유의 이용부위는 종자섬유, 인피섬유, 조직섬유로 구분한다.

목화(면화: cotton), 아욱과(Malvaceae), *Gossypium indicum* Lam.

일년생 초본으로 종자로 번식한다. 섬유작물의 대표다. 청바지(blue jeans)의 원료이다. 미국의 중요작물로 'Son of sun'이라고도 부른다.

삼(대마: hemp, marihuana), 삼과(Cannabinaceae), *Cannabis sativa* L.

일년생 초본으로 열매는 향신료, 종자는 조미료 및 유료자원이다.

모시풀(저마: ramie, Chinese silk plant), 쐐기풀과(Urticaceae), *Boehmeria nivea* (L.) Gaudich.

다년생 초본으로 목화 이전까지 중요한 섬유자원이었다.

아마(아마: flax, flax hemp), 아마과(Linaceae), *Linum usitatissimum*

일년생 초본으로 종자의 기름은 잉크의 원료이다.

어저귀(Indian mallow, velvetleaf, China jute), 아욱과(Malvaceae), *Abutilon avicennae* Gaertn.

일년생 초본으로 로프 또는 마대 등으로 이용된다.

왕골(완초: black rush), 사초과(Cyperaceae), *Cyperus exaltatus* var. *iwasakii* T. Koyama

일년생 초본으로 돗자리, 가방 등으로 이용된다.

수세미외(사과, 수세미오이: sponge gourd, vegetable sponge, luffa), 박과(Cucurbiaceae), *Luffa cylindrica* Roemer

일년생 덩굴식물로 열매의 섬유소 및 종자의 기름을 이용한다.

닥나무(저: paper mulberry), 뽕나무과(Moraceae), *Broussonetia kazinoki*

다년생 낙엽성 관목으로 섬유자원 및 종이의 원료이다.

고리버들(키버들: willow), 버드나무과(Salicaceae), *Salix koriyanagi*

다년생 낙엽성 관목으로 바구니, 키 등의 공예원료이다.

골풀(인초: mat rush), 골풀과(Juncaceae), *Juncus effusus* var. *decipiens*

다년생 초본으로 침대요(mattress)의 원료이다.

양마(양마: kenaf), 아욱과(Malvaceae), *Hibiscus cannabinus*

일년생 초본의 섬유작물로서 삼 대용으로 이용된다.

황마(jute), 피나무과(Tiliaceae), *Corchorus capsularis*

다년생 초본의 섬유작물이다.

3. 전분작물(starch crops)

전분을 원료로 이용하는 작물을 말하며 제1장에서 논의된 바와 같다.

벼(rice), 보리(barley), 밀(wheat), 옥수수(corn), 수수(sorghum), 고구마(sweet potato), 감자(potato), 마(yam) 등이다.

카사바(cassava), 대극과(Euphorbiaceae), *Manihot esculenta*

다년생 낙엽관목, 덩이뿌리가 전분자원이다. 아프리카 열대지역의 주요 식량자원이다.

구약감자(elephant foot), 천남성과(Araceae), *Amorphophalus konjac*

다년생 초본으로 알줄기를 식용한다.

닥풀, 아욱과(Malvaceae), Hibiscus manihot

일년생 초본, 꽃을 황촉규화, 뿌리를 황촉규근, 종자를 황촉규자라 하여 약용한다.

4. 기호료작물(recreation, favorite, stimulant crops)

인간의 피로한 정신 또는 흥분된 신경을 휴식 또는 마비시키거나 때로는 이와 반대로 자극하기 위한 물질을 얻고자 재배하는 작물을 뜻한다.

차나무(tea tree), 차나무과(Teaceae), *Thea sinensis*

다년생 상록의 교목 또는 관목으로 대표적 기호료 작물이다.

담배(연초: tobacco), 가지과(Solanaceae), *Nicotiana tabacum* L.

일년생 초본으로 종자로 번식한다. 남아메리카의 열대지방이 원산지인 기호료 작물이다.

호프(hop), 삼과(Cannabinaceae), *Humulus lupulus* L.

다년생 덩굴성 초본으로 차 또는 맥주의 원료이다.

커피(coffee), 꼭두서니과(Rubiaceae), *Coffea arabica*

다년생 상록의 소교목으로 종자를 볶은 후 갈아서 차로 마신다.

카카오(cocoa tree), 벽오동과(Sterculiaceae), *Theobroma cacao*

다년생 교목으로 종자가 초콜릿, 코코아, 버터의 원료이다.

5. 당료작물(sugar crops)

설탕을 비롯한 당료를 생산하기 위하여 재배하는 작물이다.

사탕수수(sugar cane), 벼과(Poaceae), *Saccharum officinarum*

다년생 초본으로 제당 원료이다.

사탕무(첨채: sugar beet), 명아주과(Chenopodiaceae), *Beta vulgaris* var. *saccharifera*

일년생 또는 이년생 초본으로 제당원료이다.

단수수(노속: sweet sorghum), 벼과(Poaceae), *Sorghum vulgare* var. *sacchartum* L.

일년생 초본으로 알코올 및 제당원료이다.

스테비아(stevia), 국화과(Asteraceae), *Stevia rebaudiana*

다년생 초본이다. 설탕의 300배 단맛으로 감미료로 이용된다.

6. 약료작물(medicinal crops)

인간의 약으로 쓰기 위하여 재배하는 작물로 작물의 이용기관에 따라 근경, 뿌리, 잎, 화기, 과실, 종자, 건초, 수지, 유액 등으로 분류하기도 한다.

인삼(인삼: ginseng), 두릅나무과(Araliaceae), *Panax ginseng* C. Meyer

다년생 초본으로 뿌리가 약용자원이다.

박하(박하: mint, peppermint), 꿀풀과(Lamiaceae), *Mentha arvensis* var. *piperascens*

다년생 초본으로 약용 또는 향신료 자원이다. 박하뇌(Menthol)의 원료이다.

양귀비(앵속, 아편꽃: opium poppy), 양귀비과(Papaveraceae), *Papaver somniferum*

이년생 초본으로 익지 않은 열매의 유즙(morphine: 아편)과 종자를 약으로 이용한다.

마(산약: yam, chinese-yam), 마과(Dioscoreaceae), *Dioscorea batatas* Decne.

다년생 덩굴성 초본으로 뿌리를 식용, 약용으로 이용한다. 열대지역의 식량 자원이다.

제충국(insect flower), 국화과(Asteraceae), *Chrysanthemum cinerariaefolium*

다년생 초본으로 고급 살충제이다.

당귀(참당귀), 산형과(Apiaceae), *Angelica gigas Nakai*

다년생 초본으로 어린 잎은 식용하고 뿌리를 약용한다.

시호, 산형과(Apiaceae), *Bupleurum falcatum* L.

다년생 초본으로 뿌리를 해열, 진통, 강장용으로 약용한다.

작약, 적작약(함박꽃), 미나리아재비과(Ranunculaceae), Paeonia lactiflora Pall.

다년생 초본으로 꽃은 원예용으로 쓰고, 뿌리는 약용한다.

도라지(길경), 초롱꽃과(Campanulaceae), *Platycodon grandiflorum* (Jacq.) A.DC.

다년생 초본으로 뿌리를 식용 또는 약용한다.

지황, 현삼과(Scrophulariaceae), *Rehmannia glutinosa* (Gaertner) Liboschitz

다년생 초본으로 뿌리를 처리 방법에 따라 생지황, 건지황, 숙지황이라 하며 약용한다.

천궁(궁궁이), 산형과(Apiaceae), *Cnidium officinale Makino*

다년생 초본으로 뿌리줄기를 두통, 빈혈, 부인병에 약용한다.

황기(단너삼), 콩과(Fabaceae), *Astragalus membranaceus* Bunge

다년생 초본으로 뿌리를 약용한다.

맥문동, 백합과(Liliaceae), *Liriope platyphylla* Wang et Tang

다년생 초본으로 강장, 피로회복, 식욕증진에 뿌리를 약용한다.

구기자(구기자나무), 가지과(Solanaceae), *Lycium chinense* Mill.

다년생 낙엽관목으로 열매를 강장제로 쓴다.

산수유(산수유나무), 층층나무과(Cornaceae), *Cornus officinalis* S. et Z.

다년생 낙엽교목으로 관상용 및 열매를 약용한다.

목단(모란), 미나리아재비과(Ranunculaceae), *Paeonia suffruticosa* Andr.

다년생 낙엽관목으로 뿌리껍질을 약용한다.

백지(구릿대), 미나리과(Umbelliferae), *Angelica dahurica*

이년 또는 삼년생 초본으로 어린 잎은 식용하고, 뿌리를 백지라 하여 약용한다.

형개, 꿀풀과(Labiatae), *Schizonepeta tenuifolia* var. japonica

일년생 초본으로 전초를 감기, 두통에 약용한다.

하수오(백), 마디풀과(Polygonaceae), *Pleuropterus multiflorus* Turcz.

다년생 덩굴성 초본으로 덩이뿌리를 약용하고 잎은 식용한다.

결명자, 긴강남차(초결명), 콩과(Fabaceae), *Cassia tora* L.

일년생 초본으로 긴강남차의 열매를 결명자라 하여 이뇨제 및 눈에 약용한다.

더덕(양유), 초롱꽃과(Campanulaceae), *Codonopsis lanceolata* (S. et Z.) Trautv.

다년생 덩굴성 초본으로 잎 및 뿌리를 식용 또는 약용한다.

두충(두충나무), 두충과(Eucommiaceae), *Eucommia ulmoides*

다년생 낙엽 교목으로 나무껍질과 잎을 약용한다.

오미자(오미자나무), 목련과(Magnoliaceae), *Schizandra chinensis* Baill.

다년생 낙엽성 교목으로 오미자나무의 열매를 오미자라 하여 약용한다.

7. 염료작물(dye crops)

식물성 색소는 식품용, 화장품용, 의류염색용 등으로 사용되어 왔는데, 최근에 식용색소 분야로 청량음료, 과자, 육제품 등에서 잠재수요가 크다.

쪽(요람: indigo), 마디풀과(Polygonaceae), *Persicaria tinctoria* H. Gross

일년생 초본으로 잎을 남색의 염료로 쓴다.

잇꽃(홍화: safflower), 국화과(Asteraceae), *Carthamus tinctorius* L.

이년생 초본으로 종자는 약용하고, 꽃은 붉은색의 염료로 쓴다.

치자(치자나무), 꼭두서니과(Rubiaceae), *Gardenia jasminoides* for. grandiflora

다년생 상록 활엽수로 치자나무의 열매를 치자라 하여 약용하거나 황색의 염료로 쓴다.

8. 도료작물(paint crops)

나전칠기 제조나 가구 도료로 이용한다. 의약용, 식용 등으로도 이용된다.

옻나무(칠수: vanish tree, lacquer tree), 옻나무과(Anacardiaceae), *Rhus verniciflua*

다년생 낙엽 교목으로 수액으로 옻칠을 한다.

9. 자원식물(resource plants)

연근(east indian lotus; 연꽃), 수련과(Nymphaeaceae), *Nelumbo nucifera* Gaertner

다년생 초본으로 연꽃의 뿌리를 연근이라 하여 식용한다.

토란(taro), 천남성과(Araceae), *Colocasia antiquorum* var. *esculenta* Engl.

다년생 초본으로 알줄기를 식용한다. 열대지역의 식량자원이다.

우엉(edible burdock), 국화과(Asteraceae), *Arctium lappa* L.

이년생 초본으로 뿌리를 식용한다.

알로에(aloe), 백합과(Liliaceae), *Aloe arborescens*

다년생 초본으로 약용 또는 식용한다.

계피(cinnamon), 계수나무과(Cercidiphyllaceae), *Cercidiphyllum japonicum*

다년생 낙엽활엽교목으로 계수나무의 가지, 뿌리의 껍질을 계피라 하여 약용 또는 향신료로 사용한다.

쥐오줌풀(길초근: common valerian), 마타리과(Valerianaceae), *Valeriana fauriei* Briq.

다년생 초본으로 뿌리를 약용한다.

사료 및 녹비작물

소, 돼지, 닭, 말, 오리 등 가축의 먹이를 생산하기 위하여 재배하는 작물을 사료작물(forage crops)이라 하고, 작물생산을 위한 비료를 얻을 목적으로 재배하는 작물을 녹비작물(green manure crops)이라 한다.

1. 콩과 사료작물

콩(soybean), 동부(cowpea) 등도 이용한다.

자주개자리(alfalfa, lucernce), 콩과(Fabaceae), *Medicago sativa*

다년생 초본으로 사료작물의 대표이다. '사료의 왕'(King of forage)이라고 한다.

토끼풀(white clover), 콩과(Fabaceae), *Trifolium repens* L.

다년생 초본,

붉은토끼풀(red clover), 콩과(Fabaceae), *Trifolium pratense* L.

다년생 초본,

스위트클로버(sweet clover), 콩과(Fabaceae), *Melilotus suaveolens* Ledeb.

다년생 초본,

선토끼풀(alsike clover), 콩과(Fabaceae), *Trifolium hybridum*

다년생 초본,

크림슨클로버(crimson clover), 콩과(Fabaceae), *Trifolium incarnatum*

다년생 초본,

벌노랑이(bird's foot trefoil), 콩과(Fabaceae), *Lotus corniculatus* L.

다년생 초본,

노랑루핀(yellow lupine), 콩과(Fabaceae), *Lupinus luteus*

일년생 초본,

매듭풀(korean lespedeza), 콩과(Fabaceaea), *Kummerowia striata*

일년생 초본,

칡(kudzu), 콩과(Fabaceae), *Pueraria thunbergiana* Benth.

다년생 덩굴성 초본 등이 있다.

2. 벼과 사료작물

옥수수(corn), 귀리(oats), 호밀(rye), 수수(sorghum) 등도 이용한다.

진주조(pearl millet), 벼과(Poaceae), Pennisetum americanum

열대 다년생 또는 온대 일년생 초본으로 사료작물로 재배한다. 조와 같이 종자로도 이용되며 품질이 개선되면 식용자원으로 유망한 작물이다.

신기호밀(트리티케일: triticale), 벼과(Poaceae), Triticum x Secale

이년생 초본으로 종자로 번식한다. 사료용으로 재배한다. 종자의 품질이 개선되면 식용자원으로 유망한 작물이다.

큰조아재비(timothy), 벼과(Poaceae), *Phleum pratense*

다년생 초본,

오리새(orchard grass), 벼과(Poaceae), *Dactylis glomerata*

다년생 초본,

쥐보리(italian ryegrass), 벼과(Poaceae), *Lolium multiflorum*

이년생초본,

왕포아풀(kentucky bluegrass), 벼과(Poaceae), *Poa pratensis*

다년생 초본,

좀참새귀리(smooth bromegrass), 벼과(Poaceae), *Bromus inermis* Leyss.

다년생 초본,

큰김의털(tall fescue), 벼과(Poaceae), *Festuca arundinacea*

다년생 초본,

흰겨이삭(redtop), 벼과(Poaceae), *Agrostis palustris*

다년생 초본,

개나래새(tall oatgrass), 벼과(Poaceae), A*rrhenatherum elatius* L.

다년생 초본,

리드카나리그라스(reed canarygrass), 벼과(Poaceae), *Phalaris arundinacea*

다년생 초본,

수단그라스(sudangrass), 벼과(Poaceae), *Sorghum sudanease* Staff.

일년생 초본 등이 있다.

3. 기타 사료작물

고구마(sweet potato), 감자(potato), 유채(canola), 해바라기(sunflower), 호박(pumpkin) 등도 이용한다.

순무(turnip), 십자화과(Brassicaceae), *Brassica rapa*

일년 또는 이년생 초본으로 18세기 말 영국에서 노퍽의 농업혁명에 공헌한 대표적 사료작물이다.

근대(비트: field beet), 명아주과(Chenopodiaceae), *Beta vulgaris*

이년생 초본, 채소로도 이용,

돼지감자(뚱딴지: canada potato), 국화과(Asteraceae), *Helianthus tuberosus* L.

다년생 초본,

섬바디, 산형과(Apiaceae), *Dystaenia takeshimana* (Nak.) Kitagawa

다년생 초본, 나물로도 이용,

컴프리(comfrey), 지치과(Boraginaceae), *Symphytum officinale*

다년생 초본,

케일(kale), 십자화과(Brassicaceae), *Brassica oleracea* var. *acephala*

이년생 초본 등이 있다.

4. 콩과 녹비작물

콩(soybean)도 이용한다.

자운영(chinese milkvetch 약; 홍화채), 콩과(Fabaceae), *Astragalus sinicus*

이년생 초본,

털갈퀴덩굴(hairy vetch), 콩과(Fabaceae), *Vicia villosa*

이년생 초본,

살갈퀴(common vetch), 콩과(Fabaceae), *Vicia sativa*

이년생 초본 등이 있다.

5. 벼과 녹비작물

귀리(oats), 호밀(rye), 신기호밀(triticale), 진주조(pearl millet) 등을 이용한다.

원예작물

원예작물(garden crops, horticultural crops)은 매우 다양한데 많이 이용하는 작물들은 다음과 같다.

1. 과수(fruit crops)

사과(사과: apple), 장미과(Rosaceae), *Malus pumila* var. *dulcissima*

다년생 낙엽교목,

배(이: pear), 장미과(Rosaceae), *Pyrus Pyrifolia* var. *culta*

다년생 낙엽교목,

복숭아(도: peach), 장미과(Rosaceae), *Prunus persica*

다년생 낙엽교목,

포도(포도: grape), 포도과(Vitaceae), *Vitis vinifera*.

다년생 낙엽성 덩굴나무,

오얏(자두, 이: plum, prune), 장미과(Rosaceae), *Prunus salicina*

다년생 낙엽교목,

살구(향: apricot), 장미과(Rosaceae), *Prunus armeniaca*

다년생 낙엽교목,

양앵두(버찌: cherry), 장미과(Rosaceae), 단버찌(sweet cherry: *P. avium*),
신버찌(sour cherry: *P. cerasus*)

다년생 낙엽교목,

귤(감귤, 밀감: citrus fruits), 운향과 (Rutaceae), *Citrus unshiu*

오렌지(oranges), 자몽(grapefruit), 레몬(lemon), 귤(tangerine), 등자〔橙子; sour(bitter) orange〕 등 여러 종, 다년생 상록교목,

밤(율: chestnut), 참나무과(Fagaceae), *Castanea crenata* var. *dulcis*

다년생 낙엽교목,

감(시: persimmon), 감나무과(Ebenaceae), *Diospyros kaki*

다년생 낙엽교목,

대추(대조: jujube), 갈매나무과(Rhamnaceae), *Zizyphus jujuba* var. *inermis*

다년생 낙엽교목,

호두(호도: walnut), 가래나무과(Juglandaceae), *Juglans sinensis*

다년생 낙엽교목,

매실(매: japanese apricot), 장미과(Rosaceae), *Prunus mume* S. et Z.

다년생 낙엽 소교목,

석류(석류: pomegranate), 석류과(Punicaceae), *Punica granatum*

다년생 낙엽 소교목,

개암(진: hazelnut), 자작나무과(Betulaceae), *Corylus heterophylla* var. *thunbergii*

다년생 낙엽활엽관목,

은행(은행: ginkgo), 은행나무과(Gingkoaceae), *Ginkgo biloba*

다년생 낙엽교목,

오디(mulberry), 뽕나무과(Moraceae), *Morus alba*

다년생 낙엽교목, 잎은 누에를 기르는 데 이용,

산딸기(복분자: raspberry), 장미과(Rosaceae), *Rubus crataegifolius*

다년생 낙엽관목,

무화과(무화과: fig), 뽕나무과(Moraceae), *Ficus carica*

다년생 낙엽관목,

양다래(양도: kiwifruit), 다래나무과(Actinidiaceae), *Actinidia chinensis*

다년생 낙엽 덩굴식물,

파인애플(pineapple), 파인애플과(Bromeliaceae), *Ananas comosus*

다년생 상록 초본,

바나나(banana), 파초과(Musaceae), *Musa cavendishii* Lamb.

다년생 상록 초본,

코코넛(코코야자: coconut), 야자과(Arecaceae), *Cocos nucifera* L.

다년생 열대과수,

망고(mango), 옻나무과(Anacardiaceae), *Mangifera indica* L.

다년생 열대과수 등이 있다.

2. 채소(vegetable crops)

오이(cucumber), 박과(Cucurbiaceae), *Cucumis sativus* L.

일년생 덩굴초본,

호박(pumpkin, squash), 박과(Cucurbiaceae), *Cucurbita spp.*

일년생 덩굴초본,

참외(melon), 박과(Cucurbiaceae), *Cucumis melo* var. *makuwa Makino*

일년생 덩굴초본,

수박(water melon), 박과(Cucurbiaceae), *Citrullus vulgaris* Schrad.

일년생 덩굴초본,

가지(eggplant), 가지과(Solanaceae), *Solanum melongena* L.

일년생 초본,

토마토(tomato), 가지과(Solanaceae), *Lycopersicon esculentum* Mill.

일년생 초본,

딸기(strawberry), 장미과(Rosaceae), *Fragaria ananassa* Duchesne

다년생 초본,

잠두(누에콩, 보라콩: broad bean, fava bean, field bean,bellbean, faba bean, horse bean), 콩과(Fabaceae), *Vicia faba*

일년생 초본,

까치콩(작두, 편두, 제비콩: hyacinth bean), 콩과(Fabaceae), *Dolichos lablab*

일년생 덩굴성 초본,

라이머콩(lima bean), 콩과(Fabaceae), *Phaseolus lunatus* L.

일년생 초본,

작두콩(도두, 칼콩), 콩과(Fabaceae), *Canavalia gladiata*

일년생 덩굴성 초본,

무(radish), 십자화과(Brassicaceae), *Raphanus sativus* var. *hortensis* for. *acanthiformis* Makino

이년생 초본,

당근(carrot; 홍당무), 산형과(Apiaceae), *Daucus carota* var. *sativa* DC.

이년생 초본,

배추(chinese cabbage), 십자화과(Brassicaceae), *Brassica campestris* subsp. *napus* var. *pekinensis* Makino

이년생 초본,

양배추(cabbage), 십자화과(Brassicaceae), *Brassica oleracea* var. *capitata* L.

이년생 초본,

꽃양배추(cauliflower, brocoli), 십자화과(Brassicaceae), *Brassica oleracea* var. *botrytis* L.

이년생 초본,

상추(lettuce; 상치), 국화과(Asteraceae), *Lactuca sativa* L.

일년생 초본,

고추(red pepper, green pepper), 가지과(Solanaceae), *Capsicum annuum* L.

일년생 초본,

미나리(water dropwort), 산형과(Apiaceae), *Oenanthe javanica* (Bl.) DC.

다년생 초본,

쑥갓(crown daisy), 국화과(Asteraceae), *Chrysanthemum coronarium* var. *spatiosum* Bailey

이년생 초본,

시금치(spinach), 명아주과(Chenopodiaceae), *Spinacia oleracea* L.

이년생 초본,

파(welsh; green onion), 백합과(Liliacesae), *Allium filtulosum* L.

다년생 초본,

양파(onion), 백합과(Liliaceae), *Allium cepa* L.

이년생 초본,

마늘(garlic), 백합과(Liliaceae), *Allium sativum* for. *pekinense* Makino

다년생 초본,

부추(chinese chives, leek), 백합과(Liliaceae), *Allium tuberosum* Roth.

다년생 초본,

생강(ginger), 생강과(Zingiberaceae), *Zingiber officinale* Rosc.

다년생 초본,

셀러리(celery), 미나리과(Umbelliferae), *Apium graveolens* var. *dulce*

일년 또는 이년생 초본,

아스파라거스(asparagus), 백합과(Liliaceae), *Asparagus officinalis*

다년생 초본 등이 있다.

3. 방향유료작물(essential oil, perfumery, aromatic crops)

화장품, 향료, 비누, 껌, 제약, 과자류, 음료 등의 첨가용으로 이용한다. 약료작물의 박하(peppermint)도 이용한다.

장미(rose), 장미과(Rosaceae), *Rosa spp.*

다년생 관목으로 장미 속에 속하는 식물의 총칭. 꽃을 이용한다.

아카시아(아카시아나무), 콩과(Fabaceae), *Robinia pseudoacacia*

다년생 낙엽교목으로 우리가 흔히 부르는 아카시아는 아까시나무이다. 꽃을 이용한다.

라일락(수수꽃다리, 자정향; 약: 정향엽; lilac), 물푸레나무과(Oleaceae), *Syringa vulgaris*

다년생 낙엽관목으로 꽃을 이용한다. 미국에서 Miss.Kim lilac이 유명하다.

카네이션(carnation; 꽃패랭이), 석죽과(Caryophyllaceae), *Dianthus caryophyllus*

다년생 초본으로 꽃을 이용한다.

오렌지(orange; 당귤나무), 운향과(Rutaceae), *Citrus sinensis*

스위트 오렌지(sweet orange)

다년생 상록 소교목으로 과피를 이용한다.

바닐라(vanilla), 난초과(Orchidaceae), *Vanilla planifolia*

다년생 덩굴성 초본으로 열매를 발효시켜서 향으로 쓴다.

제라늄(geranium), 쥐손이풀과(Geraniaceae), *Pelargonium inquinans*

다년생 초본으로 잎을 이용한다.

레몬그라스(lemongrass), 벼과(Poaceae), *Cymbopogon citratus*

다년생 초본으로 향수의 원료로 잎을 이용한다.

백단, 단향과(Santalaceae), *Santalum album*

다년생 상록 기생성 소교목으로 목재의 가운데 부분과 뿌리 부분을 수증기 증류해서 얻은 단향유는 비누와 화장품의 향료로 이용된다.

창포(sweetflag), 천남성과(Araceae), *Acorus calamus* L. var. *angustatus* Bess.

다년생 초본으로 잎과 뿌리를 이용한다.

4. 향신료작물(spice crops)

음식물에 향과 신미를 첨가할 목적으로 이용하는 향신료를 생산하기 위하여 재배하는 작물이다. 무(radish), 생강(ginger), 마늘(garlic), 파(welsh), 양파(onion) 등의 뿌리 및 근경, 호프(hop)의 꽃, 박하(peppermint)의 잎을 이용한다.

고추냉이(와사비: wasabi), 십자화과(Brassicaceae), *Wasabia koreana*

다년생 초본으로 뿌리를 이용한다.

정향, 도금양과(Myrtaceae), *Eugenia aromaticum*

다년생 상록 소교목으로 향료자원, 꽃을 이용한다.

후추(pepper), 후추과(Piperaceae), *Piper nigrum*

다년생 상록성 덩굴초본으로 익기 전의 열매를 건조한 것을 향신료로 사용한다.

겨자(mustard), 십자화과(Brassicaceae), *Brassica juncea*

일년생, 또는 이년생 초본으로 씨앗을 갈아서 향신료로 이용한다.

차즈기, 차즈기(들깨), 꿀풀과(Lamiaceae), *Perilla frutescens* var. *acuta*

일년생 초본으로 잎을 이용한다.

쑥(mugwort), 국화과(Asteraceae), *Artemisia princeps* Pampan.

다년생 초본으로 잎을 이용한다.

여뀌(waterpepper; 버들여뀌), 마디풀과(Polygonaceae), *Persicaria hydropiper* (L.) Spach

일년생 초본으로 종자로 번식하며 잎을 이용한다.

세이지(sage), 꿀풀과(Lamiaceae), *Salvia officinalis*

다년생 초본으로 잎을 향신료로 이용한다.

5. 화훼 및 조경 식물(flowers and landscape plants)

장미(rose), 카네이션(carnation) 등도 이용한다.

국화, 국화과(Asteraceae), *Chrysanthemum morifolium*

다년생 초본,

다알리아, 국화과(Asteraceae), *Dahlia pinnata*

다년생 초본,

난초, 난초과(Orchidaceae), 난초과 식물들의 총칭

다년생 초본,

철쭉, 진달래과(Ericaceae), *Rhododendron schlippenbachii*

다년생 낙엽관목,

동백(동백나무), 차나무과(Theaceae), *Camellia japonica*

다년생 상록교목,

단풍나무, 단풍나무과(Aceraceae), *Acer palmatum*

다년생 낙엽교목,

소나무, 소나무과(Pinaceae), *Pinus densiflora*

다년생 상록침엽교목 등이 있다.

6. 향료식물(herbs)

최근 Herb(약용 및 향료식물)와 Aromatotherapy(방향요법)의 이용으로 새로운 식물자원이 많이 개발되고 있다.

참고문헌

강병화. 2003.《우리나라 자원식물》. 고려대학교출판부.

강병화 외 6인. 2009.《자원식물학》. 향문사.

고희종 외 3인. 2004.《작물과 인간 그리고 미래》. 교우사.

김정호 외 5인. 1988.《과수원예각론》. 향문사.

김희태 외 2인. 1986.《공예작물학》. 향문사.

박찬호 외 2인. 1986.《사료녹비작물학》. 향문사.

손응룡. 1988.《공예작물학》. 선진문화사.

이은웅. 1986.《수도작》. 향문사.

이정일 외 3인. 1996.《공예작물학》. 향문사.

정승근, 이문희. 2008.《식물자원과 인간생활》. 충북대학교 바이오농업전문인력양성사업단. 청주.

조재영. 1986.《전작》. 향문사.

조재영 외 3인. 1985.《작물학개요》. 향문사.

채제천 외 3인. 2006.《재배학 원론》. 향문사.

표현구 외 2인. 1992.《채소원예각론》. 향문사.

홍기창 외 10인. 1986.《농업유전학》. 향문사.

Acquaah, G. 2005. *Principles of Crop Production*. 2nd. Pearson, New Jersey.

Crop Science Society of America. 1992. *Glossary of Crop Science Terms*. Crop Science Society of America, Wisconsin.

Poehlman, J.M.and D.A.Sleper. 1995. *Breeding Field Crops*. 4th. Iowa State University Press, Ames.

5. 작물의 품종개량

식량작물의 생산을 증대하는 첫 번째 방법으로 생산면적의 확대를 들 수 있다. 작물생산은 근본적으로 태양광을 이용하여야 하기 때문이다. 이 방법에는 육지에서는 1) 초지개간, 2) 임야개간(야산개발), 3) 간척지개간, 4) 농지전환방지, 5) 지력증진(생산성제고), 6) 사막이용 등이 있고, 기타 7) 해수이용, 8) 우주선, 9) 식용자원개발(나무, 풀, 물고기, 쥐, 짐승), 10) 식물공장(채소공장) 또는 동물공장(돼지공장) 등을 열거할 수 있다. 이것은 국가의 식량정책 등과 관련되어 있다. 지난 1세기 동안 생산면적을 확대하기 위한 세계 여러 나라의 노력에도 불구하고, 재배면적은 계속해서 감소하고 있다.

식량작물의 생산을 증대하는 두 번째 방법은 생산성(productivity)의 향상이다. 단위 토지면적당 선택한 작물의 생산량 비율을 얼마나 많이 증가시키는가가 주안점이다. 작물의 생산량은 1) 작물의 유전성, 2) 환경조건, 3) 재배기술의 3요소로 이루어지며, 생산량의 증대를 위하여 1) 작물육종, 2) 생산환경, 3) 생산기술의 연구가 꾸준히 발전해 왔다. 지난 1세기 동안 세계의 식량 생산량 증가는 주로 이들 요소의 개량 및 개발로 이루어졌다. 이 장에서는 작물품종의 수량성(yield potential)을 개량하는 작물육종에 관하여 고찰한다. 작물품종의 수량성이란 주어진 토지면적당 작물품종이 보유한 경제적 수량의 최대 생산능력을 말한다. 제6장에서는 생산환경, 그리고 제7장에서는 생산기술을 차례대로 논술한다.

작물의 육종목적

작물육종(crop breeding)이란 작물의 수량성과 품질을 높이기 위하여 품종을 개량하는 것으로 작물개량(crop improvement)이라고도 한다. 작물수량은 작물의 복잡한 생리적·생화학적 과정의 상호작용에 의한 생산물이다. 따라서 높은 수량을 얻기 위한 육종은 식물생리학, 유전학 및 재배학의 이해가 요구된다. 이에 덧붙여 작물 육종가는 주어진 생산환경에 적합한 유전형의 모델을 개발할 수 있어야 한다.

광합성은 건물생산을 통한 작물수량의 기초가 된다. 작물의 생산성을 높이기 위해서는 광합성률의 증가가 필요하다. 작물 광합성 기관의 형태와 기능을 개량한 유전형의 선발이 이것을 수행할 수 있다. 또한 이 유전형의 건물생산량은 경제적 수량의 기관으로 많이 분배되어야 한다. 작물의 수량성을 개량하기 위한 육종전략으로 그동안 수행하여 온 육종목적(breeding objectives)은 다음과 같이 열거할 수 있다.

1. 광합성효율(photosynthetic efficiency)의 개량 육종

광합성의 효율은 수광 체계와 엽각의 개량으로 개선될 수 있다.

1) 광 차단(light interception: 수광 체계)

광합성효율은 건물생산성의 제1차 조건이다. 작물초관의 수광 체계가 가장 중요한 요소이다. 광합성효율은 직립성 잎, 높은 엽면적지수를 가진 유전형에서 높다. 벼에서 단간의 직립성 잎을 가진 유전형이 연구되었다. 최대수량의 작물은 엽면적이 신속히 적정수준에 도달하도록 신장되어야 한다. 또한 저장기관에 동화물질을 충분히 공급할 때까지 장기간 광합성을 유지하는 잎이어야 한다.

2) 엽 방향(leaf orientation; leaf angle: 엽각)

직립형 잎이 화곡류 작물에서 광합성효율을 증가시키는 데 효과적이다. 이러한 초형은 또한 증수할 수 있도록 재식밀도를 높일 수 있다.

2. 광 둔감성(photoinsensitivity) 육종

작물은 단일성, 장일성, 중일성으로 구분된다. 작물의 일장요구는 지역적응에 제한이 있다. 일장 둔감형 작물은 장일이나 단일조건에서 모두 개화하여 결실할 수 있다. 이런 새 품종의 종자는 신속히 확산된다. 밀, 벼, 옥수수 등 세계 주요 화곡류 작물은 광 둔감성 품종을 개발하였기 때문에 널리 적응되었다.

3. 유한신육형(determinate stem habit) 육종

유한신육형은 자연에서 발생되는 특성으로 짧은 줄기에 마디수가 적다. 이 작물은 도복이 적고 생육기간이 짧으며 착협이 빠르다. 수확지수가 높고 기계화에 유리하다. 이 유전형은 일정시기에 영양생장이 끝나기 때문에 증수를 나타낸다. 이 특성은 콩에서 많이 연구되었다. 유한신육형은 공간을 적게 요구하므로 증수를 위하여 재식밀도를 높게 파종한다.

4. 단간성(왜성, dwarf stature) 육종

왜성 유전형은 녹색혁명(Green Revolution)의 성공에 중추적 역할을 하였다. 밀 농림 10호 왜성 유전형이 1954년 노먼 볼로그(Norman Borlaug)에 의해 멕시코 밀을 개량하여 열대지역 농업을 혁명하는 데 이용되었다. 이 유전형은 영양생장을 줄이고 수확지수를 높여 종자수량을 증가시켰다. 벼에 있어서는 조직배양과 돌연변이육종 같은 방법으로 품종을 개발하였다.

왜성 품종은 비료를 많이 주어도 도복에 강하여 종자수량을 높인다. 밀 왜성 품종의 경우 비왜성 품종에 비하여 뿌리가 토양 깊이 침투한다. 이는 수분과 토양 영양분 흡수에 유리하여 이삭에 동화물질을 많이 분배하므로 높은 수량을 나타낸다.

5. 조숙성(early maturity) 육종

광 둔감성 유전형은 넓은 지역 적응에 유리하다. 조숙성 품종은 이모작 생산을 가능하게 하며 생육기간이 짧은 지역에서도 생산을 할 수 있다. 조숙성 품종의 수량은 만숙성 품종에 비하여 낮지만 작물의 크기가 작기 때문에 재식밀도를 높여 낮은 수량을 보충할 수 있다. 조숙성 품종은 영양생장 기간과 생식생장 기간이 짧아서 건물축적이 적어진다. 조숙이면서 다수확을 위한 품종 육종은 영양생장 기간은 짧지만 종자비대기간을 늘려서 경제적 수량인 종자로 최대한 분배토록 하는 것이다.

6. 수확지수(harvest index) 개량 육종

콩과작물에서 수량이 낮은 것은 수확지수가 낮기 때문인 것으로 생각되고 있다. 수확지수는 종자수량과 깊은 상관관계가 있고 수확지수가 높은 품종은 종자부위로 동화물질의 전환을 효율적으로 하는 것으로 확인되었다. 작물의 높은 수확지수는 또한 수량안정성에도 좋은 지표가 된다. 대부분의 작물 품종들에는 수확지수에 높은 유전적 변이가 있다. 벼, 밀, 보리, 귀리 등 화곡류는 가장 높은 수확지수를 나타내며 50-60%의 범위이다.

높은 수확지수의 유전형은 낮은 수확지수의 유전형보다 우성이다. 육종가들은 수확지수 증가를 위하여 여러 전략을 이용한다. 단간형으로 영양생장을 감소시켜 수확지수를 높였다. 단간형 벼 품종은 장간형 벼 품종보다 수확지수가 높다. 높은 수확지수는 조숙성이 수반되어야 하고, 조숙성은 영양생장의 기간만이 감소되어야 한다. 다른 작물의 구조적 특성은 높은 수확지수는 유한형과 소분지 또는 소분얼의 형질이 동반되어야 하며, 이로써 생산자가 재식밀도를 높여 다수확할 수 있어야 한다.

7. 수량안정성(yield stability) 육종

수량안정성은 육종목적의 열쇠이다. 그러나 수행하기는 어려운 과제이다. 수량안정성이란 변화하는 환경에도 수량을 유지할 수 있는 특성을 말한다. 이런 특성은 작물 생육환경의 변화가 큰 지역에서 작물을 생산하는 데 중요하다. 안정적 생산을 위해서는 생산자가 환경범위 범위에서 예측하고 재배할 수 있어야 한다. 이것은 유전과 환경의 상호작용을 최소화하는 것이 된다.

8. 수량(yield) 육종

본질적 수량육종은 힘겨운 과제이다. 이것은 수량이 양적으로 조절되는 유전적으로 복잡한 특성이기 때문이다. 수량은 낮은 유전력을 갖는다. 수량은 수많은 생리적·생화학적 과정 속의 상호작용에 의한 생산물이기 때문이다.

9. 품질(quality) 개량 육종

작물생산에 많은 품질요소들을 고려해야 한다. 또한 물리적·화학적 요소도 고려해야 한다. 식량작물에 중요한 영양성분의 하나가 단백질이다. 육종가는 생산물의 품질을 개발하는데 생산물의 이용 목적에 따라 개발의 목적 또한 달라진다. 옥수수의 'High lysine corn' 품종의 육종으로 아미노산 리신(lysine) 함량을 개량한 것은 성공적인 사례이다. 맛, 향, 영양요소의 양 및 종자의 모양 등을 평가하여 품질을 개선한다. 최근에는 기능성 성분의 개량에 대한 육종도 하나의 관심분야이다.

10. 내병성(disease resistance) 육종

작물의 생물적 환경은 병을 유발하여 감수의 원인이 되는 병원균을 포함한다. 병원균이 침입하면 작물은 저항하거나, 견디거나 또는 약하면 죽는다. 기주와 숙주의 관계는 유전적 상호작용의 기초이다. 병원균 저항성의 유전적 기초는 유전자 대 유전자(gene for gene) 개념으로 설명된다.

11. 내충성(insect resistance) 육종

내충성의 유전적 기초는 내병성의 유전적 기초와 같다. 작물 육종가는 해충 침입에 대항하는 육종의 세 가지 전략을 이용한다. 첫째, 해충의 침입에 대하여 강한 작물조직을 갖도록 하여 해충에 대해 기계적·물리적 저항성을 개선한다. 즉, 잎이나 줄기를 굵고 강하게 육종하는 것이다. 둘째, 해충의 침입을 받을 때 작물이 독소를 생산하는 대사과정을 개량할 수 있는 유전자를 도입한다. 셋째, 해충이 작물을 피하도록 작물의 형태를 개량하고, 해충의 입에 맞지 않도록 맛을 개량한다.

12. 내도복성(lodging resistance) 육종

도복은 작물의 줄기가 구부러지는 것이다. 이 구부러지는 것은 토양표면 가까이 뿌리부분의 줄기에서 발생하며 생육기간에 언제나 일어날 수 있다. 도복의 원인은 1) 병에 의한 줄기의 부패, 2) 해충의 침입, 3) 바람, 비, 우박 등 일기조건, 4) 기계적 상처, 밀식, 비료 과다시용 등의 재배상의 장애, 5) 유전적 감수성 등이 있다.

• 수확소실: 도복은 작물에 광, 수분, 양분 등의 흡수를 감소시켜 동화물질이 적어지므로 수량이 감소된다. 또한 생장점이 절단되면 가지가 많이 생겨 영양생장만 많아지므로 수량감소가 일어난다. 심한 도복의 경우 기계수확을 할 수 없게 땅 표면에 깔리기도 한다.

• 품질감소: 이삭, 꼬투리 등이 도복으로 땅 표면에 닿으면 병원균에 감염된다. 이삭의 종자가 발아되기도 한다. 이런 종자의 품질은 아주 나쁘다.

도복이 문제가 되는 작물은 밀, 벼, 보리, 귀리, 옥수수, 콩, 수수 등이다. 도복저항성 육종을 위하여 육종가는 왜성이며 줄기가 단단한 작물을 개발한다. 즉, 작물의 구조를 개량하는 것이다.

13. 내탈립성(shattering resistance) 육종

탈립은 작물을 수확하기 전에 이삭이나 꼬투리에서 종자가 떨어지는 것이다. 벼, 밀, 보리, 콩 등의 작물에는 탈립이 잘 되는 품종들이 있다. 수확이 수일만 지연되어도 수량의 감소가 나타난다. 탈립 저항성은 양적 형질이다. 주요 식량작물에는 내탈립성 품종이 개발되었다.

14. 내한성(drought resistance) 육종

온도가 높고 강우가 적은 건조지역에서는 작물에 수분 스트레스와 고온 장애가 온다. 이러한 환경조건에서는 작물의 조직이 건조된다. 광합성의 양보다 호흡의 양이 많아져서 수량이 감소된다. 이 수량의 영향은 건조가 발생할 때의 작물의 생육 시기와 관계가 있다. 고온 스트레스가 작물의 개화기에 발생하면 치명적이다. 이 기간에는 고온 때문에 수분, 수정 및 결실의 수가 감소된다.

작물의 건조 저항성에는 두 기초기작이 있다. 작물을 수분 스트레스에서 회피시키거나 작물이 내성을 갖는 기작이다. 뿌리가 깊은 작물은 토양수분을 더 많이 흡수할 수 있어 수분 스트레스를 회피할 수 있다. 콩은 잎을 접고, 옥수수는 잎을 말아 수분 스트레스를 회피한다. 이는 증산작용을 감소시킴으로써 수분 스트레스를 완화하는 것이다. 건조지역에서는 조숙성의 작물을 재배하여 고온장애가 오기 전에 개화하도록 하여 회피하기도 한다.

15. 내동성(winter hardiness) 육종

내동성은 겨울에 보다 추운지방에서 중요하다. 이런 기후조건에서는 작물조직이 얼어 죽게 되거나, 서릿발이 솟아올라 작물의 뿌리가 절단되어 말라 죽게 된다.

육종방법

1. 자식성(self-fertilization; 자가수정) 작물의 육종

자식성 작물은 같은 꽃 또는 같은 개체의 꽃가루에서 수정하는 작물을 말하며,

- 벼과작물에는 벼, 밀, 보리, 귀리, 수수, 조, 신기호밀,
- 콩과작물에는 콩, 강낭콩, 녹두, 완두, 땅콩, 동부, 잠두,
- 산업작물에는 담배, 목화, 아마, 황마, 커피,
- 원예작물 채소에는 가지, 고추, 상추, 토마토,
- 원예작물 과수에는 복숭아, 감귤류,
- 사료작물에는 토끼풀(Clover) 등

을 들 수 있다.

자식성 작물은 한 쌍의 대립유전자에 대한 이형접합체(F_1, Aa)를 자식하면

그 자손집단인 F_2의 유전자형 구성은 1/4AA : 1/2Aa : 1/4aa로서 동형접합체(1/4AA, 1/4aa)와 이형접합체(1/2Aa)가 1/2씩 존재하게 된다. 이들을 모두 자식하면 동형접합체는 똑같은 유전자형을 생산하고, 이형접합체만 다시 분리[1/2Aa → 1/2(1/4AA : 1/2Aa : 1/4aa)]된다. 그래서 F_3집단 내의 이형접합체는 1/2(1/2Aa)=1/4(Aa)로 되어 F_2보다 1/2이 감소한다. 마찬가지로 이후 세대도 자식에 의하여 이형접합체(Aa)는 1/2씩 감소한다. 따라서 대립유전자쌍이 n=100일 때 12세대의 집단에는 동형접합체가 95%이고 이형접합체는 5%뿐이다. 이와 같이 자식성 작물은 자식에 의하여 집단 내에 이형접합체가 감소하고 동형접합체가 증가하는데, 이는 잡종 집단에서 우량유전자형을 선발하는 이론적 근거가 된다.

1) 순계선발

재래종 집단에서 우량한 유전자형을 분리하여 품종으로 육성하는 것을 분리육종(breeding by separation)이라고 한다. 자식성 작물의 분리육종은 개체선발을 통해 순계를 육성하고, 타식성 작물의 경우에는 집단선발에 의하여 집단개량을 하며, 영양번식작물의 경우에는 영양계를 선발하여 증식한다.

자식성 작물의 재래종(local variety)은 재배과정에서 타가수분, 자연돌연변이, 다른 품종의 기계적 혼입 등에 의하여 여러 가지 유전자형을 포함하고 있으며, 이들은 오랫동안 자식을 해 왔으므로 대부분 동형접합체이다.

이러한 재래종 집단에서 우량한 개체(유전자형)를 선발하여 계통재배하면 순계(pure line: 동형접합체로부터 나온 자손)를 얻을 수 있고, 이 순계는 생산성 검정과 지역 적응성 검정을 거쳐 우량품종으로 육성되는데, 이를 순계선발(pure line selection)이라고 한다.

우리나라 벼의 '은방주', 콩의 '장단백목', 고추의 '풋고추' 등은 모두 순계선발에 의하여 육성된 품종이다.

2) 교배육종

교배육종(cross breeding)은 재래종 집단에서 우량한 유전자형을 선발할 수 없을 때, 인공교배로 새로운 유전변이를 만들어 신품종을 육성하는 육종방법이다. 현재 재배되고 있는 대부분의 작물품종은 교배육종에 의하여 육성된 것들이다.

교배육종은 잡종세대를 취급하는 방법에 따라 계통육종, 집단육종 등으로 나누어진다. 교배육종에 의한 품종육종은 자연포장에서 10년 이상 15-16년이 소요된다. 그래서 세대단축 온실과 다른 나라(지역)를 이용하고, 약배양 기술을 적용하여 육종연한을 단축하기도 한다.

계통육종(pedigree breeding)은 인공 교배하여 F_1을 만들고 F_2부터 매 세대 개체선발과 계통재배 및 계통선발을 반복하면서 우량한 유전자형의 순계를 육성하는 육종방법이다.

계통육종은 잡종 초기세대부터 계통단위로 선발하므로 육종효과가 빨리 나타나는 이점이 있다. 효율적인 선발을 위해서는 목표형질의 특성검정방법이 필요하고, 육종가의 경험과 선발안목이 중요하다.

F_1은 20-30개체를 양성한다. F_2는 2,000-10,000개체를 전개하고 그중 5-10%를 선발한다. F_2에서는 육안감별이 쉬운 질적 형질 또는 유전력이 높은 양적형질을 집중적으로 선발한다. 수량은 폴리진이 관여하고 환경의 영향을 크게 받기 때문에 F_2의 개체선발이 의미 없다. F_3 이후의 계통선발은 먼저 계통군을 선발하고 계통을 선발하며, 계통 내에서 개체선발을 한다.

벼 품종 '통일'은 유카라(Yukara)와 대중재래 1호(Taichung Native No.1, TN1)를 교배한 F_1에 IR8을 3원 교배(IR8//유카라/TN1)하여 계통육종으로 육성하였다. 통일벼는 원연품종 간 교배와 세대단축에 의하여 육성한 우리나라 최초의 품종이다. 통일벼는 1965년 교배하여 1972년 농가에 보급할 때까지 12세대를 경과하였으나 육종연한은 7년이 소요되었다.

집단육종(bulk breeding)은 잡종 초기세대에는 선발하지 않고 혼합채종과 집단재배를 반복한 후, 집단의 80% 정도가 동형접합체로 된 후기세대에 가서 개체를 선발하여 순계를 육성하는 육종방법이다.

집단육종의 이점은 초기세대에 선발하지 않으므로 잡종 집단의 취급이 용이하고, 동형접합체가 증가한 후기세대에 선발하기 때문에 선발이 간편하다는 점이다. 그리고 집단재배에 의하여 자연선발(natural selection)을 유리하게 이용할 수 있으며, 출현빈도가 낮은 우량유전자형을 선발할 가능성이 높다.

우리나라의 벼 품종 중 상풍벼, 영산벼, 낙동벼 등은 집단육종에 의하여 육성되었다. 육종과정에서 F_2는 조합에 따라 900-3,000개체를 전개하였고, 개체선발은 F_4-F_5 세대에 시작하였으며, 집단규모는 500-1,000개체였다.

3) 여교배육종

여교배육종(backcross breeding)은 우량품종에 한두 가지 결점이 있을 때 이를 보완하는 데 효과적인 육종방법이다. 여교배(backcross)는 양친 A와 B를 교배한 F_1을 양친 중 어느 하나와 다시 교배하는 것이다. 여교배를 한 잡종은 BC_1F_1, BC_1F_2……등으로 표시한다. 여교배를 여러 번 할 때 처음 한 번만 사용하는 교배친을 1회친(donor parent)이라 하고, 반복해서 사용하는 교배친을 반복친(recurrent parent)이라고 한다.

여교배육종은 연속적으로 교배하면서 이전하려는 1회친의 특성만 선발하므로 육종효과가 확실하고 재현성이 높다는 장점이 있다. 그러나 목표형질 이외의 다른 형질의 개량을 기대하기는 어렵다.

2. 타식성(cross-fertilization; 타가수정) 작물의 육종

타식성 작물은 다른 개체의 꽃가루에서만 수정하는 작물로,

- 식량작물에는 옥수수, 호밀, 메밀, 진주조, 감자, 고구마, 마, 카사바,
- 산업작물에는 참깨, 해바라기, 호프, 사탕무,
- 원예채소에는 고추, 당근, 딸기, 무, 수박, 시금치, 배추, 양배추, 양파, 오이, 호박,
- 원예과수에는 바나나, 파인애플, 코코넛,
- 사료작물에는 자주개자리(Alfalfa), 큰김의털(Tall fescue)

등이 있다.

타식성 작물은 타가수분을 하므로 대부분 이형접합체이다. 이러한 타

식성 작물을 인위적으로 자식시키거나 근친교배(inbreeding)를 하면 작물체의 생육이 불량해지고 생산성이 떨어지는데, 이를 근교약세(inbreeding depression) 또는 자식약세라고 한다. 근교(자식)약세의 원인은 자식이나 근친교배에 의하여 이형접합체가 동형접합체로 되고, 이형접합체의 열성유전자가 분리되기 때문이다.

한편, 타식성 작물의 근친교배로 약세화한 작물체 또는 빈약한 자식계통끼리 교배하면 그 F_1은 양친보다 왕성한 생육을 나타내는데, 이를 잡종강세(hybrid vigor, heterosis)라고 한다. 잡종강세는 근교(자식)약세의 반대현상이라고 할 수 있다. 자식성 작물도 잡종강세가 있지만 타식성 작물에서 월등히 크게 나타난다.

잡종강세의 원인은 우성설(dominance theory)과 초우성설(overdominance theory)로 설명된다. 우성설에서는 F_1에 집적된 우성유전자들의 상호작용에 의하여 잡종강세가 나타난다고 설명하고, 초우성설에서는 잡종강세유전자가 이형접합체(F_1)로 되면 공우성(codominance)이나 유전자 연관 등에 의하여 잡종강세가 발현한다고 설명한다.

타식성 작물은 자식이나 근친교배를 하여 동형접합체 비율이 높아지면 집단의 적응도가 떨어지므로 타가수분을 통해 적응에 유리한 이형접합체를 확보한다고 할 수 있다. 따라서 타식성 작물의 육종은 근교(자식)약세를 일으키지 않고 잡종강세를 유지하는 우량집단(품종)을 육성하는 것이다.

1) 집단선발

타식성 작물의 분리육종은 순계선발을 하지 않고 집단선발(mass selection)이나 계통집단선발(pedigree mass selection)을 하는데, 이는 근교(자식)약세를 방지하고 잡종강세를 유지하기 위해서이다. 타식성 작물의 품종은 타가수분에 의하여 불량개체나 이형개체가 분리되므로 반복적인 선발이 필요하다.

2) 순환선발

순환선발(recurrent selection)은 우량개체를 선발하고 그들 간에 상호교배를 함으로써 집단 내에 우량유전자의 빈도를 높여 가는 육종방법이며, 이에는 단순순환선발과 상호순환선발이 있다.

3) 합성품종

합성품종(synthetic variety)이란 여러 개의 우량계통(보통 5-6개의 자식계통을 사용함)을 격리포장에서 자연수분 또는 인공수분으로 다계교배(poly cross: 여러 개의 품종이나 계통을 교배하는 것. 예: A/B//C///D/4/E)시켜 육성한 품종을 말한다. 합성품종은 여러 계통이 관여된 것이기 때문에 세대가 진전되어도 비교적 높은 잡종강세가 나타나고, 유전적 폭이 넓어 환경변동에 대한 안정성이 높으며, 자연수분에 의하여 유지되므로 채종 노력과 경비가 절감된다. 합성품종은 영양번식이 가능한 타식성 사료작물에서 널리 이용된다.

3. 영양번식작물의 육종

영양번식작물은 고구마(6x), 감자(4x), 바나나(3x)처럼 배수체가 많으며, 이들은 감수분열 때 다가염색체를 형성하므로 불임률이 높아 종자를 얻기 어렵고, 종자로부터 발생한 작물체는 비정상적인 것이 많다.

영양번식작물은 동형접합체는 물론 이형접합체도 영양번식에 의하여 영양계의 유전자형을 그대로 유지할 수 있다. 따라서 영양번식작물은 영양계선발을 통해 신품종을 육성한다. 영양계선발(clone selection)은 교배나 돌연변이(예: 과수의 햇가지에 생기는 돌연변이는 아조변이: bud mutation)에 의한 유전변이 또는 실생묘 중에서 우량한 것을 선발하고, 삽목이나 접목 등으로 증식하여 신품종을 육성한다.

4. 1대 잡종육종

1대 잡종육종(hybrid breeding)은 잡종강세가 큰 교배조합의 1대 잡종(F_1)을 품종으로 육성하는 육종방법이다. 1대 잡종품종(hybrid variety)은 수량이 높고, 균일한 생산물을 얻을 수 있으며, 우성유전자를 이용하기 유리하다는 이점이 있다. 또한, 매년 새로 만든 F_1종자를 파종하므로 종자산업 발전에 큰 몫을 담당한다.

1대 잡종품종은 옥수수, 배추, 무 등 타식성 작물에서 이용되기 시작하여 1과당 채종량이 많은 박과나 가지과 채소 등에서 널리 재배되고 있다. 최근에는 벼나 밀 등 자식성 작물에서도 웅성불임성(male sterility) 등을 이용하여 1대 잡종품종이 육성되고 있다. 중국은 2000년에 쌀 생산량의 60%를 1대 잡종품종이 차지하였다.

1대 잡종육종은 잡종강세가 큰 교배조합 선발과 F_1종자를 대량생산할 수 있는 채종기술이 중요하다. 교배조합의 선발을 위하여 조합능력검정을 하고, 조합능력을 높이기 위해 자식계통을 육성한다. 그리고 F_1종자의 경제적 채종을 위해 자가 불화합성(self-incompatibility)과 웅성불임성을 이용한다.

1) 품종 간 교배

1대 잡종품종의 육성은 자연수분품종(open pollinated variety) 간 교배 또는 자식계통(inbred line: 동형접합체 또는 같은 유전자형으로부터 유래한 계통) 간 교배를 하거나, 여러 개의 자식계통으로 합성품종을 만든다.

자연수분품종끼리 교배한 1대 잡종품종은 자식계통을 사용하였을 때보다 생산성은 낮으나, F_1종자의 채종이 유리하고 환경스트레스에 적응성이 높다는 이점이 있다. 이 방법은 자가 불화합성으로 자식이 곤란하거나 과수처럼 세대가 길어 자식계통의 육성이 어려운 경우에 주로 이용된다.

2) 자식계통 간 교배

1대 잡종품종의 잡종강세는 이형접합성이 높을 때 크게 나타난다. 따라서 동형접합체인 자식계통을 육성하여 교배친으로 사용한다.

자식계통 육성은 우량개체를 선발하여 5-7세대 동안 자가수정시킨다. 육성한 자식계통은 자식 또는 형매교배(sib-cross: 같은 기본집단에서 유래한 자식계통 간 교배)에 의해 유지되며, 다른 우량한 자식계통과 교배하여 능력을 개량한다.

자식계통으로 1대 잡종품종을 육성하는 방법에는 단교배(single cross, A/

B), 3원교배(three way cross, A/B//C), 복교배(double cross, A/B// C/D)등이 있다. 잡종강세가 가장 큰 것은 단교배 1대 잡종품종이나, 채종량이 적고 종자 가격이 비싸다는 결점이 있다. 사료작물에서는 3원교배 및 복교배 1대 잡종품종이 많이 이용된다.

3) 조합능력

조합능력(combining ability)이란 1대 잡종(F_1)이 잡종강세를 나타내는 교배친의 상대적 능력이며, 일반조합능력(general combining ability)과 특정조합능력(specific combining ability)이 있다. 일반조합능력은 어떤 자식계통이 다른 많은 검정계통과 교배되어 나타나는 1대 잡종의 평균 잡종강세이고, 특정조합능력은 특정한 교배조합의 F_1에서만 나타나는 잡종강세이다.

4) 1대 잡종종자(hybrid seed)의 채종

1대 잡종종자(F_1)의 채종은 인공교배를 하거나 식물의 웅성불임성 또는 자가 불화합성을 이용한다.

인공교배를 하는 작물은 오이, 수박, 호박, 멜론, 참외, 토마토, 가지,피망 등이 있고, 웅성불임성을 이용하는 작물은 당근, 상추, 고추, 쑥갓, 파, 양파, 옥수수, 벼, 밀 등이 있으며, 자가 불화합성을 이용하는 작물은 무, 양배추, 배추, 브로콜리(brocoli), 순무 등이 있다.

5. 배수성 육종

배수성 육종(polyploidy breeding)은 배수체의 특성을 이용하여 신품종을 육성하는 육종방법이다. 3배체 이상의 배수체는 2배체에 비하여 세포와 기관이 크고, 병해충에 대한 저항성이 증대되며, 함유성분이 증가하는 등 형질 변화가 일어난다.

배수체를 작성하는 방법으로 세포분열이 왕성한 생장점에 콜히친(colchicine, $C_{22}H_{25}O_6$)을 처리하거나 조직배양에서 생기는 배수성 세포($3x$, $4x$ 등)를 재분화하는 방법이 있다. 자연에는 밀, 옥수수, 목화, 커피 등의 자연배수체가 있다. 세포유전학자들(cytologists)은 콜히친을 이용하여 배수체를 인공으로 유도하는 방법을 개발하였으며 밀의 6배체(hexaploid; 6x)가 있다.

6. 돌연변이 육종

돌연변이 육종(mutation breeding)은 기존 품종의 종자 또는 식물체에 돌연변이 유발원(mutagen: 방사선이나 화학물질)을 처리하여 변이를 일으킨 후, 특정한 형질만 변화하거나 또는 새로운 형질이 나타난 변이체(mutant)를 골라 신품종으로 육성하는 것이다. 이 방법은 돌연변이율이 낮고, 열성돌연변이가 많으며, 돌연변이 유발 장소를 제어할 수 없는 것이 특징이다.

돌연변이 유발원에는 방사선으로 X선, γ선, 중성자, β선 등이 있고, 화학물질로는 EMS(ethyl methane sulfonate), NMU(nitrosomethylurea), DES(diethyl sulfate), NaN_3(sodium azide) 등이 이용된다. X선과 γ선은 균일하고 안정한 처리가 쉬우며 잔류 방사능이 없어 많이 이용된다.

7. 생물공학적 육종(biotechnological breeding)

1) 조직배양

식물의 조직배양(tissue culture)은 세포, 조직, 기관 등으로부터 완전한 식물체를 재분화하는 배양기술이다. 조직배양은 원연종 · 속간잡종의 육성, 바이러스 무병(virus free)묘 생산, 우량한 이형접합체의 증식, 인공종자 개발, 유용물질 생산, 유전자원 보존 등에 이용된다. 조직배양을 하는 배지에 돌연변이 유발원이나 스트레스를 가하면 변이세포를 선발할 수 있다.

종 · 속간잡종의 육성은 기내수정(*in vitro* fertilization: 기내에서 씨방의 노출된 밑씨에 직접 화분을 수분시켜 수정하도록 하는 것)으로 얻은 잡종의 배배양이나 배주배양 또는 자방배양을 통해 F_1종자를 얻을 수 있다. 식물의 생장점을 조직배양하면 세포분열 속도가 빨라서 바이러스가 증식하지 못하여 바이러스 무병묘를 얻을 수 있다.

인공종자(artificial seed)는 체세포의 조직배양으로 유기된 체세포배(somatic embryo)를 캡슐에 넣어 만든다. 캡슐 재료로는 알긴산(alginic acid)을 많이 이용하며, 이것은 해초인 갈조류의 엽상체로부터 얻는다.

2) 세포융합

세포융합(cell fusion)은 나출원형질체(protoplast: 펙티나아제, 셀룰라아제 등을 처리하여 세포벽을 제거한 원형질체)를 융합하고, 이 융합세포를 배양하여 식물체를 재분화하는 기술이다.

서로 다른 두 식물종의 세포융합으로 얻은 재분화 식물체를 체세포잡종(somatic hybrid)이라고 한다. 보통 유성생식에 의한 잡종(hybrid)은 핵만 잡종이나, 체세포잡종은 핵과 세포질 모두 잡종이다. 체세포잡종은 종 · 속 간 잡종육성, 유용물질 생산, 유전자전환, 세포선발 등에 이용된다. 특히, 생식과정을 거치지 않고 다른 식물종의 유전자를 도입할 수 있으므로 육종재료의 이용 범위를 크게 넓힐 수 있다.

세포융합에서 핵과 세포질이 모두 정상인 나출원형질체와 세포질만 정상인 나출원형질체가 융합하여 생긴 잡종을 세포질잡종(cytoplasmic hybrid, cybrid)이라고 한다. 세포질잡종은 세포질만 잡종이므로 웅성불임성의 도입, 광합성 능력의 개량 등 세포질유전자에 의하여 지배받는 형질을 개량하는 데 유리하다.

3) 유전자전환

유전자전환(gene transformation)이란 다른 생물의 유전자(DNA)를 벡터(vector, 유전자 운반체) 또는 물리적 방법에 의해 직접 도입하여 형질전환식물(transgenic plant)을 육성하는 기술로서, 이 기술을 이용하는 육종을 형질전환육종(transgenic breeding)이라고 한다. 세포융합에 의한 체세포잡종은 양친의 게놈을 모두 가지므로 원하지 않는 유전자도 있지만, 형질전환식물은 원하는 유전자만 가진다.

형질전환육종은 크게 4단계로 나눌 수 있다. 제1단계는 원하는 유전자(DNA)를 분리하여 클로닝(cloning)한다. 제2단계는 클로닝한 유전자를 벡터에 재조합하여 식물세포에 도입한다. 제3단계는 재조합 DNA를 도입한 식물

세포를 증식하고 식물체로 재분화해 형질전환식물을 선발한다. 제4단계는 형질전환식물의 특성을 평가하여 신품종으로 육성한다.

형질전환 품종의 예를 들어 보면, 내충성 품종은 세균(*Bacillus thuringiensis*)의 *Bt* 유전자를 도입하였고, 바이러스(virus)저항성 품종은 담배 모자이크 바이러스(TMV)의 외피 단백질 합성 유전자를 도입하였으며, 제초제 저항성 품종은 세균(*Salmonella typhimunrium*)의 *aroA* 유전자 및 방선균(*Streptomyces hygroscopicus*)의 *bar* 유전자를 도입하였다. 최초의 형질전환 품종은 토마토의 '플레이버 세이버'(Flavor savor)이다.

한편, 형질전환 식물이 자연과 경지생태계에 미치는 영향과 유전자변형 농산물의 생물체에 미치는 영향을 면밀히 검토하여 예상치 못한 생물재해(biohazard)에 대비할 필요가 있다.

현재 세계적으로 많이 재배되는 형질전환 작물은 콩, 옥수수, 목화, 유채(canola)로 세계 4대 GMO(genetically modified organisms), 또는 GMCrops(genetically modified crops)라고 부른다. 이 GMO는 여러 측면에서 세계 도처에서 논쟁의 대상이 되고 있다. 이 책 146쪽에 최근에 발표된 GMO 관련 논문 한 편을 보유로 인용하여 이해를 돕고자 한다.

유전자원과 작물육종

20세기에 들어와 작물육종은 작물유전학의 발달에 따른 새로운 정보에 기초하여 극적인 수량증가로 세계의 식량수요에 크게 공헌하고 있음은 부정할 수 없다. 그러나 다른 한편으로는 농업 유전자원(genetic resources)의 획일화(uniformity)가 증가하는 경향 때문에 농업의 기초를 위협하기도 한다. 유전적 획일화는 현대농업에 중요한 기능을 제공하기도 하지만 농업유전자원의 장기적 지속성(sustainability)의 토대를 침식하기도 한다.

여러 단계에서 유전적 다양성이 감소되고, 작물이 병충해와 환경변화에 더 취약하게 되며, 작부체계에 인간의 간섭과 외부투입의 의존도가 증가되고 있기 때문이다. 여기서는 농업생태계와 작물육종의 관계에 대하여 문헌을 이용하여 논술한다.

1. 유전적 다양성의 감소(loss of genetic diversity)

모든 고등식물은 매우 복잡한 유전적 구조를 가지고 있다. 매우 많은 수의 유전자(gene)가—단일 식물종은 1천만 개 이상 포함—식물의 기능과 환경과의 상호작용을 조절하는 매우 복잡한 방법으로 모두 함께 작용한다. 어떤 유전자들은 단일로 작용하기도 하나 대부분은 다른 유전자와 함께 복잡한 조합으로 작용하는 것으로 나타난다. 자연생태계에서 각각의 종들의 유전적 전체성을 나타내는 게놈(genome: 유전체)은 매우 긴 장기적 진화과정의 산물이다. 전체로서의 게놈은 많은 개체의 유전형 또는 개체의 모두로 유일하게 만들어졌기 때문에 매우 다양하다.

집단선발의 전통적 방법은 일정종의 게놈 함량의 변화를 통하여 유전적으로 유리한 구조로 보존되는 경향이 있다. 반면에 현대식 작물육종은 작물종의 하나 또는 몇몇 유전형을 적정화하는 데 집중해 작물종의 게놈을 변경하고 협소하게 하는 경향도 있다. 이 과정에서 특정 현대 농업환경에 잘 적응되는 작물도 개발되지만 이 또한 종이나 품종의 유전적 기준으로는 매우 제한적이다. 가장 획일적인 결과에서는 작물 품종의 유전적 다양성은 단일 게놈으로 제한된다. 작물 품종의 잡종종자(hybrid seed)가 바로 단일 게놈의 예이다. 규모에 있어서 가장 다양성이 있는 결과는 집단선발의 유전적 다양성으로 방임수분(open pollination) 품종이 유일한 개체 게놈의 생산물이 된 경우이다.

상업적으로 생산되는 잡종다수확 품종이 종자시장을 장악했고 유전적으로 균일한 품종이 넓은 지역에 파종된다. 그러므로 세계에서 소비되는 식량은 점점 좁아지는 유전자원 집단으로부터 온다. 결과적으로 우리의 작물은 유전적 다양성이 감소된 유전적 침식(genetic erosion)이라 부르는 고통을 받고 있다. 작물육종과 상업농 실행의 결과로 유전적 침식이 여러 수준에서 진행되고 있다.

• 전체 농업 수준에서 보면 몇몇 작물종이 세계 식량의 대부분을 제공한다.

예를 들면 세계 식량생산과 사료생산의 60% 이상이 곡류로부터 오고, 이

곡류 총 생산량의 반 이상이 벼과인 밀, 벼, 옥수수, 보리의 4종으로부터 생산된다.

• 일정 작물종에서 보면 각각의 작물종의 몇몇 품종이 세계도처에서 파종되고, 이 작물종의 대부분은 몇몇 종의 품종만이 존재한다. 예로 1993년에 상업용 옥수수의 71%는 6개 품종으로부터, 벼의 65%는 4개 품종으로부터, 밀의 50%는 9개 품종으로부터 왔다. 다른 예로는 완두의 96%는 2개 품종으로부터 온 상업용으로 재배되고, 감자의 4개 품종이 세계 생산량의 70% 이상을 차지한다. 이와 같이 몇몇 품종에 의존하기 때문에 많은 옛 품종들이 도태되었다. 예를 들면 사과의 6천 품종 이상이 1900년 이후 멸종되었다. 동일한 유전적 다양성의 감소가 가축에서도 나타난다. 미국에서 축산 젖소의 70%는 홀스타인(Holstein)이고, 산란계의 90% 이상이 한 육성 계통인 화이트레그혼(White Leghorn)에 의해 육성되었다. 모든 소비자의 장바구니에 단 한 종의 계란만 담기는 때가 가까워졌다.

• 각 품종 수준에서 보면 유전적 획일화가 예외라기보다는 오히려 규칙적이 되고 있다. 순계분리나 합성품종 생산에 이용되는 기술에서 매우 획일화된 특정 품종의 종자만이 공급된다. 잡종 품종의 경우 한 단일 게놈만이 포함된다. 다시 말하면 이런 종자에서 오는 모든 작물들은 유전형적으로 보면 실질적으로 동일한 것이 될 것이다. 두 게놈이 다르고 다양성이 포함되는 종자를 생산하는 집단선발이나 방임수분 품종에 비하면 큰 대조가 된다.

• 한 평야 수준에서 보면 몇몇 작물이 자라고 각 작물에서는 몇몇 품종이 자라고 있을 뿐이다. 예를 들면 귤의 세 품종이 미국 플로리다 주 내에서 90%를 점유하고 있다. 지역 다양성의 감소는 세계시장의 신속한 반응으로 일어나며 이 지역은 귤 생산을 더욱 특성화하는 지역으로 장려된다.

• 한 농장 수준에서 보면 잡종 옥수수의 단작재배와 같이 한 유전계통을 파종하거나 한 게놈을 파종하는 경향이 증가하고 있다.

농업에서 유전적 다양성의 감소는 잠재적 가치가 있는 정보의 감소를 나타내는 원인이 된다. 도서관에 쌓인 옛것과 새것의 광범위한 주제의 책을 수천 개의 유전자원과 비교해 보자. 현대 작물육종의 충격이란 단 한 권의 책만이 베스트셀러가 되는 상황과 유사할 것이다. 우리가 잃어 가고 있는 유전정보는 다양한 잠재적 가치가 있는 것이다.

- 일반적으로 유전적 다양성은 작물육종의 재료가 된다. 이 다양성의 감소는 장래에 작물육종 노력의 기회를 제한하게 될 것이다.
- 작물종의 유전적 다양성은 많은 지방 재래종에서 알 수 있는 바와 같이 특정 지역의 특수조건에도 잘 적응되는 품종의 재배를 가능하게 한다. 이 지방종은 많은 외부의 투입 없이도 계속해서 장기간 생산할 수 있으므로 지속성의 기초가 된다.
- 작물 한 품종의 유전적 다양성은 환경 저항성의 중요한 요소로서, 환경조건의 연차 간 변이, 해충의 침입, 병원균의 감염 등 작물손실에 대항하는 파수꾼의 작용을 한다.
- 유전적 다양성은 또한 잠재적 환경저항성의 저장소가 된다. 유전적 다양성을 가진 작물 품종은 몇몇 개체라도 많은 유전자 조합을 가지므로 장래의 새로운 충해, 병 등의 사건 또는 조건에 저항성을 갖는다. 이들 개체유전자는 저항성을 제공하는 집단으로 선발될 수 있다.
- 유전적 다양성은 계절 간의 또는 연차 간의 환경조건의 변화에 잘 적응하고 조절할 수 있는 능력과 유연성의 체계를 제공한다.

생산농민, 유전학자, 작물육종가 등은 수십 년 전에 우리 식량작물의 유전적 다양성의 감소에 대한 위험을 보았다. 그에 대한 한 반응이 유전자은행(gene banks)의 설립이었다. 1974년에 설치된 국제식물유전자원연구소(International Plant Genetic Resources Institute, IPGRI)다. 이곳에는 작물품종들의 종자가 미래의 잠재적 이용을 위하여 저장된다. 이 유전자은행은 중요한 목적을 위하여 봉사하나 유전적 침식(genetic erosion)을 저지하는 데는 제한적이다. 첫째, 현재 유전자은행의 거의 대부분은 국내 또는 국제 연구계획의 작물 품종만을 유지하고, 그것도 보호 작물의 유전적 다양성의 단편만을 수집한다. 둘째, 유전자은행안의 유전자원의 관리와 평가가 결핍되어 있어 종자의 부패가 발생한다. 셋째, 유전자원의 수집이 환경과 재배지의 선택을 포함한 다양성을 유지하고 창출하는 협력과정이 없이 관행적이다. 불행하게도 우리는 얼마나 많은 품종들이 이미 유실되었는지 모른다. 특히 세계도처에서 볼 수 있는 많은 수의 주작물이 아닌 부작물은 현재 유전자원 보호노력에도 포함되지 않고 있다.

2. 유전적 취약성(genetic vulnerability)

작물의 유전적 다양성 감소는 유전적 취약성의 문제를 유발한다. 병균, 해충 등의 침입이나 이상기후에 의한 소실에다 저장 유전자원의 제한으로 이병성(susceptibility)이 되는 것이다. 그 근본문제는 작물이 넓은 지역에서 유전적으로 획일화되었을 때 병충해의 대발생에 좋은 조건이 된다는 것이다.

병충해 집단은 생활사가 짧기 때문에 상대적으로 빠른 속도로 진화한다. 이 빠른 유전적 변화의 잠재력 때문에 작물종의 내성에 빨리 변화하여 적응한다. 이 이유 때문에 농업의 병충해에 대해서는 농약이나 저항성 품종을 새로 개발하여 투입함으로서 극복하여 왔다.

전통적 농업생태계에 있어서, 자연과 인간이 선발한 작물과 자연생태계 특성이 유지되는 체계에서, 작물은 병균과 해충들에 한 발짝 앞서 대항하는 기회를 가지고 있다. 그러나 현대 작물육종 방법, 대규모 단작, 농장의 획일화로 우리는 병균과 해충에 편의를 주게 되었다. 우리는 보편적인 것보다 특수한 특성의 작물을 육종하고, 동일지역에 단일 작물을 동시에 넓은 지역에 파종함으로써 유전적·환경적 저항성 기작을 변경하기 위하여 노력하여 왔다. 이것이 바로 병충해가 대규모로 발생할 수 있는 획일화된 환경을 만드는 것이다.

유전적 획일성의 위험이 가장 잘 알려진 예의 하나가 영국에서 발생한 감자의 역병(Irish Potato Blight)이다. 1846년에 감자의 역병 균이 영국에서 재배된 감자의 반을 파괴시켰다. 이는 영국 전역에 기근의 원인이 되었고 인구의 25%가 이민을 떠나야 했다. 이 역병은 영국에서 감자가 단지 두 유전형으로만 개발되었기 때문에 발생되었다. 감자의 두 유전형은 300년 전에 들여와 영양번식으로 유지되었다. 영국인들은 식량자원으로 탄수화물이 풍부한 감자에 의존했기 때문에 이 역병은 더욱 충격을 주었다. 이 역병 균은 영국의 선선하고 습기가 많은 조건에 잘 적응되어서 병이 일단 발생하면 멈추지를 않았다. 흥미로운 것은 같은 역병 균이 감자의 원산지인 남미의 안데스에서도 발견되었으나 원산지의 유전적 다양성은 자연선발이 계속되어서 감자의 대부분이 저항성을 확보할 수 있었다는 사실이다.

잘 알려진 다른 예는 1970-71년에 미국에서 크게 발생한 옥수수 깨씨무늬병(southern corn leaf blight)이다. 이 병은 미국 일리노이 주와 인디애나 주 지역에서 대부분의 옥수수를 파괴하였다. 이는 미국 전체 옥수수 생산량의 15% 이상의 감수결과를 가져왔다. 이 병의 대발생은 잡종종자 생산을 위하여 이용된 세포질웅성불임(cytosterility) 계통의 유전요소와 연결되어 있었다. 이 유전요소는 웅성불임으로 생산되고 손으로 옥수수 수술을 제거하는 작업을 줄일 수 있기 때문에 이용되었다. 그러나 이 유전요소는 또한 잡종종자에 깨씨무늬병의 이병성 정도를 증가시켜 새로운 병원균이 나타났을 때 병은 급속하게 확산되었다. 다행히 종자생산회사와 작물육종가가 신속히 대처할 수 있었고, 1972년에 이병성 유전요소의 조합을 완전히 대체시켰다.

비슷한 문제를 동남아시아의 벼에서도 만나게 된다. 국제미작연구소(International Rice Research Institute, IRRI)는 특수 충해에 저항성을 갖는 벼 품종을 보급하였다. 이 품종들은 넓은 범위의 지역에 재배하도록 장려되었다. 각 품종이 넓게 적응되고 재배된 지 얼마 되지 않아 새로 진화된 해충이 저항성을 압도하고 벼 품종에 전염되었다. 이러한 문제가 벼멸구(brown leaf hopper)로 반복적으로 발생된다. 이러한 현상은 벼가 재배되는 지역 전체에 걸쳐 일반적이다. 벼의 새 품종은 해충이 속히 진화하여 저항성을 압도하기 직전까지 단지 3년 정도가 유지될 뿐이다. 교훈은 분명하다. 단지 몇몇 품종만 재배를 하게 되면 병균이나 해충은 작물의 유전적 다양성이 낮은 환경에 유리하기 때문에 그 품종의 저항성을 압도하는 것이다. 따라서 일단 병해충이 발생하면, 생산농민은 자기 농토에 재배한 품종의 유전적 변이종이 없기 때문에, 새 저항성 품종을 보급할 때까지 종자생산회사 또는 정부기관에 의존하는 수밖에 없다.

지난 30여 년간 선진 국가들에 있어서 농업생산의 대체적인 성공 뒤에는 여러 면으로 보아 유전적 취약성의 문제가 가려져 있다. 어떤 지역의 초과 수량은 다른 지역의 실패를 보충하게 된다. 그러나 지역적인 실패는 아직도 일어나고 잠재적인 실패는 대규모로 발생할 수도 있다.

3. 인간간섭의 의존 증가(increased dependence on human intervention)

현대 작물의 잡종품종(hybrid variety)은 실질적으로 농장의 제한 없이는 재배할 수 없다. 채종을 위한 종자 생산도 할 수 없다. 심한 경우에는 농장의 환경조절, 기술적 노동인력 및 특수품종이 아니고는 작물 생산체계에서 성공할 수 없다. 이 상황은 현대 작물육종이 농약, 비료 등의 외부 투입, 농기계, 농장 밖의 전문 기술자 등 농업관련 산업과 중요하게 연결되어 있음을 설명한다. 주요 식량작물의 유전적 다양성이 극적으로 감소되는 것은 농약과 비료의 생산, 관개수, 농기계, 농업용 연료 등의 극적인 증가와 밀접하게 일치된다.

생산농민이 잡종품종을 재배하기 위하여 지방 재래종을 버릴 때, 구입하여야 할 잡종종자는 더 많아진다. 모든 잡종품종의 종자는 종자와 함께 농약 비료 사용량과 재배방법이 한 묶음(package)으로 되어 있다. 즉 토양경운 농기계, 관수체계, 토양개량제, 비료, 병해 및 충해방제 농약 및 다른 농장투입물 등이 이에 포함된다. 또한 농지관리운영의 다른 변화인 작부방식도 이에 포함된다. 이 새로운 투입이나 기계 등에 지불하여야 할 투자를 회복하기 위해서 생산농민은 흔히 수익성 작물을 생산하는 데 보다 집중하게 된다. 이것은 대개는 적은 수의 작물을 생산하는 데 집중하는 것이 요구된다. 이 작물은 시장구조, 노동비용, 작물실패의 위험을 감소시키는 투자의 강도 등에 의존하게 된다. 기술적인 충고는 농장 환경 밖의 자원에 의존되고 그에 따라 지불을 한다. 모든 농장들이 변화를 요구받고 있다.

이러한 변화는 또한 작물에 대한 중요한 지역 전통지식을 생산농민이 잃고 있는 결과이다. 이에 따라 농지, 농장관리 및 장기간 변화된 조건에서 발달된 유전정보 등의 지식까지도 잃게 된다. 이것이 누적된 후의 결과는 현대화 이전,

농지에 있었던 유전적 다양성과 오랜 재배경험을 모두 손실하게 되는 것이다.

4. 다른 유전자원의 유실(loss of other genetic resources)

농업이란 작물의 유전적 다양성과 순화된 동물 그 이상의 것들도 포함된다. 중요한 것은 일련의 다른 생물, 다시 말해 1) 작물의 야생종에 관련된 농업생태계 주변의 자연생태계 생물, 2) 소수의 경제적 중요작물, 3) 타감작용(allelopathy)을 하는 잡초, 수목, 토양생물, 기생생물 등 작물이 아닌 유용생물의 유전적 다양성이다.

작물의 야생 관련종은 직접 선발과정에 새로운 변이자원으로 중요하다. 이들은 상기한 바와 같이 병충해 대발생사건의 경우 새로운 유전물질의 자원으로 이용할 수 있다. 그러나 야생 목화와 같은 야생종들은 세계 여러 곳에서 산림벌채나 개발 등으로 급속히 사라지고 있다.

잠재적 가치가 있는 야생종과 유실된 작물 품종과의 자연교잡의 문제를 생각해야 한다. 이런 자연교잡의 감소는 작물과 야생종의 유전물질 교환이 드물게 되기 때문에 위태롭다. 이는 주로 세계 도처의 농업지역에 잡종종자가 퍼져 있기 때문이다. 개량된 잡종종자가 농장의 환경을 단순화시켜 농업생태계와 자연생태계의 분리현상이 증가되고 있다.

농장지역의 다양한 서식종 가운데에는 전체 생태계에 상당히 중요한 많은 수의 부작물종도 포함이 된다. 유용작물로 수확이 되는 이외에도 이 부작물종들은 생태적 다양성에도 공헌이 크다. 이들은 전체적 생물에너지 흐름과 영양순환과정의 한 부분이 된다. 현재 상업적 가치가 적은 이 부작물종들이 특히 개발도상 국가들에서 전통적 작부체계를 유지·보전하고 있다. 이 종들이 미래에 이용가치를 약속하고 있는데, 현대화 과정에 밀리어 전통적 체계가 너무 많이 사라지고 있다.

작물과 작물 관련종을 떠나서도 농업생태계에는 포식자와 기생자가 포함된 비작물과 동물의 다양성으로 구성된다. 이들은 곤충류, 타감작용을 하는 잡초류, 유용한 토양 생물류 등이다. 이들의 대부분은 전체 생태계의 다양성과 안정성을 유지하는 데 중요한 역할을 한다. 이들의 존재와 유전적 다양성이 대부분 전체 다양성에 영향을 받기 때문에, 이들도 농업생태계의 획일성을 따라가는 경향은 자연 생태계에도 위협적이다.

일반적으로 농업생태계의 전체 유전적 다양성의 유지를 위하여 집중되는 관심은 투자의 필요성이다. 완전한 기능의 작물과 농장체계가 다양하게 생산되는 유전적, 생태적, 그리고 재배적 과정의 총체로서 보장되어야 한다. 생물학적 조절정보, 식물의 방어력, 공생자 및 경쟁자 모두가, 농업 생태학적으로 가치가 큰 유전학에 근거한 정보를 이용하여, 적극적으로 상호작용하고 보장되어야 한다. 그리고 주요 작물의 유전자원정보는 전체 유전자원의 단편일 뿐이기 때문에, 농장 서식생물의 유실은 좁은 의미로 작물 유전자원 그 자체가 사라지는 것이라기보다 넓은 의미로 생물 유전자원이 더욱 황폐화되는 것을 뜻한다.

참고문헌

고희종 외 3인. 2004.《작물과 인간 그리고 미래》. 교우사.
고희종 외 5인. 2010.《식물육종학》. 향문사.
채제천 외 3인. 2006.《재배학원론》. 향문사.
Acquaah, G. 2005. *Principles of Crop Production.* 2nd. Pearson, New Jersey.
Gliessman, S.R. 2000. *Agroecology.* Lewis Publishers, New York.

보유

생물공학의 동향과 전망

유전자변형작물에 관하여

Recent Trendsand Prospects of Biotechnology

With Reference to Genetically Modified Crops

최영경

전 세계은행(IBRD) 수석 농업담당관

생물공학은 농산물 생산자와 소비자들에게 희망과 이득을 제공한다. 그러나 이들 농산물의 이용이 잠재적인 리스크를 초래할 수도 있다는 환경단체들의 주장도 만만치 않게 이어지고 있다. 농업과학자들의 도전은 지속적인 농업의 발전과 농업 시스템의 구축 강화에 있다. 지속적인 농업이란 환경 친화성을 유지하면서 오늘날 우리가 필요한 식량생산을 충족시키고, 우리 후손들에게 이어갈 수 있도록 토대를 마련해 주는 것을 말한다. 2025년을 기준으로 필요한 식량에 대비하기 위해서는, 현재 세계 식량 공급량의 2배 이상의 양(量)과 질(質)이 감안된 식량을 생산해야 된다. 이것은 인구증가에 대비한 것뿐만이 아니라, 도시화 그리고 농촌의 구매력 상승의 결과로 이루어지는 현상이기 때문이다. 지난날에는 주로 인구증가에 대비하기 위한 노력으로 다수확품종, 작물보호, 비료, 관배수(灌排水) 시설 개선 등 다수확 기술 도입과 농경지 확장에 치중했다.

그러나 오늘날 지구촌에는 약 8억의 인구가 영양부족에 시달리고 있다. 지속적인 세계 식량자급을 유지하기 위해서는, 모든 기존 생산기술과 새로운 농업생물공학 기술을 충분히 활용하는 것이 결정적인 역할을 할 것으로 본다. 2002년에 이미 70개 이상의 유전자변형 생물체(Genetically Modified Organism, GMO) 혹은(Living Modified Organism, LMO) 작물들이 상업용으로 재배되고 있다. 유전자변형작물(GM작물)을 국제사회에서는 흔히 생물공학작물(biotech crops)이라고도 한다. 이들은 목화, 콩, 옥수수, 유채(canola), 감자, 치코리(chicory), 호박, 토마토, 담배, 크로브(clove) 등의 신품종이며, 지구촌에는 15,000 이상의 GM식물이 시험포장에서 검토 중에 있으나, 이것을 받아들이기를 거부하는 국가들과 환경단체들의 주장도 수그러지지 않고 있다.

현대 유전학의 변혁

생물공학(biotechnology)은 살아 있는 물체나 이 물체에서 유래된 물질을 활용하여 산업적으로 유용한 제품을 개발하거나 변형시키는 것을 총칭한다. 즉 유전자를 변형해서 생물체의 기능을 보강하거나 전혀 새로운 생물체를 만드는 생체 개조 기술이라 할 수 있다. 전통적인 농업생물공학기술의 기반은 1900년 그레고르 멘델(Gregor Mendel)의 유전의 법칙(Mendel's Law)의 재발견 시대로 소급된다. 멘델은 1865년 완두를 이용하여 유전의 법칙을 발견했지만 그의 업적은 35년이 지난 1900년에 겨우 그 중요성을 인정받게 되었다. 그 후 미생물에서 인간에 이르기까지 이들의 유전적인 구조에 관한 많은 지식이 도출되었다. 1920년대에 이르러 Muller와 Stadler는 방사선을 이용해 인위적 돌연변이를 유발시키는 성과를 이루었고, 1930년대와 1940년대에는 콜히친(colchicine) 사용으로 염색체의 배가, 잡종강세를 이용한 옥수수의 상업적인 이용, 질소 머스터드(nitrogen mustard)로 돌연변이 유발, 조직 및 배(胚) 배양의 기술을 이용하여 이간(離間)된 종(種) 간 교배에서 오는 잡종을 구출하기 위한 기술 등 염색체나 유전자를 조작하는 여러 가지 새로운 방법이 개발되었다.

생물공학은 미국의 제임스 왓슨(James Watson)과 영국의 프란시스 크릭(Francis Crick) 2명의 생물물리학자들이 이중 나선형(二重螺旋形, double helix)으로 구성된 유전자의 본체인 디옥시리보 핵산(Deoxyribo Nucleic Acid, DNA)의 구조를 1953년에 밝혀낸 이후, 이제 반세기가 지난 현재, 모든 유전분야 연구는 이를 토대로 획기적인 발전을 거듭해 오고 있다. 핵산의 발견은 이미 1869년 독일의 화학자 Friedrick Miescher에 의해 이루어졌으며, 그는 세포핵 안에 탄수화물, 지방질, 단백질이 아닌 또 다른 물질을 분리하는 데 성공했고 이것을 핵산이라고 했다. '멘델의 유전 법칙'(Mendel's Law) 발견 이후, 분자생물학에 또 다른 신기원을 이룩했다는 평가를 받은 이 연구로 이들은 1962년 노벨 생리물리학상을 수상했다. 21세기에 접어들면서 유전학자들은 멘델의 유전기반 분야에서 농학, 의학, 약학 등 여러 분야에서 분자유전을 적용하는 방향으로 옮겨 가고 있다.

1900년에서 2000년 사이에 새로운 분자 유전의 연구로 복잡하게 얽힌 생물체의 신비를 이해하는 데 도움을 주고 있다. 그렇다고 전통적인 생물공학 기술을 멀리하고 새로운 분자공학기술에 치우치게 된다면, 현재에 이르기까지 성취한 연구방법이나 과학기술 혁신을 가볍게 취급하게 된다는 측면에서 잘못된 처사라 할 수 있다. 마치 멘델의 업적에 대한 중요성이 35년이 지난 후에 생물학자들에게 재인식되었던 것처럼, GM작물에 대한 유익성과 리스크에 관한 시비의 판가름도 앞으로 수십 년의 세월이 소요될 것으로 믿어진다.

GM작물은 다른 종(species)으로부터 도입된 DNA의 유전자를 첨가, 변경, 혹은 제거하여 생물체 자체의 특성을 조작 변형한 것을 말한다. 같은 종(種)이나 가까운 종간의 교배를 통해 품종을 개량했던 과거와는 달리, GM작물은 미생물이나 세균 등 전혀 다른 유전자, 인류가 전혀 먹어 본 경험이 없는 유전자를 넣어 만든 것이다. GM작물은 대부분 제초제 내성(耐性) 작물이거나 해충 저항성 작물들이다. 전자는 미국의 대기업의 하나인 몬산토(Monsanto)사가 만들어 자기 회사가 제작한 제초제에만 내성을 갖도록 토양세균의 유전자를 식물에 넣은 것으로, 제초제(Roundup Ready)와 GM종자(Roundup)를 세트(set)로 판매하고 있다. 후자는 살충 성분이 있는 Bt(*Bacillus thuringiensis*) 세균의 독소 유전자를 작물에 넣어 식물 자체가 농약을 생산할 수 있도록 변형한 것이다.

1990년대 이래 분자 수준의 생물체가 어떻게 작용하는가에 대한 규명, DNA 분자의 분석 · 지식 · 변형에 관한 능력, 그리고 고등 생물체의 유전자 구성 등에 대한 이해력으로 생물공학은 획기적인 발전을 거듭하고 있다. 생물체는 A(Adenine), G(Guanine), C(Cytocine), 그리고 T(Thymine), 4개의 코드(code)를 이용해 유전자를 구성하고 여러 가지 단백질을 만든다. 화학적으로는 이 4개의 코드를 염기(base)라 부르고 이들이 연결돼 있는 것을 DNA라 한다. 유전자(gene)란 생체(生體)에 특성을 부여하는 코드의 정보를 말하며, 게놈(genome)이란 유전자의 총 집합체를 뜻하며 A, G, C, T, 4개의 염기가 여러 가지 조합으로 연결된 난수표와 같은 것이다. 유전공학의 연구는 미국에서 발족했으며, 인간 세포 하나하나에 존재하는 4개의 염기로 구성된 31억의 DNA 분자 글자(字)를 식별하고 배열하는 '인간 게놈 프로젝트'(Human Genome Project)로 인해 더욱 가속화되고 있다. 이 프로젝트는 1989년에 시작하여 10년이 걸려 미국, 영국, 일본 등 5개국의 국제 연구팀이 참여한 사업으로 20억 달러의 연구비가 들었다. 이와 같은 생물공학 기술이 동식물에도 직접 적용되어 새로운 과학 분야인 '지노믹스'(genomics) 즉 유전자의 기능을 파악하고, 파악한 유전자를 농업이나 의학에 적용하는 새로운 접근을 시도하는 방법이 등장하고 있다. 유전자 지도가 완성되었다고 해서 곧바로 생물공학의 혁명이 일어나는 것은 아니다. 유전자 지도(gene map)는 유전자의 배열과 구조 등의 외형적인 것이고, 각각의 유전자가 어떤 기능을 하는지는 아직도 대부분 알려지고 있지 않으며, 앞으로 20-30년이 소요될 수도 있을 것으로 추정하고 있다. 이러한 새로운 기술의 출현이 상업적으로 이용됨으로써 주로 북미 그리고 유럽에서 생물공학 산업이 빠르게 발전하고 있다. 미국 그리고 유럽의 몇 개의 대기업들이 이러한 생명공학 기술에 큰 투자를 하여 개량된 식물품종을 생산하기 위한 대규모의 상업적인 농업을 전개하고 있다. 또한 이러한 새로운 기술이 식량안보와 개도국 사람들의 빈곤을 완화하는 데 중요한 잠재적인 역할을 할 수 있을 것으로 전망되고 있다.

그러나 생물공학을 농업에 적용하는 연구는 아직 초보 단계에 있다. 현재에 이르기까지 유전공학으로 이루어 낸 식물품종의 대부분은 제초제의 내항성

(herbicide tolerance)이나 살충제의 저항성(insect resistance)과 같이 다만 한 가지 특성만을 지니고 있을 뿐이다. 빠른 속도로 진행되고 있는 '지노믹스'의 연구로 식물, 수목, 가축 육종은 앞으로 더 많은 유전자의 기능이 밝혀지게 된다면, 더 빠른 진전을 보게 될 것으로 기대된다. 내한성(耐旱性)이나 내염성(耐鹽性)을 작물에 도입하기 위한 육종은 많은 유전자로 인해 지배되는 복잡한 특성 때문에, 더 많은 유전자의 기능이 밝혀지는 시점에 이르게 되면 가능하게 될 것으로 믿어진다. 이러한 연구는 특히 거친 환경하에서 그리고 척박한 토양에서 재배되고 있는 열대작물에 큰 잠재적인 이익을 가져올 것으로 기대되고 있다.

유전공학기술 응용

유전공학기술은 대략 유전자 재조합(再組合), 세포 융합(融合), 핵치환(置換) 등 세 가지로 구분된다. 유전자 재조합 기술은 외래(外來) 세포에서 분리된 유전자와 발현 세포에서 분리된 유전자를 체외로 분리 재조합하여 이질적인 유전자의 공생체(共生體)를 만든 다음, 다시 발현 세포에 주입하여 외래 유전자의 형질을 발현시키는 기술이다. GM농산물은 이러한 기술로 이루어진다. 세포 융합 기술은 형질이 다른 두 개의 세포를 융합시켜 잡종세포를 만들어 새로운 형질을 가진 세포 또는 생물체를 만드는 것을 의미한다. 예를 들면, 감자와 토마토 세포를 융합하여 '포마토'(pomato)와 같은 새로운 잡종 식물을 생산하는 기술이다. 핵 치환 기술은 특정 형질을 가진 세포의 핵을 다른 세포의 핵과 치환 이식시키는 것을 말한다. 핵 치환 기술은 특정 형질을 가진 생물체 복제에 이용되는 기술로서, 양의 수정란 핵을 치환해서 복제 양(Dolly)을 만든 것이 대표적인 예라 할 수 있다. 한국에서도 서울대 연구팀에 의해 '광우병 내성(耐性) 송아지'와 '장기 이식용 돼지', 그리고 복제가 어려운 것으로 알려진 개(Snuppy)의 복제 성공 등 놀라운 성과를 이루고 있다. 또한 최근에 동 연구팀은 세계 최초로 여성의 기증 난자와 사람의 체세포만으로 인간 배아(胚芽) 줄기세포(human embryonic stem cell)를 만드는 데 성공한 것으로 발표해 세계의 시선이 한때 한국에 집중되었으나, 근래에 연구 진실성에 대한 문제가 제기되어 과학계는 물론 사회적인 충격으로 받아들여지고 있다.

GM작물의 재배현황

2006년은 상업화된 GM작물이 소개된 후 11년째를 맞이하는 해가 된다. 2006년 세계 GM작물 총 재배면적이 1억 200만*ha*를 기록하고 있으며, 재배농민의 수도 1,000만 명을 넘어섰다. 세계 22개국에서 재배되고 있다. 일 년 전인 2005년에는 세계 21개국에서 850만 명의 농민들에 의해 9,000만*ha*에 재배된 것을 보면, 연간 13%(1,200만*ha*)의 면적이 증가했다. 지난 5년간 두 번째로 크게 증가한 것이다. 이러한 증가추세는 선진국이나 개도국들의 수백만의 대소형 규모의 농가들에 의해 재배되고 있다는 사실은 GM작물에 대한 인식과 자신감이 확산되고 있다는 산 증거라 할 수 있다. 2006년 세계 인구 65억 중 36억(55%)이 GM작물을 재배하고 있는 나라에 살고 있으며, 세계 총 경작면적 15억*ha* 중 7억 7,600*ha*(52%)에 GM작물이 재배되고 있다. 2006년 22개 GM작물 재배국 가운에 11개국이 공업국가이며, 11개국은 개도국에 속한다.

지난 11년간(1996-2006), 농민들은 GM작물이 처음으로 도입된 1996년이래 매년 계속해서 재배면적 증가율이 두 자리 수를 보여 왔다. 놀랍게도 세계 GM작물 재배면적은 1996년 약 170만*ha*에 지나지 않았으나, 그 후 무려 60배 이상 증가를 보여 근래 역사에 보지 못했던 기록을 수립하고 있다(표 1). 지난

표 1. 세계 GM작물 재배면적 증가추세

(백만ha)

연도	재배면적
1996	1.7
1997	11.0
1998	27.8
1999	39.9
2000	44.2
2001	52.6
2002	58.7
2003	67.7
2004	81.0
2005	90.0
2006	100.2

자료: Vital Signs 2002, Global Update of GM crops(2004), 2006 ISAAA Brief No.35-2006

11년 동안의 누적 재배면적이 5억 7,700만*ha*로서 이는 미국이나 중국 전체 면적의 절반 이상에 해당하며 영국 면적의 25배나 되는 면적이다. GM작물의 채택률이 높은 것은 보다 편리하고 용이한 작물관리, 생산비용 절감, 단위 면적당 수입 증가, 건강 및 사회적 혜택, 관행 농약 사용량 감소 등을 통해 더욱 깨끗해진 환경 등 실질적인 이익을 제공하여 전체적으로 지속 가능한 농업에 도움이 되는 생물공학 작물에 대한 농민들의 높은 만족도가 반영된 것으로 보고 있다. GM작물을 기피하고 있는 EU 여러 나라에서도 점차적으로 GM작물을 재배하는 나라들이 늘고 있다. 2006년 현재 EU 27개국 중 6개국에서 GM작물

표 2. 2006년 국가별 GM작물 재배면적

(백만ha)

순위	국가	면적	GM작물
1	United States	54.6	콩, 옥수수, 목화, 유채, 수쿼시(호박), 파파야, 알팔파
2	Argentina	18.0	콩, 옥수수, 목화
3	Brazil	11.5	콩, 목화
4	Canada	6.1	유채, 옥수수, 콩
5	India	3.8	목화
6	China	3.5	목화
7	Paraguay	2.0	콩
8	South Africa	1.4	옥수수, 콩, 목화
9	Uruguay	0.4	콩, 옥수수
10	Philippines	0.2	옥수수
11	Australia	0.2	목화
12	Romania	0.1	콩
13	Mexico	0.1	목화, 콩
14	Spain	0.1	옥수수
15	Colombia	〈0.1	목화
16	France	〈0.1	옥수수
17	Iran	〈0.1	벼
18	Honduras	〈0.1	옥수수
19	Czech Republic	〈0.1	옥수수
20	Portugal	〈0.1	옥수수
21	Germany	〈0.1	옥수수
22	Slovakia	〈0.1	옥수수

자료: 생물공학 이용을 위한 국제 서비스(International Service for the Aquisition of Agri-biotech Appli-cations, ISAAA Brief No.35-2006, by Clive James, 2006).

표 3. 주요 GM작물 재배면적

(백만ha)

GM작물	2002	2003	2004	2005	2006	점유율(%)
콩(soybean)	35.6	41.4	48.4	54.4	58.6	57
옥수수(maize)	15.4	15.5	19.3	21.2	25.2	25
목화(cotton)	6.8	7.2	9.0	9.8	13.4	13
유채(canola)	3.0	3.6	4.3	4.6	4.8	5
합계	61.7	67.7	81.0	90.0	100.2	100

자료: Agrifood Awareness, "Biotech Bulletin 12" (2004)와 ASAAA Brief No.35-2006, 2006.

표 4. 미국 주요 GM작물 재배면적 비율

(%)

연도	콩	목화	옥수수
2000	54	61	25
2001	68	69	26
2002	75	71	34
2003	81	73	40
2004	85	76	45

자료: 미국 농무부(USDA, 2005).

을 재배하고 있다. EU 국가 중 스페인이 약 60,000*ha*의 Bt 옥수수 재배로 으뜸을 차지하고 있으며, 나머지 5개국(프랑스, 체크, 포르투갈, 독일, 슬로바키아)은 Bt 옥수수 재배면적이 2005년 1,500*ha*에서 2006년에는 8,500*ha*로 5배 증가했다. 전체 GM작물 재배면적에 비하면 적은 면적이지만, 2007년에는 증가속도가 더해질 것으로 전망하고 있다. 2006년 현재 국가별 GM작물 재배면적을 순위에 따라 정리하였다(표 2).

세계 주요 GM작물 재배면적은 매년 증가하고 있다. 2006년 GM콩 재배면적은 5,860만*ha*로서 전체 GM작물 재배면적의 57%를 차지했다. 다음은 옥수수로서 2,520만*ha*(25%), 목화 1,340만*ha*(13%) 그리고 유채 480만*ha*(5%)의 순위로 이어지고 있다(표 3).

미국은 GM작물 생산에 특출한 나라로서 2006년 현재 전 세계 재배면적의 54.5%를 차지하고 있으며, 특히 콩, 목화, 옥수수 재배면적이 꾸준히 증가하고 있다(표 4). 이러한 증가 추세가 앞으로 얼마나 계속될 것인지는 확실치 않은

표 5. 중국의 BT목화품종 재배 효과

	일반 품종	Bt 품종
수량(kg/ha)	3.18	3.37
농약사용량(kg/ha)	60	12
생산비($/kg)	2.25	0.48
농약중독자(%)	22	5

자료: Huang et al.(2002); FAO, World agriculture towards 2015/2030.

전망이다. GM작물에 대한 안전성이 불확실하다 하여 국제시장에서 이러한 작물을 쉽게 받아들이기를 꺼리는 나라들이 있기 때문이다. 신규 제초제 내성(耐性) 알팔파(alfalfa)는 2006년 미국에서 처음으로 상업화되었다. RR 알팔파는 상업화된 최초의 다년생 GM작물이라는 특징이 있으며, 2006년 미국 알팔파 파종면적 130만*ha* 중 5%에 해당되는 8만*ha*에 파종되었다. RR Flex 제초제 내성 목화는 2006년 출시된 첫 해에 80만*ha* 이상의 면적에 재배되고 있다. 재배는 주로 미국에서 이루어졌고, 호주에서도 일부 재배되고 있다. 중국에서 주목할 만한 것은 자체적으로 개발한 바이러스 저항성 파파야(papaya)가 2006년 후반에 상업화할 것으로 보고 있다.

농업생물공학의 인상적인 발전을 성취한 나라는 중국이며, 대표적인 작물로 Bt 목화를 들 수 있다. Bt 목화가 처음으로 재배된 해는 1997년이며, 첫해 재배면적 2,000*ha*에서 2006년에는 350만*ha*로 1,750배 증가했다. 증가 이유는 주로 경제적인 이득을 들 수 있다. 농약 사용 감소로 인한 환경 보호와 인체에 해를 감소시키고 있다. Bt 목화 품종을 사용하는 농민들은 Bt 품종이 아닌 일반품종 사용 농민에 비해 80%의 농약을 절감할 수 있으며, 시용(施用)빈도도 3분의 1로 줄일 수 있다. 생산비 그리고 농약 중독자 수도 대폭 줄일 수 있었다(표 5). 중국은 Bt 목화 재배의 성공으로 여러 다른 GM작물의 확대 재배를 시도하고 있으며, 2004년에 콩, 옥수수, 담배 등이 포함된 GMO 작물재배 6개년 계획을 수립했다. 중국은 생물공학 연구 시설 면에 있어 미국 다음으로 잘 갖춰진 나라로 알려져 있다.

GM작물

소비자들은 옥수수나 콩으로 만든 두부가 유전자변형 산물인지 아닌 지 인식할 수 없어 아무런 생각 없이 먹는다. 이들 생산물은 맛이나 모양이 옛것과 같고 아무런 표시가 없기 때문에 식별이 안 된다. GM식품은 식물 자체의 내부 세포가 변형된 것이어서 미국 사람들은 세포 내부의 구조를 조정하여 만들어진 식품에 거부감을 갖는 것보다, 차라리 식품의 지방 과다 여부에 더욱 관심을 기울이며 GM식품을 자연스럽게 먹고 있다. 그들은 만약 농민들이 인체에 해로운 농산물을 재배했다면, 그것을 관리하는 미국 식품의약품관리청(Food and Drug Administration, FDA)에 의해 폐기되었을 것으로 믿고 있다. 어떤 나라들은 새로운 GM종자를 회의적으로 받아들이고 있으며, 어떤 나라들은 환경운동가들의 끈질긴 저항에 부딪혀 종자 도입을 금지하고 있다.

대부분의 농업 과학자들은 생물공학이 장래의 식량문제를 완화시킬 수 있을 것으로 보고 있다. 지난 20년간 생물공학의 발전으로 인해 새로운 귀중한 과학 연구 방법과 생산물을 개발했다. 이러한 연구의 지속 여부는 재정적인 도움과 연구기관들에 대한 현실적인 지원에 달려 있다. 생물공학은 의학 그리고 건강 분야에 큰 공헌을 하고 있지만, 농업분야에 있어서도 놀라운 업적을 올리고 있다. GM품종, 여러 가지 해충을 효율적으로 처리하는 Bt 유전자가 들어 있는 목화, 옥수수, 감자 등이 상업적으로 이용되고 있다. 이러한 품종들의 사용은 살충제의 필요성을 감소시키고 있다. 또한 여러 가지 제초제에 저항성이 있는 목화, 옥수수, 식용유용 유채, 콩, 사탕 무, 밀 등의 GM작물이 개발되어 제초제 사용이 감소됨에 따라 생산가를 줄일 뿐 아니라 환경 면에서도 좋은 성과를 이루고 있다. 토양 알칼리성화(alkalinity)에 저항력이 있고, 알루미늄과 철분 독성(iron toxicity)에서 자유로운 곡물 품종의 개발에도 많은 진전을 보이고 있어, 흔히 관개 시스템에서 야기되고 있는 토양 퇴화 문제를 개선할 수 있게 됐다. 이들 품종들은 산성토양에서도 잘 견딜 수 있어 희망을 주고 있으며, 이로 인해 경작지의 확대가 기대되어 생산 면적도 확대될 것으로 믿어진다.

1) 황금(黃金) 벼

근래 가장 우리에게 관심을 갖게 한 것은 유전공학 기술을 이용해 개발한 황금 벼(golden rice)를 들 수 있다. 두 독일 과학자, 스위스 연방 공대(Swiss Federal Institute of Technology in Zurich) 교수인 잉고 포트리쿠스(Ingo Potrykus)와 독일 프라이부르크 대학(University of Freiburg) 페테르 바이에르(Peter Beyer) 교수는 japonica계의 벼 품종(Taipei 309)을 이용하여 황금 벼를 만드는 데 성공했다. 그들은 수선화(daffodil)에서 2개의 유전자와 세균에서 1개의 유전자를 분리하여 벼의 게놈에 주입시켜 쌀에 노란 색을 띄운 베타카로틴(beta-carotene)을 생산하는 데 성공했다. 베타카로틴은 인체에 필요한 필수 영양소로서 비타민(vitamin) A를 생산한다. 비타민 A 부족으로 매년 아시아에서만 약 100만 명의 어린이가 죽어 가고 있으며 35만 명이 시력을 잃고 있다. 유전공학으로 영양소를 증가시키는 황금 벼 연구는 1990년 시작할 때만 해도 많은 과학자들의 의견은 '불가능한 연구'라며 반대했을 정도의 난제였다.

GM작물을 반대하는 측은 황금 벼는 대기업들의 돈을 벌기 위한 날조물이라 하여 비난하고 있지만, 2004년에 아시아 몇 개 나라에서 지역 적응성 포장시험을 시작했으며, 2005년에는 개도국 농민들에게 이 종자가 어느 정도 보급된 것으로 알고 있다. 환경단체들의 하나인 그린 피스(Green Peace)는 하루의 비타민 A의 요구량을 황금 벼로 충족시키려면, 매일 9*kg* 상당량의 쌀을 섭취해야 한다며, 그 부당성을 주장하고 있다. 포트리쿠스 교수는 유전공학기술을 이용해 철분과 비타민 A 함유량을 증진시킬 수 있는 황금 벼를 개발한 공적이 인정되어 2000년 5월 전라남도 광주의 금호생명환경과학연구소에서 제정한 첫 과학상을 수여했다.

황금 벼를 개발하는 데는 개발기술 자체 이외에도 많은 어려움이 개재되었다. 미국의 Monsanto사는 GM작물 생산의 선구자라 하여 수년 동안 GM작물을 반대하는 측의 지탄을 받고 있는 회사의 하나다. 이러한 비난을 완화하기 위한 수단으로 그들이 소지하고 있는 황금 벼를 만드는 데 필요한 핵심적인 기술 응용 특허권을 연구팀에 양보했다. 이 이외에도 황금 벼를 만드는 데 복잡하게 얽힌 32개의 민간 회사들과 70개의 공공기관들이 소지하고 있는 특허 소지자들의 양해를 얻어야 하는 번거로움이 가장 어려운 과정이었다고 포트리쿠스 교수는 실토하고 있다. 그러나 특허권 사용에 양해를 얻어 냈다 해도 일단 황금 벼가 상품화되어 국제 시장에 출하하게 된다면, 특허권 소지자들의 반응은 달라지게 되어 이들과 협상을 해야 되며, 결국 특허에 대한 대가를 치르게 된다.

원래 황금 벼 개발 목적이 개도국 빈곤층의 영양실조를 개선하는 것이었다면, 높은 특허 사용료 때문에 원래 목적을 상실하게 될 가능성이 크다. 결과적으로 GM작물의 개발이 선진국 회사들의 이득만을 위한 것으로 전락될 소지가 있다. 특허 소지자들은 외계의 압력에 굴복하여 Monsanto사는 특허 사용권을 조건 없이 연구자에게 윤허하게 되었고 영국의 세계 5대 제약회사의 하나인 아스트라-제네카(Astra-Zeneca)사는 황금 벼를 개도국뿐만이 아니라 선진국 농민에도 사용할 수 있도록 하는 조건하에 Potrykus 연구팀에 특허권을 이양하는 데 합의하고 있다.

2) 미국의 GM벼 재배

미국의 벼는 대형 기업농들에 의해 재배하고 있으며, 한 재배단위가 보통 1,000*ha*를 상회한다. 남부지방(루이지애나 주, 미시시피 주, 미주리 주, 아칸소 주, 텍사스 주)에서는 주로 장립형(長粒型)을 재배해 유럽에 수출을 시도하고 있다. 캘리포니아 주에서는 주로 중·단립형(短粒型) 벼를 생산하여 동아시아 시장 그리고 미국 내 슈퍼마켓 수요를 충당하고 있다. 미국에서 벼를 수입하고 있는 유럽은 GM작물을 배제하고 순수한 전통적인 벼 수입만 허용되고 있다. 근래에 미국의 보통 벼 품종들이 은연중에 GM벼 수분(受粉)으로 인해 오염되었다는 사실이 널리 알려져, 미국 벼 재배농가들은 오염이 안 된 확실성 있는 벼 종자 구입에 애를 먹고 있다. 벼는 원래 자화수분 작물이다. 화분이 멀리까지 표류하지 않는 것으로 알려져 있다. 그러나 GM벼 화분이 보통 벼 화분과 섞이게 되면, GM 성분이 섞인 오염된 벼가 생산된다. 또한 생물공학으로 육성된 품종이라 하여 특수 도정시설 처리가 되어 있지 않는 한, 유통경로에서 GM벼와 보통 벼가 섞이게 되는 가능성을 언제든지 존재하고 있다. 유럽연합(EU)

은 미국 벼가 인류가 만들어 낸 저주의 식품 "Frankenfood"라 하여 수입을 계속 거부하고 있어 미국 벼 재배농가의 피해가 크다. 미국에서 벼를 수입하고 있는 나라들의 생각에 변화가 없는 한, 미국 벼 생산자들은 수출의 길이 막혀 피해에서 벗어나지 못할 것으로 보고 있다.

2006년 8월 Bayer CropScience사는 그들이 생물공학을 이용해 육성한 'LL601' 벼 품종에 대한 유통허가를 농무부에 신청하여 9월에 승인 허가를 획득했다. 이 품종은 정식 유통허가를 신청하기 전에 이미 시장에 불법으로 유통되고 있어 농민과 Bayer사 간에 논란의 대상이 되고 있는 품종이다. Bayer사는 아칸소 주와 미주리 주의 벼 재배농가로부터 집단소송을 당하고 있다. Bayer사에서 개발한 Liberty 제초제에 저항할 수 있게 설계된 실험용 GM벼가 실험포장 밖으로 흘러 나간 것이다. Bayer사는 실험을 중단했으나, 이미 GM벼의 유전자가 일반 벼에 오염되었다는 사실이 알려지자, 미국에서 벼를 수입하고 있던 모든 나라들이 미국산 벼에 수입금지 조치를 취하게 되어 벼의 수출 길이 막히게 된 농민들의 소송이 이어지고 있다.

노스캐롤라이나 주에 본부를 두고 있는 미국 Bayer 회사는 LL601 벼는 GM옥수수, 유채, 그리고 GM목화와 같이 안전하며 환경에도 리스크가 없는 품종이라고 주장하고 있다. LL601 벼 품종은 장립형으로 Bayer 회사 자체에서 만든 Liberty 제초제에 저항하는 박테리아 유전자가 들어 있어 작물에 피해를 주지 않아 농민들이 안심하고 재배할 수 있다고 언급하고 있다. LL601 벼 품종이 정식 승인을 받았다 해서 농민들이 제기한 소송이 해결되는 것은 아니다. 미국 농무부는 만약 Bayer 회사가 GM벼를 취급함에 있어 APHIS의 규정을 어겼다면 그에 상당한 법의 대가를 받아야 한다고 언급하고 있다.

3) 벼에 인간 유전자 도입

2007년 5월 미국 농무부는 사람 유전자가 들어 있는 식량작물의 상업적 생산을 처음으로 허용했다. 이로 인해 고도의 기술로 변형된 식물체 내에 들어 있는 생의학(生醫學) 물질이 다른 식품을 오염시킬 수 있다는 우려가 다시 대두되고 있다. 이 연구를 주관하고 있는 캘리포니아 주 새크라멘토 시에 본부를 둔

Ventria Bioscience 생물공학 회사는 미국 캔자스 주에서 사람의 면역 시스템 단백질을 생산하는 벼를 생산하게 되었다. 이렇게 생산된 벼에서 설사를 멈추게 하는 단백질을 추출하여 제약용으로 사용하거나 요구르트(yogurt) 혹은 그라노라(granola: 납작 귀리에 건포도나 누런 설탕을 섞은 아침 식사용 건강식품)와 같은 건강식품에 첨가할 계획을 수립하고 있다. Ventria Bioscience 사장 Scott E. Deeter는 유전공학으로 이루어진 식물 그리고 종자는 특별 관리를 하고 있기 때문에 그 주변 농장을 오염시키는 일은 없을 것이라고 다짐하고 있다.

Ventria사는 세 가지 벼 품종을 개발했다. 세 가지 품종 하나하나에 사람 유전자가 들어 있는 식물을 생산하게 된다. 그 가운데 한 품종은 락토페린(lactoferrin: 포유류의 젖 단백질의 일종)과 다른 품종은 리소자임(lysozyme: 박테리아 용해 효소의 일종)으로 이 두 단백질 모두 모유(breast milk)와 침(saliva)에서 발견되는 박테리아와 싸우는 합성물이다. Deeter 사장은 식물에서 이러한 단백질을 생산하는 것이 다른 방법으로 생산하는 것보다 저렴하며, 매년 개도국에서 설사로 사망하는 200만 명의 어린이 치료에 크게 도움이 된다고 했다. Ventria사는 이 단백질을 건강식품에 넣을 수 있도록 FDA와 현재 협의 중에 있다. 세 번째 벼 품종은 의료 치료에 사용하는 혈액 단백질 혈당알부민(serum albumin: 체액 속의 단백질)을 만든다. 아직까지 사람의 유전자를 지니고 있는 식물은 소규모의 실험 포장에서 실시토록 제한되어 있다. Ventria사는 캔자스 주의 Geary 군에서 2007년 봄에 182*ha*, 그리고 10월에는 1,295*ha*의 면적에 이러한 벼를 재배할 수 있도록 승인 신청을 냈고 2007년 5월 USDA는 이를 승인했다. 캔자스 주에서는 오직 이 세 품종의 벼가 재배되고 있어 다른 벼 품종의 유전자가 전이되는 경우는 전무하다고 했다. 이 회사는 오염을 막기 위해 모든 생산, 도정, 판매 과정을 현지에서 처리하기로 계획하고 있다.

환경보호단체 그룹은 모든 GM작물은 인류가 만들어 낸 Frankenfood로서 일반 식품과는 다르다고 주장한다. 예를 들면, GM식품은 특히 유전자변형을 위해 사용된 유전자가 만들어 내는 단백질이 인체에 알레르기(allergy)를 유발할 가능성이 있다 하여, 미국 Aventis사가 개발한 StarLink 옥수수가 1998년 미국 환경보호청(Environmental Protection Agency, EPA)으로부터 사료용으로 제한 승인되었다. 또한 해충(害蟲)에 돌연변이를 유발하여 신종 해충이 출현할 수 있어 주변 미생물의 변화 등이 우려되며, 제초제 저항성을 가진 작물의 유전자 꽃가루를 통해 다른 잡초에 이전돼 제초제에 강한 슈퍼 잡초(superweed)가 탄생할 수 있어 농사에 지장을 초래할 수도 있다고 주장한다. 또한 그들은 지구의 생태계를 변화시킬 수 있어 예기치 않은 상태에 이르게 하고, 생물의 다양성(biodiversity)을 교란시킬 수도 있고, 주요 작물 육종에 요구되는 중요한 야생종의 종말을 초래할 수도 있다고 했다.

GM작물은 미국인의 총애물인 모나크 나비(monarch butterfly)의 유충을 죽이고 있다고 주장한다. 유럽이나 일본의 소비자들 사이에 GM작물에 대한 동요가 커짐에 따라, 이들 정부는 과학적으로 불안전성에 대한 의문이 밝혀질 때까지 GM작물의 재배를 거부하고 있는 실정이다. GM작물을 전적으로 반대하는 측은 동물사료에만 사용 허가된 GM옥수수가 타코(taco: 멕시코 사람들의 빵의 일종)에서 발견되었다고 언급하고 있다. 그들은 GM 화분이 바람에 날려 유기농장을 해친다고 경고한다. 좀 심한 GM작물 반대자들은 외래 유전인자를 사용하여 만든 GM작물은 암을 유발할 수도 있다고 주장하고 있다.

한국은 벼, 보리, 콩, 옥수수, 감자 등 5대 식량작물의 종자는 정부가 개발 및 공급을 독점해 왔기 때문에 사실상 국내에서 재배되고 있는 콩이나 옥수수 가운데 GMO 성분이 있다는 것은 원칙적으로 있을 수 없다. 그러나 현재 정부가 보급하고 있는 콩, 옥수수 종자는 전체 수요량의 25% 안팎이다. 나머지는 농민들이 자급하거나 그들 상호간 교환해 사용하고 있다. 이 과정에서 불법 수입된 외국산 종자가 섞일 가능성을 배제할 수 없는 것이다. 실질적으로 변형된 콩이 소량이나마 시중 종자 상점에서 일반종자와 섞여 판매되고 있다는 보고가 있다.

GM작물 수용에 대한 결정적인 거부는 2002년 말 굶주림에 시달리는 아프리카 사람들을 구제하기 위한 미국의 비상 식량원조에서 찾아 볼 수 있다. 잠비아는 계속된 가뭄과 홍수로 기아에 직면한 남부 아프리카 국가 중에서도 상황이 가장 심각했지만, 미국의 지원 식량이 GM옥수수라는 이유 때문에 원조를 거부키로 했다. 잠비아는 이때 식량부족으로 국가 비상 사태를 선포한 때였다. 이와 비슷한 식량난을 겪고 있던 짐바브웨도 GM곡물에 대한 우려를 표시하고 자국 농산물을 오염시키지 않는다는 보장이 있어야만 지원을 받아들이겠다는 입장을 취했다. 돈이 없어 새 종자를 못 사는 농민들이 GM옥수수 종자를 사용할 경우, 나라 전체에 GM옥수수가 퍼지게 되어, 옥수수의 해외 수출 길이 막히기 되기 때문이라고 거절 이유를 밝혔다. 짐바브웨는 농산물을 유럽에 수출하고 있으며, 유럽이 GM농산물과 이를 먹인 가축의 고기 수입을 막고 있는 점을 감안한 조치로 볼 수 있다. 세계보건기구(WHO)는 미국이 지원하는 옥수수가 인체에 해가 없다고 설득했으나, 짐바브웨는 그들의 입장을 고수하며 원조 옥수수를 거절했다. 아프리카의 많은 사람들은 GM작물에는 독극물이 들어 있는 것으로 알고 있다. "아무리 배가 고파도 독이 든 것은 먹지 않겠다"는 잠비아 대통령의 말이 이것을 뒤받침하고 있다. 아프리카 국가 중 레소토와 스와질란드, 말라위는 미국의 GM옥수수 원조를 받아들였다.

아프리카에는 스트리가(Striga) 속(屬)에 속하는 기생식물 또는 마녀식물로 알려져 있는 잡초가 있다. 이 풀은 지하로 침투하여 옥수수나 수수의 뿌리에 기생하며 수분과 영양분을 흡수하여 작물을 고사케 한다. 사하라(Sahara) 사막 이남지역에서 소규모로 옥수수나 수수를 재배하는 농민들에게는 치명적인 영향을 주며 약 1억의 인구는 스트리가로 인해 수확을 거의 거두지 못한다. 생물공학을 이용하여 이 스트리가 침입을 방어할 수 있으나 실행을 미루고 있다. 아직 아프리카에는 그들 자신이 이러한 실험을 할 수 있는 시설이나 자금이 없기 때문이다.

4) GM과실

캐나다 서부에서는 GM과실 나무에 살충제를 시용하지 않아도 해충이 나무에 닿게 되면 곧 죽게 된다. 이 나무에서 수확한 사과는 과실을 절단해도 수 시간 동안 변색하지 않고 신선도가 그대로 유지된다. 과실 생산자들은 유전자를 이용한 과수 연구에 대한 관심이 커지고 있다. 주로 미국에서 생물공학기술로 이루어 낸 변형된 수목에 대한 감독 책임을 지고 있는 농무부 동식물검건(檢健)서비스(Animal and Plant Health Inspection Service, APHIS)는 50개 이상의 GM과실 및 GM수목에 대한 포장시험을 비공개로 실시할 것을 승인했다. 또한 포장면적을 품목당 1*ha* 미만으로 제한토록 했다. 사과는 캘리포니아 주, 오리건 주, 뉴욕 주, 워싱턴 주, 자몽(grapefruit)은 텍사스 주, 배와 자두는 웨스트버지니아 주, 감과 호두는 캘리포니아 주에서 현재 실시되고 있다. 미국 농무부 과학자들은 유럽에서 자두 생산자에게 매년 수백만 달러의 손해를 끼치고 있는 수두병(水痘病, plum pox) 저항성에 강한 바이러스 DNA가 도입된 자두를 만들었다. 수두병은 과실의 모양을 흉하게 하여 상품성을 잃게 하는 병으로 1999년에 미국에 처음으로 상륙했다. 이 DNA 바이러스가 함유된 자두나무는 나무 자체에 면역성이 생긴다(Washington Post 2000. 8. 3.).

캐나다의 브리티시컬럼비아 주의 Summerland Okanagan 생물공학연구소의 책임자인 Neal Carter는 앞으로 수익성 있는 과수산업을 유지하려면, 어떠한 특성을 가진 브랜드화 할 수 있는 과실을 생산해야 경쟁할 수 있다고 언급했다. 그의 실험포장에는 800그루의 GM과수 나무가 성장하고 있다. 그는 사과를 절단해도 화학적 반응에 둔해 변색하지 않고 신선도를 유지할 수 있는 육질에 대한 연구에 큰 기대를 걸고 있으며, 또한 수확 후에 빨리 변질하지 않으며, 맛을 유지할 수 있는 GM복숭아가 앞으로 10년 내에 그의 포장에서 개발될 것으로 믿고 있다. 또한 그는 유전자를 변형하여 체리(cherry)에 여러 가지 색채가 혼합된 과실을 생산하는 데도 주력하고 있다. 그가 직면하고 있는 가장 큰 문제는 GM과수 연구를 반대하는 사람들에 의한 방해 공작이 점차 심화되고 있다는 것이었다.

GM수목(樹木)

현재 진행 중에 있는 생물공학 연구는 주로 나무의 성장을 촉진하고 섬유질의 농도를 증가시켜 나무의 상업적 가치를 올리는 데 주력하고 있다. 이스라엘은 이전에는 산림의 고목(古木)을 잘라 펄프(pulp)용으로 사용했으나, 현재는 속성 포플러(poplar) 나무를 육성해 이것을 대신하게 되었고 또한 포플러나무 숲은 충분한 이산화탄소를 흡수하여 지구온난화 방지에 공헌하고 있다. 세계의 목재 산업은 연간 4,000억 달러에 이르고 있으며, 종이와 펄프의 수요는 계속 증가되어 20년 후에는 현재 수요량의 50%를 초과할 것으로 전망하고 있다. 미국의 노스캐롤라이나 주와 미네소타 주에서는 새로운 목질 섬유 유전자가 도입된 나무는 수십 톤의 독성 화학약품을 쓰지 않아도 펄프를 만들어 낼 수 있게 되어, 제지공장 주변의 하천 오염을 방지하는 데 공헌할 수 있게 될 것으로 믿고 있다. 알려진 바에 의하면, 유전자변형 연구는 제지(製紙) 및 펄프 업계에서 총애를 받고 있는 포플러과(科)에 속하는 사시나무(aspen)와 사시나무의 일종인 cottonwood 포플러에 치중되고 있다. 주입된 유전자가 나무 안의 리그닌(lignin)의 양을 감소시키거나 혹은 리그닌의 화학적 구조를 약화시키는 역할을 한다. 리그닌은 수목의 질긴 연결조직으로서 제지과정에서 반드시 화학적으로 연화시켜야 하며 이에 막대한 경비가 소요된다. 이와 같이 매력적인 특성을 가진 나무들의 시험이 세계 여러 곳에서 진행 중에 있으며, 생물공학이 산림분야에도 큰 진전을 보이고 있어 앞으로 5-6년 사이에 GM수목의 이용이 현실화될 것으로 전문가들은 전망하고 있다.

지난 10년 동안 APHIS는 130건의 GM수목 포장시험을 승인했다. 이 가운데 50%는 6년 전에 승인되었다. 시험에 성공하면 앞으로 2-3년 내에 상업적으로 육성할 수 있는 계기가 마련될 것으로 전망하고 있다. 현재 16여 개국에서 GM수목 연구가 옥외 포장에서 실시되고 있다. 대표적인 나라는 칠레, 우루과이, 인도네시아 등이다. 그들의 성과에 대해서는 환경단체들의 눈을 피하기 위해 비밀에 부치고 있는 실정이다.

GM수목 육성은 과거 10여 년 동안 축적한 GM작물(콩, 목화 등)을 만든 기술을 적용하고 있다. 대학의 연구팀이나 몇 개의 생물공학 민간 회사들은 새로운 유전자를 나무의 세포에 주입시켜 변형된 특성을 발현시키고 있다. 과학자들은 지구상에서 산림은 가장 규모가 크고 영원하며 또한 수목은 생물학적 견지에서 가장 생산성이 있는 지상 식물로서 우리에게 막대한 경제적인 잠재성을 보이고 있다고 했다. GM수목 연구가 시작 된지 오래되지 않았지만, 산림전문가들은 모든 연구를 긍정적으로 받아들이고 있다.

그러나 GM수목을 반대하는 사람들은 이러한 연구는 생태계에 위기를 초래한다고 주장한다. 나무는 GM작물에 비해 몇 백 배 이상 오래 산다. 따라서 GM

수목이 토양에 서식하는 곰팡이나 미생물에게 어떤 장기적인 영향을 끼치게 될 것인가 대해 예측하기 어려운 것이라 주장한다. 반대자들은 과학자들이 세균, 동물들의 유전자를 나무에 첨가함으로써 익충, 조류 등의 서식처를 교란시켜 생물학적으로 다양한 삼림(森林)을 불모의 산림 즉 'Frankenforests'로 전락시킬 수 있다고 두려워하고 있다. GM수목 지지자들은 현존하는 산림을 벌채하지 않고 지구온난화를 악화시키지 않으면서 재목, 제지, 기타 목재 제품 등의 증산을 시도하는 방법은 GM나무를 육성하는 길밖에 없다고 주장한다. 그들은 만약 모든 수목 생산자들이 1*ha*의 토지에서 종전의 2배의 수목을 생산하게 된다면, 같은 1*ha*의 자연림을 그대로 보존하는 격이 되는 것이라 언급하고 있다.

인류의 도전

비록 연간 세계 농업성장률이 1960년대의 3%에서 1990년 이후에는 2%로 하락했지만, 세계 식량공급은 2020년까지는 충족될 것으로 전망하고 있다. 전 세계에서 1995-2020년 사이에 한 사람이 이용할 수 있는 식량은 약 7% 상승할 것으로 전망하고 있다. 그러나 우리의 현실은 지구촌 인구의 13%에 해당하는 8억 4,000만 명이 식량부족으로 고통을 받고 있는 불합리한 세계에 살고 있다. 이 수치는 아시아 개도국에서 48%에 달하는 4억 5,000만 명, 아프리카 35%, 라틴 아메리카가 17%를 차지하고 있다. 8억 4,000만 명 가운데 2억이 영양실조에 고통 받고 있는 어린이들이다. 또한 오늘날 세계 식량가격이 하향 추세를 보이고 있는 현실에도 식량불안은 계속되고 있다. 세계 곡물 생산량은 1960-1990년 사이에 2배 증가했으며, 1인당 식량 생산량은 37%, 칼로리 공급량도 35% 증가했다. 식량가격도 거의 50% 하락했다. 식량 불안전성의 근본적인 원인은 빈곤과 식량 확보에 밀접한 상관관계가 있으며, 식량 확보에는 빈민층의 수입(收入)이 수반되어야 한다는 것이다.

세계은행(IBRD)에 의하면, 개도국의 13억 인구는 절대 빈곤층에 속한다. 그들은 하루에 1달러 미만의 수입으로 생을 유지하고 있으며, 또 다른 20억 인구는 2달러 미만의 수입으로 생활하고 있다. 영양실조로 매일 4만 명이 죽어 가고 있는 현실이다. 영양실조 현상은 특히 아이들 그리고 부녀자 층에 많으며, 1억 2,500만 명의 어린이들은 비타민(vitamin) A 결핍으로 고통받고 있다. 이들은 주로 개발이 처져 있는 빈곤한 농촌 지역에 살고 있다. 도시화가 빠른 속도로 이어짐에 따라 개도국의 도시에서도 이러한 현상이 날로 증가하고 있다. 도시 인구의 증가는 농촌인구의 증가율에 비해 6배 정도 빨리 늘고 있다. 이들에게 저가로 충분한 식량을 공급하기 위한 설계가 지구촌의 식량안전성을 유지하는 데 중요한 과제로 등장하고 있다. 앞으로 농업 연구의 방향은 농촌과 도시의 빈곤층이 감당할 수 있는 가격으로 식량을 구입할 수 있도록 부응하는 것에 초점을 두어야 할 것이다.

국제식량정책연구소(International Food Policy Research Institute, IFPRI)는 1995-2020년 사이에 세계 곡물 수요량이 40% 증가할 것으로 예측하고 있으며, 주로 개도국에서 발생할 것으로 보고 있다. 이러한 증가량은 개도국에서 급속히 증가하고 있는 사료용 곡물이 포함된다. 2020년에 이르면, 개도국들의 곡물 생산량과 수요를 메우기 위해, 그들이 현재 수입하고 있는 곡물량의 2배 이상을 수입해야 수요를 충족시킬 수 있는 것이다. 따라서 농업과학자들의 도전은 현대 과학, 통신 기술, 그리고 새로운 지식을 어떻게 이용하여 소농들이 지속적으로 더 많이 식량을 생산할 수 있도록 농업 시스템을 관리할 수 있는 새로운 길을 열어 주는 것이라 하겠다.

생물공학은 세계 모든 사람들에게 희망과 리스크를 안겨 준다. 인류의 건강에 있어서는 질병의 유전적인 기본에 대한 새로운 지식을 제공하고, 약품, 그리고 치료를 위한 백신(vaccine) 등에 대한 방법을 제공하게 될 것이다. 농업분야에 있어서는 작물, 가축, 어류 그리고 수목 등을 개량하는 새로운 희망적인 길을 터 줄 것이고 해충이나 병원균을 분석하고 관리하는 데 개선된 방법을 제공하게 될 것이다.

또 한편으로는 이와 같은 새로운 기술을 이용함에 있어, 사람과 환경에 깊은 윤리적인 문제에 봉착하게 된다. 이와 같은 문제들은 생물공학을 이용함에 있어 여러 나라 사람들이 우려를 표시하고 있다. GM식량과 농업에 사용하며 환경에 예상치 못한 변화를 초래할 수도 있다는 이유로 GMO 연구와 이의 생산물을 거부하는 그룹의 활동이 번져 가고 있다. 현대 생물공학이 여러 가지 문제를 안겨다 준다고 주장하고 있지만, 이전에 해결하지 못했던 뒤얽힌 문제들을 풀어 가는 데 큰 희망을 안겨 주고 있다는 것도 잊어서는 안 될 것이다.

주요 이슈

1) 윤리에 대한 인식

생물공학의 이해(利害) 관계에 관해서는 많은 과학적인 토론이 이어지고 있다. 생물공학을 이용하여 식량을 확보하고 빈곤을 완화시킨다는 노력이 무엇이 논쟁의 대상이 되는 것일까? 현재 진행 중에 있는 '유전자 혁명'에 대한 공개 토론은 본질적으로 생물공학기술 자체가 지니고 있는 리스크와 기술에 대한 이해력 범위를 벗어난 윤리적인 리스크의 차이점을 확실히 구별하지 못하는 데 있다. 이러한 차이는 생물공학의 사회적 그리고 윤리적 관계를 풀어 가는 데 중요하다. 1970년대 초부터 DNA 재조합 기술은 과학자들로 하여금 식물, 동물, 미생물 등의 유전자변형을 가능케 하였고, 원간(遠間)의 종간(種間) 유전자를 포함한 다양한 유전자를 도입하게 된 것이 전통 육종방법과 다른 점이다. 윤리적인 측면에서 볼 때, 선진 공업국 자신들이 리스크를 감당하기 어려웠다면 개도국에도 받아들이지 않게 하는 것이 도리인 것이다. 기술상의 리스크는 기술 그 자체가 사람의 건강, 생태계 그리고 환경 등에 잠재적인 리스크를 가져올 수도 있다고 하나, GMO나 생물공학 리스크에 대한 평가는 각국의 정부, 사회, 그리고 기업들이 특수한 문제를 해결하기 위해 적절한 기술을 채택함에 있어 그 이해득실을 그들 자신이 결정해야 할 것이다.

생물공학에 대한 이해력 부족으로 발생하는 논쟁은 생물공학에 사용된 기술 자체에 있는 것이 아니고, 이것을 받아들이는 각 나라들의 정치적 그리고 사회적인 시각에서 환영받지 못하고 있는 것이라 생각된다. 가장 심각한 문제는 선진 공업국가와 개도국 간에 빈부의 격차가 악화되는 데 있다. 빈부의 격차가 심화될 것으로 보는 이유는, GMO 생산물들이 열대지역의 농산품의 수출시장을 장악하게 될 가능성이 크기 때문이며, 또한 부유한 공업국들은 개도국들의 전통적인 유전자원을 착취하고 있기 때문이다. 개도국 사람들을 가장 크게 자극하는 것은 민간 기업이나 연구기관들이 개도국들의 토착 식물들의 유전자를 아무런 보상 없이 마구잡이로 착취해 더 우수한 품종을 만들어 개도국에 고가로 되팔아 넘기는 행위에서 일어난다.

이와 연관되는 몇 가지 예를 들어 본다. 히말라야의 산기슭 언덕에서는 향미(香米)로 알려진 '바스마티 벼'(basmati rice)와, 태국에서는 그들의 고유품종인 '재스민 벼'(jasmine rice)가 수백 년 동안 재배되고 있다. 이 벼들은 품질 면에 있어 대적할 수 없을 정도로 벼 소비자들에게 대인기를 얻고 있다. 바스마티 벼를 아시아 일각에서는 '향기로운 진주'라고 표현하고 있다. 1990년대 후반에 미국의 RiceTec 회사(텍사스 주에 있는 작은 벼 회사)가 아시아의 바스마티보다 좋은 새로운 벼 품종을 육성했다 주장하며, 미국 특허를 획득하게 됨에 따라 파키스탄과 인도 농민들을 격분케 했다. RiceTec는 전통적인 바스마티계(系)의 벼를 'Kasmati'로 이름 붙이고 '미국 바스마티' 벼를 'Texmati'라는 이름으로 상품화했다. 인도의 저명한 여성 과학자이며 환경운동가인 Vandana Shiva는 이러한 행위를 생물도작자(生物盜作者, biopirate)라고 비난하고 인도 정부는 이 벼의 특허 취득에 강력히 반항했으나, RiceTec와 그들의 법률고문 담당자들은 교묘하게 인도의 주장을 떨쳐 버렸다. 재스민 벼의 경우도 이와 비슷하다. 2001년 가을 태국 농민들은 미국 플로리다 대학(University of Florida)에서 새로운 재스민 벼의 혈통을 개발하는 데 성공했고 이 벼가 미국에서 재배 가능하다는 것을 알게 되었다. 만약 이것이 현실화된다면 태국은 벼 수출에 큰 타격을 받게 된다. 이로 인해 방콕 주재 미국대사관 앞에서 태국 농민들의 시위가 벌어지기도 했다. 재스민 벼는 500만 명의 태국 농민들이 재배하고 있으며 벼 총 수출량의 25%를 차지하고 있다. 이 중 95%의 재스민 벼가 미국에 수출되고 있으며 미국의 보통 벼값이 톤당 340달러에 비해 재스민 벼는 톤당 520달러로 44%의 가격 차이를 보이고 있다. 플로리다 대학 연구팀은 새로운 혈통 개발 연구를 중지했으나, 이러한 일은 언제 어디서나 일어날 수 있어 그들을 긴장시키고 있다.

1995년 미국 미시시피 대학(University of Mississippi)의 의학 연구팀은 터머릭(turmeric)에 대한 특허를 미국 특허청으로부터 받았다. 터머릭은 상황

(Curcuma longa) 뿌리의 황색 분말로서, 인도와 동남아시아의 토착 향료 식물이고 인도 문명이 시작한 이래 물감, 조미료, 건위제(健胃劑)로 사용되고 있다. 열대지방 특히 동남아시아 사람들에게 음식 장만 때에 없어서는 안 될 귀중한 향료이며, 특히 위의 보호제로 거의 모든 음식에 첨가된다. 연구팀이 특허를 획득한 것은 부상을 치료하는 약제로서 인정을 받았기 때문이다. 미국 특허법은 외국에서 이전에 동일한 목적으로 사용하고 있는 물질에 대해서는 특허를 원래 인정하지 않는다. 인도 정부는 이에 대한 고서적(古書籍)을 증거물로 미국 특허청에 제출했고, 특허청은 3년 만에 특허를 취소했다.

또한 미국 플로리다 주에 있는 W.R.Grace 회사는 '님'(neem: 멀구슬 나무과)나무의 종자와 껍질을 항균용으로 특허를 받았다. 인도에서는 수백 년 동안 님나무의 껍질을 살충제, 살균제, 소독제로 사용해 왔다. 인도 사람들은 님의 껍질이나 나뭇가지로 잇몸을 닦거나, 님 이름으로 제작된 치약, 비누 등이 상품화되어 시판되고 있다. 또한 님은 나병, 뱀의 해독제, 천연두, 당뇨병, 궤양 등에 폭 넓게 사용되고 있는 만병통치약으로 알려져 있다. Vandana Shiva가 이끄는 시민단체들의 항의에 굴복하여 특허는 효력을 발생하지 못했다.

대체적으로 농업과 관련된 GMO를 개발하고 있는 선진국의 대기업들은 빈곤층의 식량 부족 완화를 위해 GM작물을 개발을 한다 하지만, 그들은 인도주의 차원이 아닌 자기 회사들의 상업적 이익만을 위해 주력하고 있어, 결과적으로는 개도국 소농들의 빈곤을 더 한층 악화시키게 되는 경향이 있다. 예를 들면, Monsanto사는 한번 사용한 종자는 다시 사용할 수 없도록 하는 '터미네이터'(terminator) 기술을 개발하여 세계 종자 시장을 장악하려 시도했으나 반대에 부딪쳐 성과를 이루지 못하고 있다.

2) GM식품 및 환경의 안전성

GM식품의 안전성에 대한 소비자들의 우려를 고려해 공개적이며 투명성이 보장되는 식량 안전 정책 및 규정이 마련돼야 한다. 미국, 캐나다, 멕시코, 중국에서는 지난 수년 동안 GM식품을 먹고 있지만 인체에 뚜렷한 부정적인 현상이 일어나고 있다는 보고는 아직 없다. 미국인들은 GM식품은 식물 자체의 세포가 변형되었을 뿐 인체에는 별 지장이 없는 것으로 알고 있다. 그들은 GM식품에서 유발되는 리스크보다 차라리 식품의 지방질 과다 함량에 더 관심을 기울인다. 그들은 식품 취급에 있어 FDA 결정에 순종한다는 태도다. GM식품에 대해 잠재적 위험성을 우려하는 시각은 있지만, 인체에 위험성을 밝힌 연구결과는 대부분 재현성이 입증되지 않은 소수의 결과에 불과하며, 생물학적 개연성에 비춰 볼 때 GM농산물은 안전하다는 것이 과학자들의 일반적인 지적이다.

그러나 뚜렷한 과학적인 입증이 없다 하여 인간의 건강과 직결되는 GM식품을 시장 흐름에 맡길 수만은 없는 것이다. 모든 사람들에 생활과 밀접한 관계가 있는 국제규범인 생물공학 안전성에 관한 카르타헤나 의정서(The Cartagena Protocol on Biosafety)가 130개국의 정부 대표가 참가한 가운데 캐나다 몬트리올에서 5년간의 논쟁을 매듭지으며 2000년 1월에 체결됐다. 1999년 2월 콜롬비아의 카르타헤나(Cartagena)에서 농산물의 수출국인 마이애미그룹(Miami group: 미국, 캐나다, 오스트레일리아, 아르헨티나, 칠레, 우루과이)의 반대로 의정서가 체결되지 못했으나, 몬트리올 모임에서 성사시킨 것이다. 이 의정서는 GM농산물의 수출입을 규제하는 국제법으로서 세계무역기구(WTO)의 규정과 동등한 지위를 가지고 있으며, 유전자변형을 거친 동식물 및 미생물, 동물 사료 등의 교역을 환경보호와 보건 차원에서 미리 규제토록 한 최초의 협정이어서, 지구촌 환경 보호에 새로운 이정표를 세운 것으로 평가된다. 의정서는 50개국의 비준을 얻어, 2003년 9월 11일 국제협약으로 발효됐다. 그러나 한국 정부는 여러 가지 여건을 감안해 아직 의정서의 국회 상정을 미루고 있어 비준이 지연되고 있다.

이 의정서에 따라 규제를 받는 품목은 유전자변형을 거친 동물, 종자, 사료 등을 포함한 식물, 박테리아(bacteria), 백신(vaccine) 등 미생물과 의약품, 식품 가공품 등이다. 의정서에 따르면 유전자변형 관련 품목에 대해 수출국이나 수출업자들은 선적 화물에 유전자변형 물질의 포함 여부를 반드시 표시해야 한다. 각국 대표들은 구체적 표기 내용은 의정서 발효 후 2년 내에 추가 협상을 통해 확정 짓기로 했다. 또 수입국은 환경과 인체 건강에 안전하다는 과학적인 충분한 증거가 없으면 GM작물 수입을 금지할 수 있는 권리를 부여했다. 또한 의정서는 사전통보합의(Advance Informed Agreement, AIA) 절차를 마련하고 있다. 이것은 GM작물을 수출하는 쪽은 GMO 성분이 포함된 제품에 대해 상세한 정보를 사전에 통보해야 하며, 이것을 받아들이는 수입국 측에서는 위해성(危害性)을 평가, 그에 따른 수입 여부를 1년 내에 수출국에 통고해야 한다.

한국에서도 StarLink GM옥수수의 수입 여부를 놓고 첨예한 찬반양론을 경험했던 때가 있었다. StarLink 옥수수는 사람이 먹을 경우 알레르기 반응을 일으킬 가능성이 있어 미국 EPA에서 식용을 금지하고 사료용으로 허용한 옥수수다. 미국 정부는 GM식품의 안전성에 관련한 책임은 생산회사에 있다고 명시하고 있다. 유럽연합(EU)은 GM식품에 매우 예민하다. EU는 최소한 0.9% 이상의 GM작물 성분을 포함한 식품 및 식품 첨가제에는 라벨(label) 부착을 의무화하는 '식품인증제도'가 2000년 4월 EU 전역에서 발효되고 있다. GMO 성분 함유 식품 외에 GM작물로부터 추출된 첨가물이나 조미료를 함유하고 있는 식품도 동일한 규제 조치가 적용되고 있다. 한국은 GMO 함량 3%까지는 GM농산물 표시가 면제되어 기준이 허술하다. 한국도 소비자가 선택할 수 있도록 GM농산물의 표기 의무제를 서둘러 현실화해야 되며, 아울러 우리 힘으로 GM농산물을 점검할 수 있는 전문 인력도 시급히 양성해야 할 것이다.

3) 지적 재산 관리

생물공학에 의해 새롭게 개발된 작물은 식물 품종 보호 특허로 보호를 받을 수 있다. 각 나라마다 특수 개발된 GM작물에 대해 적용되는 지적 재산 보호의 형태는 서로 다를 수 있다. 1995년 우루과이라운드(Uruguay Round) 협상의 한 부분으로 합의된 '무역 관련 지적 재산권 협정'(Trade Related Intellectual Property Rights, TRIP)에 의거, 모든 나라는 식물 품종 보호에 대해 독자적인 시스템을 마련하도록 규정하고 있다. 한국도 1995년 '종자산업법'을 제정해 품종보호제도를 정비하고 2002년에 국제식물보호동맹(International Union for the Protection of New Varieties of Plants, UPOV)에 가입했다. 선진 공업국들이 생물공학으로 이루어 낸 생산물에 대해 지적 재산 보호 조치를 진행하게 됨에 따라, 개도국들은 상대적으로 그들의 유전 자원 보호에 착수하게 되었다.

이것은 1992년에 체결된 생물다양성협약(Convention on Biological Diversity)에 근거를 두고 있다. 이 합의서는 유전 자원의 수출을 막기 위한 보호책으로 모든 국가는 법을 제정할 수 있으며, 유전 자원을 수출함에 있어 수입국이 입는 재정적인 수익(收益)에 대한 분배가 가능하도록 규정되어 있다.

실질적으로 생물공학의 연구는 민간 기업들이 공공 농업연구기관보다 여러 분야에서 앞서 가는 경향이 있기 때문에 연구와 개발(R & D) 사업에 있어 민간 기관과 효율적인 협력 체제를 구축하는 것이 바람직하다. 공공 농업 연구기관도 그들 자신이 발명한 지적 재산 보호를 위한 정책을 마련할 필요가 있다. 그렇게 함으로써 가난한 농민들에게도 연구 결과의 혜택이 돌아가게 될 수 있는 계기가 마련되고, 또한 지적 재산 보호를 받게 됨에 따라, 다국적 회사들과 전략적인 관점에서 기술 제휴를 하는 데 거래 조건을 제시할 수 있는 가능성이 마련될 수 있을 것이다. 각 정부는 TRIP에 의거, 다국적 조직의 유전자 이전에 대처할 수 있도록 잘 정리된 법률을 제정하여 이용해야 할 것이다. 개도국들에 이익이 되는 독점금지규약(antitrust code)을 협상할 수 있는 가능성도 큰 것이다.

농업생물공학의 잠재적 이점, 리스크 및 문제점

1) 잠재적 이점

생산자에게는 소득증대의 틀이 마련되며, 소비자에게는 저가로 농산물을 제공받을 수 있는 계기가 마련되어 생산 의욕을 높일 수 있으며, 살충제 역할을 하는 Bt 유전자 이용으로 환경을 저해하는 투입물(inputs) 사용의 감소가 기대되며(현재 과실, 채소, 감자, 밀 등에 바이러스, 곰팡이 저항성 품종 육성 중), 척박한 토양에 한해(旱害), 염분, 저습지, 산성 토양, 고온(高溫) 등 악조건에 견디는 작물 개발로 빈농들의 지속적인 경작 가능성을 증진시키고, 병충해 저항성 품종 육성으로 관리 의존도가 경감되며, 병충해, 한발, 홍수에서 야기되는 수량 변동의 감소로 식량확보가 용이해질 가능성이 있고, 고단백질 품질 및 함량, 비타민, 미량 영양소(iodine 또는 beta-carotene 함유 쌀) 등의 수준을 증가시켜 사람들의 영양을 개선하고 또한 특수한 질병을 방지하게 될 것이고, 건강 증진, 소화 촉진(포화지방을 낮추고 당분 함량이 많은 콩 품종 개발 중)

에 기여할 수 있으며, 그리고 귀중한 화학제품, 의약품 등을 저가로 생산할 수 있게 되었다〔특수 유류(油類), 분해 가능한 plastic, hormone, 사람의 항체(抗體) 등의 생산이 예견되고 있다〕.

2) 리스크와 문제점

GM농산물은 주로 선진국들의 대규모 기업농가들에게 유리하도록 맞춰져 있어 자원이 빈약한 개도국들의 빈농들은 GM작물로 이득을 얻기에는 기업농가보다 어려운 상태에 있으며, 대기업들의 종자산업 독점, 시장 집중 구축으로 농민들의 선택 및 관리가 어려워져 고가로 종자를 구입하게 될 가능성이 크며(한 종자 회사가 GM목화 종자의 80%, GM콩 종자의 33%를 지배하고 있음), 선진국들은 개도국의 유전자 그리고 가치가 높은 식물을 착취하여 독점하려는 경향이 있으며, 또한 민간회사들이 대가 지불 없이 수 대(代)에 걸쳐 내려오며 사용해 온 개도국의 식물을 착취하고 있으며, 농민들이 구입한 종자에 대한 재사용을 방지하기 위한 기술(terminator)을 개발하여 농민으로 하여금 매년 새로운 종자를 구입토록 하여 그들에게 재정적인 부담을 주며, 최악의 경우 이것을 인식치 못한 농민들은 농사를 완전히 망칠 수도 있으며, 잠재적으로 알레르기 유발이 우려되어 식품용으로 부적절한 옥수수를 시장에 보급하여, 이로 인해 식품안전성에 문제를 제기한 사례가 있으며, 작물에 주입된 유전자가 야생 집단에 전파되어 생물다양성(biodiversity)에 심각한 결과를 초래케 하거나, 유기농 작물을 오염시킬 수 있는 잠재적인 리스크가 따를 수 있고, 제초제 저항 유전자의 출현으로 제초제의 과다 사용을 부추기게 될 수도 있고, 또한 살충제에 저항하는 새로운 해충의 출현으로 이것을 관리 할 수 있는 더욱 강한 독성 살충제를 쓰게 되는 경우도 생각할 수 있는 문제로서 GM작물이 환경에 미치는 영향을 조심스럽게 다뤄야 할 것이다.

농업생물공학 기술에 대한 이해력 증진

농업생물공학은 빈곤을 줄이고, 식량을 확보하고, 영양실조를 완화하고, 농촌과 도시 빈곤층의 삶의 질을 향상시키는 과업에 요구되는 잠재적인 중요성을 지닌 한 도구에 불과하다. 농업생물공학은 전통 식물 육종을 대체하는 것이 아니고, 이것의 한 보완 연구 도구로서 원하는 유전자를 본체와 연관성이 없는 그룹에서 도입하여 다수확 고품질 작물에 이전시키는 기술이며, 이 기술은 결과 도출이 빠르고 정확성이 인정되어 있다. 이 도구가 지난 20년간 많은 결과를 도출했다. GM작물에 대한 불확실성 및 리스크에 대해 논쟁이 계속되고 있다 하여 생물공학을 가볍게 취급해서는 안 된다. 어려운 일을 성사시키기 위해서는 언제나 문제가 수반되는 것이 통례이기 때문이다.

GM식품이 지니고 있는 잠재적인 이점(利點)과 리스크를 소비자에게 알려 그들로 하여금 수락 여부를 결정토록 해야 하며 GM식품을 거부토록 종용하는 것은 피해야 할 것이다. 오늘날 전 세계에서 100% 안전성을 보장하는 식품은 없다 해도 과언이 아니다. 1992년 미국에서 650만 명의 식중독자가 발생했으며 그 가운데 9,000명이 사망했던 경험도 있다. 우리에게 주는 이익이 리스크보다 더 무게가 있다면 우리는 이익을 택해야 할 것이다. 우리가 현대 생물공학에 등을 돌리게 된다면 개도국의 영양실조 그리고 미량영양소의 결핍은 심화될 것으로 본다. 21세기에 우리가 직면해야 할 가장 큰 도전 중의 하나는 과학에 대한 폭 넓은 지식을 각계각층의 사람들에게 인식시키는 것이다. 인간의 기본 행위인 식량생산보다 지식이 공포를 자아내는 무지를 범하는 것이 더욱 바람직한 것은 아닌 것이다.

전망

2006년은 GM작물 재배가 상업화된 이래 11년(1996-2006)째의 해다. 그 동안 GM작물의 누적 재배면적은 5억 7,700만*ha*로서 미국 혹은 중국 전체 토지면적의 절반 이상이 되며, 영국 전체 토지의 25배나 되는 면적으로 확대되었다. GM작물이 빠른 속도로 확대되고 있는 것은 꾸준한 생산성 향상, 환경, 건강, 경제, 사회면에서 선진국이나 개도국의 대소 규모의 모든 농민들 그리고 소비자들이 GM작물을 긍정적으로 받아들이는 경향이 커지고 있기 때문이다.

농업생물공학 이용을 위한 국제 서비스(International Service for the Aquisition of Agri-biotech Applications, ISAAA)는 2007년 1월 인도의 New

Delhi에서 개최된 11차 연차 모임 발표에서 특히 4대 GM작물(옥수수, 콩, 목화, 유채) 재배면적과 재배농가의 수가 앞으로 여러 나라로 더욱 확대될 것으로 전망하고 있다고 했다. 앞으로 10년(2006- 2015) 동안 GM작물의 상업화 전망은 계속 성장을 이어 나가 2015년에는 GM작물 재배면적은 2억*ha*에 확대되고, 재배 농민 수는 2,000만 명으로 증가하고, 재배국가의 수도 현재 22개국에서 40개국으로 늘어날 것으로 전망하고 있다. 내한성(耐旱性)을 부여하는 유전자가 2010-2011년경에는 실용화될 것으로 보아 전 세계에서 가뭄으로 고통 받고 있는 개도국 농민들의 생산성을 제고할 수 있는 기회를 마련해 줄 것으로 전망하고 있다. GM작물의 성장 경향을 보면, 첫 10년(1996-2005)에는 남·북·중앙 아메리카(The Americas)가 강세였으나, 다음 10년(2006-2015)에는 아시아의 성장이 커질 것으로 예상하고 있다. 작물 형질의 결합으로 품질 특성이 더욱 우수한 작물이 다양해져, 특히 유럽 등 오랫동안 GM작물 승인이 지연되었던 지역에서도 도입이 가능해질 것으로 전망하고 있다.

2006년 미국 국제식품정보위원회(International Food Information Council, IFIC)의 한 연구에 의하면, 대다수의 국민들은 미국 식품의 안전성을 신뢰하고 있으며, 식품과 농업생물공학기술을 전적으로 지지하고 있다는 사실을 확인시켜 주고 있다고 지적하고 있다. 또한 생물공학으로 제조된 omega-3 지방 함량이 높은 생산물도 선택적으로 구매할 수 있다는 것을 확인시켜 주고 있다. 무엇보다 GM작물의 가장 중요한 공헌은 2015년까지 지구촌의 빈곤과 기아를 절반으로 줄이기 위한 유엔의 새 천년 개발목표(Millennium Development Goals, MDG) 달성에 기여할 것으로 관망하고 있다. 농업생물공학기술을 이용하여 식량작물과 바이오연료용 에너지 작물의 효율성을 높이는 일은 매우 중요한 과제이며 기회와 도전을 마련하게 할 것이다. 식량안보가 불안한 개도국에서 식량작물, 사탕수수, 카사바(cassava), 옥수수를 바이오연료용으로 무분별하게 사용할 경우, 생물공학 기술이나 다른 수단을 통해 이들 작물의 수요를 충족시키지 못한다면 식량안보가 위태롭게 할 가능성이 크다. GM작물도 윤작이나 병충해 관리와 같은 관행 농법을 따르는 일도 여전히 중요한 것이다.

참고문헌

김윤식 박기환 이두순. 2000.〈유전공학의 농업적 이용, 동향과 전망〉.《농업전망 2000》. pp.63-99. 한국농촌경제연구원.

〈유전자조작식품반대생명연대 GMO 토론〉.《상업농경영》. 2004년 2월호. pp.48-73. 국제농업개발연구원.

Agrifood Awareness Australia. 2005. "Biotech Bulletin 12: Global Update of GM Crops in 2004." Agrifood Awareness Australia. 〈http://www.afaa.com.au/biotechpdf/12_2005_World_GM_Crop_Statistics.pdf〉.

Borlaug, Norman. 2003. "The threat of anti-science." *Feeding Tomorrow's World.* pp.44-45. Grains Research and Development Corporation. Canberra, Australia.

Eskimo, Isaac. 1962. *The Genetic Code.* Signet Science Library.

FAO. 2002. "World agriculture towards 2015/2030(Summary Report)." FAO. Rome. 〈http://www.fao.org/docrep/004/y3557e/ y3557e00.htm〉.

Grace, Eric S. 1997. *Biotechnology Unzipped: Promises and Realities.* (싸이제닉 생명공학연구소 이원종 옮김. 2002.《생명공학이란 무엇인가 그 약속과 실제》. 지성사.)

Halweil, Brian. 2002. "Biotech Industry Growing." *Vital Signs.* pp.130-131. The Worldwatch Institute. Washington, DC.

James, Clive. 2006. "Global Status of Commercialized Biotech/GM Crops." Highlights of ISAAA Brief No. 35-2006.(Biotech Special Edition)

Lee, Christopher. 2006. "Genetically Engineered Rice Wins USDA Approval(Grain Tainted US Supply This Summer)." *Washington Post.* 25 November 2006.

Lemonick, Michael D. 1995. "Seeds of Conflict." *Time*. 25 September 1995. p.50.

Paarlberg, Robert L. 2000. "Governing the GM Crop Revolution." *Discussion Paper* 33. International Food Policy Research Institute(IFPRI). Washington, DC.

Persley, Gabrielle J. 1999. "Biotechnology for Developing Country Agriculture: Problems and Opportunities." Focus 2(Brief 1-6). IFPRI. Washington, DC.

Pringle, Peter. 2003. *Food Inc.* Simon and Schuster.

Serageldin, Ismail and G. J. Persley. 2000. *Promethean Science: Agricultural Biotechnology, the Environment and the Poor.* Consultative Group on International Agricultural Research(CGIAR). Washington, DC.

Serageldin, Ismail and Wanda Collins. 1999. *Biotechnology and Biosafety.* The World Bank. Washington, DC.

Smith, Jeffrey M. 2003. *Seeds of Deception.* Yes Books.

Weiss, Rick. 2007. "USDA Backs Production of Rice with Human Genes." *Washington Post.* 2 March 2007.

---

* GMO에 대한 이해를 돕기 위해 최영경 박사(yungkchoi@cox.net)의 허락을 받아 전재한 이 글은 농업사회발전연구원(2004년 3월 22일)과 한국국제농업개발학회(2004년 5월 12일)에서 발표되었고, 2006년 5월 26일과 2007년 5월 20일 두 차례에 걸쳐 수정 보완된 것이다.

6. 작물의 생산환경

지구의 북반구를 기준으로 하여 일장(낮 길이: day length)의 변화를 일 년 주기로 보면 3월 하순의 춘분[the spring(vernal) equinox]과 9월 하순의 추분(the autumnal equinox)에는 낮과 밤의 길이가 같아 일장이 12시간이 되고, 6월 하순의 하지(the summer solstice)에는 일장의 길이가 가장 길며 12월 하순의 동지(the winter solstice)에는 일장이 가장 짧다.

한국의 일장조건을 〈그림 6-1〉의 서귀포, 서울 및 청진의 순별 일장시간에서 보면 전형적인 온대 계절강우지역이다. 서귀포에서 청진까지 일장은 6월 하순의 여름에는 14시간 20분에서 15시간 10분으로 50분 정도의 차이가 나고,

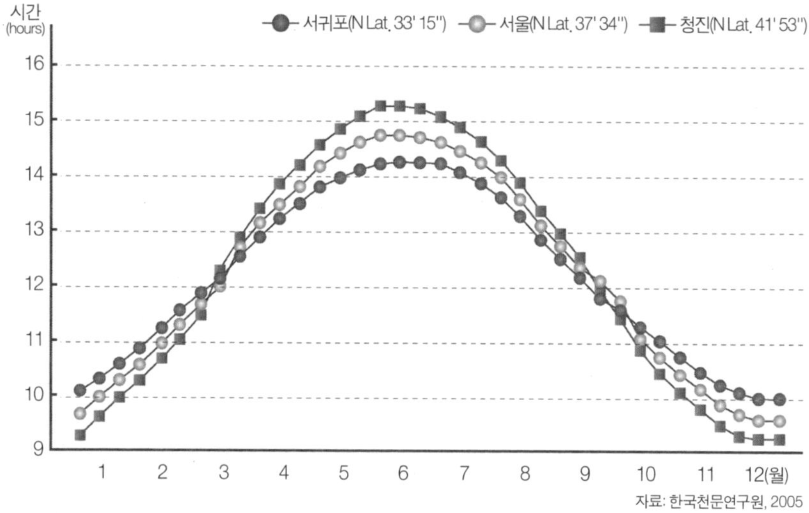

그림 6-1. 서귀포, 서울 및 청진의 순별 일장시간

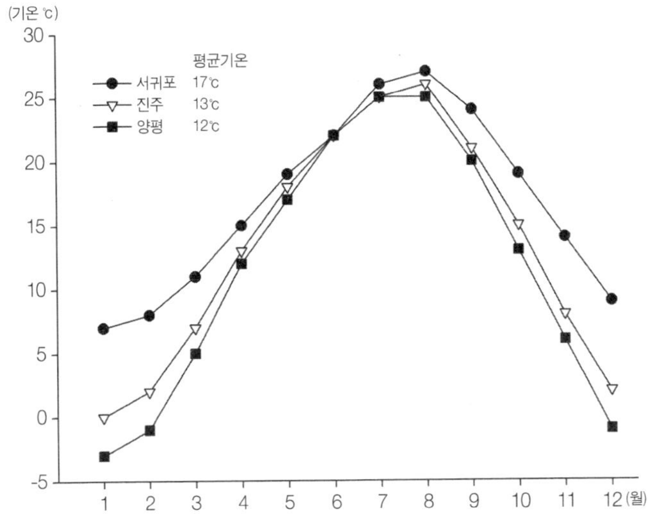

자료: 기상청, 1981-2010

그림 6-2. 서귀포, 진주 및 양평의 월별 평균기온(0C)

반대로 12월 하순의 겨울철에는 청진의 9시간 10분에서 서귀포의 10시간의 일장을 나타낸다. 서울의 일장은 그 중간에 위치한다. 여름의 장시간 일장은 작물의 일당 생육시간을 연장하여 생산량을 증가시킬 수 있다.

월별 평균온도(mean temperature)를 남부의 서귀포, 진주와 중부의 양평에서 보면 〈그림 6-2〉와 같다. 여름인 8월에 서귀포는 27℃이고 양평은 25.0℃로 2.0℃ 차이가 난다. 겨울인 1월에는 서귀포가 7.0℃이고 양평은 -3.0℃로 10.0℃의 차이가 나는데 이는 위도에 따른 일장시간이 여름에는 양평이 길고 겨울에는 서귀포가 더 길기 때문이다. 진주의 평균온도는 그 중간이다. 연간 온도의 변이 폭에서는 서귀포는 20.0℃이고 양평은 28.0℃를 나타내어 계절 간 온도 차이가 매우 뚜렷한 것이 한반도의 특징이다.

강수량(precipitation)의 분포는 남단인 서귀포는 6월, 7월, 8월에 그리고 중부의 양평에는 7월, 8월에 많아 고온계절인 여름에 집중되어 있다(그림 6-3). 진주의 강수량은 역시 중간에 있다. 연평균 강수량은 서귀포, 진주 및 양평이 각각 1,923, 1,513, 1,438mm이다.

중부지방 양평의 경우 7월, 8월 2개월간에 772mm의 강우로 일 년 평균 전

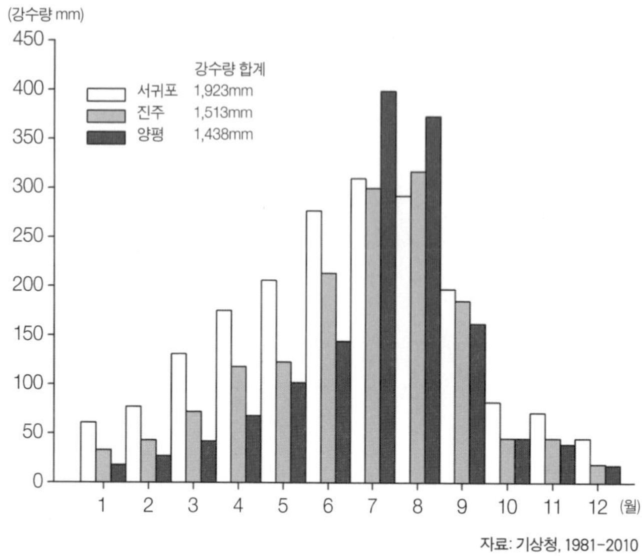

그림 6-3. 서귀포, 진주 및 양평의 월별 평균 강수량(mm)

체 강수량의 54%를 차지하고 있다. 그리고 봄과 가을에는 강수량이 적어 작물의 생육에 지장을 초래하는 것이 보통이다. 강수 또는 물은 생물체의 구성성분이고 생태계의 구조에 가장 중요한 요소이다. 작물생산의 측면에서 보면 이 여름의 많은 강수량을 저수시설 등으로 합리적으로 잘 이용하면 작물생산체계를 획기적으로 개선할 수 있을 것이다.

이와 같은 기후조건에서 작물의 생산성을 높이기 위하여 작물생산 환경의 합리적 조절 및 관리가 필요하다. 작물의 환경은 재배 및 경영의 측면에서 다음과 같이 분류하기도 한다.

(1)토양요소

토성, 함유무기성분, 토양반응, 토양수분, 토양공기, 토양미생물 등

(2)기상요소

- 수분: 강수, 이슬, 안개 등
- 공기: 대기, 바람, 대기습도, 공기조성 등
- 온도: 기온, 지온, 수온 등

• 광: 일사량, 광 파장, 일조시간, 일장 등

(3) 생물요소

• 식물: 잡초, 기생식물 등
• 동물: 곤충, 조수, 소동물 등
• 미생물: 병원균, 토양미생물 등

토양의 특성

토양조건은 작물의 생육에 지대한 영향을 미치게 되어, 토양의 물리적 · 화학적 · 생물적인 종합적 조건이 작물의 생산성을 지배하는데 이를 지력(땅심: soil productivity)이라고 한다. 또한, 주로 물리화학적인 지력조건을 토양비옥도(soil fertility)라고 하기도 한다. 지력을 높이려면 토성, 토양구조, 토층, 토양반응, 무기성분, 유기물, 토양수분, 토양공기, 토양미생물, 유해물질 등이 모두 고려되어야 한다.

1. 토성(soil texture)

토양은 고체인 토양입자와 토양공극에 있는 액체인 물과 기체인 공기로 구성되어 있어 이들을 토양의 3상, 즉 고상, 액상 및 기상이라고 부르고 있다. 작물의 생육에 알맞은 토양의 3상 분포는 고상이 약 50%, 액상 30-35%, 기상 15-20%라고 한다. 기상과 액상의 비율은 기상조건에 따라 크게 변동한다.

토양은 크고 작은 여러 입자로 구성되어 있는데, 토양입자를 입경에 따라 구분할 수 있다.

자갈(gravel)은 암석이 풍화해서 맨 먼저 생긴 여러 크기의 굵은 입자로, 화학적 · 교질적 작용이 없고 비료분 · 수분의 보유력도 빈약하다. 그러나 투기성 · 투수성은 좋게 한다.

모래(sand)는 석영을 많이 함유한 암석이 기계적으로 부서져서 생긴 것으로, 백색 · 적색 · 암색을 띤다.

잔모래(silt)는 물이나 양분을 조금 흡착하고, 투기 · 투수를 좋게 하며, 토양을 부드럽게 한다.

점토(clay)는 토양 중 가장 미세한 입자로서 화학적 · 교질적 작용을 하고 물 · 양분을 흡착하는 힘이 크나, 투기 · 투수를 나쁘게 한다. 화학적 조성은 함수규산알루미늄이며, 평균적으로 알루미늄 40-50%, 규산 40-47%, 수분 10-12%를 함유한다.

점토나 부식(humus)은 입자가 잘고, 입경이 1μm 이하이며, 특히 0.1μm 이하의 입자는 교질(colloid)로 되어 있다. 교질입자는 보통 음전하를 띠고 있어 양이온을 흡착한다. 토양 중에 교질입자가 많으면 치환성양이온을 흡착하는 힘이 강해진다. 토양 1kg이 보유하는 치환성양이온의 총량을 $u$molkg^{-1}으로 표시한 것을 양이온치환용량(cation exchange capacity, C.E.C.) 또는 염기치환용량(base exchange capacity, B.E.C.)이라고 한다. 토양 중에 고운 점토와 부식이 늘어나면 C.E.C.도 커진다.

토양의 C.E.C.가 커지면 NH_4^+, K^+, Ca^{2+}, Mg^{2+} 등의 비료성분을 흡착 · 보유하는 힘이 커져서 비료를 많이 주어도 작물이 한꺼번에 너무 많이 흡수하는 것을 막을 수 있고, 또 비료성분의 용탈이 적어서 비효가 늦게까지 지속된다. 또한, 토양반응의 변동에 저항하는 힘, 즉 토양의 완충능도 커지게 된다.

토양입자의 크기에 따라 구분한 토양의 종류를 토성(soil texture)이라고 한다. 입자의 지름이 2mm 이하로 된 토양을 세토(fine soil)라고 하며, 세토 중의 점토 함량에 따라 토성을 분류하고, 점토 함량뿐만 아니라 미사 · 세사 · 조사의 함량도 고려하여 토성을 12개로 세분하기도 한다. 일반적인 분류는 사토(sand), 사양토(sandy loam), 양토(loam), 식양토(clay loam), 식토(clay)로 구분한다.

사토는 척박하고, 한해를 입기 쉬우며, 토양침식도 심하다. 따라서 점토로 객토하고 유기질을 더 주어 토성을 개량할 필요가 있다. 식토는 공기가 잘 통하지 않고 물이 잘 빠지지 않으며, 유기질의 분해가 더디고, 습해나 유해물질의 피해를 받기 쉽다. 또한, 점착력이 강하고 건조하면 굳어져서 경작이 곤란하다. 따라서 미사나 부식을 많이 넣어서 토성을 개량할 필요가 있다.

자갈은 경작하기 힘들고 척박하며 물을 지니는 능력이 부족하여 한해를 입기 쉬우므로, 굵은 자갈을 제거하고 세토와 부식을 보태 주는 것이 좋다. 부식토는 세토가 부족하고 강한 산성을 나타내기 쉬우므로, 산성을 교정하고 점토를 객토해 주는 것이 좋다. 일반적으로 자갈이 적고 부식이 풍부한 사양토·식양토가 작물의 생육에 가장 알맞다.

2. 토양구조(soil structure)

토양을 구성하는 입자들이 모여 있는 상태를 토양구조라고 한다. 토양구조는 경토, 미경토, 하층토 등에 따라 복잡한 상태를 나타내는데, 작물의 생육과 가장 관계가 깊은 경토의 주된 토양구조는 다음과 같다.

단립구조(single-grained structure)는 비교적 큰 입자가 무구조(amorphous)인 단일상태로 집합되어 있는 구조로서, 해안의 사구지에서 볼 수 있다. 대공극이 많고 소공극이 적으며, 토양통기와 투수성은 좋으나, 수분과 비료분을 지니는 힘은 적다.

이상구조(puddled structure)는 미세한 토양입자가 무구조·단일상태로 집합된 구조이나, 건조하면 각 입자가 서로 결합하여 부정형의 흙덩이를 형성하는 것이 단립구조와 다르다. 부식 함량이 적고, 과습한 식질토양에서 많이 보이며, 소공극은 많으나 대공극이 적어서 토양통기가 불량하다.

입단구조(crumbled structure)는 단일입자가 집합해서 2차입자로 되고, 다시 3차·4차 등으로 집합해서 입단(compound granule)을 구성하고 있는 구조이다. 입단을 가볍게 누르면 몇 개의 작은 입단으로 부스러지고, 이것을 다시 누르면 다시 작은 입단으로 부스러진다. 유기물과 석회가 많은 표층 토에서 많이 보인다. 대·소공극이 많아서 통기·투수가 양호하고 양·수분의 저장력이 높아서 작물생육에 알맞다.

3. 토층(soil profile)

토양이 수직적으로 분화된 층위를 토층이라고 한다. 토양학적인 토층의 분류는 복잡하지만, 경작지에서는 다음의 세 가지 토층으로 흔히 분류한다.

작토(갈이흙: plow layer)는 경토(cultivated soil)라고도 부르며, 계속 경운되는 층위로서 작물의 뿌리는 주로 이곳에 발달한다. 부식이 많고, 흙이 검으며, 입단의 형성도 좋다. 작토는 작물의 생육과 가장 밀접한 관계가 있기 때문에 심경을 실시하고, 유기물을 충분히 시용하며 토양산도를 재배작물에 맞도록 교정하여, 좋은 작토층이 깊게 형성되도록 해야 한다. 미경지에는 경지의 작토와 같은 부식이 풍부한 층위가 표면에만 얇게 형성되어 있는데 이것을 흔히 표토(겉흙: surface soil, top soil)라고 부른다. 우리나라 논토양에서 작토층의 깊이는 보통 12cm 정도이다.

서상층(쟁기밑층: plow beneath layer)은 작토 바로 밑의 층이며, 작토보다 부식이 적다.

심토(속흙, 하층토: sub soil)는 서상 밑의 하층이며, 일반적으로 부식이 극히 적고 구조가 치밀하다. 심토도 작토와 같이 작물의 생육과 밀접한 관계가 있다. 심토가 너무 치밀하여 투수와 통기가 불량하면 과수 등의 뿌리가 깊게 뻗지 못하여 생육이 불량해진다. 논에서도 심토가 과도하게 치밀하여 투수가 몹시 불량하면 토양공기가 부족하여 유기물 분해가 억제되고, 유해가스가 발생하며, 경우에 따라서는 지온이 낮아져 벼의 생육이 나빠진다. 따라서 지하배수를 적당히 꾀하여야 한다.

4. 토양 무기성분(mineral elements)

토양 중에는 각종 무기성분이 함유되어 있어 작물생육의 영양원이 된다. 따라서 그 함량을 알맞게 할 필요가 있다.

작물의 생육에 필요불가결한 원소를 필수원소(essential nutrient elements)라고 하는데 다음의 16원소를 가리킨다.

즉, 탄소(C), 산소(O), 수소(H), 질소(N), 인(P), 칼륨(K), 칼슘(Ca), 마그네슘(Mg), 황(S), 철(Fe), 망간(Mn), 구리(Cu), 아연(Zn), 붕소(B), 몰리브덴(Mo) 및 염소(Cl)이다.

이 중에서 탄소·산소·수소는 이산화탄소와 물에서 공급되고 나머지는 토양성분 중에서 공급되는데, 탄소, 산소 및 수소의 3원소를 제외한 13원소를 필수 무기원소(essential mineral elements)라고도 한다. 이 중 질소, 인, 칼륨, 칼슘, 마그네슘 및 황의 6원소(때로는 탄소, 산소, 수소를 포함한 9원소)는 다량으로 소요되므로 다량원소(macro nutrient elements)라 하고, 철, 망간, 구리, 아연, 붕소, 몰리브덴 및 염소의 7원소는 미량만 공급해도 되기 때문에 미량원소(micro nutrient elements, minor elements)라고 한다. 규소(Si), 알루미늄(Al), 나트륨(Na), 요오드(I), 코발트(Co) 등은 필수원소는 아니지만 식물체 내에서 검출되며, 특히 규소는 벼를 비롯한 화곡류에서는 중요한 생리적 역할을 한다.

필요한 원소 중에서 토양 중의 자연 함량으로는 부족하여 인공적으로 보급할 필요가 있는 것을 비료요소라고 하며, 이에는 질소, 인, 칼륨, 칼슘, 마그네슘, 철, 망간, 붕소, 아연, 규소 등이 있다. 이 중에서 인공적 보급의 필요성이 가장 큰 질소, 인 및 칼륨을 비료의 3요소라고 하며, 이에 칼슘을 보태어 비료의 4요소라 하기도 한다.

5. 토양오염(soil pollution)

작물의 생육에 필요한 무기성분이라도 토양 중에 과다하면 피해가 나타난다. 농경지 토양에 유해한 각종 중금속이 과잉 축적되어 직접 또는 간접적으로 다른 성분의 흡수이동을 방해하여 농작물의 생육을 해치는 데까지 이르는 경우를 농경지의 토양오염(soil pollution)이라고 한다. 해로운 중금속의 주된 배출원은 광산, 제련소, 각종 공장, 각종 소각장, 자동차 등에서 나오는 각종 폐수나 배기가스이다. 농경지토양오염 방지대책으로서 오염물질에 따른 우려기준과 대책기준을 정하여 관리한다.

토양오염에 문제가 되는 성분은 구리, 알루미늄, 망간, 아연, 몰리브덴, 2가철, 니켈, 카드뮴, 수은이고, 기타 성분으로 리튬(Li), 베릴륨(Be), 티탄(Ti), 크롬(Cr), 게르마늄(Ge), 납(Pb), 비소(As), 셀렌(Se) 등도 다양한 과잉증상이 알려져 있다.

일반적으로 중금속류는 토양 중에서 이동성이 적고, 침투수를 따라 쉽게 용탈되지 않기 때문에 오염된 토양은 제거하고 새 흙으로 바꾸는 것이 좋다. 토양산도를 교정하고 인산을 사용하면 카드뮴의 경우 활성을 낮추어서 흡수를 억제할 수 있다. 중금속류를 특히 많이 흡수하는 식물(양치류)을 심어서 제거하는 방법도 있다.

6. 토양 유기물(organic matter)

토양 중의 유기물, 즉 동물과 식물의 잔재는 미생물작용이나 화학작용을 받아서 분해된다. 분해 작용을 받아서 유기물의 원형을 잃은 암갈색·흑색의 부분을 특별히 부식(humus)이라고 한다. 그러나 토양유기물 전체를 부식이라고 부르기도 한다.

토양의 부식은 여러 면에서 작물의 생육에 이롭기 때문에 토양부식의 함량 증대는 지력의 증대를 의미한다. 그러나 토양부식이 지나치게 많으면 작물의 생육에 좋지 못한 영향을 주기도 한다.

토양유기물의 주요 공급원은 퇴비, 구비, 녹비, 고간류 등이다. 우리나라는 경종농가와 축산농가가 분리됨에 따라, 구비는 폐기물이 되거나 아니면 많은 에너지를 투입하는 유기질 비료의 제조공정을 거치게 되는 등 효율적 이용이 이루어지지 않고 있다. 또한, 외국처럼 콩과작물을 삽입한 윤작방식이 발달하지 못하여 전작녹비가 거의 없고, 농업노동력이 부족하여 답리작녹비의 재배도 거의 없다. 작물의 짚 종류마저 태워 버리거나 버섯의 배지 또는 가축의 조사료로 이용하지만 그 뒤에는 폐기물이 되고 만다. 한때 토양유기물의 공급수단으로 산야초나 일부 고간류를 이용한 퇴비증산에 힘써 오다가, 근래에는 축산농가에서 나오는 유기성 폐기물로 만든 유기질 비료가 이를 대신하고 있다.

우리나라 토양의 부식 함량은 모암의 특성과 기후 등의 요인으로 원래 낮은 상태이지만 작물을 재배할 때마다 알맞은 함량으로 맞추어 주는 것이 중요하다. 경제적 농업환경의 변화로 답리작맥류의 재배면적이 감소함에 따라, 겨울철 푸른들 가꾸기 운동이 전개되어 자운영이나 헤어리 베치(hairy vetch)와 같은 녹비작물의 재배가 시도되고 있다.

7. 토양공기(soil air)

토양공기의 용적은 전 공극용적에서 토양수분의 용적을 감한 것인데, 토양 중에서 공기로 차 있는 공극량을 토양의 용기량(air capacity)이라고 한다. 일반적으로 모세관 공극에는 수분이 차 있고 비모세관 공극에는 공기가 차 있으므로 용기량은 비모세관 공극량과 비슷하다. 따라서 토양의 전 공극량이 증대하더라도 비모세관 공극량이 증대하지 않으면 용기량은 증대하지 않는다. 또한, 토양수분 함량이 최대용수량에 달했을 때의 용기량을 최소용기량(minimum air capacity)이라 하고, 풍건상태의 용기량을 최대용기량(maximum air capacity)이라고 한다.

토양의 용기량은 보통 토양의 용적에 대한 공기로 차 있는 공극용적의 비율로 표시한다. 토양의 용기량이 증대하면 처음에는 작물생육도 촉진되나, 어느 한계를 넘으면 오히려 생육이 나빠진다. 따라서 최적용기량(optimum air capacity)을 찾게 되는데, 작물의 최적용기량은 대체로 10~25%라고 한다.

토양공기는 대기보다 이산화탄소의 농도가 몇 배나 높으나, 산소의 농도는 훨씬 낮다. 특히, 토양 속 깊이 들어갈수록 점점 산소의 농도가 낮아지고 이산화탄소의 농도가 높아지며, 약 120cm 이하로 가면 이산화탄소의 농도가 산소의 농도보다 오히려 높아진다.

8. 토양반응과 산성토양(acid soil)

토양의 반응은 토양용액 중의 수소이온농도, 즉 $[H^+]$ 와 수산이온농도, 즉 $[OH^-]$의 비율에 따라 결정되며, 보통 pH로 반응표시를 한다. 순수한 물이 해리할 때 $[H^+]$와 $[OH^-]$는 같으며, 이들 이온농도는 모두 10^{-7}mol/l 이고, 이 상태가 중성이다. 중성인 경우는 1liter의 물속에 H^+ 와 OH^-가 각각 10^{-7}g 당량을 함유한다. 표시를 간편화하기 위하여 $[H^+]$의 역수의 대수치를 취한 것이 pH(potential of hydrogen ion)이다$\left(pH = \log\frac{1}{[H^+]}\right)$. pH는 1~14의 수치로 표시되는데, 7이 중성이고, 7이하가 산성이며, 7 이상이 알칼리성이다.

토양 중의 작물양분의 가급도(availability)는 토양의 pH에 따라 크게 다르며, 중성에서 미산성까지 가장 높다. 강산성이 되면 P, Ca, Mg, B, Mo 등의 가급도가 감소되어 작물생육에 불리하고, Al, Cu, Zn, Mn 등은 용해도가 증대하여 그 독성 때문에 작물생육이 저해된다. 강알칼리성이 되면 B, Fe, Mn 등의 용해도가 감소해서 작물생육에 불리하다. 종합적으로 작물의 생육에는 pH6-7의 범위가 알맞고, 강산성(pH5 이하)이나 강알칼리성(pH9 이상)에 알맞은 작물은 거의 없다.

산성토양에는 석회와 유기물을 넉넉히 주어서 토양반응과 토양구조를 개선하는 것이 개량의 근본대책이다. 석회만 주어도 반응은 조정되지만, 유기물을 함께 주는 것이 석회의 지중침투성을 높여서 석회의 중화효과를 더욱 깊은 토층까지 미치게 할 수 있다. 또한, 유기물 사용으로 토양구조가 개선되고, 부족한 미량요소들이 공급되며, 완충능이 증대되고 알루미늄이온 등의 독성이 경감된다.

토양수분

토양 또는 식물체 내의 수분상태를 수분퍼텐셜(water potential)이라고 한다. 토양 중에는 수분퍼텐셜이 높고 낮은 지점이 산재하여 수분의 공간분포에 편차가 존재하고, 물은 이 편차에 따라 이동한다. 따라서 토양수분이 식물 뿌리에 흡수되어 줄기를 통하여 잎의 증산작용으로 대기로 나가는 과정은 수분퍼텐셜의 편차가 존재하기 때문에 가능하다.

토양의 수분함량(moisture content)을 건토에 대한 수분의 함량비로 표시하면 토양의 절대수분 함량이 표시된다. 그러나 이것은 작물의 흡수력과 직결된 표시가 되지 못하므로, 직결된 척도로 표시할 때에는 보통 토양수분장력(soil moisture tension)을 사용한다. 이것은 임의의 수분 함량의 토양에서 수분을 제거하는 데 소요되는 단위면적당 힘이며, 단위는 수주의 높이 또는 기압(bar)으로 표시된다. 그러나 수주의 높이로 표시하면 매우 큰 단위가 되므로, 이를 간략화하기 위하여 수주높이의 대수를 취하여 pF(potential force)라 하고, 토양수분의 상태를 표시한다(pF=log H, H는 수주의 높이). 최근에는 기압으로 표시하여 수분퍼텐셜로 통일하여 이용한다.

1. 토양수분의 형태

1) 결합수

결합수(combined water)란 점토광물에 결합되어 있어 분리할 수 없는 수분을 말한다.

2) 흡습수

건토를 공기 중에 두면 분자 간 인력이 작용하여 토양 표면에 수증기가 응축한다. 토양 입자 표면에 피막상으로 흡착된 이 수분을 흡습수(hygroscopic water)라고 하며, pF4.5-7.0(31-10,000기압)로 표시하는데, 작물에 흡수·이용되지 못한다.

3) 모세관수

모세관수(capillary water)란 표면장력 때문에 토양공극 내에서 중력에 저항하여 유지되는 수분을 말하며, 모세관현상에 의하여 지하수가 모세관공극을 따라 상승하여 공급된다. pF2.7-4.5(0.5-31.0기압)로서 작물이 이용하는 수분이다.

4) 중력수

중력수(gravitational water)란 중력에 의하여 비모세관공극에 스며 흘러내리는 물을 말하며, pF0-2.7로서 작물에 이용된다. 그러나 근권 이하로 내려간 것은 직접 이용되지 못한다.

5) 지하수

지하수(underground water)란 지하에 정체하여 모세관수의 근원이 되는 물을 말한다. 지하수위가 낮으면 토양이 건조하기 쉽고, 높으면 과습하기 쉽다.

2. 토양의 수분항수

토양수분의 함유상태는 연속적인 변화를 보이고 있으며, 토양의 물리성에 따라 영향을 받는다. 작물의 생육과 비교적 확실한 관계를 가진 특정한 수분함유 상태들이 있게 되어 이들을 토양의 수분항수(moisture constant)라고 한다.

1) 최대용수량

토양주(흙기둥)의 하부를 물속에 담그면 수분이 모세관상승을 하는데, 이때 수면 위 10mm의 높이까지는 토양의 수분 함량이 거의 일정하며, 모세관수가 최대로 포함된 상태가 된다. 이 점을 최대용수량(maximum waterholding capacity)이라고 하며, pF는 0에 해당된다. 이것을 포화용수량이라고도 한다.

2) 포장용수량

수분이 포화된 상태의 토양에서 증발을 방지하면서 중력수를 완전히 배제하고 남은 수분상태를 포장용수량(field capacity)이라고 하며, pF는 2.5-2.7(1/3-1/2기압)이다. 포장용수량은 최소용수량(minimum waterholding capacity)이라고도 한다. 지하수위가 낮고 투수성이 중간인 포장에서 강우 또는 관개 후 만 1일쯤의 수분상태가 이에 해당한다. 포장용수량 이상은 중력수로서 오히려 토양통기를 저해하여 작물생육에 이롭지 못하다.

3) 초기 위조점

초기 위조점(initial wilting point)이란 생육이 정지하고 하엽이 위조하기 시작하는 토양의 수분상태를 말하며, pF는 약 3.9(약 8기압)이다.

4) 영구 위조점

위조한 식물을 포화습도의 공기 중에 24시간 방치해도 회복되지 못하는 위조를 영구위조(permanent wilting)라 하고, 영구위조를 최초로 유발하는 토양의 수분상태를 영구 위조점(permanent wilting point)이라고 한다. pF는 4.2(15기압) 정도이다. 영구 위조점에서의 토양함수율, 즉 토양건조중에 대한 수분의 중량비를 위조계수(wilting coefficient)라고 한다.

5) 흡습계수

흡습계수(hygroscopic coefficient)란 상대습도 98%(25℃)의 공기 중에서 건조토양이 흡수하는 수분상태를 말하며, 흡습수만 남은 수분상태이다. pF는 4.5(31기압)이며, 작물에 이용될 수 없는 수분상태이다.

6) 풍건상태

풍건상태(air dry)의 토양에서는 pF6이다.

7) 건토상태

건토상태(oven dry), 즉 105-110℃에서 항량이 되도록 건조한 토양으로 p≒F7 정도이다.

3. 토양의 유효수분

포장용수량 이상의 토양수분은 과습상태이므로 잉여수분(surplus water)이라 하고, 영구위조점 이하의 토양수분은 작물이 이용할 수 없으므로 무효수분(unavailable water)이라고 하며, 포장용수량과 영구위조점 사이의 수분을 유효수분(available water)이라고 한다. 그러나 초기위조점 이하의 수분은 작물생육을 돕지 못한다.

작물생육의 최적함수량은 작물에 따라 차이가 있지만, 최대용수량의 60-80%의 범위, 즉 포장용수량 부근에 있다. 봄 호밀은 60%, 콩은 90% 정도가 알맞다. 보통 작물에 직접적으로 이용되는 유효수분의 범위는 pF1.8-4.0이며, 작물이 정상적으로 생육하는 유효수분의 범위는 pF1.8-3.0이다.

4. 수분의 역할

수분은 어느 물질보다도 작물체 내에 많이 함유되어 있고, 작물체의 2/3 이상을 구성한다. 작물생육에 대한 수분의 기본적 역할은 다음과 같다.

- 식물체 구성물질의 성분이 된다.

- 원형질의 생활 상태를 유지한다.
- 필요물질을 흡수할 때 용매가 된다.
- 식물체 내의 물질분포를 고르게 하는 매개체가 된다.
- 필요물질의 합성·분해의 매개체가 된다.
- 세포의 긴장상태를 유지하여 식물의 체제유지를 가능하게 한다.

5. 수분퍼텐셜

수분의 이동을 어떤 상태의 물이 지니는 화학퍼텐셜을 이용하여 설명하고자 도입된 개념으로, 작물생리학에서는 삼투압의 개념보다 수분퍼텐셜의 개념을 널리 사용한다. 즉, 물은 퍼텐셜에너지가 높은 곳에서 낮은 곳으로 이동하게 된다.

수분퍼텐셜(water potential, $\psi\omega$)은 열역학에 기초를 두고 있으며, 어떤 조건에서 용액 중의 물의 화학퍼텐셜($\mu\omega$)과 기준 상태에서 순수한 물의 화학퍼텐셜($\mu^0\omega$)과의 차($\mu\omega$-$\mu^0\omega$)를 물의 부분 몰용적($V\omega$)으로 나눈 값으로 정의된다. 수분퍼텐셜의 단위는 기압(bar) 또는 MPa로 나타낸다. 1.0bar는 0.1MPa와 같으며, MPa는 국제단위로 mega pascal의 약자이다.

$$\psi\omega = \frac{\mu\omega - \mu^0\omega}{V\omega}$$

수분퍼텐셜은 작물환경에서는 다음과 같이 구성되며 항상 음(-)의 값을 갖는다.

수분퍼텐셜($\psi\omega$) = $\psi s + \psi p + \psi m + \psi z$ = (-)

1) 삼투퍼텐셜(osmotic potential, solute potential)

삼투퍼텐셜(ψs)은 용질의 농도에 따라 영향을 받는 물의 퍼텐셜에너지로 용질이 첨가될수록 감소하며 항상 음(-)의 값을 가진다($\psi s = -\pi, \pi$: 삼투압).

2) 압력퍼텐셜(pressure potential, turgor pressure)

압력퍼텐셜(ψp)은 식물세포 내에서 벽압이나 팽압의 결과로 생기는 정수압

(hydrostatic pressure)에 따른 퍼텐셜에너지이며, 식물세포에서는 일반적으로 양(+)의 값을 가진다.

3) 매트릭퍼텐셜(matrix potential)

매트릭퍼텐셜(ψm)은 교질물질과 식물세포의 표면에 대한 물의 흡착친화력에 의하여 나타나는 퍼텐셜에너지이며, 항상 음(−)의 값을 갖는다. 토양 수분퍼텐셜의 결정에 매우 중요하며, 토양의 수분퍼텐셜은 매트릭퍼텐셜과 삼투퍼텐셜로 구성된다($\psi w = \psi m + \psi s$).

4) 중력퍼텐셜(gravitational potential)

중력퍼텐셜(ψz)은 중력에 의한 퍼텐셜에너지이며 대개 작은 식물체에서는 중요하지 않고 큰 교목에서는 영향을 준다.

6. 식물체 내의 수분퍼텐셜

- 식물체 내의 수분퍼텐셜에 매트릭퍼텐셜은 거의 영향을 미치지 않고 삼투퍼텐셜과 압력퍼텐셜이 수분퍼텐셜을 좌우한다($\psi w = \psi s + \psi p$).
- 세포의 부피와 압력퍼텐셜이 변화함에 따라 삼투퍼텐셜과 수분퍼텐셜이 변화한다.
- 압력퍼텐셜과 삼투퍼텐셜이 같으면 세포의 수분퍼텐셜($\psi\omega$)이 0이 되므로 팽만 상태가 된다($\psi s = \psi p$).
- 수분퍼텐셜과 삼투퍼텐셜이 같으면 압력퍼텐셜(ψp)이 0이 되므로 원형질분리가 일어난다($\psi\omega = \psi s$).
- 수분퍼텐셜은 토양에서 가장 높고, 대기에서 가장 낮으며, 식물체 내에서는 중간의 값을 나타낸다. 따라서 토양 → 식물체 → 대기로 이어지는 수분의 이동이 가능하게 된다.

7. 작물의 요수량

작물의 건물 1g을 생산하는 데 소비된 수분량(g)을 요수량(water requirement, WR)이라고 한다. 그리고 건물 1g을 생산하는 데 소비된 증산량을 증산계수(transpiration coefficient)라고 하는데, 수분 소비량은 거의 증산량이므로 요수량과 증산계수는 같은 뜻으로 사용되고 있다. 증발산량은 작물의 증산량과 토양표면 증발량의 합이다.

요수량(WR) = 증발산량/건물량

일정량의 수분을 증발산하여 축적된 건물량을 수분이용효율(water use efficiency, WUE))이라고 하는데 이는 요수량과 반대되는 개념으로 다음과 같이 표시한다.

수분이용효율(WUE) = 건물량/증발산량

요수량은 일정 기간 내의 수분 소비량과 건물 축적량을 측정하여 산출하는데, 본질적으로는 작물의 수분경제의 척도를 표시하는 것이고, 수분의 절대소비량을 표시하는 것은 아니다. 대체로 요수량이 작은 작물이 건조한 토양과 가뭄(한발)에 대한 저항성이 강하다. 요수량이 큰 작물은 관개를 해 주어야 좋은 생육을 꾀할 수 있다. 또한, 요수량의 변동조건은 작물의 수분경제의 지표가 될 수도 있다.

강수량과 관배수

1. 습도와 강수

1) 습도(humidity)

대기의 습도가 높지 않고 적당히 건조해야 증산이 활발하며, 양분흡수가 촉진되어 생육이 좋다. 동화양분의 전류도 공기가 다소 건조할 때 촉진된다. 그러나 과도한 건조는 불필요한 증산을 크게 하여 한해를 유발한다. 공기가 과습하면 증산이 줄고, 병균의 번식을 조장하며, 식물체의 기계적 조직이 약해져서 병해와 도복을 유발하고, 탈곡 · 건조작업도 곤란하다.

대기의 습도에 영향을 주는 강수량(precipitation)의 현상을 지상으로 강하하는 속도로 구분하면, 안개는 약 0.003m/s, 이슬비 약 0.75m/s, 가랑비 약 4m/s, 비 약 6m/s, 소나기 약 7m/s, 호우 약 9.1m/s, 눈 0.5m/s, 싸락눈 약 10m/s, 우박 약 32m/s 등이다.

2) 이슬(dew)

지중해 연안의 포도재배지와 같이 건조가 심한 지대에서는 이슬의 수분공급효과도 있다고 하나, 일반적으로 이슬은 기공을 막아서 증산작용과 광합성을 떨어뜨리고 작물을 연약하게 한다. 병균의 침입을 조장한다는 견해도 있다. 못자리에서 이슬을 털어주는 일이 있다.

3) 안개(fog)

안개란 극히 작은 물방울이 대기 중에 떠다니는 현상으로, 수평시정이 1km 이하인 상태를 말한다. 짙은 안개는 햇볕을 차단하여 일조시간을 상당히 줄이고, 지온을 낮게 하며, 상대습도(relative humidity)가 100%에 가까워 작물에 해롭다. 해무가 심한 지대에서는 해풍이 불어오는 방향에 방무림을 설치하는 것이 좋다. 잎이 잘 나부끼는 나무가 안개를 헤치는 효과가 크다고 하며, 오리나무, 참나무 등이 알맞으나, 전나무, 낙엽송 등도 심는다. 귀리, 풋베기 목초, 순무 등은 안개가 심한 고장에 적응성이 높다.

4) 비(rain)

비란 빗방울이 낙하하는 현상을 말하는데, 강우라고도 한다. 알맞은 비는 작물생육의 기본요인이며, 부족하면 한해를 일으키고, 과다하면 습해 · 수해를 일으킨다. 비가 오래 계속되면 일광 부족, 공기 과습, 토양 과습, 온도저하 등을 초래하여 여러모로 작물생육에 해롭다.

5) 우박(hail)

우박이란 얼음의 작은 입자 또는 덩어리가 낙하하는 강수현상을 말한다.

우박의 지름은 5-50mm이나 이보다 더 큰 것도 있다. 적란운이 강한 상승기류를 타고 성장하여서 뇌전을 동반하여 내리는 경우가 많다.

우박은 대체로 국지적으로 좁은 띠를 형성하여 내리며, 심하게 작물을 손상한다. 그리고 그 후작용으로 생리적 · 병리적 장해를 유발한다. 우박을 미리 예측해서 사전에 수확을 하거나 또는 피복을 해서 피해를 막도록 해야 한다. 우박 뒤에는 약제를 살포해서 병해의 발생을 막고, 또 비배관리를 잘해서 건실한 생육을 꾀하도록 한다.

6) 눈(snow)

눈이란 구름으로부터 낙하하는 눈 조각 또는 눈 조각이 낙하하는 현상을 말한다.

눈이 오면 월동 중에 토양수분을 공급하여 월동작물의 건조해를 막고, 풍식을 경감한다. 눈이 깊게 덮이면 눈 밑에 있는 작물의 온도저하를 경감해서 동해를 방지하거나 경감한다. 기온이 -20℃일 때라도 40cm의 적설이 있으면 지표 온도는 -1℃를 유지한다.

반면에 눈이 너무 많이 오면 과수의 가지가 찢어지는 등의 기계적 장해를 일으키고, 작물이 적설 밑에 오래 있게 되면 쇠약해지며, 맥류에서는 설부병을 유발하기도 한다. 목야지에서 봄 늦게까지 눈이 덮여 있으면 봄철의 목초생육을 더디게 한다.

2. 한해

한해(가뭄피해; drought injury)란 상당 기간 강수가 없어 토양수분이 부족하게 되어 작물이 피해를 입는 것을 말한다. 한해는 관개시설이 좋아진 논에서보다 그렇지 못한 밭에서 더욱 심각한 농업기상재해이다.

1) 한해의 발생

토양이 건조하면 식물체 내의 수분 함량도 감소되어 생육이 나빠지고, 심하면 위조·고사하게 된다.

우리나라는 봄과 가을에 강우량이 적어서 밭작물은 항상 건조의 피해를 입고, 관개시설이 없는 논에서는 모내기가 불가능하거나 극히 늦어져서 큰 피해를 입는 일이 있다. 우리나라에는 2003년 현재 약 25만ha (22%)의 수리불안전답이 있고, 밭에는 관계시설이 거의 없어 해에 따라 많은 피해가 발생한다.

2) 작물의 내건성

작물이 건조에 견디는 성질을 내건성(내한성, drought tolerance)이라고 하며, 여러 가지 요인의 지배를 받는다. 내건성이 강한 작물은 일반적으로 체내 수분의 손실이 적고, 수분의 흡수능이 크며, 체내의 수분 보유력이 크고, 수분 함량이 낮은 상태에서도 생리기능이 높다.

3. 관개(물대기, 물주기; irrigation)

1) 관개의 효과

(1) 논(paddy)에서의 담수관개 효과

- 생리적으로 필요한 수분을 공급한다.
- 온도의 조절작용: 담수는 벼의 생육 초기 저온기에는 보온효과가 크고, 혹서기에는 과도하게 높은 지온과 수온을 낮추어 준다. 특히 심수관개는 감수 분열기에 저온이 닥쳤을 때 생장점을 물에 잠기게 함으로써 물의 비열로 치명적 냉해를 방지할 수 있다.
- 비료성분의 공급: 전체 벼농사기간을 통하여 10a당 약 1,440ton의 관개수를 공급하면 이에 포함되어 공급되는 비료성분은 질소 2.3*kg*, 칼륨 1.5*kg*, 석회 14*kg*, 규산 19*kg*, 마그네슘 5.9*kg* 정도라고 하는데 수질에 따른 변이가 크다.
- 유해물질의 제거: 관개는 염분이나 그 밖의 유해물질을 흘려보냄으로써 제거할 수 있다.
- 잡초의 억제: 관개를 하면 잡초발생이 적어지고, 흙이 부드러워져서 제초작업이 용이하며, 재초제의 효과도 높아진다. 밭에서 생육이 왕성한 C_4식물 잡초도 논에서는 세력이 약하다.

- 병해충의 경감: 담수를 하면 해충의 만연을 줄이고, 토양선충이나 토양전염의 병원균이 소멸되거나 경감된다.
- 작업의 능률화: 관개 · 담수를 해서 토양이 부드러워지면 모내기, 중경제초 등의 작업이 용이해진다.
- 벼의 생육조절: 관개를 조절함으로써 벼의 생육을 알맞게 조절할 수 있다.

(2) 밭(upland)의 관개효과

- 생리적으로 필요한 수분의 공급: 관개를 하면 한해가 방지되고, 토양함수량을 알맞게 유지할 수 있어서 생육이 촉진되며, 수량과 품질이 향상된다.
- 재배기술의 향상: 관개가 가능하게 되면 더욱 유리한 작물을 선택할 수 있고 다비재배가 가능하며, 파종, 시비 등의 작업을 적기에 효율적으로 실시할 수 있어서 재배기술의 향상이 가능하다.
- 지온의 조절: 관개는 혹서기에 지온을 낮출 수 있고, 냉온기에는 지온을 높일 수 있다. 목야지에 동기관개를 하면 늦가을과 초봄의 생초이용기간을 연장할 수 있고, 하기관개를 하면 북방형 목초의 하고를 줄일 수 있다.
- 비료성분의 보급과 이용의 효율화: 관개수에 따라 점토, 칼륨, 석회, 마그네슘, 규산 등이 보급되며, 가용성 알루미늄이 감소된다. 관개수의 침투에 따라 비료성분이 근권으로 스며들어 이용효율이 높아진다.
- 풍식방지: 토양이 가볍고, 건조한 지대에서는 관개로 풍식을 방지할 수 있다.
- 동상해 방지: 관개는 동상해도 방지할 수 있다.

2) 밭관개와 재배상의 유의점

밭에서 전지관개를 하면 재배상 다음과 같은 점에 유의할 필요가 있다.

- 가장 수익성이 높은 작물을 선택할 수 있다
- 다비재배를 할 수 있다. 관개를 하면 비료의 이용효과를 높일 수 있으므로 다비재배가 유리하다. 특히 밭 토양의 질소는 질산 태이며, 관개수에 따라 용탈되기 쉬우므로 시비량을 늘리고 여러 번에 걸쳐 나누어 주는 것이 좋다.
- 다비재배에서는 도복이 흔히 유발되므로 내도복성 품종을 선택한다.

- 재식밀도를 높일 수 있다. 수분이 충분하면 다비밀식 등 다수확재배의 수준을 더욱 높일 수 있다.
- 관개를 하고 다비재배를 하면 병충해와 잡초의 발생이 많아지기 때문에 병충해 방제와 제초를 철저히 해야 한다.
- 관개수의 효율을 높이도록 조처한다. 식질 토양에서는 휴립, 중경 등으로 관개수의 침투를 도모해야 하며, 또 비닐멀칭 등을 설치하여 지면증발을 억제하도록 해야 한다.

3) 논의 용수량

(1) 용수량(irrigation requirement)

벼농사기간 중 논 관개에 소요되는 수분의 총량을 용수량이라고 하며, 이론상 다음과 같이 계산된다.

용수량=(엽면증산량+수면증발량+지하침투량)-유효우량

- 엽면증산량: 같은 기간 중의 증발계증발량의 1.2배 정도가 됨.
- 수면증발량: 증발계증발량과 거의 비슷함,
- 지하 침투량: 토성에 따라 크게 다르며, 210-830mm(평균 536mm)라고 함.
- 유효우량: 관개수에 더해지는 우량이며, 강우량의 75% 정도라 함.

그렇다면, 벼농사기간 중(모내기로부터 낙수까지의 약 90일간)의 증발량이 400mm이고, 강우량이 500mm라고 하면 용수량은 대체로 다음과 같이 계산된다.

- 엽면증산량 400×1.2≒480mm
- 수면증발량 400×1.0=400mm
- 지하침투량 536≒500mm
- 유효우량 500×0.75=375mm
- 용수량=(480mm+400mm+500mm)-375mm=1,005mm

1mm의 수량은 1m^2당 1 l 이니까, 10a(1,000m^2)당 1,000 l 가 되므로, 1005mm는 10a당 1,005kl(ton)가 된다. 실제의 용수량은 대체로 10a당 900-1,525ton이라고 한다.

(2) 관개수의 수질

근래에 광산, 공장, 축사, 도시 등에서 배출되는 오염물질들이 급속히 증가하여 농업용수에 유해물질들이 유입되어 자정작용의 한계를 넘긴 유기질오염에 따른 부영양화 또는 무기질오염으로 농작물의 생육을 저해하는 수질오염(water pollution)이 문제되기에 이르렀다. 따라서 수원의 전환, 오염원의 분리, 오염물질 처리 등 그 대책이 필요하게 되었다.

4) 밭의 관개수량

밭에 관개를 할 때에는 강우 상태, 토성, 작물의 종류 등에 따라 관개를 조절해야 한다. 토성이 식질이고 작물이 심근성일수록 1회 관개량을 많게 한다. 1회 관개량이 적고 작물의 요수량이 클수록 관개와 관개 사이의 일수를 짧게 한다.

5) 관개방법

(1) 지표관개

지표관개(surface irrigation)는 지표면에 물을 흘려 대는 방법이다.

- 전면관개: 전면관개(whole surface irrigation)는 지표면 전면에 물을 흘려 대는 방법이다.
- 일류관개: 일류관개(flooding irrigation)는 등고선에 따라 수로를 내고, 임의의 장소로부터 월류하도록 하는 방법이다.
- 보더법: 보더법(border method)은 완경사의 포장을 알맞게 구획하고, 상단의 수로로부터 전체 표면에 물을 흘려 펼쳐서 대는 방법이다.
- 수반법: 수반법(basin method)은 포장을 수평으로 구획하고 관개하는 방법이다.

• 고랑관개: 고랑관개(furrow irrigation)는 포장에 이랑을 세우고, 고랑에 물을 흘려서 대는 방법이다.

(2) 살수관개

살수관개(sprinkler irrigation)는 공중에서 물을 뿌려서 대는 방법이다.

• 다공관관개: 다공관관개(perforated pipe system)는 파이프에 직접 작은 구멍을 내어 살수하는 방법이다.
• 스프링클러관개: 스프링클러관개(sprinkler system)는 스프링클러를 이용하여 살수하는 방법이다.
• 물방울관개: 물방울관개(drip irrigation)도 있다.

(3) 지하관개

지하관개(subirrigation)는 지하로부터 수분을 공급하는 방법이다.

• 개거법: 개거법은 개방된 토수로에 투수하여 이것이 침투해서 모세관상승을 통하여 근권에 공급되게 하는 방법이다. 지하수위가 낮지 않은 사질토 지대에서 이용된다.
• 암거법: 암거법은 지하에 토관, 목관, 큰크리트관, 플라스틱관 등을 배치하여 통수하고, 간극으로부터 스며 오르게 하는 방법이다.
• 점적관개: 점적관개(trickle irrigation)는 지하에 묻은 파이프나 호스로 물을 끌어올려 흐르도록 한 뒤, 점적기를 이용하여 정밀한 양의 물과 양분을 작물의 근권에 공급하는 방법이다. 항상 알맞은 토양수분을 유지하도록 고안된 관개시스템으로 시설재배에서 주로 이용된다.

4. 습해와 배수

1) 습해의 발생

토양의 과습상태가 지속되어 토양산소가 부족할 때에는 뿌리가 상하고 심한 경우에는 부패하여 지상부가 황화한 후 위조 · 고사하는 것을 볼 수 있는데 이를 습해(excess moisture injury)라고 한다. 저습한 논의 답리작 맥류나 침수

지대의 채소 등에서 흔히 볼 수 있다. 담수조건에서 재배되는 벼에서도 토양산소가 몹시 부족하면 여러 가지 장해가 나타나는데, 이것도 일종의 습해로 볼 수 있다.

2) 작물의 내습성

다습한 토양에 대한 작물의 적응성을 내습성(resistance to high soil moisture)이라고 하는데 작물과 품종에 따라 다르다.

3) 배수(물빼기; drainage)의 효과

습해 및 수해를 방지한다.

토양의 성질을 개선하여 작물의 생육을 촉진한다.

1모작 논은 2·3모작 논으로 하여 경지이용도를 높인다.

농작업을 용이하게 하고, 기계화를 촉진한다.

4) 배수법

자연배수는 지표배수와 지하배수로 구분된다. 지표배수는 논이나 밭에 도랑을 쳐서 배수하기 때문에 개거배수 또는 명거배수라고도 한다.

지하배수는 땅속에 암거를 만들어서 배수하는 것이므로 암거배수라고도 한다.

기계배수는 배수기를 사용하여 기계적으로 배수하는 것이다.

5. 수해와 수질오염

1) 수해의 발생

비가 많이 와서 유발되는 피해를 수해(flooding damage)라고 한다. 수해는 단기간에 호우가 내릴 때 흔히 발생하며, 우리나라에서는 7-8월 장마 때 국지적으로 발생한다. 2-3일간의 연속강우량에 따른 수해의 발생 정도를 보면 다음과 같다.

- 100-150mm: 저습지의 국부적 수해
- 200-250mm: 하천 · 호소 부근의 상당한 지역의 수해
- 300-350mm: 광범한 지역의 큰 수해

작물체가 완전히 물속에 잠기게 되는 침수를 관수라 하고 그 피해를 관수해라고 한다. 작물체가 완전히 물속에 잠기면 산소가 부족하여 무기호흡을 하게 되는데 무기호흡에서는 호기호흡보다 동일한 에너지를 얻는 데 많은 호흡기질이 소모되므로 무기호흡이 오래 계속되면 당분, 전분, 단백질 등의 호흡기질이 소진되어 마침내 기아상태에 이르게 되어 작물이 죽게 된다.

2) 수질오염

수질오염(water pollution)이란 공장 또는 도시의 폐수나 폐기물, 광산폐수 등의 배출로 인하여 하천, 호수, 지하수, 해양의 수질이 오염되어 마침내 인간이나 동식물이 피해를 입는 것을 말한다.

수질오염물질은 각종 유기물, 시안(cyan)화합물, 중금속류, 농약, 강산성 및 강알칼리성 폐수 등 유독물질들이다.

(1) 도시오수

- 질소 및 유기물: 산업단지 또는 도시 근교에 있는 논에 질소 함량이 높은 폐수가 유입되면 벼에 과번무, 도복, 등숙불량, 병충해 등의 질소과잉장해가 나타난다.
  유기물 함량이 높은 폐수를 논에 관개하면 혐기조건에서는 메탄가스, 유기산, 알코올류 등의 중간대사물이 생성되는데, 이 분해과정에서 토양의 Eh(산화환원전위)가 낮아지고, 황화수소는 유기산과 함께 벼의 뿌리를 해치며 심한 경우에는 근부현상을 일으키고, 칼륨, 인산, 규산 및 질소의 흡수가 저해되어 수량이 감소한다.
- 부유물질: 부유물질이 논에 유입되어 침전되면 어린식물은 기계적인 피해를 받고, 토양은 표면이 차단되어 투수성이 나빠지며, 침적된 유기물의

분해로 생성되는 유해물질의 장해 등으로 벼의 생육이 부진하고 쭉정이가 많아진다.

- 세제: 합성세제의 주성분인 ABS(alkyl benzene sulphonate)가 20ppm 이상 되는 농도에서는 뿌리의 노화현상이 빨리 일어난다.
- 도시오수 피해대책:오염되지 않은 물과 충분히 혼합 희석하여 이용하도록 하고, 그렇지 못할 경우는 물걸러대기를 하여 토양의 이상환원을 방지하고 피해에 대하여 저항성인 작물 및 품종을 선택 재배한다. 또한 질소질 비료를 주는 양을 줄이고 석회나 규산질비료를 주어 벼를 강건하게 한다.

(2) 공장폐수

- 산과 알칼리: 산성물질이 논에 유입되면 벼의 줄기와 잎이 황변하며, 토양 중 유해 중금속(Al, Cu 등)의 용출로 피해를 입는다.
  강한 알칼리성에서는 작물의 뿌리가 고사되며, 약한 알칼리성일 경우 토양 중의 미량원소가 불용화되어 작물이 흡수하지 못한다.
- 중금속: 중금속이 관개수에 다량 함유되면 식물은 발근과 지상부의 생육이 저해되고, 심한 경우는 중금속 특유의 해독증상을 나타낸다. 중금속이 축적된 농산물을 인축이 섭취하면 심각한 피해를 입는다.
- 유류: 기름이 물 표면에 떠 있으면 식물체의 줄기와 잎에 흡착하여 접촉부위가 적갈색으로 고사되는 경우가 있으며, 물 표면과 공기와의 접촉을 차단하여 물의 용존산소가 부족하여 벼는 근부현상을 일으키고 심하면 고사한다.
- 공장폐수 피해대책: 공장 및 사업장에서는 유해물질의 배출을 억제하는 한편, 경종법으로는 피해물질의 종류에 따른 저항성 작물 및 품종을 가려서 재배하며, 산성일 경우는 석회와 같은 알칼리성 물질을 시용한다.

(3) 광산폐수

- 피해양상: 금속광산폐수는 대부분 중금속을 다량 함유하고 있어 농경지에

유입되면 작물은 중금속 특유의 중독증상을 나타내며 심하면 고사한다. 광미사와 같은 폐기물이 농경지에 유입되면 광미사의 퇴적으로 토양의 물리적 성질이 나빠진다. 석회 광산폐수는 황화물을 많이 함유하여 강산성이므로 농경지에 유입되면 토양이 산성화되고, 중금속류의 용출이 증가되며, 식물 뿌리는 산으로 인해 생육이 저해되고 심하면 지상부가 백색으로 고사한다.

- 광산폐수 피해대책: 저항성 작물 및 품종을 재배하며 석회와 인산질 비료 및 유기물 등을 다량 시용하면 중금속 피해와 산성장해가 경감된다.

3) 수질등급

수질은 여러 등급으로 구분하여 용도에 알맞게 쓰이는데, 이는 생물화학적 산소요구량(BOD), 화학적 산소요구량(COD), 용존산소량(DO), 대장균수, pH 등이 참작된다.

- 생물화학적 산소요구량(biochemical oxygen demand, BOD): 수중의 오탁유기물을 호기성균이 생물화학적으로 산화 분해하여 무기성 산화물과 가스체로 안정화되는 과정에 필요한 총산소량을 ppm(또는 $mg\,l^{-1}$)의 단위로 표시하는 것이며, 물이 오염되는 유기물량의 정도를 나타내는 지표로 쓰인다.
- 화학적 산소요구량(chemical oxygen demand, COD): 오수 중의 전체 유기물이 화학적으로 산화되는 데 필요한 산소량을 측정하여, 이로부터 산출한 오탁유기물의 양을 ppm으로 나타낸 것이다.
- 용존산소량(dissolved oxygen, DO): 물에 녹아 있는 산소의 양을 나타낸 것으로, 수온이 높아질수록 용존산소량은 낮아진다. 용존산소량이 낮아지면 생물화학적 산소요구량이나 화학적 산소요구량이 높아지게 된다.

공기와 온도

1. 공기와 작물

- 작물의 광합성은 대기 중의 이산화탄소를 재료로 한다.
- 작물의 호흡작용은 대기 중에 산소가 있어야 정상적으로 이루어진다.
- 대기 중의 질소는 질소 고정균에 의한 유리질소고정의 재료가 된다.
- 대기 중의 아황산가스 등의 유해성분은 작물체에 직접 유해 작용을 미친다.
- 토양공기 중 산소의 부족은 토양 중에 환원성 유해물질이 생성되는 원인이 된다.
- 토양공기 중 산소의 변화는 비료성분의 변화와 관계가 있어 작물의 생육에 영향을 미친다.
- 바람은 작물의 생육에 여러 면에서 영향을 미친다.

2. 대기의 조성과 작물생육

지구표면의 해발 0-16*km* 높이까지를 대류권(troposphere) 또는 대기층(atmospheric layer)이라 하는데 온실효과(green house effect)가 발생하며 해발기준 100m 상승마다 온도는 0.5℃가 하강하는 층이다. 17-80*km* 높이를 성층권(stratosphere) 또는 오존층(ozone layer)이라 하고 광선여과(light filteration)가 이루어지는 층이다. 80-1,000*km* 높이는 전리층(ionosphere)이라 하는데 우주(universe, cosmos, space)라고도 하고 인공위성(satellite; 예 400km)이 있는 높이이다. 보통 대기권이란 대류권, 성층권, 전리층 모두를 말한다. 작물의 환경에서는 대기층의 0-4*km* 높이 이내의 대기를 말한다.

1) 대기의 조성

지구 중력의 힘으로 지구 표면에 밀착하여 지구와 함께 회전하는 공기(air)를 대기(atmosphere)라고 하는데, 대기의 구성은 특별한 경우를 제외하면 대체로 일정하며, 주요 성분의 함량비는 다음과 같다.

- 질소가스(N_2): 약 79%

- 산소가스(O_2): 약 21%
- 이산화탄소(CO_2): 0.033-0.037%(계속 증가추세)
- 기타: 수증기, 먼지, 연기, 미생물, 화분, 각종 가스 등이다.

2) 대기 중의 질소농도와 질소고정

콩과작물의 근류균, Azotobacter 등은 대기 중에 약 79%나 함유되어 있는 질소가스를 고정하는데, 이들은 호기성세균이며 토양 중에 산소공급이 원활하면 질소고정량도 증대된다.

3) 대기 중의 산소농도와 호흡작용

현재 대기 중의 21%는 작물 재배상 지장이 없으나, 산소농도가 5-10% 이하 또는 90% 이상이면 호흡에 지장을 초래한다.

4) 대기 중의 이산화탄소와 작물의 생리작용

- 호흡작용: 대기 중에 이산화탄소 농도가 높아지면 일반적으로 호흡속도는 감소한다.
- 광합성: 이산화탄소 농도가 높아지면 어느 한계까지는 광합성의 속도가 증대한다. 광합성에 의한 유기물의 생성속도와 호흡에 의한 유기물의 소모속도가 같아지는 이산화탄소 농도를 이산화탄소 보상점(CO_2 보상점)이라고 하며, 작물이 생장을 계속하려면 보상점 이상의 이산화탄소 농도가 필요하다. 대체로 작물의 이산화탄소 보상점은 대기 중의 농도의 1/10-1/3(0.003-0.01%) 정도이다. 이산화탄소 농도가 어느 한계까지 높아지면 그 이상 높아져도 광합성 속도는 그 이상 증대하지 않는 상태에 도달하게 되는데 이 한계점의 이산화탄소 농도를 이산화탄소 포화점(CO_2 포화점)이라고 하며, 작물의 이산화탄소 포화점은 대기 중 농도의 7-10배(0.21-0.3%)가 된다.

3. 대기오염

화산 등 자연재해 또는 인간 활동의 결과로 대기에 배출되는 어떤 오염물질이 안정 상태에 있는 생태계의 순환에 끼어들어 정화되지 않는다면 대기 조성의 양적 평형이 깨질 수밖에 없다. 이와 같이 깨끗한 대기에 다른 물질이 혼입되어 인간에게는 물론 다른 생물에게 해를 주는 현상을 대기오염(air pollution)이라고 한다.

대기 중으로 배출된 유해가스는 단독으로 해작용을 끼치기도 하지만, 여러 종류가 서로 합쳐서 종합적으로 더 큰 해를 끼치기도 한다.

농작물에 큰 영향을 끼칠 우려가 있는 유해가스는 다음과 같다.

- 아황산가스(SO_2, SO_3, 황산 mist): 대기오염 중 가장 대표적인 유해 가스로서 배출량도 많고 독성이 강하며 산성비를 유발한다.
- 불화수소가스(HF): 독성이 가장 강하여 낮은 농도에서도 피해를 끼친다.
- 오존가스(O_3)
- 암모니아가스(NH_3)
- 질소산화물(NO_2)
- 염소가스(Cl_2) 등이다.

4. 바람

대기층의 기압의 차에 따라 생기는 공기의 지표면에 대한 상대적 움직임을 바람이라고 하는데, 풍향과 풍속으로 나타낸다. 바람도 작물생육에 큰 영향을 끼친다.

1) 연풍(mild wind)

풍속 4-6*km* hr^{-1} 이하의 연풍은 대체로 작물의 생육을 이롭게 한다. 증산 및 양분흡수의 촉진, 병해의 경감, 광합성의 촉진, 수정 및 결실의 촉진 등이다.

2) 풍해(wind injury)

풍속 4-6km hr^{-1} 이상의 강풍, 특히 태풍의 피해를 보통 풍해라고 하며, 때로는 작물에 결정적인 피해를 준다. 풍해는 풍속이 크고 공기습도가 낮을 때에 심하다.

벼의 경우 습도 60%에서는 풍속 10m/s에서 백수가 생기나, 습도 80%에서는 풍속 20m/s에서도 백수가 생기지 않는다고 한다. 풍해에는 기계적 장해와 생리적 장해가 있다.

5. 유효온도

1) 주요온도

작물의 생육이 가능한 범위의 온도를 유효온도라고 한다. 작물생육이 가능한 가장 낮은 온도를 최저온도(minimum temperature)라 하고, 작물생육이 가능한 가장 높은 온도를 최고온도(maximum temperature)라고 하며, 생육이 가장 왕성한 온도를 최적온도(optimum temperature)라고 한다.

최저 · 최적 · 최고의 세 온도를 주요온도(cardinal temperature)라고 하는데 예를 들면 옥수수의 주요온도는 최저온도 8℃, 최적온도 30℃, 최고온도 44℃로 되어 있다.

주요온도는 작물에 따라서 다르며, 여름작물과 겨울작물의 대체적인 차이는 약 10℃ 정도이다.

2) 온도와 작물의 생리작용

작물의 생장은 여러 생리작용의 종합적 결과라고 볼 수 있으며, 생장의 최적온도가 모든 생리작용의 최적온도로 볼 수는 없다. 광합성, 호흡, 수분흡수, 양분흡수, 동화물질의 전류와 같은 생리작용에 대한 주요온도는 각각 다르기 때문이다. 일반적으로 최적온도에 이르기까지는 온도의 상승에 따라서 생리작용 속도가 모두 빨라진다. 고온에서는 광합성에 의한 유기물의 생성은 저하되는 반면에, 호흡에 의한 유기물의 소모는 급증하게 되어, 유기물의 축적은 최적온도에서 최대로 된다.

3) 적산온도

작물이 일생을 마치는 데 소요되는 총 온량을 표시한 것이 적산온도(sum of temperature)이다. 관행적으로는 작물의 발아로부터 성숙에 이르기까지의 0℃ 이상의 일평균기온을 합산하여 적산온도를 구하고 있다. 따라서 작물의 적산온도는 생육시기와 생육기간에 따라 차이가 생긴다. 적산온도의 예를 들면 벼는 3,500-4,500℃, 추파 맥류는 1,700-2,300℃, 봄보리는 1,600-1,900℃이다.

한편 작물생육에서 저온의 한계, 즉 생육은 멈추지만 죽지는 않는 온도를 작물별로 찾아 그 온도를 해당 작물의 기본온도(base temperature)로 정하고, 또 고온의 한계, 즉 어떤 온도 이상으로 올라가도 생육효과가 나타나지 않는 온도를 찾아 유효고온한계온도라 하여, 그 범위 내의 온도를 작물생육의 유효온도(effective temperature)라고 한다. 이 유효온도를 작물의 발아 이후 일정한 생육단계(생식생장기, 출수기 등)까지 적산한 것을 유효적산온도(growing degree days, GDD)라고 한다. 기본온도는 대체로 여름작물은 10℃, 월동작물과 과수는 5℃로 본다.

6. 온도의 변화

1) 계절적 변화

한국기후의 월별 평년값, 연 평년값 및 계절값을 1981-2010(30년)의 기상청 자료로 보면 〈표 6-1〉과 같다.

한국의 기온은 8월에 가장 높고, 1월에 가장 낮은 계절변동을 한다. 최저기온은 작물의 월동을 지배하며, 가을보리는 평야지 전역에서 월동하나, 가을쌀보리는 영남과 호남지방이라야 월동이 안전하다. 최고기온은 작물의 월하를 지배하며, 감자는 고랭지에서는 월하하나 평지에서는 월하하지 못한다.

무상기간(consecutive frost-free days)은 여름작물의 생육가능기간을 표시하며, 무상기간이 짧은 고지대나 북부지대에서는 벼의 조생종이 재배되고, 무상기간이 긴 남부지대에서는 만생종이 재배된다.

표 6-1. 한국 기후의 월별 평년값, 연 평년값 및 계절값

구분	최저	최고
월평균 일 최저기온(℃): 1월	-12.6(대관령)	3.8(고산)
월평균 일 최고기온(℃): 8월	22.8(대관령)	31.1(정읍)
연평균기온(0C)	6.6(대관령)	16.6(서귀포)
연강수량(mm)	826(백령도)	2,007(거제)
연일조시간(시간)	1,854(제주)	2,551(영덕)
연증발량(mm)	957(강화)	1,378(여수)
연상대습도(%)	61(강릉)	77(흑산도)
첫서리(월, 일)	10월 7일(대관령)	1월18일(고산)
끝서리(월, 일)	1월27일(성산)	5월 9일(대관령)
무상기간(일)	150일(대관령)	348일(성산)

자료: 기상청, 1981-2010

2) 일변화

기온은 1일주기로도 변화하는데, 이를 기온의 일변화 또는 변온이라고 한다. 대체로 기온의 최저는 일출 1시간 전, 최고는 오후 2-3시에 오며, 오전 9시의 기온이 일평균기온에 가깝다. 기온의 일교차, 즉 변온의 정도는 작물생육에 큰 영향을 끼친다.

3) 수온, 지온 및 작물체온의 변화

(1) 수온

수온의 최저 · 최고 시간은 기온보다 약 2시간 늦게 온다. 또한, 최고온도는 기온보다 낮으나 최저온도는 기온보다 높으며, 수심이 깊을수록 수온변화의 폭이 작아진다.

벼의 생육초기에 물은 밤에 보온효과가 있으며, 냉온기에 물깊이대기를 하면 냉해를 경감한다. 그러나 냉수관개는 작물에 해로울 때가 많다.

(2) 지온

지온의 최저 · 최고 시간도 기온보다 약 2시간 늦게 온다. 지온의 최저온도도 대체로 기온보다는 약간 높다. 지온의 최고온도는 수분이 많은 백토의 경우

는 기온보다 낮으나, 건조한 흑토의 경우는 기온보다 훨씬 높다. 혹서기에 작물의 군락이 우거지지 않은 경우에는 지온이 기온보다 10℃ 이상이나 높아서, 어린 식물은 열사를 초래하는 수도 있다.

(3) 작물체온

밤이나 그늘의 작물체온은 흡열보다 방열이 우세하여 기온보다 낮다. 그러나 여름의 맑은 한낮에는 방열보다 흡열과 생활 작용에 따른 발열이 더욱 우세하여 기온보다 10℃ 이상이나 높아지는 일이 있다. 바람이 없고, 대기습도가 높으며, 작물군락의 밀도가 높을 때에 작물체온의 상승이 더욱 크다.

7. 열해

작물이 과도한 고온으로 인하여 받는 피해를 열해(heat injury) 또는 고온해라고 한다. 열해를 받아 단시간(보통 1시간 정도) 내에 작물이 고사하는 것을 열사(heat killing)라 하고, 열사를 초래하는 온도를 열사온도(heat killing temperature) 또는 열사점이라고 한다.

최적온도가 낮으면서 월하하는 한지형 목초나, 호박 같은 작물은 터널재배, 하우스재배에서는 흔히 열해가 문제되고, 묘포에서 어린 묘목이 월하할 때에는 열사의 위험성이 있다.

8. 냉해

작물이 조직 내에 결빙이 생기지 않는 범위의 저온에서 피해를 받는 것을 냉온장해(chilling injury)라고 한다. 여름작물에서 고온이 필요한 여름철에 저온을 만나서 입는 피해를 냉해(cool weather injury)라고 한다. 그러나 일반적으로 여름작물이 저온을 만나 받는 피해는 시기 여하에 불구하고 냉해라 부르고 있다.

열대작물은 20℃ 이하이면 영양체에 냉해를 받는 것도 있다고 하지만, 온대의 여름작물은 종류에 따라서 1-10℃에서 냉해를 받는다.

9. 한해

1) 한해의 구분

월동 중 추위로 인하여 작물이 받는 피해를 한해(추위피해; winter injury)라고 한다. 한해에는 여러 가지 요인이 관여하며, 주로 다음과 같은 피해가 발생한다.

(1) 동상해

온도가 지나치게 내려가 작물의 조직 내에 결빙이 생겨서 받는 피해를 동해(freezing injury)라 하고, 서리(주로 늦서리)로 인하여 -2~0℃ 정도에서 작물이 동사하는 피해를 상해(frost injury)라고 한다. 동해와 상해를 합쳐서 동상해라고 하는데, 동상해는 한해의 주체를 이루고 있다. 월동작물은 흔히 동해를 입고, 봄에 일찍 파종 또는 이식하는 작물이나, 과수의 꽃은 상해를 입는 일이 있다.

(2) 상주해와 동상해

토양에서 빙주가 다발로 솟아난 것을 서릿발(상주, frost heaving)이라고 하며, 서릿발이 서면 맥류 등의 뿌리가 끊기고 식물체가 솟구쳐 올라 피해를 받는다. 서릿발은 토양수분이 넉넉하고, 추위가 심하지 않을 때(지표온도가 0℃ 이하, 지중온도가 0℃ 이상) 발생하며, 토양이 굳게 얼어붙으면 생기지 않는다. 한국에서 남부지방의 식질 토양에 발생이 많아 맥작에 피해를 주고 있다.

동결한 토양이 솟구쳐 올라오는 것을 동상이라고 하며, 서릿발과 비슷한 피해를 준다. 동상은 추운 지대에서 적설이 적고, 토양 중에 깊은 동결층이 형성될 때에 많이 발생한다.

2) 작물의 동사온도

작물이 단기간 내에 동사하는 온도를 동사온도(frost killing temperature)라고 한다. 동사온도는 같은 작물의 같은 기관이라도 조건에 따라서 다르지만 작물 간의 차이가 뚜렷하며, 몇 가지 예를 들면 다음과 같다.

고추, 고구마, 감자, 뽕, 포도 등의 잎	-1.8 ― -0.7℃
겨울철의 귀리	-14℃
겨울철의 유채(평지), 잠두	-15℃
겨울철의 보리, 밀, 시금치	-17℃

광선과 작물

1. 광합성

광합성(photosynthesis)은 녹색식물이 광 에너지를 받아서 대기의 이산화탄소와 뿌리가 흡수한 물을 이용하여 탄수화물을 합성하는 물질대사과정이며, 광합성은 광과 작물생육의 관계에서 가장 중요한 분야이다. 녹색식물은 광을 받아서 엽록소를 형성하고 광합성을 수행하여 유기물을 생성한다. 광합성은 가시광선 파장인 380nm(보라색)에서 775nm(빨강색)의 사이에서 일어나는데 675nm를 중심으로 620-760nm의 빨강색 부분과 450nm를 중심으로 390-500nm의 보라색, 남색 부분이 에너지 흡수에 효과적이고, 초록색을 포함한 중간의 파장은 대부분이 반사 또는 투과되어 효과가 적다.

작물은 광합성으로 이산화탄소를 흡수하여 유기물을 합성하는 동시에, 호흡을 통하여 유기물을 소모하여 이산화탄소를 또한 방출한다. 호흡을 무시하고 본 절대적인 광합성을 진정광합성(true photosynthesis)이라 하고, 호흡으로 소모된 유기물을 빼고 외견상으로 나타난 광합성을 외견상광합성(apparent photosynthesis)이라고 한다.

광합성은 어느 한계까지는 광을 강하게 받을수록 그 속도가 증대하는데, 어느 정도 낮은 조사광량(irradiance)에서는 진정광합성속도와 호흡속도가 같아서 외견상광합성속도가 0이 되는 상태에 도달하여 유기물의 증대 또는 감소가 없고, 이산화탄소의 흡수와 방출이 같게 된다. 이 외견상광합성속도가 0이 되는 조사광량을 광보상점(light compensation point)이라고 한다.

조사광량이 보상점을 넘어서 커짐에 따라 광합성속도가 증대하나, 어느 한계에 이르면 그 이상 조사광량이 높아도 광합성속도는 증대하지 않게 된다. 이 상태를 광포화라고 하며, 광포화가 개시되는 조사광량을 광포화점(light saturation point)이라고 한다.

2. 포장 광합성

1) 군락의 광포화점

포장(field)에서 작물이 밀생하고 크게 자라며 잎이 서로 엉기고 포개져서 많은 수의 잎이 직사광을 받지 못하고 그늘에 있는 상태를 군락(community)이라고 한다. 포장의 작물은 군락상태를 형성하며, 면적당수량은 면적당 광합성량에 지배되므로, 군락의 광합성이 수량을 지배한다.

벼 잎에 투사된 광은 10% 정도 밖에는 잎을 투과하지 못한다. 따라서 군락이 우거져서 그늘의 잎이 많아지면 포화광을 받지 못하는 잎들이 증가하고, 이들이 충분한 광을 받으려면 더욱 강한 광이 군락에 투사되어야 하므로 군락의 광포화점은 높아지게 된다. 따라서 군락의 광포화점은 군락의 형성도가 높을수록 높아지게 된다. 벼에서 단엽의 광포화점이 약 30klux일 때 1개체의 광포화점은 40-50klux, 2개체는 60-70klux, 4개체는 80klux이상이고, 포장군락에서는 전광에서도 포화상태에 도달하지 않았다고 한다.

벼의 생육단계별 군락의 형성상태에 따라 나타나는 광의 조도와 군락의 광합성관계는, 고립상태에 가까운 생육초기에는 낮은 조도에서 광포화를 이루지만, 군락이 무성한 출수기 전후에는 전광에 가까운 높은 조도에서도 광포화가 나타나지 않는다. 따라서 군락이 무성한 시기일수록 더욱 강한 일사가 필요하다.

2) 최적 엽면적

작물의 건물생산은 진정광합성량과 호흡량의 차이, 즉 외견상광합성량이 결정한다. 작물군락에서 엽면적이 증대하면 군락의 진정광합성량은 그에 따라서 증가한다. 그러나 군락의 엽면적이 증대함에 따라 그늘의 잎이 많아지므로, 엽면적이 어느 정도 이상으로 커지면 엽면적 증대에 비례하는 진정광합성량의 증대가 이루어지지 않는데, 호흡량은 엽면적 증대에 비례해서 증대한다. 외견상의 광합성량, 즉 건물 생산량은 어느 한계까지는 군락의 엽면적이 커지는 데 따라서 증대하지만, 그 이상 엽면적이 증대하면 엽면적이 커지는데 따라서 오히려 감소하게 된다. 따라서 건물생산이 최대로 되는 단위면적당 군락엽면적이 있게 되는데, 이것을 최적 엽면적(optimum leaf area)이라고 한다.

군락의 엽면적을 토지면적에 대한 배수치로 표시하는 경우도 있는데, 이것을 엽면적지수(leaf area index, LAI)라고 한다. 최적 엽면적일 때의 엽면적지수를 최적 엽면적지수라고 한다.

최적 엽면적은 일사량과 군락의 수광태세에 따라 크게 변동한다. 클로버에서는 일사량이 500$cal\ cm^{-2}d^{-1}$의 경우는 최적 엽면적지수가 6인데, 100$cal\ cm^{-2}d^{-1}$의 경우에는 3이라고 한다. 수잉기의 벼에 있어서는 일사량과 최적 엽면적지수의 관계가 400$cal\ cm^{-2}d^{-1}$일 때 9이고, 300$cal\ cm^{-2}d^{-1}$일 때 6이며, 100$cal\ cm^{-2}d^{-1}$일 때 4라고 한다.

또한, 옥수수에서 수광태세가 좋은 직립엽의 경우는 최적 엽면적지수가 8 이상인데, 수광태세가 나쁜 수평엽의 경우는 2.5-3이 된다고 한다. 최적 엽면적지수를 크게 한다는 것은 군락의 건물생산을 크게 하여 수량을 증대시키는 길이 된다.

3) 군락의 수광태세

군락의 최적 엽면적지수는 군락의 수광태세가 좋을 때에 커진다. 또한, 동일 엽면적이라도 군락의 수광능률은 수광태세가 좋을 때에 높아진다. 따라서 수광태세의 개선은 광 에너지의 이용도를 높이는 데 기본적으로 중요하다. 군락의 수광태세를 개선하려면 좋은 초형(plant type)의 품종을 육성하고 재배법도 개선하여 군락의 초관구성(canopy architecture)을 좋게 하여야 한다.

(1) 벼의 초형

벼는 다음과 같은 초형인 것이 군락의 수광태세가 좋아진다.

• 잎이 과히 얇지 않고, 약간 좁으며, 상위엽이 직립한다.

• 키가 너무 크거나 작지 않다.
• 분얼이 조금 개산형(gathered type)인 것이 좋다.
• 각 잎이 공간적으로 되도록 균일하게 분포한다.

(2) 옥수수의 초형

옥수수는 다음과 같은 초형인 것이 군락의 수광태세가 좋고 밀식에 적응한다.
• 상위엽이 직립하고 아래로 갈수록 약간씩 기울어 하위엽은 수평이 된다.
• 수(♂)이삭이 작고 잎혀가 없다.
• 암(♀)이삭은 1개인 것보다 2개인 것이 더욱 밀식에 적응한다.

(3) 콩의 초형

콩은 다음과 같은 초형인 것이 군락의 수광태세가 좋아지고 밀식적응성이 커진다.
• 키가 크고, 도복이 안 되며, 가지를 적게 치고, 가지가 짧다.
• 꼬투리가 원줄기에 많이 달리고, 밑에까지 착생한다.
• 잎자루가 짧고 일어선다.
• 잎이 작고 가늘다.

3. 수광의 조절

1) 작물의 광입지

벼, 목화, 조, 기장, 감자, 알팔파 등과 같이 광의 부족에 적응하지 못하는 작물은 일사가 좋은 곳이 알맞으며, 강낭콩, 딸기, 목초, 당근, 순무 등과 같이 광의 부족에 민감하지 않은 것은 일사가 좋지 못한 곳에도 적응한다.

초생재배에는 내음성(shade tolerance)이 강한 작물이 알맞다. 간작 · 혼작 · 교호작의 경우에는 한쪽 작물이 그늘을 받게 되므로 광 부족에 적응할 수 있는 것이 알맞으며, 또 다른 한쪽 작물은 키가 작은 것을 택하든가 재식밀도를 조절하여 그늘을 적게 하도록 하는 것이 좋다.

2) 이랑의 방향

남북 이랑(ridge)은 동서 이랑보다 수광 시간은 약간 짧으나, 작물생장기의 수광량이 훨씬 많아서 유리하다. 그러나 토양의 건조가 심해질 우려도 있다. 봄에 감자를 심을 때 이랑을 동서향으로 내고, 고랑(골; furrow)의 북쪽에 바싹 붙여 심으면 수광량이 많아져서 지온이 높아지므로 싹이 속히 튼다.

3) 보온자재의 투광

보온자재(heat-conservation material)의 투광률(rate of light transmission)은 유리 90%, 비닐 85%, 유지 40% 정도로서 유리나 플라스틱필름을 쓰는 것이 투광이 잘 되어 보온이 잘 되고 생육도 건실해진다. 그러나 비닐이라도 여러 겹을 덮으면 자외선의 부족으로 도장하게 된다.

4) 보광

광합성을 촉진하고 착색을 좋게 하기 위하여 과수원에서는 나무 아래에 반사필름을 깔아 준다. 또한 밤이나 흐린 날에는 보광(supplemental lighting)을 해 주기도 하는데, 적색광이 광합성에 유효하다.

5) 차광

온도가 높고 햇볕이 강할 때는 유리온실, 묘포 등에 차광(해가림; Shading)을 해 준다. 인삼처럼 그늘에서 생육하는 작물은 미리 해가림을 해 주고 재배한다. 파, 부추, 아스파라거스, 셀러리, 땅두릅 등을 연화 재배할 때에는 천, 왕겨, 암실 등을 이용하여 고도의 차광을 해 준다.

4. 생장과 발육

작물이 세포분열과 세포신장 및 비대하여 양적으로 증대하는 것을 생장(growth)이라고 한다. 그리고 엽아(잎눈), 분얼(분지), 화아(꽃눈) 등의 질적인 조정과정을 분화(differentiation)라고 한다. 이 생장과 분화를 발육(development)이라고 하고 다시 생장과 발육을 작물의 생육(growth and development)이라고 한다. 작물발육의 여러 가지 단계적 양상을 발육상(development phase)이라 하고, 작물이 순차적인 여러 발육상을 거쳐서 발육이 완성되는 것을 상적발육(phasic development)이라고 한다. 상적발육에서 가장 중요한 발육상의 경과는 영양기관의 발육단계인 영양적 발육(vegetative development) 또는 영양생장(vegetative growth)을 거쳐 생식기관의 발육단계인 생식적 발육(reproductive development) 또는 생식생장(reproductive growth)으로 이행하는 것인데, 이것을 화성(flowering)이라 표현하기도 한다.

추파맥류는 생육초기에 일정한 저온과 그 뒤에 일정한 장일 조건을 경과하지 못하면 출수, 개화, 성숙의 단계에 도달하지 못한다. 이와 같이, 작물의 상적발육에는 초기의 특정 온도가 필요한 단계인 감온상(thermo-phase) 또는 감온기(thermo stage)가 있고, 그 뒤에 특정한 일장이 필요한 단계인 감광상(photo-phase) 또는 감광기(photo stage)가 있다. 작물의 발육상은 이보다 더 세분되기도 하지만, 두드러진 것은 감온상과 감광상이다. 추파맥류에서는 감온상과 감광상이 모두 뚜렷하며, 자포니카 벼의 만생종에서는 특히 감광상이 뚜렷하고, 토마토에서는 감온상과 감광상을 뚜렷하게 구분할 수 없는 등 작물에 따라 차이가 있다.

1) 온도효과(temperature effects)

작물체가 생육의 일정시기(주로 초기)에 저온 상태를 거침으로써 화성(flowering), 즉 화아의 분화·발육이 유도·촉진되거나, 또는 생육의 일정시기(주로 초기)에 일정기간 인위적인 저온을 주어서 화성을 유도·촉진하는 것을 버널리제이션(vernalization; 춘화, 춘화처리)이라고 한다. 엄밀하게는 전자를 춘화, 후자를 춘화처리라고 구별하기도 한다. 결국, 버널리제이션은 일정한 저온조건에서 작물의 감온상을 경과하도록 하는 것이라고 말할 수도 있다.

버널리제이션의 처리온도와 처리 기간을 보면, 추파맥류는 최아종자를 0-3℃에 30-60일이고, 배추는 최아종자를 -2-1℃에 33일, 결구배추는 최아종자를 3℃에 15-20일, 궁중무는 최아종자를 2℃에 10-40일, 봄무는 최아종자를 0℃에 15일간 처리하면 화성하여 결실될 수 있다.

2) 일장효과(day length effects)

가너(Garner)와 앨러드(Allard)는 담배의 신품종 '메릴랜드 매머드' (Maryland Mammoth)를 플로리다 주에서 재배하면 개화 · 결실하나, 워싱턴 D.C.에서 재배하면 개화하지 못하고 영양생장만 계속하는 것을 관찰하였다(1920). 여러 가지로 검토한 결과 저위도인 플로리다 주에서는 여름철에 일장이 비교적 짧아서 개화하고, 워싱턴 D.C.에서는 여름철의 일장이 비교적 길기 때문에 개화하지 못하며, 또한 겨울철 온실에서는 일장이 짧기 때문에 개화하는 것으로 결론짓고, 개화에는 광의 강도뿐만 아니라 광을 쬐는 시간의 길이, 즉 일장이 중요하다고 제창하였다. 이것이 일장효과의 발견이다.

1일 24시간 중의 명기의 길이를 일장(day-length, photo-period)이라고 하며, 일장이 12-14시간 이상(보통 14시간 이상)인 것을 장일(long- day)이라 하고, 12-14시간 이하(보통 12시간 이하)인 것을 단일(short- day)이라고 한다.

일장이 작물의 화성 및 그 밖의 여러 면에 영향을 끼치는 현상을 일장효과(광주반응, photoperiodism)라고 하며, 작물의 화성을 유도할 수 있는 일장을 유도일장(inductive day-length)이라 하고, 화성을 유도할 수 없는 일장을 비유도일장(noninductive day-length)이라고 한다. 그리고 유도일장과 비유도일장의 경계가 되는 일장, 즉 화성유도의 한계가 되는 일장을 한계일장(임계일장, critical day-length)이라고 하며, 화성을 가장 일찍 유도하는 일장을 최적일장(optimum day-length)이라고 한다. 온도처리나 일장처리의 후작용으로써 화성이 유도되는 현상을 온도유도 또는 일장유도(photoperiodic induction)라고 하며, 화성유도에 필요한 온도나 일장의 처리기간을 유도기간(induction period)이라고 한다. 일장과 온도가 결합되어 화성을 유도하는 것을 일장온도유도(photothermal induction)라고 하며, 일정한 일장이나 위도에 대한 작물의 적응성을 일장적응(photoperiodic adaptation)이라고 한다.

콩의 만생종 품종인 Biloxi의 한계일장은 14시간이며, 14시간 이하가 유도일장이고, 14시간 이상이 비유도일장이다. 그리고 최적일장은 5-12시간이다.

화성이 유도 · 촉진되는 일장에 따라 식물을 나누어 구분한 것을 식물의 일장형이라고 하며, 다음과 같은 것들이 있다.

(1) 장일식물

장일식물(long-day plants)은 장일상태(보통 16-18시간 조명)에서 화성이 유도 · 촉진되며, 단일상태는 이를 저해한다. 최적일장과 유도일장의 주체가 장일 측에 있고, 한계일장은 보통 단일 측에 있다. 맥류, 양귀비, 시금치, 양파, 상추, 아마, 큰조아재비, 아주까리, 감자 등이 장일식물이다.

(2) 단일식물

단일식물(short-day plants)은 단일상태(보통 8-10시간 조명)에서 화성이 유도 · 촉진되며, 장일상태는 이를 저해한다. 최적일장과 유도일장의 주체가 단일 측에 있고, 한계일장은 보통 장일 측에 있다. 국화, 콩, 담배, 들깨, 도꼬마리, 코스모스, 목화, 벼, 나팔꽃 등이 단일식물이다.

(3) 중성식물

중성식물(중일성 식물; day-neutral plants, indeterminate plants)은 일정한 한계일장이 없고, 대단히 넓은 범위의 일장에서 화성이 유도되며, 화성이 일장에 영향을 받지 않는다고 할 수도 있다. 강낭콩, 고추, 토마토, 당근, 셀러리 등이 중성식물이다.

작물의 기상생태형

1. 작물 품종의 기상생태형

작물의 생육온도 및 일장에 따른 출수 · 개화반응을 기초로 하여 작물의 품종 군을 나누어 구분한 것을 품종의 기상생태형(climatic ecotype)이라고 한다. 이 기상생태형은 작물의 단작, 전작, 후작, 이모작 등의 작부순서에 따른 생육기간의 연장 또는 단축 등 다음 장에서 논의될 작부체계의 설계에 중요한 기준이 된다.

1) 기본영양생장성

작물이 출수 · 개화에 가장 알맞은 온도와 일장에 놓이더라도 일정한 정도의 기본영양생장을 하지 않으면 출수 · 개화에 이르지 못하는데, 이 성질을 기본영양생장성(grade of basic vegetative growth)이라고 한다. 기본영양생장성이 크고 작은 정도를 기본영양생장성 정도라고 하는데, 벼과의 주간 또는 콩과의 주경에 화아분화가 생길 때까지의 최소 착엽수인 최소엽수(minimum number of leaves)를 기본영양생장성의 정도라고 볼 수 있다. 기본영양생장의 기간이 길고 짧음에 따라서 기본영양생장성이 크다(B, 높다) 또는 작다(b, 낮다)라고 표시한다.

2) 감광성

작물이 일장환경, 주로 단일작물이 단일 환경에 놓이면 출수 · 개화가 촉진되는 성질을 감광성(photo-sensitivity, sensitivity for day length)이라고 한다. 단일작물이 단일 환경에서 출수 · 개화가 촉진되는 정도를 감광성 정도라고 하며, 출수 · 개화의 촉진도에 따라서 감광성이 크다(L, 높다) 또는 작다(l, 낮다)라고 한다.

3) 감온성

생육적온에 이르기까지는 저온보다 고온에 의하여 작물의 출수 · 개화가 촉진되는데, 이 성질을 감온성(thermo-sensitivity, sensitivity for temperature)이라고 한다. 온도가 높아짐에 따라 출수 · 개화가 촉진되는 정도를 감온성 정도라고 하며, 그 정도에 따라 감온성이 크다(T, 높다) 또는 작다(t, 낮다)라고 한다(감온성은 생육온도에 관련되는 성질로서 버널리제이션과는 직접적인 관련이 없다).

이상의 성질에 따라서 작물을 기본영양생장형(Blt), 감광형(bLt), 감온형(blT) 및 blt형으로 구분한다.

2. 기상생태형과 재배적 특성

중위도지대를 대상으로 하여 벼 품종(rice cultivar)의 기상생태형에 따르는 재배적 특성의 차이점을 살펴보면 다음과 같다.

1) 조만성

파종과 이앙을 일찍이 할 때 blt형 · 감온형은 조생종(early maturing cultivar)이 되고, 기본영양생장형 · 감광형은 만생종(late maturing cultivar)이 된다.

2) 묘대일수 감응도

손모내기에서 묘대일수 감응도란 못자리 기간을 길게 할 때 모가 노숙하고, 모낸 뒤 생육에 문제가 생기는 정도를 말한다. 이런 현상은 벼가 못자리 때 이미 생식생장의 단계로 접어들기 때문에 생기는 것이다. 못자리 기간이 길어져서 못자리 때 영양이 결핍되고 고온기에 이르면 감온형은 쉽게 생식생장의 경향을 보이지만, 감광형이나 기본영양생장형은 이러한 조건에서도 좀처럼 생식생장의 경향을 보이지 않는다. 따라서 묘대일수 감응도는 감온형이 높고 감광형 · 기본영양생장형이 낮다. 수리안전답이 대부분을 차지하고 기계모내기를 하는 상자육묘에서는 문제가 되지 않는다고 본다.

3) 작기이동과 출수

조파조식(올뿌림 올심기; early seeding and planting)을 할 때보다 만파만식(늦뿌림 늦심기; late seeding and planting)을 할 때에 출수기(이삭 패는 시기; heading stage)가 지연되는 정도는 기본영양생장형과 감온형이 크고, 감광형이 작다. 전자는 대체로 일정한 유효적산온도(growing degree days)를 채워야만 출수하므로 조파조식보다 만파만식에서 출수가 크게 지연되나, 후자는 주로 단일기에 감응하고, 특히 한계일장에 민감한 것은 조파조식을 하거나, 만파만식을 하거나 대체로 일정한 단일기에 주로 감응하므로 이앙기의 이르고 늦음에 따른 출수기의 차가 크지 않다.

4) 만식적응성

만식적응성은 이앙기를 늦게 할 때에 적응하는 특성이다. 기본영양생장형은 만식하면 출수가 너무 지연되어 성숙이 불안정해지고, 감온형은 못자리 기간이 길어지면 생육에 문제가 생긴다. 그러나 감광형은 만식을 해도 출수의 지연도가 적고, 묘대일수감응도도 낮아서 만식적응성이 크다.

5) 조식적응성

조기수확을 목적으로 조파조식을 할 때에는 감온형 · blt형이 알맞다. 수량이 많은 만생종 중에서 냉해 등을 회피하기 위하여 출수 · 성숙을 비교적 앞당기려 할 때에는 중 정도의 기본영양생장형이 알맞다. 출수 · 성숙을 앞당기지 않고 파종 · 이앙을 앞당겨서 생육기간을 연장해 증수를 꾀하려고 할 때에는 감광형이 가장 알맞다.

참고문헌

기상청. 2011.《한국기후표. 1981-2010》. 기상청.

채제천 외 3인. 2006.《재배학원론》. 향문사.

한국천문연구원. 2005.《역서 2006》. 남산당.

Acquaah, G. 2005. *Principles of Crop Production.* 2nd. Pearson, New Jersey.

Gardner, et al. 1985. *Physiology of Crop Plants.* Iowa State University Press, Ames.

Gliessman, S.R. 2000. *Agroecology.* Lewis Publishers, New York.

7. 작물의 생산기술

생산체계

제5장, 제6장에서 논술한 바와 같이 작물의 품종개량, 환경의 조절 및 생산기술의 3요소를 개량하고 개발한 결과 지난 1세기 동안 식량생산의 증가가 이루어져 왔다. 이 장에서는 생산현장에 관한 사항으로 일반적으로 농업의 생산기술(production technology of agriculture)이라고 알려진 측면을 다룬다. 최근에는 과학과 기술의 발달과 식량작물 소비시장의 국제화 추세에 따라 농장경영과 환경영향까지도 포함하여 작물생산(crop production)은 기술(art), 과학(science) 및 사업(business)의 종합작용(complex operation)으로 이루어진다고 한다. 따라서 어떤 작물을 선택해서 어떻게 재배하여야 되며 왜 그렇게 하여야 되는지가 작물생산의 선결조건이 되었다.

1. 친환경 작물생산

1) 친환경 작물재배

친환경 농업이란 지속 가능한 농업 또는 지속농업(sustainable agriculture)으로 농업과 환경을 조화시켜 농업의 생산을 지속 가능하게 하는 농업형태로서 농업생산의 경제성 확보, 환경보존 및 농산물의 안전성을 동시에 추구하는 농업으로 정의하고 있다. 친환경농업의 기본 패러다임(paradigm)은 단기적인 것이 아닌 장기적인 이익추구, 개발과 환경의 조화, 단일작목 중심이 아닌 순환적 종합농업체계, 생태계의 물질순환 시스템을 활용한 고도의 조화된 농업기술을 추구하는 것으로서, 유기농업 등 특수농법 뿐만 아니라, 병해충종합관리(integrated pest management, IPM), 작물양분종합관리(integrated nutrient management, INM), 천적과 생물학적 기술의 통합이용, 윤작 등 흙의 생명력을 배양하는 동시에 농업환경을 지속적으로 보전하는 모든 형태의 농업을 포함한다.

친환경 관련 농업에는 다음과 같은 것들이 있다.

(1) 자연농업(natural agriculture)

지력을 토대로 자연의 물질순환 원리에 따르는 농업을 말한다.

(2) 유기농업(organic agriculture, organic farming)

농약과 화학비료를 사용하지 않고 원래 흙을 중시하여 자연에서 안전한 농산물을 얻는 것을 바탕으로 한 농업을 말한다.

(3) 생태농업(ecological agriculture)

지역의 폐쇄 시스템에서 작물양분과 병해충 종합관리기술을 이용하여 생태계 균형유지에 중점을 두는 농업을 말한다.

(4) 저투입 지속적 농업(low input sustainable agriculture, LISA)

지속농업(sustainable agriculture)이라고도 하며 환경에 부담을 주지 않고 영원히 유지할 수 있는 농업으로 환경을 오염하지 않는 농업을 말한다.

(5) 정밀농업(precision agriculture)

한 포장 내에서 위치에 따라 종자, 비료, 농약 등을 달리함으로써 환경문제를 최소화하면서 생산성을 최대로 하려는 농업이다. 첨단공학기술과 과학적 수단으로 위치별 센서(sensor, 감지기)를 이용하여 전산화된 정보시스템으로 작물 생육환경을 원격 조절하는 생산방법이다.

친환경 농업은 농업생산의 경제성 확보, 환경보전 및 농산물의 안전성 등을 동시에 추구하는 농업이다. 친환경 농산물은 우수농산물 관리제도(good agricultural practices, GAP)와 생산이력제(traceability system)를 통하여 소비자가 생산과정과 품질을 알 수 있도록 하고 있다. 또한 소비자 보호 차원에서 위해요소 중점관리기준(hazard analysis critical control point, HACCP)을 정하여 친환경 농산물의 저장과 유통과정에도 환경보전과 품질의 안전성을 보장하도록 하고 있다.

2) 시설재배

시설재배(protected cultivation)는 재배환경을 작물의 생육에 알맞게 인위적으로 조절하는 모든 종류의 재배양식을 포함하는 것으로, 간단한 비닐하우스(vinyl house)를 비롯하여 바람막이, 터널, 유리온실 등의 시설을 이용한다.

이들 시설은 반영구적이거나 일시적인 것으로 작물의 생육기간을 연장하고, 불리한 조건에서 작물을 보호하여 재배하거나, 제한된 용수를 효율적으로 사용하기 위하여, 그리고 어린 작물을 해충이나 바이러스로부터 보호하기 위한 목적으로 주로 이용된다.

벼의 이앙전 육묘, 콩의 이식전 육묘, 기타 작물의 이식전 육묘 기간에 이용되고 있다. 그러나 시설재배의 주종을 이루는 것은 채소, 화훼 및 과수이다. 시설재배로 생산되는 채소류는 주로 수박, 참외, 딸기, 오이, 토마토, 호박 등이고 무, 상추, 배추, 시금치, 파, 대파, 쪽파, 피망, 가지 등도 시설재배로 생산된다.

시설은 밀폐된 공간이기 때문에 노지와 다른 특이한 환경이 조성된다. 즉 온도, 광선, 공기, 수분 등의 주요 환경을 인위적으로 조절하여 작물의 생육을 촉진 또는 지연시킨다. 시설안의 토양은 염류가 집적되기 때문에 토양도 주기적으로 객토하거나 교환하여야 한다.

3) 생력기계화 재배

부족한 농업노동력 하에서도 안전한 작물재배를 하면서 충분한 수익성도 보장하려면 농작업을 기계화하고 제초제를 쓰는 등 농업노동력을 크게 절감할 수 있는 재배법을 추구할 수밖에 없는데, 이것을 생력재배(labor-saving culture)라고 한다.

(1) 생력재배의 효과

노동력 투입 시간의 절감, 단위수량의 증대, 작부체계의 개선과 재배면적의 증대, 농업경영의 개선 등의 효과를 기대할 수 있다.

(2) 생력기계화재배의 전제조건

경지정리, 집단재배, 공동재배, 잉여노동력의 이용방안, 제초제의 이용, 적응재배체계의 확립 등이다.

(3) 벼의 기계화 재배

한국 벼농사의 생산비 절감을 위한 초기의 생력재배는 1978년부터 농가에 보급된 중모기계이앙재배이며, 그 후 1990년부터는 어린모기계이앙재배가 보급되었다. 벼를 기계이앙하려면 모를 상자육묘를 해야 한다.

한편, 1991년부터는 모내기가 필요 없는 생력재배기술로 직파재배가 보급되었다. 직파는 파종 시 물의 유무에 따라 건답직파와 담수직파의 구별이 있다. 소요되는 노력은 기계직파가 기계이앙보다는 적고, 기계이앙 중에서는 어린모기계이앙이 적다. 그러나 직파재배는 이앙재배에 비하여 입모율이 낮고 잡초방제가 어려우며 도복하기 쉽다는 등의 문제점이 있다.

(4) 맥류의 기계화 재배

전작 기계화는 토지기반의 취약 및 경영규모의 영세성으로 인해 아직도 대규모 기계화 생산방식이 확립되어 있지 않은 실정이다.

맥류의 기계화 재배방법에는 드릴파재배, 휴립광산파재배, 전면전층파재배 등이 있다. 드릴(drill)파재배(세조파재배)는 골너비 5㎝×골사이 20㎝로 협폭파(골너비 18㎝×골사이 40㎝)재배에 비하여 골너비를 아주 좁게 하고 골사이도 좁게 하여 여러 줄을 배게 파종하는 방법으로, 밭의 맥작에 적응하는 기계화 재배법이다. 이 재배의 이점은 70-90% 생력화할 수 있고, 30% 정도 증수된다는 점이다.

휴립광산파재배는 골너비 90㎝×골사이 30㎝(또는 120㎝×30㎝)로 골너비를 아주 넓게 하는 파종방법이다. 이 재배법의 이점은 50-80% 생력화할 수 있고, 40% 정도까지 증수가 가능하다는 점이다.

전면전층파 재배는 파종량을 협폭파재배의 3배, 시비량을 2배로 하여 포장 전면에 산파하고 이것을 포장의 일정한 깊이에 깔아 섞어 넣은 다음 적당한 간격으로 배수구를 설치하는 방법이다. 이 재배법은 파종 작업이 매우 간편하여 50-80%의 생력효과가 있다.

(5) 콩의 기계화 재배

콩의 기계화 재배 적응품종은 밀식적응성이 높고, 내도복성이며, 탈립되지 않고 최하위 착협고가 콤바인 수확이 가능한 10㎝ 이상인 것이 알맞다.

기계화 재배방법으로 소형 기계화 체계에서는 경운기를 중심으로 운영되며, 밭을 경운하기 전에 경운기 트레일러로 10a당 석회 60-100㎏, 퇴비 1,000-1,500㎏을 살포하고, 경운기 로터리로 흙덩이를 갈아 부순 후 진압하는 일을 동시에 실시한다. 파종은 경운기 부착 세조파기를 이용하여 60㎝ 휴폭으로 2조파를 하고, 경운기 부착 분무기로 제초제를 살포하며, 중경과 배토는 한두 차례 경운기 부착 중경기 또는 종합 관리기로 실시한다. 수확은 인력 또는 바인더로 하며, 동력탈곡기로 탈곡한다. 석회 및 비료는 비료살포기, 퇴비는 퇴비 살포기를 이용한다.

대형 기계화 체계에서는 트랙터 부착 세조파기를 이용하여 파종하고, 제초제는 동력분무기 또는 트랙터 부착 분무기로 살포하며, 중경기로 중경과 배토를 1-2회 실시한다. 수확은 콩 전용 콤바인 또는 범용콤바인을 이용하는데, 이때 탈곡 및 조제도 동시에 수행한다.

관행재배 시 파종에서부터 수확, 조제까지의 작업시간이 10a당 51시간이 소요되는 데 비하여 소형기계화 체계에서는 50-80%, 대형기계화 체계에서는 95-98%의 노력이 절감된다. 앞으로 논에 콩 심는 면적이 점차 늘어날 것이 예상되므로 콩의 기계화 재배면적은 더 확대, 보급될 것으로 전망된다.

(6) 참깨의 기계화 재배

참깨는 생산비 중 노력비가 64% 정도를 차지하고 있으며, 기계화를 위해서는 내탈립성 품종이 알맞다. 한편 솎음노력 절감 방안으로 과립종자(pelleted seed)를 개발하였다. 트랙터 비닐 피복기에 의한 기계화 일관작업체계와 트랙터 범용 파종기를 이용한 무피복 기계화 일관작업체계가 있다.

2. 작부체계

작부체계(cropping system)란 일정한 포장에서 몇 종류의 작물을 해마다 바꾸어 재배(윤작·다모작·자유작)하거나 또는 같은 해에 여러 작물을 조합·배열하여 함께 재배(간작·혼작·교호작·주위작)하는 재배방식을 말한다.

작부체계는 제한된 토지를 가장 효율적으로 이용하기 위해 발달하였으며, 경제성이 높은 친환경적 재배계획의 생산전략이다. 18세기 말에 영국에서는 사료작물 순무를 이용한 노퍽의 4포식 윤작방식이 농업혁명을 주도하였다.

1) 연작과 기지

동일한 포장에 같은 종류의 작물을 계속해서 재배하는 것을 연작(이어짓기; continuous cropping)이라 한다. 연작을 할 때에는 작물의 생육이 뚜렷하게 나빠지는 일이 있는데, 이것을 기지(땅가림; soil sickness)라고 한다.

수익성과 수요량이 크고 기지현상이 별로 없는 작물은 연작을 하는 것이 보통이며, 벼농사는 그 대표적인 예이다. 기지현상이 있더라도 채소처럼 수익성이 높은 작물은 기지대책을 세우고 연작을 한다. 윤작과 담수를 비롯한 객토 및 환토 등이 기지대책이다.

연작의 피해, 즉 기지현상은 작물 종류에 따라 큰 차이가 있다.

- 연작의 해가 적은 작물

  벼, 맥류, 조, 수수, 옥수수, 고구마, 무, 당근, 연, 순무, 뽕나무, 아스파라거스, 토당귀, 미나리, 딸기, 양배추, 꽃양배추, 목화, 삼, 양파, 담배, 사탕수수, 호박 등.

• 1년 휴작이 필요한 작물

쪽파, 시금치, 콩, 파, 생강 등.

• 2년 휴작이 필요한 작물

마, 감자, 잠두, 오이, 땅콩 등.

• 3년 휴작이 필요한 작물

쑥갓, 토란, 참외, 강낭콩 등.

• 5-7년 휴작이 필요한 작물

수박, 가지, 완두, 우엉, 고추, 토마토, 붉은토끼풀, 사탕무 등.

• 10년 이상 휴작이 필요한 작물

아마, 인삼 등이다.

2) 윤작

한 포장에 연작을 하지 않고 몇 가지 작물을 특정한 순서로 규칙적으로 반복하여 재배해 나가는 것을 윤작(돌려짓기; crop rotation)이라고 하며, 유럽에서 발달한 작부방식이다.

영국의 노퍽에서 1730년대에 시작된 노퍽 4포식 윤작방식은 아래와 같다.

순무 – 밀, 보리 – 클로버 – 밀, 보리

미국의 옥수수지대에서 실시되는 윤작방식의 예를 들면 아래와 같다.

옥수수 – 옥수수 – 귀리 – 클로버

옥수수 – 콩 – 귀리 – 클로버

윤작은 벼과작물과 콩과작물의 조합뿐만 아니라 여름작물(summer crop)과 겨울작물(winter crop)의 조합으로도 구분한다. 일 년에 한 작물만 재배하면 단작(single cropping), 한 작물을 두 번 재배하면 이기작(second cropping)이 된다. 또한 겨울작물 보리를 수확하고 여름작물 콩을 재배하면 이모작(double cropping)이 된다.

윤작은 콩과작물의 생물학적 질소 고정(biological nitrogen fixation)으로 지력이 유지 증강되고, 토양보호, 기지의 회피, 병충해의 경감, 잡초의 경감, 수량증대, 토지이용도의 증대, 노력분배의 합리화 및 농업경영의 안정성 증대 등의 효과가 있다.

3) 답전윤환

논을 몇 해마다 담수한 논 상태와 배수한 밭 상태로 돌려 가면서 이용하는 것을 답전윤환(paddy-upland rotation)이라고 하며, 벼가 생육하지 않는 기간만 맥류나 감자를 재배하는 답리작이나 답전작과는 뜻이 다르다.

한국의 답전윤환은 최근에 벼-콩의 방식이 이루어지기 시작하였으나, 미국은 벼-콩-밀의 답전윤환이 성행하고 있으며, 근래 일본은 채소와 목초를 도입한 답전윤환을 발전시켰다. 일본에서 벼-벼-채소-채소와 같은 채소형의 답전윤환은 도시 근교농업으로 발전하였고, 클로버-클로버-벼-벼-벼와 같은 낙농형의 답전윤환은 낙농지대의 사료생산대책으로 발전하였다.

답전윤환의 효과로는 지력증강, 기지의 회피, 잡초의 감소 및 벼의 수량증가 등을 들 수 있다.

4) 혼파

목야지를 조성할 때에는 벼과와 콩과의 목초종자를 함께 섞어서 뿌리는 것이 보통이다. 이와 같이 두 종류 이상의 작물종자를 함께 섞어서 뿌리는 방식을 혼파(mixed seeding)라고 한다.

혼파의 방식은 형편에 따라서 다양하게 분화되어 있다. 벼과목초와 콩과목초의 종자를 8 : 2에서 9 : 1 정도로 섞는 것이 보통인데, 이는 콩과목초는 초기에 드물게 발생해도 생장력이 강하므로 점차 그 비율이 증가하며, 또 콩과목초가 혼파 목야지의 50% 정도까지 번성하면 가축을 방목할 때 고창증이 발생할 우려가 있기 때문이다.

5) 그 밖의 작부체계

(1) 간작

한 가지 작물이 생육하고 있는 줄 사이(고랑 사이)에 다른 작물을 재배하는 것을 간작(사이짓기; intercropping)이라고 한다. 맥류의 줄 사이에 콩을 간작할 때에는 맥류가 전작물이 되고, 콩은 간작물이 된다. 이런 간작은 생육의 일부기간만 함께 자라게 되며, 따라서 전작물(맥류)에 큰 피해 없이 간작물(콩)의 생육기간을 앞으로 늘려 간작물(콩)의 증수를 꾀할 수 있다.

간작물의 생육을 좋게 하려면 주작물·전작물의 품종이나 재배법을 고려해야 한다. 예를 들면, 맥류의 단간조숙인 품종을 넓은 이랑에 재배해야 간작물인 콩에 좋다.

(2) 혼작

생육기간이 거의 같은 두 종류 이상의 작물을 동시에 같은 포장에 섞어서 재배하는 것을 혼작(섞어짓기; mixed cropping)이라고 한다. 콩밭에 수수나 옥수수를 일정한 간격으로 질서 있게 점점이 혼작하면 점혼작이 되는데, 콩이 주작물이고, 수수·옥수수는 혼작물이다. 콩밭에 수수나 조 등을 질서 없이 혼작하면 난혼작이 된다. 두 작물의 여러 가지 생태적 특성에 의하여 혼작을 하는 것이 따로따로 재배하는 것보다 전체수량이 많을 때 혼작이 의미가 있다.

(3) 교호작

생육기간이 비슷한 작물들을 교호로 재배하는 방식을 교호작(엇갈아짓기; row intercropping)이라고 하며, 예를 들어 콩 두 이랑에 옥수수 한 이랑씩 재배하는 것이다.

옥수수와 콩은 각각 키가 크고 작으며, 그늘에 못 견디고 견디며, 질소비료를 탐내고 탐내지 않으며, 지력을 수탈하고 증강하며, 산성토양에 견디고 못 견디는 등의 차이가 있다. 따라서 옥수수와 콩의 교호작은 공간의 이용을 향상시키고 지력을 유지하며 생산물이 다양화될 수 있다.

(4) 주위작

포장의 주위에 포장 내의 작물과 다른 작물을 재배하는 것을 주위작(둘레짓기; border corpping)이라고 한다. 한국의 논두렁콩이 대표적인 예이며, 강낭콩은 주로 여름작물의 주위작으로 재배되고 있다. 참외 · 수박 밭의 둘레에 옥수수·수수 등을 심으면 방풍의 효과가 있다.

3. 작물의 생육기간

작물생산체계에서 작물의 수명(life span of crop)은 매우 중요한 요소가 된다. 작물에 따라, 같은 작물도 품종에 따라 유전적으로 다르고, 또 같은 품종이라도 파종시기에 따라 일장과 온도 등 환경이 달라지기 때문에, 그 작물의 생육기간(growth period)은 달라진다. 예를 들면 벼과의 벼 품종에 따라 생육기간이 다른데, 파종 및 이앙시기를 달리하면 생육기간이 또 달라진다. 벼 조생종을 늦게 심으면 생육기간이 단축되고, 만생종을 일찍 심으면 생육기간이 연장된다. 콩과의 콩을 포함한 다른 식량작물도 같은 현상으로 한국에서 재배되는 식량작물의 생육기간 즉, 수명은 유전과 환경변이에 따라 90-180일 범위에 이르며, 작물, 품종 및 파종시기는 작부체계나 생산체계를 결정하게 된다. 작물의 종자발아에서 성숙기(익음때; maturity time)까지의 생육과정은 아래와 같다.

1) 저장종자(stored seed)

발아환경이 부적합하여 휴식종자(quiescence seed)로 수분 함량(moisture content)이 종자무게의 8-12% 범위이다.

- 벼과(벼, 보리, 밀, 옥수수 등)
  배유(endosperm)가 저장양분, 유아, 중배축, 유근
- 콩과(콩, 땅콩, 강낭콩, 완두 등)
  자엽(cotyledon)이 저장양분, 초생엽, 상배축, 하배축, 유근

2) 종자발아(seed germination)

종자를 파종하여 발아환경이 적합하면 유아(초생엽), 유근의 생장이 시작된다.

• 벼과(벼, 옥수수)

종자무게의 30% 정도의 수분을 흡수한다.

• 콩과(콩)

종자무게의 50% 이상의 수분을 흡수한다.

3) 출아(emergence)

종자가 발아하여 유아(초생엽)가 지상부로 출현하며 광합성이 없이 저장 양분으로 자라는 시기이다. 작물체의 수분 함량은 이 출현부터 성숙기까지 70-90% 범위이다.

• 벼과(벼, 옥수수)

유아가 신장하고 배유는 지하에 남아 있다.

• 콩과(콩, 강낭콩)

하배축이 신장하여 자엽이 지상으로 올라온다.

• 콩과(완두, 땅콩)

상배축이 신장하여 자엽이 지하에 남아 있다.

4) 유묘(seedling)

작물체가 지상으로 올라와서 광합성을 시작하고 저장양분도 이용하는 시기이다.

• 벼과(벼, 옥수수)

유아는 제1엽, 제2엽으로 광합성을 한다.

• 콩과(콩, 강낭콩)

자엽과 초생엽이 광합성을 한다.

• 콩과(완두, 땅콩)

초생엽과 제1엽이 광합성을 한다.

5) 영양생장(vegetative growth)

완전한 독립영양체로서 광합성으로 생장과 발육을 한다.

- 벼과

  발아로부터 유수분화 직전까지의 기간이다. 분얼, 엽수와 크기, 간장 등 영양생장을 한다.

- 콩과

  자엽의 지상으로 출현부터 개화 시 직전까지의 기간이다. 분지, 엽수와 크기, 경장 등 영양생장을 한다.

6) 개화(flowering)

- 벼과(벼)

  출수한 후에 개화가 시작된다.

- 벼과(옥수수)

  암술과 수술이 따로 형성된다.

- 콩과

  화아가 형성되어 개화가 시작된다.

7) 수분(pollination)

- 벼과(벼)

  자가수분을 한다.

- 벼과(옥수수)

  타가수분을 한다.

- 콩과(콩)

  자가수분을 한다.

8) 수정(fertilization)

- 벼과(벼)

  중복수정을 한다.

• 콩과(콩)

중복수정을 한다.

9) 생식생장(reproductive growth)

영양생장이 끝나고 종자가 형성되어 자라는 시기이다.

• 벼과(벼)

유수분화 시 이후부터 성숙기까지의 기간이다. 유숙기, 호숙기, 황숙기, 완숙기, 성숙기로 나눈다.

• 콩과(콩)

개화 시부터 성숙기까지의 기간이다. 착협기, 종자비대시, 종자비대성기, 성숙시, 성숙기로 나눈다.

10) 성숙(maturation)

벼과, 콩과 모두 성숙기가 지나면 작물의 줄기, 잎 등 영양체는 말라서 죽게 되고, 완전히 성숙된 종자는 수분 함량이 점점 감소하여 수확기가 된다.

11) 수확종자(harvest seed)

벼과 콩과 모두 포장상태, 수확 시의 일기, 수확방법 및 작부체계에 따라 수확작업을 한다. 수확한 작물종자는 수분 함량이 16-20% 범위가 되어, 수분 함량이 많을 때에는 건조과정을 거쳐 10-14%의 종자를 저장한다.

파종과 재식밀도

1. 정지

파종과 이식에 알맞은 토양상태를 조성하기 위하여 토양에 가해지는 처리를 정지(soil preparation, seed-bed preparation)라고 하는데, 경운, 쇄토(흙 부수기), 작휴(이랑짓기), 진압(눌러주기, 다져주기) 등의 작업이 이에 포함된다.

1) 경운

토양을 갈아 일으켜 흙덩이를 반전시키고, 대강 부스러뜨리는 작업을 경운(plowing)이라고 한다. 경운은 토양의 물리화학성을 개선하고 잡초와 땅속의 해충을 경감하는 효과가 있다.

2) 쇄토

경운한 토양의 큰 덩어리를 1-5mm 크기로 알맞게 분쇄하는 것을 쇄토(harrowing)라고 한다. 쇄토해야 파종·이식의 작업이 편해지고 발아가 잘 되어 생육도 좋아진다. 경운기(power tiller)나 트랙터(tractor)로 쇄토하는 작업을 로터리(rotary)친다고 한다.

논에서는 경운한 다음 물을 대서 토양을 부드럽게 한 다음 비료를 주고 써레로 흙덩이를 곱게 부수는데, 이것을 써레질(물로터리)이라고 한다. 써레질은 흙덩이가 부서지고, 논바닥이 평평해지며, 비료가 토양 중에 균일하게 혼합됨으로써 전층시비의 효과가 있다.

3) 작휴

작물이 심긴 부분과 심기지 않은 부분이 규칙적으로 반복될 때 이 반복되는 1단위를 이랑이라고 한다. 그런데, 이랑이 평평하지 않고 기복이 있을 때에는 흙이 올라온 부분을 이랑(ridge)이라 하고, 흙이 파인 부분을 고랑(골, furrow)이라고 한다.

4) 진압

종자의 출아를 빠르고 균일하게 하기 위해서 파종 전 또는 파종 후에 인력 또는 기계로 토양을 눌러 주거나 다져 주는 작업을 진압(compaction)이라고 한다.

2. 파종

1) 파종시기

파종 시기는 종자의 발아와 발아 후 생장 및 성숙과정이 원만히 이루어질 수 있는 기간을 고려하여 결정한다. 파종(seeding, sowing)된 종자가 발아하려면 지온이 발아최저온도 이상이고, 토양수분도 필요한 한도 이상이 되어야 한다.

그런데 파종의 실제 시기는 작물의 종류, 작물의 품종, 재배지역 및 기후, 작부체계, 재해회피, 토양조건, 출하기 및 노력사정에 의하여 달라진다.

2) 파종양식

(1) 산파

산파(흩어 뿌림; broadcast seeding)는 포장 전면에 종자를 흩어 뿌리는 방법으로, 노력이 적게 든다. 그러나 산파를 하면 종자 소요량이 많아지고, 통기 및 투광이 나빠지며, 도복하기 쉽고, 제초 및 병충해 방제 등의 관리 작업이 불편하다.

(2) 조파

조파(골뿌림; drilling)는 골타기를 하고 종자를 줄지어 뿌리는 방법이며, 맥류처럼 개체가 차지하는 평면공간이 넓지 않은 작물에 적용한다. 골 사이가 비어 있으므로 수분·양분의 공급이 좋고, 통풍·투광도 잘되며, 관리 작업도 편리하여 생육이 건실하다. 대부분의 작물은 조파를 한다.

(3) 점파

점파(점뿌림; dibbling)는 일정한 간격을 두고 종자를 1-수립씩 띄엄띄엄 파종하는 방식이며, 두류, 감자 등과 같이 개체가 평면공간으로 상당히 퍼지는 작물에 적용한다. 노력은 다소 많이 들지만, 종자량이 적게 들고, 통풍 및 투광이 좋고 건실하며 균일한 생육을 하게 된다.

(4) 적파

적파(seeding in group)는 점파를 할 때 한곳에 여러 개의 종자를 파종하는 방법이다. 목초, 맥류 등과 같이 개체가 평면으로 좁게 퍼지는 작물을 집약적으로 재배할 때 적용한다. 조파나 산파보다는 노력이 많이 들지만, 수분, 비료분, 수광, 통풍 등의 환경조건이 좋아지므로 생육이 더욱 건실하고 양호해진다.

3) 파종량

파종량이 적으면 수량이 감소하며, 잡초의 발생이 많고, 토양의 수분과 비료분의 이용도가 낮아지며, 성숙이 늦어지고, 품질이 저하하는 경우도 있다. 파종량이 많으면 과번무되어 수광태세가 나빠지고, 작물체가 연약해져서 도복, 병충해, 한해 등이 조장되며, 수량·품질을 저하시킨다.

일반적으로 파종량을 결정할 때에는 작물종류, 종자크기, 파종시기, 재배지역, 재배방식, 토양 및 시비 및 종자의 조건 등을 고려하여야 한다.

4) 파종절차

정지한 다음에 파종하는 절차는 골타기, 시비, 간토, 파종, 복토, 진압 및 관수의 순서로 진행하는 것이 일반적이나 작물의 종류와 파종양식에 따라 차이가 있다.

3. 재식밀도

재식밀도(plant density)란 면적당 작물의 개체수를 말하는 것으로 작물, 품종, 파종기, 지역 및 지력에 따라 크게 다르다. 일반적으로 밀식(배게 심기; dense planting)을 하면 작물체 간의 경합(competition)으로 도장(웃자람; overgrowth)을 하고 도복(쓰러짐; lodging)되어 수량이 감소하고, 소식(드물게 심기; sparse planting)을 하면 가지가 많고 영양생장이 많아져서 또 수량이 감소하게 된다.

면적당 작물의 최대수량은 광합성 효율을 최대로 하여야 하는데 이를 위해서는 최적 엽면적(optimum leaf area)을 확보하여야 한다. 작물의 초관구성(canopy architecture)은 입체구조(three dimensional structure)로 영양생장 이후 생식생장기에 최적 엽면적에 도달하도록 작물의 적정재식밀도를 미리 예측하고 설계하여 파종하여야 한다.

1) 파종 시기

일찍 파종하면 소식을 하고, 늦게 파종하면 밀식을 하여야 한다.

2) 작물요소

벼와 옥수수 같이 작물의 크기에 따라 재식밀도가 다르다.

옥수수는 분얼효과가 없고 수수는 분얼에서도 개화·결실한다.

모든 작물은 재식밀도를 높이면 도복되고 약해져서 결실이 적어진다.

3) 환경요소

지역에 따라 태양광의 양과 질이 다르므로 재식밀도에 영향을 준다.

토양수분의 상태에 따라 재식밀도를 조절한다.

토양비옥도 또는 지력에 따라 재식밀도를 다르게 파종한다.

4) 적정재식밀도

재배면적 10a(1,000㎡=300평)당 주요 식량작물의 적정 재식밀도는 다음과 같다.

(1) 벼

- 종자 소요량: 4.5㎏
- 포기당: 3-4개체
- 가로 24㎝×세로 18㎝ 또는 가로 30㎝×세로 18㎝이며 목표 수확량은 450-500㎏이다.

(2) 밀과 보리

밀과 보리의 재식밀도는 같다.

- 종자 소요량: 16*kg*
- 점파와 조파재배: 휴폭(이랑나비) 60*cm*×파폭(골너비) 12-18*cm*
- 협폭파(좁은이랑뿌림)재배: 휴폭 40*cm*×파폭 18*cm*이다.

(3) 콩

- 종자 소요량: 콩 종자의 크기에 따라
- 두부콩: 5-6*kg*, 나물콩: 3*kg*
- 1주 2개체
- 휴폭 60*cm*×주간(포기사이) 15*cm*, 22,000개체
  또는 휴폭 60*cm*×주간 10*cm*, 33,000개체이다.

(4) 옥수수

- 종자 소요량: 2*kg*
- 1주 1개체
- 휴폭 60*cm*×주간 25*cm*, 6,000-6,500개체이다.

발아, 육묘, 이식

대부분의 식량작물은 논이나 밭에 직접 파종을 한다. 그러나 벼를 발아 육묘하여 이앙기(transplanter)로 이앙(모내기)하는 경우처럼, 재배자의 경제성과 작업 효율성 등으로 산업작물과 과수, 채소 등의 원예작물은 발아 및 육묘의 기술이 전문화 특성화되었다.

1. 종묘

식물번식의 시발점이 되는 종자(seed)와 묘(seedling)를 합하여 종묘라고

부른다.

1) 종자의 분류

유성생식을 거친, 즉 수정에 의하여 배주(ovule)가 발육한 것을 식물학상 종자라고 한다. 자방(ovary)이 발달하여 과피가 되고, 이에 싸인 부분이 과실(성숙한 자방; fruit)이 된다. 수정 후 자방과 그 관련기관이 비대한 것이 과실이다. 작물학에서 종자로 통용한다.

무수정생식(apomixis)에 의하여 형성된 종자도 식물학상 종자로 취급하며, 체세포배를 이용한 인공종자도 종자로 분류한다. 넓은 뜻의 종자는 영양체, 버섯의 종균을 모두 포함한다.

(1) 형태에 의한 구분

가. 식물학상의 종자

두류(콩, 땅콩, 완두, 강낭콩), 유채(평지), 담배, 아마, 목화, 참깨, 배추, 무, 토마토, 수박, 오이, 고추, 양파 등.

나. 식물학상의 과실

- 과실이 나출된 것: 밀, 쌀보리, 옥수수, 메밀, 호프, 삼, 차즈기, 박하, 제충국, 상추, 우엉, 쑥갓, 미나리, 근대, 시금치 등.
- 과실이 영에 싸여 있는 것: 벼, 겉보리, 귀리 등.
- 과실이 내과피에 싸여 있는 것: 복숭아, 자두, 앵두 등.

다. 포자

버섯, 고사리 등.

라. 영양기관

감자, 고구마 등.

(2) 배유의 유무에 의한 구분

가. 배유종자

벼, 보리, 밀, 옥수수 등의 벼과 종자와 아주까리, 양파 등.

나. 무배유종자

콩, 팥, 완두 등의 콩과 종자와 상추, 오이 등.

(3) 저장물질에 의한 구분

가. 전분종자

미곡, 맥류, 잡곡 등의 화곡류 등.

나. 지방종자

참깨, 들깨 등.

2) 종묘로 이용되는 영양기관의 분류

(1) 눈(아; bud)

마, 포도나무 등.

(2) 잎(엽; leaf)

베고니아(begonia) 등.

(3) 줄기(경; stem)

- 지상경 또는 지조(stalk): 사탕수수, 포도나무, 사과나무, 귤나무, 모시풀 등.
- 땅속줄기(지하경; rhizome): 생강, 연, 박하, 호프 등.
- 덩이줄기(괴경; tuber): 감자, 토란, 뚱딴지(돼지감자) 등.
- 알줄기(구경; corm, solid bulb): 글라디올러스(gladiolus) 등.
- 비늘줄기(인경; bulb): 나리, 마늘 등.
- 흡지(sucker): 박하, 모시풀 등.

(4) 뿌리(근; root)

- 지근: 닥나무, 고사리, 부추 등.
- 덩이뿌리(괴근; tuber root): 고구마, 마, 다알리아 등.

3) 모의 분류

식물학적 견지에서는 초본 묘와 목본 묘로 구분되고, 육성법에 따라서는 실생묘, 삽목묘, 취목묘, 접목묘 등으로 나뉜다.

2. 종자발아

1) 선종과 종자처리

(1) 선종

종자가 크고 충실하여 발아 및 생육이 좋을 종자를 가려내는 것을 선종(seed selection)이라고 한다.

(2) 종자소독

종자전염의 병균이나 선충을 없애기 위하여 종자에 물리적·화학적 처리를 하는 것을 종자소독이라고 한다. 종자의 외부에 병균이 부착해 있는 것은 화학적 소독(disinfection)을 하고, 병균이 종자 내부에 들어 있는 것은 물리적 소독을 하는 것이 보통이다.

(3) 침종

파종하기 전에 종자를 일정 기간 동안 물에 담가서 발아에 필요한 수분을 흡수시키는 것을 침종(seed imbibition)이라고 한다. 벼, 가지, 시금치 및 수목의 종자 등에 실시하며, 침종한 종자는 발아가 빠르고, 균일하며, 발아기간 중의 피해가 경감된다.

(4) 종자처리

발아촉진 처리가 필요한 종자나 휴면타파(dormancy breaking)가 필요한 종자는 파종 전에 반드시 처리를 하여야 한다.

2) 종자의 발아

(1) 발아, 출아 및 맹아

종자에서 유아·유근이 출현하는 것을 발아(germination)라고 한다. 토양에 파종했을 때 발아한 새싹이 지상으로 출현하는 것을 출아(emergence)라고 하는데, 출아까지 포함하여 발아라고 하는 경우가 있다. 뽕나무, 아카시아 등과 같은 목본식물 지상부의 눈에서 새싹이 움트거나, 저장 중인 감자의 덩이줄기에서 싹이 나는 것처럼 지하부의 새싹이 지상부로 자라나는 현상 또는 새싹 자체를 맹아(sprouting)라고 한다.

(2) 발아의 내적 조건

유전성의 차이, 종자의 성숙도, 종자의 휴면(dormancy) 여부 등이 발아에 영향을 미친다.

(3) 발아의 외적조건

가. 수분(moisture)

수분은 저장양분의 분해를 위한 효소의 활성화와 양분의 전이 또는 저장양분의 이용을 위해 매우 필요하다. 발아에 필요한 종자의 수분흡수량은 작물의 종류와 품종, 파종상의 온도와 수분상태 등에 따라 차이가 있다. 대체로 종자 무게에 대하여 벼와 옥수수는 30% 정도이고 콩은 50% 정도로서, 전분종자보다 단백질종자가 발아에 필요한 최소 수분 함량이 많다.

나. 산소(oxygen)

발아 중의 생리활동에도 호흡작용이 필요한데, 많은 종자는 산소가 충분히 공급되어 호기호흡이 잘 이루어져야 발아가 잘 되지만, 벼 종자처럼 산소가 없을 경우에도 무기호흡에 의하여 발아에 필요한 에너지를 얻는 것도 있다.

다. 온도(temperature)

발아 중의 생리활동은 온도에 크게 지배된다. 발아의 최저온도는 0-10℃, 최적온도는 20-30℃, 최고온도는 35-50℃인데, 저온작물은 고온작물에 비하여 발아온도가 낮다.

라. 광선(light)

많은 종류의 작물 종자는 광선이 발아에 무관하지만, 종류에 따라서는 광선에 의하여 발아가 조장되거나 억제되는 것도 있다.

3. 육묘와 영양번식

1) 육묘의 필요성

종자를 직파하지 않고 육묘(모기르기; raising seedling)해서 이식하는 필요성은 다음과 같다.

- 직파가 매우 불리할 경우에 육묘한다. 딸기, 고구마, 과수 등에서는 직파하면 매우 불리하므로 육묘이식이 정상적인 재배법으로 되어 있다.
- 증수를 도모할 수 있다. 과채류, 벼, 콩, 맥류 등은 직파하는 것보다 육묘이식을 하는 것이 생육이 조장되어 증수한다.
- 조기수확이 가능하다. 과채류 등은 조기에 육묘해서 이식하면 수확기가 극히 빨라져서 조기에 수확할 수 있다.
- 토지이용도를 높이게 된다. 벼를 육묘이식하면 답리작을 할 수 있고, 채소도 육묘이식에 의하여 경지이용률을 높일 수 있다.
- 재해를 방지할 수 있다. 육묘이식을 하면 직파하는 것보다 초기의 관리가 수월하고, 집약관리가 가능하여 병충해, 한해, 냉해 등을 방지하기가 쉽다. 벼는 도복이 줄어들고, 감자의 가을재배에서는 고온해가 경감된다.
- 용수를 절약한다. 벼는 못자리 기간 동안 본답용수가 절감될 수 있다.
- 노력을 절감한다. 직파해서 처음부터 넓은 본포에서 관리하는 것보다 중경제초 등에 소요되는 노력이 절감된다.
- 추대를 방지한다. 봄 결구배추를 보온육묘해서 이식하면 직파할 때 포장

에서 냉온의 시기에 저온에 감응하여 추대하고 결구하지 못하는 현상을 방지할 수 있다.

• 종자를 절약한다. 직파하는 것보다 종자량이 적게 들며, 비싼 종자일 경우에는 크게 유리하다.

2) 묘상의 종류

시설을 갖추어 육묘하는 곳을 묘상(seed bed)이라고 하는데, 벼농사의 경우는 묘상을 못자리라 하고, 수목의 묘목을 기르는 곳은 묘포라고 부르는 일이 많다.

묘상에는 온열의 공급 면에서 인공적으로 열원을 마련해 주고 태양열도 유효하게 이용하는 온상, 태양열만을 유효하게 이용하는 냉상, 자연의 포장상태로 이용하는 노지상 등의 구별이 있다. 온상은 열원에 따라서 양열온상, 온돌온상, 전열온상 등으로 구별된다.

못자리에는 물못자리, 밭못자리와 보온 밭못자리, 절충못자리와 보온 절충못자리, 그리고 기계이앙용 상자육묘 등이 있다.

3) 영양번식

(1) 영양번식의 뜻

감자의 덩이줄기나 고구마의 덩이뿌리처럼 영양기관을 직접 번식에 이용하는 것을 영양번식(vegetative propagation)이라고 한다. 분주, 취목, 삽목, 접목 등도 영양번식이다.

(2) 분주

어미식물에서 발생하는 흡지(sucker)를 뿌리가 달린 채로 분리하여 번식시키는 것을 분주(포기나누기; division)라고 한다. 박하, 모시풀, 작약, 나무딸기, 석류나무, 골풀, 닥나무, 머위, 토당귀, 아스파라거스 등은 분주를 하는데, 이른 봄 싹이 트기 전에 실시하는 것이 좋다.

(3) 취목

가지를 어미식물에서 분리시키지 않은 채로 흙에 묻거나, 그 밖에 적당한 조건(암흑, 습기, 공기 등)을 주어서 발근시킨 다음에 잘라서 독립적으로 번식시키는 방법을 취목(휘묻이; layering)이라고 한다. 취목은 삽목이나 접목이 잘 되지 않는 종류를 번식하고자 할 때 이용한다.

(4) 삽목

어미식물에서 분리한 영양체의 일부를 알맞은 곳(적당한 온도와 습도 및 암조건)에 심어서 발근시켜 독립개체로 번식시키는 것을 삽목(꺾꽂이; cutting)이라고 한다. 어느 부분을 삽목하느냐에 따라서 엽삽(leaf cutting: 베고니아, 펠라고늄 등), 근삽(root cutting: 땅두릅, 자두, 앵두, 사과, 감, 오동나무 등), 지삽(stem cutting, 포도, 무화과나무 등) 또는 아삽(bud cutting)등으로 구분된다.

(5) 접목

두 가지 식물의 영양체를 형성층이 서로 유착되도록 접함으로써 생리작용이 원활하게 교류되어 독립개체가 형성되는 것을 접목(grafting)이라고 하며, 접목의 위쪽을 접수(scion, cion), 아래가 되는 쪽을 대목(stock, rootstock)이라고 한다. 접목이 성공한 것을 활착하였다고 하며, 활착 후에 발육과 결실이 잘되는 것을 접목친화성(graft-affinity)이 있다고 말한다.

접목방법에는 눈접과 가지접이 있고, 가지접은 깎기접, 짜개접, 혀접, 삽목접 등이 있다.

(6) 조직배양

식물의 세포, 조직, 기관 등을 영양배지가 들은 기내에서 무균으로 배양하여 완전한 식물체로 재분화시키는 것을 조직배양(tissue culture)이라고 한다. 이는 한 번 분화한 식물세포가 정상적인 식물체로 재분화할 수 있는 전체형성능(totipotency)을 지니고 있기 때문이다.

조직배양은 삽목과 접목에 비하여 짧은 기간 동안 대량증식이 가능할 뿐만 아니라, 생장점을 증식하면 바이러스 무병주를 육성할 수 있다.

조직배양의 재료로는 단세포, 영양기관, 생식기관, 병적조직, 전체식물 등 여러 종류가 있다. 영양기관은 뿌리, 잎, 줄기, 눈 등이 배양되고, 생식기관은 꽃, 과실, 배주, 배, 배유, 과피, 약, 화분 등이 배양된다.

조직배양에 사용되는 배지(tissue culture media)는 배양조직의 영양 요구도에 따라 배지의 조성을 달리하는데, 보통 MS(Murashige-Skoog)배지를 기본배지로 하여 배양재료에 맞게 배지를 만든다. 기본배지에는 N, P, K 등 다량원소와 Mn, Zn, Cu, Mo 등 미량원소 및 당, 아미노산, 비타민 등 유기물질, 그리고 옥신(NAA, IAA, IBA, 2.4-D), 시토키닌(kinetin) 등 식물호르몬을 포함한다.

4. 이식

현재 자라고 있는 장소(묘상)로부터 다른 장소(본포)에 작물(묘)을 옮겨 심는 것을 이식(옮겨심기; transplanting)이라고 한다. 본포에 심는 것을 정식(아주 심기; planting)이라고 하여, 정식을 이식이라 하기도 한다. 벼에서는 이식을 이앙(모내기; transplanting)이라고 부른다. 정식할 때까지 잠정적으로 이식해 두는 것을 가식(한때심기; temporary planting)이라고 하며, 가식을 해 두는 곳을 가식상이라고 한다. 이식시기, 이식양식, 이식방법 등은 파종 및 재식밀도에 따라 실행한다.

시비와 생장조절

비료(manure, fertilizer)란 부식이나 필요한 무기원소를 포함하는 물질로서 작물의 생육을 조장하기 위하여 토양이나 작물체에 공급되는 물질을 말하며, 비료를 주는 것을 시비(manuring, fertilization)라고 한다.

1. 비료의 종류

1) 비효 및 성분에 따른 분류

(1) 3요소 비료

가. 질소비료(nitrogen fertilizers)

황산암모니아(유안), 요소, 질산암모니아(초안), 염화암모니아, 석회질소 등.

나. 인산비료(phosphate fertilizers)

과인산석회(과석), 중과인산석회(중과석), 용성인비, 용과린, 토머스인비 등.

다. 칼륨비료(potassium fertilizers)

염화가리, 황산가리 등.

라. 복합비료(compound fertilizers)

화성비료(17-21-17, 22-22-11), 산림용복비, 연초용복비 등.

(2) 기타 화학비료

가. 석회비료

생석회, 소석회, 탄산석회 등.

나. 규산비료

규산고토석회, 규회석 등.

다. 마그네슘(고토)비료

황산마그네슘, 수산화마그네슘, 탄산마그네슘, 고토석회, 고토과인산 등.

라. 붕소비료

붕사 등.

마. 망간비료

황산망간 등.

2) 비효의 지속성에 따른 분류

(1) 속효성비료

요소, 황산암모니아, 과석, 염화가리 등.

(2) 완효성비료

깻묵, METAP, 피복비료(SCV, PCV) 등.

(3) 지효성비료

퇴비, 구비 등.

3) 반응에 따른 분류

화학적 및 생리적 반응에 따라 각각 산성, 중성 또는 염기성 비료로 분류하기도 한다.

4) 급원에 따른 분류

(1) 무기질 비료

요소, 황산암모니아, 과인산석회, 염화가리 등.

(2) 유기질 비료

가. 동물성 비료

어분, 골분, 계분 등.

나. 식물성 비료

퇴비, 구비, 깻묵 등.

5) 경제적 견지에 따른 분류

(1) 금비 또는 판매비료

요소, 과인산석회, 염화가리 등.

(2) 자급비료

퇴비, 구비, 녹비 등이다.

2. 시비의 이론적 배경

1) 최소양분율

작물의 생육에는 여러 종류의 양분이 필수적으로 필요하지만, 실제 재배에서는 모든 종류의 양분이 동시에 작물의 생육을 제한하는 것은 아니다. 양분 중에서 필요량에 대해 공급이 가장 적은 양분에 의하여 작물생육이 제한되는데, 이 양분을 최소양분(minimum nutrient)이라고 한다. 리비히(Liebig, 1840)는 최소양분의 공급량에 의하여 작물의 수량이 지배된다고 하는 최소양분율(law of minimum nutrient)을 제창하였다.

2) 수량점감의 법칙

비료는 단일성분(예; 질소비료) 시용량이 일정 한계 내에서는 수량의 증가량이 크지만, 비료 시용량이 어느 한계 이상으로 많아지면 수량의 증가량이 점점 작아지며, 마침내는 시비량을 증가해도 수량은 증가하지 못하는 상태에 도달하게 된다. 이러한 현상을 수량점(체)감의 법칙(law of diminishing return)이라고 미처리히(Mitscherlich, 1950)가 발표하였으며, 이는 단일성분 비료공급에 따르는 보수(수량증가)란 견지에서 보수점감의 법칙이라고도 한다. 그러나 현대 농업에서의 다양한 투입물로 보면 주요 식량작물에서는 그렇지 않은 것으로 보고도 되었다.

3) 작물의 종류와 시비

작물은 종류에 따라 양분요구 특성이 다르므로 그에 합당한 시비를 하여야 한다. 또한 종자, 과실, 잎, 줄기, 뿌리나 땅속줄기 등 수확물의 이용부위에 따라서도 적합한 시비를 하여야 한다.

4) 품종과 시비

다수성 벼 품종인 '통일'은 비료, 특히 질소비료를 많이 주더라도 도복이 안 되며, 다비에 의한 수량증대 효과가 크다.

5) 생육과정과 시비

인과 칼리 등의 비료는 초기에 충분히 주기만 하면 일생 동안 부족한 일이 드물고, 시용 당시의 과다현상도 별로 나타나지 않는다. 그러나 질소비료는 일시에 주면 초기에 과다현상이 일어나고, 후기에 부족현상이 일어나며, 또 작물의 생장은 주로 질소에 영향을 받으므로 생육단계별로 질소의 비효가 시기적으로 잘 조절될 수 있게 시비해야 한다.

6) 재배조건과 시비

동일한 작물이라도 재배조건에 따라서 시비법이 달라진다. 등숙기에 일사량이 많은 지대에서는 벼를 다비밀식해도 안전하고 효과적이지만, 만식재배에서는 도열병발생의 우려가 크기 때문에 질소 시비량을 줄여야 한다.

3. 시비량과 시비법

시비량의 이론적 계산법이 있으나 전문기관에서 연구한 자료를 근거로 장려되는 시비량을 재배하는 농민이 조절하여 시비한다.

비료는 시비의 효과가 작물의 생육과정에 잘 조화되도록 주어야 하며, 또 작물에 충분히 흡수되어 유실이 적고, 비효가 균일하게 나타나도록 적당한 위치에 균일하게 주어야 한다. 시비법은 크게 토양시비법과 엽면시비법으로 나눌 수 있으며, 비료 및 작물의 특성과 환경조건 등에 따라서 달라진다.

1) 시비의 시기

파종이나 이식을 할 때 주는 비료를 기비(밑거름; basal fertilization)라 하고, 생육 도중에 주는 것을 추비(웃거름; top dressing)라고 한다. 벼의 경우는 분얼비(새끼칠거름; top dressing at tillering stage)는 모낸 후 12-14일에 주고, 수비(이삭거름; fertilization at panicle initiation stage)는 출수 전 25일쯤 주며, 실비(알거름; top dressing at ripening stage)는 출수 후 수전기(full heading stage)에 준다.

2) 토양시비

(1) 표층시비

작물의 생육기간 중에 시비하는 방법이다(밭작물, 목초 등).

(2) 심층시비

작토 속에 비료를 시용하는 방법이다(벼, 과수, 수목 등).

(3) 전층시비

비료가 작토 전 층에 골고루 혼합되도록 주는 방법으로, 논에서 관개 후 시비하고 써레질의 작업순서로 진행되며 논에서의 심층시비 방법이다.

3) 엽면시비

작물은 뿌리에서뿐만 아니라 잎 표면에서도 비료성분을 흡수할 수 있다. 따라서 필요할 때에는 비료를 용액상태로 잎에 뿌려 주는데 이를 엽면시비 또는 엽면살포(foliar application)라고 한다.

4. 생장조절제

1)작물의 생장균형

(1) C/N율

작물체 내의 탄수화물(carbohydrate)과 질소(nitrogen)의 비율을 탄수화물질소비율 또는 C/N율(C/N ratio)이라 하며, C/N율이 작물의 생장과 발육을 지배한다는 이론이 있다.

(2) T/R율

T/R율은 작물의 지상부 생장량에 대한 지하부 생장량의 비율(top/ root ratio)을 의미하며, 재배조건과 환경에 따라 T/R율이 달라진다.

(3) G-D균형

G-D균형은 작물의 생장(growth: G)과 분화(differentiation: D)의 균형(G-D balance) 여하가 작물의 생육을 지배하는 요인이 된다는 것이다.

2) 식물생장조절제

식물체의 조직이나 기관에서 생합성된 후 체내를 이행하면서 다른 조직이나 기관에 대하여 미량으로도 형태적·생리적인 특수한 변화를 일으키는 화학물질을 식물호르몬(plant hormone, phytohormone)이라고 한다. 지금까지 밝혀진 식물호르몬은 옥신(auxin), 지베렐린(gibberellin), 시토키닌(cytokinin), 아브시스산(abscisic acid, ABA), 에틸렌(ethylene) 등이 있다.

식물호르몬을 인공적으로 합성할 수 있게 되었으며, 이에 따라 식물호르몬은 천연호르몬과 합성호르몬으로 구분한다. 그리고 식물호르몬의 유사물질도 식물의 생장촉진이나 생장억제 등에 큰 영향을 끼치는 것으로서 많이 알려져 있다.

천연 및 합성된 호르몬성 화학물질을 총칭하여 식물생장조절물질(plant growth substance) 또는 식물생장조절제(plant growth regulators)라고 한다. 식물생장조절제는 농업적으로 이용가치가 높아, 개발도 많이 하고 이용방법도 다양하다. 일반적으로 옥신, 지베렐린, 시토키닌 및 관련 유사물질은 생장을 촉진하고, 아브시스산, 에틸렌 및 관련 유사물질은 생장을 억제하는 데 이용한다.

식물생장조절제의 이용에 대한 미국에서의 예는 수확을 사람의 손으로 여러 차례 하여야 되었던 목화에서 볼 수 있다. 1) 개량된 품종을 파종하여 생육시키고, 2) 개화와 결과를 일시에 할 수 있도록 개화조절제를 주고, 3) 절간신장과 분지형성을 억제하는 생육지연제를 준 다음, 4) 목화 다래가 일시에 피도록 성숙촉진제를 준 후에, 5) 낙엽 및 건조제를 주어 잎이 모두 떨어지면, 6). 기계수확기로 한 번에 목화 수확을 끝낸다.

관리 및 재해방제

1. 관리

파종 후부터 수확할 때까지 작물과 재배환경에 가해지는 인위적인 조처를 관리라고 한다. 작물관리로는 솎기, 보식, 전정, 적심, 제얼, 지주세우기, 적화, 적과, 봉지 씌우기, 답압 등이 있고, 토양관리에는 중경, 초생, 피복, 관개, 배수, 낙수, 배토, 토입 등의 작업이 있다.

1) 보식과 솎기

(1) 보식

발아가 불량한 곳에 보충적으로 파종하는 것을 보파(덧뿌림; supplemental seeding)라고 하며, 발아가 불량한 곳이나 이식 후에 고사한 곳에 보충적으로 이식하는 것을 보식(덧심기; supplemental planting)이라고 한다.

(2) 솎기

발아 후 밀생한 곳의 일부 개체를 제거해 주는 것을 솎기(thinning)라고 한다.

2) 중경 및 제초

작물이 생육 중에 있는 포장의 표토를 갈거나 쪼아서 부드럽게 하는 것을 중경(cultivation)이라 하고, 포장의 잡초를 없애는 것을 제초(weed control)라고 한다. 김매기는 중경과 제초를 겸한 작업이며, 기계화 농업에서 중경제초기

(cultivator)로 실시하는 중경도 제초를 겸하고 있다. 그러나 제초의 경우에는 약제제초처럼 중경을 겸하지 않을 경우가 많다.

3) 멀칭, 배토, 토입 및 답압

(1) 멀칭

포장토양의 표면을 짚, 퇴비, 구비, 건초 등 여러 가지 재료로 피복하는 것을 멀칭(mulching; 바닥덮기)이라고 하며, 이는 주로 토양수분의 증발을 억제하기 위한 것이다. 또한 토양으로 하면 토양멀칭(soil mulching)이라고 한다.

근래에는 폴리에틸렌, 비닐 등의 플라스틱필름을 피복하는 일이 많아졌으며, 이것을 흔히 폴리멀칭(비닐멀칭; poly, vinyl-mulching)이라고 한다.

(2) 배토

작물의 생육기간 중에 골 사이나 포기 사이의 흙을 포기 밑으로 긁어모아 주는 것을 배토(북주기; hilling)라고 한다. 보통 김매기와 겸해서 실시되나 독립적으로 실시하는 경우도 있다.

(3) 토입

맥작(barley culture)에서는 골 사이의 흙을 곱게 부수어서 자라는 골 속에 넣어 주는 작업을 하는데, 이것을 토입(흙넣기; topsoiling)이라고 한다.

(4) 답압

맥작에서는 작물이 자라고 있는 골을 밟아 주는 작업을 하는데, 이것을 답압(밟기: treading)이라고 한다.

4) 생육형태의 조정

과수에서의 정지(training)와 전정(pruning)이 대표적이고 기타 적심(순지르기; pinching), 적아(눈따기; nipping) 및 휘기(bending) 등이 있다.

5) 결실의 조절

(1) 적화(flower thinning) 및 적과(fruit thinning)

과수 등은 개화수가 너무 많을 때에는 꽃망울이나 꽃을 솎아서 따 준다. 또한, 착과수가 너무 많을 때에도 솎아 따 준다. 손으로 솎아 따 주기도 하지만, 근래에는 식물생장조절제를 많이 이용하고 있다.

(2) 수분의 매개

인공수분, 곤충의 방사, 수분수의 혼식 등이 있다.

(3) 단위결과의 유도

씨가 없는 과실은 상품가치를 높일 수 있으며, 포도, 수박 등은 단위결과(parthenocarpy)를 유도하여 씨 없는 과실을 생산하고 있다. 수박은 3배체나 상호전좌를 이용해서 씨 없는 수박을 만들고, 포도는 지베렐린 처리에 의하여 단위결과를 유도하고 있다.

(4) 봉지 씌우기(bagging)

사과, 배, 포도, 복숭아나무 등 과수재배에서 병해, 충해방제와 외관을 좋게 한다.

(5) 성숙촉진 또는 지연

과수에서 출하시기 조절을 위하여 식물생장조절제를 이용한다.

2. 잡초방제

1) 잡초의 뜻

작물 사이에 자연적으로 발생하여 직접·간접으로 작물의 수량이나 품질을 저하시키는 식물을 잡초(weeds)라 부른다. 따라서 한 포장에서 재배의 대상이 되는 작물 이외의 모든 종류의 식물은 잡초라고 할 수 있다.

현대 작물생산에서는 잡초와의 전쟁이라고도 하는데 잡초의 피해에 대하여는 경합(competition)과 타감작용(대감작용; allelopathy)으로 이해된다. 경합이란 광, 영양분, 수분 등을 작물과 경쟁하는 것이고, 타감작용이란 한 식물이 잎, 줄기, 꽃, 뿌리 등에서 방출하는 화학물질이 다른 식물의 생육에 억제작용 또는 자극작용으로 영향을 주는 것을 말한다.

2) 잡초의 분류

잡초는 생활사에 따라 1년생 잡초, 2년생 잡초, 다년생 잡초로 구분하거나 토양의 수습적응성에 따라 수생잡초, 습생잡초, 건생잡초로 나누며, 발생지에 따라서는 경지잡초, 목초지잡초, 과수원잡초, 비경지잡초, 정원잡초, 잔디밭 잡초 등으로 구분하기도 한다.

3) 잡초의 방제

(1) 예방적 방제법(preventive control)

다른 곳에서 생산된 잡초의 종자나 영양체가 경작지에 유입되지 않도록 수행하는 방법을 말한다. 이를 위해서는 잡초가 새로운 종자 및 영양체를 생성할 수 없도록 청결하게 관리하고, 또한 작물의 수출입과정에서 검역을 실시한다.

(2) 생태적·경종적 방제법(ecological·agricultural control)

잡초와 작물의 생리적·생태적 특성 차이에 근거를 두고 잡초의 경합력이 저하되도록 재배관리를 해 주는 방법을 말한다. 윤작, 답전윤환재배, 2모작, 육묘이식(이앙)재배, 춘경, 추경, 경운, 정지, 피복작물재배 등은 모두 잡초의 경합력을 떨어뜨린다.

(3) 물리적 방제법(physical control)

생육 중인 잡초나 휴면 중인 잡초종자 및 영양번식체에 물리적인 힘을 가하여 가해, 억제 또는 사멸시키는 방법이다. 물리적인 방제 방법에는 손제초, 경운, 농기구이용 중경제초 및 배토, 예취, 피복, 소각·소토, 침수처리 등이 있다.

(4) 생물적 방제법(biological control)

식해성 및 병원성 생물을 이용하여 잡초의 세력을 경감시키는 방법을말한다. 이 방법의 목적은 잡초의 박멸이나 근절에 있지 않고 경제적으로 무시해도 좋을 만큼의 잡초밀도를 유지하도록 감소 또는 조절하는 데 있다. 예로 오리농법에서 논의 잡초를 오리가 제거한다.

(5) 화학적 방제법(chemical control)

제초제(herbicides)를 사용하여 잡초를 화학적으로 방제하는 방법을 말한다. 장점으로 제초제는 사용 적용범위가 넓고 제초효과가 커서 비교적 완전방제가 가능하며, 방제효과가 상당한 기간까지 지속적이고, 값이 저렴하며, 사용이 간편하여 무한히 발전시킬 수 있는 여지가 있다는 점 등을 들 수 있다. 단점으로는 약제를 부주의하게 사용할 경우, 인축과 작물에 대하여 약해를 일으킬 가능성이 많고, 약제를 현장에 적용시키기까지 많은 지식과 훈련 및 교육이 요구된다는 점 등이다. 제초제를 사용할 때에는 반드시 안전수칙을 잘 지켜야 한다.

제초제의 종류는 여러 가지가 있으며, 화학적 특성, 활성, 처리대상이 되는 재배양식, 제품의 형태 등에 따라 분류한다.

(6) 종합적 방제법(Integrated Weed Management, IWP)

잡초의 종합적 방제는 몇 종류의 방제법을 상호협력적인 조건하에서 연계성 있게 수행해 가는 방법을 말한다. 화학적 방제에만 의존하지 않고 예방적, 경종적, 물리적, 기계적 및 생물적 방제법 등에서 하나 또는 둘 이상을 함께 이용하면서 체계적으로 방제한다는 이론이다.

3. 기상재해의 방제

작물의 생장에 영향을 끼치는 자연환경 요인에는 수분, 온도, 광, 바람 등의 물리적 요인, 대기오염, 산성비, 염류, 토양 pH 등의 화학적 요인, 그리고 병·해충과 잡초 등의 생물적 요인 등 여러 가지가 있다. 이들이 작물의 생육에 알맞지 않을 때 작물은 스트레스(장애, stress)를 받게 된다. 작물은 이 스트레스를 극복하려고 여러 가지로 노력하지만 극복하지 못하면 장해(injury)를 입어 생육이 부진하고, 결국 수량과 품질이 떨어진다.

스트레스를 받은 작물이 이를 극복하여 장해를 입지 않는 특성을 저항성(resistance)이라고 한다. 스트레스가 심해지기 전에 미리 정도가 낮은 스트레스에 노출시키면 저항성이 증가되는데, 이것을 순화(길들이기; acclimation) 또는 경화(굳히기; hardening)라고 한다.

1) 수분장해

(1) 한해

작물이 수분부족의 장애를 극복하는 능력을 내한성 또는 내건성이라고 한다.

(2) 습해

작물 뿌리의 산소부족에서 오는 장애를 극복할 수 있는 능력을 내습성이라 한다.

(3) 수해

홍수 등으로 장시간 작물이 물에 잠기는 침·관수 장애를 극복할 수 있는 능력을 침·관수저항성이라 한다.

2) 온도장해

(1) 냉해

생육적온보다 온도가 낮아 작물이 받는 장애에 대한 냉해저항성, 작물 조직 세포가 동결되어 받는 장애를 극복할 수 있는 능력을 내동성이라고 한다.

(2) 열해

온도가 생육적온보다 높아서 작물에 일어나는 장애를 극복할 수 있는 능력을 내열성이라고 한다.

3) 광 스트레스

그늘에서 자란 작물을 강광에 노출시키면 잎이 타서 죽는데, 이를 솔라리제이션(solarization)이라고 하며, 발생원인은 엽록소의 광산화에 있다.

그리고 봄에 벼를 육묘할 때 발아 후 약광에서 녹화(greening)시키지 않고 바로 직사광선에 노출시키면 엽록소가 파괴되어 백화묘가 되어 장해를 받는다.

4) 대기오염

CO_2와 SO_2, NO_2, Cl_2, F_2, O_3 등이 대기오염의 주원인이 되고 있다. 이들은 지구에서 대기 중으로 방출되는 에너지를 차단하여 온실효과(greenhouse effect)를 유발함으로써 기온상승 등 생태계의 변화를 초래한다.

5) 풍해

벼, 콩 등이 등숙기(grain filling stage)에 들어 비바람으로 인해 쓰러지는 것을 도복(lodging)이라고 한다. 도복은 특히 벼의 다비증수재배의 경우에 과번무(예: 웃자람, 도장; overgrowth)일 때 심하여, 도복의 방지는 안전다수의 중요한 전제 조건이 된다.

4. 병충해방제

작물의 병원과 충해의 종류는 지극히 많으며, 그 피해도 막대하고, 특히 수량 수준이 높은 재배를 할 때에 병충해가 심한 경향이 있다. 따라서 다수확재배를 성공시키는 관건은 병충해의 방제에 있다. 병충해의 방제법은 다음과 같다.

1) 경종적 방제법

재배방법에 의하여 병충해를 방제하는 것을 경종적 방제법(agricultural control)이라고 하며 다음과 같은 방법들이 있다.

토지의 선정, 품종의 선택, 종자의 선택, 윤작, 재배양식의 변경, 혼식, 생육시기의 조절, 시비법의 개선, 정결한 관리, 수확물의 건조 및 중간기주식물의 제거 등으로 병충해를 경감한다.

2) 생물학적 방제법

작물을 가해하는 해충을 포식하거나 또는 해충에 기생하는 곤충이나 미생물들이 있다. 이러한 것들을 천적(natural enemy)이라고 하며, 이와 같은 천적을 이용하는 방제법을 생물학적 방제법(biological control)이라고 한다. 천적의 주된 것은 다음과 같다.

(1) 기생성곤충

침파리, 고치벌, 맵시벌, 꼬마벌 등은 나비목 해충에 기생한다.

(2) 포식성곤충

풀잠자리, 꽃등애, 뒷박벌레 등은 진딧물을 잡아먹고, 딱정벌레는 각종 해충을 잡아먹는 포식성 곤충이다.

(3) 병원미생물

송충이 등에는 졸도병균, 강화병균 등이 침해하고, 옥수수의 심식충 등에는 바이러스가 감염한다. 천적인 벌, 뒷박벌레 또는 병원미생물을 인공적으로 대량 증식해서 살포함으로써 해충을 경감할 수 있다.

3) 물리적 방제법

물리적 방제법(physical or mechanical control)에는 포살 및 채란, 소각, 흙태우기, 담수, 차단, 유살 및 온도처리 등의 방법이 있다.

4) 화학적 방제법

화학적 방제법(chemical control)은 농약을 살포해서 병해충을 방제하는 방법이다. 농약에는 여러 가지가 있으며 특성별 종류는 다음과 같이 분류한다.

(1) 살균제(fungicides)

구리제, 유기수은제, 무기황제, 디티오카바메이트(dithiocarbamate)계 살균제, 유기비소 살균제, 항생물질, 유기인제 및 그 밖의 살균제 등이다.

(2) 살충제(insecticides)

천연살충제, 유기인제, 카바메이트(carbamate)계 살충제, 염소계 살충제, 비소계, 훈증제, 살비제 및 살선충제 등이 있다.

(3) 유인제(attractants)

페로몬(pheromone) 등.

(4) 기피제(repellents)

모기, 벼룩, 이, 진드기 등에 대한 견제수단으로 기피제를 사용한다. 최근 벼 직파재배에서는 파종 후 조수에 의한 종자의 소모를 방지하기 위하여 기피제를 사용하기도 한다.

(5) 화학불임제(chemosterilants)

호르몬계 등.

5) 법적 방제법

법적 방제법(legal control)은 식물 방역법을 제정해서 식물검역을 실시하여 위험한 병균이나 해충의 국내 침입과 전파를 방지함으로써 병충해를 방제하는 방법이다.

6) 종합적 방제법

종합적 방제법(Integrated Pesticide Control, IPC)은 여러 가지 방제수단을 서로 방해되지 않게 유기적으로 조화를 유지하면서 사용한다는 점과, 병해충의 밀도가 경제적 피해밀도 이하로 되면 전멸시킬 필요가 없다는 점의 두 가지에 중심을 두고 있다. 천적과 유용생물을 보존하고, 환경보호의 목적도 달성하기 위한 개념이다.

5. 새·쥐·들짐승의 피해방제

1) 새 피해방제

- 총이나 새그물로 잡는다.
- 공포, 새가 싫어하는 소음 등으로 위협해서 쫓는다.
- 파종 전에 종자에 연단이나 기피제인 치람(thiram) 종자처리액 또는 콜타르 같은 것을 칠한다.
- 허수아비를 세우거나, 작물 위에 반짝이 등으로 줄을 쳐서 동요하면서 반사되게 하거나 하여 위협한다.

2) 쥐 피해방제

- 포장 주위를 정결하게 한다.
- 살서제(rodenticides)로 구제한다.
- 작물체에 기피제를 살포한다.

3) 들짐승 피해방제

산토끼, 멧돼지 등의 수해는 다음과 같이 방제한다.

- 총으로 잡는다.
- 울타리를 쳐서 막는다.
- 식물체에 기피제를 살포한다.

성숙과 수확

1. 성숙

작물이 개화 결실 후 종자가 외형을 갖추고 내용물이 충실해지며 발아력을 갖추는 것을 성숙(maturation, ripening)이라 한다. 작물이 성숙되어야 수확(harvest)을 하게 된다.

벼과의 벼는 출수 후 40-50일, 콩과의 콩은 개화 후 50-60일이 지나면 성숙이 되며, 이 기간을 등숙기간(grain filling period)이라고 한다. 제1장에서 설명한 바와 같이, 작물의 종자 수량을 많게 하려면 수확지수(harvest index)를 높여야 한다. 이 수확지수를 높이려면 등숙기간 동안 광합성물질(photosynthate) 또는 동화물질(assimilate)의 운반(transport)과 분배(partitioning)가 잘 이루어져야 종자의 수도 많아지고 종자의 크기도 커져서 수량이 많아진다. 즉 등숙기간 동안에 잎에서 이루어지는 광합성물질과 잎, 줄기 등 영양체에 임시 저장되었던 동화물질을 자라고 있는 종자로 많이 운반하도록 하는 것이다. 이를 작물의 전류율(translocation rate)이라고 하며 작물과 품종에 따라 다르고, 재배환경에도 크게 영향을 받는다.

포장상태에서 작물의 등숙 기간 동안에 광, 온도 및 수분이 종자의 수와 크기에 영향을 주는 주요 환경요소이다. 특히 작물의 수분장애(water stress)가 전류율에 크게 영향을 주므로 이 기간 동안은 작물이 수분장애를 받지 않도록 적시에 관수 또는 배수를 하는 생산기술이 요구된다.

2. 수량구성요소

작물을 재배하여 얻어지는 생산물의 단위 토지면적당 수확량을 수량(yield)이라 한다. 수량을 구성하는 작물학적 요소를 수량구성요소(yield component)라 한다. 작물을 재배하여 생산하는 데 수량을 예측 및 평가하는 것은 농업경영 및 연구개발에 필요하다.

1) 화곡류

예로서 벼의 수량은 일정 면적의 수수(이삭수, panicle number), 1수 영화수(1이삭의 평균 영화수, spikelet number per panicle), 등숙비율(전체립에 대한 완전립의 백분율, percent ripened grains) 및 1립중(1개 등숙립의 평균 입중, one grain weight)의 네 가지 수량구성요소의 적으로 나타낼 수 있다.

수량 = 단위면적당 수수 × 1수영화수 × 등숙비율 × 1립중

2) 두류

수량 = 단위면적당 개체수 × 1개체당 협(꼬투리)수 × 1협당 종자수 × 1종자중

3) 뿌리작물(고구마: 괴근, 감자: 괴경)

수량 = 단위면적당 개체수 × 1개체당 괴근(경)수 × 1괴근(경) 무게

4) 과실

수량 = 면적당 나무수 × 1나무당 과실수 × 1과실 크기(무게)

5) 사탕무

수량 = 단위면적당 개체수 × 1개체당 괴근 무게 × 성분함량

3. 수확시기와 방법

작물과 품종에 따라 수량이 가장 많고 품질이 뛰어난 수확적기가 있다. 그러나 실제에 있어서는 수확적기에 수확되지 못하는 경우가 있다. 작물의 수확시기를 결정하는 주된 요인은 기상조건, 노력관계, 수확기계 조건, 작부체계, 수확물의 수요 및 시장가격 등이다.

일반적으로 벼, 콩 등 여름작물의 수확 시기는 9월 하순에서 11월 상순이 되고, 보리, 밀 등 겨울작물은 5월 하순에서 7월 상순이 된다. 그러나 풋콩, 풋옥수수, 식량 작물의 사료 및 녹비로 이용, 원예작물의 시설재배 생산 등으로 수확 시기는 작물마다 매우 다양하다.

화곡류, 두류, 목초 등은 예취하고 감자, 고구마는 굴취하며 과실은 적취하고 무, 배추 등은 발취한다. 최근에는 기계를 이용하는 방법이 증가하고 있다.

작물을 수확할 때 지나친 물리력을 가하거나 상처를 주면 고유의 외형에 손상을 입고, 대사 작용이 빨라지며, 손상부위로 수분이 손실되어 쉽게 건조하고, 미생물의 침투로 부패하기 쉬우며, 저장력도 떨어진다.

4. 건조와 탈곡

작물을 수확한 후 건조(drying)하는 목적은 가공할 수 있는 조건을 만들면서 장기간 안전하게 저장하기 위한 것이다. 벼를 기계로 도정할 수 있을 정도의 경도를 가지려면 수분 함량이 17-18% 이하로 되어야 한다. 안전저장을 위해서는 곰팡이 발생이 억제될 수 있게 15% 이하로 건조하여야 한다. 반면에 과수 등 신선원예작물은 고유의 품질 유지를 위하여 수분 증발을 억제하여야 한다.

건조방법은 태양열로 건조시키는 천일건조(solar drying, sun drying)와 건조기에 의한 건조로 대별할 수 있다. 천일건조는 햇볕에 말리는 양건을 주로 뜻하지만 담배와 같이 음건(air curing)하는 경우도 있다. 건조기 건조는 다시 가온에 의한 화력건조(heated-air drying)와 가온하지 않는 상온통풍건조(ambient air drying)로 나눌 수 있다.

벼, 보리, 콩 등의 작물에서 수확한 후에 곡립을 모체로부터 분리하는 것을 탈곡(threshing)이라고 한다. 과거에는 인력 탈곡, 회전 탈곡기 등을 많이 사용하였으나, 현재는 수확 및 탈곡을 동시에 실시하는 동력기계 콤바인(combine)이 주로 사용되고 있다.

5. 도정

곡물의 껍질 층은 보호 조직인 과피와 종피로 되어 있어서 소화되기 어려운 성분과 구조이므로 식용 및 가공용으로 이용하려면 제거해야 한다. 곡물의 겨층(bran layer)을 깎아내는 것을 도정(milling)이라 한다.

벼(정조, unhulled rice)에서 과피인 왕겨를 제거하여 현미(brown rice, hulled rice)를 만드는 것을 제현이라 한다. 제현율(percent of brown rice)은 중량으로 78-80%, 용량으로 약 55%이다.

현미의 종피인 겨층(bran layer)을 제거하여 백미(쌀; milled rice)를 만드는 것을 현백이라 한다. 현백률은 중량으로 90-93%이다.

제현과 현백을 합하여 벼에서 백미를 만드는 전 과정을 도정(milling)이라고 한다. 도정률(milling ratio)은 (제현율×현백률)÷100이므로 중량으로 70-74% 범위가 된다. 도정의 부산물로 왕겨(hull), 쌀겨(rice bran), 싸라기

표 7-1. 작물별 정곡의 중량, 용량 환산율

작물	중량(%)	용량(%)	비고
벼(rice)	72	50	멥쌀, 백미
겉보리(hulled barley)	65	48	겉보리쌀
쌀보리(naked barley)	72	77	쌀보리쌀
귀리(oats)	53	30	귀리쌀
밀(wheat)	72	100	밀가루
호밀(rye)	81	100	호밀가루
조(foxtail millet)	69	75	좁쌀
피(barnyard millet)	54	28	핍쌀
옥수수(corn)	100	100	—
기장(common millet)	70	60	기장쌀
수수(sorghum)	69	65	수수쌀
메밀(buckwheat)	65	70	메밀쌀
콩(soybean)	100	100	—
땅콩(peanut)	50	30	—
팥(small red bean)	100	100	—
녹두(mungbean)	100	100	—
감자(potato)	20	—	—
고구마(sweet potato)	31	—	—

자료: 조재영 외, 1974, 《재배학원론》, p.335.

(broken rice) 등이 얻어진다.

포장에서 수확한 식량작물의 수확물을 식용할 수 있는 단계로 구분하여 조곡(unhulled grain)과 정곡(milled grain)으로 나눈다. 벼(정조)는 조곡이고 백미(쌀)는 정곡이 된다. 따라서 도정률은 조곡으로부터 정곡의 환산율이 된다. 보리, 콩, 밀, 옥수수, 땅콩, 감자, 고구마 등 주요 식량작물의 조곡에서 정곡으로의 환산표는 중량(무게)과 용량(부피)으로 구분하여 〈표 7-1〉에 나타나 있다.

한편 한국의 전통적 식량작물 용량 단위 석(섬)이 있는데, 정곡인 백미(쌀)

1석은 144*kg*이다. 따라서 쌀 3,200만 석을 생산하였다고 하면 중량으로 쌀 460만 톤이 되는 것이다.

참고문헌

이은웅. 1986.《수도작》. 향문사.
조재영. 1986.《전작》. 향문사.
조재영 외 2인. 1974.《재배학원론》. 향문사.
채제천 외 3인. 2006.《재배학원론》. 향문사.
최봉호 외 4인. 1991.《종자학》. 향문사.
Acquaah, G. 2005. *Principles of Crop Production.* 2nd. Pearson, New Jersey.
Evans, L. T. 1998. *Feeding the Ten Billion.* Cambridge University Press, Cambridge.
Gardner, et al. 1985. *Physiology of Crop Plants.* Iowa State University Press, Ames.
Gliessman, S. R. 2000. *Agroecology.* Lewis Publishers, New York.

8. 곡물의 품질과 저장

곡물의 품질

1. 작물의 수확 후 관리 기술

작물을 수확한 곡물(grains)은 수확 즉시부터 가공 및 조리하여 식용할 수 있다. 일반적으로 다음 해에 수확할 때까지 저장을 해 놓고 1년을 이용하는 것이 보통이다. 저장기술의 발달과 함께 현재는 4-5년 동안을 저장하고 이용하는 경우도 있다. 또한 농산물 무역의 국제화 추세에 따라 식량작물뿐만 아니라 과수, 심지어 신선한 채소까지도 국경을 넘어 세계 도처에 유통되고 있는 실정이다. 그런데 수확된 작물 종자 즉 곡물은 휴식종자(quiescence seed)로 살아 있는 생물체이다. 그러므로 이 곡물을 신선하고 청결하게 유지하여야 인간이 식용으로 이용할 수 있는 좋은 품질(quality)의 종자가 된다.

이와 같이 수확한 곡물은 첫째, 저장기간(storage period)에 따라 품질과 가격에 영향을 주고, 둘째, 지역 또는 국가에 따라 저장환경(storage environments)이 다르기 때문에 병해 및 충해가 발생하여 품질과 가격에 영향을 준다. 작물의 탈곡에서부터 건조, 저장, 유통, 도정, 포장 등의 전 과정에 품질을 유지하기 위한 기술을 수확 후 관리기술(postharvest biotechnology)이라고 한다.

작물은 수확한 후 이용할 때까지 저장양분이 소모되고 성분이 변화하며 중량이 감소하고 부패하는 등으로 손실이 있다. 이 수확 후 손실(postharvest loss)은 선진국은 5-25%로 적으나 개발도상국은 25-50%나 되는 것으로 알려져 있다. 작물별 수확 후 손실은 수분 함량이 10-20%로 낮은 곡물은 10%에 불과하나 수분 함량이 70-90%로 높은 원예작물은 20-30%나 된다고 한다.

수확 후 곡물의 손실을 구분하면 유통관리, 저장기간 및 저장환경에 따라 호흡열의 과다한 방출에 의한 중량손실(weight loss)과 양분손실(nutritional loss), 색깔, 광택, 성분 등의 품질감소(quality loss), 나물콩, 녹두 등의 발아에 있어서의 활력감소(viability loss) 및 상처, 깨진 것 등의 물리적 손상(physical damage)으로 나눌 수 있다.

또한 수확 후 곡물의 손실을 과정별로 분류하면 수확(harvesting), 탈곡(threshing), 건조(drying), 운송(transportation), 저장(storage) 및 가공(processing) 등 6단계에서의 손실로 나눌 수 있다. 저장 시에는 저장시설이 미비한 데서 오는 손실, 충해와 바구미, 박테리아, 곰팡이 등 병원균, 쥐, 토끼 등으로 인한 손실, 장기저장 시에는 호흡열의 방출, 온도와 습도의 부적당 등으로 인한 손실을 들 수 있다. 가공 시의 손실은 도정할 때, 세척할 때, 끓일 때, 조리할 때 등의 손실로 나눌 수 있다.

2. 품질 기준

1) 외적 조건

(1) 순도

전체 종자에 대한 순수종자(pure seed)의 중량비율을 순도(purity)라고 하며, 순도가 높을수록 종자의 품질이 향상된다. 불순물에는 이형종자(other seeds), 잡초종자(weed seed), 협잡물(inert matter: 돌, 흙, 모래, 잎, 줄기 등) 등이 있다.

(2) 종자의 크기와 중량

종자의 크기는 보통 1,000립중 또는 100립중으로 표시하며, 종자의 충실도(무게)는 비중 또는 1*l* 중으로 나타낸다. 종자는 크고 무거운 것이 충실하며, 발아 및 생육이 좋다.

(3) 색택 및 냄새

품종 고유의 신선한 색택과 냄새를 가진 것이 건전하고 충실하며, 발아 및 생육이 양호하다.

(4) 수분 함량

종자의 수분 함량은 낮을수록 저장이 잘 되고, 발아력이 오래 유지되며, 변질 및 부패의 우려가 적다.

(5) 건전도

오염·변색·변질이 없고, 탈곡 중에 기계의 손상이 없는 종자가 우량하다.

2) 내적 조건

(1) 유전성

종자는 우량품종에 속하고, 이형종자의 혼입이 없으며, 유전적으로 순수한 것이 좋다.

(2) 발아력

발아율이 높고, 발아가 빠르고 균일하며, 초기신장성이 좋은 것이 우량한 종자이다. 순활종자(pure live seed)는 종자의 순도와 발아율에 의해서 결정된다.

$$\text{순활종자(pure live seed)} = \frac{\text{발아율(\%)} \times \text{순도(\%)}}{100}$$

(3) 병충해

감자의 바이러스병, 맥류의 깜부기병, 벼·밀의 선충처럼 종자전염의 병충원을 지니지 않는 종자이어야 우량하다. 특히, 종자소독으로 방제할 수 없는 바이러스병은 종자의 품질을 크게 떨어뜨린다.

3. 종자의 검사

한국에서는 1962년에 주요농작물검사법의 제정과 함께 본격적인 종자검사가 시작되었는데, 그동안 농촌진흥청과 국립농산물 품질관리원에서 국제

표 8-1. 주요 작물의 종자검사기준

(단위:%)

구분	최저한도		최고한도							
	정립	발아율	수분	이품종	이종종자	잡초종자	피해립	병해립		이물
								특정병	기타명	
벼	98.0	85	14.0	0.10	0.05	0.20	3.0	5.0	10.0	2.0
보리	98.0	85	14.0	0.20	0.20	0.20	5.0	4.0	10.0	2.0
밀	98.0	85	12.0	0.20	0.10	0.20	5.0	0.2	10.0	2.0
옥수수	98.0	85	13.0	무	무	-	5.0	-	5.0	2.0
콩	98.0	85	13.0	0.50	0.10	0.05	5.0	5.0	10.0	2.0
땅콩	98.0	85	13.0	0.50	0.10	0.05	5.0	3.0	10.0	2.0
팥	98.0	85	13.0	0.50	0.10	-	5.0	5.0	10.0	2.0
녹두	98.0	85	13.0	0.50	0.10	0.05	5.0	5.0	10.0	2.0
참깨	97.0	85	10.0	7.00	0.10	0.50	5.0	10.0	20.0	2.0
들깨	97.0	85	10.0	7.00	0.10	0.50	5.0	10.0	20.0	2.0
유채	98.0	85	10.0	1.00	0.10	0.50	4.0	0.3	6.0	2.0

자료: 종자관리요강 제12조.

규정에 준하여 주요 농산물의 종자검사를 실시해 오고 있다. 주요 작물의 종자검사 기준은 〈표 8-1〉에 나타난 바와 같다.

종자검사는 국제종자검사협회(International Seed Testing Association, ISTA)의 국제종자검사규정(International Rules for Seed Testing)에 따라 실시한다.

1) 종자검사항목

(1) 순도분석

순도분석(purity analysis)은 순수종자 외에 이종종자와 이물의 내용을 확인할 때 실시한다.

(2) 이종종자립수의 검사

이종종자립수의 검사는 특정한 종의 종자나 특정한 이종종자의 숫자를 검사하는 것으로서, 국가 간 거래되는 종자에서 해초나 기피종자의 유무를 판단하는 데 주로 사용한다.

(3) 발아검사

발아검사(germination test)는 종자의 발아력을 조사하는 것으로서, 이는 수확에서 판매까지 종자의 품질을 비교·결정하는 데 가장 확실하고 중요한 검사항목이다.

(4) 수분검사

종자 내 수분 함량(moisture content)은 저장종자의 품질에 가장 큰 영향을 끼치는 요인으로, 고온은 종자의 발아능력을 상실하게 한다.

(5) 천립중검사

정립종자에 대해 계립기 등을 이용하여 천립중을 측정한다.

(6) 종자 건전도검사

종자 건전도검사는 식물방역, 종자보증, 작물평가 및 농약처리에 있어서 주요 수단이 된다.

(7) 품종검증

품종검증은 주로 종자나 유묘 및 작물체의 외관상 형태적 차이로 구별하지만, 구별하기 어려운 경우에는 종자를 포장에 파종·재배하여 작물을 수확할 때까지의 특성을 조사하는 전생육검사(grow-out test)를 기준으로 평가하고, 보조적인 방법으로 생화학적 및 분자생물학적 검정 방법을 이용한다.

2) 형태적 특성에 의한 검사

(1) 종자의 특성조사

종자의 특성조사란 종자의 크기, 나비, 비중, 배의 크기, 종피의 색, 합점의 모양, 영의 특성, 까락의 장단, 모용의 유무 등을 조사한다.

(2) 유묘의 특성조사

유묘의 특성조사란 잎의 색·형태, 잎 하부 배축의 색, 엽맥의 형태, 절간의 길이, 모용, 잎몸의 무게 등에 대한 조사이다.

(3) 전생육검사

종자를 포장에 파종하여 수확할 때까지 작물체의 생장과 발육에 대한 특성을 면밀히 관찰하여, 개화기의 꽃색, 결실종자의 특성, 모용, 잎혀 등을 조사하는 것이다.

(4) 생화학적 검정

자외선형광검정은 자외선 아래에서 형광을 내는 물질을 가진 종자 및 유묘를 검사하는 데 쓰인다. 페놀검사는 페놀(phenol)에 대한 영의 착색반응으로 벼, 밀, 블루그래스 등의 품종을 비교할 수 있다. 염색체수 조사는 뿌리 끝 세포의 염색체수를 조사하여 2배체 또는 4배체를 구별할 수 있다.

3) 영상분석법

영상분석법(image analysis method)은 종자의 특성을 카메라와 컴퓨터를 이용하여 영상화한 다음, 자료를 전산화하고 프로그램을 이용하여 분석하는 기술이다.

4) 분자생물학적 검정

전기영동법, 핵산증폭지문법 등의 방법으로 단백질의 조성을 분석하거나 단백질을 만들어 내는 DNA를 추적함으로써 품종을 구별할 수 있다.

4. 종자보증

국가(국립농산물품질관리원, 종자관리소)나 종자관리사가 정해진 기준에 따라 종자의 품질을 보증하는 것을 종자보증(seed certification)이라 한다. 종자보증에는 국가보증과 자체보증의 두 가지 종류가 있다.

종자보증을 받으려면 농림부장관 혹은 종자관리사로부터 작물의 고유특성이 가장 잘 나타나는 생육기간에 1회 이상 포장검사를 받는다. 포장검사를 실시한 다음 합격된 포장의 종자에 대하여 종자의 규격, 순도, 발아, 수분 등의 종자검사를 실시한다. 작물별 포장검사 및 종자검사의 기준 및 방법은 종자관리요강에서 정하고 있다.

종자검사를 받은 보증종자는 분류번호, 종명, 품종명, 소집단(Lot) 번호, 발아율, 이품종률, 유효기간, 수량, 포장일자와 같은 보증표시를 하여 판매한다.

5. 기능성 물질

최근 과학기술의 발전과 함께 기능성 물질의 연구개발이 국제적으로 증가되고 있다. 기능성 성분(functional component, bioactive component)이란 생체방어, 생체리듬의 조절, 질병의 예방, 질병 후의 회복, 노화억제 등 생체에 대한 조절기능을 갖는 성분으로 정의된다. 이러한 성분을 함유 또는 보강하도록 개량하고 재배한 작물을 기능성 작물(functional crop, bioactive crop, value added crop)이라고 한다. 이 기능성 성분의 효과를 항산화작용, 항암작용, 순환기질환 예방작용, 장내균총의 조절작용, 당뇨의 예방작용, 면역작용 및 항균작용 등으로 분류하기도 한다.

이 기능성 성분의 연구개발에는 먼저 필요한 식물 유전자원을 충분하게 확보하여야 한다. 그리고 이들 유전자원 가운데 기능성 성분이 무엇인지 찾아내야 하고, 찾아낸 성분의 효과가 증명되어야 하며, 증명된 성분은 이용하여야 하기 때문에 어떻게 생산할 것인가가 과제일 것이다. 버드나무 잎에서 추출한 아스피린(Aspirin)이나 은행나무 잎에서 추출한 징코민(Ginkgomin)을 예로 들을 수 있다. 이것이 생물공학(biotechnology)이 지향하는 연구의 한 분야도 될 것이다.

식량작물의 종자에 함유되어 식품으로 이용되고 있는 기능성 물질을 많이 알려진 작물별로 요약을 한다. 기능성 성분의 함량도 작물종 간의 차이는 물론, 콩의 경우 이소플라본(isoflavones) 함량에 품종 간 차이가 많아서, 이용에 있어서는 품질차이로 구분할 수 있을 것이다.

1) 콩

(1) 콩 단백질(soy protein): 40% 이상

혈중 콜레스테롤(cholesterol)·혈중 지질·지방단백질 농도 감소, 동맥경화·심장병 예방을 한다.

(2) 콩 올리고당(oligo-saccharides) raffinose: 1-2%, stachyose: 4-8%

장내균총의 개선, 장내 부패산물의 생성억제, 변비의 개선, 지방질대사 개선 작용이 있다.

(3) 식이섬유(dietary fiber): 20%

콜레스테롤 배설촉진, 장 기능에 대한 생리효과, 식후 혈당 상승과 인슐린 분비억제 작용이 있다.

(4) 인지질(phospholipid): 1-3%

생체막 성분, 뇌기능 향상과 노인성 치매예방, 혈중 콜레스테롤 축적예방을 한다.

(5) 이소플라본(isoflavones): 0.06-0.40%, genistein: 0.15%

항암(유방암, 대장암, 폐암 등) 효과(암세포 증식억제), 골다공증억제, 항산화작용, 혈압저하, 비만해소, 콜레스테롤 제거작용이 있다.

(6) 사포닌(saponins): 0.5-0.6%

생체 내 과산화지질 형성억제(노화예방), 에이즈 바이러스 감염 저해작용, 항지혈, 항산화작용, 항암효과, 콜레스테롤 배설촉진을 한다.

(7) 트립신 저해제(trypsin inhibitors): 0.30-0.47%

항암작용, 당뇨병 예방을 한다.

(8) 피트산(phytate): 1-5%

철과 결합하여 지질산화억제 작용이 있다.

(9) 리놀레산(Linoleic acid, 필수 지방산)

고혈압·심장병 예방, 콜레스테롤 제거작용이 있다.

(10) 레시틴(Lecithin)

노인성 치매를 예방한다.

(11) 청국장

항암식품으로 알려지고 있다.

2) 보리

(1) β-glucan

보리의 대표적인 식이섬유로 콜레스테롤 저하와 성인병 예방 효과가 있다. 귀리, 호밀, 밀에도 포함되어 있다.

(2) 비타민 B_1(thiamin)

소화를 돕고, 신경, 심장과 근육의 기능을 정상화한다.

(3) 비타민 B_2(riboflavin)

효소의 기능을 원활하게 하여 갑상선의 기능을 효과적으로 한다.

(4) 니아신(Niacin, nicotinic acid, nicotinamide)

조효소의 형태로 50여 개 이상의 대사반응에 관여하여 정상적 현상을 유지한다.

(5) 엽산(folic acid)

빈혈예방 및 위장장애 예방을 한다.

(6) 칼슘(Ca) 및 철분(Fe)의 함량도 많다.

3) 들깨

들깨에 많이 함유된 리놀렌산(linolenic acid)와 리놀레산(linoleic acid)은 필수 지방산이다. 오메가 3 지방산(linolenic acid)은 들깨에 가장 많이 함유되어 있으며 항동맥경화 작용, 항암 작용, 뇌 및 신경조직과의 관계, 항염증 작용에 효과가 있다.

4) 옥수수

- 스테롤(Sterols, 인사돌, 이가탄)
- 토코페롤(Tocopherols, vitamin E)
- 카로티노이드(Carotenoids)
- 옥수수 수염(silk)의 식물스테롤(phytosterol, plant sterol)은 이뇨 및 혈압 강하 작용이 있다.

5) 율무

• 코익세놀라이드(Coixenolides): 항암 및 항염증(미용에 좋다고 함)에 효과가 있다.

6) 메밀

- 루틴(Rutin): 항산화, 당뇨병 예방, 혈압강하, 비만방지에 효과가 있다.

7) 벼

- 현미는 항암작용의 효과가 있다.
- 유색미의 안토시아닌(anthocyanin): 항산화, 항염증 및 심혈관질병예방 작용이 있다.
- 황금쌀(golden rice); 비타민 A(β-carotene)함량이 많다.

종자의 휴면

1. 휴면의 정의

성숙한 종자에 적당한 발아조건을 주어도 일정 기간 동안 발아하지 않는 성질을 종자휴면(seed dormancy)이라고 한다. 휴면기간은 작물의 종류와 품종에 따라 크게 다른데, 벼 종자는 1주일에서 6개월, 맥류 종자는 휴면기간이 거의 없는 것으로부터 3개월, 감자는 수일에서 5개월, 경실 종자는 수개월에서 수년에 이른다.

종자, 겨울눈, 비늘줄기, 덩이줄기, 덩이뿌리, 알뿌리, 구근경 등에서 발아 및 생육의 외적조건은 적합하지만 내적원인에 의하여 휴면하는 경우가 있는데, 이를 자발적 휴면(innate or spontaneous dormancy) 또는 진정휴면(true or endogenous dormancy)이라고 한다.

또한, 토양 중의 잡초 종자는 광선과 산소의 부족으로 휴면상태를 지속하는데, 이와 같이 외적조건이 부적당하기 때문에 유발되는 휴면을 강제휴면(imposed or enforced dormancy) 또는 타발적 휴면(exogenous dormancy)이라고 한다. 자발적 휴면과 타발적 휴면을 통칭 제1차 휴면(primary dormancy)이라고 한다.

휴면 중인 종자나 눈은 저온, 고온, 건조 등에 대한 저항성이 극히 강한데, 이러한 습성은 종족번식이나 생존에 있어서 생태학적으로 유익한 점이 될 수도 있다. 맥류 종자의 휴면은 수발아를 억제하는 효과가 있고, 감자의 휴면은 저장하는 데 유리하다.

한편, 휴면하지 않고 있는 종자라도 발아에 불리한 환경조건(고온, 저온, 습윤, 암흑, 산소부족 등)에 장기간 보존되면 그 뒤에는 적당한 조건에 옮기더라도 발아하지 않고 휴면상태를 유지하는 경우가 있는데, 이것을 제2차 휴면(secondary dormancy)이라고 한다. 화곡류·벼과목초의 종자는 파종상에서 고온을 만나면 제2차 휴면을 하는 수가 있으며, 일반적으로 저온처리 또는 지베렐린 처리와 같은 후숙(after-ripening)처리를 하면 발아한다.

2. 휴면의 원인

1) 배의 미숙

미나리아재비과 식물, 장미과 식물, 인삼, 은행 등은 종자가 어미식물을 이탈할 때 배가 미숙상태이어서 발아하지 못한다. 수주일 또는 수개월 경과하면 배가 완전히 발육하고, 또 필요한 생리적 변화를 완성하여 발아할 수 있게 되는데, 이 과정을 후숙(after-ripening)이라고 한다.

2) 배휴면

종자가 형태적으로는 완전히 발달해 있지만 발아에 필요한 외적조건을 주어도 발아하지 않는 경우로서 배 자체의 생리적 원인에 의하여 일어나는 휴면으로 생리적 휴면(physiological dormancy)이라고도 한다. 배휴면을 하는 경우 저온이나 지베렐린처리로 휴면을 타파할 수 있다.

3) 경실

종피가 수분의 투과를 저해하기 때문에 수개월에서 수년까지 장기간 발아하지 않는 종자를 경실(hard seed)이라고 한다. 콩과작물 소립종자인 알팔파, 자운영, 화이트클로버, 레드클로버 등에 경실이 많다. 고구마, 연의 종자도 경실이고, 벼과목초의 종자에도 경실이 있다. 경실휴면의 주된 원인은 종피의 불투수성 때문이라고 알려져 있다.

4) 종피의 불투기성

보리, 귀리 등에서는 종피의 불투기성 때문에 산소흡수가 저해되고, 또 이산화탄소가 축적되어 발아하지 못하고 휴면한다.

5) 종피의 기계적 저항

잡초, 나팔꽃, 땅콩 등의 종자는 흡수를 하더라도 종피가 딱딱하여 배의 팽대를 기계적으로 억제하므로 배가 함수상태로 휴면하는 일이 있다. 이러한 종자들은 건조시키거나 고온처리로 기계적 저항력을 약화시킬 수 있다.

6) 발아억제물질

벼 종자의 휴면 원인은 영에 있는 발아억제물질 때문이며, 순무 종자의 휴면도 과피에 있는 발아억제물질 때문인데, 종자를 물에 잘 씻거나 과피를 제거하면 발아한다. 토마토, 오이, 호박 등의 성숙종자가 장과(succulent fruit) 중에 있을 때에는 발아하지 않으나, 종자를 분리해서 물에 씻으면 발아한다.

3. 휴면타파와 발아촉진

1) 경실의 휴면타파(dormancy breaking)

(1) 종피파상법

경실의 발아촉진을 위하여 종피에 상처를 내는 방법으로, 자운영 및 콩과의 소립종자 등은 종자의 25-35%에 해당하는 가는 모래를 혼합하여 20-30분간 절구에 찧어 종피에 상처를 내어 파종한다.

(2) 진한 황산처리

약액으로 종피를 침식시키는 방법으로, 경실에 진한 황산을 처리하고 일정시간 교반하여 종피의 일부를 침식시킨 다음 물에 씻어서 파종하면 발아가 조장된다.

(3) 저온처리

종자를 -190℃의 액체공기에 2-3분간 침지하여 파종한다.

(4) 건열처리

알팔파, 레드클로버 등은 105℃에서 4분간 종자를 처리하여 파종한다.

(5) 습열처리

라디노클로버(ladino clover)는 40℃의 온도에서 5시간 또는 50℃의 온탕에서 1시간 종자를 처리하여 파종한다.

(6) 진탕처리

스위트클로버는 플라스크에 종자를 넣고 분당 180회의 비율로 10분간 진탕하여 파종한다.

2) 화곡류 및 감자의 휴면타파

(1) 벼종자

40℃에 3주일 또는 50℃에 4-5일간 보관하면 발아억제물질이 불활성화되어 휴면이 타파된다.

(2) 맥류종자

0.5-1.0%의 과산화수소(H_2O_2)액에 24시간 침지하였다가 5-10℃의 저온에 젖은 상태로 수일간 보관하면 휴면이 타파된다.

(3) 감자

감자를 절단해서 2ppm 정도의 지베렐린(gibberellin) 수용액에 30-60분간 침지하여 파종하는 것이 가장 간편하고 효과적이다.

종자의 수명

1. 종자의 수명

종자가 발아력(germination ability)을 보유하고 있는 기간을 종자의 수명(longevity of seed, life span of seed)이라고 한다.

종자는 실온에 저장하였을 때 2년 이내에 발아력을 잃는 단명종자(short-lived seed)와 3-5년간 활력을 유지할 수 있는 상명종자, 5년 이상 활력을 가질 수 있는 장명종자(long-lived seed), 그리고 난저장성종자(recalcitrant seed)로 구분하고 있다.

1) 단명종자(microbiotic seed)

옥수수, 기장, 메밀, 콩, 땅콩, 강낭콩, 해바라기, 목화 등이 있다.

2) 상명종자(mesobiotic seed)

밀, 벼, 보리, 귀리, 완두, 유채, 김의털, 왕포아풀 등이 있다.

3) 장명종자(macrobiotic seed)

사탕무, 자주개자리, 토끼풀, 살갈퀴 등이 있다.

2. 종자의 퇴화

생산력이 우수하던 종자가 재배년수를 경과하는 동안 생산력이 떨어지고 품질이 나빠지는 현상을 종자의 퇴화(seed deterioration)라고 한다.

1) 유전적 퇴화

세대가 경과함에 따라 자연교잡, 새로운 유전자형의 분리, 돌연변이, 이형종자의 기계적 혼입 등에 의하여 종자가 유전적으로 순수하지 못해져서 유전적으로 퇴화하게 된다.

2) 생리적 퇴화

생산지의 환경 · 재배 · 저장조건이 불량하면 종자가 생리적으로 퇴화한다. 감자는 평지에서 채종하면 고랭지에 비하여 생육기간이 짧고 기온이 높으므로 충실한 씨감자가 생산되지 못하고, 또 여름의 저장기간이 길고 온도가 높으므로 저장 중의 소모도 커서 평지에서 생산한 씨감자는 고랭지에서 생산한 씨감자에 비하여 생리적으로 불량하다.

3) 병리적 퇴화

종자로 전염하는 병해, 특히 종자소독으로도 방제할 수 없는 바이러스병 등이 만연하면 종자는 병리적으로 퇴화하게 된다. 감자는 평지에서는 바이러스병이 많이 발생하여 평지산 씨감자는 병리적으로 퇴화한다. 따라서 씨감자의 퇴화를 막으려면 고랭지에서 채종을 하여야 한다. 평지에서는 가을재배를 하면 퇴화가 경감된다. 병리적 퇴화를 막으려면 무병지채종, 종자소독, 병해의 발생방제, 약제살포, 이병주도태, 씨감자검정 등의 여러 가지 대책이 필요하다.

4) 저장종자의 퇴화

저장 중에 종자가 발아력을 상실하는 주된 원인은 원형질단백의 응고이며, 효소의 활력저하와 저장양분의 소모도 중요한 요인이 된다. 그 밖에 유해물질의 축적, 발아 유도기구의 분해, 리보솜 분리의 저해, 효소의 분해와 불활성, 지질의 자동산화, 가수분해효소의 형성과 활성, 균의 침입, 기능상 구조변화 등도 종자퇴화에 영향을 미친다.

곡물의 저장

1. 저장 곡물의 변화

곡물은 1년에 1회 또는 2회 수확되어 다음 해에 수확할 때까지 연중 이용해야 하므로 반드시 저장(갈무리; storage)을 하여야 한다. 식량으로 이용할 때에는 맛, 영양, 품위 및 안전성을 보존하기 위하여, 가공용은 품질과 가공성 유지를 위하여, 그리고 종자용은 발아력을 유지하기 위하여 안전저장이 필요하다.

곡물은 저장 중에 이화학적 및 생물적 변화가 일어난다.

- 저장 중에 호흡에 의한 양분소모와 수분증발 등으로 중량이 감소한다.
- 저장 중에 생명력의 지표인 발아율이 저하된다.
- 지방의 자동산화에 의하여 산패가 일어나므로 유리지방산이 증가하고 묵은 냄새가 난다. 유리지방산도는 곡물의 변질을 판단하는 가장 중요한 지표물질이다.
- 저장 중에 전분이 알파-아밀라아제(α-amylase)에 의하여 분해되어 환원당 함량이 증가한다.
- 저장 중에 곡물에서 미생물, 해충 및 쥐 등의 가해로 양적으로 손실되고 품질이 저하된다.

2. 저장 전 처리

저장 곡물의 양적 및 질적 손실 저하 요인이 되는 수분 손실, 호흡작용, 부패 미생물 및 해충이 억제되는 조건을 만들어 주어야 한다. 작물을 수확하여 건조된 곡물은 순도와 청결을 유지할 수 있도록 일정 규격으로 포장되어야 한다.

고구마, 감자 등 수분 함량이 높은 작물은 수확작업 중에 발생한 상처를 치유해야 안전저장이 가능하다. 수확물의 상처에 유상조직인 코르크층을 발달시켜 병균의 침입을 방지하는 조치를 하여야 하는데 이를 큐어링(curing)이라고 한다.

청과물은 수확 직후에 온도를 신속히 낮추어 주는 예냉(precooling, prechilling) 처리를 하면 운송기간 중에 신선도가 유지되고, 증산과 부패가 억제되며, 저장성이 높아진다.

3. 저장환경

곡물의 저장 중에 품질에 영향을 주는 환경요인은 온도, 습도 및 산소이고 포장재의 종류와 곡물의 성상도 영향을 준다. 이 가운데 가장 중요한 조건은 저장온도와 습도이고, 습도에 영향을 주는 것은 곡물의 수분 함량이다. 저장하는 곡물의 수분 함량이 낮으면 저장온도가 조금 높아도 안전저장이 가능하나, 수분 함량이 높으면 저장온도가 낮은 경우에만 안전하게 저장할 수 있다.

1) 온도(temperature)

온도는 곡물의 세포호흡과 미생물 활동에 영향을 끼쳐 저장성을 좌우한다. 대부분의 미생물은 15-38℃에서 왕성하게 번식하고, 4-15℃에서는 생장이 저해되며, 0℃ 이하 또는 40℃ 이상의 온도에서는 생장이 정지된다. 곡물의 저장은 주로 저온에서 이루어진다.

2) 습도(humidity)

곡물을 가해하는 미생물은 수분 함량이 15% 이상에서는 급속히 번식하나, 13%에서는 번식이 억제되고, 11% 이하에서는 사멸한다. 따라서 저장 전에 곡물을 충분히 건조하여야 되고, 저장시설에 습도를 조절하여 곡물의 수분 함량이 적정선에 유지되도록 하여야 한다.

3) 산소(oxygen)

곡물의 세포호흡에 필수적인 산소를 제거하거나 그 농도를 낮추면 호흡소모나 변질이 감소한다. 산소를 제거할 목적으로 이산화탄소(CO_2)나 질소가스(N_2)를 주입하면 저장성이 크게 향상된다. 실제로 과실의 장기저장법으로 과실의 종류와 품종에 알맞게 이산화탄소와 산소의 농도를 조절하는 CA저장(controlled atmosphere storage)기술이 실용화되어 있다.

4) 곡물의 성상(physiognomy)

벼는 조제 형태에 따라 벼, 현미 및 백미로 저장할 수 있다. 벼는 단단한 왕겨층으로 덮여 있어 현미나 백미보다 저장 중에 물리화학적인 변화를 적게 받고, 곰팡이나 해충의 피해도 적다. 현미는 벼보다 부피가 1/2 정도 작아서 창고 면적이 적게 소요되고 포장이나 유통비용이 절감되는 장점은 있으나 벼보다는 저장성이 약하다. 도정으로 껍질 층이 손상된 백미는 온도와 습도 변화에 민감하게 반응하고, 해충의 침해를 받기 쉽다는 등 저장성이 현미보다도 떨어진다.

4. 작물별 안전저장조건

1) 벼

안전저장 조건은 온도 15℃, 상대습도는 약 70%이다. 일반적으로 벼의 수분 함량은 14% 이하인 것이 알맞다. 고품질을 유지할 수 있는 쌀의 수분 함량은 15-16%이다. 공기조성을 산소 5-7%, 탄산가스 3-5%로 유지해 주면 더욱 안전하다.

2) 주요 곡물

미국에서는 1년간 안전저장을 하기 위한 수분 함량의 최고한도로 옥수수, 수수, 귀리는 13%, 보리 13-14%, 그리고 콩은 11%를 적용한다. 5년 이상 장기

저장하려면 수분 함량을 이보다 2% 정도 더 낮게 한다.

3) 식용감자 및 씨감자

안전저장 조건은 온도 3-4℃, 상대습도 85-90% 이다. 수확 직후 약 2주 동안 바람이 잘 통하고 10-15℃의 서늘한 곳에서, 습도는 다소 높게 유지하여 큐어링시킨다.

4) 가공용 감자

저장적온은 10℃이며, 이보다 저온에서는 당 함량이 증가하여 품질이 낮아진다. 그러나 10℃에서는 휴면이 빨리 타파되어 발아하므로 장기저장은 어렵다.

5) 고구마

안전저장 조건은 온도 13-15℃, 상대습도 85-90%이다. 단 저장전처리로 반드시 큐어링을 하여야 한다. 큐어링은 수확 직후 30-33℃, 90-95%의 상대습도에서 3-6일간 실시한다. 큐어링이 끝나면 13℃까지 방냉한 후 본 저장을 한다. 고구마는 0℃에서 21시간, -15℃에서는 3시간이면 냉동 해를 입는다.

6) 과실

대부분의 과실은 온도 0-4℃, 상대습도 80-85%에 저장하는 것이 알맞다.

5. 저장시설

곡물을 저장할 때 농가에서 예전에는 주로 통가리, 뒤주, 곳간 등을 이용하였다. 1980년대에는 개량 곳간이 보급되었고, 1990년대에는 미곡종합처리장(Rice Processing Complex, RPC)과 건조저장고(Drying and Storage Complex, DSC)가 보급되었다.

곡물을 상온의 일반 저장고에 저장하면 가을부터 이른 봄까지는 괜찮으나 3월 중순 이후 온도가 높아지면 품질이 급격히 저하된다. 특히 고온다습한 여름에 품질이 크게 나빠진다.

원예작물의 저장법에는 전통적인 방법으로 굴저장, 움저장, 온돌저장법 등이 있고, 현대적인 저장법으로 상업적인 대형 저온저장고가 있다.

참고문헌

강광희 외 11인. 2002.《종자생산학》. 향문사.

채제천 외 3인. 2006.《재배학원론》. 향문사.

최봉호 외 4인. 1991.《종자학》. 향문사.

하용웅. 2000.《보리. 농촌진흥청 작물시험장》. 거목문화사, 수원.

한국작물학회. 1997.《한국작물학회지》42권 별호(품질7호). 한국작물학회, 수원.

한국작물학회. 2002.《한국작물학회지》47권 별호(품질9호). 한국작물학회, 수원.

한국작물학회. 2005.《한국작물학회지》50권 별호(품질12호). 한국작물학회, 수원.

한국콩연구회. 2001.《한국콩연구회지》18권 1호. 한국콩연구회, 수원.

Murphy, C.F., and D.M. Peterson. 2000. *Designing Crops for Added Value. Agron.* No.40. American Society of Agronomy, Wisconsin.

Salunkhe, D.K., S.S. Kadam, and J.K. Chavan. 1985. Postharvest Biotechnology of Cereals. CRC Press, Florida.

Salunkhe, D.K., S.S. Kadam, and J.K. Chavan. 1985. *Postharvest Biotechnoloy of Food Legumes.* CRC Press, Florida.

Ⅱ. 식품

9. 식품과 식품산업

국내 식품산업의 발전

1950년대 이전의 우리나라 식품가공업은 곡물의 도정, 떡, 한과, 양조 및 수산물 가공업 위주로 그 규모가 작고 가공설비도 열악한 영세기업의 수준이었다. 그러나, 1956년 이후 미국의 잉여농산물의 도입(미공법 PL480; 무상원조 후 1969년부터 유상차관 형태로 수입한 후 1981년 중단)을 계기로 서구식 가공설비(제분공장)가 들어서고 밀가루를 주원료로한 제분, 제면, 제빵 및 제과업체가 동반성장하면서 국내 식품산업의 인프라를 구축한다. 이후, 1960년대에 간장공장이 가동되고, 일본식 라면 제조기술의 개발로 우리 국민들은 가공식품에 대한 인식을 새롭게 한다. 간장공장의 설립으로 콩에만 의존해 온 간장의 원료를 밀로 대체한 것 자체가 식품가공에 대한 근대적 사고의 출발이었고, 우리의 식단에서 빈자의 먹거리로 여겨 왔던 국수류가 '튀김'이라는 단순한 가공공정을 이용하여 주식대체용 '라면'으로 바뀌면서 우리 국민은 식품가공기술의 무한한 가능성에 대한 기대감을 갖게 된다.

식품산업을 산업사회에서의 생산성 향상을 위한 경제행위로 볼 때 국내 식품산업의 발전도 우리나라의 산업화 과정과 맥을 같이한다. 실제로 국내 식품산업은 국내 광업 및 제조업생산액과 농림어업생산액의 분기점인 1970년대 초반에 자리 잡는다(그림 9-1). 잘 알려진 바와 같이 1970년대 우리나라 국민경제가 개선되고, 더불어 월남파병과 중동건설의 참여로 국내 식품기술의 근대화가 시작된다. 예를 들면, 군납용 김치통조림과 해외 근로자를 위한 한국전통식품의 가공기술 개발이 우리나라 근대 식품산업 기술의 근간을 이룬다.

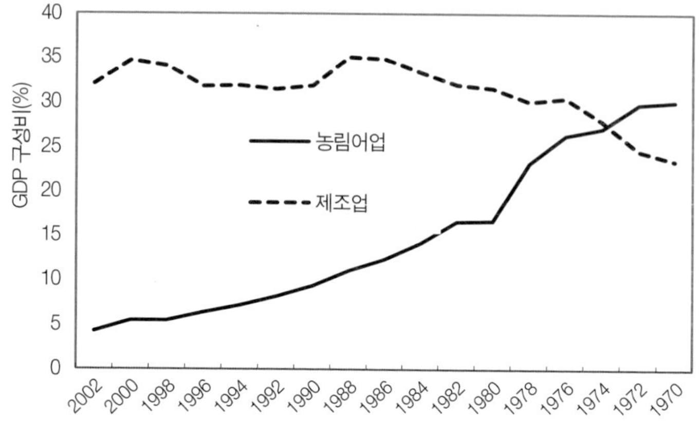

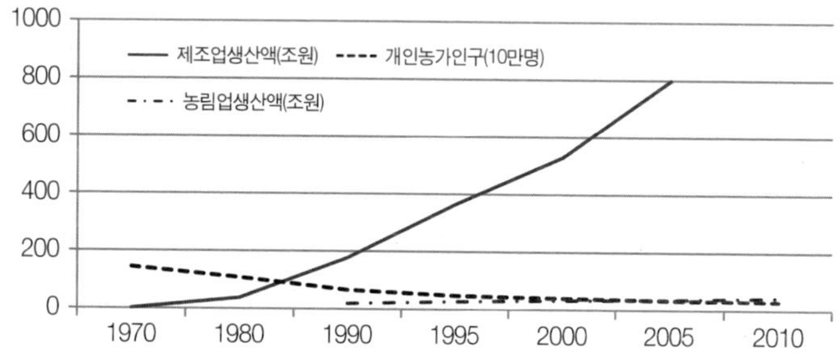

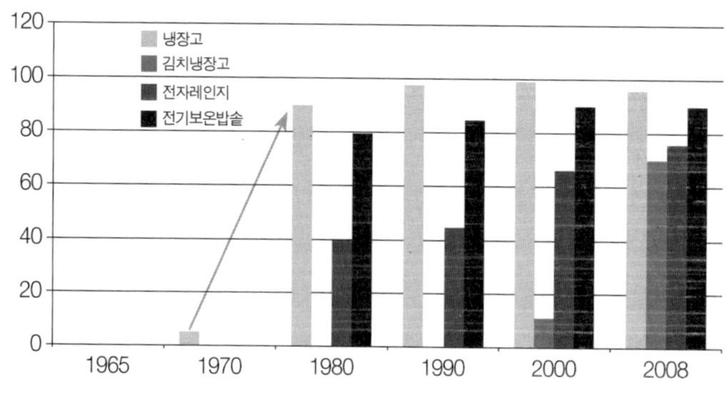

그림 9-1. 산업사회의 지표(산업부문의 구성비, 개인농가인구추이, 주방기구의 보급율 추이)

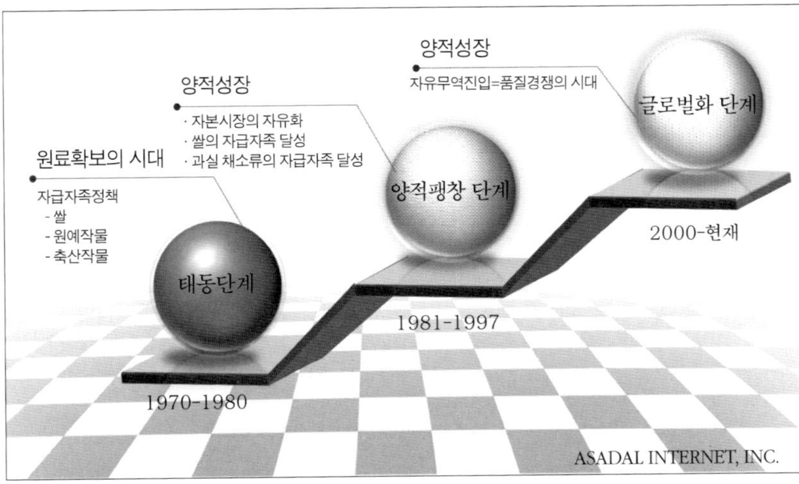

그림 9-2. 국내식품산업의 발전단계

경제학자들은 지난 40년 동안의 국내 광업 및 제조업의 발전과정을 3단계, 즉 제조산업의 태동단계, 양적 팽창 단계 및 질적 성장의 글로벌화 단계로 분류한다. 국내 식품산업의 발전도 이와 마찬가지로 크게 세 과정으로 나눌 수 있다. 1970-1980년대를 근대 식품산업의 태동의 시기, 1981-1999년대를 양적 팽창과 성장의 단계, 그리고 2000년 이후를 글로벌화의 과정으로 설명할 수 있다(그림 9-2). 식품산업의 태동의 시기에는 식자재 원료의 확보, 양적 팽창의 단계에서는 다양한 가공설비의 증설, 2000년 이후 글로벌화 단계에 있는 오늘날에는 국제적 경쟁력 향상에 주력하고 있다.

돌이켜 보면, 1970년대 이전에도 정부의 중소기업진흥책과 농어민 소득 증대의 일환으로 식품산업 육성에 대한 관심이 높아진 것은 사실이다. 그러나, 1970년대 초까지만 해도 우리나라 농업행정은 양곡과 원예작물 생산을 중심으로한 식량자급자족이 대명제이었다. 당연히 국내 식품산업의 육성에는 한계가 있었다. 즉, 전형적인 농업국 시절, 국내농산물을 가공한다는 자체가 사치스러운 일이었던 것이다. 다만, 수산물가공부문(특히 수출용 오징어 가공)이 국내 식품산업의 개념으로 이해되고 사회적 관심의 대상이 될 정도이었다.

사실상, 1970년대 들어 우리 정부의 산업화 정책은 식품가공분야에도 파급

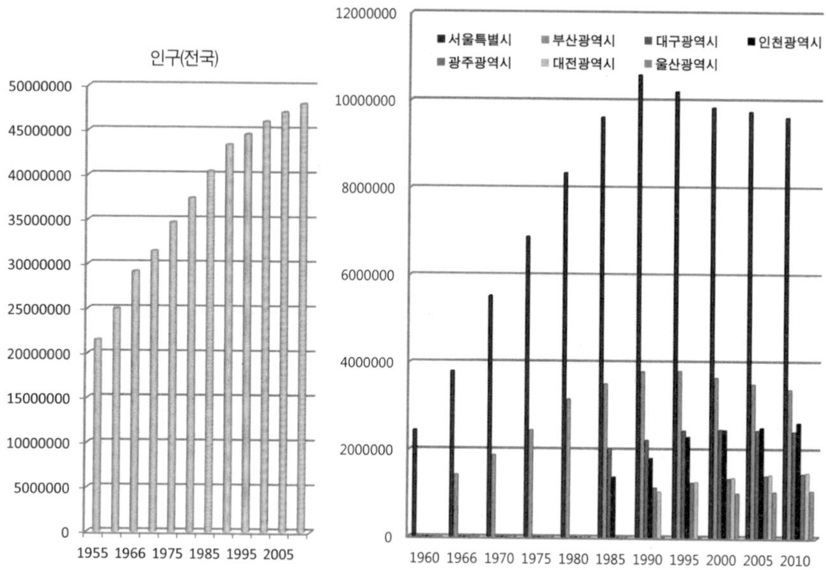

그림 9-3. 총인구 및 대도시 인구 증가 추이

된다. 1970년 초 일기 시작한 산업화정책의 드라이브에 따라 도시인구는 날로 증가하고 먹거리의 유통체계는 생산지(농촌)와 소비지(도시)가 분리되어 가공식품의 산업화의 필요성이 대두된다. 특히, 1970년대는 도시인구 집중현상이 가장 두드러진 시기이다(그림 9-3). 이는 도시 노동력의 수요 급증에 기인한다. 그리고, 이러한 대도시 인구집중 현상은 1985년까지 계속되면서 정부나 도시근로자 모두 효율적 가공식품 공급체계에 대한 필요성을 절실히 느끼게 된다. 가공식품의 효율적 생산과 유통이 산업사회의 생산성 향상에 기여한다는 판단에서다. 즉, 경쟁력을 갖춘 노동력의 창출을 가공식품을 통한 효율적 칼로리 공급체계에서 찾으려 한 것이다. 한편, 1970년대는 국민소득수준도 매년 20-30%씩 급상승하면서 가공식품에 대한 도시 근로자의 구매력이 향상된다. 1970년대는 가공식품의 일상화가 자리잡는 시기였다(그림 9-4).

1970년대까지만 해도 우리나라는 근본적으로 농업생산량이 저조하여 따라서 가공용 식자재를 내수로 충당한다는 것은 불가능한 일이었다. 이것이 우리나라 식품산업이 수입 식자재의 가공에서 출발하게 된 근거다. 우리 국민의 기

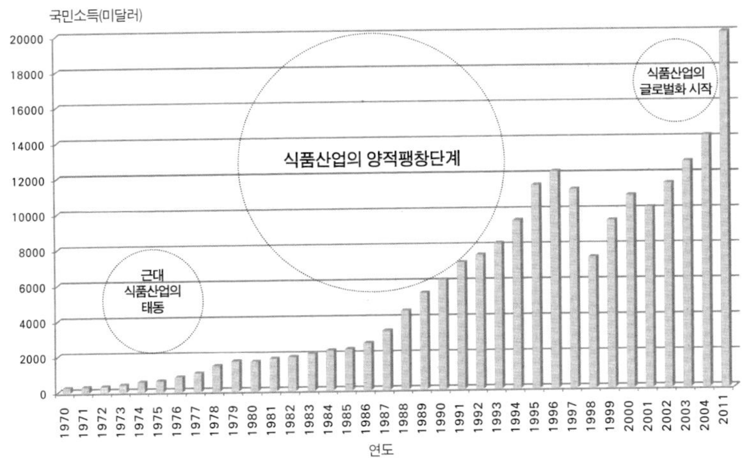

그림 9-4. 국민소득 추이

초식단을 이루는 장류 산업, 두부류 산업, 설탕산업의 원자재인 밀, 대두, 원당 등이 수입되면서 국내 식품산업이 형성된 것이다. 따라서, 1970년대는 해외 수입 원료를 확보할 수 있는 기업이 식품시장을 형성하는 시기였다고 보아도 과언이 아니다. 즉, 식자재 원료의 수입이 허가된 기업이 식품제조업에 참여할 수 있었다고 생각된다. 그리하여, 가공식품의 소비형태가 식자재를 할당받을 수 있는 식품제조업체에 의존할 수밖에 없어 식품시장은 소비자 위주의 시장이라기보다는 판매자 위주의 시장(seller's market)이었다. 다시 말하면, 식품제조업체에서 유통하는 가공식품에 한하여 소비자가 접근할 수 있는 시기였다.

또, 1970-1980년대는 해외 식자재 수입과 함께 해외 식품기술의 도입이 시작된 시기다. 그리하여, 수입 원료(밀, 대두, 원당)를 이용하여 제빵, 제과, 제면, 제당산업이 성장하고 해외 식품기술을 이용하여 통조림식품, 아이스크림, 마가린, 햄, 소시지와 같은 서구식 가공식품의 생산기반이 조성된 시기다. 당시 정부의 강력한 축산진흥정책에도 불구하고 서구의 주요 식품산업 부문인 육가공은 시작 단계에 머물고 있었다(그림 9-5). 한편, 우유처리시설 및 식용유지가공은 이 시기에 자리를 잡는다. 지난 40여 년 동안 국내 식품산업의 매출액은 1960년대의 6000억 원 규모에서 2009년도 66조 원으로 증가하였으니, 생산규모로 보아 거의 100배로 성장했다. 특히, 육가공, 우유가공, 전분 및 식

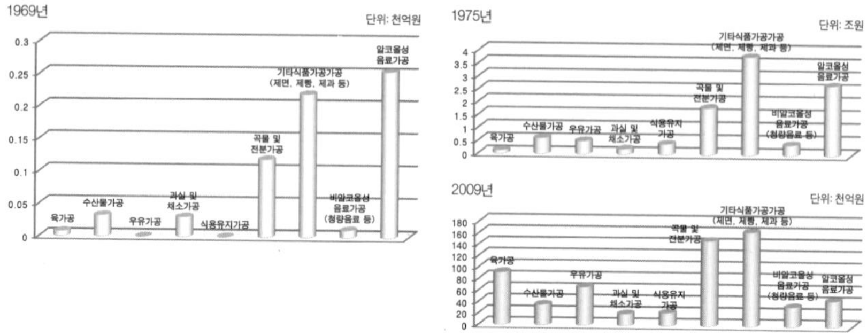

그림 9-5. 식품산업 부문의 생산액 추이

용유지가공 부문의 성장이 두드러진다.

1980년대 후반 우리나라는 쌀과 원예작물의 자급자족을 달성한 후, 주식 이외의 먹거리에 대한 소비자의 요구가 다양해진다. 특히, 지속적인 국민소득의 향상으로 소비자는 곡물과 수산가공식품 외에 육가공품과 우유 및 유제품에 관심을 갖는다. 그리하여, 우선 값이 저렴한 액상 유산균발효유, 식용유, 조미햄 및 어묵소시지 등의 생산활동이 육가공과 우유가공의 기반으로 들어선다. 또, 수출입 쿼터제에 의해 외국산 쇠고기가 처음으로 수입되고, 육류수입에 따라 자연히 냉동냉장저장창고업이 자리 잡기 시작한다. 어떻게 보면 1980년대 후반부터서는 먹거리의 개념이 양적 포만감에서 질적 만족감으로 바뀌는 시기라 볼 수 있다.

또, 1980년대는 급가속적인 도시화 산업화에 따른 가공식품의 수요 증가로 국내 가공식품시장도 양적 팽창을 경험한다. 가공식품에 대한 소비자의 요구도 다양하여 국내 식품시장은 소비자의 선택에 부응하는 소비자의 시장(consumer's market)으로 바뀐다. 식품시장에 치열한 경쟁이 일었던 시기다. 결국, 식품기업체가 종전의 생산성 관리에서 품질관리에 역점을 둔 시기라 말할 수 있다. 1980년도 후반기에는 해외자본시장이 개방되고 외국인 투자가 증가하면서 국내 식품가공기술 국제경쟁력을 갖추지 않으면 성장할 수 없는 환경에 접한다. 특히, 88올림픽을 기점으로 정부가 시행한 일련의 무역자유화조치로 우리나라 해외 가공식품시장이 개방되면서, 국내가공식품 내수시장은

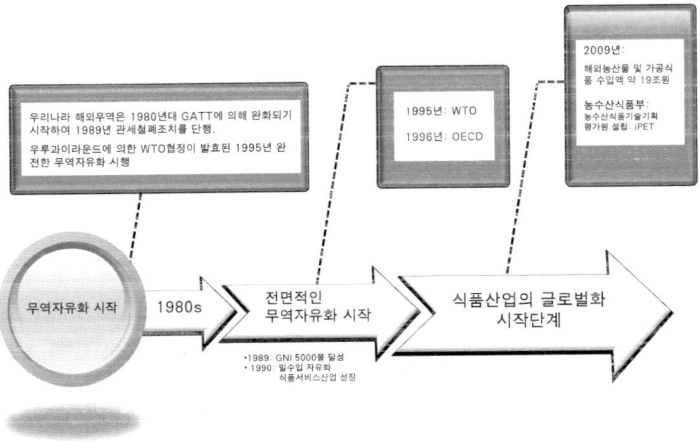

그림 9-6. 국내 식품산업의 글로벌화 과정

양적 팽창과 함께 해외식품시장과의 품질경쟁 시대에 들어간다(그림 9-6). 소위 오늘날 우리가 경험하는 국내 식품산업 글로벌화의 초기단계라 생각된다. 1990년대 중반 우리나라는 우르과이라운드에 이어진 WTO(1995년)협정으로 밀 수입선이 다변화된다. 따라서, 가공식품도 밀품종의 선택에 따라 다양화된다. 뒤이은 OECD(1996년) 가입으로 모든 농산물의 수입이 자유화되고 국내 식품산업은 자의반 타의반으로 글로벌화의 준비에 들어간다. 1990년대 후반 국제수지 악화(IMF)로 국내 식품산업도 기업구조조정의 어려움 겪지만, 국내 산업화의 지속으로 다시금 식품산업도 본 궤도에 오른다.

2000년대는 수입가공식품과 국산가공식품의 본격적인 경쟁의 시대에 들어서는 시기이다. 모든 가공식품이 국제화 시대의 소비자의 눈높이에 추는 치열한 경쟁의 시기에 들어선 것이다. 이와 같은 식품시장의 글로벌화의 추세에 맞추어 정부도 2002년도 우리 농산물의 효율적 유통과 수출 진흥의 목표로 농수산식품유통공사를 개관하게 된다. 그리고, 재래시장과 슈퍼 중심으로 유통되어 왔던 내수 가공식품시장도 대형마트 중심으로 재편된다.

주요 식품산업 부문의 발전과정

산업사회에서의 가공식품의 시장성은 높은 생산성, 유통과정에서의 안전성, 그리고 소비자에게 편이하게 서비스할 수 있는 인스턴트식품 기술의 확보에 있다(그림 9-7). 즉, 산업사회에서의 식품가공이란 비교적 값이 저렴한 원료를 이용하여 부가가치를 높이고, 현대 생물과학기술을 이용하여 저장성을 향상시키며, 첨단 식품공학기술로 농수축임산물을 편이식품으로 전환하는 일이다. 그리고, 이와 같은 가공식품의 상품성을 만족시킬 수 있는 가공원료가 전분(밀가루), 식용유 및 당류(설탕과 전분당)이다. 즉, 전분, 식용유 및 당류 생산체제가 모든 가공식품의 하부구조에 해당한다. 따라서, 국내 식품산업도 제분, 정당, 전분당 및 식용유 가공시스템의 설비에서 비롯되고 있다.

1. 제분, 전분당, 제당 및 식용유산업

우리나라 제분, 전분당, 제당 및 식용유 제조공장은 대부분 1960년대 전후에 설립되어 현재 각각 연간 1-2조 원의 생산액을 보이고 있고 현재 국내 내수용으로 충분한 생산능력을 갖추고 있다(그림 9-8, 그림 9-9). 일례로 제분공업의 연간 생산능력은 약 300만 톤으로 우리 국민이 소비하는 쌀 소비량에 맞먹

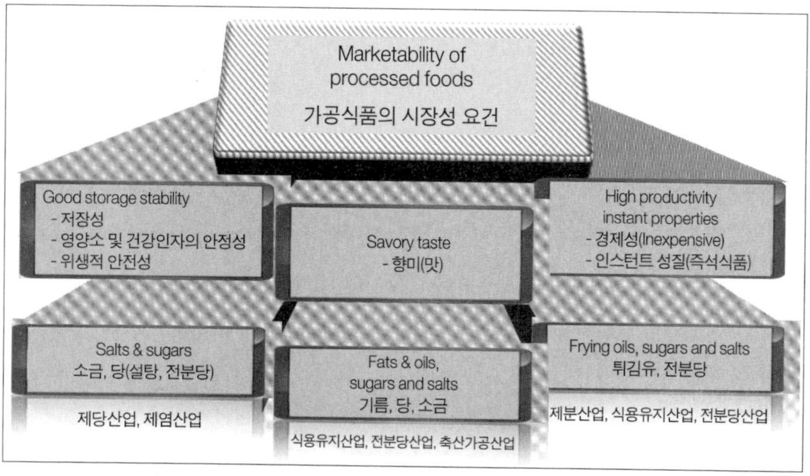

그림 9-7. 가공식품의 시장성 요건

고 있다. 쌀을 주식으로 이용하는 우리 식생활을 감안할 때 밀가루의 생산량은 이미 국내 수요량을 초과하고 있다고 볼 수 있다. 한편, 미곡처리장(RPC)에서 가공처리되는 쌀은 현재 약 1.8조 원의 생산액으로 이 역시 내수용에 한계를 맞고 있다(그림 9-9).

한국전쟁 후, 우리국민에게 수입 밀이란 양곡의 개념으로 이해되어 왔다. 즉, 밀은 식품가공 원료라기보다는 식량 혹은 주식 대체 양곡의 위치를 차지하여 양곡관리의 주무 행정부서인 농림수산식품부(당시 농림부)에서 관할하여 온 것이다. 그러던 것이 1980년 쌀의 자급자족 이래 1990년 밀 수입이 자유화된 후, 2003년도 수입 밀의 관리가 농림수산식품부에서 식품의약품안전청으로 이관되어 처음으로 식품가공 원료의 개념으로 전환된다. 현재 한국제분공업협회 산하에는 8개 제분회사〔CJ(주), 대선제분(주), 대한제분(주), 동아제분(주), 삼화제분(주), (주)삼양밀맥스, 영남제분(주), 한국제분(주)〕이 년간 약 300만 톤의 가공능력을 보이고 있다.

우리나라 제분공업은 100% 수입 밀에 의존하고 있다. 1969년 당시 정부의 분식장려정책과 함께 약 100만 톤의 밀가루가 소비되었고, 지금은 200만여 톤의 밀가루가 제면과 제빵산업에서 사용되고 있다. 현재 우리나라 쌀 소비가 약 300만 톤임을 감안할 때, 한국인의 식단에서 밀가루 의존도는 대단히 높다. 현재 밀가루의 용도별 소비현황을 보면, 제면(라면 57만 톤), 제빵 제과산업에서 각각 37.3%, 23.0%를 차지하고 나머지가 가정용, 요식업소, 양조용으로 이용되고 있다. 우리국민 밀가루의 일인당 년간 소비량은 32-38*kg*으로 지난 30여 년 동안 매년 5% 내에서 증감하는 안정된 소비 추세를 보이고 있다.

1980년 중반까지는 수입밀의 거의 100%가 미국산이었다. 미국산 밀은 단백질 함량의 차이에 따라 연질맥(9-11%)과 경질맥(11-16%)으로 나뉜다. 현재 수입되는 밀의 품종은 연질 백색밀(soft white wheat), 경질 적색 겨울밀(hard red winter wheat), 경질 적색 봄밀(hard red spring wheat)이다. 연질맥은 국수, 과자, 케이크 제조에 사용하고 경질맥은 제빵용이다. 근래에 들어 밀의 가공적성 및 소비자의 기호도의 변화에 따라 수입선이 다변화되고 있으며, 지금은 미국밀과 호주밀이 각각 약100만 톤, 캐나다밀이 10만 톤가량 수입되

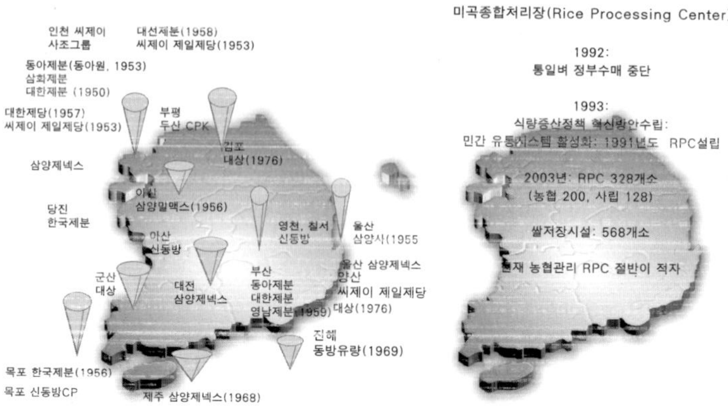

그림 9-8. 제분, 전분당, 제당 및 식용유지업과 미곡종합처리장 현황

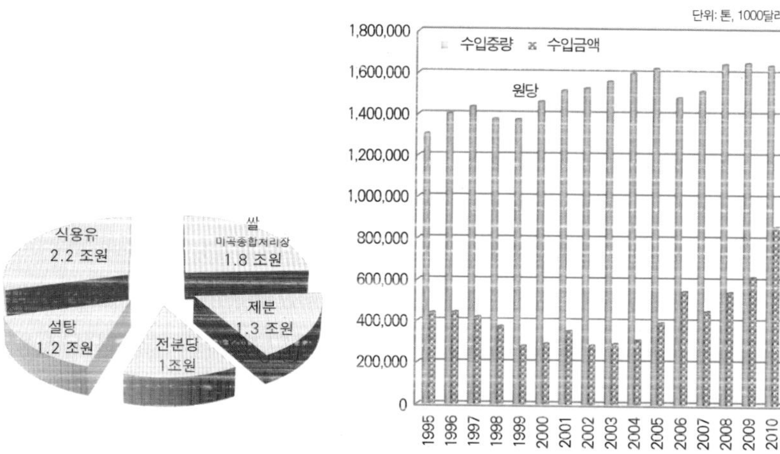

그림 9-9. 주요 가공원료별 생산액(2009년)과 원당 수입량

고 있다. 호주산 밀의 품종도 단백질 함량의 차이에 따라 호주 표준 백색밀(9-11.5%), 호주 연질맥(9.5%이하), 호주 경질맥(11.5-14%)으로 분류되며, 즉석면, 만두, 중동 및 인도식 빵, 찐빵, 쿠키, 과자, 케이크 등 특정한 가공적성이 필요한 제면 제빵 및 제과산업에 이용되고 있다. 캐나다에서 수입되는 밀은 캐나다 적색 봄밀(11.5-14.5%)로 주로 제빵용이나, 파스타 제조에 이용한다.

수입 옥수수는 국내에서 가장 많이 소비되는 곡물이다. 옥수수를 이용한 전분가공업체, 특히 전분당 공장은 1970년대 중반부터 활성화 되어, 지금 현재 연간 약 1조 원 이상의 매출액을 보이고 있다(그림 9-9). 특히, 설탕에 비해 가격이 저렴하여 국내 식품산업의 견인차 역할을 하고 있다. 현재 수입옥수수를 가공하는 전분당산업체는 3개사(삼양제넥스, CPK, 신동방CP)이며 연간 약 200만 톤의 옥수수를 이용하여 식품산업 기초소재를 생산하고 있다(그림 9-8). 연간 제조된 전분당은 과당, 물엿 및 포도당으로 대부분 가공식품의 원료로 이용되고 있다. 옥수수에서 얻는 전분의 용도는 제지용, 제약용, 맥주제조용 및 식품공업용으로 구성되어 있다.

옥수수의 다양한 용도는 옥수수 최대 생산국가인 미국에서 개발되었다. 처음엔 곡물사료로서의 가치가 높았지만, 후에 옥수수 전분을 이용한 여러가지 당류가 생산됨에 따라 옥수수 전분은 물엿, 포도당 및 과당의 원료로 변신한다. 당시 과당은 단맛의 주성분으로 알려진 설탕의 단맛보다 강도가 높아 설탕업계에서 옥수수로 만든 당류를 '시럽'이란 상표명을 사용하지 못하도록 제소할 정도이었다. 옥수수를 이용하여 설탕의 대체상품을 개발한 사실은 근대 식품과학기술의 획기적인 업적 중에 하나라고 말하지 않을 수 없다. 우리가 지금 옥수수 전분당(과당)을 '콘시럽'으로 부르는 이유도 제당업계의 반발에 의한 법정판결에 근거한다. 즉, 값비싼 사탕수수가 아닌 값싼 옥수수가 원료로 사용되었다는 표기를 강제한 것이다. 요샛말로 생산 이력제의 효시이다. 과당의 출현으로 식품가공업계는 일대 전환기를 맞이하게 된다. 지금도 저렴한 옥수수 전분을 이용한 과당(전분당)은 값비싼 설탕을 대체하고 있다. 이러한 사실은 저렴한 가공식품의 보급에 지대한 영향을 주었다. 결국 가공식품의 소비가 증가되는데 한 몫을 한 셈이다. 지금 전분당의 종주국에서 '콘시럽'을 비만의 원인으로 몰아붙이고 있지만, 비만은 먹거리의 과다섭취에 기인되는 것이지, 특정 식품성분 그 자체에 책임이 있는 것이 아닐 것이다.

1950년대에 설립된 국내 제당공장(제일제당, 삼양사, 대한제당)에서는 연간 160만여 톤을 생산능력을 갖고 있으며, 연간 1.2조 원의 생산액을 보이고 있다(그림 9-8, 그림 9-9). 생산량으로 보아 국내 수요를 충족하고 남는다. 동서고금을 막론하고, 설탕은 식품산업의 기본 소재이다. 따라서, 제당공장은 국내 식품산업의 태동 시기에 맨 먼저 설립되어 우리나라 식품산업의 기반을 구축하였다. 그러나, 1970년대 이후 설탕은 저렴한 옥수수 전분당(과당)으로 대체되면서 식자재로서의 설탕의 경제성이 낮아짐에 따라 현재 생산량의 34%가 해외로 수출되고 있다. 이로 인해 국내 가공식품 가운데 설탕이 유일한 수출품목의 역할을 하고 있다고 볼 수도 있다.

가공식품산업을 구축하는데 식용유지 산업은 필수적이다. 기름이 있는 음식이 맛이 있는 때문일 것이다. 이런 이유로 식용유 정제산업도 우리나라 식품산업의 태동기에 자리를 잡는다. 1970년대 우리나라 유지작물은 콩, 참깨, 들깨 등으로 이 가운데 유지 함량이 가장 높은 콩의 생산량은 연간 약 20만 톤에 불과하였고, 용도도 거의 부식용(콩나물, 두부) 수급에 머물고 있었다. 따라서, 식용유지 산업은 수입콩 가공산업에서 출발하게 되고, 유지산업의 부산물인 탈지대두는 장류산업의 원료가 된다. 1960년대 후반 당시 동방유량의 식용유산업에서 시작하여 수개소의 식용유 가공회사가 식품산업의 출발과 함께 시작한다(그림 9-8). 지금 연간 100만여 톤의 콩을 수입하여 식용유지, 부식, 간장 및 배합사료의 원료로 이용하고 있다. 국내 콩기름 수요는 수입 콩을 착유하여 공급하였다. 그러나, 88 올림픽을 기점으로 급성장한 외식산업의 식용유 수요를 충당하기 위해 지금은 연간 30만 톤의 콩기름(조유)을 수입하고 있다(그림 9-10). 현재 우리나라의 콩기름 생산량은 콩의 수입량에서 유추할 수 있듯이 20만 톤 미만으로 국내수요량 80만 톤의 25%에 그치고 있다. 40여 년 전 식용유지 수요량이 10만여 톤에 불과하던 것이 지금은 80만 톤에 육박하고 있으니, 결과적으로 우리 식생활이 지방질식품 위주의 식단으로 전환되고 있음을 말해 준다. 즉, 식용유는 중량단위로 우리 식단의 25%를 차지하며, 이를 일인 일일 총공급열량으로 계산하면 60%에 달한다. 한마디로 지금의 우리 식단은 지방질 식단이라 해도 과언이 아니다.

식품가공 원료로서의 식용유의 중요성은 대단하다. 우선, 식용유의 끓는 온도는 180-220℃로 일반적인 살균온도인 120℃를 훨씬 넘어 거의 완전한 살균효과를 얻을 수 있다. 이 때문에 튀김공정은 식품가공기술에 즐겨 사용해 온 저장기술이다. 또, 기름은 모든 향미성분의 운반자이다. 긍정적이거나 부정적

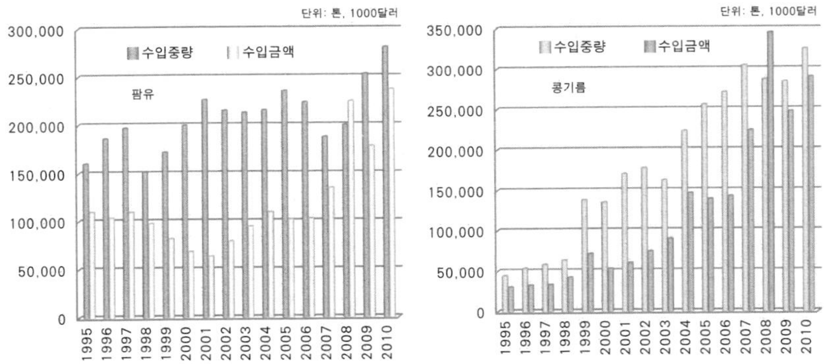

그림 9-10. 식용유지의 수입량 및 수입액의 추이

이거나 간에 기름이 있는 곳에 맛과 향이 있다. 가공식품 특성의 하나인 기호성을 생각하면, 식용유는 빼놓을 수 없는 가공 원료이다. 또한, 식용유는 가공식품에 인스턴트 성질을 부여한다. 튀김공정은 어느 나라나 식품산업기술의 첫 관문에 해당한다. 유럽의 프렌치프라이, 미국의 포테이토 칩스, 일본의 덴푸라 기술이 대표적인 예이다. 또, 튀김유로 사용하는 식용유는 식품이 지닌 특정한 이취를 제거하여 기름의 향미성분만을 공급하는 특성이 있다. 즉, 농축수산물이 지닌 열악한 향미를 개선하는 효과를 지니고 있다.

식용유지는 용도로 보아 크게 튀김용 가공유(팜유)와 조리용 식용유(콩기름)로 구분되고, 각각 식용유지 총수요량의 50%를 차지한다. 튀김용 가공유(팜유 및 수소첨가 경화유)는 주로 제면(라면)이고 콩기름은 가정용이다. 팜유는 원래 일부 동남아국가에서 튀김유로 이용된 가공유이다. 1970년대 팜유는 일본에서 튀김유로 사용하기 시작하였으며, 우리나라는 1980년 후반 식용유지를 식물성기름으로 전환하면서 제면산업의 독보적인 가공유로 등장한다. 현재 팜유(팜스테아린유, 팜올레인유, 팜핵유)의 수요량은 약 30만 톤으로 수입유지의 50%에 해당한다(그림 9-10). 국내 식용유지 시장의 매출액은 수입팜유 약 2천억 원, 수입콩기름 약 3천억 원, 기타 국내 생산으로 구성되어 있고, 총 2.2조 원의 시장을 형성하고 있다(그림 9-9).

식품산업체에서 이용하는 가공유는 융점이 높아야 튀김공정에 이용할 수 있다. 높은 융점으로 튀김식품의 바삭바삭한 텍스처(crunch)를 유지할 수 있고, 포장지에 기름이 묻지 않아 위생적으로 유통시킬 수 있다. 이러한 이유로 높은 융점을 지닌 팜유를 제외한 모든 식물성 기름은 거의가 경화유(수소첨가유지)로 재가공 처리하여 식품산업체의 가공유로 사용하고 있다. 가장 간단한 경화유 제조방법은 1930년대 미국에서 개발된 부분수소첨가반응이다. 이는 콩기름의 불포화지방산에 수소를 첨가하여 포화지방산의 비율을 높혀 융점을 증가시키는 방법이다. 상온에서 반고체상태를 띤 기름이라하여 경화유로 부른다. 따라서, 경화유는 일종의 식물성 경화유에 해당하는 팜유와 늘 경쟁적인 위치에 있다. 문제는 가격경쟁력이다. 우리나라와 일본은 수소첨가 콩기름(경화유) 대신 값싼 팜유를 선택하여 제면산업 등에 이용하여 왔다. 반면에 미국과 유럽 등에서는 경화유(수소첨가 유지)를 튀김유로 사용하여 왔다. 이유는 팜유의 포화지방 조성이 동물성 유지(라드)와 유사하다는 것이다. 그러던 중, 1990년대부터 이슈화된 트랜스지방 문제로 지금은 팜유의 수요가 증가하고 있다. 팜유가 자연에서 얻을 수 있는 고융점의 가공유에 속하기 때문이다. 그동안 팜유의 이용을 자제해 왔던 유럽 식품업계에서도 최근 10여 년 동안 팜유 수입량을 늘리고 있다. 결과적으로 팜유의 가격은 꾸준히 상승하여 현재 콩기름의 가격에 육박한다. 여기에 팜유의 바이오연료화는 미래의 팜유 가격을 더욱 상승시킬 것이다. 이제 가공적성을 갖춘 식물성 가공유의 연구개발이 유지기술의 핵심이다.

2. 육가공산업

국내 축산물가공업은 서구 식품산업에 비교할 때 아직도 초보적인 가공단계에 있다. 특히 육가공산업은 '신선육'의 포장단계에 있다고 볼 수 있다. 또, 우리나라 도축업장도 약 90여 개소로 산재해 있어 선진형 육가공설비와는 아직 거리가 멀다. 최근 정부는 전국의 영세 도축장을 2015년까지 36곳으로 줄이고 시설을 현대화하려는 노력을 하고 있다(그림 9-11).

어느 나라나 마찬가지로 육가공 산업은 자국 내의 국민소득과 직결되어 있다. 우리나라는 1990년 후반 외환위기를 탈출하면서 육류(쇠고기)의 수요량이 증가한다. 또, 국민소득의 회복과 함께 국내 육가공산업도 활기를 띠기 시작한다. 그러나, 2000년대 급증하는 육류 수요를 국내 생산량으로 충당할 수 없어 육류산업은 수입형 가공 및 재포장산업의 형태로 기형적인 성장을 하고 있다. 특히, 국민소득 2만 불 시대에 들어서면서, 육류수입량은 급증한다. 이에 따라 현재 축산물저장업체가 100여 개소에 이른다. 국내 육가공산업이 수입육의 재포장산업으로 바뀐 느낌이다. 국내산 육류의 육성대책은 미진하고 대신에 2008년도 수입육협회가 결성되고 수입육 판매상이 증가일로에 있다(그림 9-11).

육가공은 크게 육제품가공과 포장육(신선육)가공으로 나뉜다. 국내 육제품 가공업은 1960년대 어육혼합 소시지 생산으로 출발한다. 이후, 국가경제의 발전으로 1980년대부터 대기업이 어육소시지 시장에 참여하고, 일본과 독일의 육가공기술이 도입되면서 햄생산이 본격화된다. 육가공품의 종류를 보면 햄, 소시지, 캔 및 베이컨이다. 햄 및 소시지 생산량은 1980년대 약 6천 톤에서

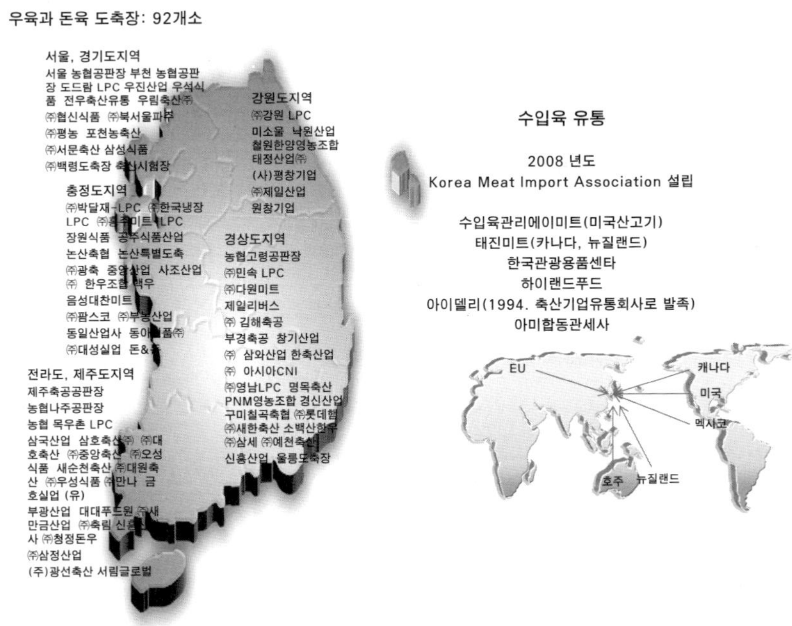

그림 9-11. 전국의 도축장과 수입육 유통회사

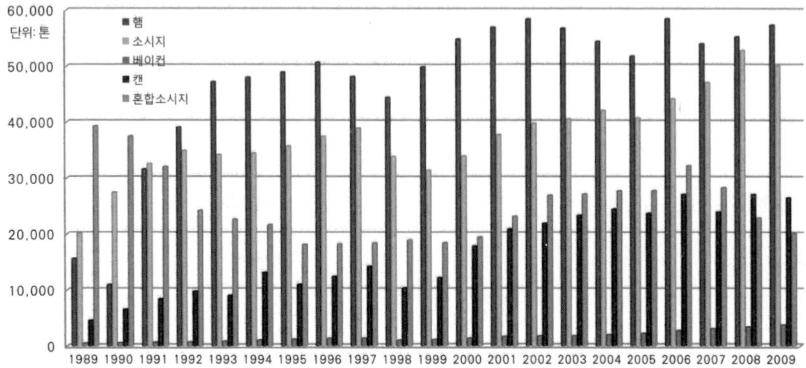

그림 9-12. 국내 육가공산업의 추이

1990년대 6만 톤의 생산으로 증가하나 이후는 큰 진전을 보지 못하고 있다(그림 9-12). 한때(1995년) 축협중앙회의 햄 생산 참여로 육제품가공산업의 성장시대를 예고한 듯하였으나, 뒤이어 닥쳐 온 외환위기로 침체된 후 육제품가공산업 전반이 아직 부진한 상태이다. 이는 우리 식단이 서구 식단과는 달리 '신선육' 조리식품을 우선하기 때문으로 판단된다.

전술한 바와 같이 국내 육가공산업은 육제품생산(연간 약 15만 톤)에 기반을 두고 있으나, 실제로는 '신선육'(약 180만 톤) 공급체계가 국내 전 육가공산업을 주도하고 있다. 1970년대 정부의 축산진흥정책에 힘입어 성장해 온 '신선육' 시장이 1980년대를 기점으로 처음 '분할육'의 개념이 정착되면서 '포장육' 가공산업으로 발전한 것이다. 이렇듯 '포장육'에 대한 우리 국민의 인식도 그리 오래되지 않았다. '포장육'의 개념은 1980년대 중반 수입쿼터제에 의해 받아들인 해외냉동육의 냉동포장육에서 처음 시작한다. 1980년 초반까지만 해도 부위별 쇠고기의 품질에 대한 일반인의 이해가 부족한 것이 사실이다. 분할육에 대한 품질등급이 없고, 다만 무게단위로 판매하는 정육점에서 품질이 월등한 부위는 아름아름 단골손님에게 파는 상행위가 일반적이었다. 그래서, 일부 수출업자는 도축 후 쇠고기 '안심'만을 별도로 수집하여 컨테이너에 실어 일본에 수출하는 기 현상도 있었다.

지난 40여 년간 국내생산 축산물 가공산업부문을 일별하면 10만여 톤의 쇠

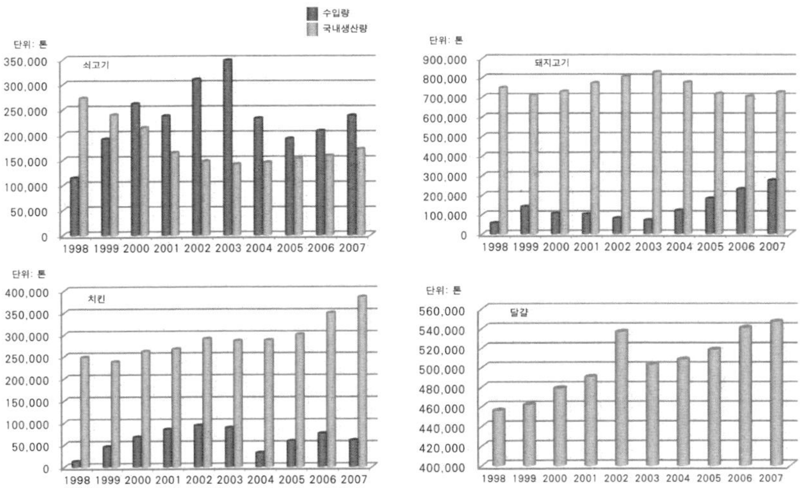

그림 9-13. 쇠고기, 돼지고기, 치킨 및 달걀의 국내 생산량과 수입추이

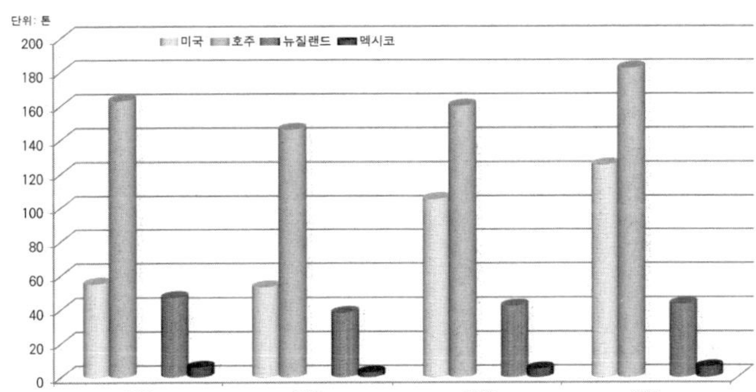

그림 9-14. 쇠고기 수입추이

고기, 70만여 톤의 돼지고기, 30만여 톤의 치킨, 기타 50만여 톤의 달걀로 구성되어 있다(그림 9-13). 현재 육류와 달걀을 합쳐 약 160-180만 톤을 생산하고 있다. 이는 매년 들여오는 약 600만 톤의 옥수수의 사료전환율에 해당한다. 2000년부터 수입하는 수입육의 추이를 보면 쇠고기가 20-35만 톤, 돼지고기가 20-50만 톤이 이르고 있다. 2000년대 들어서면서 냉동쇠고기 수입량은 이미 국내생산량을 넘고 있다. 치킨과 달걀은 아직 국내산으로 충당하고 있지만, 이 역시 머지않은 장래 수입량이 증가할 것으로 예측된다.

수입육은 현재 호주, 미국, 멕시코 및 캐나다 등지에서 약 35만 톤(쇠고기)을 수입하고 있다(그림 9-14). 2003년 미국의 광우병 파동((BSE, Bovine spongiform encephalopathy)으로 대부분의 수입육은 호주에서 들여왔지만, 근래 미국산 쇠고기의 수입량이 급격히 증가하고 있다. 아는 바와 같이 우리나라 사람은 쇠고기와 돼지고기 가운데 쇠고기를 선호하고 있다. 그리하여 우리 가계의 소득 증가는 곧 쇠고기 수요의 증가로 이어지는 현상을 보인다. 앞으로 국민소득 증가와 함께 쇠고기의 소비욕구는 지속적으로 증가할 것이다. 우리나라는 세계에서 몇 안 되는 곡물사료 수입국이다. 국내산 고기생산량이 수입 냉동냉장육에 미치지 못하는 현상을 보아, 앞으로 곡물사료 수입과 수입육 가운데 어느 한쪽을 선택해야 될 날도 머지않은 것 같다. 또, 근래 유럽연합과의 FTA협정으로 급증하는 돼지고기의 수입량이 국내 생산량에 육박하는 것도 주목해야 할 대목이다. 쇠고기 시장에 이어 국내 돈육시장의 국제경쟁력 제고에 어떤 방안이 나올 수 있을지 궁금하다.

3. 우유가공산업

우유가공은 1962년 축산물가공이용법 제정과 함께 축산 관련 협동조합의 백색시유 생산으로 시작하였다(그림 9-15). 우유가공산업은 크게 시유산업과 가공우유산업으로 나뉜다. 1970년대 시작한 국내 시유의 보급과 함께 지금은 탈지분유, 멸균시유, 액상 요구르트, 드링크요구르트 등이 유제품가공의 시작이었고, 1980년대의 호상요구르트, 유당분해우유, 저지방우유, 슬라이스치즈, 혼합과즙음료가 우유의 부가가치 향상의 일환으로 시도되는 가공품목들이다. 국내 우유소비를 품목별로 보면, 백색시유의 소비가 가장 높

그림 9-15. 국내 우유가공산업 현황

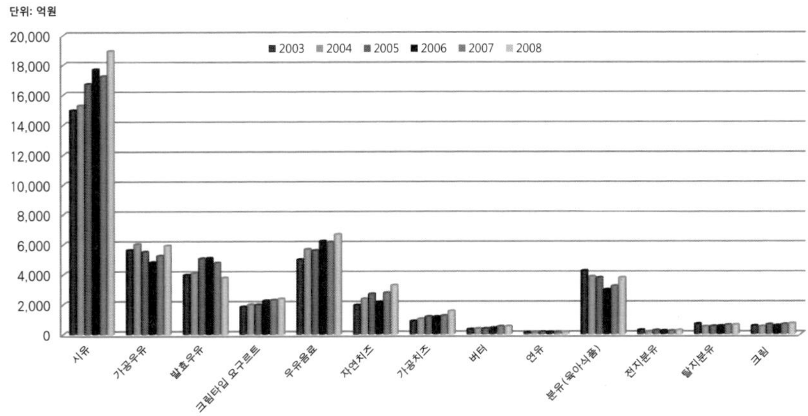

그림 9-16. 우유가공산업 시장 생산액 비교

고, 다음이 발효우유, 발효우유, 치즈, 분유, 크림, 버터, 연유, 크림의 순이다(그림 9-16). 그러나 우리나라의 우유가공산업은 아직 시유의 공급단계에 있다고 보아야 할 것이다. 한편, 1995년 WTO가입과 동시에 탈지분유, 전지분유, 조제분유, 유장분말, 치즈가 개방되고 이듬해 버터, 연유, 유당이 자유화됨에 따라 국내 유가공업계는 국내외적으로 여러 가지 어려움을 겪고 있다.

서구의 식품산업의 주요 부문이 육가공과 우유가공이다. 그래서, G7국가의 육가공과 우유가공산업은 전 식품산업 부문에서 선두에 있다. 우리나라도 예외가 아니다. 1990년대부터 성장하기 시작한 국내 육가공 및 유가공산업은 현재 단일 생산부문 가운데 최대의 생산액을 보이고 있다. 2012년 현재 각각 10조 원대이다. 앞으로 2-3배가 증가할 것으로 예견되고 있다. 이러한 외형적 급성장은 한때 식품행정으로까지 비화된 적이 있다. 외견상 식품행정 소관업무 문제로 비추어졌지만, 실은 미래 식품시장 잠재력의 애착에서 비롯된 것이리라.

우리나라 우유가공산업은 1962년 축산물가공처리법에 따라 농림부 소관업무이었다가, 1984년 축산물가공처리법이 축산물위생처리법으로 바뀌면서 보건복지부로 이관된 적이 있다. 그 후 1997년 축산물위생처리법이 다시금 축산물가공처리법으로 바뀌면서 1998년도 우유가공산업 분야가 농림부 관할로 다시 환원된다. 지금은 수의과학연구소와 국립동물검역소를 통합한 국립수의과학검역원에서 축산물 위생관리를 담당하도록 하고 있다. 가공식품은 원료를 생산하는 부서와 가공된 식품의 유통 및 위생관리를 맞는 행정부서가 있기 마련이다. 따라서, 생산과정은 생산부서(농수산식품부)가 관리하고 유통과정의 위생관리는 관리감독청(식품의약품안전청)에서 수행하는 것이 타당할 것이다. 축산물 가공처리법이나 위생처리법도 생산관리관련 위생법과 유통관리관련 위생법으로 이분화시켜 식품행정관리의 통일을 기하면 무난할 것이다.

4. 장류 및 조미료 산업

우리나라 전통장류의 공장제 생산은 20세기 초 일제강점기 때 시작한다. 일제강점기 36년 동안 설립된 장유회사는 약 70여 개소로 추산한다. 그러나, 2차 세계대전 후 일본인이 퇴각하자 국내 장유회사의 수효는 급격히 감소하여 3-4개 회사(샘표, 매일, 진미, 몽고식품)로 준다.

장유산업의 근대화는 1961년 식품위생법의 공포와 함께 시작되었다. 식품위생법에 따라 처음으로 전통 장류의 품질기준이 설정되고 장유회사의 법인으로 '대한장류공업협동조합'이 설립되면서 국내 장유산업의 발전의 계기가 마련된다. 이제 우리나라 고유의 장류 가운데 고추장은 2008년 코덱스(Codex alimentarius)에 등재됨으로써 김치와 함께 한국전통식품으로서 한식화의 소스로 발전을 모색하고 있다.

국내 조미료 산업은 MSG제조에서 시작하였고, 따라서 일본의 조미료 산업과 궤를 같이하고 있다. MSG의 역사를 보면 1908년 맛의 본질(味의 元)이라는 글루타민산나트륨의 생산에서 찾는다. 그리하여 1909년 단백질 분해법을 이용한 글루타민산염 조미료 생산이 맨 먼저 시작되었고, 이를 '화학조미료'라는 상표명을 붙여 생산하였으니 당시 '화학조미료'의 의미는 첨단기술의 상징이었다. 그 후 1956년 일본에서 포도당을 이용한 발효법(상표명: 味元)이 개발된 후, 우리나라도 1962년 당밀을 발효원료로 이용하여 글루타민산염의 대량생산에 성공하게 되면서 '발효조미료'라는 이름을 얻게 된다. 뒤이어 일본에서 효모 중의 리보핵산(RNA) 분해로 얻어진 이노신산을 이용한 핵산조미료가 등장하고, 우리나라에서도 핵산복합조미료 생산으로 전환하였다. 핵산복합조미료란 이노신산나트륨(쇠고기 맛)과 구아닐산나트륨(버섯 맛)을 조화시킨 복합 MSG로 핵산의 조미상승효과를 이용한 것이다. 실제로는 글루타민산염에 핵산을 코팅하는 방식으로 제조하고 있다. 또, 1975년 이후, 국내에서는 동식물 원료와 향신료, 글루타민산염, 소금 등을 혼합하여 제조한 종합조미료(다시마, 맛나)가 등장한다. 이 밖에 국내에서 생산되는 조미식품으로는 식초, 소스, 토마토케첩, 카레, 고춧가루, 실고추, 향신료, 드레싱, 복합조미식품 및 정유제품이 있다.

5. 수산가공산업

수산물의 총 국내공급량은 약 520만 톤으로 국내 생산 270만 톤과 수입 250만 톤으로 충당하고 있다. 수산 원료의 어업별 생산량은 살펴보면, 일반해면어업이 41%, 천해양식어업이 39%, 그리고 원양어업이 19%를 차지하고 있다. 연안산 수산가공품의 처리 형태를 보면, 냉동처리가 43%로 가장 많고, 나머지가 통조림, 해조제품, 조미가공품 등의 순이다. 수산가공품의 종류도 냉동가공제품이 66% 이상을 차지하고 통조림 및 해조제품순이다. 수산가공품은 우리 국민의 일상적인 식단으로 1970년대까지 평균 12%의 성장률을 보여 왔으나, 1980년대에 들어서면서 성장율이 4%대로 둔화되었다. 앞으로도 육류 위주의 식단이 증가함에 따라 수산 가공품의 소비도 서구처럼 감소할 것으로 예견된다.

6. 김치산업

김치의 일인 일일 수요량은 약 90g으로 볼 때, 전 국민의 총 김치 수요량은 약 150만 톤이 된다. 따라서, 현재 김치 가공공장에서의 생산량은 약 50만 톤으로 총수요량의 33%에 해당한다. 가공김치의 소비처는 일반 시판이 64%로 가장 높고, 다음이 단체급식(19%), 군납(11%) 및 수출(6%)의 순이다.

7. 음료산업

서구에서 음료산업은 비알코올음료와 알코올 음료로 구분한다. 비알코올음료는 탄산음료와 같이 알코올 성분이 전혀 들어 있지 않은 음료를 말하고, 알코올음료는 맥주, 포도주와 같이 알코올이 함유된 음료를 말한다. 서구에서도 증류주는 알코올음료와 구별된다. 그래서, 우리가 흔히 술이라는 개념은 알코올음료를 뜻하기보다는 증류주(liqour)를 말한다. 우리는 아직도 포도주와 맥주 등을 술의 개념, 즉 증류주(liquor)와 혼용하고 있어 알코올음료와 술(소주)의 구분이 명확하지 않다. 우리나라에서는 알코올음료 대신 주류의 개념에 맥주, 소주, 탁주, 약주, 청주, 위스키, 리큐르를 모두 포함시키고 있다. 서구의 알코올음료의 개념에 속한 우리나라 알코올음료는 막걸리이다. 막걸리는 아직 유통안정성(storage stability)의 문제가 포도주나 맥주처럼 완전히 해결되지 않았지만, 우리나라의 대표적인 알코올음료로 발전할 수 있을 것이다.

1960년대 가공식품의 생산량 가운데 알코올음료(당시 소주와 막걸리)의 생산액이 가장 높았다. 식품산업의 발전에 따라 지난 30년 간 점차 비알콜성음료의 생산액이 증가되어 지금은 알코올음료와 비알콜성 음료의 생산액 비율이 50 : 50 정도이다. 서구 음료산업의 구성비에 근접하고 있다.

국내 식품산업 현황

2002년 통계청의 제조업 분류의 개정안에 따르면 〈표 9-1-1〉 및 〈표 9-1-2〉와 같이 제조업 가운데 식음료 부문을 식료품과 음료로 크게 양분하고, 식료품 부문을 식자재 생산 부문의 '곡물 및 전분가공', '육가공', '수산가공', '우유가공', '과실 및 채소류가공', '식용유지가공', '사료가공'과 유통부문의 '기타식품' 등 8개 부문으로 나누고 있다. 음료 부문은 주스 및 청량음료와 같은 '비알코올음료'와 소주와 같은 '알코올음료'로 구분한다. 흥미로운 것은 2003년도 산업분류표에 따르면, '기타식품' 부문이 전 식품가공 부문의 절반에 가까운 생산액을 보이는 점이다.

표 9-1-1. 우리나라 산업분류에서의 식품산업의 위치와 생산액(통계청)

농림어업
광공업 에너지: 광업 및 제조업

제조업:
- 식료품 제조업
- 담배 제조업
- 섬유제품 제조업; 의복제외
- "의복, 의복액세서리 및 모피제품 제조업"
- "가죽, 가방 및 신발 제조업"
- 목재 및 나무제품 제조업;가구제외
- "펄프, 종이 및 종이제품 제조업"
- 인쇄 및 기록매체 복제업
- "코크스, 연탄 및 석유정제품 제조업"
- 화학물질 및 화학제품 제조업; 의약품 제외
- 의료용 물질 및 의약품 제조업
- 고무제품 및 플라스틱제품 제조업
- 비금속 광물제품 제조업
- 1차 금속 제조업
- 금속가공제품 제조업; 기계 및 가구 제외
- "전자부품; 컴퓨터, 영상, 음향 및 통신장비 제조업"
- "의료, 정밀, 광학기기 및 시계 제조업"
- 전기장비 제조업
- 기타 기계 및 장비 제조업
- 자동차 및 트레일러 제조업
- 기타 운송장비 제조업
- 가구 제조업
- 기타 제품 제조업

식료품 제조업
- "도축, 육류 가공 및 저장 처리업"
- 수산물 가공 및 저장 처리업
- "과실, 채소 가공 및 저장 처리업"
- 동물성 및 식물성 유지 제조업
- 낙농제품 및 식용빙과류 제조업
- "곡물가공품, 전분 및 전분제품 제조업"
- 기타 식품 제조업
- 동물용 사료 및 조제식품 제조업
- 음료 제조업

도소매업(유통업; 식자재산업)
숙박 및 음식업점(외식산업)

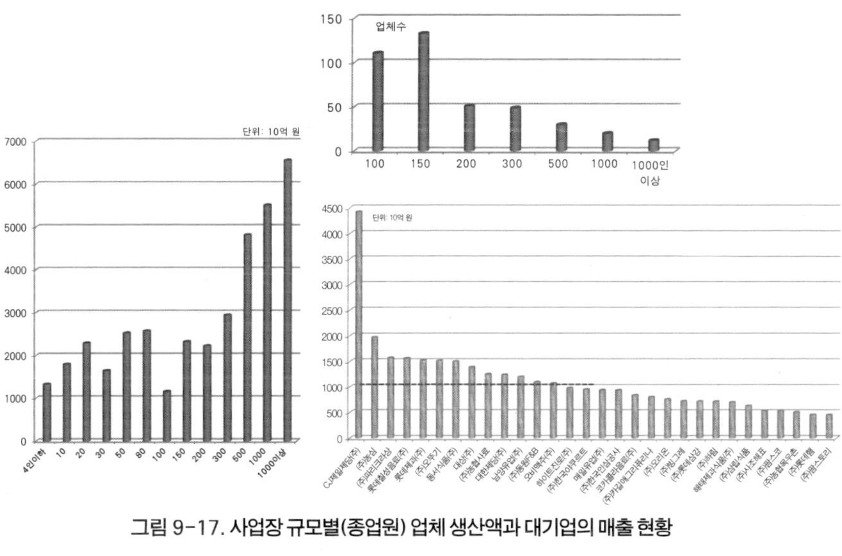

그림 9-17. 사업장 규모별(종업원) 업체 생산액과 대기업의 매출 현황

표 9-1-2. 2002년 통계청의 개정안: 표준산업 분류표

101 도축, 육류 가공업 및 저장처리업: 1011. 도축업 10110 도축업 1012. 육류가공 및 저장처리업 10121 가금류가공 및 저장처리업 10129 기타 육류가공 및 저장처리업 **102. 수산물가공 및 저장처리업** 1021 수산동물가공 및 저장처리업 10211 수산동물 훈제 조리 및 유사 조제식품 제조업 10212 수산동물 건조 및 염장품 제조업 10213 수산동물 냉동품 제조업 10219 기타 수산동물 가공 및 저장 처리업 10220 수산식물 가공 및 저장 처리업 **103 과실, 채소 가공 및 저장 처리업** 1030 과실, 채소 가공 및 저장 처리업 10301 과실 및 채소 절임식품 제조업 10309 기타 과실 채소 가공 및 저장처리업	**104 동물성 및 식물성 유지 제조법** 1040 동물성 및 식물성 유지 제조업 10401 동물성 유지 제조업 10402 식물성 유지 제조업 10403 식용 정제유 및 가공유 제조업 **105 낙농제품 및 식용빙과류 제조업** 1050 낙농제품 및 식용빙과류 제조업 10501 액상시유 및 기타 낙농제품 제조업 10502 아이스크림 및 기타 식용빙과류 제조업 **106 곡물가공품, 전분 및 전분제품 제조업** 1061 곡물가공품 제조업 10611 곡물도정업 10612 곡물제분업 10613 제과용 혼합분말 및 반죽제조업 10619 기타 곡물가공품 제조업 1062 전분제품 및 당류제조업 10620 전분제품 및 당류제조업
107 기타 식품제조업 1071 떡, 빵 및 과자류 제조업 10711 떡류 제조업 10712 빵류 제조업 10713 코코아 제품 및 과자류 제조업 1072 설탕제조업 10720 설탕제조업 1073 면류, 마카로니 및 유사식품 제조업 10730 면류, 마카로니 및 유사식품 제조업 1074 조미료 및 식품첨가물 제조업 10741 식초, 발효 및 화학조미료 제조업 10742 천연 및 혼합조제 조미료 제조업 10743 장류 제조업 10749 기타 식품첨가물 제조업 **1079 기타 식료품 제조업** 10791 커피가공업 10792 차류가공업 10793 수프 및 균질화식품 제조업 10794 두부 및 유사식품 제조업 10795 인삼식품 제조업 10796 건강보조용 액화식품 제조업 10797 건강기능식품 제조업 10798 도시락 및 식사용 조리식품 제조업 10799 그 외 기타 식료품 제조업	**11 음료제조업** 111 알콜음료제조업 1111 발효주 제조업 11111 탁주 및 약주 제조업 11112 청주 제조업 11113 맥아 및 맥주 제조업 11119 기타 발효주 제조업 1112 증류주 및 합성주 제조업 11121 주정제조업 11122 소주제조업 11129 기타 증류주 및 합성주 제조업 112 비알콜음료 및 얼음 제조업 1120 비알콜음료 및 얼음 제조업 11201 얼음제조업 11202 생수생산업 11209 기타 비알콜음료 제조업 **108 동물용 사료 및 조제식품 제조업** 1080 동물용 사료 및 조제식품 제조업 10800 동물용 사료 및 조제식품 제조업

국내 식품제조업체의 종업원수별 연간 생산액 및 점유율을 살펴보면, 20,000여 식품제조업체 가운데 100인 이상의 종업원수를 가진 400여 개의 법인체가 연간 26조 원(전 생산액의 약 50%)의 생산액을 보인다(그림 9-17). 또 이들 가운데 500인 이상의 종업원수를 가진 50여 개 법인체가 20조 원의 생산액을 점유함으로써, 국내 식품산업의 대형화 추세가 두드러지고 있다. 그리고, 현재 연간 생산액 1조 원을 넘는 대형 식품제조 법인체수는 13개 업체이다(그림 9-17).

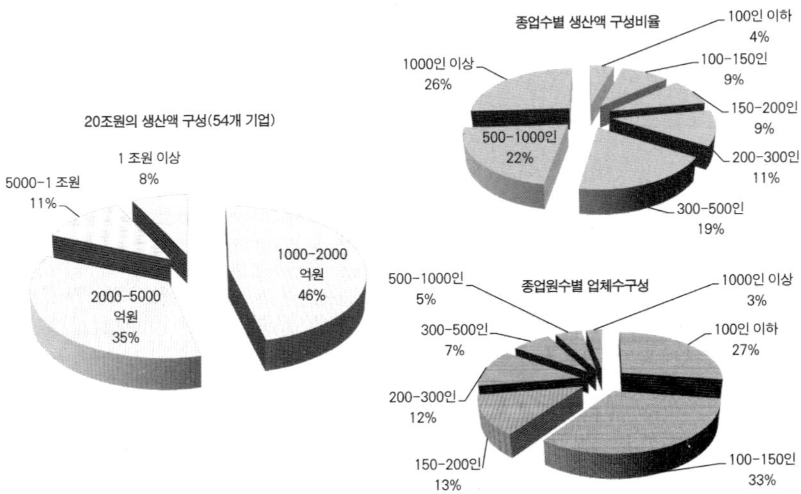

그림 9-18. 종업원수별 생산액, 업체수 및 생산액 구성

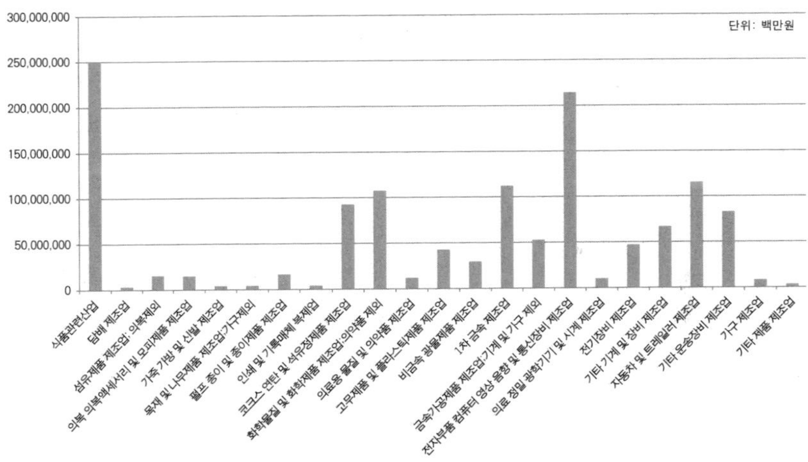

그림 9-19. 전 제조업의 생산액과 식품관련산업의 생산액(2009년)

종업원수별 업체수의 점유율을 보면 종업원수 100-200인 업체가 전 식품공업체의 33%를 차지하고, 종업원수별 생산액의 점유율을 보면, 종업원 300인 이상의 법인체가 총생산액의 2/3를 점하고 있다(그림 9-18). 이 역시 국내 식품업체가 중소기업형에서 대형화로 바뀌는 현상이다. 식품업체별 가공 부

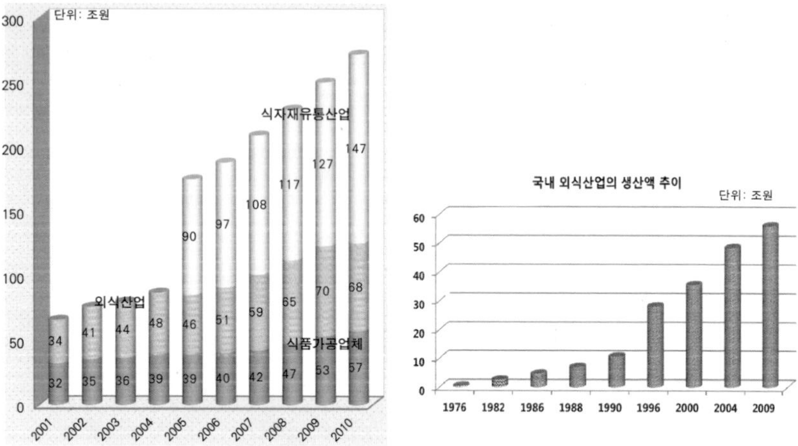

그림 9-20. 국내 식품산업의 생산액 추이

문을 보면, 종업원 100인 미만의 가공업체는 국내산 농수산물을 원료로 한 도정, 채소절임, 두부, 장류, 염건품, 염장품 등 주로 우리나라 전통식품의 생산에 주력하고 있고, 500인 이상의 종업원을 둔 사업체는 대부분 수입 원료를 식자재 원료로 이용하는 서구식 가공설비를 갖추고 있다.

1990년대를 기점으로 우리나라 전 식품산업의 생산액은 크게 3가지 산업 부문으로 나뉜다. 첫째가 전통적인 식품가공업체 부문의 생산액이고, 둘째는 외식산업, 셋째는 식자재 유통산업의 생산액이다. 이 세 부문을 모두 합친 식품 관련 산업은 연간 약 250조 원으로 전 제조업 가운데 가장 외형이 높다(그림 9- 19). 그러나 식자재 유통산업의 등장이 2000년대임을 감안하여, 현재 식품업계에서는 우리나라 식품산업을 전통적 식품가공업체의 생산액과 외식산업의 생산액을 합쳐 약 120조 원으로 추산하고 있다(그림 9-20).

외식산업이란 가정 이외의 장소에서 음식을 조리 및 가공하여 상품화하고 부가서비스와 함께 먹거리를 유통시키거나 소비자에게 직접 제공하는 경제적 활동(economic activities)를 말한다. 외식산업은 크게 비상업적 외식업과 상업적 외식업으로 분류할 수 있다. 비상업적 외식업이란 단체급식과 같이 특정인의 복리후생의 차원에서 급식하는 행위를 말하며, 상업적 외식업에는 영리목적의 위탁급식전문업체, 호텔식음료, 출장연회, 스낵과 음료매장, 바(bar)와

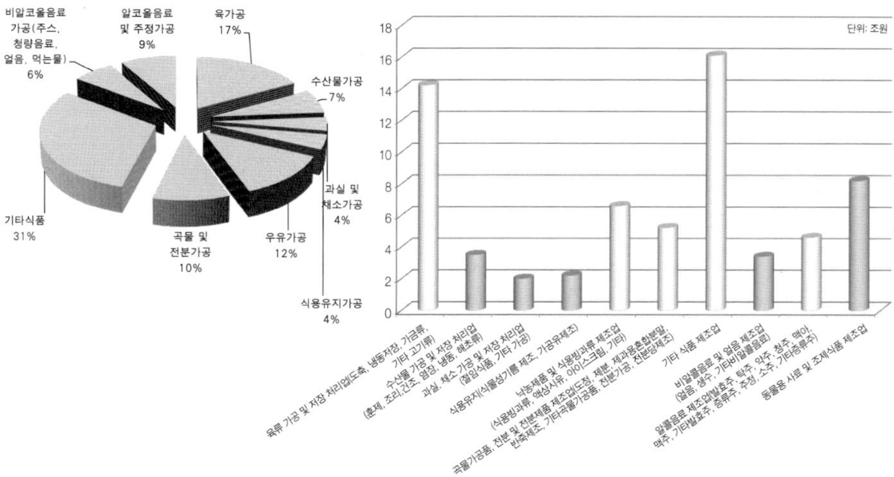

단위(천억원)	1966	1975	1985	1987	1989	1991	1993	1994	1997	2003	2004	2005	2006	2007	2008	2009
육가공	0.007	0.12	2.6	3	5	11	13	21	28	46	52	58	59	64	74	91
수산물가공	0.032	0.6	6.1	11	12	15	19	19.8	21	30	26	26	26	28	31	35
우유가공	0	0.5	8.3	12	14	21	25	30.2	36	41	51	56	56	59	59	66
과실 및 채소가공	0.03	0.2	1.3	1	3	6.5		7.4	7	14	13	14	15	17	19	20
식용유지가공	0	0.4	5.1	4	5	5.6	6.5	4.8	11	14	14	12	15	13	25	22
곡물 및 전분가공	0.119	1.8	4.7	5	6	8.5	14	16.6	34	99	112	109	107	108	126	148
기타식품가공	0.22	3.8	24		12	15.3		20.5		125	121	125	126	133	146	164
알코올음료가공	0.255	2.7	9.4	10	13	17	19	23.1	27	37	43	38	39	43	46	45
비알코올음료가공	0.011	0.4	4.3	7	9	13	14	19.7	22	33	35	32	31	32	35	34
사료											47	46	46	59	79	82

그림 9-20-1. 식품산업 부문별 생산액(2009년)

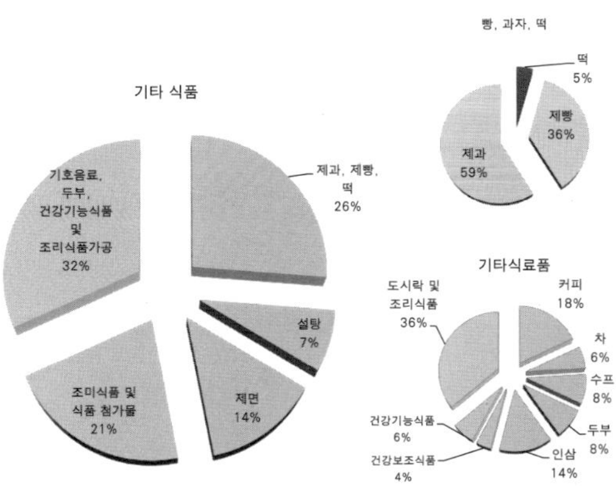

그림 9-20-2. 기타식품군의 구성

주점, 레스토랑, 소매업소의 음식판매서비스, 자동판매기 등이 속한다. 실제로 우리나라의 외식산업분류는 통계청의 한국표준산업분류법(숙박 및 음식업점 → 일반음식점업, 기타음식점업, 주점업, 다과점), 식품위생법의 분류〔음식을 판매하는 음식점(주류 판매 여부로 세분화), 주류를 판매하는 주점(유흥 종사자 유무로 세분화; 휴게음식점업, 일반음식점업, 단란주점업, 유흥주점업, 위탁급식업)〕 및 관광진흥법상의 분류(관광편의시설업; 전문관광식당업, 일반관광식당업, 관광객이용시설업; 관광음식업과 외국인 전용 유흥음식점)가 혼존하고 있다.

우리나라 외식산업은 1976년도에 4천억 원에 불과하였으나 지난 30여 년간의 지속적인 성장으로 현재 전통적인 식품가공업체의 외형과 동일한 수준이다. 음식점의 구성비를 보면 한식점이 50% 이상을 차지하고 나머지 분식점, 중화점, 양식점 및 일식점의 순이다. 한편, 주요 패밀리레스토랑과 피자업계는 꾸준히 증가 추세를 보여 현재 각각 1조 원 이상의 시장을 형성하고 있다. 서구사회의 소비패턴에 비추어 볼 때, 우리나라의 경우도 HMR(home meal replacement) 시장은 꾸준히 증가할 것으로 기대된다.

1966년부터 2009년까지의 부문별 구성비의 성장추이를 살펴보면, 육가공과 우유가공 부문의 증가속도가 가장 빠르고 다음으로 기타식품군이다(그림 9-20). 1966년도에 거의 전무하다시피한 유가공, 육가공, 식용유지, 과실채소류가공산업의 성장이다.

2009년도 현재 식료품 산업부문에서 부문별 연간 생산액 구성비를 보면 육가공, 수산물가공, 과실 및 채소류가공, 식용유지가공, 우유가공, 곡물 및 전분가공, 기타식품가공 비알콜음료가공 및 알콜음료가공이 각각 17%(10조 원), 7%(4조 원), 4%(2조 원), 4%(2조 원), 12%(7조 원), 10%(5.7조 원), 31%(16조 원), 6%(3조 원) 및 9%(5조 원)를 점하고 있다(그림 9-21-1과 그림 9-21-2). 비알콜음료와 알콜음료의 매출액은 약 3조 원과 5조 원으로서 구성비가 6 : 4에 가깝다(그림 9-20-1). 앞서 설명한 바 대로, 기타식품군에 속하는 빵, 곡분, 과자, 설탕, 국수, 라면, 조미료, 식품첨가물 및 기타식료품산업이 31%(연간 약 16조 원)로 가장 높다. 이는 2002년도에 농수산식품부의 식품제조업 부문의

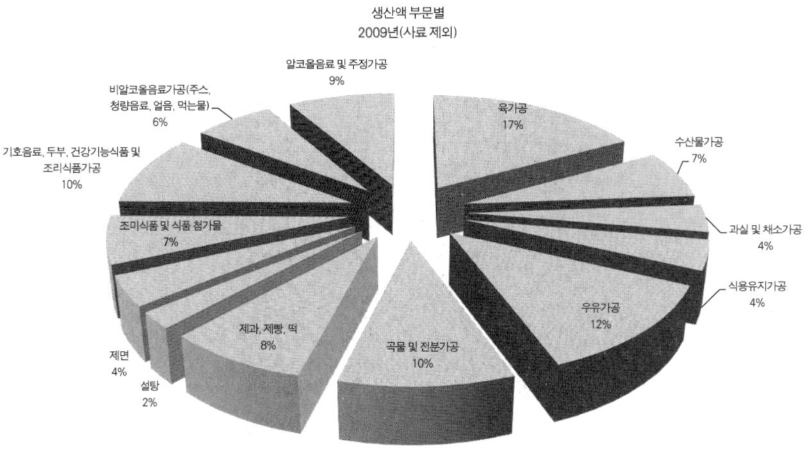

그림 9-21. 식품산업의 부문별 매출총액 구성

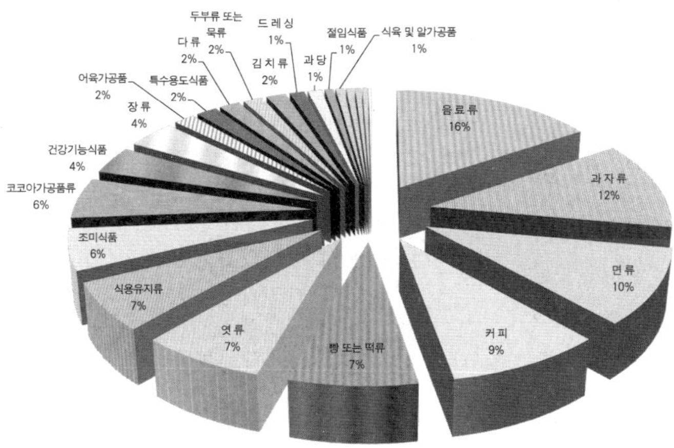

그림 9-22. 가공식품별 매출총액 구성

통계에 보건복지부(식품의약품안전청)의 식품제조업체 통계를 융합시키는 과정에서 나타나는 잠정적인 산업 재분류에 기인된다. 따라서 앞으로는 산업분류의 기타식품군을 좀더 세분화시켜 〈그림 9-21〉과 같이 분류할 필요가 있다. 왜냐하면, 현재 기타 식품군으로 분류된 가공품목들은 우리의 식생활과 직접적인 관련을 맺고 있어, 앞으로도 계속 증가할 것이기 때문이다.

한편, 식품산업체의 실적보고서에 따른 식품산업현황(식품의약품안전청

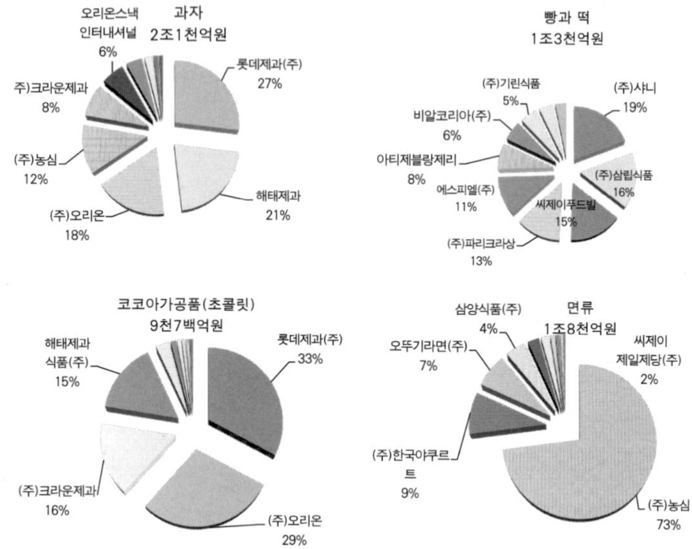

그림 9-23. 제과, 제빵 및 제면 시장의 점유현황

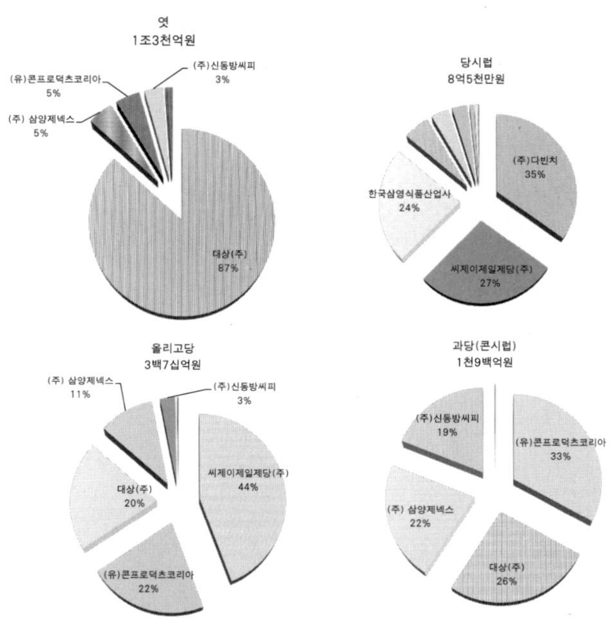

그림 9-24. 전분당 및 설탕시장의 점유현황

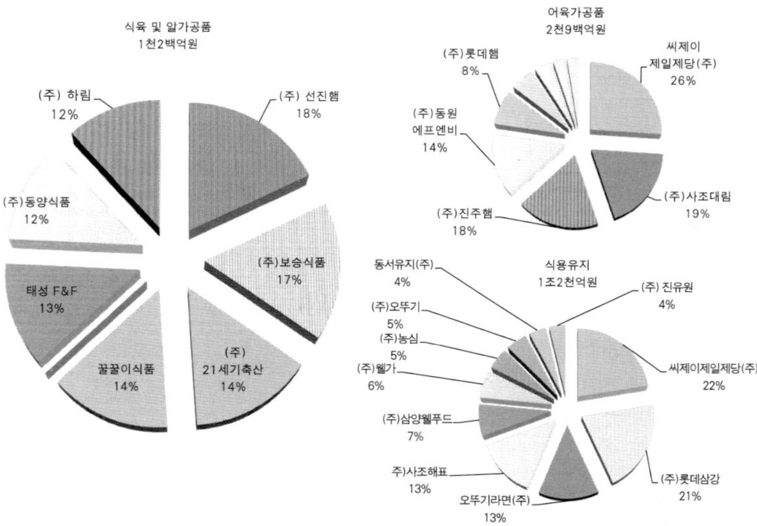

그림 9-25. 육가공, 수산가공 및 식용유지시장 점유현황

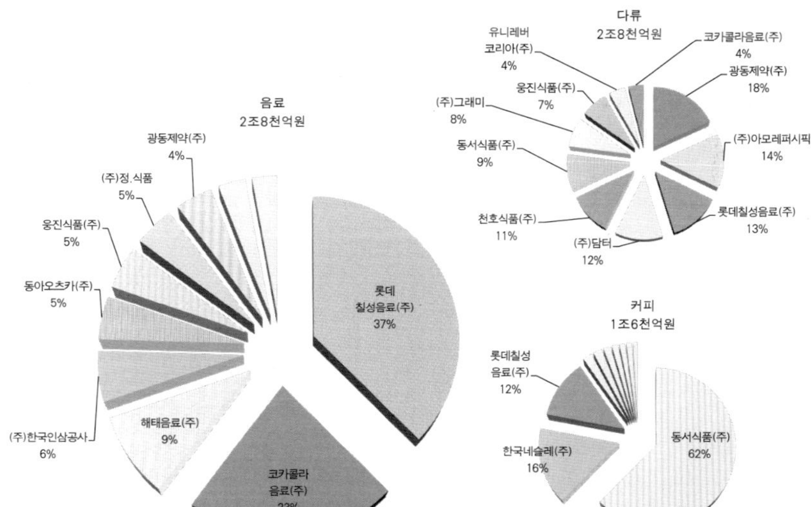

그림 9-26. 주스, 청량음료 및 기호음료시장 점유현황

발간)에 따르면 우리나라 식품가공업체의 총생산액의 50%를 점하는 20개 부문의 가공품목으로 분류하여 보고하고 있다(그림 9-22). 이 통계에 따르면, 국내 식품산업 분야에서 연간 생산액이 가장 높은 육가공과 우유가공 부문을 제외하면, 음료(16%), 제과(12%), 제면(10%), 제빵(7%) 및 식용유 (7%)순의 매출액 점유율을 보인다. 이는 우리나라 식품산업이 아직도 제과, 제빵, 제면, 식용유 및 음료산업에 집중되어 있음을 보여 준다. 2000년대 들어 점유율 분포에 특이한 점은 음료시장(특히 커피)이다. 근래 커피의 고급화 다양화와 함께 커피시장의 매출액 점유율이 9%를 넘어 일반 식료품가공품목의 매출액을 훨씬 상회하고 있다.

2009년 현재 제빵제과 부문(4조4천억 원)은 4-5개 회사가 총 점유율 50% 이상을 차지하고, 제면 부문은 1개 회사의 라면시장(1조8천억 원)의 3/4을 점하고 있다. 빵류 시장에 비해 떡시장이 차지하는 비율이 약 5%로 매우 낮다(그림 9-23). 또, 전분당과 설탕가공 부문을 보면, 물엿시장(1조3천억 원)은 1개 회사가 거의 독차지하고 있고, 콘시럽(1천9백억 원) 및 올리고당시장(3백7십억 원)은 4개 회사가 운영하고 있다(그림 9-24). 그리고, 수입육 및 신선육을 제외한 육제품(1천2백억 원), 어육가공식품(2천9백억 원) 및 식용유지시장(1조2천억 원)은 7-8개 회사가 시장을 나누어 운영하고 있다(그림 9-25).

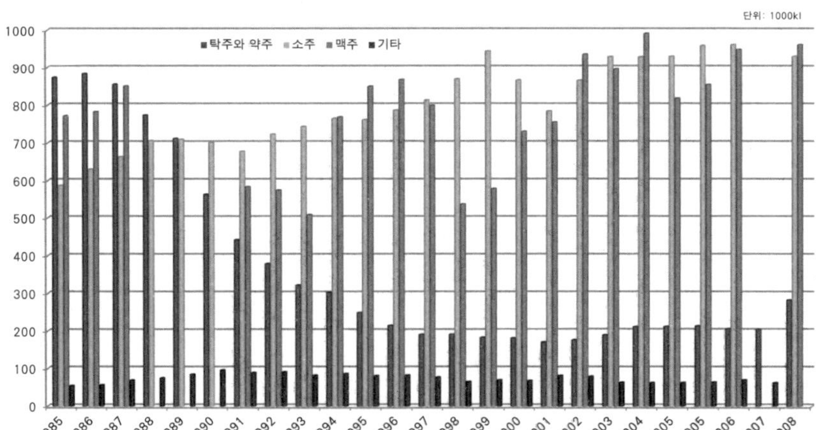

그림 9-27. 주류 생산량의 추이

음료부문(2조 8천억원)은 4개의 대기업이 시장의 대부분을 차지하고 나머지 20%를 중소기업이 나누어 차지하고 있다. 음료부문은 소위 가공설비가 품질을 결정하는 '장치산업'으로서 앞으로도 대기업 위주로 시장이 형성될 것으로 보인다. 한편 우리나라 알코올음료부문은 맥주, 소주, 약주가 주류를 이룬다(그림 9-27).

특수용도식품(2천8백억 원)은 대부분 육아식품이 차지한다. 따라서, 분유생산 유업계에서 시장의 대부분을 점유하고 있다. 또, 건강기능식품(6천7백억원)의 주종은 인삼가공품목으로 한국인삼공사에서 63% 이상을 차지하고 나

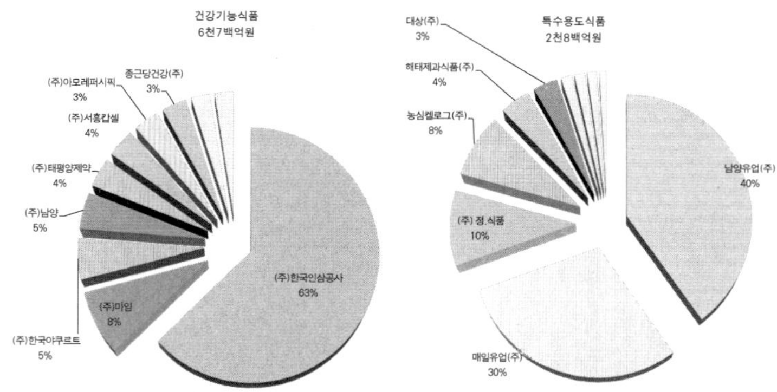

그림 9-28. 특수용도식품 및 건강기능식품부문

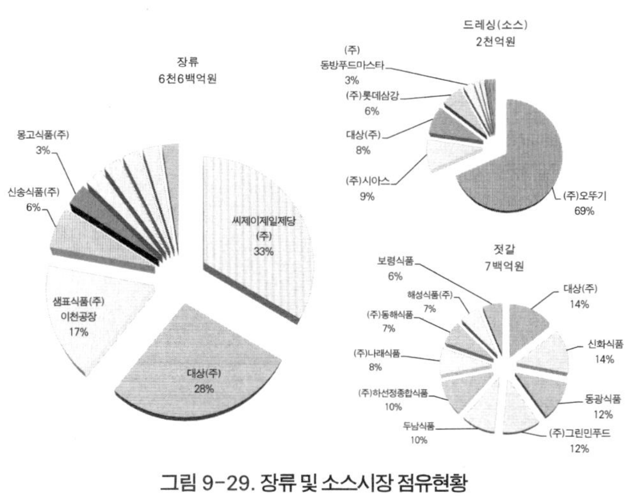

그림 9-29. 장류 및 소스시장 점유현황

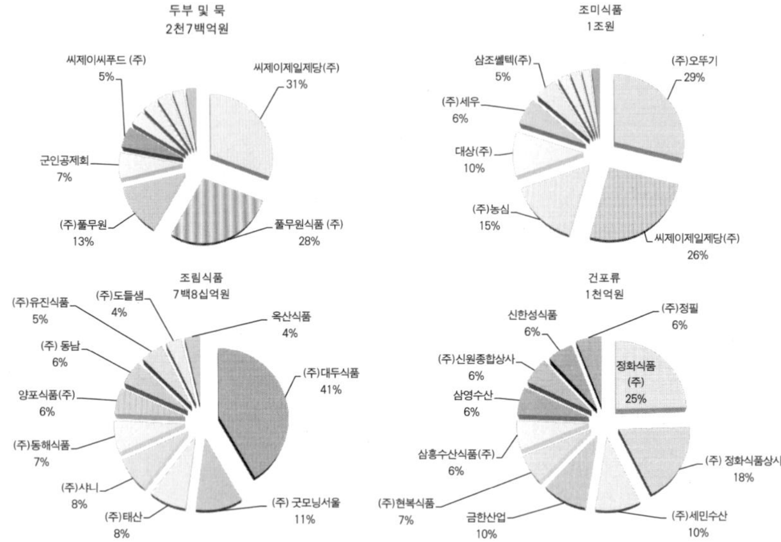

그림 9-30. 두부, 묵, 조미식품, 조림식품 및 건포류 시장 점유현황

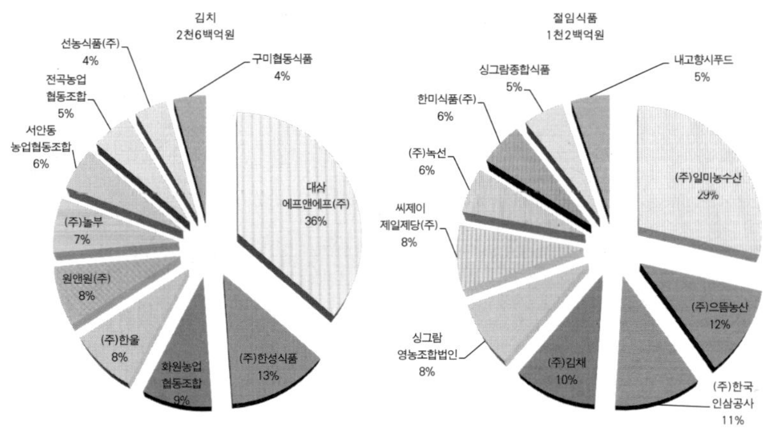

그림 9-31. 김치 및 절임식품 시장 점유현황

머지 37%를 제약회사, 화장품회사 등이 점하고 있다(그림 9-28).

장류시장(6천6백억 원)의 80% 이상을 3개의 대기업에서 점유하고 있고, 소스시장(2천억 원)의 60% 이상을 1개 회사가 맡고 있으며, 젓갈시장(7백억 원)은 10개 중소기업에서 담당하고 있다(그림 9-29). 조미식품(1조 원) 두부(2천

7백억 원) 건포류(1천억 원) 및 조림식품(7백8십억 원)은 3-4개의 중소기업에서 담당하고 있고 김치(2천6백억 원) 및 절임식품(1천2백억 원)은 10개의 중소기업에서 담당하고 있다(그림 9-30 및 31).

국내 식품산업의 글로벌화

농업사회에서 갖는 식품산업의 의의가 국민생존의 확보에 있다면, 산업사회의 식품산업의 의의는 자급자족의 개념을 넘어 농축수임산물의 부가가치의 창조와 건강과 복지사회의 구현에 있다. 따라서, 세계 어느 나라나 1-, 2-, 3차 산업의 발전과 나란히 식품산업도 지속적으로 성장한다. 즉, 국가경제의 성장과 식품산업의 발전은 정(正)의 상관관계를 갖는다(그림 9-32). 따라서, 우리나라 식품산업의 미래도 G7국가의 식품산업 향방에서 그 해답을 찾을 수 있을 것이다.

식품산업의 총생산액으로 보면 국가경제의 순위대로 미국이 최상위에 있다. 그러나, 제조업 대비 식품산업의 비중을 보면 협소한 국토의 스위스와 네

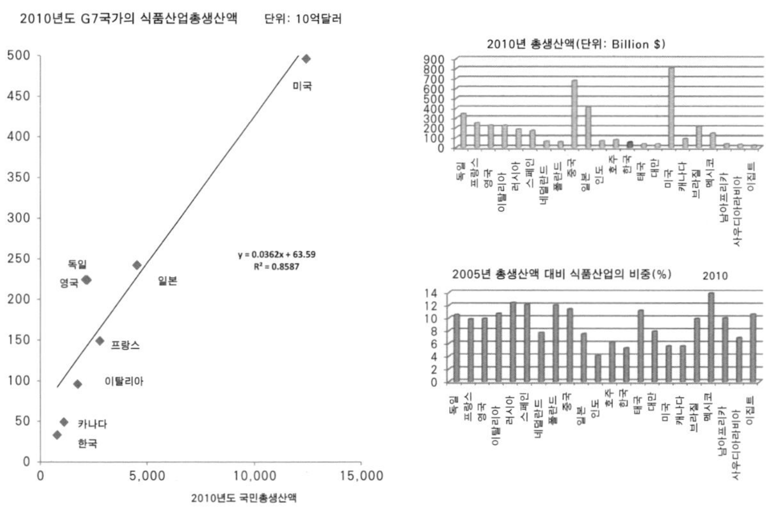

그림 9-32. 국민 총생산액과 식품산업의 생산액과의 상관관계

덜란드 그리고 벨기에와 싱가포르가 눈에 띈다(그림 9-32). 특히, 국토의 면적, 인구, 자본 기타 생산환경의 측면에서 우리나라와 별반 차이가 없는 네덜란드와 덴마크의 식품산업은 우리에게 시사하는 바가 크다(그림 9-33). 이 두 나라는 밀, 옥수수, 콩 및 팜유의 수입국이지만, 수입된 식자재를 가공하여 수

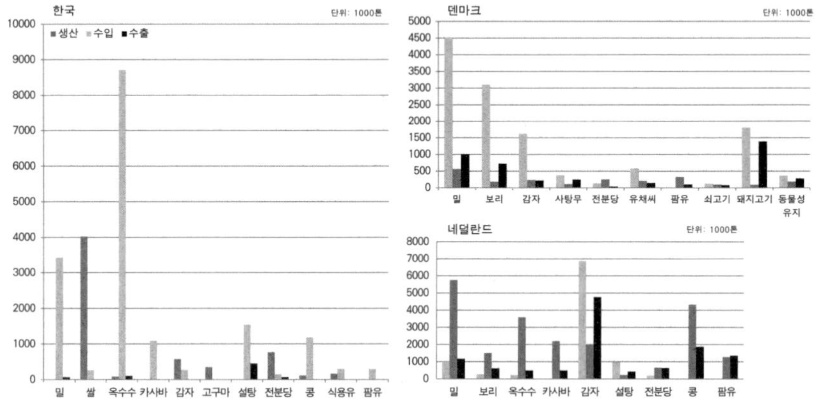

그림 9-33. 네델란드, 덴마크 및 한국의 식품수급표

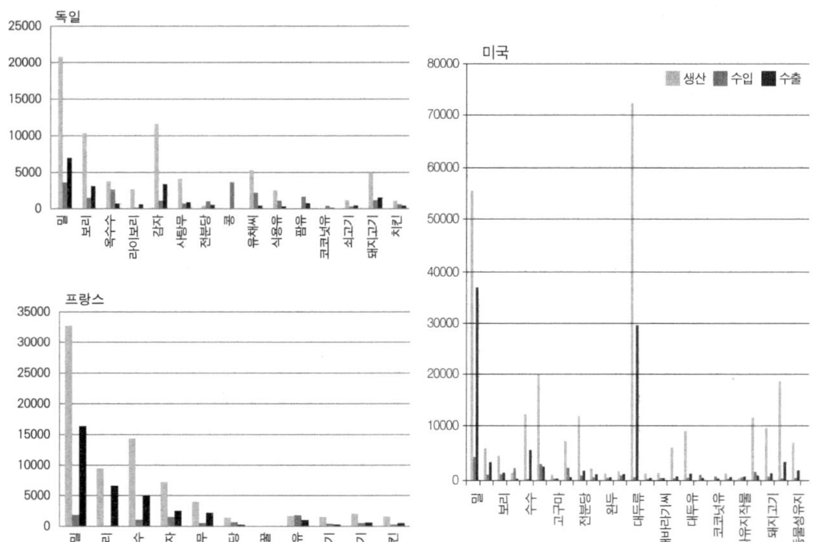

그림 9-34. 미국, 독일 및 프랑스의 식품수급표

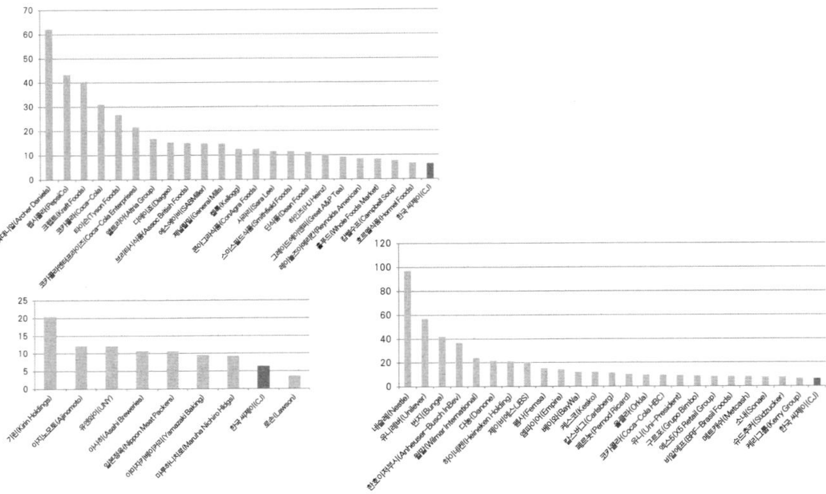

그림 9-35. 상위 100 세계식품회사의 매출액

출하는 반면, 우리는 수입 식자재 전부가 내수용에 그치고 있다. 예를 들어, 네덜란드에서 유럽인의 기호에 잘 맞지 않은 팜유의 수입량과 수출량이 동등한 것은 매우 흥미로운 점이다. 즉, 수입 원료를 재가공하여 수출산업으로 전환한 것이다. 이것이 식품산업 글로벌화의 단면이 아닐까. 현재 네덜란드는 약 60조 원의 식품산업의 생산액 가운데 수출액이 35조 원에 달한다. 또한, 농업생산량이 낮은 덴마크의 식품 관련 수출액도 연간 27조 원이다. 이 두 나라 외에 자국 내의 식품산업 국제수지의 균형에서 성장하려는 G7국가들의 노력은 한결같다. 미국, 독일 및 프랑스의 식품수급표가 이를 잘 말해 주고 있다(그림 9-34). 세계 속의 우리나라 식품산업체는 위치는 어디인가? 통계에 의하면, 세계 100대 식품회사에 속하는 우리나라 회사는 수개에 불과하다(그림 9-35). 구체적으로 미국, 유럽 및 일본의 글로벌 식품회사와 비교할 때, 그나마도 맨 후순위에 있다. 식품산업체의 글로벌화의 측면에서 생각할 때, 우리나라는 아직도 후발 개도국에 머물고 있는 것이다. 그러나, 긍정적으로 생각을 바꾸면 희망은 있다. 아직 세계화되지 못한 점이 오히려 큰 잠재력으로 평가될 수 있기 때문이다. 자동차, 전자산업과 같이 식품산업의 글로벌화도 우리나라의 미래형 산업으로 등장할 것이다. 지금 세계의 식음료시장의 규모는 약 4조 5천억 달러로 추산하고 있다(그림 9-36). 국내 식품산업의 미래이다.

2011년 우리나라 농축임산물과 수산물의 수입액은 각각 300억 불(30조 원), 40억 불(4조 원)로서 총 340억 불(34조 원)에 달한다. 국내 식품공업체의 총매출액의 절반에 가까운 외형이다.

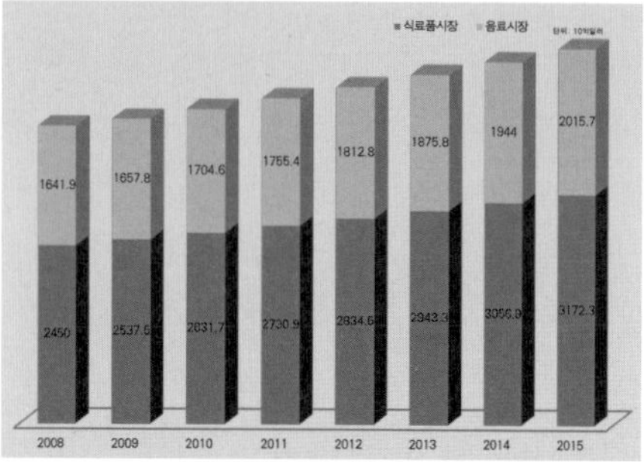

그림 9-36. 세계 식품시장 생산액 추정

이에 비해 수출은 농축임산물이 약 60억 불(5조 원), 수산물이 25억 불(2조 원)에 지나지 않는다. 지난 10년 동안의 수출입 추이를 보면, 거의 모든 농축수임산물과 수산물의 수입이 2배로 증가한 반면, 수출은 별다른 변화를 보이지 못하고 있다(그림 9-37). 다만, 2008년도 정부가 농수산식품부를 출범시키면서 농식품산업 육성을 농식품수출정책으로 전환함으로서 일부 농산물(인삼, 궐련)과 수산물(참치)의 수출이 증가하는 추세이다. 주목할 것은 수산물 분야에서 총수입량의 절반 이상이 수출산업으로 바뀌는 현상이다. 수산물의 수출 증가 현상은 전통적인 냉동수산물 교역에서 활어와 선어의 무역으로 전환한 데 기인한다. 실제로, 지난 40여 년 간의 수산물 수출추이를 보면 냉동수산물의

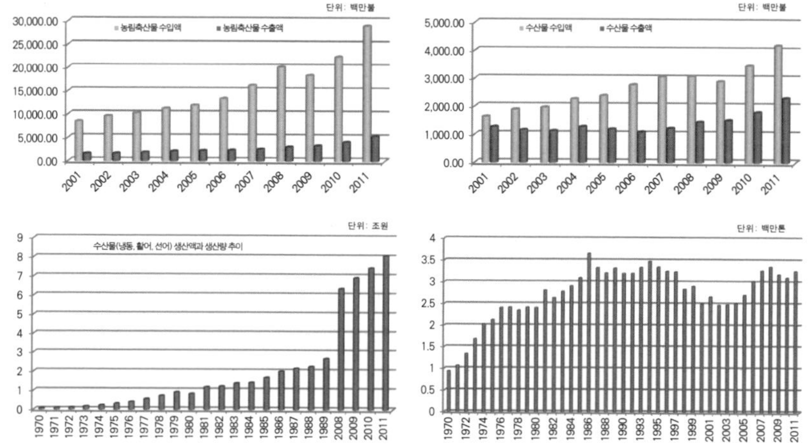

그림 9-37. 농림축산물과 수산물의 수입 수출 추이

생산량은 큰 차이를 보이지 않지만 활어와 선어무역이 활발한 2008년도부터 수출액은 급증한다(그림 9-37). 이는 수산업을 종전의 값싼 냉동어산업에 얽매이지 않고 냉장에 의한 품질개선으로 수산물의 부가가치를 새롭게 창조한 데 따른 것이다. 이는 우리나라의 식품산업의 미래형(global food industry)의 한 단면을 예시한다고 보겠다. 마찬가지로 국내 농축수임산물의 식품수급도 하루 빨리 부가가치 향상을 통한 국제수지의 개선이 요구되고 있다. 현재 우리

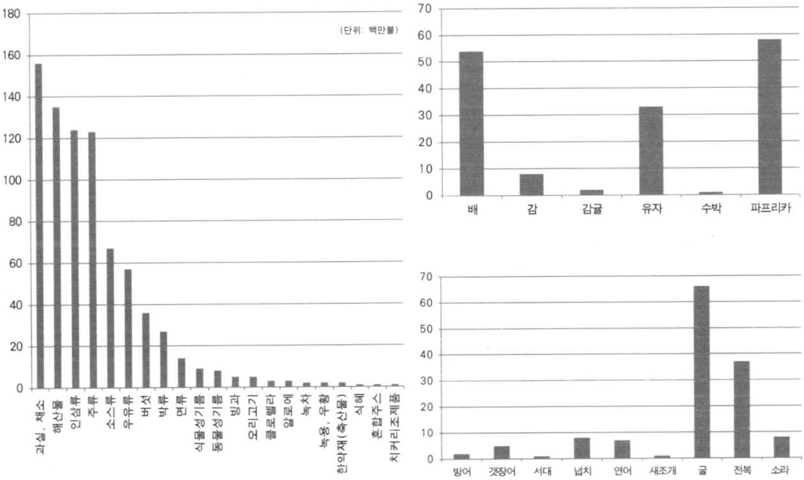

그림 9-38. 국산 농수산식품 수출품목(2010년)

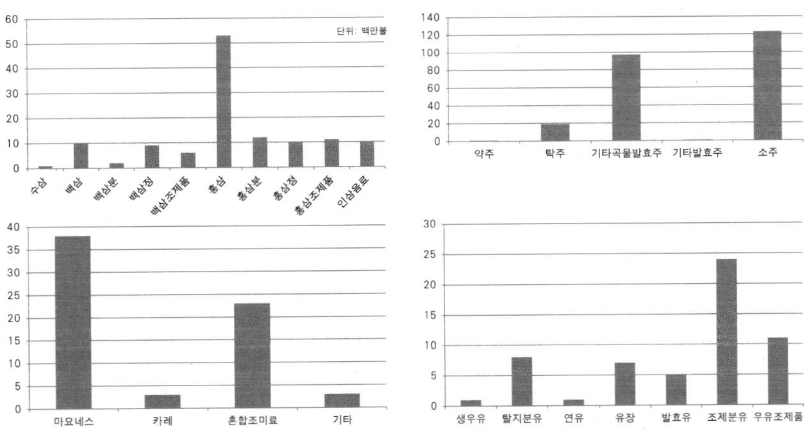

그림 9-39. 국산 농수산식품 수출액

나라 농식품의 수출액 크기로 보면, 과실(배, 유자, 감), 채소류(파프리카), 해산물(소라, 전복, 굴), 인삼류, 주류(소주, 곡물발효주, 탁주) 및 소스류(마요네즈, 혼합조미료)순이다(그림 9-38 및 39). 농식품 총 수출액은 2011년 5조 원이다. 지난 40여 년 간 2조 원 미만에 머물던 '농식품' 수출액이 증가하고 있는 것이다. 여기에 농수산식품부에서 가까운 장래 20조 원의 목표를 제시한 바 있다. 가능한 일이다. 다만, 지금까지 식품수출에 대한 인식이 부족한 우리 사회는 충격적으로 받아 들이고 있다. 지금까지 연간 2조 원에 불과한 농식품 수출액을 수년 내에 10배로 늘이겠다는 의지에 대한 의구심이다. 그러나, 아직껏 생각지 못한 새로운 수출 분야로 생각하면 잠재력은 우리의 우려보다 크다. 정부에서 기획한 '국가식품클러스터'라는 글로벌 식품산업의 하부구조도 이제 제 모습을 찾아가고 있다.

2011년 우리나라 식자재 원료 수입국은 수입물량에 따라 미국, 중국, 호주, 브라질, 캐나다 순이고, 총 수입액 19조 원 가운데 50%를 점하는 상위 수입 품목은 옥수수, 쇠고기, 밀, 돼지고기, 원당이다. 같은 기간 우리나라 가공식품의 주요 수출국은 일본, 중국, 미국, 홍콩, 대만으로 약 2조 원의 수출액(참치,

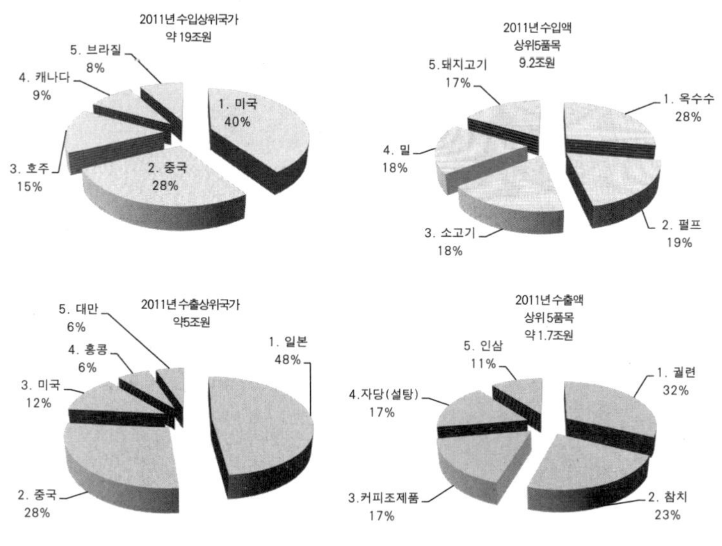

그림 9-40. 수입수출 대상국과 가공식품 품목

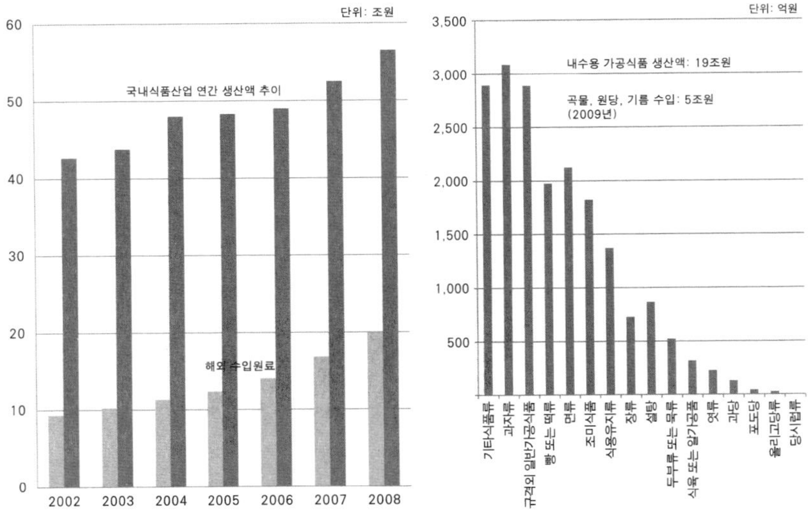

그림 9-41. 해외 식자재 수입액과 국내 식품산업의 생산액 비교

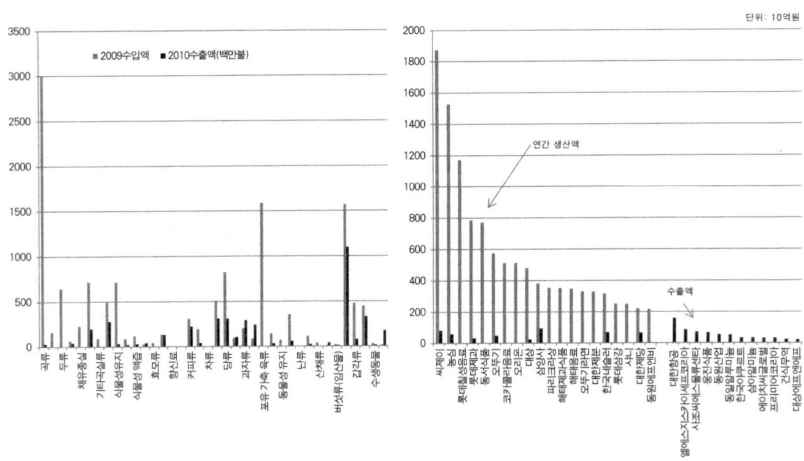

그림 9-42. 식자재 품목별 수출입액과 국내 식품산업체의 연간 생산액 및 수출액

커피조제품, 설탕, 인삼 등)에 불과하다(그림 9-40). 한 마디로 수산물과 설탕을 제외하고는 수입 식자재 모두가 내수용으로 소비되고 있다. 지금까지 식품산업을 경제정책 차원에서 소비산업 혹은 향략산업으로 치부한 근거가 된다. 또, 해외 식자재 수입액과 국내 식품산업의 생산액을 비교하면 약 2-4배의 낮

은 부가가치를 얻고 있다(그림 9-41). 보다 구체적으로 말하면, 약 5조 원의 외화를 써서 들여온 곡물, 원당, 기름을 원료로 하여 약 19조 원의 가공식품을 공급하고 있다, 그리고, 수출액은 국내 소비에 비해 무시할 정도로 미미하다(그림 9-42). 우리 경제가 글로벌화 된 지 오래다. 식품경제도 예외일 수 없다. 이에 2008년 농수산식품부에서 '농식품'이라는 새로운 개념을 제시하고, 우리 농산물의 해외 진출에 주력하고 있다(그림 9-43). 그러나, 식품산업의 글로벌화에 국내산에 국한시키는 '농식품' 개념만으로는 불충분할 것이다. 현재 해외 식품시장의 식자재는 국경을 초월하기 때문이다. 결론적으로 우리식품의 해외 활로는 국내산 '농식품'의 세계화보다는 식품기술의 글로벌화로 풀어야 할 것이다.

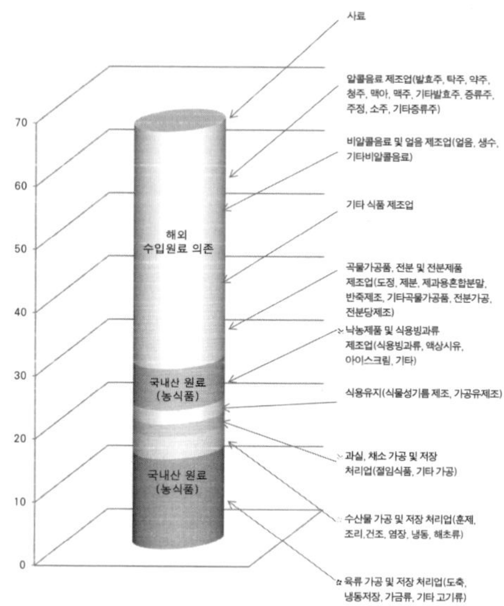

그림 9-43. 해외 식자재원료와 농식품의 개념

한국인의 식생활

지난 반세기 동안 한국인의 일인 일일 영양소별 열량 섭취비율을 살펴보면, 1961년도에 탄수화물, 단백질 및 지방질의 섭취열량이 각각 83.1%, 10.6%, 6.3%이었으나, 2007년도에는 62.8%, 11.5% 및 25.7%로 증감한다(그림 9-44). 즉, 탄수화물의 섭취량은 감소하고 단백질과 지방질의 공급량은 증가한다. 예를 들어, 1965년도의 우리국민의 총단백질 섭취량은 57g으로 일반적인 단백질 권장량인 70g에 미치지 못하고, 총지방질의 섭취량도 15.2g으로 대단히 낮

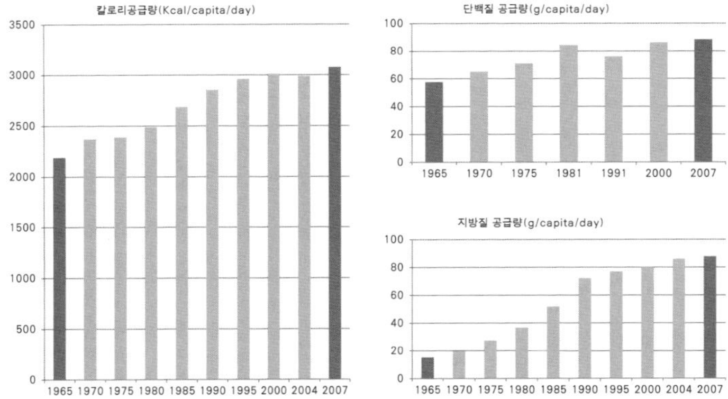

그림 9-44. 일인당 식품 칼로리, 단백질 및 지방질 공급량(1965-2007)

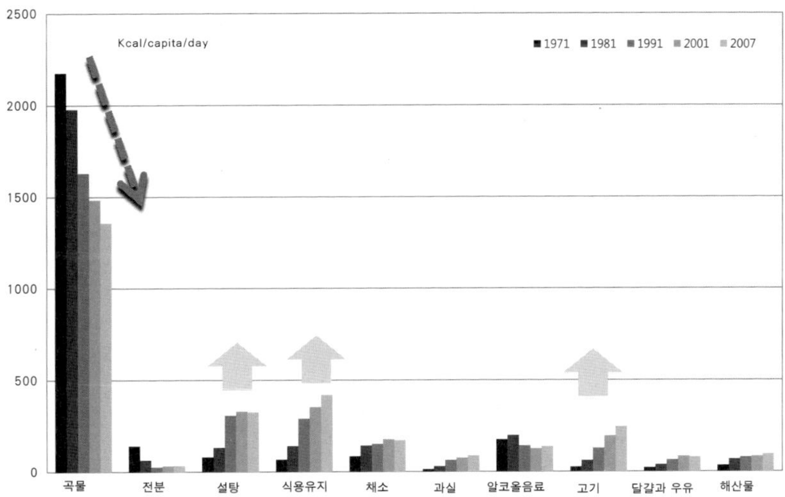

그림 9-45. 가공식품 품목별 에너지 공급량 추이

아 농업국이었던 당시의 낮은 영양공급상태를 나타내고 있다.

그러나, 우리나라가 지난날 전형적인 농업사회에서 오늘의 산업사회로 발전하면서, 우리 국민의 식생활패턴에도 많은 변화가 일어났다. 즉, 곡물(쌀)의 자급율이 100%에 도달한 1980년도를 기점으로 국가경제의 향상과 함께 우리 식단은 곡물섭취 위주의 양적 포만감에서 육류와 우유섭취를 통한 질적인 선택의 개념으로 바뀌게 되었다(그림 9-45). 1965년도 곡물, 육류 및 우유의 일

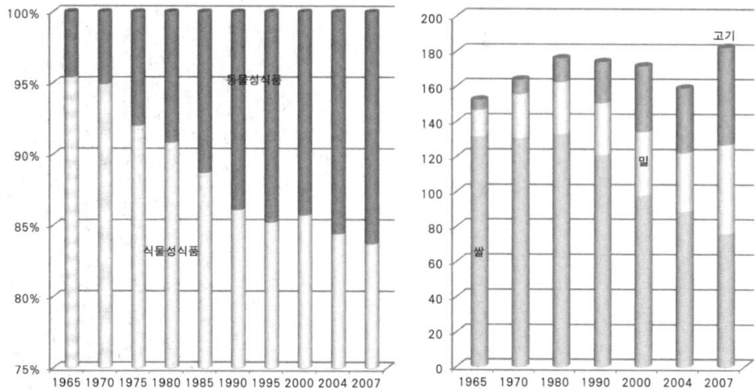

그림 9-46. 동물성식품과 식물성식품의 공급비

인 연간 공급량은 각각 170*kg*, 4*kg*, 1.3*kg*이었으나, 2007년에는 142*kg*, 56*kg* 및 35*kg*로 증감하였다. 특히, 총섭취량 가운데 동물성 식품이 차지하는 백분율은 1965년도의 4.6%에서 2007년도에 16%로 증가하였고, 곡물이 차지하는 일일 공급량의 비율은 80% 아래로 낮아진 반면, 육제품 및 유제품의 소비는 현저하게 증가하였다(그림 9-46). 또, 우리국민의 총단백질 섭취량 가운데 식물성 단백질의 섭취 백분율은 48.5%에서 52.7%로 증가한 데 반해, 동물성 단백질의 섭취 백분율은 9.2%에서 46.5%로 증가하여 5배의 증가율을 보이고 있다.

동물성식품과 식물성식품의 공급량의 추이를 보면, 1960년대 식물성식품의 공급량 95%에서 2000년대 83%로 낮아졌다. 이는 쌀의 공급량이 줄어든 반면 고기의 공급량이 증가한 데 기인한다. 흥미로운 것은 같은 기간 밀의 공급량이 증가한 점이다. 이는 밀가루 가공식품의 증가에 기인하는데, 쌀의 경우도 쌀가공식품의 다양화가 이루어진다면 앞으로 쌀도 밀의 공급량 못지 않게 증가할 것으로 예견된다. 실제로 일본의 경우, 근래 주식(밥)의 형태로 소비되는 쌀의 공급량은 줄어들었지만, 가공용 쌀의 총소비량은 증가 추세이다.

이상적인 식단의 구성비는 성별, 년령 혹은 나라나 종족에 따라 다르지만, 일반적으로 〈표 9-2〉와 같이 제안하고 있다. 즉, 총 섭취열량을 기준으로 할 때, 탄수화물 60-70%, 단백질 10-15%, 지방질 15-20%로 구성하는 것이 가장 바람직한 식단이다. 사람이 하루에 필요한 열량은 2000-2400*kcal* 정도이다. 일

표 9-2. 일인 일일 에너지의 영양소별 섭취비율(%)

연도	단백질	지방질	탄수화물
1961	10.6	6.3	83.1
1981	11.3	12.0	76.7
1991	10.3	18.1	71.6
2001	11.3	22.2	66.5
2007	11.5	25.7	62.8
이상적인 식단	10-15	15-20	60-70

반적으로 생활 습관병 혹은 대사성 질환의 예방을 위해 총섭취 열량의 65% 전후를 탄수화물로 섭취하는 것을 권장하고 있다. 2007년 현재 우리 국민의 동물성식품/식물성식품 구성비는 G7국가에 비해 낮아 아직은 이상적인 식품섭취패턴을 가진 것으로 보는 견해가 있다(그림 9-47).

한국인의 일일 공급열량의 추이를 보면 국민소득의 증가와 국내 식품산업의 발전에 따라 1965년도부터 계속 증가하고 있다. 즉, 1965년도의 일일공급열량 2189kcal에서 2007년도 3074kcal로 증가한다(그림 9-44). 우리 국민의 열량섭취의 증가에 실질적으로 기여한 첫 번째 품목은 당류(설탕, 콘시럽)이다(그림 9-48). 설탕과 전분당의 일인당 연간 공급량은 1961년도 3kg에서 2007년도 35kg으로 늘었다. 일반적으로 당류의 일일 섭취량을 계산할 때, 설탕공급량

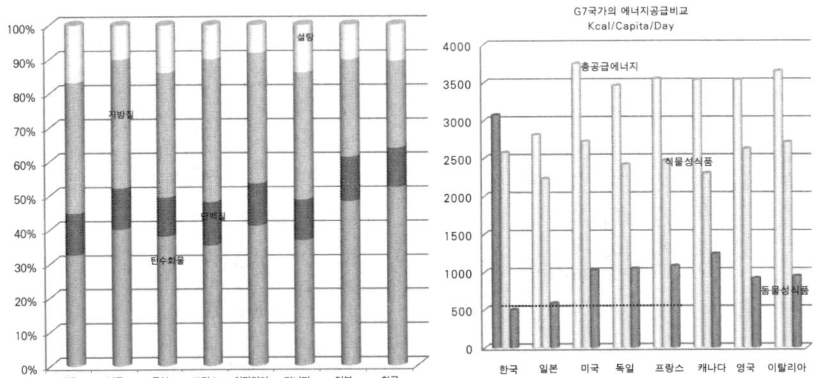

그림 9-47. 식물성식품 / 동물성식품

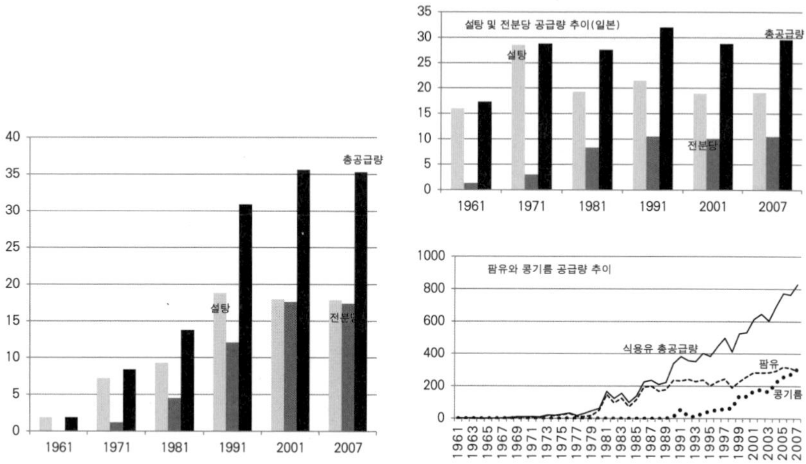

그림 9-48. 설탕, 전분당 및 식용유지 공급량 추이(Kg/Capita/Year)

에 기준을 두지만, 미국, 일본 및 우리나라의 당류섭취 통계에는 콘시럽이 포함되어야 한다. 특히, 콘시럽의 산업화가 본격화된 1980년대에 들어서 우리나라 콘시럽의 일인 일일 공급량은 설탕의 공급량과 거의 같다.

지난 40여 년 간 우리 국민의 총 열량섭취의 증가에 기여한 또 다른 식품성분은 식용유지이다. 즉, 식물성 기름의 공급량에 기인한다. 1970년대 수입 콩을 착유한 콩기름 섭취를 시작으로 산업체의 튀김유(가공유)인 팜유가 우리 국민의 지방질 섭취량에 크게 기여하고 있다. 일인당 일일 지방질 공급량은 1961년 10g에서 2007년 88g으로 증가하였다. 특히, 1988년도 가공용 유지를 식물성 기름으로 전환한 후부터 튀김용 식물성 기름의 소비가 급증한다. 또한, 88올림픽 이후 국내에서 착유한 콩기름만으로 내수를 충당할 수 없어 연간 20-40만 톤의 콩기름 자체를 수입하고 있다. 팜유와 콩기름의 수입량을 합치면 우리 국민은 연간 총80만 톤의 식용유지를 공급받고 있으니 일인당 연간 16㎏(연간 쌀 공급량이 72㎏으로 미루어 적은 양이 아니다)에 해당한다.

국내 가공식품 품목별 에너지 공급량의 추이를 보면, 곡물가공품의 공급량은 급격히 감소한 반면 설탕, 식용유지 및 육류의 공급량은 증가 추세를 보이고 있다(그림 9-45). 이는 2009년도 상위 20품목 소비량의 순위에서도 잘 말

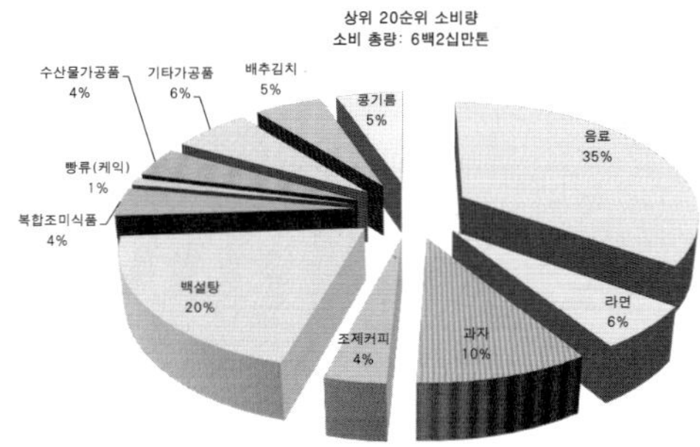

그림 9-49. 국내 가공식품 상위 20 품목 소비 순위

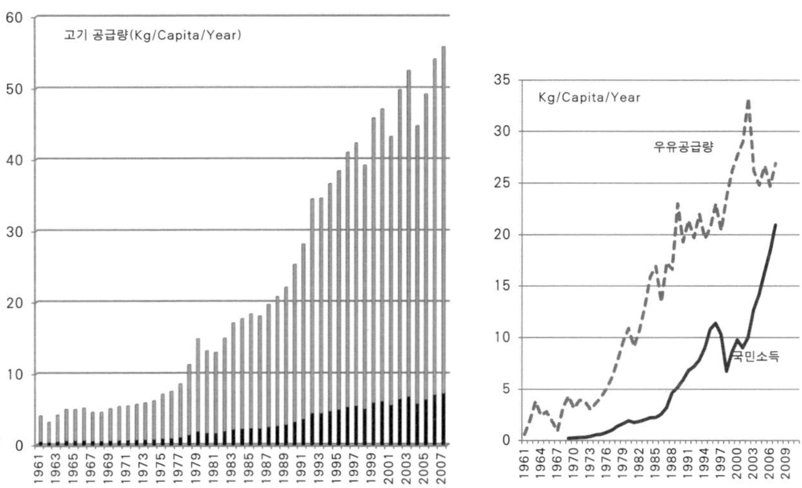

그림 9-50. 고기와 우유의 공급추이

해 주고 있다(그림 9-49). 매출액 상위 5순위가 음료, 라면, 과자, 커피, 백설탕 순인데, 이 모든 품목은 설탕, 콘시럽 및 식용유지를 기본원료로 가공된 품목들이다.

한국인의 일일 공급열량의 증가에 기여한 또 다른 것은 두말할 필요 없이 고기와 우유소비의 증가이다(그림 9-50). 고기와 우유소비로 단백질 공급량이 증가함과 동시에 고기와 우유에 함유된 지방질 또한 증가하기 때문이다. 실제로 고기(쇠고기, 돼지고기, 치킨)에는 비가시지방(invisible fat) 함량이 평균 20% 정도이다. 또, 우유나 유제품의 지방질 함량(3%)도 3-40%이다. 따라

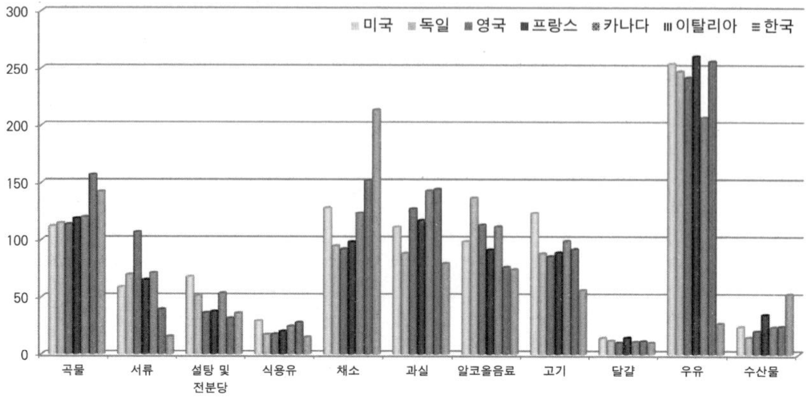

그림 9-51. 한국과 G7국가의 식품품목별 공급량(kcal)

서, 우리 국민 일인당 연간 동물성 유지의 실제 공급량은 육류 소비량을 감안하면 약 10kg이다. 식물성 기름 공급량 연간 일인당 36kg를 합치면 우리 국민의 지방질 공급량은 총 46kg가 된다. 일인당 연간 쌀 소비량의 절반을 넘는 수치다. 아직은 우리 국민의 동물성식품 총에너지 공급량이 G7 국가 대비 절반 수준에 불과하지만 가까운 장래 동물성 지방질 소비량은 2배로 증가할 것이다(그림 9-51).

한국전쟁 후, 우리 청소년의 평균 신장이 늘었다(그림 9-53). 그동안 불충분한 식품공급에 기인된 영양결핍 혹은 영양불균형의 문제가 해소된 것은 틀림 없다. 하지만, 식품공급량과 신장은 정의 상관관계가 아니다. 즉, 식품 공급량에 따라 신장이 비례하여 성장하지 않는다. 우리나라 고등학생 평균 신장의 증가도 일본인처럼 한계에 도달한 듯 하다. 다만 식품공급량의 증가에 따라 체중은 계속 증가한다. 특히, 과도한 지방질 섭취, 당류 섭취, 소금 섭취는 인체 내 순기능에서 역기능으로 돌아서고 있다.

당류(설탕)와 지방질의 과다 섭취는 해묵은 논쟁이다. 우리국민도 이제 설탕과 식용유지의 과잉공급으로 서구식단과 별반 차이를 느끼지 못하고 있다. 그 결과 과체중이고, 과체중은 비만으로 이어지면서 당뇨와 같은 모든 대사성 질환의 원인이 되고 있다. 당류와 지방질 외에 식염의 과다섭취도 과체중에 한몫을 한다. 맛의 기본인 짠맛은 당류와 지방질의 과다섭취를 유도한다. 소금

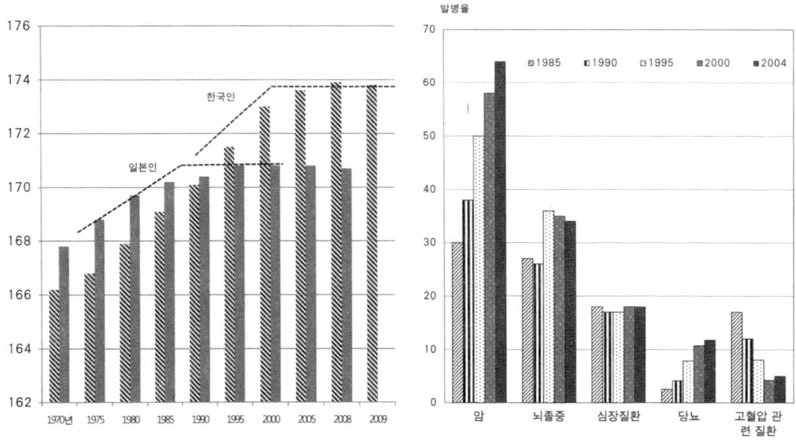

그림 9-53. 한국 및 일본 고등학생의 신장추이(cm)와 대사성 질환 발병율

이 들어가면 맛이 증진되기 때문이다. 그래서, 소금은 설탕, 지방질과 마찬가지로 열량과잉의 원인자이다.

소금과 가공식품은 불가분의 관계에 있다. 소금은 가공식품의 가공적성을 결정하는 주요 구성성분이다. 소금이 들어가야 성형이 되고, 가공식품의 좋은 텍스처(씹는 맛)가 만들어진다. 또한 소금은 식품의 저장성 및 품질에 중요한 영향을 미치는 요소이다. 예부터 음식을 갈무리하거나 발효과정에서 썩지 않도록 하기 위해서는 소금이 불가피했다. 가공식품은 곧 소금을 첨가한 식품이라 해도 크게 틀린 말이 아니다. 서구의 전통 음식인 햄, 소시지, 치즈가 그렇고 동양의 전통발효식품(장류)이 모두 소금에 의해 조리 가공된 것이다. 따라서, 가공식품의 섭취량과 소금의 섭취량은 정비례 관계에 있다. 예를 들어, 생우동 100g에 2000mg의 소금(NaCl)이 함유되어 있고, 따라서 하루 3그릇이면 세계보건기구의 일일권장량을 초과한다. 소금의 과다섭취를 막을 방법은 없는가. 지금까지 비만의 원인으로 지목되어 온 당류나 지방질의 과다섭취를 막는 방법과 같다. 즉, 가공식품의 섭취량을 줄이는 것, 다시 말하면 소식(小食)의 습관이다. 적게 먹으면 섭취하는 소금의 양도 그만큼 줄어든다.

소금이슈

소금은 인체의 항상성 및 혈액조성(blood profile), 그리고 각종 생리적 반응기구에 필수 불가결의 영양소이다. 그러나 필요이상의 식염은 우리의 신진대사를 해친다. 제일 먼저 혈당상승의 원인자이다. 그리고 여러 가지 대사성질환에 직간접 영향을 미친다. 이처럼 소금은 인체 내에서 순기능과 역기능을 가지고 있다. 이를 식염의 양면성이라 부른다. 하루에 필요한 소금량은 얼마일까? 사람이 뇨로 배출하는 나트륨을 기준으로 하면, 일일 2리터의 뇨{100mmole Na+/L이 배출된다면: (2.3g/L) x 2L= 4.6g Na이온배출}에 약 4.6g의 나트륨이 밖으로 배설되기 때문에 일일 필요한 나트륨의 양은 약 5g에 달한다. 이를 소금(NaCl)로 환산하면, 4.6g/0.39 = 11.8g Na+/일일 배출로 계산된다. 그러나, 일반적인 기초대사량을 초과하는 경우는 다르다. 예를 들어 중노동이나 심한 운동을 하는 사람은 배출한 땀(소금)만큼 소금을 보충해 주어야 한다. 스포츠음료의 주성분이 식염인 이유이다.

2005년 세계보건기구와 식량농업기구(WHO/FAO)에서는 일인 일일 소금섭취량을 5g로 권장하고 있다. 그러나 하루에 필요한 소금의 양은 인종별, 성별, 년령별, 직업별 그리고 노동량에 따라 다르다. 현재 프랑스는 8g, 영국, 독일 및 덴마크는 6g, 그리고 스웨덴, 그리스, 핀란드, 일본은 각각 5.6g, 5g, 3-5g, 10g으로 권장하고 있다. 우리나라에서는 일일 8.7g(나트륨; 3.4g/일일)로 정하고 있다.

참고문헌

교육과학기술부. 2009.〈'06-08' 학교건강검사실시결과〉. 교육과학기술부.
농수산식품부. 2011.《농림수산식품 통계연보》. 농수산식품부.
농수축산신문. 2011.《2010-2011 한국식품연감》. 농수축산신문, 서울.
식품안전법령연구회. 2004.《概說 식품안전기본법》. 주식회사 行政, 東京.
식품의약품안정청. 2011.《식품의약품통계연보》. 식품의약품안정청, 서울.
식품저널. 2011.《식품유통연감》. ㈜식품저널.

神山美智子 외. 1992.《식품안전기준》. 주식회사 家의光協會. 東京.
일본문부성. 2009.《연령별 체격측정의 결과》. 일본 문부성, 동경.
有松 晃 역. 1987.《아메리카의 식품유통》. 사단법인 農山漁村文化協會, 東京.
佐原 武. 1989.《식품메이커》. 주식회사 實務教育出版, 東京.
竹中久二雄외. 1987.《전환기의 가공식품산업》. 주식회사 御茶의 水書房, 東京.
통계청. 2009.《한국표준산업분류 〈통계청고시 제 2007-53호〉》. 통계청.
한국농수산식품유통공사. 2012. 〈FIS 식품산업통계정보〉. http://fis.foodinkorea.co.kr
한국농수산식품 유통공사. 2011.《식품산업 주요지표》. aT한국농수산식품유통공사, 서울.
한국농촌경제연구원. 2012.《KREI 농업통계》. http://www.krei.re.kr
한국보건산업진흥원. 2010.《2010 식품산업 분석 보고서》. 도서출판 한학문화.
한국식품과학회. 1988.《한국식품과학회 30년사》. 도서출판 한림원.
CIAA. 2011. Data & trends of the European Food and Drink Industry. CIAA AISBL, Belgium
Euromonitor International. 2010. http://www.euromonitor.com
Food and Agriculture Organization of the United Nations(FAO). 2011. Statistical database. http://www.fao.org
FAO 한국협회. 2006.《2006 식품산업 발전방안 세미나 결과》. (주)동양피앤씨.
FAO한국협회. 2007.《세계식품과 농업》 49권, 526호. p.98.
Forbes. 2011. Americas' biggest food companies. http://www.forbes.com
Potter, N.N.1998 Food Science 5th ed., Aspen Publishers, Inc. New York.
Schultz, H.W. 1981. *Food Law Handbook*, The AVI Publishing Co., Inc., Connecticut.
Thorne, S. 1986. *The History of Food Preservation*, p. 45, Barnes & Noble Books, Totowa.
Unklesbay, N. 1991. *World Food and You*. Food Products Press, An Imprint of The Haworth Press, Inc, New York.

10. 산업사회와 식품과학기술의 발달

최초의 식품가공기술은 고대 농경사회의 발효식품(빵과 술)의 제조이다. 곡물과 과실을 이용하여 술을 빚고, 술을 빚고 난 술찌꺼기(효모)는 빵을 제조하는 데 이용하였다. 비교적 늦게 농경생활에 들어선 유목민들은 우유를 이용한 발효제품을 주요한 식량으로 삼았다.

동양의 발효식품인 곡주(穀酒), 간장, 된장은 곰팡이를 이용하고 서양의 발효식품인 요구르트, 햄 및 소시지는 세균을 이용한다. 전자는 곡물에서 얻은 녹말과 단백질을 곰팡이와 효모가 분해하는 동양의 발효기술이며, 후자는 우유와 육류를 젖산균이 분해하는 서양의 발효기술이다.

그러나, 오늘날처럼 미생물의 작용이 알려지지 않았던 고대 농경사회에서는 발효는 신의 섭리로 생각되었고, 특히 제빵기술과 양조기술을 신의 은총으로서만 가능하다고 여겼다. 그리스에서 술을 전담하는 주신(酒神, Bacchus)이 있었고, 중국에서는 누룩을 신국(神麴)이라 하였다. 이와 같이 발효의 근본이 곧 신의 섭리에 따른다는 생각은 근대과학 기술이 태동하는 19세기 중반까지 계속되었다.

가공식품이란 앞서 말한 바와 같이 시장에 유통될 수 있는 저장식품을 말한다. 또한, 가공식품은 대량생산에 의해서만 경제성을 갖게 된다. 이런 관점에서 가공식품의 실질적인 기원은 산업사회의 형성에서 비롯된다고 볼 수 있다.

산업사회와 가공식품

가공식품의 필요성은 유럽의 산업사회에서 비롯되었다. 그리고, 가공식품의 기본목적은 식품의 저장성을 개선하는 데 있다. 저장성을 지닌 식품이 곧 군용식품이나 탐험가의 식량으로 이용될 수 있기 때문이었다. 19세기 초반 프랑스의 한 제과업자인 니콜라 아페르(Nicholas Appert)의 병조림법의 개발은 가공식품의 근대적 저장기술의 터전이 되었다(그림 10-1).

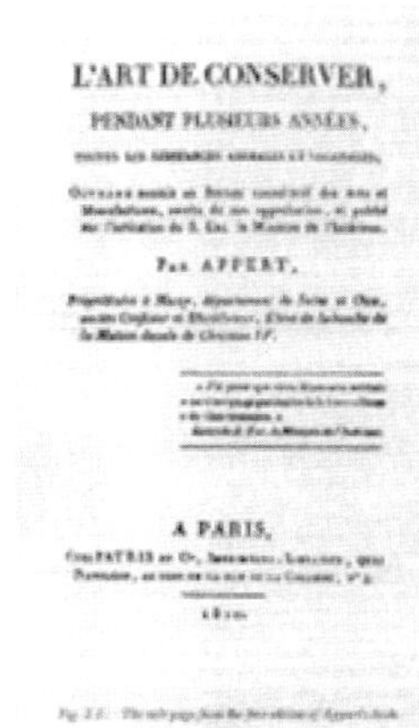
L'ART DE CONSERVER,
PENDANT PLUSIEURS ANNÉES,
Par APPERT,
A PARIS,

그림 10-1. 병조림 제조법에 관한 아페르의 저서 표지

아페르는 1804년 입이 넓은 병에 음식을 넣고 가열한 뒤 코르크 마개로 밀봉하여 식품의 저장기간을 연장시키는 데 성공하였다. 물론, 병조림법은 그 이전부터 알려진 과실저장 방법이었으나, 아페르는 고기, 우유, 수프, 채소 등에 적용시키는 데 성공하였다. 먼저 해군의 군용식품(combat ration) 저장에 자신의 저장방법을 적용하여 괄목할 만한 성과를 거둔 아페르는 프랑스 정부로부터 12,000프랑의 소위 벤처창업용 연구개발비를 얻어낸다. 아페르는 처음에 저장용기로서 병의 우수성을 고집하다가 결국에는 군용식품에 적절한 용기인 캔(can)으로 대체한다(그림 10-2).

발명자의 이름을 따서 아페르타이징(appertizing)으로 불리는 이 통조림

그림 10-2. 군용식품 혹은 탐험가용으로 사용되었던 통조림 식품
(1824년 탐험대가 소지한 통조림이 완벽한 저장상태로 1851년 만국박람회에 다시 출품되었다)

가공기술은 1810년 산업혁명의 본산인 영국에서 뒤랑(P. Durand)과 홀(John Hall) 등이 개발한 주석을 입힌 철판으로 만든 캐니스터(canister, 후에 can으로 명명)제품으로 시장에 출현하였고, 19세기 초 미국시장을 중심으로 번성하였다. 주석은 산화되면 산화주석이 되어 더 이상 산화가 일어나지 않기 때문에 당시의 주방용기용으로 즐겨 썼던 금속재료다. 주석 입힌 철판을 포장용기로 이용하면서 가공식품의 상업화는 전세계에 급속도로 전개되었다. 도기와 자기를 용기로 이용하였던 우리나라는 일제 강점기에 캐니스터가 소개되면서, 깡통(can+桶)식품으로 부르다가 통조림식품(canned foods) 혹은 캔(can)으로 표준화하였다.

처음에 군용식품으로 사용된 병조림식품(bottled foods)은 당시 탐험가의 휴대용 식품으로도 널리 알려지면서 일반 대중의 간편식 혹은 장기저장용 식품으로 자리를 굳힌다. 그 후, 뒤랑과 던킨(Bryan Donkin), 홀의 기술을 이어받은 존 갬블스(John Gambles)는 1824년 패리(Parry)의 북극탐험대원의 식량으로 통조림을 공급하게 된다. 갬블스가 제조한 탐험대의 통조림은 그 후 수십년이 지난 다음에도 안전하게 보관되어 소비자가 통조림식품의 안전성에 확신을 갖도록 하는 데 크게 기여하였다. 이들 가운데 몇 개는 아직도 영국 런던의 한 과학박물관에 보관 중이다(그림 10-2). 당시 통조림식품이 갖는 또 하나의 장점은 소금에 절이지 않아도 장기저장이 가능하다는 것이었다. 소금에 절인 염장식품만이 장기저장이 가능했던 시절이었기 때문에 건강에 해로운 과잉의 소금섭취를 피할 수 있는 유일한 방법이었다.

그러나, 이러한 가공기술은 전통과 경험에 의한 것이어서, 식품의 구성성분이나 식품가공 중에 일어나는 화학적 생화학적 미생물학적 변화에 대한 구체적인 지식은 결여되었다. 식품에 대한 과학적 지식이 부족했던 당시의 저장기술은 영양불균형에 의한 여러 가지의 질병을 초래한다. 그 대표적인 예가 서양의 괴혈병(scurvy)과 동양의 각기병이다. 괴혈병은 건조된 육제품과 건빵(biscuits)만을 섭취한 해군과 탐험가에서 자주 발생하였고, 각기병은 도정기술이 발달한 19세기 이후 아시아인의 질병으로 등장한다. 전자는 채소류 섭취부족에서 기인한 비타민 C 결핍증이며 후자는 쌀의 눈이 제거되어 나타난 비타민 B 결핍증이다. 이 두 가지 질병은 결국 가공식품에 대한 부정적 이미지를 갖도록 하였다.

19세기 중반에 괴혈병은 신선한 야채와 과일의 결핍에서 비롯된 것으로 밝혀진다. 그리고 이 질병의 방지방법은 매일 오렌지 두 개와 레몬 한 개를 공급하는 것이었다. 괴혈병 환자에게 오렌지의 농축과즙을 공급하는 것이었으니, 지금의 농축오렌지의 효시라고 할 수 있다. 이즈음 환자용 간편식 수프도 개발되었다. 이것은 소의 내장, 가죽 및 족발 등을 끓여 만든 것으로 젤라틴이 주성분이어서 영양적 가치는 없었지만 한때 항괴혈병의 효과가 있는 것으로 오해되어 해군의 급식에서 늘 환영받았다고 전해진다. 이와 같이 18-19세기 유럽의 가공기술의 핵심은 항괴혈병(antiscorbutic properties) 기능을 지닌 가공식품의 개발에 중점을 두었고, 그 결과 아스코브산(ascorbic acid; anti+scourbic acid)이 다량 함유된 레몬과 오렌지가 서구 음료의 주종을 이루게 되어 오늘날 서구의 식탁에 자주 등장하는 배경이 된다. 19세기 후반 근대과학기술의 발달에 힘입어, 이러한 경험 위주의 가공기술은 과학 위주의 산업으로 변화하게 된다.

지방질 식품과 근로자 식품

1차 산업혁명(1st industrial revolution, 1820-1860)으로 공업화와 도시화에 진입한 유럽사회의 식단은 가정요리(home cooking)에서 소위 산업화된 식당(industrialized cuisine)으로 전환된다. 과학기술의 진보에 따른 저장기술의 발달, 식품처리의 기계화, 소매 및 도매시스템의 정착과 먹거리의 상품화, 철도개설 등에 따른 수송문제의 해결 등은 도시사회의 근로자에게 값싼 가공식품의 공급을 가능하도록 만들었다. 우선, 도시에서의 먹거리 공급의 문제로 가공식품의 비즈니스화가 불가피하였고, 생산성이 노동자의 노동력에 의존한 당시로서는 노동력의 근원인 식품의 과학적 공급방법은 비즈니스의 최우선 과제였다. 19세기 후반 영국과 유럽대륙의 도시인구 증가를 살펴보면, 도시인구집

표 10-1. 19세기 영국의 주요 도시의 인구증가

(단위:만명)

년도	1801	1851	1901
런던	96	236	454
리버푸울	8	38	70
글래스고우	8	33	78
버어밍햄	7	23	52
맨처스터	7	30	65
필드	5	14	41
브래포오드	1	10	28
총계	132	386	788
총인구	1800	2500	3600

자료: S.Thorne, 1986, *The History of Food Preservation*, p.13, The Parthenon.

중이 새로운 식품저장기술의 개발에 직접적인 동기를 부여했음을 말해 주고 있다(표 10-1). 즉, 농촌에서 도시로의 인구이동으로 먹거리의 수송과 저장기술의 개발은 불가피하였다. 이러한 사회적 변화는 식품의 근대 저장기술의 개발에 추진력을 가하였고, 새로운 식품저장방법은 농어촌으로부터 도시민에게 가공식품의 공급을 가능하도록 해 주었다.

거의 동일한 시기에 식품의 구성성분에 대한 분석방법이 리비히(Liebig, 1831년)와 킬달(Kjeldahl, 1883년)에 의해서 확립된다. 또한, 생물화학이 발달하여 식물 및 동물의 신진대사 연구가 활발히 진행되었다. 식품화학도

새로운 방향으로 재검토되기 시작한다. 과학자의 먹거리에 대한 명제는 첫째 인간이 먹거리에서 무엇을 얻는가에 대해서였다. 이에 관해서 맨 먼저 나온 학설이 라부아지에(Antoine-Laurent Lavoisier, 1743-1794)의 칼로리쿰(Caloricum)의 존재였다. 음식물에 내재한 열량을 물질의 하나로 본 것이다. 이러한 학설은 결국 먹거리가 열원이며, 소위 이 열량소에 의해서 노동력이 나온다는 영양학으로 발전된다. 1834년 영국의 프라우트(William Prout, 1785-1850)는 음식물을 탄수화물, 지방질, 단백질로 분류한다(표 10-2).

독일의 리비히(Justus von Liebig, 1803-1873)는 1842년에 발표한〈생리학과 병리학에 미치는 동물화학 혹은 유기화학〉(Die Chemie oder organische

표 10-2. 먹거리 소화

위(胃):"제분소? 발효통? 탕(湯)?"(J.Hunter,1728-1793)
소화의 화학공정:위액(Gastric juice), 위액 내의 펩신(Pepsin, 1835년 발견)
단백질(Albuminous Foods), 탄수화물(Saccharine), 지방질(Oleaginous Substance) [프라우트(W. Prout), 음식물을 탄수화물, 단백질, 지방질로 분류]
Proteins/단백(蛋白)/Egg White [마장디(F.Magendie,1783-1855), 포유동물에 단백질 공급이 필요함을 증명]
식품의 산화 → 칼로리쿰 생성[라부아지에의 가설]
식품=열(熱, Energy)=노동력(Man Power)
먹거리의 기능에 대한 산업사회의 인식:열량소(Foods = Fats)

Chemie in ihrer Anwendung auf Physiologie und Pathologie)이라는 논문에서 동물의 영양에 탄수화물, 지방질 및 단백질이 필요하며, 탄수화물과 지방은 체내에서 에너지원으로 되고, 단백질은 신체 구성요소가 된다고 발표한다. 특히, 리비히는 탄수화물과 지방질이 산소에 의 해 산화되어 열이 발생한다는 이론을 정립하여 당시 영국해군의 식단의 칼로리 개념의 과학성을 입증하였다. 바야흐로 노동력의 원천이 지방질과 탄수화물로 밝혀진 것이다. 이러한 과학적 근거를 토대로 시장에 출시된 첫 번째 가공식품이 군용식품(전투식량; combat ration)과 근로자 식품(혹은 노동자 먹거리; laborer's foods)이었다. 특히 지방질은 탄수화물과 단백질에 비해 2.2배의 열량을 지니고 있다. 또한, 지방질은 모든 향기성분과 맛성분의 운반자라서 지방질 식품은 맛이 뛰어나다. 사람들은 값이 싸서 경제적이고 에너지 효율이 높으며, 식품의 맛을 개선해 주는 지방질 식품을 가공하게 된다(표 10-3). 특히, 프렌치프라이(French fries)의 탄생의 배경은 매우 흥미롭다. 원래 감자(pomme de terre)는 신대륙 원주민의 주식이었다. 유럽의 각 나라는 이러한 새로운 먹거리로 당시의 식량난을 해결하려 하였다. 그러나, 감자의 솔라닌이라는 독성성분이 식중독으로 나타나면서 유럽인들은 감자의 식용을 꺼리게 된다. 더구나, 기독문화권의 유럽인은 땅속에서 생산된 감자를 이교도의 작물이라 하여 멀리하였다. 땅위의 작물은 선하나 땅속의 작물은 악하다는 선입견이 작용한 것이다. 따라서, 프랑스와 같은 나라에서는 감자를 땅속의 사과(pomme de terre)라고 이름을 붙

표 10-3. 산업혁명과 근로자 식품

1790년	아페르(Appert); 병조림 개발
1810년	캐니스터(Canister; Peter Durand의 특허)
1840년	미국 남북전쟁의 군용식품; 크래커, 쿠키
1864년	루이 파스퇴르(Louis Pasteur): 파스퇴리제이션의 원리
근로자 식품 (Laborer's food)	고열량이고 값싼 먹거리→생산성 향상: 지방질 식품 = 열량 + 향미 감자→ 프렌치프라이(French fries, potato chips) 옥수수→ 콘플레이크(corn flakes) 쇠기름(Beef tallow)→ 마가린 돈육(Pork)→ 돈가스(pork cutlet, 豚cutlet) 어육(Fish)→ 어묵 소시지(fish meats, sausage)

여 감자 소비를 장려하게 된다. 결국 조리방법이 문제가 되었는데, 독일은 찌는 방법을 택하고 프랑스는 튀기는 방법을 사용한다. 이 가운데 프랑스의 튀김감자(French fries, pommes de terre frites)는 선풍적인 인기를 차지하면서 전 세계에 전해져 오늘에 이르고 있다. 어떤 식품이나 튀기면 향미가 개선된다. 맛 성분이 기름에 녹아 있기 때문이다. 또한, 튀기면 기름진 음식으로 바뀐다. 즉, 지방질 함량이 10-20%에 도달한다. 따라서, 고열량 식품이 된다. 값싼 감자전분을 기름진 육제품으로 바꾸는 것이나 다름이 없다. 식품을 에너지원, 노동력의 근본으로 여겼던 당시의 과학으로서는 최고의 에너지 효율을 나타내는 식품으로 대우 받았다. 이러한 튀김의 원리는 미국에서 절정을 이룬다. 감자를 더 얇게 썰어서 튀긴 식품이 감자칩(potato chip)이다. 미국인에 의해 개발된 이 감자 이용방법으로 더 많은 지방질, 향미, 그리고 바람직한 텍스처를 만들어 내었다. 현재 미국인 일인 감자칩의 연간 소비량은 70봉지에 해당하니, 전 미국인이 매주 1봉지 이상의 감자칩을 소비하고 있다. 이뿐만이 아니다. 제2차 세계대전 직후, 전 세계에 주둔하는 미군 병사의 호주머니에서 나온 것은 껌과 초콜릿이었다. 껌은 설탕이 주성분이고, 초콜릿은 지방질(코코아 버터와 우유 버터)식품이다. 두 가지 모두 고열량의 군용식품에 속한 것이다.

이러한 지방질식품의 중요성은 산업사회에 진입한 나라에서 두드러진다. 제2차 세계대전 후 산업화에 몰입한 일본의 경우도 유사한 식생활을 경험한

표 10-4. 한국과 일본의 산업화(1960년대)와 근로자 식품의 출현

1958년	일본 – 중국식 라면(fried noodle) 생산
1960년	일본인 – 쌀의 자급자족 시작
1963년	한국 – 일본식 라면 등장(라드, 우지 사용)
1989년	튀김용 기름(우지)을 팜유로 대체

다. 1960년 초 일본은 쌀의 자급자족을 달성하였다. 그러나, 산업사회의 필수품인 쌀가공품은 근로자의 욕구를 충족시키지 못하였다. 대안으로 서구식품인 빵과 우유의 상용을 권장하였지만, 이 역시 오랜 전통의 입식습관으로 크게 도움이 되지 않았다. 이때에 분식, 즉 근로자를 위한 먹거리로 중국식 라면을 선택한 것이다(표 10-4). 일본의 라면은 중국 만주지방의 튀김국수(fried noodles)를 원형으로 가공한 것이다. 가공원리는 튀김감자(French fries)와 같다. 즉, 국수를 단순히 기름에 튀겨 낸 것이다. 고열량이며 향미가 풍부한 지방질 식품을 얻는 방법이다. 우리나라도 1963년 이래 이러한 종류의 라면의 수혜국가가 된다.

루이 파스퇴르와 자연발생설

식품저장기술에 대한 과학적 탐구는 사람들의 미생물에 대한 인식으로부터 시작하였다. 따라서, 곰팡이와 일부 효모처럼 육안(肉眼)으로 식별이 가능한 미생물을 이용한 가공방법은 그 역사가 오래되었으나, 당시 육안으로 식별이 불가능했던 세균에 의한 가공방법은 현미경이 발명된 후에야 비로소 과학적 탐구가 가능하게 되었다. 17세기 후반 레벤후크(Antonie van Leeuwenhoek, 1632-1723)에 의한 동물성 입자(animalcules)의 발견은 발효의 원인물질에 대한 최초의 단서를 제공한다. 그리고는 19세기에 들어오면서 발효와 부패의 원인에 대해 과학적 탐구가 일기 시작하였다. 식품과학기술의 발전단계에서 1860년대는 대단히 중요한 시기이다. 이보다 앞선 시기에서는

가공식품은 부유층의 비싼 사치품으로 거래되거나 혹은 특수층, 예를 들면 탐험가나 해군의 특수식품으로 이용되었으며 막상 이를 생산한 농민과 서민들은 이용하지 못하였다. 그러나, 1860년대 이후 대량생산이 가능해지자, 가공식품이 자연스레 일반서민의 먹거리로 바뀌어 갔다. 당시 식품의 부패에 대한 과학적 탐구는 가공식품의 대량생산의 과학화에 크게 기여하였다.

포도주의 안정화(安定化) 시험에서 효모를 열처리한 프랑스의 루이 파스퇴르(Louis Pasteur, 1822-1895)실험은 유명하다. 그 당시엔 자연발생설(spontaneous generation theory)이 우세하여, 모든 물질은 스스로 생멸(生滅)하는 것으로 믿어져 왔다. 따라서, 포도주에도 혼령(spirit)이 존재하며, 이 혼령들에 의하여 가스가 생성되거나 맛이 변한다고 믿었다. 즉, 발효식품을 신의 섭리로 믿었다. 그러나, 1864년 파스퇴르는 알코올램프를 이용하여 포도주를 가열함으로써 포도주의 효모를 사멸시켜 효모에 의한 변질을 막을 수 있다는 사실을 발표하였다. 이 간단한 실험으로 그때까지 주신(酒神)으로 여겨져 왔던 효모는 사멸(死滅)되어, 혼령(spirits)의 자리에서 내쫓기고, 아페르의 병조림 저장기술은 원리적인 과학적 기반을 구축하였다. 한편, 부흐너(Eduard Buchner, 1860- 1917)는 1897년 효모세포를 간 즙에 당분을 첨가하자 발효가 일어나 알코올이 생성되는 것을 확인했다. 루이 파스퇴르 이후, 생명 없이는 발효할 수 없다고 생각했으나, 이 실험으로 살아 있는 균체가 없어도 발효가 일어난다는 것이 밝혀져 오늘날 생화학과 분자생물학의 기초가 확립되었다.

효모는 세균의 포자(spore)와 달리 열에 약한 단백질로 구성되어 있기 때문에 끓는 온도(100℃ 미만)에서 쉽게 사멸된다. 이러한 살균원리는 당시의 우유 살균에 적용되었고, 그 결과 유럽 도시사회에서 우유의 유통이 가능하게 되었다. 루이 파스퇴르는 포도주의 실험으로 자연발생설을 부정하는 데 만족하였지만, 산업사회에 진입한 유럽북부 도시지역에서는 우유의 유통방법으로 파스퇴르의 실험결과를 채택한 셈이다. 실제로 루이 파스퇴르는 그 후 우유의 살균에 자신의 실험결과가 응용되고 있는지를 몰랐다고 한다. 지금은 사람들이 루이 파스퇴르의 업적을 기리어 100℃ 미만에서 살균하는 방법을 파스퇴리제이션(pasteurization) 혹은 저온살균으로 부르게 되었고, 우유뿐만이

표 10-5. 루이 파스퇴르와 파스퇴리제이션

루이 파스퇴르	파스퇴리제이션(pasteurization)
프랑스의 화학자, 미생물학자(1822-1895)	100℃ 이하에서 살균하는 방법.
발효와 부패의 원인이 미생물임을 증명	주로 곰팡이, 효모 등과 무포자 세균을 사멸하는 방법.
자연발생설(spontaneous generation) 부정	부분적 살균에 해당하기 때문에 냉장 유통이 원칙.
우유의 저온살균 이론의 기초 확립	우유, 맥주, 과실주, 과실주스 및 김치 등 발효식품.

아니라, 과실음료, 맥주 대부분의 발효식품을 저장 및 유통시키는 데 응용하고 있다(표 10-5).

화학자이자 미생물학자이었던 루이 파스퇴르가 식품의 저장기술과 안전성에 끼친 영향은 대단이 크다. 그는 유기물이 썩어 구더기가 생기는 것이 아니라 구더기가 유기물을 썩히는 것을 주장하였다. 다시 말하면, 식품의 발효와 부패의 원인이 미생물임을 증명하여 당시 신봉되었던 자연발생설을 부정하였던 것이다. 이 밖에도 최근에 바이오테러용 세균으로 물의를 일으킨 탄저병(Anthrax)과 대표적 식중독균인 클로스트리디움 보튤리눔(*Clostridium botulinum*)을 분리 동정한 최초의 미생물 학자로도 알려져 있다. 특히, 보튤리넘의 독소는 요사이 우리나라에서 보톡스(Botox)라는 상품으로 성형외과의 총아가 된 사실을 보면서, 과학의 원리의 위대성과 잠재력에 감탄할 뿐이다.

식품가공의 주역이 주신(酒神) 혹은 곡신(穀神)이 아니라 효모라는 사실이 객관화되면서 1870년도에는 빵효모와 맥주효모 등이 건조 또는 압착(壓搾)효모의 형태로 상품화되기 시작하였다. 루이 파스퇴르 이전 시대의 혼령이었던 효모는 단일화되고 표준화되어 가공식품의 품질의 균일화에 크게 이바지하게 되었다.

한편, 루이 파스퇴르에 의한 저온살균 방법에도 불구하고, 식중독 환자는 계속 증가하고 식품의 저장성도 한계를 보였다. 그 이유는 식중독을 일으키거나 식품을 변패시키는 미생물이 효모가 아니라, 주로 세균이나 세균의 포자이었기 때문이었다. 특히 세균의 포자는 내열성이 강하여 보통의 저온살균에 의해 사멸되지 않았다. 이러한 내열성 포자를 사멸시키는 데는 100℃ 이상의 고온살균(sterilization)이 필요하였다. 따라서, 소위 레토르트(retort)라는 가압솥이 발명되기 전에는 내열성이 약한 곰팡이나 효모에 의한 식품의 변질을 억제하는 수준이었다.

고온살균(sterilization)이란 내열성인 세균의 포자(endospore)를 사멸시킬 목적으로 115-135℃의 고온으로 식품을 가열하는 방법이다. 고온살균에 대한 공학적 개념은 1920년도부터 도입되었다. 당시 세균의 포자를 살균하는 100℃ 이상의 고온은 식품의 영양가를 떨어뜨리는 주요한 원인이 되었다. 따라서, 열처리에 의한 최적의 살균조건을 산출하는 방법이 시급한 과제였다.

최적 살균조건을 구하기 위한 공학적 개념을 식품에 적용하기 위해서는 미생물의 사멸기구의 확립이 필수적이다. 다행히, 식품에서 일어나는 대부분의 반응은 이미 알려진 화학 반응속도론(파괴속도론)에 잘 부합한다. 다시 말하면, 세균의 사멸속도는 화학반응속도론의 1차 반응속도에 속한다. 이는 세균의 사멸속도가 미생물의 농도에 의존한다는 것을 의미한다. 이 관계는 지수적 파괴라고도 말한다. 왜냐하면 초기의 농도에 관계없이 잔존하는 기질은 항상 일정한 비율로 단위시간당 반응에 참여하기 때문이다. 즉, 일정온도에서 1분 동안에 농도가 1/10로 감소한다면, 다음의 1분 동안에도 잔존하는 기질의 농도가 1/10로 감소한다. 그러나, 이러한 미생물의 사멸속도는 지수 법칙에 따르기 때문에 결국, 무한대의 가열시간에서도 완전멸균(absolute sterility)을 나타내는 0의 수치를 얻을 수 없어 과학적 살균방법의 한계를 드러내고 말았다. 이러한 학문적 딜레마에서 고안한 아이디어가 상업적 살균 이론(commercial sterilization theory)이다. 화학의 1차 반응속도 기구는 처음의 농도에 의존하기 때문에 처음의 농도를 미생물계에서 얻을 수 있는 최고치보다 높게 상정하여 열처리를 한다면, 불완전 살균의 위험은 사라진다는 개념이다. 더구나, 살균공정에서 의사성 치사상태(sublethal)에 들어간 미생물이나 포자는 식품의 내부인자(진공, pH 등)에 의해 더 이상 증식할 수 없는 상태이기 때문에 절대적 살균(absolute sterile) 개념이 적용될 수 있는 것이다. 실제로, 이러한 이론에 따라 살균한 통조림 식품은 지금까지 안전한 것으로 증명되고 있다. 다만, 가상의 초기 미생물 농도를 기준으로 삼기 때문에 과열처리(overheating)

를 피할 수 없는 단점을 안게 되었다. 이러한 단점은 관류법(tubular type heating method), 판상 열교환기(plate heat exchanger) 가열법 및 직접가열법(ultra temperature heating, UTH) 등을 이용한 무균 밀봉법(aseptic packaging method)을 개발하면서 보완하고 있으나, 열에 의한 식품의 변질은 오늘날에도 가공식품산업의 커다란 장애요인이다.

식품산업은 사회의 변천과 과학기술의 발달에 의해 성장하고 있다. 산업혁명 이전의 농경사회에서는 건조식품이나 발효식품을 위주로 식품가공이 행해지고, 산업혁명 이후에는 열처리에 의한 통조림식품이 식품산업의 주종을 이루었으며, 제2차 세계대전 후에는 냉동식품이 유통되고 있다. 최근에는 열처리를 하지 않는 살균방법, 즉 비열처리(athermal treatment)의 연구가 활발해지면서 한외여과(ultrafiltration)에 의한 제균(除菌) 및 초고압(超高壓)에 의한 살균방법을 모색하고 있다. 또한, 열처리가 불가능한 냉동식품이나 건조식품의 살균처리에 이온화 방사선 조사(照射)방법도 빈번히 논의되고 있다.

식품안전관리의 약사

식품산업은 예나 지금이나 비즈니스와 불가분의 관계에 놓여 있다. 그래서, 불량식품은 항상 사회적 물의의 대상이고, 그 핵심은 구성성분의 위조와 판매법 위반이다. 독일의 맥주에 대한 라인하이츠게봇(Reinheitsgebot; the purity law)은 세계에서 가장 오래된 식품법이다. 1516년에 제정된 이 법(Biergesetz)은 맥주의 성분과 판매에 관한 것이다. 예를 들면, 맥주의 원료는 맥주보리, 물, 효모이며, 어떠한 경우라도 이 기본 세 가지 원료 외에 첨가물이나 대체전분을 사용하지 못한다는 법이다. 1987년 유럽통합에 의해 폐지되기까지 장장 400여 년 동안 철저히 엄수되어 왔다.

19세기 도시산업사회에 들어선 영국은 당시의 화학기술의 발달에 따라 각종 첨가물에 의한 식품의 저장방법이 횡행하고, 소위 화학적 기법을 이용한 불량 부정식품들이 범람하였다. 1820년 프레데리크 아쿰(Frederick Accum)

표 10-6. 영국의 식품위생 및 안전성 법규제정 연보

1822년	아쿰의 식품분석법(A Treatise on Adulterations of Food and Culinary Poisons)
1837-1901년	빅토리아 왕조 안전관리대상 식품; 커스타드, 겨자, 크림, 크래커, 육아식품, 치즈, 빵, 우유, 맥주, 설탕, 커피, 후추, 피클, 럼주, 제과, 고기
1851년	《랜셋》 학회지 식품분석위원회 결성(Lancet's Analytical Sanitary Commission)
1860년	세계 최초의 식품 및 의약품법(The Food and Drug Act) 제정
1875년	식품 및 의약품 판매법(The Sale of Food and Drugs Act) 제정
1905년	호주 식품 및 의약품법 제정(The Food and Drugs Act)

의 "밥솥에 죽음이 있다"(There is death in a pot, 성서의 열왕기에서 표제를 인용)라는 사회적 고발로 시작된 영국의 식품안전관리는 마침내 의학전문지 《랜셋》(*The Lancet*)의 제안에 따라 세계 최초의 식품의약품안전법을 제정하게 된다(표 10-6).

한편, 18세기 후반, 미국의 각 지방도시와 지방정부는 자체의 식품법, 시행령, 시행규칙(laws, ordinance, regulations) 등을 만들어 국부적으로 식품의 공급을 규제하였다. 그러나, 주정부 간 교역이 활발해짐에 따라 식품위생에 관한 상호협력의 필요성을 갖게 된다. 미국이 본격적인 산업사회에 들어서기 전에는 생산자와 소비자와 서로 가까웠으나, 농축산물이 대량으로 유통되면서 소비자는 생산자로부터 격리되고, 먹거리 위생에 대한 대책이 필요성을 느꼈던 것이다. 1789년 3월 4일 미국의 첫 연방국회에서 제정한 헌법 제1조는 연방정부 조직법이며, 흥미롭게도 제2조가 미국 내 수입되는 상품에 대한 관세부과의 조치이다. 수입상품의 주품목은 식품류로서 증류주, 당밀, 맥주, 사이다, 설탕, 커피, 코코아, 치즈, 염장어류 및 차 등이었다. 이때 제정된 차규제법(The Impure Tea Act)은 후에 미국인의 식료와 음료의 규격기준의 모체가 된다.

미국에서 가공식품의 규제의 필요성은 축산물의 위생에서 시작되었다고 해도 과언이 아니다. 즉, 시카고 도축장의 비위생적인 가공라인을 소설로서 묘사한 《정글》(*The Jungle*, Upton Sinclair, 1906)은 당시 루스벨트 대통령의 관심을 불러일으키기에 충분했고, 이 덕분에 1890년에 제정된 미연방식육검사법(US Federal Meat Inspection Act)이 재정비되어 1906년 미연방식육검사개정

표 10-7. 미국의 식품위생 및 안전성 법규제정 연보

연도	내용
1906년	미국 식품 및 의약품법 제정(The Food and Drug Act) -부정불량식품정의(Definition of adulterated food) -식품표시제(Definition of misbranded food)
1931년	미국 식품의약품관리청(Food and Drug Administration)
1938년	미연방 식품, 의약품 및 화장품법 제정 (Federal Food, Drug and Cosmetic Act)
1950년	미국 빵 청문회(폴리옥시에틸렌 모노스테아린산염 첨가금지)
	식품법에 딜레이니 조항(Delaney Clause) 삽입 - 발암성 물질 금지조항(No levels of carcinogens permissible)
	발암성 물질 연구 및 안전관리방안모색
	사이클라메이트, 적색2호, 사카린, 질산염, 카페인 조사
1954년	살충제법개정(Pesticide Chemicals Amendment)
1958년	식품첨가물법개정(Food Additives Amendment)
1960년	식품 착색료법 개정(Color Additives Amendment)
1969년	내분비계 교란물질 등장(다이옥신)

법(US Federal Meat Inspection Amendment)을 공표하게 되며, 같은 날 미국식품의약품법(The Food and Drug Act)이 통과되었다 한다(표 10-7).

오늘날 미국의 FDA법(The Food & Drug Act)을 식품의약품법으로 번역하고 있지만 사실상 초창기의 순수식품법(Pure Food Law)는 불량식품의 규제법안이었고, "의약품"으로 번역하고 있는 "drug"라는 표현은 약물 혹은 독성물질에 가깝다고 보아야 옳을 것이다. 의약품이란 병을 치료하는 데 쓰는 약품이나 약제로서 약물(drug)과 약간의 차이를 갖고 있다. 어원적으로 보아도 약품(medicina)은 치료(remedy)에 목적을 둔 약제라는 의미이고, 이에 비해 "drug"는 독성을 띤 약제(poisonous medicamentum)로, 요즈음은 독성이 있어서 약이 될 수 있는 물질이나 중독성을 띠는 물질을 말한다. 실제로, FDA법의 토대를 구축한 미농무성의 화학연구소장(Dr.H.W.Wiley)은 1902년부터 소위 독극물감시단(poison squad)을 운영하면서 가공식품에 각종 독극물(당시의 실례: 붕산, 살리신산, 폼알데하이드 등)를 첨가하는 행위를 고발하면서 부정불량식품의 퇴치에 일생을 보냈다한다. 따라서, FDA법 당시 약물의 오용에

의한 부정불량식품의 규제법에 가깝다고 보아야 할 것이다.

의약품의 개념에 해당하는 진단용이나 치료용의 약제(medicine)에 대한 규제는 1931년 미국 식품의약품관리청(The Food and Drug Administration, FDA)이라는 국가행정청 신설되면서 시작한다. 즉, 먹거리의 개념을 인체에 흡수되는 모든 물질로 확대하면서 1906년도의 미국식품의약품법(The Food and Drug Act)은 1938년도에 미연방 식품의약품 및 화장품법(US Federal Food, Drug and Cosmetic Act)으로 개정된다. 특히, 인체의 건강에 대한 소비자의 인식이 고조되면서 식품은 물론이고, 약품(medicine), 화장품(cosmetics) 및 의료기구 등에 관한 관리와 규제조항을 추가하게 된다. 명실공히 오늘날의 식품의약품법으로 발전한 것이다. 특기할 만한 사항은 FDA가 당시의 미연방 약전(藥典, homeopathic pharmacopoeia)을 관리하기 시작하였으며, 이때부터 식품, 의약품 및 화장품은 동일 행정관리체계에 들어가고, 이로 인해 FDA의 주무부서가 미농무성에서 보건후생성(Department of Health and Human Service, DHHS)의 소속으로 변경된다. 그렇지만, 본디 미국농무성(Department of Agriculture, USDA)의 식품행정관리에서 출발한 이 행정처는 현재 독립기관으로서 식품의 안전성에 관한 국가적 제반문제에 대하여 미국보건후생성은 물론이고 미국농무성과도 긴밀한 협조체제를 유지하고 있다.

한편, 1950년 이후 과학기술의 급속한 발달로 농작물에 살충제가 살포되고, 빵과 제과류에 새로운 색소첨가물과 방부제의 사용이 증가하게 된다. 특히, 제2차 세계대전 후 식품가공에 이용하는 화학물질의 증가는 소비자의 관심을 불러일으키고, 마침내 미국식품의약품관리청에 대한 미국국회 청문회는 가공식품의 안전성 확립에 역사적 계기를 마련한다. 빵의 연화제(polyoxyethylene monostearate)의 독성문제를 다루었던 이 청문회(the bread hearings)는 딜레이니 위원회(the Delaney Committee)를 지명하게 되며, 본 딜레이니 위원회에서는 1950년과 1952년 사이 59회의 공청회를 거쳐 마침내 1958년 딜레이니 조항(Delaney Proviso)을 공포하게 되었다. 1900년도에 4%에 불과하던 암사망률이 1950년대에는 25%로 증가한 데 따른 것이다. 딜레이니 조항의 특징은 인간이나 동물에 유해를 가하는 물질은 어떤 화학물질이라도 식품에 첨가하지 못하도록 규정한 것이다. 특히, 발암성의 물질은 첨가된 농도의 차이를 불문하고 금지항목(no level of carcinogens permissible)으로 규제되었다. 실험동물에서 인지된 발암성 물질까지도 금지하는 이 조항은 후에 사카린의 발암성 문제로 사회적 문제가 된 경우가 있지만, 이 딜레이니 조항이야말로 미국의 식품의약품관리청을 초법적 위치로 승격시킨 셈이 된다. 이러한 제도적 장치는 1960년부터 일기 시작한 미국의 미국의 소비자중심주의(consumerism)와 함께 미국 내 가공식품의 안전성을 향상시키는 데 크게 기여한다. 식품에 대한 소비자의 네 가지 권리, 즉 안전할 권리, 알 권리, 자유선택의 권리, 의사 반영의 권리는 미국 식품 관련 산업체의 사회적 책임은 물론 과학기술향상에 따른 소비자 쪽의 상대적인 지식의 결여까지도 폭넓게 논의하고 있다.

현재 미국의 식품과 의약품 등의 규제기능과 보호업무를 담당하는 주무부서는 보건후생성의 식품의약품관리청, 농무성식품안전검사국(USDA Food Safety and Inspection Service, FSIS), 그리고 동식물검역처(Animal and Plant Health Inspection Service, APHIS)이다. 규제대상식품으로 구분하면, 농무성은 육류, 가금류 및 달걀제품의 안전, 위생 및 표시 등을 담당하고, 식품의약품관리청은 농무성 업무외의 모든 일반식품과 수입식품의 안전을 맡고 있다. 이 밖에 잔류농약과 수산관련 제품검사는 상무성(USDC)의 환경보호청(Environmental Protection Agency, EPA), 해양대기청(National Marine Fisheries Service, NMFS)에서 각각 관장하고 있다. 또, 기능적인 측면에 보면, 식품의 품질(일반위생포함)에 관한 사항은 농림부에서 맡고 있고, 인체의 건강에 직접적인 위해가 되는 식품의 안전성은 주로 식품의약품관리청의 소관으로 운영되고 있다. 어떻게 보면, 식품의 생산, 가공단계는 농무성이 맡고, 제조된 식품의 유통단계는 FDA가 관장하는 듯하다. 다시 말하면, 1, 2차 식품가공업은 농무성이 3차 식품가공업은 FDA가 관리하는 것으로도 보인다. 식품안전에서 가장 중요시 되는 농장에서 식탁까지의 생산이력추적(production traceability)의 개념을 분업화한 것으로도 이해될 수 있다. 또, 이는 일차오염과 이차오염의 책임을 분명하게 구분하는 행정체제이기도 하다.

식품안전에 관련된 미연방의 주요 연구소는 질병예방본부(Centres for Disease Control and Prevention, CDC), 국립보건연구소(National Institute of Health, NIH), 농업연구소(Agricultural Research Service, ARS), 농산물유통국(Agricultural Marketing Service, AMS), 곡물검사소(Grain Inspection, Packers and Stockyard Administration, GIPSA) 및 세관이다. 현재 식품안전성 관련 주요 법령은 식품의약품법과 연방식육검사법 외에 식품품질보호법(Food Quality Protection Act, FQPA) 달걀제품검사법(Egg Products Inspection Act, EPIA) 및 공중보건법(Public Health Service Act, PHSA)이 있다. 그리고 식품의 품질과 안전에 관한 구체적인 대상과 절차 및 검사방법에 관해서는 FDA규정(FDA regulations)에 따르고 있다. FDA규정은 미국 식품의약품관리청이 식품의약품화장품법에 근거하여 공표한 규정으로서 일반통칙, 착색제, 식품표시, 식품규격, 식품첨가물의 4부로 구성되어 있다. 이외에 안전의 지침서로서는 미연방관보(Federal Register)의 모음집인 미국연방기준집(Code of Federal Regulation, CFR)과 미국식품화학물질규정집(Food Chemicals Codex, FCC) 등이 있다.

한편, 유럽연합의 식품안전에 대한 기초작업은 유럽공동체(European Economic Community, EEC) 국가 간의 통상장해 해체의 일환으로 시작된다. 역사적으로 보면 1917년 독일의 딘(Deutches Institue fuer Normung, DIN; 독일규격)규정이 앞섰지만, 제2차 세계대전 후 유럽각국의 규격기준을 조정하고 통합하려는 1957년의 로마협정(Roman Agreement)에서 출발하였다고 볼 수 있다. 그러나, 식품안전에 관한 실질적인 통합기준은 1988년에 조직된 센(Comite Europeen de Normalization, CEN; 유럽규격)위원회에서 정한 식품의 가공, 안전 및 위생에 관한 규정(Food Processing, Safety and Higiene Specification)에서 시작하여 1992년 식품품질에 관한 유럽연합통합규칙(EC Regulation of Food Quality)으로 발전하였다. 특히, 1985년 독일의 딘(DIN) 규격에 식품원료와 가공기계의 위생 및 안전성의 개념이 강화되면서 자국 내에 식품원료의 생산과 가공의 전 단계를 위생적인 면에서 관리 감독하는 CMA(Centrale Marketinggesellschaft der deutschen Agrawirtschaft)가 운영되기 시작하였고, 이 식품안전 주무기관은 당시 독일 내에 유입되는 모든 국제농산물의 유통을 규제하는 업무를 수행하였다. 국경 없는 농산물의 안전성확보 방안이라는 이러한 사고는 후일 코덱스(Codex)의 이력추적(traceability)과 제품추적(products traceability)의 개념으로 전개된다.

제2차 세계대전 후, 어느 나라나 식품의 위생과 안전관리는 과학적 근거하에 수행되고 있다. 그러나, 나라마다 식품위생법의 내용이 조금씩 달라 식품첨가물의 허용기준이 차이가 난다. 따라서, 농산물 및 식품의 국제교역에 관련된 각 나라는 지난 50년간 농산물 및 식품의 국제적인 규격기준의 제정에 많은 노력을 하여 1963년 국제식품규격위원회(Joint FAO/WHO Codex Alimentarius Commission)를 설립하고, 마침내 교역국가 간의 지침이 되는 국제식품규격기준(Codex Alimentarius)을 의결하게 된다. 이러한 국제식품규격기준은 1995년 세계무역기구(WTO)의 위생 및 식물검역조치의 적용에 대한 협정(Agreement on Application of Sanitary and Phytosanitary Measures, SPS)과 TBT협정(Agreement on the Technical Barrier to Trade)이 발효됨에 따라 명실공히 식품안전에 관한 국제법의 위치를 확보한다.

국제식품규격위원회(CodexAlimentarius Commission, CAC)는 유엔기구인 식량농업기구(FAO)와 세계보건기구(WHO)가 합동으로 국제적인 식품규격을 제정할 목적으로 1962년 설립한 기구이다. 흔히 코덱스위원회라 부르며, 본부는 이탈리아 로마 세계식량농업기구 본부에 있고 2004년 현재 회원국은 169개국이며 우리나라는 1971년에 가입한 후 1979년부터 참석하였다. 국제식품규격(Codex Alimentarius)은 식품법(Food Code)이라는 뜻이고, 1962년 설립된 국제식품규격위원회에서 정한 모든 식품규격, 실행규범, 지침, 권고사항 등을 포함하며 코덱스규격(Codex Alimentarius)이라고도 부른다. 국제식품규격위원회(Codex Alimentarius Commission)는 일반과제분과위원회(general subject committees), 식품품목별 분과위원회(commodity committees), 국가 간 특별업무 수행팀(Inter-governmental task forces) 및 지역조정위원회(regional coordinating committees)로 구성되어 있으며, 2006년 현재 관련업무와 의장국은 다음과 같다.

○ 일반과제분과위원회
일반원칙: 프랑스
식품수출입검사 및 인증제도: 호주
식품표시: 캐나다
식품위생: 미국
식품중 잔류동물용의약품: 미국
식품첨가물: 중국
식품중 오염물질: 네덜란드
잔류농약: 중국
분석 및 시료채취: 헝가리
영양 및 특수용도식품: 독일

○ 국가 간 특별업무 수행팀
생명공학응용식품: 일본
항생제내성: 한국
급속냉동식품 가공 및 처리: 태국

○ 식품품목별 분과위원회
가공 과채류: 미국
생과실과 채소류: 멕시코
식육 및 가금류 위생: 뉴질랜드*
어류 및 어류제품: 노르웨이
우유 및 유제품: 뉴질랜드
유지류: 영국
코코아제품 및 초콜릿: 스위스*
곡류 및 두류: 미국
당류: 영국*
식물성단백질: 캐나다*
천연광천수*

○ 지역조정위원회
아프리카: 모로코
아시아: 한국
유럽: 스위스
남미 및 카리브해: 아르헨티나
북미 및 남서태평양: 사모아
근동: 요르단

코덱스 국제식품규격은 각국의 소비자의 건강을 보호하고 공정한 식품교역을 확보하기 위한 일종의 국제법으로서 코덱스 기준에 등재된 모든 식품은 다음과 같은 규격서식에 따라 식품의 내용을 명시하도록 되어있다.

○ 규격명(name of the standard)
○ 적용범위(scope)
○ 식품의 설명(description)
○ 중요 구성성분 및 품질요소(essential composition and quality factors)
○ 식품첨가물(food additives)
○ 오염물질(contaminants)
○ 위생(hygiene)
○ 중량 및 측정단위(weights and measures)
○ 표시(labelling)
○ 분석 및 시료채취 방법(methods of analysis and sampling)

지금까지 코덱스 규격기준에 등재된 식품별 규격은 202종이며, 농약잔류기준 2,500여 종, 식품첨가물규정 680여 종, 식품 내 동물의약품 잔류허용기준 370여 종에 대한 권고사항이 지켜지고 있다. 우리나라 전통식품인 김치는 2001년에 'Kimchi'로 코덱스 국제식품규격에 등재되었고, 간장, 인삼, 된장, 고추장도 발의한 상태이다. 현재 우리나라에서 코덱스 위원회 업무를 담당하는 정부기관은 외교통상부의 세계무역기구과, 보건복지부의 식품정책팀, 농림부의 통상협력과, 해양수산부의 품질위생팀, 식품의약품안전청의 식품안전기준팀 등이다. 이들 정부기관에서는 전문가 협의회를 구성하여 국제식품규격위원회의 권장기준과 국내 식품위생법 및 식품관련 규격기준의 제 문제를 논의하고 국제식품안전정책과의 조화에 노력하고 있다.

국제식품규격기준의 특징은 모든 기준설정이 총회에서 의결된다는 점과 기준설정을 위한 독자적인 자문위원회를 설치하고 있는 점이다. 현재 세계식량농업기구와 세계보건기구의 협력체제로 운영되고 있는 전문가 협의체의 명칭과 업무는 다음과 같다.

- 유엔합동식품첨가물전문가위원회(Joint FAO/WHO Expert Committee on Food Additives, JECFA): 식품첨가물의 일일섭취허용량을 설정하고 식품 중 잔류기준안을 작성하여 국제식품규격위원회에 제안한다.
- 유엔합동잔류농약전문가회의(Joint FAO/WHO Meeting on Pesticide Residues, JMPR): 농약성분의 일일섭취허용량을 설정하고 식품 및 가축사료 중 잔류농약의 허용기준안을 작성하여 국제식품규격위원회에 제안한다.
- 유엔합동 미생물 위해평가 전문가위원회(Joint FAO/WHO Expert Consultations on Microbiological Risk Assessment, JEMRA): 식품의 미생물학적 위해인자에 대한 위해평가방법을 국제식품규격위원회에 제안한다.

코덱스 규격기준이 식품 관련 국제법으로 채택됨에 따라 각 나라는 자국의 식품관련 규격기준을 국제식품법과 일치시키거나, 일치시킬 수 없을 때는 이에 대한 과학적 근거를 제출하여 인정받아야 한다. 그러나, 국제식품규격기준의 이념이 국제간의 식품교역의 마찰을 해소하는 기본법에 해당하기 때문에

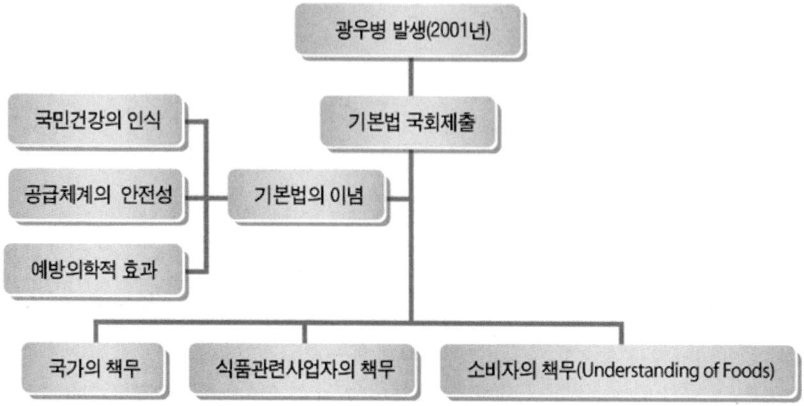

자료: 식품안전법령연구회, 2004,《개설 식품안전기본법》pp.4-19, (주)행정

그림 10-3. 일본 식품안전기본법 제정의 배경과 이념

규제내용이 통상적인 식품의 위생과 안전의 개념에서 벗어날 수 없고, 따라서, 허용첨가물의 종류나 농약잔류량의 농도 또는 그 밖의 건강위해요소의 개념이 아직도 코덱스 규격기준과 회원국의 위생법과 많은 차이를 보이고 있다.

일본은 1946년에 제정된 식품위생법에 따라 자국 내 가공식품의 관리를 해오고 있다. 일본의 약사법이 1959년에 통과된 것을 감안하면, 식품의 위생과 안전에 관한 일본인의 관심은 남다르다고 생각된다. 이외에도 일본농림규격법(Japanese Agricultural Standard Law, JASL), 부당경품류 및 부당표시방지법(경품표시법)이 각각 농림수산성, 후생노동성 및 공정거래위원회 소관으로 운영되고 있다. 그리고, 관리감독의 지침은 일본농림규격(Japanese Agricultural Standard, JAS)과 일본식품첨가물규격서(Japanese Standards of Food Additives)에 따르고 있다. 최근의 2001년도 쇠고기의 광우병 사건은 국제교역의 증가에 따른 일본인의 건강의 위해(hazard)에 대한 새로운 대책의 필요성을 갖게 되었고 2003년 2월 식품안전기본법(Japanese Food Safety Standard Law), 2005년에는 식육기본법을 제정하게 된다. 식품안전기본법의 이념은 첫째 국민건강의 인식, 둘째, 식품공급과정에서의 안전성확보, 셋째, 국민건강의 악영향을 미연에 방지하는데 있다(그림 10-3). 즉, 먹거리의 국제무역에 따른 국제규격기준(Codex Alimentarius)과 일본의 식품위생법의 완충역할이 필요했던 것이다.

우리나라는 1962년 법률 제6154호로 제정된 식품위생법(Food Sanitation Act)과 이의 관리지침인 식품위생법시행규칙(Implementing Regulations in Food Sanitation Act) 및 식품위생법시행령(Presidential Decree in Food Sanitation Act)에 의거 가공식품의 위생을 관리해 오고 있다. 실질적인 위생관리의 지침은 식품공전(Korean Food Standards Codex)과 식품첨가물공전(Korean Food Additives Codex)에 따르는데, 식품공전은 식품의 제조, 가공, 조리와 보존 방법에 관한 기준과 그 식품의 성분에 관한 규격을 정하고 있고, 식품첨가물공전은 식품첨가물의

제조와 사용에 관한 기준과 성분규격을 규제하고 있다. 그러나, 본 식품위생법에 따른 식품위생의 정의(식품, 첨가물, 기구 또는 용기, 포장을 대상으로 하는 음식에 관한 위생)가 암시하듯이 우리나라의 식품위생법은 좁은 의미의 식품산업체, 즉 식품가공업체 및 식품접객업(restaurant business)의 규제와 관리에 역점을 두어 운영되어 왔다고 해도 과언이 아니다.

1986년 우루과이라운드(Uruguay Round)를 기점으로 1987년 외국산 가공식품에 대한 국내 수입의 자유화, 1990년도의 밀수입의 개방, 1995년도의 세계무역기구(WTO)가입 및 유제품시장의 외국기업참여확대와 경제협력개발기구(OECD)의 가입으로 종래의 국내 식품관리행정의 한계를 경험하면서 1996년 4월 보건복지부 내에 "식품의약품안전본부"(Centre for Food Safety and Drug)를 설치하고 5개의 안전평가부(식품, 식품첨가물, 의약품, 생약생물학적제제, 의료기기)를 두어 가공식품의 안전성에 관한 전반적인 관리체제를 갖추었다. 그 후, 1998년 2월 "식품의약품안전본부"는 "식품의약품안전청"으로 승격되어 식품 및 의약품의 관리체제의 독립성을 부각시키고 있다. 그렇지만, 가공식품의 필요성에서 언급한 바와 같이 기껏해야 30여 년간의 산업화를 경험한 우리의 실정은 아직도 농업국에서 보는 식품관리행정체제를 탈피하지 못하고 있는 것 같다. 즉, 먹거리는 산업사회에서 재화축적의 수단에 불과하여 누구나 다룰 수 있는 공산품으로 이해하고 있는 듯하다. 따라서, 식품관련법령이 30여 개에 달하고, 이에 관련된 업무도 11개 부처에 산재하여 식품

안전의 일관성과 행정의 효율성에 한계를 드러내놓고 있다. 현대산업사회가 갖는 가공식품에 대한 올바른 개념을 정립할 틈도 없이 10여 년 전 밀려 온 국제화의 물결로 미국의 FDA개념을 들여와 설립한 KFDA(Korea Food & Drug Administration; 식품의약품안전청)라는 주무기관의 명칭에서 나타난 바와 같이 우리의 식품행정은 이제 시작단계임을 인식해야 할 것이다.

앞서 언급한 바와 같이 미국의 경우, 농무성과 보건후생성의 식품안전관리는 각각의 산하연구기관의 긴밀한 정보교환과 협조체제로 이루어져 있다. 우리나라의 경우도 농림부와 보건복지부 산하에 식품안전관련 연구부서가 있긴 하지만, 아직도 부가가치 향상 혹은 첨단 생명공학지원기술을 표방하는 예가 많다. 경제성장이 주요 목표인 오늘날의 정부출연연구소의 현실일 수도 있으나, 비즈니스와 안전성은 양립되기 어렵다. 식품의 안전관리는 부가가치나 첨단기술과는 거리가 있는 것이다. 또한, 식품안전관리의 한 방법으로 진행하는 생산이력추적이나 제품추척시스템은 위해요소중점관리시스템(HACCP)이 갖는 예방적 의미는 있겠지만, 사후약방문(死後藥方文)으로 마무리될 여지가 많다. 있음직한 가공식품의 위해요소를 미리서 차단하는 것이 식품안전의 근본이념이다. 따라서, 제 선진국의 식품행정은 주무기관 산하의 식품안전관련 기초연구팀과 늘 긴밀한 협조체제를 갖고 있는 것이다.

또한, 선진제국에서 식품행정관련법령과 위생법의 강화가 자국 내 가공업체의 규제보다는 수입식품에 대한 검사 관리에 더 큰 비중을 두고 있다는 사실도 매우 중요하다. 가까운 예로 일본의 식품안전기본법의 취지가 그러하고, 멀리는 미국의 FDA법과 유럽연합의 품질검사규격(EC Regulation of Food Quality) 등은 모두 국제농산물과 가공식품의 관리를 강화한 식품법이다. 우리나라도 이제부터 국제교역식품을 포함한 포괄적인 식품위생의 개념에 대한 통찰이 필요한 시기이다. 이러한 의미에서, 국내 소비량의 75% 이상을 수입곡물과 수입식품에 의존하는 우리로서는 수입농축수산물과 관련하여 국민건강과 복지의 이념을 총괄하는 새로운 식품관련법의 준비는 당연한 것이다. 머지않은 시기에 중국이나 북한과의 경제적 공동체(?)가 이루어지면 유럽의 공동체(EU)처럼 우리 식탁의 음식물이 국적을 가리지 않을 것이기 때문이다.

참고문헌

김솔 외. 2006.〈식품과학과 산업〉.《국제식품규격위원회의 활동현황과 전망》제39권, 제4호. p.25.

김재수. 2005.〈미국 식품안전관리제도 현황과 시사점〉.《농촌경제》제28권, 제4호. p.73.

윤서석. 1985.《한국식품사연구》. 신광출판사.

이성우. 1995.《한국식품문화사》. 휘문사.

한국식품공업협회. 2002.《식품위생법》. 한일프린설팅.

한국식품공업협회. 2004.《식품첨가물 공전》. 문영사.

한국식품공업협회. 2004.《식품공전》. 문영사.

한국식품과학회. 1988.《한국식품과학회 30년사》. 한림원.

한국식품과학회. 2005.《식품과학과 산업》, 제38권, 4호, pp.1-3.

식품안전법령연구회. 2004.《槪說 식품안전기본법》. 行政, 東京.

神山美智子. 2004.《식품의 안전과 기업윤리 소비자의 권리를 찾아서》. 八朔社, 東京.

神山美智子 외. 1992.《식품안전기준》. 家の光協會. 東京.

Greenberg, A. 2000. *A Chemical History Tour: Picturing chemistry from alchemy to modern molecular science.* A John Wiley & Sons, Inc., New York.

Harber, B. 2002. *From Hardtack to Home Fries; an uncommon history of American cooks and meals.* The Free Press, New York.

Nestle, M. 2002. *Food Politics: how the food industry influences nutrition and health.* University of California Press.

Schultz, H.W. 1981. *Food Law Handbook.* The AVI Publishing Co. Inc., Connecticut.

Shephard, S. 2001. *Pickled, Potted, and Canned: how the art and science of food preserving changed the world.* Simon & Schuster, New York.

Sonnenfeld, A. 2000. *Food; a culinary history.* Penguin Books, London.

Symons, M. 2000. *A History of Cooks and Cooking.* University of Illinois Press, Urbana and Chicago.

Thorne, S. 1986. *The History of Food Preservation.* Barnes & Noble Books, Totowa.

Toussaint-Samat, M. 1998. *History of Food.* Blackwell Publishers Inc., Malden, Massachusetts.

Trager, J. 1995. *The Food Chronology; a food lover's compendium of events and anecdotes, from prehistory to the present.* An Owl Book, Henry Holt and Company, New York.

Wilson, C.A. 1991. *Food and Drink in Britain; from the stone age to the 19th century.* Academy Chicago Publishers, Chicago.

Zuckerman, L. 1998. *The Potato; how the humble spud rescued the western world.* North Point Press, New York.

보유

식품의 안전관리에 대한 우리의 실정

가공식품의 이해에 대한 소고

국내 식품산업체는 예전에 경험하지 못한 국내 수요의 불확실성과 근래의 소비자 중심주의에서 비롯된 다양한 정부의 식품정책에 긴장하고 있다. 일반 경제부문의 고도성장과의 비교에서 상대적으로 둔화된 작금의 식품산업의 성장속도, 세계무역기구(WTO)의 가입(1995년)에 따른 해외 농수산 가공식품의 범람, 국제 경제개발 협력기구(OECD) 가입(1996년)에 따른 국제식품법(Codex)의 전반적인 규제수용, 자유무역협정(FTA)으로 국내농산물의 수요창조를 위한 농산식품가공산업 육성추진, 현 급변하는 라이프 스타일에 기인한 식품소비패턴의 변화와 소비자의 요구증대, 또 이로 말미암은 식품안전기본법 제정 등은 국내 식품산업체는 물론이고 식품관련 제 학술단체가 일대 전환기에 처해 있음을 말해주고 있다.

사실상, 지난 30년간은 상품개발 자체가 곧 시장을 형성하는 생산자 중심의 산업사회였다. 식품산업체의 식품가공기술이 사회적 기여도의 척도로 평가받았으며, 가공식품의 소비는 대부분 우리사회의 중산층에 국한되었던, 소위 식품산업의 도입시기로 생각할 수 있다. 그러나, 지금은 사정이 달라졌다. 예를 들면, 지난날 20-30%에 불과했던 농수산의 가공비율이 50%를 넘어선

---

* 이철,〈전환기의 국내 식품산업 향방과 학회의 책무〉,《식품과학과 산업》 제38권 4호(한국식품과학회, 2005년), 1-3쪽 발췌.

지 오래되었다. 요즈음은 모든 국민이 가공식품의 소비자라 해도 과언이 아니다. 가공식품에 대한 문제가 발생하면 국민적 관심사가 된 지 오래이다. 의식주에 대한 국민의 생각이 그렇듯이 식품과학기술은 이미 식품과학자의 전유물이 아니다. 제반 산업적 경제행위가 생산자 중심에서 소비자 중심사회로 이동하고 있는 것처럼, 우리 식품산업기술도 소비자, 즉 국민의 평가에 따라 효용가치가 결정되고 있다. 즉, 기술우위 산업사회에서의 가공식품생산 이념은 새로운 도전에 직면하고 있는 것이다.

일찍이 서구의 산업사회가 경험한 바와 같이 가공식품의 효율적 유통관리는 이제 식품산업체만의 문제가 아니라 소비자인 국민과 식품행정당국을 포함한 국가적 관심사가 되었다. 농림부의 식품산업 육성법 제안이나 식품의약품안전청의 유통식품 안전관리체제가 그것이다. 그러나, 이러한 정부의 노력은 시작에 불과하다. 농림부에서 식량과 가공식품의 개념정립이 이제 논의되고 있는 사실과 식품관련 행정기관의 설립(식약청 1998년)도 서구의 식품안전관리행정제도(영국 1874년, 미국 1906년)와 비교해 신제도의 도입단계임이 확실하다. 식품 및 가공식품에 대한 우리의 개념은 아직도 정립되지 못한 것 같다. 항상 거론되어 왔던 식품관련행정의 일원화는 아직도 구태의연하다.

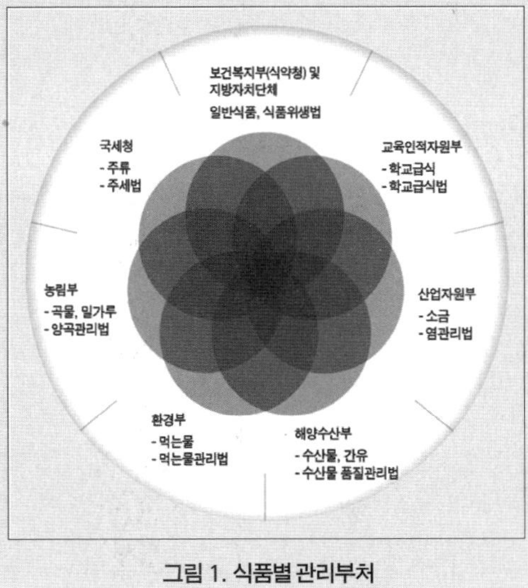

그림 1. 식품별 관리부처

쌀은 농림부(양곡관리법) 소관업무이나, 학교급식과 양조업은 각각 교육인적자원부(학교급식법)와 국세청(주세법)의 지침을 받는다. 김치는 식약청(위생법) 소속이나 소금은 산업자원부(염관리법) 관리대상이다(그림 1). 이 모든 것은 가공식품에 대한 인식이 부족했던 30여 년 전에 정해진 것들이다. 실제로, 전형적인 농업국이었던 1960년대에서 식품산업은 소비산업으로 분류되었던 것이다.

또한, 농산물의 개방화, 국제화에 따른 농림부의 식품에 대한 개념은 어떤가. 아직도 농림부의 관리대상에서 가공식품은 제외하고 있다. 말하자면, 가공식품을 다루면 농림부의 직능에 위배되는 것이다. 그러면서도, 농산물의 개방화에 따른 돌파구를 가공식품 제조에 의한 부가가치 개선을 목표로 하고 있다. 이것이 식품산업 육성법안의 근본정신이다. 종전의 곡물 위주의 식량소비에서 가공식품소비로 전환되는 우리의 식생활 패턴에 맞는 가공식품의 이념정립이 전제되어야 한다.

한편, 식품의약품안전청의 설립목적은 안전한 식품공급체계의 확립이고, 따라서 국민건강의 차원에서 유통식품의 규제를 기본원칙으로 삼고 있다. 또, 유통되는 가공식품을 예방의학적 차원에서 관리 감독하는 기능을 갖고 있다. 결과적으로, 행정기능상 의약품과 식품이라는 관리대상을 약학 전문가, 식품과학자 및 의학자들이 공동으로 다룬다. 동일한 관리품목이나 전문분야(식품과학자, 약학자, 의학자)와 전공영역이 다른 전문가들의 식품에 대한 이해가 다르다. 식품, 약품, 기능성 식품, 건강식품, 건강보조식품에 대한 개념정립이 분명하지 않다. 여기에 법조인과 소비자의 개념이 추가된다. 국민의 식량의 개념으로 등장한 가공식품의 개념이 정착하지 못하고 있는 것이다.

식품에 대한 사회적 인식은 사회변천과 과학기술의 발달에 따라 다르게 나타날 수 있다. 산업화 사회에서는 열량원의 기능이 강조되고, 미래 복지사회에서는 예방의학적 기능, 건강기능성 등을 예견할 수 있다. 그러나, 식품의 근원적 기능은 열량과 균형 잡힌 영양소의 공급이다. 가공식품도 마찬가지이다. 농업사회의 곡물 위주의 식량의 대체개념으로 가공식품의 개념이 정립되어야 하는 것이다. 식품이나 가공식품은 특정한 효능을 표방하는 약품이나 기능성 물질과 혼돈되어서는 안 되는 것이다. 요즈음은 가공식품에 대한 총체적인 평가가 생산자의 시각에서 소비자의 시각으로 이행되는 듯하다. 종래의 열량중심의 가공제품개발에서 생산자의 가공식품에 대한 개념이었다면, 각종 기능성 운운의 상품들은 현 소비자의 가공식품의 개념일 것이다. 소위 웰빙붐의 일시적 소산이다. 안타깝게도, 소비자 중심주의의 현 사회는 소비자의 판단이 과학과 기술의 우위에 있는 듯하다. 결론 없이 사회적 물의만 일으켰던 부정불량식품 사건들이 이를 말해 주고 있다. 라면우지파동(1989년), 간장파동(1996년), 만두파동(2004년), 김치파동(2005년) 등등은 모두가 식품산업인과 식품과학자, 그리고 관련행정기관 및 소비자의 이해부족에서 일어난 일이 아닌가. 본디, 소비자 중심주의의 이념은 소비자 주권추구이며, 이는 기업의 사회적 책무를 강조하는 데서 출발하였다. 그러나, 최근의 과학기술의 향상에 동반하지 못하는 소비자의 사회적 책임도 배제할 수 없다. 소비자도 기업인과 마찬가지로 식품과학기술에 대한 이해를 향상시킬 때, 우리사회는 건강해질 것이다.

지금부터 가공식품은 우리 국민의 주식이 되고 있다. 따라서, 가공식품에 대해 종전의 식량에 대한 중요성에 버금가는 관심을 가져야 한다. 식품관련 과학기술자는 물론이고, 가공식품에 대한 국가와 사회의 책무가 있는 것이다. 식품전문인, 가공식품생산자(기업)와 소비자의 책무가 있는 것이다.

11. 식품과 영양

식품의 합리적 이용은 현 산업사회의 복지와 인류의 건전한 식생활을 위한 중요한 요소 가운데 하나이며, 이를 위해 인간과 식품의 관계를 이해하는 데 보다 과학적인 기초지식이 필요하다. 인간의 몸의 조직은 수분, 단백질, 지방질, 무기질 등으로 구성되어 있다. 인체의 화학적 조성을 살펴보면, 우리의 몸은 수분(63%), 단백질(22%), 지방질(13%), 무기질(4%), 그리고 미량의 비타민과 탄수화물이 존재한다(그림 11-1). 인체를 구성하는 원소의 구성비율은 산소가 65%로 가장 높고, 다음이 탄소(18%), 수소(10%), 질소(3%), 칼슘(1.5%), 인(1.0%) 순이다(표 11-1). 이러한 구성성분은 매일 소모되기 때문에 인간은 먹거리로부터 이러한 물질을 지속적으로 공급받아야 하고, 대부분의 경우 탄수화물, 단백질, 지방질의 형태로 섭취한 후 소화 흡수한다. 이렇게 인체에 필요한 물질을 공급하는 행위를 영양이라 하며, 인체의 성분을 보완하기 위해 먹거리로부터 섭취하지 않으면 안 되는 물질을 영양물질 혹은 영양소(nutrient)라 한다.

영양소는 그들의 화학구조와 영양적 기능에 따라 탄수화물, 지방질, 단백

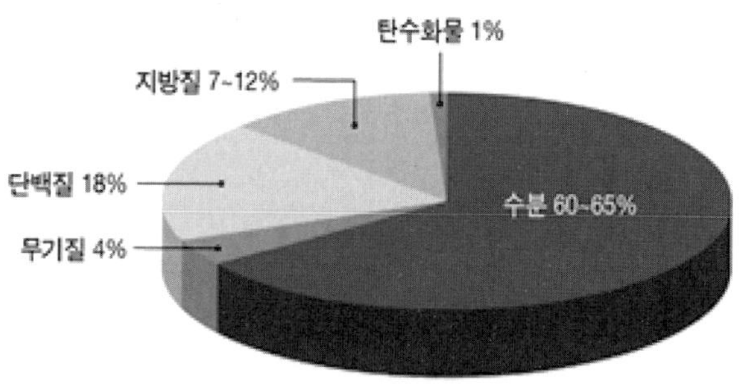

그림 11-1. 인체의 구성성분

질, 무기질 및 비타민 등으로 분류한다. 이러한 영양소는 인체의 구성성분이 되고, 에너지를 생산하며 인체의 생명활동을 영위하는 데 필요한 여러 가지의 신진대사에 참여한다. 그러나, 인체의 영양을 목적으로 섭취하지는 않지만, 신체의 신진대사를 원활히 진행시키기 위해서 미량으로 섭취하는 물질이 있다. 이러한 물질을 영양소에 대비하여 비영양물질(non-nutritive factor)로 구분한다. 예를 들면, 인체의 소화기관에서 에너지 생산이나 체세포 재생산에 직접 관여하지 않으나, 인체의 원활한 신진대사과정에 영향을 미치는 수분, 식이섬유 및 올리고당류 등을 일컫는다. 수분은 인체 내의 물질수송이나 각종 화학반응의 매개체로서 신진대사에 필수적인 물질이며, 발한작용 등에 의한 체온조절의 기능을 갖고 있다. 식이섬유는 소화, 흡수되지 않지만 소화관의 운동을 활발하게 하여 변비를 방지하며 기타 여러 가지의 생리적 기능에 참여한다.

이와 같이, 비영양물질은 전통적 개념의 영양소와는 달리 생명체의 필수 요소에는 포함되지 않으나, 실제로 인체의 건강유지에 매우 중요한 일을 수행하

표 11-1. 인체의 구성성분과 구성원소

탄수화물	단백질	지방질	무기질	비타민
탄소(C), 수소(H), 산소(O)	탄소(C), 수소(H), 산소(O), 질소(N), 유황(S)	탄소(C), 수소(H), 산소(O), 인(P)	칼슘(Ca), 마그네슘(Mg), 칼륨(K), 인(P), 나트륨(Na), 유황(S), 염소(Cl), 철(Fe), 망간(Mn), 구리(Cu), 요오드(I),아연(Zn), 셀레니엄(Se), 몰리브덴(Mo), 코발트(Co), 크롬(Cr), 실리콘(Si), 니켈(Ni), 주석(Sn),	A, B, C, D, E 등

표 11-2. 영양소 및 비영양물질의 역할

영양소	탄수화물	에너지 생산
	단백질	신체의 조직(혈액이나 근육) 생성
	지방질	신체의 조직 생성. 에너지 생산
	비타민	신체의 화학반응을 조절
	무기질	뼈 및 혈액 생산. 신진대사 조절
비영양물질	수분	인체 내의 물질수송 및 화학반응의 매개체
	식이섬유	소화관의 정장작용
	올리고당류	대장의 건강
	기타 기능성 물질들	신경전달물질, 호르몬의 전구물질 생성

표 11-3. 필수영양소(essential nutrient)

필수 아미노산	(essential amino acids)
필수 지방산	(essential fatty acids)
비타민	(vitamins)
마이크로미네랄	(micro-minerals)
매크로미네랄	(macro-minerals)

고 있다(표 11-2). 또한, 인체 내에서 합성이 불가능하기 때문에 먹거리로부터 반드시 섭취해야만 하는 물질이 있다. 이러한 영양물질을 필수 아미노산, 필수 지방산, 비타민 등으로 부른다(표 11-3).

탄수화물의 출처와 기능

탄수화물이란 탄소와 수소로 이루어진 화합물〔화학식: $C_n(H_2O)_m$, Carbon + Hydrates〕에서 유래된 말이다. 자연계의 탄수화물은 식물조직, 동물조직 및 미생물에 분포되어 있고, 이들 가운데 식물에 함유된 탄수화물의 양(50-80%)이 가장 많기 때문에 일반적으로 탄수화물을 식물성 식품으로 분류한다. 식물에서의 탄수화물은 식물조직의 구조탄수화물(structural carbohydrate: 셀룰로오스, 헤미셀룰로오스, 펙틴)과 열량원(전분)으로 이용되고 있다. 동물이나 인체에 존재하는 탄수화물은 일종의 저장탄수화물(글리코겐)로서 약 0.6-2% 미만이다. 또한, 미생물과 해조류에 들어 있는 탄수화물은 검물질(gum substance)에 속하는 다당류가 주를 이룬다. 유아기에 먹는 모유나 우유의 주성분도 사실상 탄수화물이다. 우유 성분 가운데 수분을 제외하면 탄수화물(락토오스)이 차지하는 백분율은 약 50%이다. 이러한 사실로 미루어, 인간을 포함한 포유동물의 주식은 탄수화물 식품군에 속하는 것으로 생각된다.

탄수화물(Carbohydrate)을 구성하는 기본단위는 당(糖)이다. 따라서, 탄수화물을 구성하고 있는 당(糖)의 수효(중합도)에 근거하여 분류하는 것이 원칙이다. 즉, 한 개의 당으로 구성된 탄수화물은 단당류(monosaccharides), 2개의 당으로 중합된 당을 이당류(disaccharides), 3-10개의 당으로 구성된 탄수화물은 올리고당류(oligosaccharides), 그리고 10개 이상의 당으로 구성된 것은 다당류(polysaccharides)로 분류한다(표 11-4). 한편, 탄수화물을 에너지를 생산하는 다당류(전분; starchy polysaccharides)와 난소화성 다당류(비전분; non-starchy polysaccharides)로 분류하기도 한다. 비전분은 에너지원은 아니지만 인체의 생리적 기능에 유익한 탄수화물군으로 분류하고 있다.

탄수화물은 대부분 인체의 에너지로 이용되고 있다. 사람이 필요로 하는 전체 칼로리의 50-60%를 공급하고 있다. 탄수화물은 인체 내 소화기관에서 소화된 후, 작은 장차에서 포도당, 과당, 갈락토오스의 형태로 흡수되어 혈액을 통해 세포에 전달된 후, 세포 안에서 산화되어 1g당 4㎉(17kJ)의 열량을 낸다. 과량의 포도당은 글리코겐(glycogen) 형태로 근육이나 간에 저장되었다가 필요할 때 에너지원으로 이용되지만, 대부분 체지방으로 전환되어 비만의 원인이 된다. 인체의 유일한 저장탄수화물(storage carbohydrate, 성인; 약 400g 저장)인 글리코겐은 근육운동에 사용되고, 이때 생산되는 에너지는 탄수화물과 마찬가지로 1g당 4㎉(17kJ)이다.

앞서 말한 바와 같이 탄수화물은 주로 인체의 에너지원으로서 이용되지만, 단백질이나 지방질과 같은 당 이외의 물질과 결합된 복합다당류(배당체; glycoside)는 인체 내에서 중요한 구조적 기능을 맡고 있다. 요즈음 연골 및 관절의 구성성분으로 주목을 받고 있는 글루코사민(glucosamine)도 배당체의 일종이다. 이 밖에도 배당체로 존재하는 루틴, 아미그달린, 사포닌, 타닌, 퀴논

표 11-4. 탄수화물의 종류 및 대표적인 출처

단당류	포도당(포도, 혈액), 과당(꿀), 만노오스(과실)
이당류	갈락토오스(우유), 설탕(사탕수수), 맥아당(맥아물엿), 유당(모유, 우유)
다당류	전분(곡물), 글리코겐(간장, 근육, 조개), 펙틴(과실) 뮤라인(murein, 세균세포벽) 레반(미생물),
올리고당류	프룩토올리고당(양파) 스타키오스(콩, 냉이) 트레할로오스(Trehalose, 효모, 곰팡이)
수용성식이섬유	펙틴(과실), 글루코만난(곤약), 알진(해조류)
불용성식이섬유	셀룰로오스 및 리그닌(곡물의 겨, 채소) 헤미셀룰로오스(식물의 세포벽), 키틴(갑각류) 및 케라틴(뿔, 모발)

류, 플라보이드류, 리그닌, 색소물질, 항생물질 등은 인체 내에서 중요한 생리적 기능을 맡고 있는 것들이다. 또한, 널리 알려진 독초의 성분도 대부분 배당체의 일종이다. 최근에는 복합다당류의 당쇄(糖鎖, sugar chain)의 기능이 밝혀지면서 당쇄공학(sugar chain technology)에 의한 복합다당류의 기능성 식품 개발연구가 활발하다. 탄수화물의 인체 내 역할을 에너지원으로 국한시켰던 종래의 개념을 벗어나 자연계에 분포된 복합다당류와 동식물의 생명현상 사이의 관계를 조사하고 있다.

알파전분

인간이 섭취하는 탄수화물은 전분이다. 그리고, 사람들은 전분을 익혀서 먹는다. 전분(starch)은 생전분과 호화(gelatinization; 익힘)전분으로 구분한다. 생전분(베타-전분)에 물을 넣어 가열하면, 전분입자가 물을 흡수하여 팽윤이 일어나면서, 우리의 소화효소의 침투가 용이한 알파-전분으로 전환된다(그림 11-2). 따라서, 알파-전분은 체내에서 쉽게 소화된다. 쌀은 베타 전분이고, 따뜻한 밥은 알파-전분이다. 알파-전분이란 전분이 젤화(gelation)된 상태로

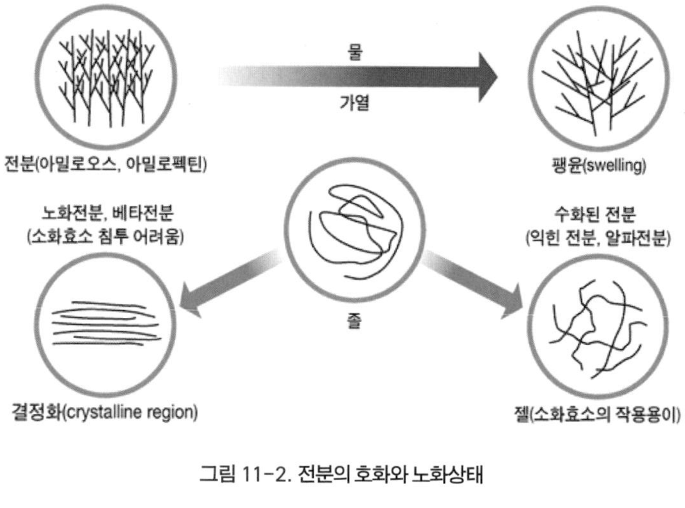

그림 11-2. 전분의 호화와 노화상태

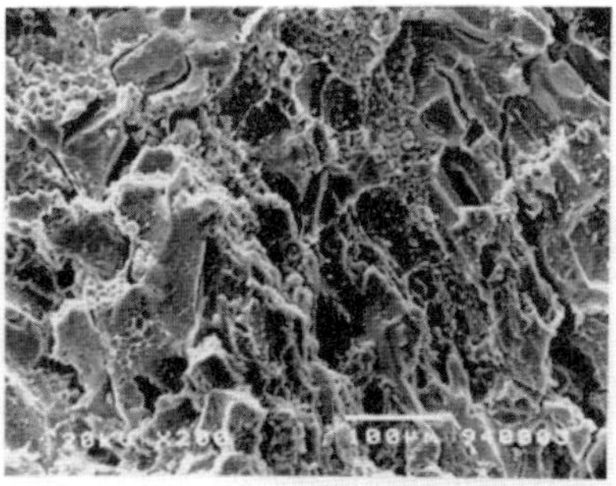

익히기 전의 쌀 익힌 후의 쌀

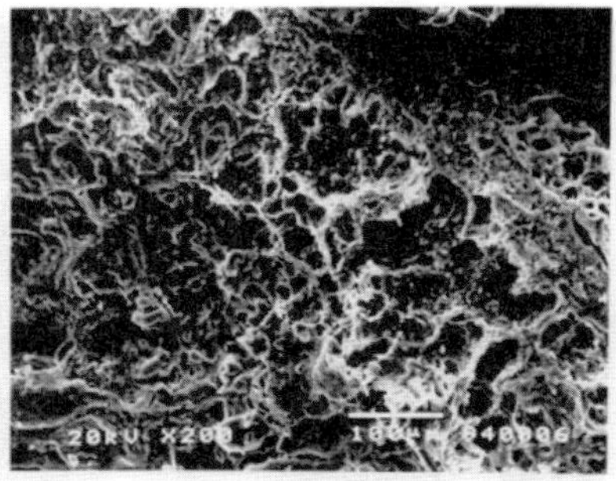

익히기 전의 쌀 익힌 후의 쌀

그림 11-3. 익히기 전과 익힌 후의 쌀알의 내부구조

아밀로오스와 아밀로펙틴이 물과 수화(hydration)되어 풀어진 상태를 말한다(그림 11-3).

알파-전분(alpha-starch)의 상태에서 수분을 제거하면 전분의 호화상태를 보존할 수 있다. 이것이 인스턴트식품의 제조원리이다. 갓 지은 밥을 동결건조하면 알파-쌀이 된다. 밀반죽을 부풀리고 구어서 수분을 제거하면 알파-전분의 빵을 얻는다. 대부분의 가공식품은 이러한 알파-전분의 형태로 조리되어 시장에 유통되고 있다.

그러나, 가공식품의 향미는 갓 구운 빵이나 갓 지은 밥보다 향미가 떨어진다. 따뜻한 밥(알파-전분)도 식으면 원래의 결정형 생전분(베타-전분; beta-starch)상태로 돌아가기 때문에 소화율이 떨어진다. 이를 전분의 노화(retrogradation)라 부른다. 실제로, 알파-전분의 노화 현상은 인간의 주식인 전분질식품의 이용에 많은 문제가 되고 있다. 알파-전분의 노화를 촉진시키는 인자는 온도와 수분 함량이다. 온도가 내려갈수록 노화가 가속화된다. 특히, 0-50℃ 사이에서 노화가 잘 일어나고, 온도가 낮을수록 노화속도는 가속된다. 호화된 밥이나 빵을 냉장고에 보관하지 않는 이유이다. 또, 노화는 50-

표 11-5. 곡류전분의 호화온도

(℃)

쌀	밀	보리	수수	옥수수
61-78	52-64	52-62	69-75	61-75

65%의 수분 함량에서 가장 잘 일어난다. 쌀밥의 수분 함량은 약 65%로 노화가 쉽게 일어나 밥맛과 소화율을 떨어뜨린다. 따라서, 밥의 노화는 한국 중국 일본인의 식생활에 아직도 번거로움을 주고 있다. 밥을 빵처럼 2-3일 동안 유통시키지 못하는 이유이다. 쌀이 밀에 비해 가공적성이 떨어지는 원인이다. 밥을 재가열하거나 식빵을 구워서(toast) 베타-전분의 상태를 가능한 한 알파-전분의 상태로 되돌려 먹는다.

밥의 노화를 방지하는 방법으로 등장한 주방용기가 밥통이다. 원리는 쌀밥(알파-전분)을 호화온도(약 70℃)에서 수일간 보관하는 방법이다. 호화온도에서 보관하는 방법이니 노화가 일어나지 않는다. 곡류는 호화상태(알파-전분)에 도달하는 온도가 정해져 있다(표 11-5). 전분질 식품을 뜨겁게 하여 먹는 우리의 식습관의 배경도 이에 근거한다. 갓 구운 부드러운 빵을 저장하면, 호화된 전분입자들이 결정화되어 빵의 내부가 딱딱해지면서 향미도 떨어지고 소화율도 낮아진다. 이런 현상을 빵의 스태일링(staling)이라고 하는데 이 역시 전분의 노화에 기인한다.

탄수화물의 소화와 흡수

인체를 구성하는 탄수화물의 양은 체중의 0.5% 이하에 불과하다. 이는 사람이 섭취한 탄수화물은 인체 내에서 소화(digestion) 흡수되어 체성분의 구성성분으로 전환되는 것이 아니라 신진대사 과정에서 물과 탄산가스와 에너지로 바뀌기 때문이다. 우리가 매일 섭취하는 탄수화물은 전분과 설탕(4:1)이 95% 이상을 차지하며, 이 밖에 유당, 맥아당, 과당, 포도당, 글리코겐 등이 있다. 단당류인 포도당과 과당 이외의 당류들, 즉 이당류 이상은 그대로 흡수되지 못하고, 먼저 소화단계에서 단당류로 분해되어야 한다. 소화란 섭취된 음식물 가운데 들어 있는 고분자의 다당류, 올리고당류를 장내에서 흡수하기 좋은 상태로 분해하는 것을 말한다(표 11-6). 탄수화물의 소화는 크게 입안에서의 소화, 위에서의 소화, 소장에서의 소화로 나뉜다. 입안과 위에서는 음식물을 죽의 상태로 만들어, 소장의 본격적인 소화에 대한 준비과정이 된다. 전분과 글리코겐 등의 다당류는 타액의 아밀라아제에 의해 입안에서 소화된다. 또한, 소장에서도 췌장의 아밀라아제에 의해 소화되어 말토오스, 이소말토오스 등으로 분해된다.

이것들은 다시금 소장의 융모에서 분비되는 이당류 분해효소, 즉 말타아제, 이소말타아제에 의해 단당류로 분해된 후 흡수된다. 이당류 가수분해효소의 활성은 소장의 부위에 따라 다르다. 또한, 소화효소의 활성은 연령, 음식물의 성분 및 호르몬에 영향을 받는다. 갈락타아제는 수유기 때에 최대의 활성을 나타내지만, 수유기가 지나면 차차 감소한다. 성인이 되면, 소장의 락타아제 활성이 극히 낮거나, 혹은 아예 사라지는 경우도 있다. 우유를 마시지 않는 민족은 대부분 이 경우에 해당한다.

흡수(absorption)란 소화, 분해된 단당류를 소장내의 표피를 통해 문맥과 림프관에 수송하는 것을 말한다. 흡수된 단당류는 모세관에서 문맥 혹은 림프관을 경유하여 체내의 조직에 운반된다. 소화관에서 흡수된 영양물질 가운데 직접 림프관으로 들어가는 지방질 성분을 빼면 모두 간을 통과하면서 각각의 농도가 조절된다. 당단류가 세포에 들어가려면 막을 통과해야 하는데, 단순확산(simple diffusion) 혹은 능동확산(active transport)의 과정을 거친다. 포도당과 갈락토오스는 ATP를 소모하는 능동수송에 의해 세포 내로 확산되어 들어간다. 그러나, 프룩토오스는 에너지가 필요 없다. 사람들이 피로회복을 위해 꿀물을 마셔 왔던 근거이다. 능동수송은 소화된 당류의 농도가 낮은 경우엔 흡수율 또한 우수하나, 농도가 높으면 흡수율이 떨어진다. 또한, 산소가 결핍

표 11-6. 탄수화물의 소화

기질	전분과 글리코겐 알파-아밀라아제(타액, 췌장액)
소화	설탕 이소말토오스 말토오스 말토트리오스 유당
효소	수크라아제 이소말타아제 말타아제 글루코아밀라아제 락타아제
생성물	프룩토오스, 글루코오스, 갈락토오스
흡수	확산, 능동 수송, 능동수송
세포 내 산화	에너지

되어도 에너지공급이 이루어지지 않기 때문에 능동수송은 저해받는다. 흡수된 단당류는 문맥을 통해 간에 운반된 후 일부는 글리코겐으로 저장되고 나머지는 순환하는 혈액에 흘러들어 간다. 이렇게 해서 나타난 혈중 포도당의 농도는 평상시 80-100mg/dL이다. 시중에서 사용하는 간이혈당 측정기는 이 수치를 기준으로 하여 당뇨의 여부를 판단한다.

천연감미료(natural sweetner)와 인공감미료(artificial sweetner)

탄수화물에 대한 인간의 과학적 탐구는 설탕의 대체품이라 할 수 있는 인공감미료의 개발과 전분당의 연구에서 비롯되었다. 당이란 일반적으로 단맛을 가진 수용성 탄수화물을 뜻하며, 당류의 종류에 따라 감미도가 다르다. 즉, 당류 가운데 과당의 단맛이 가장 높고, 설탕, 포도당, 유당, 맥아당 순으로 단맛이 떨어진다. 포도당은 감미도가 적은 담백한 단맛으로 혀에 녹는 순간에 청량감을 나타낸다. 또, 포도당을 가열하면 설탕보다 분해가 쉽게 일어나 낮은 온도에서도 착색이 잘 된다. 이런 특징을 이용하여 비스킷과 같은 과자에서 먹음직한 색깔을 만들어 낸다.

인간이 자연에서 얻은 최초의 당은 꿀이었을 것이다. 봉밀(honey)이라고도 부르는 꿀은 꿀벌이 꽃의 화밀(nectar)를 채집하여 저장한 것을 말한다. 꽃에는 꿀이 없다. 꿀벌은 꽃의 설탕성분을 채집하여 그들의 타액에 들어 있는 효소로 꿀(과당)을 만든다. 지금은 천연꿀의 감소로 전분당을 이용한 인공꿀이 빈번히 유통되고 있는데, 판별법으로 전분과 덱스트린의 함유량을 검사한다. 꿀 가운데 로열젤리(royal jelly, 王乳)는 여왕벌의 유충의 먹이가 되는 일벌의 분비물을 말한다. 꿀과 로열젤리는 각종 비타민, 무기질, 아미노산, 유기산이 풍부하여 인간의 영양물질로서 우대를 받고 있다. 꿀은 저온에서 저장하는 것이 바람직하고 로열젤리는 영하에서 보관하는 것이 좋다. 겨울철에는 포도당의 결정화가 지속되어 과당의 생성량이 많아지기 때문에 백색의 결정상태를 갖게 된다. 꿀 이외에도 인간이 자연에서 섭취한 당류에는 단풍설탕(maple sugar)이 있다. 주로 북아메리카 원주민이 사용한 것으로 알려져 있으며, 단

표 11-7. 설탕의 원료가 되는 작물

사탕수수	사탕무
Sacchrum officinarum L. 12-17%, 줄기	*Beta vulagris* L. var alltissima DOELL 12-20%, 뿌리

풍나무의 수액을 졸여 만든 것이다. 단풍설탕으로 만든 시럽을 단풍당시럽(maple sugar syrup)이라 한다. 성분은 수분 35% 이하, 총당(전화당으로서) 60% 이상, 납 1.0mg/kg이다. 우리나라에서는 해마다 봄철이 오면 단풍나무과에 속하는 낙엽교목인 고로쇠나무(painted maple)에서 얻은 수액을 약수로 마시거나 한방에서는 풍당을 만들고 있다. 인간이 즐겨왔던 당류는 이 밖에도 북유럽의 꿀술(mead)이나 신화에 등장하는 넥타(nectar) 등이 있다.

식품산업에서 사용하는 당이란 보통 설탕을 지칭한다. 과당보다 단맛이 떨어지지만, 가공적성이 우수한 감미료이다. 설탕은 사탕수수(sugar cane)와 사탕무(sugar beet)로부터 얻고 있다(표 11-7). 식품가공에서 설탕이 갖는 기능은 보습효과, 연화제, 삼투압에 의한 저장성, 조직감 변화, 갈변반응, 향미 성분의 보존의 효과가 있다. 순수한 설탕은 무색, 무취이고 수용성이며 약 2%의 농도에서부터 단맛을 인식할 수 있다. 설탕의 다량 소비는 영양과잉의 원인이 되며, 특히 설탕은 당류 가운데 치아의 손상에 가장 큰 영향을 미친다. 그럼에도 불구하고, 설탕은 가공학적 기능성이 뛰어나기 때문에 아직도 식품가공에서 중요한 위치를 차지하고 있다.

사탕무는 사탕수수의 대체작물로 등장한 것이다. 한때 신세계의 설탕수입이 영국에 의해 봉쇄당하자, 프랑스와 독일이 무를 육종하여 설탕 함량이 높은 사탕무를 육종한 것이다. 유럽 중부의 기후조건에서도 경작할 수 있는 신품종을 개발한 덕분에 지금도 프랑스와 독일의 설탕 자급률은 100%이다.

1. 전분당

전분당이란 전분을 산 또는 효소로 가수분해하여 얻는 당(starch sugar: 녹말당으로도 부름)을 말한다. 일찍이 19세기 유럽에서는 맥아를 이용하여 맥주원료인 맥아당을 얻고 맥아당을 분해시켜 포도당을 얻는 방법을 확립하였

표 11-8. 설탕에서 전분당 제조로 발전

기원전 1만년	뉴기니아의 사탕수수
4,000년 전	전분을 파피루스 제조에 이용(이집트)
700년	전분코팅으로 종이의 강도 개선
1792년	꿀과 설탕의 차이를 발견
1800년	감자를 주요 전분원으로 사용(미국)
1802년	설탕과 다른 포도의 당이 발견됨(포도당)
1820년	산가수분해로 셀룰로오스에서 당류 생산
1821년	전분에서 전분당(포도당), 덱스트린 생산

표 11-9. 덱스트로오스당량(DE*)값에 따른 전분가수분해물의 종류

DE 40-60	DE 60 이상	DE 80-93	DE 90-96	DE 97-98
물엿이 해당함	물엿 적성이 떨어짐	결정형 포도당	분말포도당	정제포도당

*DE: 덱스트로오스 당량(dextrose equivalent)은 녹말의 가수분해 정도를 나타내는 지표로서 총고형분 중 포도당의 백분율(%)로 나타낸다.

다(표 11-8). 전분당의 실제적인 성과는 미국의 옥수수 시럽(corn syrup)의 생산이다. 이는 전분시럽의 일종으로서 값싼 옥수수를 이용하여 설탕의 단맛에 버금가는 감미료를 생산한 것이다. 전분시럽은 전분을 효소처리하여 얻은 단맛이 있는 묽은 즙을 말한다. 당시 포도당 시럽과 구별하기 위해 콘시럽(corn syrup)으로 불렀다. 전분을 산이나 효소로 당화시키면 전분당이 된다. 당화(saccharification)란 전분을 산이나 효소로 가수분해하여 단당류 혹은 이당류로 전환시키는 반응을 말한다. 전분당의 성상은 가수분해의 정도, 즉 당화의 정도에 따라 다르게 나타나며, 덱스트로오스당량(dextrose equivalent, DE)으로 표기한다. 덱스트로오스당량이란 전분의 가수분해 정도를 나타내는 지표로서 총고형분 중 포도당의 비율(%)로 나타낸다. 따라서, 값이 높을수록 포도당의 함량도 높다(표 11-9). 옥수수전분의 가수분해물은 물엿과 포도당(액상포도당, 분말포도당, 정제포도당 등)으로 나뉜다. 물엿은 덱스트린(dextrin)과 포도당이 1:1 정도인 점성이 있는 감미물질로 우리가정에서 흔히 사용하는 감미료이다. 설탕처럼 쉽게 결정화되지 않는 성질을 지니고 있기 때문에 잼, 마마레이드 및 드롭스(drops)류의 제조에 사용한다.

오늘날에는 이러한 전분시럽을 이용하여 보다 감미도가 높은 고과당시럽(high fructose corn syrup, HFCS)을 생산하고 있다. 고과당시럽(high fructose corn syrup)이란 옥수수전분을 가수분해하여 생성된 글루코오스를 글루코오스 이소머라아제(glucose isomerase)를 이용하여 프룩토오스로 이성질화한 시럽이다. 이렇게 해서 얻은 과당의 함량은 보통 55% 이상이다. 과당은 인체 내에서 유익한 기능을 한다. 즉, 과당의 산화에는 포도당과 달리 인슐린이 필요하지 않다. 따라서, 당뇨병 환자식에 사용한다. 또, 과당을 섭취하면 과당은 포도당에 비해 쉽게 글리코겐으로 저장되기 때문에 운동 중에 저혈당의 위험도 적다. 또한, 혈중 알코올의 분해촉진의 효과도 있다고 한다.

전화당(invert sugar)은 설탕을 묽은 산 또는 전화효소로 가수분해하여 얻는 글루코오스와 프룩토오스가 동일한 양을 지닌 혼합물로 단맛은 설탕의 1.23배이다. 전화당은 물에 쉽게 용해되며, 결정화되지 않아 액당으로 부른다. 전화당은 전화당 크림, 아이스크림 및 제과에 이용한다. 꿀은 65-85%의 전화당을 함유하고 있다. 앞서 말한 바와 같이 꿀벌들은 식물의 설탕을 수집하여 꿀벌의 타액에 들어 있는 효소로 전화당을 생산하는 것이다.

인간은 단맛을 즐기기 위해 설탕은 물론이고 전분당(포도당), 혹은 전화당이나 고과당시럽 등을 개발하여 왔다. 그러나, 이러한 당류는 모두 열량이 높다. 이유는 모두 포도당과 같은 6탄당에 속하기 때문이다. 이런 연유로 사람들은 인체 내에서 소화 흡수되지 않는 5탄당이나 당알코올류를 개발하고 있다. 5탄당과 5탄당으로 제조된 당알코올류(sugar alcohols)는 체내 효소로 분해될 수 없어 열량이 거의 없다. 그렇지만, 충분한 단맛을 지니고 있어서 다이어트 당으로 이용하고 있다. 대표적인 당알코올류로 솔비톨(sorbitol)과 자일리톨(xylitol)을 들 수 있다. 자일리톨은 설탕과 동일한 감미도를 가지며, 솔비톨은 설탕의 1/2에 해당한다. 특히, 자일리톨은 열량이 거의 없고, 설탕을 분해하는 세균이 이용할 수 없는 당알코올류이기 때문에 충치방지용 껌의 감미료로 기능성이 인정되고 있다. 그러나, 유럽에서는 의사의 처방 없이는 하루 섭취량이 30g을 넘지 않도록 규제하고 있다. 한편, 솔비톨은 포도당을 환원시켜 제조한 것으로 흡습성이 강하여 제과 및 어류가공식품의 보습제로 이용하고 있다.

특히, 말린 것이나 혹은 조미한 생선포의 주된 단맛은 솔비톨이다.

2. 인공감미료

솔비톨과 자일리톨과 같은 당알코올류 외에도 우리의 식탁에 오르는 새로운 인공감미료(대체 감미료; alternative sweetner, sugar substitute)들이 계속 개발되고 있다. 아스파탐(aspartame)은 설탕보다 2백 배의 단맛을 지닌다. 미국 식품의약품관리청(FDA)에서 1996년에 허용한 저칼로리의 감미료에 해당한다. 다만, 인체 내에서 아스파트산(aspartic acid)과 페닐알라닌(phenylalanine)으로 분해되기 때문에 유전적으로 페닐알라닌을 분해하지 못하는 사람(phenylketonuria)에게 경고하는 의미로 페닐알라닌 함유량의 표시를 의무화하고 있다. 아세설팜케이(acesulfame-K)은 아세설팜의 칼륨염으로서 설탕의 100-200배의 감미를 지닌 합성감미료이다. 1988년에 미국에서 허용된 인공감미료로서 약간의 뒷맛이 남는 것이 특징이다. 인공감미료 가운데 역사가 가장 오래되고 아직도 다이어트 식품에 애용되고 있는 것이 사카린(saccharin)이다. 이 감미료는 설탕에 비해 약 3백 배의 단맛을 가지나 약간의 쓴맛도 나타낸다. 1977년 미국 식품의약품관리청이 발암성 물질(weak bladder carcinogen)로 사용금지 발표를 하였으나, 다이어트 식품에 의존하는 당뇨 및 비만환자의 요구를 받아들여 소위 금지명령 모라토리엄(moratorium)으로 재심사가 이루어진 유일한 감미료이다. 재심사 후 1991년에 사용금지가 철회되고 모라토리엄 기간인 2002년이 지남에 따라 현재 식품첨가물로 이용하고 있다. 사카린 사용금지철회는 과량의 사카린을 30년간 매일 지속적으로 섭취했을 때 발암가능성이 있다는 과장된 동물실험의 결과와 1977년 이후 아직까지 사카린에 의한 암 발생건수가 보고되지 않은 점을 근거로 삼은 것이다. 한편, 인공감미료에 속하지는 않지만 스테비오사이드(stevioside)와 글리시리진(glycyrrhizin)도 비영양감미료(non-nutrive sweetner)에 속한다. 스테비오사이드(stevioside)는 국화과에 속하는 스테비아(*Stevia rebaudiana*)의 잎에서 얻은 글리코시드로 단맛은 설탕의 3백 배 정도이다. 세계보건기구(WHO)에서는 허용되지 않은 인공감미료이나 한국, 일본, 남미에서는 식품첨가물로 사용하고 있다. 소주 등 재제주의 단맛성분으로 이용하였다. 글리시리진(glycyrrhizinic acid)은 감초추출물(licorice extract)의 단맛성분이다.

설탕을 대체하려는 인공감미료의 개발은 아직도 계속되고 있다. 현재 미국에서는 설탕보다 2천-1만3천 배의 강한 단맛을 지닌 네오테임(neotame)과 엘리테임(alitame)의 개발을 서두르고 있다.

탄수화물의 필요량과 외인성당류의 문제

보통 사람이 하루에 필요한 열량은 2,000-2,400㎉로 알려져 있다. 그리고, 이 열량 가운데 탄수화물이 차지하는 열량의 비율은 50-60% 정도이다. 탄수화물식품의 섭취비율이 50% 이하인 경우에는 이른바 식습관에 의한 성인병 질환의 원인이 되기 때문에 탄수화물 식품의 섭취는 총 섭취 에너지의 60% 전후를 섭취하는 것이 적당하다고 한다. 여기에서 전분/당의 비가 너무 낮지 않도록 주의를 요한다. 전분/당의 비는 서서히 소화되는 탄수화물(전분)과 신속하게 소화 혹은 흡수되는 탄수화물(당)의 비(比)이다.

인간이 섭취하는 당류는 출처에 따라 내인성 당류(intrinsic sugars)와 외인성 당류(extrinsic sugars)로 분류한다. 내인성 당류는 인체의 세포구성물질인 포도당과 과당과 같은 당류이다. 이러한 당류를 섭취한 경우 인체에서의 부작용은 발견되지 않는다. 이에 반해, 외인성 당류는 설탕과 같이 원래부터 인체세포의 구성물질에 속하지 않은 것들이다. 따라서, 체내 흡수 및 분해 과정에서의 여러 가지 건강상의 문제를 예견할 수 있다. 우선 설탕은 입안의 세균에 의해 분해되어 산이 된다. 그리고, 이렇게 생성된 유기산은 치아의 석회질을 녹이고 충치의 원인이 되고 있다. 또한, 설탕은 단맛이 강하고 맛이 좋아 대부분 과량을 섭취하게 되어 비만과 관련되어 있다. 더 나아가, 설탕(sucrose)은 비타민과 무기질 등과 같은 필수 영양소가 전혀 들어 있지 않기 때문에 속빈 열량소(empty calories)로 혹평하기도 한다. 설탕과 건강과의 관계는 오랜 기간 지루한 논쟁의 대상이 되고 있다. 특히 설탕과 당뇨병과의 상관관계는 논의가 끊이지 않고 있다. 첫 번째의 당뇨병(diabetes)의 발생 기록은 17세기 후반에 나타난다. 11세기 인도에서 시작한 사탕수수의 가공(제당공장)이 스페인, 영국, 프랑스에 전래된 때는 16세기(1515-1573년)이니 시기적으로 일치하는 면이 있다. 1660년 영국은 설탕과 담배를 국가전매사업으로 정하고, 신대륙에서 생산된 설탕을 독점하면서, 프랑스, 독일 등지에의 설탕 반입을 봉쇄하였다. 결국, 프랑스와 독일에서 사탕수수 대체작물인 사탕무를 육종하였지만, 이 때문에 유럽인의 설탕소비는 급증하였다. 특히, 스웨덴의 설탕소비는 1880년 일인당 연간 약 5.5*kg*에서 1929년 약 54*kg*으로 증가하였다(표 11-10). 동일한 시기에 당뇨병 환자는 10만 명당 19명으로 증가한다. 덴마크 역시 반세기 동안 10만 명당 2명에서 19명으로 증가하였다. 핀란드에서 개발된 자일리톨은 오랜 기간 단맛에 길들여진 유럽인의 식습관으로부터 건강을 지키려는 일종의 자구책으로 나타났다고 보는 것이 옳다. 미국도 청량음료 개발로 설탕 소비량이 세계 1위가 되면서 당뇨병 환자의 수도 그만큼 증가하였고, 미국 및 영국 등을 통해서 일본에 수입된 설탕은 다시금 일본인의 건강을 위협하였다. 우리나라는 설탕의 소비 역사가 짧다. 국민경제의 발전으로 우리 식생활의 필수품이 된 지 겨우 30여 년밖에 되지 않는다. 우연의 일치랄까, 설탕 도입 30년이 지난 오늘날 한국인의 당뇨병 발생은 급증하고 있다.

표 11-10. 설탕의 소비량과 당뇨병

17세기 후반	첫 번째 당뇨병 발생	
1712-1830	제1차 산업혁명	
19세기 초	사탕무 재배 성공(프랑스)	
19세기 후반	덴마크 당뇨병 증가	1880년: 2명/10만 명 1911년: 8명/10만 명 1934년: 19명/10만 명
1890년	미국의 설탕 소비 세계 1위	
1920년	미국의 설탕 소비 2배로 증가	스웨덴의 연간 1인당 설탕 소비량 1880년: 5.5kg 1929년: 54.0kg
1934년	스웨덴 당뇨병 증가 10만 명당 19명으로 증가	
1955년	인슐린 구조 규명	
1982년	인슐린을 세균에서 생산	

지방질의 출처와 분류

전 세계에서 생산된 유지의 약 80%는 식용으로 이용하고 있다. 동물성 지방질의 폐해로 식물성 기름으로 전환된 세계인의 유지 사용량은 대두유, 팜유, 해바라기씨유, 유채씨유, 코코넛 지방, 올리브유, 면실유, 아마인유, 팜핵기름, 옥수수유, 낙화생유, 참기름의 순이다(표 11-11). 가축 사료용으로 약 6%가 소비되며, 나머지는 비누, 화장품 및 공업용 윤활유로 사용된다.

사람이 섭취하는 식용유지는 출처에 따라 크게 동물성 지방질, 식물성 지방질 및 합성지방질로 구분한다(표 11-12). 동물성 지방질과 식물성 지방질은 자연에서 얻지만, 합성지방질은 자연에서 얻은 유지를 여러 가지 형태로 변형시킨 가공용 지방질이다. 예를 들면, 합성지방질이란 식물성 기름의 융점을 동물성 지방질의 융점에 근접하도록 변형한 수소첨가유지 혹은 식물성 지방질(vegetable fats)로 재조립된 쇼트닝유와 튀김유 등을 말한다. 최근에 상업적으로 성공하지는 못했지만, 설탕분자에 지방산을 결합시켜 만든 수크로오스 폴리에스텔(sucrose polyester/상표명: olestra)도 합성지방질이다.

유지(fats & oils)라는 용어는 실온에서 액체로 존재하는 기름(oil; 油)과 고

표 11-11. 세계의 유지 사용량

(%)

대두유	28	면실유	6	팜유	18	아마인유	3
해바라기씨유	14	팜핵기름	2	유채씨유	12	옥수수유	2
코코넛지방	7	낙화생유	1	올리브유	6	참기름	1

표 11-12. 출처에 따른 지방질의 분류

( ) 안은 유지 함량임

동물성 지방질	우지(beef tallow, 쇠고기), 돈지(lard, 돼지고기) 버터(우유), 어유(생선), 어간유(생선)
식물성 기름	대두유(콩, 18%), 낙화생유(땅콩, 45%), 유채유(유채씨, 43%), 해바라기씨유(해바라기씨, 25%), 면실기름(목화씨, 20%), 팜유(기름야자과육, 35%), 참기름(참깨, 50%), 미강유(쌀겨, 20%), 코프라기름, 코코넛기름(코코넛 열매의 배유, 35%), 올리브기름(올리브과육, 45%), 옥수수기름(옥수수의 배아, 25%), 케이폭기름(케이폭나무종자, 40%), 잇꽃기름, 겨자유(겨자씨), 팜핵기름(야자과실핵)
합성지방질 (synthetic fat; 수소첨가지방질)	튀김유, 쇼트닝

표 11-13. 지방질의 분류 및 구성성분

분류	종류	구성성분(%)
단순지방질	중성지방질(95%)	글리세린, 지방산, 왁스물질(waxes)
복합지방질	인지질, 당지질, 지방단백질	레시틴, 지방산, 글리세린, 인산, 콜린, 단당류, 단백질
유도지방질	스테롤류, 고급 알코올류	콜레스테롤, 어고스테롤, 담즙산, 성호르몬

체 상태를 띠는 지방(fat; 脂肪)을 통틀어 일컫는 명칭이다. 식물성유지는 몇몇의 열대성 유지작물을 제외하면 기름에 속하고, 동물성 유지는 대부분 지방이라 부른다. 그러나, 유지는 구성성분으로 보아 모두 지방질에 속한다. 지방질은 그 구성요소에 따라 단순지방질, 복합지방질 및 유도지방질로 분류하고, 구성성분에 따라 중성지방질, 인지방질 및 스테롤류로 나뉜다(표 11-13).

단순지방질(simple lipid)은 중성지방질과 왁스물질(지방산의 고급 일가 알코올에스테르)을 말한다. 중성지방질은 글리세롤과 지방산이 에스테르 결합을 이룬 순수한 의미의 지방질에 속하고, 유지의 구성성분의 95%를 점하고 있다. 중성지방질은 인체의 에너지원이다. 이 중성지방질은 단백질 및 탄수화물에 비해 탄소와 수소가 많고 밀도가 크기 때문에 단백질과 탄수화물보다 약 2배 이상의 높은 열량을 낸다(37.6kJ/g).

중성지방질(neutral lipid; 트리글리세라이드)은 알칼리(KOH)에 의해서 가수분해되어 수용성의 지방산알칼리염(RCOOK)과 글리세린을 생성한다. 이를 비누화반응(鹼化反應; saponification)이라 한다. 이 반응은 지방질의 분해의 지표로서 이용한다. 즉, 우리가 섭취한 지방질이 체내에서 분해되기 위해선 우선 담즙에 의한 비누화반응을 일으킬 수 있어야 하는데, 단순지방질과 복합지방질은 이에 속한다. 지방질을 유지의 비누화(감화; saponification)의 여부로 분류하기도 한다. 즉, 인체 내에서 분해되어 에너지원으로 이용될 수 있는 비누화성 지방질(saponiable lipids)과 에너지로 이용되지 않는 비비누화성 지방질(unsaponiable lipids)로 구분하여 지방질의 용도의 지표로 삼는다.

복합지방질(complex lipid)에는 인지방질과 당지방질이 있으며, 인지방질은 글리세롤에 지방산과 인산이 결합한 것이다. 특히 인지방질에 속하는 레시틴은 강한 유화력을 지니고 있어서 마가린, 초콜릿, 아이스크림 및 마요네즈 등에 이용한다. 중요한 레시틴 함유식품은 대두와 달걀노른자위이다. 당지방질과 인지방질(phospholipid)은 뇌와 신경조직의 구성성분을 이루고, 지방단백질(lipoprotein)은 혈장의 지방질과 결합하여 혈중의 지방질을 운반하는 역할을 맡고 있다.

왁스물질〔납(蠟); waxy substance〕은 고급 지방산과 일가 혹은 2가 알코올(세릴알코올, 세틸알코올)의 에스테르이며 동식물의 분비물(고래왁스, 밀랍, 중국랍 등)이 이에 속한다. 기름을 냉장고에 저장하면 혼탁해질 수 있는데, 이는 왁스가 결정화되기 때문이다.

유도지방질(derived lipid)은 비누화반응이 일어나지 않는 불감화물로서 고급 알코올, 고급 탄화수소, 스테롤 및 토코페롤 등이 이에 속한다. 지방질 가운데 비누화되지 않는 주요 화합물은 스테롤류이다. 스테롤은 동물성 유지에 0.1-0.5%, 바다동물의 유지성분에 1.0-1.5% 들어 있다. 스테롤은 측쇄의 크기나, 이중결합의 수 혹은 위치의 차이에 따라 많은 동족체가 있다. 동물성 유지는 거의가 콜레스테롤을 함유하고 있다. 식물성 기름에는 콜레스테롤이 거의 없고 대신에 파이토스테롤(phytosterol, β-sitosterol, campesterol, stigmasterol)을 함유하고 있다. 스테롤류(sterols)는 높은 융점을 지녀 혈전현상(blood clotting)을 일으킬 수 있다는 단점이 있다.

지방산의 분류와 기능

지방산은 카르복실기를 지닌 지방족탄화수소로, 지방질을 가수분해하면 산성물질이 얻어지는 데서 붙여진 이름이다. 지방산은 지방산을 구성하는 탄소수에 따라 저급지방산(C4-C10), 중급지방산(C12-C14) 및 고급지방산(C16이상)으로 나누는 방법이 있으나, 일반적으로는 지방산의 이중결합의 유무에 따라 포화지방산(saturated fatty acid)과 불포화지방산(unsaturated fatty acid)으로 대별하고 있다(표 11-14, 표 11-15). 자연에 존재하는 거의 모든 불포화지방산은 시스형이다. 다만, 반추동물의 유지방에서 약간의 트랜스형이

표 11-14. 지방산의 분류 및 대표적인 출처

분류		종류 및 출처
포화지방산		부틸산(버터) 팔미틴산, 스테아린산(쇠기름, 돼지기름)
불포화지방산	일가불포화지방산	올레산(올리브기름)
	고도불포화지방산	리놀레산(콩기름, 참기름) 리놀레산(들깨기름) 아라키돈산(간유) 에이코사헥사디엔산(등푸른 생선; blue oily fish)* 도코사헥사에노산(등푸른 생선)*

*정어리, 고등어, 청어 등을 말한다.

발견되고 있다. 버터, 쇠기름 및 돼지기름 등의 동물성 지방질은 포화지방산의 함량이 높고, 대부분의 식물성 기름이나 어유(fish oil)는 불포화지방산 함량이 높다. 혈전예방이나 혈중콜레스테롤을 감소시키는 기능을 지닌 것으로 알려진 지방산은 모두 불포화지방산에 속한다. 예를 들면, 식물성 기름의 올레인산, 리놀레산(linoleic acid), 알파-리놀렌산 그리고 어유에 들어 있는 에이코사펜타엔산(eicosapentaenoic acid, EPA), 도코사헥사에노산(docosahexaenoic acid, DHA) 등이다.

지방질은 영양소인가, 에너지원인가? 일반적으로 대부분의 포화지방산(약 95%)과 모노 불포화지방산은 산화되어 에너지를 내며, 나머지 5% 미만의 필수 지방산과 고도불포화지방산이 인체 내의 체세포 및 각종 생리활성물질의 전구물질로 이용된다. 사람들은 지방질을 에너지원으로만 생각하기 쉽다. 그러나, 지방질의 더욱 중요한 역할은 인체의 건강에 미치는 생리적 기능이다.

첫째, 지방질은 인체 내에서 합성되지 않는 필수 지방산과 비타민을 공급한

표 11-15. 동물 및 유지작물의 주요 지방산

출처	주요 지방산
고등동물	팔미틴산, 올레산 및 스테아린산(70%).
우유	팔미틴산, 올레산, 스테아린산
어유	EPA 및 DHA
달걀	팔미틴산, 올레산, 리놀레산
식물의 종자	팔미틴산, 올레산, 리놀레산, 리놀렌산
코코아 버터	팔미틴산, 스테아린산, 올레산

다. 필수 지방산이란 우리 몸 안에서 합성되지 않는 지방산을 말한다. 20세기 초반에 사람들은 일종의 비타민 작용을 가진 리놀레산(linoleic aoid), 리놀렌산(linolenic acid) 및 아라키돈산의 중요성을 알아낸다. 리놀레산과 알파-리놀렌산은 세포막의 주요 구성성분이다. 이들 가운데 생리적기능이 입증된 아라키돈산의 전구물질이 리놀레산과 리놀렌산임을 밝혀내고 리놀레산과 리놀렌산 함량이 높은 식물성 기름의 섭취를 권장한 것이다. 아라키돈산은 리놀레산을 이용하여 체내합성이 가능하기 때문에 필수 지방산으로 분류하지는 않는다. 그러나, 일반적으로 고도불포화 지방산에 속하는 리놀레산과 알파-리놀렌산, 아라키돈산, 또는 이들로부터 어느 정도 생합성될 수 있는 에이코사펜타엔산(eicosapentaenoic acid, EPA), 도코사헥사에노산(docosahexaenoic acid, DHA)까지도 모두 필수 지방산으로 부른다. 이러한 필수 지방산은 주로 체성분의 세포막을 유지하는 데 이용되며 또한 호르몬(혈전 등에 관여하는 프로스타글란딘)의 전구물질로 이용되고 있다.

고도불포화지방산은 이중결합의 위치에 따라 몇 개의 오메가-지방산 시리즈(omega-fatty acid series)로 분류한다. 예를 들면, 오메가-3 및 오메가-6 지방산 시리즈는 각각 알파-리놀렌산(alpha-linolenic acid)과 리놀레산으로부터 합성된 지방산 시리즈를 말한다. 이러한 오메가 지방산의 분류법은 일찌기 알파-리놀렌산계와 리놀레산계로 구분하였던 전통적인 불포화지방산 분류법과 근본적으로 차이가 없다. 지방산의 맨 끝에 위치한 탄소(오메가 탄소)를 기준으로 한 불포화지방산의 분류방법일 뿐이다. 즉, 카르복실산의 반대편에 위치한 말단 탄소에서 여섯 번째 탄소에 이중결합이 나타나면, 오메가-6 지방산이나 n-6 지방산으로 부른다. 이에 따르면, 도코사헥사에노산과 에이코사펜타엔산은 오메가-3 시리즈이고 감마-리놀레산, 아라키돈산 및 리놀레산은 오메가-6 지방산이다.

식물은 포화지방산에서 올레산, 리놀레산, 알파-리놀렌산을 합성되지만, 동물체내에서는 n-6 계열의 리놀레산과 n-3 계열의 알파-리놀렌산이 합성되지 않는다. 이것들을 먹거리에서 섭취하여 각각의 계열의 지방산으로 전환시켜 이용한다. 동물체 내에서는 리놀레산→감마→리놀렌산→감마-리놀렌산을 거쳐 아라키돈산으로 전환된다. 리놀레산은 동물의 성장과 피부보호에 이롭고, 주로 아라키돈산으로 전환되어 호르몬 전구 물질인 에이코사노이드의 합성에 이용된다.

사람들은 어유, 엽채류, 근채류, 식물프랑크톤에서 오메가-3 지방산을 얻고, 종자유(식물성유)및 마가린에서 오메가-6 지방산을 얻는다. 한편, n-3 계열의 지방산은 인체 내에서 알파-리놀렌산 → IPA → DHA로 전환된다. 이러한 필수 지방산들은 체내 세포막을 구성하고, 콜레스테롤 대사에 이용되며, 지방간, 생식기관, 미토콘드리아의 구성성분으로 알려졌다. 그리고, 특히 호르몬의 전구물질이기도 하다. 서구인은 오메가-6 지방산의 섭취량이 높고, 동양인은 오메가-3 지방산의 섭취량이 높다. 그런데, n-6 지방산과 n-3 지방산은 인체 내에서 각각 다른 기능을 가지고 있어서 결국 이 두 지방산의 균형된 섭취가 건강에 중요하다.

프로스타글란딘

프로스타글란딘(prostaglandins)은 1930년대 중반에 스웨덴의 울프 폰 오일러(Ulf von Euler) 씨에 의해 발견된 호르몬의 일종이다. 1960년대까지만 해도 이 물질에 대한 관심이 적었지만, 우리 몸의 전체에 퍼져 있는 이 물질이 인체의 여러 가지 신진대사에 관여한다고 밝혀진 후부터 많은 사람들이 관심을 갖고 연구해 오고 있다. 이 명칭은 처음 발견된 전립선(prostate gland)에서 따온 것이며, 약 20여 종의 화합물이 알려져 있다.

이 화합물은 아라키돈산에서 합성되어 세포막의 구성성분을 이루기 때문에 오메가 지방산의 섭취와 밀접한 관계를 갖고 있다. 화학메신저(chemical messenger)로 알려진 이 화합물은 세포 내에서 작용하며, 분명한 것은 호르몬은 아니지만 세포에 들어오는 호르몬과 함께 작용하면서 메시지를 수정하는 일을 맡고 있다고 알려져 있다. 어떤 프로스타글란딘은 조직에서 염증의 치유를 맡고 있는데, 아스피린과 같은 소염제는 프로스타글란딘의 합성을 방해하는 것으로 생각되고 있다. 이 화합물은 위염치료 시에 위산의 분비를 억제하며, 고혈압을 방지하고, 류머티스관절염 및 기타 바이러스에 기인한 질병치료에 도움을 준다.

지방질의 가공적성

지방질이 가공적성을 지니기 위해서는 다음과 같은 특성을 지녀야 한다. 첫째, 지방질의 녹는점(융점)이 식물성 기름보다 높아야 한다. 다시 말하면, 상온(36-45℃)에서 반고체의 상태를 유지해야 한다. 그래야만, 포장 및 유통 과정에서 기름이 흘러내리지 않는다. 지방질가공식품(예: 튀김식품)의 기름이 손에 묻지 않고, 바삭바삭(crispness)한 텍스처(texture)를 갖는 이유는 튀김유의 높은 융점에 기인한다(표 11-16, 그림 11-4). 둘째, 180-220℃의 고온에 안정해야 한다. 특히, 튀김식품용 기름으로는 일차적인 조건이다. 이러한 조건은 만족시키는 방법은 포화지방산의 함량을 높여 높은 가열온도와 산화에 안정성을 갖도록 변형시키는 것이다. 셋째, 실내 온도의 조건에서는 반고체의 상태를 띠지만 인간의 체온인 36℃ 부근에서는 완전히 용융되어 체내 흡수가 용이

표 11-16. 유지의 융점과 응고점

(℃)

우유	28–38	모유	30–32
팜핵유	25–30	야자유	20–28
팜유	27–50	돈지	28–48
우지	35–50	카카오	32–39
대두유	-8–-7	옥수수	-15–-10

그림 11-4. 여러 가지 유지의 융점

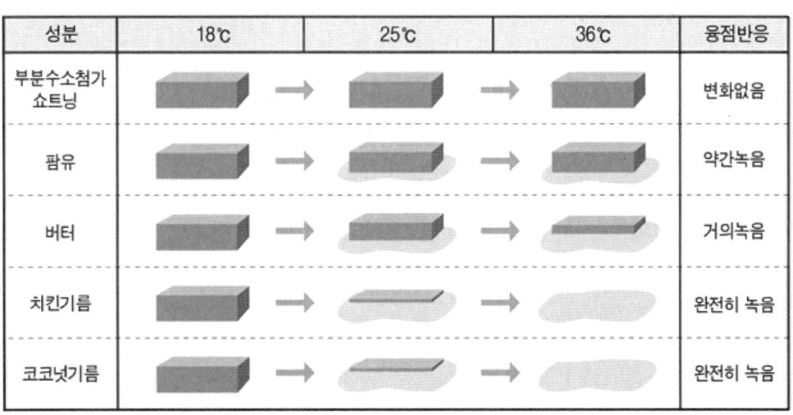

〈자료〉 Enig, M.G. 2001. *Know Your Fats.* p. 18. Bethesda Press.

한 지방질이어야 한다. 체온보다 높은 융점을 가진 지방산은 혈관 내의 부작용(blood clot)으로 나타날 수 있기 때문이다. 동물성 지방질은 후자를 제외한 전자의 두 가지 조건을 모두 만족시키고 있다.

원래 튀김식품 등의 가공용 기름은 동물성 지방질이었다. 즉, 쇠기름, 돼지기름, 버터 등이었다. 이 가운데 버터는 우유의 성분 가운데 3%에 불과한 아주 값비싼 동물성 지방질에 속한다. 버터는 생산가격의 면에서 일반인을 위한 가공용 유지로서의 한계를 지니고 있었다. 결국 마가린으로 대체되었지만, 이 또한 당시의 경제성으로 보아 라드(돼지기름)가 중요한 튀김유의 위치를 차지하였던 것이 사실이다. 그러나, 제2차 세계대전 후 수십 년간 계속되어 온 동물성 지방질식품의 폐해 논쟁으로 마침내 식용기름의 범위가 식물성기름으로 제한되어 오늘에 이르렀다.

식물성 기름은 동물성 지방질에 비해 열에 약하고, 쉽게 산화(산패)되며 실온에서 액체상으로 존재하기 때문에 지방질식품의 가공용 기름으로서는 적절하지 못하다. 다시 말하면, 자연에 존재하는 거의 모든 식물성지방질은 식품의 가공용도에 적합한 물리적 특성, 즉 바람직한 융점의 범위, 연화점(softening point), 발연점(smoke point), 인화점(flash point) 및 가소성(plasticity) 등을 지니지 못하고 있다. 따라서, 식물성기름을 사용하기 위해서는 가공적성을 갖도록 여러 가지 종류의 기름들을 혼합하고 분획하거나, 인위적으로 지방산의 위치를 바꾸어 물리적 특성을 조절할 필요가 있었다. 결국, 가장 경제적인 가공용 유지로 등장한 것이 수소첨가반응에 의한 합성지방질이다. 수소첨가반응에 의한 합성유지란 식물성기름이 동물성지방질의 가공적성을 갖도록 식물성기름을 재가공한 것이다. 한편, 수소첨가반응을 거치지 않고서도 동물성 지방질의 가공특성을 지닌 식물성 기름이 있다. 열대작물인 팜유, 팜핵유, 코코넛지방이 이에 속한다. 돼지기름과 마찬가지로 포화지방산의 함량이 높아, 실온(36℃)에서 반고체상태로 유지되기 때문에 수소첨가반응공정과 같은 재가공이 필요 없는 식물성기름이다.

수소첨가반응과 트랜스 지방

수소첨가반응공정(hydrogenation process)이란 불포화지방산이 많은 식물성 기름을 수소압력 약 0.1-0.3MPa(1-3기압), 온도 150-200℃의 조건하에서 촉매(니켈 혹은 구리화합물)를 이용하여 불포화지방산에 수소를 첨가시켜 실온에서 반고체 상태를 띠는 포화지방산을 제조하는 공정이다. 보통 식물성기름의 융점이 30-45℃에 도달하도록 수소첨가를 행하고 있다. 특히, 지방산에 3개 이상의 이중결합이 남아있지 않도록 수소첨가 반응을 진행시킨다. 그래야만, 50℃ 미만의 융점을 지닌 가공용 유지가 얻어지기 때문이다. 만일, 완전한 수소첨가반응을 행하면 포화지방산의 융점은 50℃ 이상으로 올라가 식품가공용으로서는 부적절하다. 따라서, 식품산업에서 행하는 수소첨가반응이란 불포화지방산에 수소를 선택적으로 첨가시키는 소위 부분수소첨가반응을 말한다. 그리고, 이러한 부분수소첨가반응(partial hydrogenation)은 유지의 융점을 조절하는 데 그 목적이 있다(그림 11-5). 그런데, 모든 유기화학적 반응 공정과 마찬가지로 부분수소첨가반응 공정도 부반응을 수반한다. 즉, 수소첨가반응과 함께 지방산의 위치-이성체인 트랜스-지방질(trans-fat)이 생성한다. 이러한 위치이성체는 심장병에 영향을 미치는 것으로 1990년도부터 논란이 되고 있다.

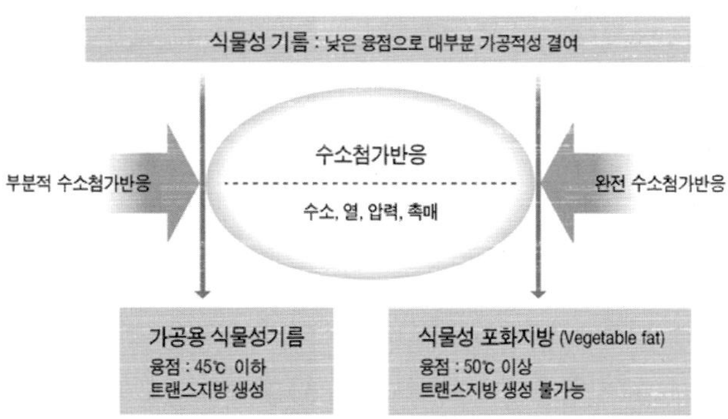

그림 11-5. 수소첨가반응

마가린(margarine)과 쇼트닝(shortening)

마가린은 식물성인가, 동물성인가? 모두들 식물성이라고 답한다. 그러나, 초기에 개발된 마가린(Mege-Mouries, 1869년)의 원료는 쇠기름이었다. 쇠기름을 용출하여 21-25℃에서 고체상으로 만들어 압착한 후, 흘러나온 기름을 탈지분유와 함께 혼합하고 성형한 다음, 올레오마가린(oleomargarine)으로 유통시켰던 것이다. 그러던 것이 40여 년 전 동물성 지방질의 가공유 사용 제한으로 오늘날 마가린은 식물성 기름(혹은 수소첨가반응으로 얻은 지방질)에 유화제(레시틴, 모노글리세라이드), 향미제(디아세틸, 락톤류), 비타민 A, 색소물질(카로티노이드), 전분시럽, 구연산, 소금 등의 부재료를 사용하여 제조하고 있다. 마가린의 구성성분은 버터와 거의 비슷하다(그림 11-6). 영양생리학적 견지에서 마가린과 버터의 가치도 동일하다. 그러나, 마가린은 원료의 선택에 따라 여러 가지의 지방산을 첨가할 수 있다. 특히, 필수 지방산을 5-50%(보통 25% 정도)로 조정할 수 있는 장점이 있다. 버터와 마가린의 구성성분의 특징은 수분이 들어 있다는 점이다. 버터와 마가린에 각각 10%, 19%의 수분이 함유되어 있어서 다른 종류의 유지와 구별되고 있다.

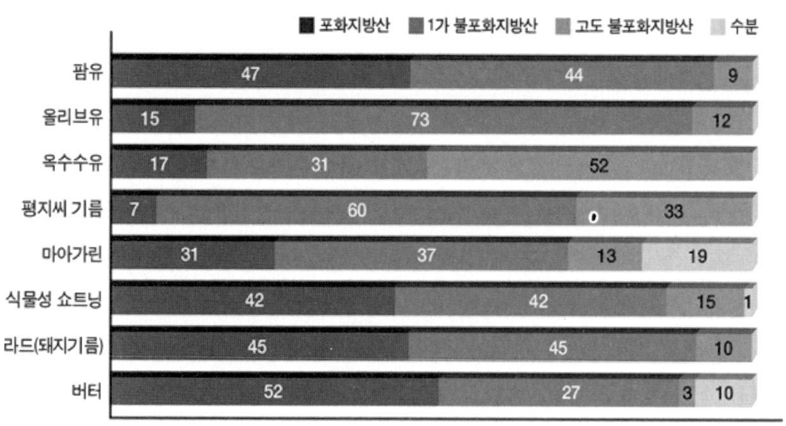

〈자료〉 Gaman, P.M. and Sherrington, K.B. 1996. *The Science of Food.* Butterworth-Heineman, Oxford.

그림 11-6. 여러 가지 유지의 포화지방산과 불포화지방산의 분포(%)

쇼트닝이란 제빵제과용 유지를 말한다. 이 유지는 일반적으로 단순 지방질이 주성분이다. 쇼트닝(shortening)이란 단어는 반죽을 무르게 만드는 유지라는 뜻이다. 우유지방과 식용유지(40-80%의 지방질)에 버터우유, 탈지유, 유화제, 비타민, 향미제, 색소물질을 섞어 만들기도 하고, 동식물유지의 경화유에 질소가스 등의 기체를 넣어 부드럽게 만든 것도 있다. 쇼트닝은 수분 함량이 0.2% 이하이고 기름 안에 지방결정이 현탁되어 있다. 또한, 쇼트닝은 아주 고운 지방질의 결정으로 구성되어 있기 때문에 반죽에 신속한 유지효과를 낼 수 있다. 즉, 반죽형성에서 지방질결정이 고루 분포됨으로써 글루텐과 전분의 가소성에 변화를 주며, 반죽을 균일하게 만들고 빵의 부피를 증가시키는 역할을 한다. 그러나, 쇼트닝은 특히 열에 안정하여야 하기 때문에 연화점은 200℃ 이상으로 정하고 있다.

지방질 식품의 변질

지방질은 향미성분의 운반자이기 때문에 식품의 맛과 향에 매우 긍정적인 효과를 준다. 그러나, 지방질은 식품의 가공, 저장, 유통 및 소비의 단계에서 식품의 품질에 부정적인 영향을 주는 인자 가운데 하나이다. 즉, 탄수화물과 단백질은 공기 중의 산소와 쉽게 반응하지 않은 반면 지방질은 산화되기 쉽다. 기름을 장기간 저장하거나 가열하면 일반적으로 유리지방산과 과산화물(peroxides)이 증가한다. 이를 산패(rancidity)로 부르며, 산가나 과산화물가의 측정으로 기름의 부패의 정도를 알아낸다.

산가(acid value)란 지방질 1g에 포함된 유리지방산을 중화하는 데 필요한 수산화칼륨(KOH)의 밀리그램(mg) 수이고, 과산화물가(peroxide value)는 지방질에 요드화칼륨을 가하여 유리되는 요오드를 티오황산소다용액으로 표정하여 시료 1kg에 대한 밀리당량수로서 표시한다. 이와 같은 산패는 식품의 유통기간을 정하는 데 중요한 지표가 되고 있다. 부적절한 가공방법이나 유통과정으로 생성된 과산화물은 일종의 래디칼 반응의 생성물로서 인체에 유해하다.

유지의 산화는 불포화지방산에서 잘 일어난다. 불포화지방산의 산화에 대한 연구는 1940년 초 자유 래디칼반응(자동산화)에 의한 과산화물의 연구에서 비롯되었다. 자동산화란 불포화지방산이 공기 중의 산소와 접촉하여, 처음에는 산소를 서서히 흡수하나, 일정한 유도기간이 지나면 과산화물이 급격히 축적되는 현상을 말한다.

산패는 지방질이 공기 중의 산소와 결합하여 변패(deterioration)가 일어나는 현상이다. 일찍이 산소에 의한 지방질의 변패는 올리브유를 이용한 골동품 보관이나 페인트 혹은 잉크에 사용한 건성유의 보관문제에서 출발하였지만, 지금은 식용유지, 드레싱 및 마가린 등의 저장성과 밀접한 관련을 맺고 있다. 유기물의 래디칼반응이 관심을 끌었던 20세기 초에는 래디칼반응의 실용적인

표 11-17. 지방질 산패기구로부터 노화억제기구의 등장까지

1800년	스위스의 화학자 소쉬르(N. de Saussure)가 호두기름의 변질에 대한 연구
1815년	프랑스의 약학자 파멘티르(A. Parmentier)가 지방질에 산소가 결합하여 산패가 일어남을 주장
1894년	펜톤(H.J.H. Fenton)은 철을 이용하여 과산화수소에서 반응성이 강한 하이드록실래디칼(.OH)을 얻음
1901년	퍼옥시나이트라이트(peroxynitrite)의 발견
1928년	사이클로헥센으로부터 과산화물(peroxide)을 분리
1942년	미국의 파머(E.H. Farmer)가 과산화물의 구조를 제안
1940년대	지방질산패에 대한 체계적인 연구 시작
1949년	리놀레산의 주요 자동산화물은 과산화물임을 증명
1950년	생물체 내의 과산화물의 생성을 이해하고 생명현상과 래디칼과의 관계를 연구
1956년	생물체내의 과산화물은 효소의 작용에 기인됨을 발표 래디칼은 노화, 변이, 발암 등의 원인임을 제안
1960년	새로운 지방산 분석방법의 개발로 불포화지방산의 산패에 관한 체계적인 연구 시작
1969년	수퍼옥사이드디스무테이스(superoxide dismutase, SOD)의 발견
1970년	고도불포화지방산의 과산화물의 연구 리폭시제네이스(lipoxygenase)의 작용 규명
1980년	자유래디칼에 의한 세포막의 인지질의 산패가 규명됨 노화기구의 단서로 화학, 생화학 및 의학에 파급
1990년	항산화제와 건강과의 문제 대두. 항산화효과를 내는 비타민과 파이토케미칼(phytochemicals)의 섭취 권장

응용기술과 래디칼에 의해 생성된 과산화물의 독성의 제거가 주요 연구주제였다. 특히, 지방질 식품이 중요한 에너지원으로서 존중받던 당시는 지방질의 부패, 즉 산패를 최소화시키는 것이 식품을 안전하게 섭취하는 주된 방법이었다. 당연히, 래디칼반응 기구와 과산화물의 생성 메커니즘은 식품과학기술분야에서 가장 먼저 응용된다. 즉, 식품의 변질은 불포화지방질의 산패가 주원인이었기 때문이었다(표 11-17).

지방질의 산패는 공기 중의 산소에 의한 과산화래디칼(peroxy radical)의 연쇄반응(chain reaction)의 특징을 지닌다. 연쇄반응이란 한번 반응을 시작하면 그 반응이 멎지 않는 현상을 말한다. 반응성이 강한 래디칼이 또 다른 래디칼을 연쇄적으로 생성하는 반응이기 때문이다. 그래서, 지방

질의 산화를 막기 위해선 래디칼을 안정화시키는 항산화제를 사용한다. 즉, 지방질식품에 생성된 래디칼에 전자를 주는 물질을 넣어 지방질이 썩는 것을 억제하는 것이다. 실제로 래디칼을 제거하는 스캐빈저(scavenger)나 래디칼의 생성을 억제하는 킬레이트(chelate)를 사용하고 있다. 아스코브산, 글루타사이온, 요산 등과 같은 스캐빈저는 반응성이 강한 래디칼에 전자를 내어 주어 래디칼을 없애는 물질로 연쇄반응을 막는 효과가 있다. 또, 킬레이트는 어떤 금속원자와 두 곳 또는 그 이상의 리간드(ligand)를 지닌 화합물로서 금속이온과 결합하여, 전자를 제공하는 금속이온을 불활성화한다.

이러한 항산화제는 언제부터인가 인간의 건강과 관련을 맺고 있다. 왜냐하면, 인간의 세포도 지방질로 구성되어 있고, 세포의 노화는 곧 지방질의 산화에서 시작되기 때문이다. 따라서, 지방질 식품의 갈무리의 방법으로만 여겼던 항산화제가 현대의학 분야에서 노화억제의 물질로 주목을 받게 된 것이다(표 11-17).

노화(老化), 활성산소 그리고 녹황색 채소

인간이 노화하는 원인은 무엇일까? 노화(ageing process)란 한마디로 인체를 구성하는 세포가 죽어 가는 현상이다. 좀더 구체적으로 말하면 세

포의 생물학적 활성이 떨어져 재생의 기능이 약화되어가는 현상을 말한다. 그런데, 인체세포의 구성물질이 불포화지방질로 밝혀진 1990년대 이후 불포화지방산의 손상이 곧 세포의 노화과정으로 이해되고, 따라서 손상되지 않는 세포를 유지하는 것이 노화방지의 수단으로 대두하였다. 즉, 노화의 원인을 지방질의 산패에서 찾고 있다. 예를 들어, 인체의 노쇠과정에서 나타나는 주름은 지방질로 구성된 피부세포의 산패에 의해 탄력성이 떨어진 경우이며, 얼굴의 검버섯은 산화에 의한 멜라닌색소의 생성물이다. 이러한 반응은 모두 세포막을 구성하는 불포화지방질의 산패에 기인한다고 생각하고 있다.

지방질의 산화는 래디칼반응(free radical reaction)에 따른다. 래디칼반응이란 반응성이 매우 강한 홑전자에 의한 연쇄반응을 말한다. 래디칼은 어떤 원자나 분자가 홑전자를 내어 주거나 받은 결과로 생성된다. 지방질에서 래디칼을 만들어 내는 인자는 산소, 광선, 혹은 금속이온이다. 지방질이나 산소에 일단 홑전자(래디칼)이 만들어지면, 이 홑전자는 구조적으로 매우 불안정하여 전자쌍을 이루어 안정화되려는 성질을 지니고 있다. 그래서 환경이 조성되면 주위의 어떤 분자나 원자의 전자를 탈취하게 되는데 이로 인해 주위의 성분이 산화되고 또 산화된 이 성분은 다른 물질을 산화시키는 것이다. 이와 같은 반응이 연쇄적으로 일어나는 현상을 래디칼에 의한 지방질의 산패로 정의한다. 인체 내 세포를 구성하는 불포화지방산도 이러한 래디칼반응체계에 들어가 손상을 입는다는 것이다.

그럼, 인체세포막의 불포화지방산을 산패시키는 래디칼은 어디서 오는 것일까? 인체 내에 산소가 존재하는 것은 당연하다. 식품이 산화되는 과정에서 생성된 홑전자와 체내에 공급된 산소와의 반응으로 산소는 초과산화물이 되고, 이 초과산화물은 다시금 체내에 들어오는 산소를 들뜬 상태로 전환한다. 요컨대, 호흡과정에서의 래디칼 생성은 일종의 생명현상이다. 우리는 이와 같이 래디칼을 띠거나 들뜬 상태의 산소를 활성산소종으로 부른다. 인체 내에서 래디칼을 생성하는 인자는 무수히 많다. 체내효소, 무기질, 흡연, 방사선조사 및 기타 여러 가지의 오염물질이 래디칼을 생성하여 산소를 초과산화물로 만들거나, 주위의 지방질을 공격한다. 공기 중의 산소는 일정 수준의 농도를 넘게 되면 식물, 동물, 세균에게도 독성을 나타낸다. 사람이 1기압 이상의 산소에 노출되면 순환기와 심혈기관에 압박을 받아 세포의 파괴 및 중추신경의 장애가 나타난다고 알려졌다. 이러한 장애의 원인은 모두 래디칼화한 산소에 기인한다.

따라서, 노화의 원인을 인체 내의 활성산소에서 찾고 있다. 활성산소(activated oxygen)는 이름 그대로 활동성이 강한 산소이다. 활동성이 강하다면 몸에 좋은 인상을 갖기 쉬우나, 반드시 그렇지만은 않다. 왜냐하면, 여기서 활동성이란 생물학적 활동성을 뜻하기 때문이다. 생물학적 활성이란 생물체 내에서 반응에 참여하기 위한 소위 들뜬 상태의 산소를 말한다. 들뜬 상태의 산소는 반응성이 매우 강하여 인체 내의 세포의 구성성분과 쉽게 결합할 수 있다. 우리가 숨쉴 때 마시는 산소를 삼중항산소($^3O_2$)라 한다. 광의로 해석하면 삼중항산소도 래디칼(diradical)이다.

그러나, 삼중항산소는 매우 안정한 산소이다. 안정하다 함은 반응성이 적다는 뜻이고, 이는 생물체에서 신진대사 등의 화학반응에 크게 기여하지 못하는 산소라는 말도 된다. 그래서 공기 중의 삼중항산소가 생물체에 이용되기 위해선 에너지를 얻어 반응성이 강한 활성산소(reactive oxygen species)로 전환되어야 한다. 체내에서 이용되는 활성산소는 일중항산소, 초과산화물 및 하이드록실 래디칼 등이다. 이들 가운데 일중항산소는 들뜬 상태의 산소이지만, 래디칼에 속하지는 않는다. 일중항산소에 홑전자를 얻은 초과산화산물은 매우 강력한 환원력과 산화력을 가진 화합물이다. 따라서, 활성산소라고 하는 경우는 보통 초과산화물을 말한다. 그리고, 이러한 래디칼이 과잉으로 축적되면 세포의 지방질은 산패된다는 것이다.

실제로 활성산소는 양면성을 지니고 있다. 과산화수소의 소독의 원리는 활성산소가 상처부위의 세균이나 바이러스의 전자를 탈취하여 살균하는 것이다. 다시 말하면, 활성산소가 존재하지 않으면 인체 내에 침입하는 세균과 바이러스를 퇴치할 수가 없다. 즉, 활성산소는 인체의 건강을 유지하는 데 필수적이다.

노화는 산화의 일종이다. 따라서 산화속도를 낮추는 방법은 활성산소 즉 래디칼의 연쇄반응을 종결시키는 환경을 조성하는 일이 노화를 억제하는 방법이 될 수 있다. 지난 50여 년 동안 지방산의 산패기구의 연구결과에 따르면, 지방질의 래디칼 반응속도는 산화방지제 혹은 항산화제에 의해서 제어된다. 동일한 논리로 인간의 노화를 방지하는 물질로서 항산화물질인 스캐빈저와 킬레이트가 건강기능물질로 등장하게 되었다. 물론

이러한 물질은 자연에도 존재하지만 인체 방어시스템에서도 이미 디자인 되어 있다.

체내에 있는 스캐빈저의 대표적인 예는 수퍼옥사이드디스뮤타아제(SOD), 글루타시온퍼옥사이드 및 카탈라아제 등이다. SOD는 인체 내에 가장 많이 존재하는 효소이며, 글루타시온퍼옥사이드는 혈중에 있는 스캐빈저이다. 글루타시온퍼옥사이드는 혈액중 성분이 활성산소에 의해 노화되는 것을 방지하고, 카탈라아제는 혈중의 과산화수소를 물과 산소로 전환하는 일을 한다.

이제, 어떤 이유로 인해 인체 내에서 위와 같은 스캐빈저나 킬레이트를 충분히 생산하지 못한 경우에는 먹거리를 통해서 보충해야 할 것이다. 자연에 존재하는 이와 같은 먹거리 성분을 우리는 천연항산화물질이라 부른다. 광합성을 하는 식물은 당연히 활성산소의 요구량이 많기 때문에 자기방어시스템의 일환으로 항산화물질의 생산도 병행한다. 천연항산화물질이 식물에 많이 함유된 것은 자연의 순리이다. 물론, 동물성식품에서도 항산화물이 발견되지만 기본적으로 사료에서 공급된 것들로 생각되고 있다. 대표적인 천연항산화물질(natural antioxident)은 비타민이다. 즉, 비타민 E, C, B2, 베타카로틴 등이다. 이외에도 카테킨(차), 쿠어세틴(양파), 안토시아닌(딸기), 이소플라본류(콩) 및 이소휴물론(맥주의 호프)와 같은 폴리페놀류, 세사미놀류(참깨), 쇼가올(생강), 아스타잔딘(연어), 파이트산(곡물) 및 클로로젠산(커피) 등은 래디칼의 스캐빈저로 작용한다.

이처럼 세포막의 지방질의 산화를 억제하는 항산화물질은 동식물의 색소물질에 속한다. 특히, 붉은색, 황색, 녹색을 띤 폴리페놀류가 많다. 그래서, 소비자들이 쉽게 이해할 수 있도록 녹황색과실과 채소류군의 용어도 나왔다. 또한, 식물에 많이 함유된 유익한 화합물이라 하여 식물생리활성물질(phytochemicals)류로 나누기도 한다. 마치 오메가 지방산이 많이 함유된 생선군을 등푸른생선류로 분류하는 것과 같다.

널리 알려진 바와 같이 프랑스인의 식단은 육제품 중심의 식사이다. 즉, 고기, 치즈, 버터에 생크림(기름)을 이용한 소스류를 즐겨 사용한다. 식사 후의 디저트도 생크림인 경우가 많다. 거기에다 커피나 초콜릿을 곁들인다. FAO 통계에 의하면 프랑스인의 지방질 섭취량은 영국, 독일 및 미국보다도 높다. 상식적으로 높은 혈중 콜레스테롤에 의한 뇌졸중, 심근경색 등

질환이 예견된다. 그러나, 실제로 프랑인은 동맥경화에 따른 각종 성인병에 기인한 사망률은 구미제국에서 가장 낮다. 이러한 현상을 프렌치 패러독스(French paradox)라고 부른다. 항산화물질의 노화억제가 밝혀진 요즈음은 프랑스인의 국민음료인 적포도주에서 해답을 찾고 있다. 적포도주에 들어 있는 각종 폴리페놀류가 동맥경화의 주범인 활성산소를 억제한다는 것이다. 또한, 중국인이 기름진 음식을 즐겨한다는 것도 널리 알려져 있다. 중국인의 건강 비결은 그들의 요리에 빠지지 않는 양파에 있다 한다. 양파의 쿠어세틴(quercetin) 함량은 채소 가운데 가장 높다.

항산화제(antioxident) 혹은 산화방지제는 오래전부터 알려져 온 물질이다. 그러나, 인체의 건강과 관계하여 주목받기 시작한 것은 1990년대부터이다. 이제 영양학에서는 식이섬유 다음으로 인체의 건강에 중요한 물질로 인식하고 있는 것 같다. 심지어, 탄수화물, 단백질, 지방질, 비타민, 무기질, 식이섬유에 이은 7대 영양소로 간주하고 있다. 지금까지의 영양이란 인간이 질병에 들지 않도록 최소한의 영양소를 공급하는 행위로 보아 왔으나, 앞으로의 영양에서는 인간의 질병의 원인을 제거하는 적극적인 방법이 필요하다고 느낀 것이다. 인체 내에서 과잉의 활성산소를 소거하는 항산화제의 역할이 맨 앞장을 서고 있다는 것이 좋은 사례다.

지방질대체물질(fat substitute)

지방질대체물질이란 지방질의 유사물질로서 인체 내에서 부분적으로 소화되거나 혹은 전혀 소화되지 않는 지방질을 말한다. 이러한 대체지방질(예: olestra)은 체내에서 흡수되지 않으므로 열량이 없다. 그렇지만, 체내에 흡수되는 대체지방질도 있다. 이런 경우엔 지방산의 길이를 조정하여 대체지방질의 열량(5kcal/g)을 낮춘다. 실제로 카놀라유 혹은 대두유를 완전히 경화시켜서 초산, 프로피온산, 부틸산으로 트랜스-에스테르화하여 대체지방질(상표명: Salatrim)을 얻는다.

튀김용 유지의 대체 외에 가공식품용 대체유지의 수요도 증가하고 있다. 예를 들면, 달걀단백질과 우유단백질을 초미립화한 지방질 대체물질(상표명: Simpless)과 말토덱스트린을 사용한 경화유 대체물질이 이에 속한다. 이러한 대체물질은 가공식품의 지방질 함량을 낮추어 에너지를 감소시키는 효과를 내고 있다. 최근 지방대체물질의 수요가 날로 증가하고 있는 것은 어떤 이유에서일까? 그것은 지방질은 향미의 운반자로서 식품의 기호에 중요한 영향인자이기 때문이다. 따라서, 지방질의 성질과 맛을 가지면서도 체내에서는 산화되지 않는 유사 지방질을 공급함으로써 가공식품에 대한 부정적인 이미지를 개선하려 하고 있는 것이다. 또한, 지방질 섭취를 감소시키려는 범국민적 노력에도 불구하고, 동서양의 지방질 섭취량은 꾸준히 증가되는 사실에 궁여지책으로 나온 아이디어인지도 모른다.

성인병의 원인이라고 추정하는 과다한 당류, 지방질, 식염은 식품의 맛과 직결된 인자이기 때문에 스스로 감량할 수 없는 것이 오늘날의 식습관이다. 결국, 유사 당류(인공감미료), 유사 지방질(올레스트라) 및 유사 소금(대체소금) 등을 통해 당류와 기름과 식염의 섭취를 줄이자는 데 대체물질의 목적이 있는 듯하다. 여기서 간과하지 않아야 할 사실은 대체물질은 대부분이 자연식품의 성분이 아니라는 점이다. 따라서, 합성식품과 크게 다르지 않은 미래의 대체물질은 또 다른 생리적 문제를 야기할 수 있다. 다음은 탄수화물, 단백질 및 지방질을 소재로 한 식품가공용 지방대체물질이다.

- 탄수화물을 소재로 한 지방질대체물질: 셀룰로오스(Methocel, Avicel, Klucel, Opta, Oatrim), 검물질(Kelcogel, Keltrol, Slendid) 덱스트린(N-oil, CrystalLean, Maltrin, Lycadex, Star-dri), 전분(Stella, N-Lite, OptaGrade, Pure-gel, Sta-slim), 폴리덱스트로오스(Litesse)

- 단백질을 소재로 한 지방질대체물질: 달걀 혹은 유청단백질농축물(Dairy-L, K-Blazer, Lita ultra-bake, Ultra-freeze)

- 지방질을 소재로 한 지방질대체물질: 유화제(Dur-lo), EC-25, 카프레닌(Caprenin), 살라트림(Salatrim)

지방질의 필요량과 콜레스테롤의 유해론

지방질의 이상적인 섭취기준으로 일일 섭취칼로리의 20% 미만을 권장하고 있다. 이 가운데 오메가-6 지방산 4%, 오메가-3 지방산 3%, 모노불포화지방산 7%, 포화지방산 6%로 정하고 있다. 즉, 에너지로 이용되는 지방산의 섭취를 총 섭취칼로리의 14% 이내로 한정하고 있는 것은 지방질이 단순히 에너지원이 아니라는 사실을 말해 준다(그림 11-7).

사람이 적정량의 지방질을 섭취하면, 혈관을 강하게 하고, 피부를 건강하게 만들어 젊음이 유지되지만, 과하게 섭취하면 비만, 당뇨, 고혈압 등 각종 성인병의 위험에 들어간다. 과다한 지방질식품의 섭취는 심장질환 및 혈전의 원인물질로 널리 알려져 있다. 널리 알려진 바와 같이 콜레스테롤은 고지혈증의 지표물질로 이용하고 있다.

그렇다면, 콜레스테롤(cholesterol)이란 화합물은 유해물질인가? 콜레스테롤의 유해성에 대한 최초의 실험은 1930년경 러시아에서 수행되었다고 한다. 그러나, 초식동물인 집토끼를 대상으로 한 실험결과였기에 콜레스테롤의 유

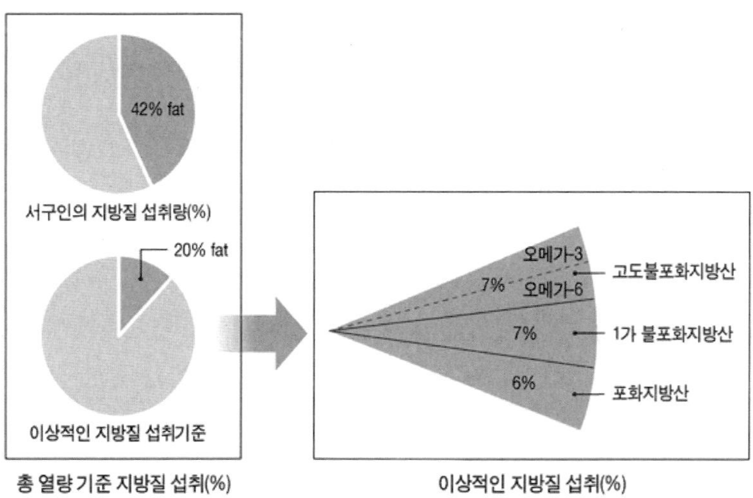

〈자료〉 Holford, P. 1999. *The Optimum Nutrition Bible*. p. 46. Judy Piatkus(Publishers) Ltd.

그림 11-7. 총지방질의 섭취량(%)과 지방질의 분포(%)

해성의 증명은 실험디자인 자체에 모순이 있었다. 그 후, 1970년대 미국 캘리포니아 대학 교수진은 동물성식품이 인체의 콜레스테롤을 증가시키지만, 심장병은 혈액 콜레스테롤의 70%를 운반하는 저밀도지방단백질(low density lipoprotein, LDL)과 관련되어 있다고 주장하였다. 저밀도지방단백질이란 콜레스테롤 운반자로서 인지질과 단백질 함량은 적고 지방질 함량이 많은 혈장지방단백질이다. 혈액 내에 농도가 높은 저밀도지방단백질이 존재하면, 혈관에 침적되어(plaques) 혈관의 용적을 감소한다. 이에 반해서 고밀도지방단백질(high density lipoprotein, HDL)은 콜레스테롤을 간으로 수송하여 산화시키는 이로운 일을 맡고 있다. 위와 같은 실험결과는 이로운 지방질과 해로운 지방질의 개념을 만들어 내고, 고밀도지방단백질과 저밀도지방단백질의 생리적 기능의 연구로 이어져 일반인이 콜레스테롤의 위해성을 이해하는 데 혼돈을 가져오고 말았다. 그러나, 한 가지 분명한 사실은 포화지방산을 많이 섭취하면 혈액 내의 저밀도지방단백질과 총 콜레스테롤 함량은 증가한다는 실험결과이다.

고밀도지방단백질과 저밀도지방단백질

지방은 체내 열량원으로서 위장, 십이지장 및 소장에서 소화되어 혈액으로 옮겨진다. 또한 간은 지방산 또는 콜레스테롤을 합성하며, 이렇게 합성된 지방은 혈액에 의해 체세포까지 운반되어 체구성에 이용된다. 그러나, 지용성 콜레스테롤은 혈액에 의해 운반될 수 없기 때문에, 콜레스테롤은 먼저 수용성 단백질과 결합하여 지방단백질을 형성한다. 이때 지방과 단백질의 함량비에 따라 비중이 서로 다른 지방단백질이 형성되는데, 지방 함량이 낮고 단백질의 함량이 높아 밀도가 높은 단백질을 고밀도지방단백질 그리고 그 반대의 경우를 저밀도지방단백질으로 부른다. 두 운반단백질 가운데, 저밀도지방단백질은 지방을 간으로부터 최종 목적지(체세포 등)까지 운반하며, 고밀도지방단백질은 체세포 구성에 이용되고 남은 잔존량을 운반하여 담즙산으로 분해시키는 일을 한다. 체세포에 운반된 저밀도지방단백질은 소위 세포 내의 수용체에 의해 축적된다. 좋지 않은 식사법으로 혈액 내의 지방산의 흐름이 정지되면, 혈액지방 함량이 상승하여 저밀도지방단백질과 고밀도지방단백질의 비가 깨지면, 저밀도 지방단백질은 혈관 기벽에 침적되어 혈관의 내압을 상승시키고 고혈압의 원인이 된다.

그런데, 불포화지방산은 저밀도지방단백질-콜레스테롤의 함량을 낮추어 준다. 이와 같은 이유로 불포화지방산의 함량이 높은 유채씨유와 올리브유에 대한 관심이 높다. 또한, 에이코사펜타엔산(eicosapentaenoic acid, EPA)이나 도코사헥사에노산(docosahexaenoic acid, DHA)과 같은 오메가-3 지방산은 혈전의 생성을 방지하여 혈압을 낮춘다. 서구에서 오메가 지방산의 붐이 일게 된 동기이다. 세계 최장수국가로 등장한 일본에서 생선기름을 섭취하고 심장병 발병률이 낮은 그리스인이 올리브유를 섭취하는 식습관을 가진 것이 오메가-지방산의 중요성을 강조하는 데 한몫을 하고 있다.

동물성 지방질에서 오메가 지방산까지

동물성 유지와 식물성 기름의 논쟁은 서구인의 식단, 즉 빵과 버터에서 시작한다(표 11-18). 19세기 중반 산업혁명으로 목축업이 기계화되고, 우유의 생산량이 증가하면서 버터의 소비량도 증가하였다. 그러나, 버터는 우유에 들어 있는 우유지방질(약 3% 정도)로 제조하기 때문에 값이 비쌀 뿐만 아니라, 계절과 수유기에 따라 버터의 가격은 변동이 심하였다. 따라서, 대체 버터로 쇠기름을 이용한 동물성 마가린이 생산되었으며, 값싼 마가린은 곧 서민들의 식단에서 빼놓을 수 없는 조미료가 되었다. 당시 미국에 수출된 이 마가린은 올레오마가린(beef-fat)이라는 상표로 미국인의 버터 대용품으로 자리잡고, 결국 서구의 식단은 빵과 버터(bread & butter)에서 빵과 마가린으로 바뀐다. 그 후, 식물성 기름(vegetable oil)을 식물성 지방(vegetable fat)으로 전환시키는

표 11-18. 동물성 유지와 식물성 기름의 이용

17세기	영국에서 목축업(빵과 버터의 시대 시작)
1780-1880년	산업혁명
1869년	대체 버터(butter substitute)로 마가린(beef-fat) 개발
1886년	미국에서 올레오마가린 유통시작
1917년	마가린 제조에 코코넛버터로 쇠기름 대체
1934년	수소첨가반응(hydrogenation process) 개발 콩기름, 옥수수유, 면실유의 경화(硬化)로 코코넛버터 대체 식용유를 식물성기름으로 전환
1940년	유기화학합성기술의 발전
1956년	수소첨가반응 이용 대두지방(soya fat) 생산 미국인의 마가린 소비량이 버터 소비량을 앞섬

유기화학합성기술의 탄생으로 1934년 올레오마가린은 값싼 식물성 기름으로 대체되었다. 즉, 콩기름 등에 수소첨가반응을 시켜, 식물성 기름의 물성을 동물성 지방질에 가깝도록 제조해 마가린 가공적성을 개선한 것이다. 따라서, 버터는 다시금 값싼 식물성 합성지방질로 대체되어 1956년 미국의 마가린 소비량이 버터의 소비량을 능가하게 되었다.

한편, 제2차 세계대전 전과 후의 미국 내 유지공급의 변화를 보면 〈표 11-19〉과 같다. 1890년도 미국의 유지공급량의 순위를 보면 돼지기름〉쇠기름〉닭기름〉올리브유〉팜유〉코코넛유〉낙화생유〉면실유의 순으로 동물성 지방질의

표 11-19. 미국의 유지 공급의 변화

1890년	1990년
돼지기름(lard)	콩기름(70% 수소첨가)
쇠기름(suet)	유채씨유
닭기름(chicken fat)	카놀라유(수소첨가)
올리브유	면실유
팜유	낙화생유
코코넛유	옥수수유
낙화생유	팜유
면실유	코코넛유

* 공급량의 순서대로 기재

소비량이 주요한 식용유이었다. 하지만 제2차 세계대전 후, 식물성 기름의 수소첨가반응기술이 상용화되면서 1980년대를 기점으로 모든 식용유의 제조원료는 식물성 기름으로 전환된다. 그 후, 수소첨가된 식물성 경화유는 가공적성이 탁월하여 마가린 제조는 물론이고 각종 제과 및 튀김유에 응용되어 왔다. 다만, 식물성 식용유 가운데 코코넛유와 팜유는 원래의 화학적 조성 자체가 동물성 지방질과 유사하여 수소첨가반응을 시키지 않고서도 마가린 제조에 이용할 수 있었지만 가격이 비쌌다.

식용유를 식물성 기름으로 전환한 미국의 경우, 동물성 지방질과 식물성 지방질의 섭취 추이를 보면 〈표 11-20〉과 같다. 제2차 세계대전 이전의 동물성 지방질과 식물성 지방질은 거의 1:1의 소비추세를 보이다가, 1985년 식물성 지방질의 섭취비가 동물성 지방질을 앞선다. 그러나, 주목할 일은 총섭취량은 일일 일인 124g에서 164g으로 증가한 것이다. 동물성 지방질이 고혈압 및 심장병의 주요 원인으로 밝혀진 제2차 세계대전 후, 동물성 지방질의 소비량은 둔화되었으나, 대신에 식물성 지방질의 소비가 급증하였다. 식물성 기름도 지방질 식품이다. 식물성 기름의 유익론은 동물성 지방질에 비해 인체에 미치는 해

표 11-20. 동물성 지방질과 식물성 지방질의 섭취 추이(미국)

1930-1935년	포화지방질*	59g=48%
1930-1935년	일가불포화지방질**	50g=40%
1930-1935년	고도불포화지방질**	15g=12%
1930-1935년	일인 일일 총 섭취량 124g	
1980년	혈압과 심장병 예방능력의 지방산 발표 동물성 지방산(어류)의 중요성이 대두 식물성 지방산(오메가-3 지방산, 오메가-6 지방산) 중요성 대두	
1985년	포화지방질	62g=38%
1985년	일가불포화지방질	68g=41%
1985년	고도불포화지방질	34g=21%
1985년	일인 일일 총 섭취량 164g	
1990년	트랜스 지방산(trans fatty acids) 문제 등장	

* 동물성 지방질
** 식물성기름(수소첨가반응처리된 것 포함)

자료: DHHS Publication No.(PH)89-1255.

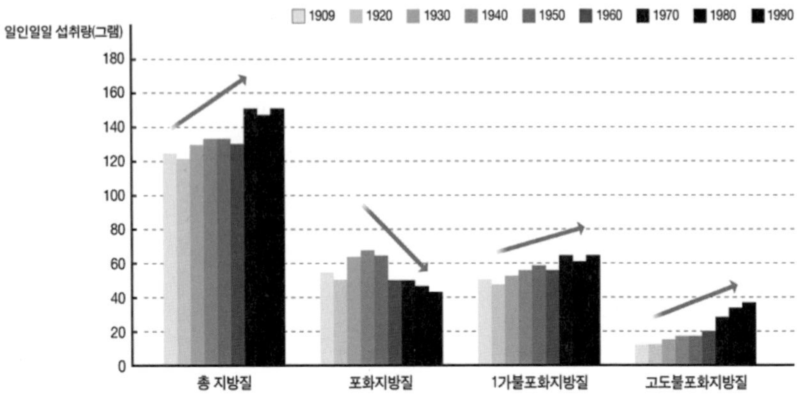

〈자료〉 Enig, M.G. 2001. *Know Your Fats.* p. 95. Bethesda Press.

그림 11-8. 연도별 지방질 섭취량의 추이(미국)

가 상대적으로 적다는 점을 내세웠으나, 소비자의 이해는 이와는 달랐다. 즉, 식물성 기름이 인체에 유익하다고 결론을 내린 것이다. 그 결과 지방질 식품의 총섭취량은 지난 100년 동안 증가하였다(그림 11-8).

식물성 기름으로의 전환정책에도 불구하고 심장병의 발병률이 계속 증가하는 이유를 총 지방섭취량의 증가에서 찾은 미국심장협회는 1980년 발표는 고도불포화지방산의 유익론을 내세우고 있다. 즉, 식물성 기름의 섭취에서 고도불포화지방산(polyunsaturated fatty acid)의 유익론으로 전환한 것이다. 다시 말하면, 기름의 출처에 관계없이 포화지방산과 고도불포화지방산의 섭취비율이 심장병과 고혈압의 예방에 관계된다고 발표한다. 고도불포화지방산은 소위 오메가-지방산으로 알려진 지방산이다. 오메가 지방산의 유익론은 특히 오메가-3 지방산이 뇌세포의 구성성분이며, 혈관 내의 콜레스테롤 함량을 낮추고 프로스타글란딘(prostaglandin)이라는 호르몬의 전구물질로서 심장 및 면역기능에 유익하다는 설이다.

불포화지방산은 주로 식물성 기름의 지방산이지만, 오메가-3 지방산은 동식물에 모두 분포되어 있는 지방산이며, 특히 어류에 많이 존재한다. 식물성 불포화지방산의 유익론에서 다시금 동물성(어류) 지방산의 유익론으로 바뀐 느낌이 든다. 미국의 지방질 식품의 섭취를 보면, 1909년 고도불포화지방산/포화지방산의 비(polyunsaturated fatty acid/saturated fatty acid ratio: P/S ratio)는 0.21이며 1980년대는 0.43으로 증가하였다. 미국심장협회의 발표에 따르면 이상적인 고도불포화지방산/포화지방산의 섭취비율은 1.0이다.

오메가-3 지방산에 대한 중요성은 1988년도에 발표된〈심장에 대한 오메가-3 지방산의 효과〉(New England Journal of Medicine)라는 논문에서 시작한다. 특히, 어류 지방산의 인체 내 작용에 대한 실험을 행한 디에베르크(Dr.J. Dyerberg) 연구진의 결과는 서구인들의 식단에 큰 파장을 일으켰다. 이 연구팀은 1970년대에 그린란드 에스키모인의 혈중 콜레스테롤을 조사한 결과, 에스키모인의 기름진 어류식사에도 불구하고, 저밀도지방단백질(LDL) 함량이 적고, 고밀도지방단백질(HDL) 함량이 높다는 사실을 알게 된다. 이들의 연구는 계속해서 에스키모인과 네덜란드인의 혈중 지방질 함량과 구성성분의 비교로 이어졌다. 네덜란드인은 거의 정상적인 식사패턴을 가지고 있음에도 불구하고 혈중 콜레스테롤류(높은 LDL과 낮은 HDL로구성)의 함량이 높고(세계 2위), 일반적인 식사패턴에서보다 어류 섭취량이 높은 에스키모인의 콜레스테롤 수치는 낮게 나왔는데, 이는 어류식품에 다량 함유된 DHA와 EPA에 기인한 것으로 밝혔다. 이 밖에도 이러한 오메가-3 지방산은 세포막의 유연성(fluidity)에 기여함으로써, 뇌세포 사이에서 주고받는 신경전달물질이 쉽게 이동할 수 있도록 도와준다는 사실이 알려진다. 그리하여, EFA가 결핍되면, 뇌세포의 수나 크기가 줄어들어, 성장, 사고 및 학습활동에 지장을 초래한다는 것이다. 이후, 오메가-3 지방산은 다음과 같은 효과를 나타낸다고 하여 요즈음 오메가 지방산 상품이 속속 개발되고 있다.

- 총 콜레스테롤류과 저밀도지방단백질(LDL) 콜레스테롤의 감소
- 혈액의 점도 감소
- 혈압 강하

그런데, 뇌에 들어 있는 DHA는 오메가-3 시리즈에 속하는 오메가-3 리놀렌산의 유도체이다. 그리고, 이러한 오메가-3 지방산(omega-3 fatty acid)은

어류에 풍부하나 일반 식물성 식용유에는 거의 없다. 이런 배경에서, 일반적으로 어류의 섭취를 즐기지 않는 서구식단에 오메가-3 지방산식품으로 등장한 것이 아마인유(linseed oil, flaxseed oil)이다. 그러나, 아마인유는 서양에서 오래전부터 공업용(잉크, 페인트 등)으로 이용되어 온 반건성유에 속한다. 우리나라의 들깨기름과 같이 리놀렌산이 풍부하여 공기 중에서 쉽게 산패하는 성질을 띠고 있다. 결국, 소비자의 인식을 바꾸기 위해 플랙시드 오일(flaxseed oil)이라는 새로운 상표로 유통시키고 있다. 아마인유는 현재 캐나다에서 대량으로 생산하기 시작하였다.

오메가-3 지방산에 관한 서구식단에서의 또 다른 논점은 오메가-3 지방산의 출처에 따른 효능의 차이이다. 즉, 어유와 식물성 기름인 아마인유의 기능성의 비교이다. 어유를 먹으면 EPA, DHA를 직접 섭취할 수 있지만, 식물성 기름인 아마인유를 통해서는 EPA, DHA의 전구물질인 리놀렌산을 섭취한다. 어류섭취를 주장하는 사람은 어유에서 DHA, EPA를 직접섭취하는 것을 선호하고 있다. 왜냐하면, 전구물질인 리놀렌산의 섭취는 인체 내의 충분한 효소작용을 전제로 하고 있기 때문이다.

오메가 지방산의 시대에 들어선 요즈음은 불포화도가 높은 각종 식물성 기름이 기능성 물질로 등장하고 있다. 그래서, 기름의 분류도 포화지방과 불포화지방에서 불포화지방산 기름과 리놀레산계 기름으로 나누고 있다. 이러한 분류법은 기름을 DHA, EPA의 전구물질과 일반 불포화지방질로 나누어 지방질의 생리적 기능을 강조하기 위함이다. 다음은 시중에 유통되거나 가공식품의 원료가 되는 어유(fish oil) 및 식물성 기름을 요약한 것이다(표 11-21).

표 11-21. 어유 및 식물성 기름의 종류와 특징

종류	특징
어유(fish oil)	
정어리기름 (sardine oil)	올레산(18.3%), EPA(20.4%), DPA(2.4%), DHA(13.1%). 혈중콜레스테롤저하, 심장혈관질환 예방 효과
고등어기름 (mackerel oil)	고도불포화지방산이 많아 산패하기 쉽다. 올레산(21.1%), DHA(7.6%), EPA(7.6%), 팔미트올레산(6.2%)으로 구성. 혈소판응집, 혈관확장, 혈중콜레스테롤 저하

종류	특징
간유(liver oil)	주로 대구, 명태, 상어, 고래 등 물고기 간에서 추출한 맑고 노란 기름. 비타민 A와 D가 많이 들어 있다. 현재 대구간유(cod liver oil)와 오징어간유(squid liver oil)가 유통되고 있다. 특히, 콜레스테롤 흡수에 관여하는 스콸렌(squalene)을 상어의 간유에서 추출하여 건강기능식품으로 유통시키고 있다.
고래기름(whale oil)	비누, 마가린, 합성세제, 가소제 등의 원료로 쓴다. 경유라고도 한다. 올레산(19%), DHA(7%), EPA(1%), DPA(2%). 발육, 성장, 항상성유지
식물성 기름	
콩기름 (soybean oil)	리놀레산(54%), 올레산(28%). 리놀레산, 리놀렌산이 많아 반건성유로 분류한다. 피부병, 혈관질환 예방
올리브유(olive oil)	열매의 과육(30-50% 지방)을 압착하여 얻는다. 주산지는 지중해 연안이다. 클로로필 함량이 높아 녹황색을 띠고, 비교적 점성이 강하며 약간 단맛의 향미를 가진다. 리놀렌산이 전혀 없기 때문에 저장성이 양호하고 불건성 유로 주요 지방산은 올레산이다. 기름 이외에 약 10%의 가용성 고형물이 있으며 주성분은 만니톨이다. 올레산(82%) 혈중콜레스테롤저하, 심장혈관질환, 암, 류머티스성 관절염에 방어적 효과
팜유(palm oil)	열대식물의 과육(30-50% 지방)에서 착유한 기름. 팜버터라고도 하며, 라드와 유사한 점조성을 가짐. 또한 종자(40-50%의 지방질)에서 얻은 기름을 팜핵지방이라 함. 리파아제를 불활성화하고 난 후, 파쇄된 과육을 압착, 원심분리하여 붉은 오렌지색 원유(0.05-0.2% 카로티노이드류 함유)을 얻은 다음, 정제하여 식용유로 사용한다. 라면 등의 튀김유로 사용한다. 올레산(15.1%), 리놀레산(2.7%). 심장질병 예방, 면역기능강화, 체내 유해산소제거, 식품의 산화 안정성 기여
팜핵기름 (palm kernel oil)	기름야자 과실의 핵에서 얻는 기름. 올레산, 라우르산, 카프로산 등이 많고, 크림용 유지, 초콜릿, 마가린 원료, 튀김용, 분무용 유지 등에 쓴다.
코코넛 지방 (coconut oil)	코코넛 야자나무(coconut palm)의 코코넛의 과육에서 채취한 지방질이다. 핵과에 속하는 코코넛을 건조하여 코프라(50-70% 지방)로 명명하고 있으며, 코코넛지방은 코프라의 과육을 착유한 것. 신선한 코코넛 과육의 유리산가(최고 0.3%)는 낮지만, 코프라의 유리지방산가(5-10%)는 높다. 코코넛지방질은 조리용, 제과 및 제빵용 혹은 마가린의 구성성분으로 사용한다. 올레산(5.8%), 리놀레산(1.8%). 혈중콜레스테롤 저하. 소화율 증가
카카오 버터 (cacao butter)	코코아(cocoa) 나무의 종자(50-58% 지방질 함량)로부터 착유된 지방질이다. 카카오버터의 특징은 융점아래에서는 손에 묻지 않고 단단하면서도 부서지기 쉬운 반고체상태(32-36℃)를 띠며 입에서는 융해되면서 시원한 맛을 준다. 이런 특성으로 초콜릿 제조에 이용한다. 가장 비싼 유지 가운데 하나이다.
옥수수유 (corn germ oil)	옥수수 배아에서 얻는 기름이다. 마요네즈, 드레싱, 마가린, 쇼트닝, 과자류 등의 가공유지 원료로 사용한다. 옥배유라고도 한다. 올레산(46%), 리놀레산(42%) .항콜레스테롤, 항체중, 항암, 항산화성

종류	특징
미강유 (rice bran oil)	쌀겨에서 짜낸 기름이다. 올레산(46.7), 리놀레산(32.3%). 혈중 LDL 함량 저하
유채씨유 (rapeseed oil)	유채씨에서 착유, 정제하여 식용유지에 적합하도록 처리한 기름. 우리나라에서는 제주도와 남부지방에서 유채를 재배한다. 유채는 높이 1m 정도이고 봄에 노란 세 잎 꽃이 핀다. 잎과 줄기는 먹고 씨는 기름을 짠다. 잎과 씨는 일반식품과 건강기능식품의 부원료로 쓸 수 있다. 원래 에루스산이 많이 들어 있으나 캐나다 등에서 품종을 개량하여 에루스산이 거의 들어 있지 않은 유채유가 생산되고 있다. 에루스산(erucic acid)은 탄소 수 22개, 불포화 결합 1개인 시스-13-도코센산으로 유채기름의 주성분이며 심장장애의 원인물질이다. 유채유는 반건성유에 속하며 평지씨유 혹은 채종유라고도 한다. 유럽인의 유전자조작식품의 성공 사례에 속한다. 올레산(18%), 리놀레산(22%). 산화안정성, 콜레스테롤 저하. 리놀렌산계 기름으로 분류한다.
해바라기씨유 (sunflower seed oil)	해라라기씨에는 22-36%의 기름이 들어 있고 리놀레산이 많다. 올레산(31.3%), 리놀레산(42.3%). 샐러드유와 튀김용도 이외에 마가린, 쇼트닝의 원료. 산화안정성, 혈압, 동맥경화
참기름(sesame oil)	볶은 참깨에서 짜낸 기름. 참깨를 볶지 않고 용매를 사용하여 추출하기도 한다. 올레산(39.3%), 리놀레산(46.8%). 항상화성을 이용
면실유 (cotton seed oil)	목화씨에서 짜내어 식용에 적합하도록 처리한 기름. 목화씨기름, 목화씨샐러드기름(cottonseed salad oil)과 목화씨스테아린기름이 있다. 팔미틴산(21%), 올레산(29%), 리놀레산(45%). 콜레스테롤 저하. 리놀렌산계 기름으로 분류한다.
잇꽃씨유 (safflower oil)	극동아시아, 북아프리카에서 생산되며, 50여 년 전에는 래커용 혹은 도료산업에 사용하였으나 식용유로도 이용한다. 올레산 20%, 리놀레산 70%를 함유한다. 샐러드기름으로 이용되나 보존성이 약간 떨어지기 때문에 다른 식용유와 섞어 쓰기도 한다. 올레산(13.8%), 리놀레산(76.6%). 항암, 돌연변이억제
아마인유 (linseed oil, flaxseed oil)	아마 종자(아마인)에서 얻는 기름이다. 불포화도가 높고 산화중합하기 쉽기 때문에 주로 도료나 인쇄잉크 등의 원료로 쓴다. 오메가-3 지방산 함량이 높아 식용으로 전환된 식용유 가운데 하나이다. 리놀렌산계 기름으로 분류한다. 튀김용 기름으로 사용하는 경우 리나마린(linamarin) 배당체에 의한 시아나이드 독성물질이 생성할 수 있어 주의해야 한다. 올레산(19.0%), 리놀레산(24.1%), 리놀렌산(47.4%). 혈중 총콜레스테롤 및 LDL 저하효과
카놀라유 (canola oil)	유전공학기법으로 육종한 평지씨유의 하나. 올레산(60%), 라놀레산(23%), 리놀렌산(8%). 혈중콜레스테롤저하, 심혈관계 방어효과
들깨기름 (perilla seed oil)	들깨에서 짜낸 기름. 고도불포화지방산인 알파-리놀렌산이 60% 정도로 많아 산화안정성이 낮으며 산패가 빨리 일어난다. 오메가-3 지방산의 함량이 아마인유보다 높다. 리놀렌산계 기름으로 분류한다. 올레산(14.9%), 리놀레산(15.65), 리놀렌산(60.2%). 체내 지방대사개선, 항암, 체내 DHA 합성증대
포도씨유 (grape seed oil)	포도씨(유지 함량은 6-21%)에서 얻는 기름이다. 팔미트올레산(0.2%), 올레산(22.5%), 리놀레산(66.0%) 리놀렌산(0.4%). 항고혈압, 항균, 항노화, 항산화성, 항골다공증
피마자유 (castor oil)	아주까리씨(피마자)에서 얻는 비휘발성 기름. 아주까리기름이라고도 한다. 불건성기름으로 윤활제로 사용하고, 식품첨가물로는 착향료, 피막제, 제조용제로 쓴다. 리시노레인산(ricinoleic acid)이 주성분으로 80-85%이다. 설사유발

종류	특징
달맞이꽃씨유 (evening primrose seed oil)	달맞이꽃의 종자에서 얻는 기름이다. 풍부한 감마-리놀렌산이 프로스타글란딘의 균형을 유지시켜 준다고 하여 건강식품이나 의약품, 화장품 등으로 이용하고 있다. 감마-리놀렌산식품(γ-linolenic acid food)의 원료 가운데 하나이다. 감마-리놀렌산(10.5%), 알파-리놀렌산(0.5%), 올레산(6.0%), 리놀레산(73.0%), 항산화성, 생리불순 저하
땅콩기름 (peanut oil)	땅콩에서 짜낸 기름. 불건성유로서 샐러드기름과 튀김기름으로 쓴다. 낙화생유라고도 부른다. 올레산(60%), 리놀레산(22%). 항산화, 항암, 체내 지방축적 억제, 콜레스테롤 저하
라기름 (cayenne pepper oil)	참기름에 고추를 넣고 가열하여 고추의 매운맛 성분인 캅사이신과 카로티노이드 색소를 녹여 낸 것이다.
라임기름 (lime oil)	라임껍질에서 짜낸 기름. 주성분은 디-리모넨으로 향료로 쓴다. 우리나라에서는 식품첨가물로 지정되어 있지 않다.
겨자유 (mustard oil)	흑겨자씨 또는 백겨자씨에서 얻는 정유(essential oil)이다. 씨를 압착하여 비 휘발성 기름을 짜내고 수증기 증류 또는 용매추출하여 휘발성 성분을 얻는다. 주성분은 알릴 이소사이오사이아네이트로 매운 맛을 낸다.
바바수핵기름 (babassu kernel oil)	브라질 야자나무(Obignya 속) 열매의 핵에서 얻는 기름. 식용이나 화장품용으로 쓴다.
샐러드기름 (salad oil)	그대로 날로 먹는 향미가 가벼운 기름. 윈터리제이션하여 만든다.
아몬드기름 (almond oil)	쓴 아몬드를 압착하여 얻는 기름. 편도기름이라고도 한다. 주로 제과에서 푸딩이나 쿠키 제조에 쓴다. 올레산(68.1%), 리놀레산(23.5%). 뇌세포 활성, 성장촉진
양귀비씨기름 (poppy seed oil)	양귀비씨에서 얻는 반건성유이다. 항간암
삼씨기름 (hemp seed oil)	삼씨에서 얻는 기름. 마실기름, 대마기름, 삼기름 등으로 부른다. 약리적 작용이 많아 기능성물질이다. 우리나라에서는 식용하지 않는다. 올레산(9.8%), 리놀레산(55.1%), 감마-리놀렌산(2.1%), 알파-리렌산(20.9%). 항아토피, 항골다공증, 항고혈압, 생리통 격감, 피부노화 방지
차기름 (tea seed oil)	차씨에서 얻는 불건성유이다. 올레산(23.0%), 리놀레산(61.4%). 혈장과 대식세포에서의 염증에 효과, 산화스트레스 방어
케이폭기름 (kapok oil)	케이폭나무 씨에서 얻는 기름이다. 성상은 면실기름과 비슷하지만 올레산이 많고 리놀레산 함량이 적어 아이오딘값은 면실기름보다 낮다. 식용 또는 비누 원료로 쓴다.
고수유(coriander oil)	고수 열매를 수증기 증류하여 얻는 기름. 단맛과 향기로운 냄새가 있다.
후추유(pepper oil)	후추를 수증기 증류하여 얻는 기름이다. 자극적인 특유의 향기와 매운맛을 갖는다. 주성분은 피넨이나 리모넨, 매운맛 성분은 피페린과 그 입체이성질체인 차비신이다. 올레산(9-11%), 리놀렌산(1%). 항산화, 체중 저하
동유(tung oil)	유동(기름오동나무) 씨에서 짠 건성유이다. 불포화지방산인 엘레오스테아르산의 함량이 약 80%를 차지하므로 우리나라에서는 식용으로 쓰지 않는다. 장판 및 종이우산의 코팅제

단백질의 출처와 분류

단백질은 세포, 항체, 신경전달물질, 효소, 호르몬, 면역물질 등의 구성성분이다. 근육이나 체내의 장기, 혈액, 피부 및 모발과 손발톱 성분도 모두 단백질로 구성되어 있다. 근육의 22%가 단백질로 구성되었다는 사실이 밝혀지면서 생체이용도(bioavailabilty)가 높은 시금치의 단백질(약 49%)로 근육을 강화한다는 뽀빠이(Popeye's strength)의 홍보만화는 아직도 설득력을 갖고 있다.

단백질(蛋白質, protein, protos, first)이란 약 20여 개의 서로 다른 아미노산들이 펩티드 결합으로 이루어진 폴리머를 말한다. 단백질은 출처에 따라 동물성단백질, 식물성단백질, 미생물단백질로 분류하고, 동물성단백질은 육류단백질, 우유류단백질, 달걀류단백질, 어류단백질 등으로 나누며, 식물성단백질에는 밀단백질, 쌀단백질, 콩단백질, 옥수수단백질 등으로 분류한다(표 11-22).

단백질의 구성원소는 탄소, 수소, 산소, 질소 및 유황이다. 질소는 아미노기(-NH_2)에서 유래되고 단백질의 약 16%를 차지한다. 따라서, 조단백질 환산용 질소계수는 100/16=6.25이다. 식품에 따라 비단백태 질소성분이 다소 차이가 있어서 세계식량농업기구(FAO)의 제안에 따라 개별식품의 질소단백질환산계수를 산출해야 한다.

단백질은 구성성분에 따라 단순단백질, 복합단백질 및 유도단백질로 분류한다(표 11-23). 단순단백질(simple protein)이란 가수분해에 의해 아미노산만이 생성되는 단백질을 말한다. 알부민(달걀알부민, 락트알부민, 세럼알부민, 류코신, 레규멜린), 글로불린(세럼글로불린, 베타-락토글로불린, 미오신, 악틴, 글리시닌), 글루텔린(글루테닌, 오리제닌), 프로라민(제인, 글리아딘, 호르데인) 및 기타 콜라겐, 젤라틴, 에라스틴, 케라틴, 히스톤, 프로타민 등이 있다. 복합단백질(complex protein)이란 비단백 부위로서 지질, 핵산, 탄수화물 등을 지닌 단백질을 말한다. 인단백질, 지방질단백질, 핵단백질, 당단백질, 색소단백질(헤모글로빈, 미오글로빈, 클로로필, 플라보단백질) 등이다. 유도단백질(derived protein)은 단백질을 물리적 화학적으로 또는 효소로 처리했을 때 생기는 고분자 물질의 총칭이다. 단백질의 1차 구조가 크게 변화되지 않은

표 11-22. 출처에 따른 단백질의 종류 및 특성

종류	특성
동물성 단백질	육류단백질(근육단백질, muscle protein): 근육조직을 이루고 있는 단백질. 근육조직의 약 20%를 차지하며 근섬유단백질과 결합조직단백질로 나눈다. 대표적인 단백질로 콜라겐과 변성단백질인 젤라틴이 있다. 콜라겐(collagen)은 동물의 결합조직, 뼈, 힘줄, 피부, 연골, 혈관 등을 구성하는 섬유상 구조단백질이다. 콜라겐을 물과 함께 끓이면 젤라틴이 된다. 콜라겐은 천연 소시지 케이싱, 부레풀(isinglass), 청징제(淸澄劑), 아교(glue)의 원료로 사용한다. 최근에는 피부 미용에 이용하고 있다. 젤라틴(gelatin)은 콜라겐을 산 또는 알칼리 처리하여 얻는 무색, 무미의 수용성 단백질. 찬물에는 녹지 않으나 팽윤하여 5-10배량의 물을 흡수한다. 젤-졸의 가역적 변화를 일으키는 물질이다.
	어류단백질(fish protein): 근형질단백질, 근원섬유단백질, 기질단백질로 구별한다. 근형질단백질은 어류단백질의 살빛과 관계가 깊고 근원섬유단백질은 어육의 가공적성과 직접 관계가 있다. 어단백질(Surimi, 젤)은 근원섬유를 구성하고 있는 악틴필라멘트와 미오신필라멘트에 의한 악토미오신의 젤이다. 농축어류단백질(fishproteinconcentrate, FPC), 고기풀(fish meat paste, surimi) 및 어육연제품(surimi-based products)의 원료이다.
	달걀단백질(egg protein): 달걀의 흰자(egg white)에 들어 있다. 생물가는 대단히 높아 표준물질로 사용할 정도이다. 오보알부민(70% ovalbumin), 글로불린(globulin), 그리고 항미물질인 라이소자임(살균제, lysozyme)과 트립신 억제작용을 지닌 오보뮤코이드(ovomucoid), 오보뮤신(ovomucin), 아비딘(avidin)으로 구성되어 있다. 기타 콘알부민(conalbumin), 리포비텔린(lipovitellin), 리포비텔레닌(lipovitellenin), 포스비틴(phosvitin)이 존재한다.
	우유단백질(milk protein): 카제인 2-3%, 락토알부민(lactoalbumin) 0.4-0.7%, 락토글로불린(lactoglobulin) 0.07%. 카제인은 우유 가운데 칼슘과 결합하여 콜로로이드상으로 분산되어 유백색을 띠는 요인이 됨. 글로불린과 알부민은 카제인의 보호교질의 역할을 하여, 응고를 방지하고, 우유의 체내 흡수를 양호하게 하는 기능을 한다. 단백질은 인체에 필요한 모든 아미노산을 함유하는 완전단백질이다.
식물성 단백질	밀단백질(wheat protein): 글로불린, 글리아딘, 글루테닌으로 분류된다. 글루텐 단백질이 수화되면 필름 모양의 글리아딘과 띠(strand)모양의 글루테닌으로 이루어진 섬유상(fibrils)이 형성된다.
	옥수수단백질(corn protein): 제인과 글루텔린이 주성분이다.
	쌀단백질(rice protein): 5% 알부민, 10% 글로불린, 5% 프롤라민, 80% 글루테닌으로 구성되어 있다.
	대두단백질(soy protein): 농축콩단백질(단백질 70%), 분리콩단백질(단백질 90%) 및 조직콩단백질(textured soy protein, texturized soy protein)의 재료이다.
미생물 단백질 (mycoprotein)	단세포단백질(single cell protein, SCP) 동물 또는 인간의 식용에 적합하도록 배양한 미생물단백질 자원의 총칭이다. 최근에는 영국에서 개발한 곰팡이 단백질(상표명: 쿠온, Quorn)이 상업화되어 채식주의자의 단백질 공급원으로 등장하였다.

표 11-23. 구성성분에 따른 단백질의 분류, 종류 및 출처

분류	종류 및 대표적인 출처
단순단백질	알부민(달걀의 흰자, 우유), 글로불린(근육, 우유, 달걀의 흰자), 글루텔린(쌀, 밀), 프롤라민(옥수수, 밀), 경화단백질(뼈, 모발)
복합단백질	인단백질(우유, 달걀 노른자), 핵단백질(세포핵), 당단백질(소화액, 점액, 달걀 흰자), 헴단백질, 금속단백질, 지방질단백질(세포질, 달걀 노른자), 색소단백질(근육, 혈액)
유도단백질	히스톤(복합단백질분해물), 변성단백질, 가수분해물

젤라틴과 응고 단백질, 그리고 산, 알칼리 작용으로 형성되는 메타단백질 등이 있다.

식품 단백질이 소화되면 아미노산으로 분해되어 일단 간에 들어가 저장된 후, 거기에서 체내의 각 조직에 운반되어 세포조직의 단백질로 합성된다. 그리고, 저장된 아미노산은 조직단백질과 함께 분해되어 질소는 요소의 형태로 요로 배설되고, 질소 이외의 탄화수소성분은 티씨에이(TCA)사이클에 들어가 산화되면서 탄산가스와 물로 분해된다. 이때, 단백질 1g당 약 16.7kJ(4kcal)의 에너지를 발생한다.

단백질의 영양

단백질은 체세포의 주요 구성성분이다. 세포를 에워싸고 있는 세포막은 단백질로 되어 있다. 체세포는 성장기에 증가하기 때문에 유년기의 단백질요구량은 높다. 또한, 인체 내 조직 속에 들어 있는 단백질은 끊임없이 분해되고 있기 때문에 식사에 의해 아미노산이 공급되어야 한다. 이러한 세포조직의 대체 과정은 일생동안 일어난다. 단백질은 효소, 항체 그리고 어떤 호르몬 등의 제조에 꼭 필요한 물질이다. 효소, 항체, 및 호르몬 등은 세포 내에서 만들어져 혈관에 분비(항체나 호르몬)되거나 소장(소화효소)에 방출된다.

단백질의 영양가는 인체 내에서 합성되지 않는 필수 아미노산과 제한아미노산에 의해서 결정된다(표 11-24). 20여 개의 아미노산들 가운데 약 절반 정도만이 인체의 영양에 필요한 것들이다. 이러한 필수 아미노산들의 인체 내 유용성이 곧 단백질의 품질을 결정한다. 일반적으로 동물성 단백질은 식물성 단백질에 비해 생물가가 높아 양질의 단백질이다. 달걀단백질은 최고의 품질을 지닌 단백질로서 생물가가 거의 100에 이른다. 그래서, 단백가(protein efficiency ratio, PER)를 결정하는 데 표준물질로 이용하는 예가 많다. 곡류단백질은 일반적으로 라이신과 스레오닌이 결여된 경우가 많다. 대두는 라이신이 풍부하나 메티오닌이 결여되어 있다. 목화씨의 단백질은 라이신이 부족하고 땅콩단백질은 메티오닌과 라이신이 부족하다. 감자의 단백질은 달걀단백질에 버금가는 품질을 지니고 있다.

모든 단백질이 세포조직을 수선하거나 성장하는 데 이용되지는 않는다. 수선과 발육에 이용될 수 있는 한도는 생물가에 의해 결정된다. 일반적으로 식사로부터 얻는 단백질은 성장과 유지에 필요한 양보다도 많다. 그래서, 과잉의 단백질은 열량원으로 이용되는데, 이 과정에서 단백질합성에 이용되지 못하는 과잉의 아미노산은 앞서 말한 조직단백질의 산화과정과 마찬가지로 간에서 탈아미노 반응을 거쳐 신장을 통해 요로 배설된다. 그리고, 탈아미노반응으로 아미노기가 제거된 탄소, 산소, 수소도 세포 내의 포도당 산화의 연쇄반응에 들어가 에너지원으로 이용된다.

단백질을 섭취하면, 단백질은 가수분해되어 아미노산을 생성한다. 흡수된 아미노산은 혈액에 의해 세포에 운반되고 세포 내에서 아미노산은 다시 재결합하여 새로운 단백질이 합성된다. 식품에 들어 있는 필수 아미노산의 분포는

표 11-24. 필수아미노산과 비필수아미노산

필수 아미노산	비필수 아미노산
이소루신(isoleucine)	알라닌(alanine)
루신(leucine)	아지닌(arginine)
라이신(lysine)	아스파라진(aspargine)
메사이오닌(methionine)	아스파트산(aspartic acid)
페닐알라닌(phenylalanine)	시스테인(cystein)
스레오닌(threonine)	글루탐산(glutamic acid)
트립토판(tryptophan)	글라이신(glycine)
발린(valine)	오니틴(ornithine)
히스티딘(histidine/유아에 필수적임)	프롤린(proline)
	세린(serine)
	타이로신(tyrosine)

세포 내에서 생합성에 필요한 필수 아미노산(essential amino acid)의 분포와 동일하지 않다. 따라서, 전술한 바와 같이 인체의 단백질과 유사한 필수 아미노산의 분포를 갖는 단백질이 보다 품질이 나은 것으로 생각할 수 있다. 생물가로 단백질의 품질을 측정한다. 생물가의 정의(biological value)는 흡수된 단백질과 체단백질로 전환된 단백질의 백분율이다. 전술한 바와 같이 인체의 단백질 패턴과 가장 유사한 달걀의 생물가는 100에 가깝다. 그리고 트립토판이 전혀 들어 있지 않은 젤라틴의 생물가는 0이다.

세계식량기구(FAO)에서는 완전한 단백질 합성을 위한 표준 아미노산 분포, 즉 히스토그램을 발표하였다. 한 예로서 치즈의 아미노산 히스토그램(amino acid histogram)을 보면, 메티오닌과 유황함유 아미노산이 부족하고, 빵의 경우에는 라이신, 유황함유 아미노산 및 트립토판이 부족하다. 치즈에서는 유황함유 아미노산이 필요량의 78%밖에 들어 있지 않아 이 아미노산을 제한 아미노산(limiting amino acid)으로 취급한다. 빵의 제한 아미노산은 필요량의 47%밖에 들어 있지 않은 라이신이 된다. 따라서, 생물가를 개선하기 위

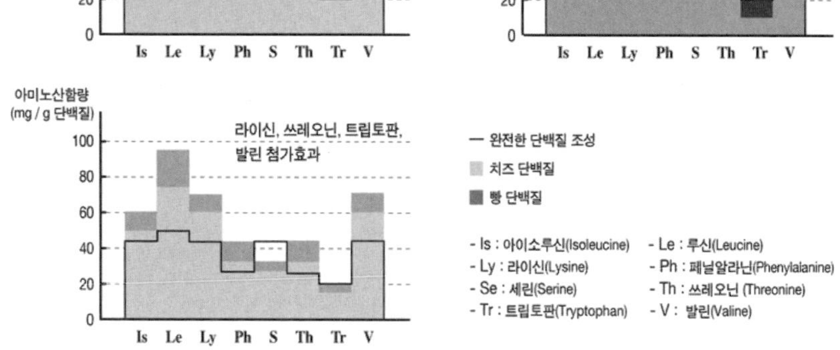

〈자료〉 Gaman, P.M. and Sherrington, K.B. 1996. p. 81. *The Science of Food.* Butterworth-Heineman, Oxford.

그림 11-9. 치즈 단백질과 빵 단백질의 아미노산 히스토그램

해 서로 다른 구성 아미노산을 지닌 식품과 혼합하여 섭취하는 것이 바람직하다(그림 11-9).

단백질의 가공학적 기능

단백질의 가공학적 성질이란 식품의 가공, 저장, 제조, 소비과정에서 단백질의 거동에 영향을 주는 이화학적 성질을 말한다(표 11-25). 예를 들어 단백질의 유화 및 기포형성의 성질은 소시지나 커피화이트너(coffee whiteners)에 이용되고 있다.

단백질은 산 응고처리, 효소처리, 저장 등에 의해 젤을 형성한다. 젤(gel)이란 액체에 고체가 분산되어 있는 반고체 콜로이드성 현탁액으로서 콜로이드 용액이 유동성을 잃어 약간의 탄성과 견고성을 가지고 굳어진 것을 말한다. 이러한 망상구조는 단백질-단백질 상호작용에 의해 형성된다. 젤은 비교적 점

표 11-25. 단백질의 기능성

구조적 기능	근육의 미오신, 악틴, 결체조직의 콜라겐, 달걀 흰자; 거품형성, 안정화, 유화, 젤화
운송 및 운반기능	헤모글로빈의 산소의 운송
반응기능	효소의 아포엔자임(apoenzyme)
유화기능	혈액 내의 단백지방질(lipoproteins)
신경전달의 기능	신경조직의 단백질, 뇌의 단백질
면역기능	면역글로불린(Immunoglobuline)
살균기능	달걀의 라이소자임(lysozyme)
냉해의 방어기능	극지방의 어류 단백질
효소	리보뉴클리아제(RNA핵산분해), 트립신(단백질 분해),
저장단백질	카제인(우유), 오보알부민(난백), 글리아딘(소맥종자)
수축성단백질	미오신과 악틴(근육수축)
호르몬	인슐린(글루코오스대사)
유해단백질	트립신저해물질(콩), 아비딘(난백중 비오틴결합), 리진(토마토의 혈구응집성독소)

성, 탄성 및 가소성이 높은 비뉴우톤유체에 속한다. 단백질 젤의 예를 보면, 유제품(요쿠르트, 두부), 난제품(마요네즈), 육제품 및 어단백 젤이 있다. 어떤 젤, 특히 가열처리로 얻은 젤(젤라틴)은 가역적 반응을 한다. 젤라틴 젤은 가열한 젤라틴 용액을 냉각하여 얻는다.

또한, 단백질은 소수기와 친수기를 지닌 양성물질이기 때문에 계면활성제로 작용하여 유화시스템을 안정화한다. 계면활성제(surface active agent, surfactant)란 용액의 표면장력을 작게 하는 작용을 하는 물질로서 비누 혹은 합성세제 등을 말한다. 단백질의 유화력은 단백질의 총 소수성 능력에 달려 있지만, 이보다 더 중요한 것은 소수성기 혹은 하전그룹이 폴리펩티드에 어떻게 분포되어 있는가 그리고 이러한 단백질이 어떻게 서로 접혀져 있느냐에 따라 달리 나타난다. 소수성 사슬부위는 단백질 분자의 내부에 접혀 들어가는 것이 쉽기 때문에 외부는 친수성 사슬로 덮혀 있다.

폴리펩티드의 기능과 신경전달물질(neurotransmitter)

인체 내의 항상성(homeostasis)의 유지에 관여하는 내분비계, 자율신경계 및 면역계의 메커니즘은 호르몬과 신경전달물질이 담당하고 있는데, 이러한 것들은 대개 아미노산, 아민(베타-페닐에틸아민류, 카테콜아민류) 및 폴리펩티드류(인슐린)로 구성되어 있다. 아미노산에 속하는 신경전달물질은 글라이신, 감마-아미노부티르산, L-아스파라긴산 및 글루타민산이 있다. 모노아민류에는 아세틸콜린(acetylcholine), 노르에피네프린(norepinephrine), 도파민(dopamine), 세로토닌(serotonin)과 히스타민이 있고, 카테콜아민류에는 노르아드레날린, 아드레날린이 있다. 또한, 신경펩티드류에 속하는 물질로는 엔도르핀, 엔케팔린(메티오닌엔케팔린과 류신엔케팔린) 및 P물질 등이 존재하는데 모두 다 단백질에서 합성된 것이다. 비교적 작은 분자량의 폴리펩티드(polypeptide)인 엔도르핀은 1976년에 동물의 뇌에서 추출된 모르핀(morphine)과 같은 펩티드로서, 내인성 모르핀(endogenous morphine)과 같은 물질이라 하여 엔도르핀(endorphin)으로 명명하였다. 알파-, 베타-, 감마- 및 델타-엔도르핀 중에서 생리적으로 중요한 것은 베타-엔도르핀으로, 모르핀 수용체에 작용하여 모르핀과 같은 진통작용을 가진다. 즉, 중추신경계에 작용하여 아세틸콜린(acetyl choline), 노르에피네프린(norephineprine), 도파민(dopamine) 등의 신경전달물질의 방출을 억제함으로써 진통작용을 한다. 그리고, 엔케팔린은 소위 고통 시그날(P물질)의 분비를 방지하는 역할을 한다. 사실상, 엔도르핀은 강력한 고통저해제에 해당한다. 지금까지 발견된 고통저해제 가운데 디노르핀(dynorphin)이라는 진통제는 모르핀보다 2백 배의 효과를 갖고 있다 한다. 중국의 침술(acupucture)을 엔도르핀 생산과 분비를 촉진하는 것으로 해석하기도 한다. 고추의 매운맛 성분인 캅사이신도 엔도르핀을 분비한다. 매운 고추장 요리를 즐기다 보면 고추의 매운맛을 점점 잃게 되는데, 이는 캅사이신(capsaicin)이 진통제의 역할을 하기 때문이다. 그러나, 캅사이신은 기름에 쉽게 유화하는 성질을 지니고 있다. 따라서, 기름기 있는 음식과 함께 섭취하면 진통의 효과는 크지 않다. 기름진 고기에 캅사이신이 녹아 들어가기 때문이다.

단백질의 변성

단백질의 복잡한 입체구조는 비교적 약한 결합으로 구성되어 있기 때문에 물리화학적으로 성상의 변화가 쉽다. 달걀은 가열하면(50-70℃) 응고되고 우유에 산을 넣으면 침전물이 생긴다. 이와 같은 성상의 변화를 변성(denaturation)이라 한다. 이는 분해와 다르게 펩티드결합이 절단되지 않고 이차구조 이상의 입체구조의 변화가 일어난다. 변성에 의해 점도가 증가하고, 용해도가 감소, 응고, 침전 등의 현상이 일어난다. 효소단백질은 활성이 감소하고 또는 불활성화된다. 아주 미세한 변성은 가역적이나, 비가역의 경우가 많다. 변성단백질은 일반적으로 소화효소의 작용을 받기 쉽게 하지만, 과도의 가열인 경우는 소화율이 떨어지는 경우도 있다. 변성은 가열, 건조, 가압, 동결,

초음파, 자외선, 방사선 등의 물리적 원인과 산, 알칼리, 염류, 유기용매, 중금속 등에 의한 화학적 원인에 의해 일어난다. 육류가 가열되어 단단하게 되는 것은 근원섬유단백질이 열변성을 일으켜 응고, 수축되기 때문이다. 다시금 가열을 계속하면, 육기질의 콜라겐(collagen)이 열변성을 일으켜 젤라틴(gelatin)으로 용출되어 육이 연화되어 먹기 좋게 된다. 또한, 식품을 가열처리하면 아미노-카아보닐 반응(갈변반응)이 생성되고, 특히 라이신이 갈변반응을 일으키기 쉽다. 반응에 참여한 라이신의 화학적 변화로 영양가의 손실을 가져 온다. 단백질의 변성현상을 이용하는 경우가 많다. 예를 들면, 삶은 달걀(열), 두부제조(염류작용), 얼린 두부(동결), 도살 후의 육의 숙성(효소의 작용), 빵의 반죽형성(산화작용), 우유의 요구르트형성(산의 작용), 치즈의 제조(효소, 염류작용), 마른생선(건조) 수산연제품(염류, 열작용), 초절임, 염장식품 등이 모두 단백질의 변성을 이용하는 것이다.

단백질의 필요량

개략적으로 성인의 일일 단백질의 필요량은 65-75g로서 일일 권장 칼로리량의 15%를 단백질에서 섭취하도록 권장하고 있다. 그러나, 에너지원보다는 체내 구성성분으로서의 단백질의 역할을 주장하는 학자들이 많다. 따라서, 단백질의 필요량은 연구기관에 따라 다르다. 즉, 세계보건기구(WHO)는 하루 섭취열량의 10%를 권장하고, 미국영양학회에서는 섭취열량의 8%(남성 63g, 여성 50g)를 제시하고 있다.

사람들이 단백질 섭취를 중요시한 이유는 어디에 있는가? 특히, 인간에게 많은 단백질식품의 섭취를 강조한 것은 쥐실험을 근거로 제시된 것이다. 쥐는 많은 단백질을 필요로 하는 동물이다. 예를 들면, 쥐의 젖의 성분에 단백질이 차지하는 비율은 거의 50%(칼로리로 환산하여)에 가깝다. 모유에 들어 있는 단백질은 칼로리로 환산하여 전체의 5%를 점하고 있는 사실로 미루어 하루에 필요한 단백질의 함량은 5-10% 정도일 것으로 보아도 무방할 것이다.

저개발 국가에서 특히 단백질이 낮은 식물성 식품을 주식으로 하는 나라에서 나타나는 콰시오커(kwashiokor)라는 단백질 결핍증 현상이 있다. 이 질병은 일일 에너지 섭취량을 충족할 만큼 섭취하긴 하나 단백질섭취가 부족하여 생기는 영양불균형 증상의 하나로 주로 열대지역의 1-3세의 어린 아이에게서 발생하며 저알부민혈증, 빈혈, 부종, 복수, 머리털의 색소탈색 등이 나타나는 질병이다. 왜냐하면, 단백질은 적혈구세포의 생성에 필요하기 때문이다.

비타민의 출처 및 기능

비타민은 인체나 동물의 영양과 생리기능을 조절하여 완전한 대사를 수행하는 미량의 유기화합물로 생체 내 에너지원이 아니면서 반드시 섭취해야 하는 물질로 정의한다. 그리고, 자연에 존재하는 화합물 가운데, 체내에서 비타민으로 전환되는 물질(카로티노이드 혹은 데하이드로콜레스테롤 등)을 프로비타민이라 한다.

비타민의 이름은 쌀겨에서 얻은 각기병(베리베리병)의 치료제를 아민(vital + amine → vitamin)으로 부른 데서 비롯되었다. 지금은 거의 모든 비타민이 공업적으로 합성된다. 다만, 자연에 존재하는 7-데하이드로콜레스테롤 및 에르고스테롤을 전구물질로 제조하는 칼시페롤이나, 생물공학적으로 제조하는 비타민 B2 와 B12는 예외이다.

비타민은 결핍되면 인체의 신진대사의 결함이 나타난다. 비타민 B_1의 부족에서 나타난 동양의 각기병(beri-beri disease)과 비타민 C의 결핍으로 나타난 서양의 괴혈병(scurvy)은 비타민의 연구에 초석을 만든다. 제1차 세계대전 시 비타민 A의 결핍증으로 나타난 어린이의 야맹증과 옥수수를 주식으로 한 아프리카의 펠라그라병은 비타민의 기능성의 연구에 크게 기여한다. 그러나, 비타민을 과량으로 섭취하는 경우도 문제를 일으킨다. 일반적으로 수용성 비타민은 요, 땀으로 체외에 배출되지만, 지용성 비타민〔(레티노이드(retinoides)과 칼시페롤(calciferol)〕의 경우는 간장에 축적되어 신체의 기능에 유해물질로 작용하기 때문이다. 따라서, 지금까지는 비타민의 결핍이 사회적 문제가 되어 왔으나, 앞으로는 비타민의 과잉복용으로 인한 독성에 대해 이해의 폭을 넓혀야 한다. 비타민은 화학적 성질에 따라 지용성 비타민과 수용성 비타민으로 분류한다(표 11-26).

표 11-26. 비타민의 역할

지용성 비타민류	
비타민 A (retinol)	비타민 A는 1982년부터 모든 레티노이드계(retinoide) 물질을 말한다. 영양학에서 부르는 좁은 의미의 비타민 A는 실제로 비타민 A_1을 말한다. 비타민 A는 공기 중에서 산화되기 쉽다. 크립토잔딘은 비타민 A의 효과를 지니고 있기 때문에 프로비타민으로 부른다. 녹황색채소에 많이 들어 있다. 카로티노이드는 동물 체내에 흡수된 후, 간장에서 생합성되어 비타민 A가 된다. 가장 중요한 프로비타민은 베타-카로틴이다. 베타-카로틴은 식물성 식품에 널리 분포되어 있고 높은 비타민 A의 활성을 가지고 있다. 종전에는 비타민 A의 함량을 IU로 나타냈으나, FAO/WHO에서는 비타민 A의 활성을 레티놀(retinol)의 당량으로 표시하는 것을 권장하고 있다. 1 레티놀 당량은 레티놀 1μg, 베타-카로틴 6μg, 기타 프로비타민 A의 카로티노이드 12μg에 해당한다. 미국 국립과학 학술원에서는 1 레티놀 당량을 3.3 IU의 레티놀(retinol) 혹은 10 IU 베타-카로틴으로 표기한다. 베타 카로틴의 인체 내 흡수율은 1/3이다. 레티놀로 환산하면, 1/6의 이용률을 보인다. 기타 프로비타민은 베타-카로틴의 절반의 효과를 가지며, 이용률은 1/12에 해당한다. 따라서, 비타민 A의 계산은 다음과 같다. 1μg retinol equiv. = 1μg Retinol = 6μg 베타-카로틴 = 12μg 기타 카로티노이드류.
비타민 D (calciferol)	칼시페롤(calciferol)로 불린다. 칼시페롤은 산소와 광선에 민감하게 반응한다 특히, 자외선조사로 D의 효력은 상실된다. D_2(ergocalciferol) 및 D_3(cholecalciferol)의 형태로 존재하고 있다. 비타민 D는 식물에 존재하지 않는다. 비타민 D_2는 어간유에 미량 존재하고 D3는 동물성 식품에 널리 분포한다. D_3가 가장 많이 들어 있는 식품은 어간유이다. 달걀, 우유, 버터, 치즈 등에는 미량 들어 있다. 비타민 D의 단위는 IU로 표시하며, 1 IU는 WHO에서 조제한 표준 비타민 D물질 1mg에 해당한다. 이는 다시금 아주 순수한 결정형 비타민 D_2 혹은 D3의 0.035μg에 해당한다. 인체의 요구량은 4백-5백IU이나 임신기나 수유기에는 1천IU로 증가한다. 비타민 D는 혈액의 칼슘 및 인산의 신진대사를 조절하며, 관절뼈의 석회질화에 관여한다. 구루병(rikets), 골다공증, 골연화증에 관여하는 비타민이다.
비타민 E (토코페롤, tocopherol)	토코페롤은 토콜(tocol)의 유도체로 동식물에서 발견된다. 이 화합물의 알파·베타·감마형은 면실유에서 발견되었고 델타형은 대두유에서 분리되었다. 자연에 4개의 토코페롤과 4개의 토코트리에놀이 존재하는 것으로 알려졌다. 토코페롤의 생물학적 가치는 이들의 항산화력에 있으며, 특히, 알파-토코페롤의 항산화력을 이용한다. 이 때문에 노화를 방지하는 물질로 알려져 있다. 항산화력은 알파〉베타〉델타〉감마-토고페롤의 순이다. 토코페롤은 밝은 노란색을 띠고 기름과 유사한 점성을 지닌 액체이다. 식물성 기름의 토코페롤은 폴리알켄산의 함량이 높기 때문에 자동산화에 안정하다. 또한, 식물성 식품에서는 토코페롤이 유리된 형태로 존재하는 반면, 동물성 식품에서는 지방산과 에스텔 결합을 이루어 안정되어 있다. 토코페롤의 항산화작용으로 식품은 물론이고 심지어 피부미용이 효과를 꾀하기도 하지만 항산화효과에 적정한 농도는 0.01-0.1%이다. 이보다 높은 농도의 첨가는 산화촉진제로 작용을 한다.

비타민 K (Naphtho-quinone)	식물의 파이로퀴논(K_1)과 미생물의 메나퀴논(K_2)이 있다. 비타민 K_1은 시스형 혹은 트란스형(파이틸측쇄의 이중결합)으로 존재하며, 생물학적 활성은 트랜스형이 나타낸다. 유아의 항출혈성활성에 관여하여 신생아에게 비타민 K 시럽을 투여하고 있다. 광선의 작용으로 트랜스형은 시스형으로 이성화되어, 생물학적 활성을 잃는다. 비타민 K_1은 식물성 식품, 특히 미역, 김 등에 들어 있고, 비타민 K_2는 동물성 식품에만 존재하며, 장내세균에 의해 생성된다. 해산후 미역국 섭취의 우리의 식습관에 대한 과학적 근거가 될 수 있다.
수용성 비타민류	
비타민 B_1	다이아민(thiamin)으로 불린다. 물에 잘 녹고, 산에 안정하나, 알칼리에 불안정하다. 수용성으로 조리과정에서 손실이 크다. 이 때문에 비타민 유도체로서 개발된 DBT(dibenzoylthiamin)는 열에 강하여 비타민 B_1의 강화제로 사용한다. 물에 녹지 않는 비타민 B1유도체(thiamin dicetylsulfate, allithiamin)가 개발되어 각기병을 예방하고 있다. 비타민 B1 분해효소인 아노이리네이스를 함유하는 생선(새우 등)은 충분히 가열하여 효소를 불활성화하는 것이 좋다. 미강, 곡류, 돈육에 많다. 자연에 존재하는 형태는 유리형태로 최근에 지용성의 B1이 합성되었다. 인체 내에서는 탄수화물 식품을 구연산회로에 공급하는 조효소로 작용하기 때문에 ATP 생산에 중요한 역할을 한다. 비타민 B_1결핍증은 기원전 2600년 중국에서 beriberi병(I can not)으로 알려졌으며, 산업혁명 이후 도정기술의 발달로 발병빈도수가 증가하였다. 1911년 펑크(Casimir Funk) 씨가 각기병 치료제로 쌀겨에서 6온스의 흰분말을 분리하여 바이탈아민(Vitalamine)으로 명명한 데서 비타민의 이름이 유래되었다. 일본 한국에서는 각기병이 발생하였으나, 파아보일드 쌀(비타민 B_1 손실 없음)을 섭취하는 인도에서는 발생하지 않았다.
비타민 B_2 (riboflavin)	리보플라빈으로 불린다. 자연에는 플라빈모노뉴클레오타이드 및 플라빈아데닌다이뉴클레오타이드로 존재한다. 리보플라빈은 과자의 착색에 이용되고 있다. 리보플라빈이 광선(420-560nm)에 의해 산화되면 루미플라빈이 만들어지는데, 광선취가 발생한다. 무색의 유리병에 우유를 저장하면 태양빛에 의해 80%의 비타민 B_2의 손실을 가져온다. 인체 내에서 B_2의 R_1수산기가 인산기로 치환되어 조효소(FMN; flavinmononucleotide, FAD; flavinade-ninedinucleotide)로 작용한다. 간장에 많이 들어 있다.
비타민 B_6 (pyridoxin)	피리독신으로 불린다. 비타민 B_6군(피리독신, 피리독살, 피리독사민) 세 가지의 화합물이 존재하지만, 그것들은 상호간에 쉽게 전위되어 모두 동일한 비타민 효과를 보인다. 비타민 B_6는 주로 달걀의 노른자, 밀의 배아, 내장 및 생선에 존재한다. 식물체에는 대체로 피리독살의 형태를 가지며, 동물체에는 피리독살과 피리독사민의 인산에스텔의 형태로 존재한다. 비타민 B_6는 아미노산 탈탄산효소, 아미노트란스퍼레이스의 조효소로 작용한다.
나이아신 (niacin)	니코틴과 니코틴아마이드를 총칭한다. 나이아신은 동물의 기관, 곡류 및 곰팡이에 존재한다. 이 비타민은 B_1과 같이 탄수화물 분해의 조효소로 작용한다. NAD^+ 및 $NADP^+$의 형태를 띠면서 데하드로나제의 조효소로 존재한다. 결핍되면 간과 근육의 NAD^+ 및 $NADP^+$는 감소한다. 나이아신은 체내에서 트립토판(60:1의 비율로 니코틴산이 생성)으로부터 합성될수 있다. 나이아신의 결핍증은 살갗이 썩는 듯한 피부염(펠라그라, Pellagra병; rough skin의 의미)과 신경계통의 장애가 일어난다. 우유에 나이아신이 존재하지 않으나 트립토판이 체내에서 나이아신으로 전환되어 우유 섭취 민족에게는 일어나지 않는다. 아메리칸 인디언은 옥수수를 라임처리(lime처리)로 트립토판을 나이아신으로 전화하였다.
비타민 P	루틴, 헤스페르딘으로 불린다. 혈관의 저항성을 높인다. 뇌출혈 예방에 중요한 비타민이다. 루틴은 메밀에 함유되어 있고(뿌리를 제외한 전체의 2%), 헤스페리딘은 오렌지 과피에 8% 함유됨. 온주밀감에는 42-48mg 들어 있다.

판토텐산 (pantothenic acid)	코엔자임(coenzyme)의 구성성분의 하나로 탄수화물 대사에 중요한 인자이다. 열에 약하고, 광선, 공기에 안정하다. 판토텐산은 모든 동물의 기관, 즉 심장이나 간 및 콩팥에 존재하며, 로열젤리에서도 발견된다. 로열젤리에서 판토텐산은 어린 여왕벌의 생장물질로 작용한다. 판토텐산은 티오에스텔의 형태를 띤 탄산의 활성에 기여하는 조효소 A의 구성물질이다. 판토텐산은 pH의 범위 4-6에서 안정하다. 이보다 낮은 pH나 높은 pH에서는 가열에 의한 가수분해가 일어나서, 산성영역에서는 락톤이, 그리고 알칼리성 영역에서는 알라닌이 유리되어 나온다.
비오틴 (biotin)	비오틴은 간, 밀의 배아, 양송이 및 달걀의 노른자에 존재한다. 이 비타민은 지방산의 합성에서 중요한 기능을 가지고 있다.
엽산 (folic acid)	부티로일글루타민산으로 불린다. 조효소로 작용한다. 엽산은 간, 달걀 노른자, 밀의 배아, 밀단백질 및 효모등에 존재한다. 동물체내에서 폴리글루타민산염의 형태로 존재한다. 이 비타민은 비타민 B_2와 함께 적혈구, 티민 및 티미딘의 합성에 관여한다. 이 비타민이 부족하면 혈액의 형상의 변화가 일어난다.
비타민 B_{12} (cobalamin)	시아노코파라민으로 불린다. 코발트를 지녀 물에 녹으면 적색을 띤다. 열, 광선, 산에 안정하다. 헤모글로빈(Hb) 생산에 이용되는 유일한 저장성 비타민이다. 이 비타민은 오직 미생물에 의해서만 합성된다. 단백질과 지방의 대사에 역할을 하고 있기 때문에 생육조장기능을 가지고 있으며, 또한 식물체에는 존재하지 않기 때문에 채식주의자(우유와 달걀까지도 먹지 않는 사람)에게 결핍되기 쉬운 비타민이다.
비타민 C (아스코브산, ascorbic acid)	L-아스코브산을 말한다. 열에 약하고 특히 산화되기 쉬워 불안정한 비타민이다. 특히 선도와 관계가 밀접하여 과채류에서는 시간과 함께 현저히 감소한다. 1710년 괴혈병 선원에게 매일 오렌지 두 개씩 주는 실험으로 비타민 C의 효과를 증명하였다. 1932년 아스코브산 분리에 성공한 후, 지금은 합성에 의해 생산하고 있다. 과잉섭취인 경우는 혈액의 산성화로 통풍을 유발하는 것으로 알려졌다. 즉, 비타민 C의 농도가 높으면 관절에 요산의 결정화가 일어나고 이는 신장에 축적되어 신장에 해를 줄 수 있다 한다. 환원형인 L-아스코브산은 효소의 작용으로 쉽게 산화형(L-dehydroascorbic acid)으로 산화된다. 산화형의 비타민 C의 생리적 효과는 30-50% 정도 감소한다. 식물체내에서는 불활성되어 있지만, 세포가 파괴되면 곧 활성화되기 때문에 세포파괴직후 곧 이용해야 한다. 비타민 C는 콜라겐 생성을 촉진하고, 호르몬 생성에 관여하며, 항산화작용, 항암작용을 지닌다. 또한, 장에서 철분의 흡수를 돕는다. 비타민 C가 부족하면 혈관이 부실하고 치아와 피부 및 장에 출혈이 생기기 쉽다. 심한 경우는 괴혈병이 된다. 괴혈병의 원인은 세포와 세포를 결합하는 콜라겐의 합성의 부족에 기인한다. 비타민 C가 부족하면 콜라겐이 감소하여 세포와 세포사이가 흐물흐물해져서 모세혈관이 파괴되어 출혈이 된다. 비타민 C는 얼굴의 검버섯을 예방한다. 자외선에 의해 피부의 멜라노겐이 멜라닌으로 산화되는 것을 비타민 C가 방지하는 것이다. 또한, 콜레스테롤이 동맥 혈관의 벽에 부착되는 것을 막아 주기 때문에 장에서의 철분의 흡수를 돕는 역할을 한다. 비타민 C는 체내에 보통 1.5g 존재한다. 비타민 C는 카테콜아민이라는 호르몬을 합성하며, 이 호르몬은 심장을 강하게 하고 혈중의 포도당을 증가시켜 활동을 왕성하게 하면서 스트레스를 제거한다. 카보닐기와 엔디올 구조의 성질에 따라 비타민 C는 산화제으로서의 기능과 환원제로서의 기능을 겸비하고 있다. 그리하여, 비타민 C는 항산화제로서 자유 라디칼 제거능력이 있고, 발암성 물질인 나이트로소아민을 생성을 억제하는 기능을 가지고 있다. 나이트로소아민이 의심되는 햄, 소시지, 생선 등에 비타민 C가 풍부한 레몬을 첨가하면 발암물질인 나이트로소아민은 환원되어 인체에 무해하기 때문에 발색제로 사용하는 아질산염에는 반드시 아스코브산을 첨가하도록 되어 있다. 기타 감기나 인플루엔자에 대해서도 비타민 C의 효과가 나타나고 있다. 비타민 C의 독성은 매우 적기 때문에 하루 1-2g 복용해도 부작용이 없다고 말한다. 식물체 내에서는 주로 유리된 형태나 단백질에 결합된 상태로 존재한다. 비타민 C는 밀단백질의 고형제(1-3g/100kg), 육류가공품의 아질산염의 감소, 과실 주스의 갈변억제(50mg/L), 과채류 및 양송이 통조림의 갈변방지 및 유지식품의 항산화제(6-아스코빌팔미틴염으로서 0.06-0.04%)의 기능을 가지고 있다. 식품가공에서는 아황산 처리로 아스코브산의 손실을 방지할 수 있다.

무기질의 출처, 기능 및 필요량

식품을 600-650℃ 정도로 가열하면, 탄수화물, 지방질 및 단백질은 구성원소인 탄소(C), 산소(O), 수소(H), 질소(N)는 수분과 기체의 형태로 공기 중으로 휘발되고 재(灾)만 남게 되는데 이것을 회분이라고 말하며 무기질이 주성분이다. 그러나, 가열 도중에 염소와 요오드, 유황 및 인의 일부분이 휘발하거나 산화 후 일부의 무기질은 산화물(Na_2O, K_2O, CaO, P_2O_5, SO_3 등)이나 탄산염($CaCO_3$, $MgCO_3$ 등)으로 남아 있게 됨으로써 보통 회분(ash)이라 함은 조회분(crude ashes)을 말한다.

인체를 구성하는 원소 가운데 탄소, 산소, 수소 및 질소를 제외한 나머지의 원소를 무기질로 부르며, 총원소량 가운데 약 4%를 점하고 있다. 무기질은 절대함량보다는 일정 비율의 밸런스를 갖추는 것이 무엇보다 중요하다고 한다. 만일, 무기질의 균형이 어긋나면 곧바로 건강에 유해인자로 작용하기 때문이다. 특히, 무기질(mineral)은 세포 내의 항상성을 유지하는 기능을 지니고 있기 때문에 필요량이 미량이라 해서 간과해서는 안 된다.

식품과 사료에 존재하는 모든 이온, 즉 무기이온의 형태나 유기물질과 결합한 상태를 갖는 이온물질을 통틀어 무기질이라고 정의한다. 20종 이상의 무기질이 식품의 필수적인 영양성분이다. 인체의 발육과 성장에 많은 양이 필요한 다량무기질(macroelements)인 칼슘, 염소, 칼륨, 마그네슘, 나트륨, 유황 및 인은 전체 무기질의 99% 이상을 차지하며, 이 밖의 미량무기질(microelements)은 50mg/kg 정도의 함유량을 보인다. 인간에게 필수적인 미량무기질은 코발트, 크롬, 구리, 철, 불소, 요오드, 망간, 몰리브덴, 셀렌, 아연 등이다. 최근에 동물실험에서 입증된 새로운 미량원소는 실리시움, 바나듐, 니켈, 비소, 주석, 리튬, 카드뮴, 납, 붕소 등이 있다.

무기질의 인체 내 작용은 다음과 같다(표 11-27). 첫째, 뼈, 치아의 경조직을 형성한다(Ca, P). 둘째, 헤모글로빈, 레시틴과 같은 연조직을 형성한다(Fe, P). 인체 내 철분의 70%는 적혈구의 혈색소의 구성성분이며, 폐에 들어온 산소를 각 세포조직으로 운반하는 역할을 담당하고 있다. 인은 또한 근육, 뇌, 신경세

표 11-27. 인체 내의 무기질의 기능

● 뼈의 구성성분(Ca, P)
● 체액조절 및 산염기의 평형유지 pH(7.0-7.8)로 생리적 기능 유지
● 삼투압의 유지, 세포의 항상성(恒常性) 유지(Cl, K, Na)
● 생체구성성분, 특히 효소의 구성분(Cu, Fe, Mg, Mn, Mo, Se, Zn)
● 열량이 풍부한 인산염에스테르의 형태로 에너지 저장(P)
● 효소활성 및 효소체계의 제어(Ca, Cr, Na, Zn)
● 신경전달물질과 혈액응고의 기능(Ca)
● 면역체계에서의 기능(Cu, Se, Zn)

포의 구성성분으로 탄수화물의 대사 및 에너지 축적수단(ATP)으로 이용되고 있다. 셋째, 체액, 근육 및 신경 등의 체내기능을 조절한다(Na, K, Mg, Cl, P). 이러한 무기질은 체액에서 이온으로 존재하면서 체액의 삼투압 및 pH를 조정하여 항상성(homeostasis)을 유지한다. 넷째, 효소, 비타민 및 호르몬 등의 구성성분으로 체내의 효소작용을 촉진하는 기능을 띤다. 무기질의 결핍현상은 일반적으로 오랜 기간이 지난 후에 발현되는 경우가 많다.

우리의 먹거리는 대부분 칼슘 함량이 낮기 때문에 기초식품군(밀가루, 빵)에 칼슘을 강화하는 나라가 많다. 불소와 요오드를 강화한 식염을 공급하기도 한다. 인체에 의한 무기질의 생체이용도(bioavailability)는 무기질의 종류와 양(원소 간의 상승작용과 길항작용) 및 기타 식품이 지닌 화합물의 화학적 성질에 따라 다르다. 즉, 식품분석치에 의한 무기질의 함량이 고스란히 인체에 이용되는 것은 아니다. 예를 들면, 요오드는 거의 100% 흡수되지만, 인체 내에서의 이용률은 질산염(배추)이나 글루코시놀염(유채씨)의 섭취로 감소될 수 있다. 칼슘의 흡수율은 20-40%이고, 철분은 10%(비햄철분 및 피틴산염에 의한 철분 흡수방해) 정도이다.

사람들이 섭취하는 무기질 가운데 염소, 칼륨, 나트륨, 인은 권장량을 넘어서고 있다. 또한, 소금의 형태로 과량의 나트륨을 섭취하고 있다. 과량의 나트륨 섭취는 고혈압(서구성인의 20%를 차지)의 원인이 되고 있다 한다. 식염의 필요량은 나트륨(Na)에서 식염의 당량을 산출하여 계산한다. 즉, 식염당량 = 식염의 나트륨×2.54이다. 식염의 나트륨과 염소는 체액의 삼투압, 산염기의 평형에 중요한 역할을 한다. 건강한 성인의 최소식염의 필요량은 일일 1.3g(Na로서 약 500mg)이고, 일인 일일의 소금의 필요량은 10g(Na로서 3.9g) 정도로 알려졌다.

식품으로부터 칼슘 흡수율이 20-40%로 낮은 이유는 식품 중에 피틴산처럼 칼슘 흡수를 방해하는 인자가 있기 때문이다. 또한 식품의 칼슘과 인의 비도 흡수에 영향을 준다. 칼슘:인의 비가 1:1일 때에 흡수가 최대이다. 칼슘은 뼈, 이, 신경, 근육의 기능유지와 혈액응고에 필수적이다. 인은 세포의 구성성분, 핵산, ATP 및 각종 조효소의 기능에 관여한다. 또한, 칼슘 혹은 마그네슘과 인산염을 만들어 경조직의 뼈나 치아의 주성분이다(표 11-28).

수분의 필요량

수분은 성인 체중의 50-60%를 점하고 있다. 그리고 기관별 수분 함량을 보면, 뇌는 80%, 근육과 간은 76%, 혈액은 83%, 수액은 99.5%, 뼈는 10-40%, 체세포의 원형질은 70-93%를 차지하고 있다. 우리가 섭취하는 수분(water)은 체내에서 혈액, 림프액, 체액이 되며, 발한작용으로 체온을 조절 한다. 또한, 수분은 영양성분을 체내 각 조직에 운반하고 각 조직으로부터 노폐물, 불순물을 배출하는 역할을 한다. 전해질을 용해하여 세포의 항상성을 유지해야 하기 때문에 몸 안의 일정한 수분을 유지하기 위해서 섭취량(intake)과 배출량(excretion)의 균형을 유지하는 것이 중요하다. 성인이 하루에 사용하는 수분의 수지는 다음과 같다(표 11-29).

우리 몸의 수분이 100ml 정도 감소하면 갈증을 느끼고 200ml 정도가 배출되면 현기증을 느낀다고 한다. 그리고, 체중의 3-6리터(10-20%) 정도가 배출되면 호흡곤란과 함께 사망하게 된다. 이와 같이 물은 생명을 유지하고 산소 다음으로 중요한 성분이다. 우리는 식품을 섭취하지 않더라도 물만으로 2-3주간 생명을 유지할 수 있으나, 물을 먹지 않고서는 3일을 버티지 못한다. 또, 양적인 측면에서 물은 가장 중요한 식품의 구성성분이다. 사람들은 일일

표 11-28. 여러 가지 무기질의 인체 내 분포

칼슘	몸의 무기질 가운데 70% 점유. 뼈[(3$Ca_3(PO_4)_2$. Ca(OH)], 치아의 혈액의 주성분. 뼈의 조성은 Ca:P = 2:1. 혈액응고를 돕고 병원균에 대한 백혈구의 저항력을 증진. 신경을 안정화하고 심장의 박동을 조절. 근육수축에 이용. 혈액의 산염기평형에 기여, 효소의 보조제, 피의 응고에 이용될 때에는 뼈에서 용해되어 이용됨.
인	뼈, 치아의 주성분, ATP 주성분, 근육의 운동 및 대사, 혈액의 반응 조절 등 작용. 효소, 단백질 및 인지질의 성분. 뼈와 조직 사이의 Ca, P의 교환 속도는 1일 1%. 비타민 D가 제어.
마그네슘	70%가 뼈에 존재. 뇌, 근육의 성분. 신경 안정, 당분 분해효소작용.
나트륨	체액성분. 삼투압유지, 체액의 알칼리성 유지, 담즙, 췌장, 장액의 성분.
칼륨	혈액, 근육, 장기 등의 세포 내에 존재. 삼투압 유지, 체액의 알칼리성 유지, 신경흥분, 근육의 활동에 관여
염소	나트륨과 결합하여 식염의 형태로 존재함. 염산(위)의 형태로 존재. 체액의 삼투압유지. 혈액의 평형유지.
철	60% 이상이 혈액에 존재 간장, 신장 등에 30% 존재. 헤모글로빈 성분.
구리	간, 뇌, 피부에 존재.
요오드	갑상선 호르몬(tyrosine)의 주성분. 체내에서 지방의 대사에 관여(산화작용)
코발트	간, 췌장, 비장에 존재. 비타민 B_{12} 함유.
불소	치아에 작용.

표 11-29. 수분의 섭취량과 배출량

(단위:ml)

섭취		배출	
먹는물	1000-1500	요	1000-1500
음식물의 수분	700	변	100
신진대사의 수분	300	호흡	900
총계	2000-2500		2000-2500

약 2-3리터의 물을 필요로 하는데, 이 가운데 50%는 먹는 물로 섭취하고, 30-35%는 식품 내의 수분으로 충당한다. 나머지 20-25%는 체내 산화경로에서 생성되는 물(여과수)을 이용한다.

식품과 효소

효소(enzyme)는 그 이름이 나타내는 것처럼 원래 발효와 밀접한 관계를 가지고 있다. 즉, 발효를 일으키는 근본(素)이라는 뜻이다. 과학명으로서는 1878년 독일의 생리학자 W. 퀴네(W.Quine)가 효모(酵母) 속에 존재하는 것을 뜻하는 그리스어로 효소(Enzym; in + zymogen〈효모〉)로 명명하였다. 인류는 효소의 존재가 밝혀져 있지 않았던 오랜 옛날부터 먹거리의 숙성과 발효에 효소를 이용하였다. 예를 들어, 김치, 절임채소류, 간장, 된장, 젓갈, 소시지, 햄, 치즈, 유산균 음료, 맥주, 포도주, 빵, 식초 등은 효소의 작용으로 영양소와 향미가 개선된 것이다. 자연에 존재하는 효소를 활용하여 새로운 가공식품을 생산하거나, 또한 바람직하지 않은 효소를 불활성화함으로써 식품의 품질을 개선하여 왔다. 사실상, 식품에 작용하는 효소의 이해로 식품과학이 발전하고 있다고 하여도 과언이 아니다.

효소의 주성분인 단백질은 근육단백질이나 막단백질 등의 구조단백질과는 달리 분자 내에 활성 부위를 갖는다. 효소를 구성하는 단백질 부분을 아포효소, 아포효소에 보결인자(cofactor)가 결합한 것을 홀로효소라고 한다. 보결인자 중에는 비타민 B_1, B_2, B_6 등과 ATP와 같은 유기산이 포함되며, 특히 유기산이 보결인자로 작용하는 경우를 조효소(coenzyme)로 부른다. 그리고 효소의 활성은 조효소외에 다음과 같은 무기(無機)양이온이나 음이온에 의해서 결정된다.

- 크롬: 포도당 대사에 필요. 인슐린의 작용에 이용
- 망간: 신경기능, 골격구성
- 철분: 헤모글로빈, 미오글로빈의 구성성분. 여러 가지 효소의 구성성분
- 코발트: 비타민B_{12}의 일부분
- 구리: 호흡체계에서의 보결인자, 강한 콜라겐, 엘라스틴 등의 형성에 필요
- 아연: 효소의 보결인자
- 셀레늄: 정확한 기작이 아직 알려지지 않음
- 몰리브덴: 핵산대사에 이용
- 요오드: 호르몬 타이록신 제조에 이용
- 불소: 치아건강에 이용

• 기타: 니켈, 실리콘, 주석, 바나듐 등이 있으나 결핍증은 알려지지 않음

효소는 촉매이다. 세포에서 합성되어 생체반응을 촉매하는 단백질이다. 즉, 자신은 변화하지 않으면서 어떤 물질의 반응을 촉진시켜 새로운 물질을 만드는 일을 한다. 단세포생물인 미생물에서부터 고등동식물 및 인간에 이르기까지 모든 생물체 내의 신진대사에 참여한다. 효소에 의해서 반응을 일으키는 화합물을 기질이라 부른다. 그리고, 효소의 활성은 이 기질과 효소가 물리적으로 적합할 때 일어난다. 기질은 모두 특유의 형태를 가지고 있기 때문에, 이에 작용하는 효소의 모양도 특이해야한다. 효소는 다른 화학촉매와는 달리 작용하는 기질의 범위가 매우 좁다. 예를 들어 염산을 이용하면 전분을 비롯한 모든 다당류가 가수분해되지만, 전분을 기질로 하는 아밀라아제라는 효소는 동일한 다당류인 글리코겐은 분해하지 못한다. 이러한 특징을 효소의 기질특이성(基質特異性)이라고 한다. 또한 효소가 다르면 동일한 기질에 대한 작용이 다르다. 이것을 효소의 반응특이성이라고 한다. 이와 같이 효소는 기질과 반응에 대하여 매우 엄격한 특이성을 나타낸다.

식품에 존재하는 효소는 바람직한 반응을 일으키는 경우와 바람직하지 못한 반응을 일으키는 두 가지의 경우로 나뉜다. 바람직한 반응을 일으키는 경우는 과실의 숙성, 맥아 생산에서의 전분 분해과정, 어류 및 육류의 숙성, 차, 담배, 카카오, 커피 원두의 발효, 그리고 미생물이 관여하는 과채류의 발효과정, 제빵, 알코올 음료 및 유제품에 걸쳐 매우 다양하다. 따라서, 식품가공에 효소를 사용하여 공정의 개선과 합리화를 꾀한다. 과실즙의 수율 개선, 포도당의 생산, 전분의 당화, 숙성기간의 단축 등에 이용한다. 또한 품질개선에도 이용하는데, 즉, 과실주스의 청징화, 맥주의 안정화, 감귤류의 쓴맛제거, 음료의 산화방지, 향미성분의 재생 등이다. 바람직하지 못한 효소의 작용으로는 과채류의 연화현상, 밀가루의 산패, 과채류 색깔의 변색, 오이의 쓴맛, 기타 모든 발효과정에서 부정적인 영향을 주는 것 등이다. 이러한 부정적인 변화는 가열처리에 의해 효소를 불활성화하거나, 훈연, 질산염의 첨가, 가염, 건조, 냉장 및 냉동의 방법을 이용하여 감소한다.

효소작용의 특이성의 이용

효소작용의 특이성은 각종 가공식품의 제조 외에 질병의 치유나 검진 등에 이용하고 있다. 항생물질은 질병을 일으키는 세균들의 정상적인 신진대사를 방해하거나 저해하는 물질을 말한다. 효소의 작용부위에 있는 유기산이나 무기이온 혹은 비타민의 작용은 항생물질(antibiotics)로 그 기능을 잃게 되는데 인간은 이러한 작용을 이용하여 여러 가지 이점을 얻는다. 예를 들어, 설파제(sulfa drug)나 페니실린은 이러한 작용을 하는 항생물질이다. 즉, 설파제는 병원성 세균의 효소의 작용을 방해함으로써 질병을 치유한다. 세균들은 사람과는 달리 엽산을 만드는 파라아미노벤존산(para-aminobenzoic acid)을 필요로 한다. 그런데, 설파제와 파라아미노벤존산의 구조는 유사하기 때문에 설파제 양을 충분히 공급하면, 엽산에 의존하는 세균의 효소의 활성은 잃게 되고, 자연히 세균의 효소체계는 파괴되어 결국 죽게 되는 원리이다. 페니실린(penicillin)이 효소의 작용을 억제하는 원리도 동일하다. 즉, 세균의 세포벽의 합성을 담당하는 효소를 불활성화하여 세포의 성장이 멈추는 것이다. 다행히, 페니실린과 반응하는 인간의 효소는 없다. 따라서, 약간의 알레르기 현상을 제외하면 페니실린에 의한 인체의 해는 없다.

독극물인 청산칼리의 시안이온은 세포의 호흡효소의 보결인자(cofactor)인 금속이온과 복합체를 형성하여 효소의 작용을 멈추게 한다. 신경 독가스와 유기인산염 살충제는 우리 몸 안의 신경계통에서 작용하는 효소를 불활성화한다.

특정 기질에 대한 효소의 작용 특이성은 신체의 건강의 진단에 이용되고 있다. 진단의 근거는 다음과 같다. 즉, 세포 내에서 정상적으로 작용하는 세포는 혈액에서 발견되지 않는다. 만일 발견되더라도 아주 적은 농도로 검출될 것이다. 그러나, 어떤 세포가 파괴되거나 질병을 얻게 되면 이 세포 내의 효소는 혈액에 흘러 들어가기 때문에 혈액에 유출된 이러한 효소의 농도를 측정함으로써, 세포의 질병원인을 진단할 수 있다. 즉, 그 효소의 기질만을 이용하여, 족집게(tweezer)처럼 효소의 존재와 그 농도를 측정하는 것이다. 예를 들면 다음과 같다.

간장염(viral hepatitis)의 진단

심장, 근육, 콩팥 및 간조직은 모두 GPT(glutamate: pyruvate amino-transferase)라는 효소를 지니고 있다. 그러나, 간은 다른 기관에 비해 세배의 높은 GPT 함량을 지니고 있기 때문에 혈액에서 검출되는 GPT는 주로 간의 질환(상처 및 간장염)에서 비롯된다고 판단하는 것이다. 또 다른 효소인 GOT(glutamate:oxaloacetate aminotransferase)도 간질환에서 증가하지만, GPT가 GOT보다 훨씬 높은 수치를 보이게 된다. 간질환이 있는 사람의 GPT:GOT는 1.6:1 정도이고, 건강한 사람의 GPT:GOT의 비는 0.7-0.8:1의 범위에 있다. 건강한 사람의 혈액의 GPT와 GOT는 대단히 낮기 때문에, 절대함량을 표기하는 것보다 비(ratio)로 진단하는 것이 바람직하다고 한다.

심근경색(Myocardial infarction, 心筋硬塞)의 진단

심근경색이란 심장근육의 어떤 부위가 약해져서 이 심장근육에 산소공급을 담당하는 심장근육내의 혈관들이 봉쇄되는 현상이다. 이러한 혈관의 봉쇄는 어떤 물질이 혈관 내 침적되거나 심근이 경화되는 경우, 혹은 혈전(blood clot)에 의해 일어난다. 이러한 심근경색환자는 혈청의 효소나 이소효소(isoenzyme)를 측정하여 진단한다. 이는 심근경색증이 일어나면, 본디 심근육에 존재하는 세 가지의 효소(CK, GOT, LD; lactic dehydrogenase)가 급격히 증가한다는 사실에 기인한다.

요당의 측정

요당(sugar in urine)의 함량은 당뇨병과 관계를 갖고 있다. 요당의 측정에 사용하는 당측정시험지(Clinistix test)는 방향족 화합물이 묻은 다공성 종이시험지이다. 요를 종이에 묻히면 두 효소 중의 산화효소(glucose oxidase)가 반응을 일으켜 포도당을 과산화수소로 만든다. 그리고 나면, 두 번째 효소인 과산화효소(peroxidase)가 방향족 화합물을 산화시켜 변색을 일으킨다. 이러한 색깔의 변화가 수초 만에 일어나면 요는 포도당을 지닌 것이다.

식품의 향미물질들

1. 향미(flavor)

향미란 어떤 물질에 대해서 입안에서 느끼는 맛과 냄새가 우리의 후각과 미각의 수용체 등에 의해 나타나는 종합적인 감각으로 정의한다. 이러한 정의에 따르면, 향미는 후각으로만 느끼는 향(aroma)과 다르고, 미각으로만 감지하는 맛(taste)과도 차이가 있다. 향미는 맛과 냄새를 가진 식품의 구성성분과 우리의 오관의 감각기관의 수용체와의 상호반응으로 나타난다. 감각기관에서 감지한 시그널은 중추신경계를 통해 향미를 인지하게 된다. 감각의 종류는 시각, 후각, 미각, 피부감각이 있으며, 이 가운데 미각의 기능이 향미를 결정하는 데 중요한 기능을 한다. 향미의 크기는 역가(threshold value)로 나타내고, 역가는 자극에 의해 감각이 일어나는 최소의 농도로 정의한다.

2. 맛(taste)

맛의 기초가 되는 네 가지는 단맛, 쓴맛, 신맛, 짠맛이다. 맛에 대한 감각은 혀의 미뢰에서 느낀다. 물론, 혀에는 네 가지 맛을 감지하는 영역이 정해져 있다. 이러한 기본적인 맛은 짠맛을 제외하고는 각각의 맛세포에 전달되는 신경활동으로 감지된다. 네 가지 기본 맛에 대한 사람의 예민도는 쓴맛, 신맛, 짠맛, 단맛의 순이다. 맛의 역가로 표기하면, 신맛은 0.007% 염산, 짠맛은 0.25% 염화나트륨, 단맛은 0.5% 설탕으로 표기한다. 맛의 종류는 나라마다 다르게 분류하고 있다(표 11-30).

표 11-30. 각나라의 맛성분의 분류

한국과 중국	단맛, 쓴맛, 신맛, 짠맛, 매운맛
일본	단맛, 쓴맛, 신맛, 짠맛, 감칠맛(旨味; umami)
인도	단맛, 쓴맛, 신맛, 짠맛, 매운맛, 무미, 떫은맛 등
서양	단맛, 쓴맛, 신맛, 짠맛, 알칼리맛, 금속맛 등

단맛(sweet taste)

단맛을 내는 물질로 당류, 배당체, 알코올류, 아미노산류 및 인공감미료 등을 들 수 있다. 단맛을 내는 대부분의 작용기는 다가 알코올류이다. 5탄당에서는 아라비노오스, 자일로오스, 람노오스가 강한 감미를 나타내고, 6탄당에서는 과당과 포도당의 단맛이 강하다. 그러나, 환원당류는 결정형(이성체)에 따라 단맛이 강도가 차이를 보인다. 다시 말하면, 설탕은 비환원당으로 이성체가 없기 때문에 감미도가 변하지 않고 안정한 단맛을 띤다. 맥아당은 알파형과 베타형이 있으며 보통의 맥아당은 베타 말토오스로 감미도는 낮다. 보통의 유당은 베타-락토오스로 단맛은 적지만, 고온에서 결정화하면 알파-락토오스로 되어 용해도도 높고 단맛도 증가한다. 전분이나 섬유질은 다당류에 속하고 어느 것도 그대로는 감미를 띠지 않지만 가수분해되면 단맛(맥아당, 산당화 물엿)을 나타낸다. 배당체 감미료로는 글리실리진(glycyllysin)과 차잎의 파이로둘신(phyllodulcin), 페릴라틴(peryllartin) 등이 있다. 페릴라틴은 설탕의 2천배의 감미를 가지나 독성이 있다. 글리신, 알라닌, 세린, 플롤린 등의 아미노산도 감미를 띤다.

짠맛(saline taste)

짠맛을 대표하는 화합물은 소금(염화나트륨)이다. 소금의 짠맛은 향미증진 및 짠맛 이외의 맛을 강화하는 기능을 지니고 있다. 모든 음식의 맛은 짠맛이 기본이다. 짠맛은 음이온과 양이온의 성질에 지배된다고 생각한다. 양이온이나 음이온의 분자량이 증가할수록 쓴맛에 가까워진다. 식염, 염화칼슘, 염화리튬, 염화암모니아는 짠맛이 강하고, 불화칼륨은 짠맛과 쓴맛이 동일하고 염화칼슘은 쓴맛이 강하다.

식염의 짠맛은 염소이온에 기인한다. 즉, 염소이온, 불소이온, 요오드이온과 같은 할로겐 이온이나 황산기, 질산기 등이 짠맛을 나타낸다. 식염에 염화칼슘, 염화마그네슘, 황산마그네슘과 같은 불순물이 들어 있으면 쓴맛을 느낀다. 사과산나트륨과 글루콘산나트륨은 짠맛을 내지만 소금처럼 좋은 맛이 아니다. 따라서, 염화나트륨의 배설에 문제가 있는 신장병환자에게 투여하는 정

표 11-31. 주요 식품의 소금 함량

식탁염	된장	간장	식빵	버터	단무지
99%	12-15%	8-20%	0.7%	1-1.5%	8-10%

도이다. 식염의 소요량은 성인 1인 1일 약 10g 이나 중노동을 하는 사람에게는 이 이상의 소금이 요구된다. 주요 식품의 소금 함량은 〈표 11-31〉과 같다.

신맛(sour taste)

일반적으로 신맛은 수소이온의 성질에서 비롯된다. 따라서 신맛은 산의 종류 및 pH에 따라 다르게 나타나며, 당류에 의해서도 신맛이 달라진다. 동일한 pH의 조건에서 유기산은 무기산보다 신맛이 강하나, 일반적으로 무기산이 유기산보다 신맛이 강하고 무기산 가운데 염산, 질산, 황산의 순으로 신맛은 감소한다. 식품의 신맛 성분은 식초산, 젖산, 호박산, 사과산, 주석산, 구연산 등이다.

쓴맛(bitter taste)

쓴맛은 무기염, 일부 아미노산 및 펩티드들(치즈 숙성 중 효소작용에 의해 생성)에서 나타난다. 쓴맛을 가진 대표적 화합물은 질소함유 염기성 알카로이드들과 배당체들이다. 알카로이드 외에도 쓴맛을 내는 물질은 헤스페리딘(hesperidin)과 맥주의 후뮬론(humulone)이 있다. 이 화합물은 질소를 갖고 있지 않고 독성도 없다. 쓴맛 성분들이 공통적으로 지닌 작용기를 보면, $-NO_2$, N= , =N-, $-SH_2$, -SH, -S-, -S-S-S, $-SO_2$, =CS 등이다. 무기염류에는 칼슘과 마그네슘 이온이 쓴맛을 낸다.

천연물질 가운데 쓴맛을 내는 물질은 알카로이도와 같은 유독물질이 적지 않기 때문에 동물은 자기보존의 본능으로 앞에서 기술한 세 가지 맛보다 쓴맛에 더욱 예민하다고 한다. 쓴맛의 강도를 측정하는 데 키니네를 표준물질로 이용하기도 한다. 키니네 염화수소의 쓴맛은 0.0016% (0.00004몰/리터)의 농도에서도 감지된다. 인간도 쓴맛에 대한 감응도는 가장 높다. 커피의 카페인과 초콜릿의 테오브로마인(theobromine), 밀감의 나린진(naringin)과 헤스페리딘 등도 쓴맛성분이다. 순수한 형태의 나린진은 키니네(quinine)보다 쓴맛이 강하여 0.002%에서도 쓴맛이 감지된다.

떫은맛(astringent taste)

혀의 점막단백질을 응고시켜 나타나는 맛이다. 예를 들면 떫은 감과 차의 타닌(tannin)에 의해 일어난다. 수렴성(astringency)의 인지는 맛이라 보기보다는 자극에 더 가깝다. 수렴성은 입 안 전 표면에 걸쳐 건조한 기분과 텁텁한 느낌을 갖게 한다. 이러한 감응은 수렴성의 화합물이 입안의 단백질과 반응하여 일어난다. 수렴성은 주로 타닌물질에 의해 일어나는 성질이다. 즉, 타닌이 타액의 단백질과 결합하여 일어나는 현상이다.

매운맛(辛味; hot taste)

매운맛을 서양에서는 자극제(pungency)라고 부른다. 후추의 매운맛은 피페린(piperine)이고, 고추의 매운맛은 비휘발성 아마이드들이다. 특히, 고추의 매운맛은 캅사이신(capsaicin)으로, 생강의 진저론(zinerone)과 유사한 화학구조를 가지고 있다. 매운 맛과 그 성분의 화학구조를 세 가지로 구분한다. 즉, 캅사이신노이드류, 피페린류(후추) 및 진저론류이다. 이들 화합물은 방향족 고리와 카보닐 기능을 하는 알킬측쇄를 지닌 것이 공통점이다. 이들의 매운맛의 강도는 알킬측쇄의 길이, 아마이드기의 위치 및 알킬측쇄의 포화도 정도에 따라 다르게 나타난다.

감칠맛(旨味; umami, palatable taste)

글루타민산염의 맛이 대표적이다. 글루타민산은 L- 및 D-형으로 혹은 라세미혼합물(racemic mixture)로 존재한다. L-형은 자연에 존재하는 이성체로서 향미증진의 기능을 가지고 있으나 D-형은 맛을 내지 못한다. 우리가 맛성분으로 이용하는 글루타민산나트륨(MSG)은 1909년 일본에서 개발된 것이다. 당시에는 해조류(*Laminaria japonica*)를 가수분해한 후 소다로 중화시켜 MSG(monosodium glutamate)를 얻었지만, 그 후 밀, 당밀, 콩 등의 글루타민산을 이용하여 값싸게 조미료를 생산하였다. 일본인의 맛의 근본으로 생각된

이 맛성분은 아지노모도(味元: 맛의 근원)라는 상표로 시장에 유통되었다. 간장의 맛성분도 이와 유사하지만, 간장의 맛성분은 글루타민산암모늄이다. 글루타민산염의 맛은 사실상 설명하기 어려운 맛이다. 한때 고기 국물맛, 또는 치킨맛으로 생각했으나, 지금은 글루타민산염의 맛으로 규정하고 있다. 글루타민산염의 맛은 농도 0.03%에서 인식되며, 0.05%에서 강한 맛을 느끼지만, 더 이상의 농도에서는 맛의 강도가 증가하지 않는다. 글루타민산염과 유사한 맛을 내는 물질에 5'-뉴클레오타이드들(가다랑어에서 추출한 이노신산염과 구아닐염)이 있다. 이 화합물은 글루타민산염과 상승효과를 가져오며, 핵산조미료로 이용되고 있다.

핵산조미료(neucleotides)

핵산은 뉴클레오타이드가 여러 개 결합된 폴리뉴클레오타이드이며, 뉴클레오타이드는 당과 유기염기와 인산으로 구성되어 있다. 당으로서 D-리보스와 D-데옥시리보오스의 두 종류가 있으며, 리보오스를 지닌 핵산을 리보핵산(ribonucleic acid, RNA), 데옥시리보오스를 지닌 핵산을 데옥시리보핵산(deoxyribonucleic acid, DNA)라 한다. 유기염기에는 퓨린염기와 피리미딘염기가 있고, 전자는 2종 후자는 3종의 염기가 들어 있다.

핵산조미료로 널리 알려진 이노신산(inosine 5'-monophosphate, 5'-IMP)은 핵산의 구성성분인 모노뉴클레오타이드(mononucleotide)의 일종으로서 아데닐산의 아데닌의 아미노기가 탈아미노되어 하이포잔딘이 된 것이다. 즉, 아데닐산염이 이노신산염으로 전환된 것이다. 이 성분은 가다랑어, 다시마, 생선, 고기 등의 동물성식품에 많다. 또한 구아노신염(guanosine 5'-monophosphate)은 표고버섯의 맛성분으로 알려져 있다. 이들은 모두 리보오스의 5위치 탄소에 인산이 에스테르결합한 리보뉴클레오타이드(5'-ribonucleotide)로 나트륨염으로 사용되고 있다.

금속맛(metal taste)

금속맛은 금속염의 맛으로, 보통 철, 구리 및 주석의 염의 맛을 말한다. 금속이온의 맛의 강도는 염, 당류, 구연산, 알코올 등에 의해 감소된다. 그러나, 타닌은 미량의 구리이온의 맛도 돕는다. 이러한 금속맛은 어떤 음식물의 뒷맛(after-taste)으로 표현하는 경우가 많다. 예를 들면, 사카린은 강한 단맛을 주나 강한 금속맛을 뒷맛으로 남긴다.

3. 맛과 화학구조

맛을 내는 화합물의 화학구조를 조금만 변화시켜도 단맛에서 쓴맛, 혹은 단맛에서 무미로 바뀐다. 예를 들면, 포도당에 비해 약 500 이상의 감미도를 가진 사카린의 파라-위치에 메틸기나 염소원자를 넣으면 감미도는 절반으로 줄어든다. 또, 니트로기를 메타-위치에 첨가하면 쓴맛을 나타내고, 파라-위치에 아미노기가 첨가되면 단맛은 그대로 유지된다. 그리고, 아미노기를 메틸기, 에틸기, 브로모에틸기로 치환하면 무미의 화합물로 변한다. 그러나, 여기에 나트륨을 집어넣으면 나트륨 사카린이 되어 단맛이 강한 감미료가 된다. 또한, 맛의 변화는 위치이성체, 광학이성질체 및 입체이성질체의 차이로도 일어난다(표 11-32).

표 11-32. 이성체에 따른 맛의 변화

5-니트로-o-톨루이딘	단맛	이성체	단맛 없음
덜신	단맛	유사한 화합물(thiorea)	쓴맛
L-형의 아미노산	쓴맛	D-형의 아미노산	단맛
L-글루코오스	짠맛	D-글루코오스	단맛
알파-D-만노오스	단맛	베타-D-만노오스	쓴맛

식품의 정유(精油, essential oil/etherial oil)

정유는 식물체의 수증기 증류 혹은 추출 및 압착에 의해 얻어진 기름과 같은 이화학적 성질을 가진 물질을 말한다. 최근에는 초임계유체로 추출하기도 한다. 이러한 물질은 식품에 미량으로 존재하지만, 식품의 관능적 성질, 특히 향미에 큰 영향을 미친다. 이외에도 식욕증진 및 위액 분비효과를 나타내고 있다. 보통의 지방질이나 광유와는 달리 휘발성이 강하여, 거의 모두 휘발하는 성질을 가지고 있다. 순수한 정유의 밀도는 거의 1.0 이하고, 무색의 액상으로 존재하며, 100% 에틸알코올, 벤젠, 클로로포름 등에 잘 녹는다. 이들 가운데 상당수가 광학적 활성을 보이며, 이성체들 간의 관능적 성질의 차이가 있다.

정유 가운데 가장 흔한 것은 테르펜 탄화수소와 산소 함유 테르펜이다. 테르펜 화합물이란 처음에 $C_{10}H_{16}$의 화합물을 말하였으나, 지금은 이소프렌(isoprene) 골격을 가지거나, 이에 상당하는 화학구조를 가진 물질(terpenoids)로 정의하고 있다. 정유의 구성성분 가운데 양적으로 가장 많은 화합물은 테르펜 및 이들의 유도체들이다. 모노테르펜이 가장 많고, 다이테르펜은 드물게 나타나며, 트리테르펜은 존재하지 않는다. 테르펜 외에 벤젠화합물(특히 페놀류와 그의 유도체), 알데하이드, 알코올류, 알켄, 에스텔, 키이톤, 유기산, 그리고 질소화합물(인돌)과 유황화합물(겨자씨유)이 정유의 구성성분이다. 정유는 실제로 서로 다른 화학적 성질을 가진 구성성분으로 혼합된 물질이다. 정유의 구성성분은 약 500종으로 추산되며, 하나의 정유에 50개 이상의 구성성분이 혼합되어 있는 것으로 나타났다. 그러나, 정유의 주요 성분은 보통 90% 이상을 차지하고 있다. 정유의 변패는 구성성분에 따라 약간의 차이를 보이나, 대개 지방질의 산패인자에 의해 일어난다. 따라서, 정유도 항산화제 및 자외선 흡수기를 이용하여 저장한다.

식품의 색소물질(food pigment)

식품의 색소물질은 향미물질 및 텍스처(texture)와 함께 식품의 품질에 영향을 미칠 뿐 아니라, 식품의 변질 등을 암시하는 지표로 이용되고 있다. 식품의 자연색소는 주로 동식물의 크로모 단백질에 기인하며, 이러한 색소물질이 식품의 저장, 가공 및 조리과정에서 여러 가지의 색깔을 갖는다.

색깔에 대한 인식은 흡수되는 광선의 파장의 길이, 흡수도, 확산, 반사 및 산란 등에 의존한다. 그리고, 이러한 물리적 현상에 식품의 입자(입자, 용액 및 서스펜존의 형태 등) 및 표면의 구성성분이 영향을 미친다. 식품의 색깔은 광선의 투과도에 따라서 다르게 나타나는 투명한 액체식품(식용유 및 음료)이 있고, 또한 광선의 반사에 의해서 나타나는 불투명한 식품이 있다. 자연에 존재하는 식품의 색소물질들은 약간의 예외를 제외하면, 테트라피롤류(클로로필 등), 이소프레노이드류(카로티노이드 등), 벤조피란유도체(안토시아닌 및 플라보이드류) 및 인위적인 반응물(artifacts: 갈변반응물, 캐러멜 색소 등)의 네 가지로 나뉜다.

테트라피롤류(tetrapyrrole)

이 색소물질은 피롤류(pyrrole)에서 유도된 화합물이다. 4개의 피롤 단위가 모여 포르피린 고리를 형성하고 있는 헴 색소물질의 기본구조이다. 대표적인 테트라피롤류에 속하는 미오글로빈은 육류의 색깔을 고정한다. 육류의 색깔을 고정하는 방법으로 칠리초석을 사용하는데 아산화질소의 반응을 이용한다. 이 반응은 우선 환원제(아스코브산과 환원당)가 첨가된 아질산염과 질산염이 산화질소(NO)로 환원되고, 3가의 헴철분이 2가로 환원된다. 그 다음에 글로빈의 변성으로 육류의 붉은 색깔이 고정된다. 아질산을 첨가하지 않고 가공하면, 육류의 색깔은 회갈색(헴크로모겐)이 되어 상품가치를 상실한다.

녹엽채소의 클로로필류도 테트라피롤류 색소물질에 속한다. 클로로필의 포르피린 고리안에는 마그네슘이 들어 있다. 헴기와의 차이점은 클로로필의 포르피린-금속-복합체의 중심원자가 철 대신에 마그네슘이 결합되어 있는 점이다. 마그네슘은 산에 의해 쉽게 제거되어 갈색을 띤 페오파이틴(pheophytin) a 및 b가 된다. 식품의 가공 및 저장 중에 산을 첨가하거나 유기산이 생성되는 경우, 이 복합체의 마그네슘은 밖으로 용출되고 그 자리에 수소가 들어간다. 이어서 페오파이틴은 클로로필레이스에 의해 분해가 일어나면서 수용성의 클로로필라이드(녹색) 혹은 페오포오바이드(갈색)로 변한다. 자연식품이 갖는 녹색을 유지하고자 황산동과 주석산을 이용하여 구리복합체(녹색)화합물을 얻는 방법이 사용된 적이 있으나, 비타민 C의 손실과 구리이온의 유해문제로 지금은 황산동의 사용을 금지하고 있다.

이소프레노이드류

자연에 존재하는 수많은 산소함유 카로티노이드-탄화수소를 잔도필류(관용명은 잔신)로 부른다. 카로티노이드류의 어원은 당근(*Daucus carota*)의 색소라는 뜻에서 유래되었다. 이 색깔은 카로티노이드류의 이중결합으로 나타나는 것이다. 좁은 의미로 말하면, 카로티노이드는 네 개의 화합물(알파-, 베타-, 감마-카로틴과 라이코핀)을 일컫는다. 가장 단순한 카로티노이드 형태는 동물성 식품에서 발견된다. 왜냐하면, 동물은 카로티노이드를 흡수하는 능력이 약하고 또한 저장 또한 어렵기 때문이다. 가장 복잡한 혼합물의 형태를 가진 식물은 감귤류이다.

과실에 들어 있는 일반적인 카로티노이드는 알파-카로틴, 감마-카로틴 및 라이코핀이다. 카로티노이드 함량이 높은 식품가운데 하나가 정제하지 않은 팜유이다. 이 식품은 당근, 녹엽채소, 토마토에 비해 약 15-300배의 레티놀(retinol)당량을 지니고 있다. 그러나, 이러한 카로티노이드는 보통의 가공공정 및 정제과정에서 모두 파괴된다. 최근에 파괴를 최소화하는 정제공정이 나타나 소위 붉은 팜유를 생산하기도 한다.

유지방에는 사료에 따라 2-13ppm의 카로티노이드가 들어 있다. 달걀 노른자는 루테인, 제아잔딘 및 크립토잔딘을 함유한다. 카로티노이드 함량은 3-89ppm 범위이다. 갑각류의 카로티노이드는 단백질과 결합되어 있어서 청색이나 회청색을 띤다. 이 갑각류를 끓는 물에 넣으면, 카로티노이드-단백질의 결합이 끊겨 카로티노이드가 유리되어 나오면서 붉은 오렌지색깔을 나타내는 것이다. 아스타잔신(astazanthin)은 갑각류에 널리 퍼져 있고, 붉은색을 나타내는 어류는 아스타잔신(astaxanthin), 루테인(lutein), 타라잔신(taraxanthin) 등을 지니고 있다.

식물의 카로티노이드류는 약 90%가 식품의 잎에 들어 있고, 대개 혼합물로 존재한다. 즉, 20-40%의 카로틴과 60-80%의 잔소필류로 구성된 혼합물이다. 카로티노이드류의 변화는 주로 리폭시데이스나 자유래디칼로 인한 산화에 기인한다. 그리고, 근래 녹황색 채소류의 기능성을 내세우는 카로티노이드의 노화방지 작용은 카로티노이드가 에폭시드를 형성하여 래디칼을 포집하거나 혹은 일중항산소 제거 기능(quenching)을 하기 때문인 것으로 생각한다.

상당량의 카로티노이드가 현재 합성되고 있다. 예를 들면, 레몬기름에서 추출한 베타-아이오논(ionone)에서 베타-카로틴을 얻는다. 현재 식품의 색소로 이용되는 합성 카로티노이드는 베타-카로틴, 아포카로테날과 캔타잔신(canthaxanthin) 세 가지이다. 베타-카로틴은 밝은 노랑색을, 아포카로테날은 밝은 오렌지색 그리고, 캔타잔신은 붉은색에 가까운 오렌지색을 나타낸다. 천연 카로티노이드 색소물질로는 올레오레진(oleoresin; 파프리카) 및 정제되지 않은 팜유가 있다.

안토시아닌(Anthocyanin)

안토시아닌 색소물질은 식물체내에서 배당체로 존재한다. 이 색소물질은 적, 청, 자주색을 띤다. 안토시아닌의 하이드록실기와 메톡실기가 치환되면 색깔이 변한다. 하이드록실기가 증가하면 짙은 청색으로 바뀌고 메톡실기가 증가하면 붉은색으로 바뀐다. 또한, 안토시아닌은 pH에 따라 색깔이 변한다. pH가 올라가면 무색의 염이 생성되어 색깔은 옅어진다. 통조림으로 저장된 복숭아의 색깔이 간혹 청색을 띠는데 이는 통조림 내부의 pH에 기인한 것이다. 안토시아닌은 금속제거제, 플라보노이드 및 타닌에 의해서 영향을 받는다. 안토시아닌은 높은 온도, 당, pH, 아스콜빈산에 의해 파괴된다.

식품첨가물과 오염물질

식품첨가물(food additives)과 오염물질은 모두 자연 식품에 들어 있지 않은 물질이 가공 및 저장 공정에서 첨가되거나 혹은 오염된 물질(food contaminants)을 말한다. 식품첨가물은 가공 및 저장을 목적으로 의식적으로 첨가하는 물질이며, 오염물질은 무의식적이나 부주의에 의해 식품에 들어오는 물질을 말한다.

일일섭취허용량(acceptable daily intake, ADI)

식품첨가물은 가공식품의 모양, 조직감, 향미, 저장성 및 영양생리학적 가치를 개선하거나 가공기술을 보조하기 위해 사용하는 물질이다. 식품첨가물은 식품과 같이 섭취되기 때문에 독성학적으로 절대 안전하여야 한다. 또, 가공기술의 보조제는 가공 도중 완전히 제거되어야한다. 모든 식품첨가물은 가공식품의 포장지에 표기하도록 의무화하고 있다. 독성의 표시방법으로는 노엘(no effect level, NOEL) 및 일일섭취허용량(Acceptable Daily Intake, ADI)를 사용한다. 일일섭취허용량(ADI)은 어떤 식품첨가물을 동물에 투여하여 그 동물의 생애 동안 최대 유해량을 구하여 일일 투여량의 1/100로 정한다. 즉, 인간이 한평생 매일 먹어도 장해가 인정되지 않는다고 생각되는 화학물질의 1일 섭취량이다. 이는 동물과 사람의 종의 차이를 1/10, 사람과 사람의 개체 차이를 1/10로 정해서 환산한 것이다. 그라스 물질(GRAS substance)이란 미국식품의약품관리청의 식품첨가물 승인 시스템에서 1958년 이전부터 널리 쓰이고 있던 식품첨가물을 말한다. 그라스 목록(Generally recognized as safe list)은 일반적으로 안전하다고 인정되는 첨가물의 등재목록으로 미국연방규격기준집(CFR)에 등재되어 있다.

착색료

식품의 가공 저장 등에 의해 색깔의 변화가 일어나는 가공식품에 한하여 색소의 첨가가 가능하고 착색 가능한 식품군을 법적으로 규제하고 있다. 그러나, 달걀, 코코아, 초콜릿 등과 같이 식품의 품질을 속일 수 있는 식품군은 착색할 수 없다.

색소물질의 출처에 따라 동식물의 자연 색소물질, 합성 유기 색소물질 및 무기 색소물질로 분류한다. 합성 색소물질 가운데 유용성 물질은 독성 때문에 금지하고 수용성 착색료(coloring agent; 아조화합물)만을 허용하고 있다. 무기색소에는 표면착색제인 탄산칼슘, 황산칼슘, 알루미늄, 은 및 금 등이 속한다.

색깔 안정제(color stabilizing agent)

색깔의 안정화와 효소적 및 비효소적 갈변반응의 억제 등을 위해 유황(기체 상태, 아황산 또는 여러 가지 황산염의 형태, 소디움, 칼륨 및 칼슘염)을 첨가할 수 있다. 아스코브산은 산화에 의한 퇴색을 억제하기 위해 첨가한다. 효소적 변색은 산화를 일으키는 금속이온들을 구연산, 주석산 및 인산과 복합체를 만듦으로써 억제시킨다.

칼륨 및 소디움 아질산염은 육류의 붉은색을 보전하기 위해 첨가한다. 이 물질은 동시에 방부효과(Cl. botulinum)와 맛의 변화를 가져다준다. 아질산염에는 0.4-0.5%의 질산염이 들어 있다.

감미료(sweetner)

감미료는 실제로 열량이 없으면서 높은 감미도를 지닌 물질이다. 이물질은 식이요법 환자들의 당류로 이용되고 있다. 가장 오래된 인공 감미료는 사카린이며 1879년 발견되었다. 사카린은 매우 안정하여 조리온도 및 베이킹 온도에 잘 견디고, 인체 내에서 축적되지 않고 그대로 요를 통해서 배설된다.

아스파탐은 상대적 감미도가 약 180이며, 쾌적한 단맛을 보인다. 그러나 페닐케톤우레아 질병이 있는 사람은 아스파탐을 사용하지 못한다. 아세설팜(Acesulfam-K)은 독일에서 발견되었으며, 네 번째의 인공감미료로 주목을 받고 있다. 약 130의 상대적 감미도를 가지며 화학적으로 안정한 화합물이다. 사카린과 마찬가지로 요로 배설된다.

하이드로콜로이드류(hydrocolloids)

하이드로콜로이드류는 물과 함께 높은 점성의 용액을 만들거나 젤을 형성한다. 이것은 고분자 물질의 친수성기와 주위의 수분이 결합하는 것을 말한다. 부가적으로 일어나는 효과는 수소이온, 칼슘이온 및 당류와의 상호반응이다. 중요한 점증제 가운데 젤라틴, 펙틴, 전분, 알진산, 구아분말, 카라기난, 한천, 트라간트는 천연물에서 추출한 것이다. 천연물을 재합성한 셀룰로오스에텔(메틸셀룰로오스, CMC)도 점증제이다.

유화제(emulgation agent)

유화제는 계면활성제로서, 서로 섞이지 않는 물질을 분상상으로 만들어 주는 기능을 한다. 유화제는 상대적 분자량이 1,000 미만이며 친수기와 친유기를 동시에 가지고 있는 것이 특징이다. 식품가공에서 비이온성 유화제가 상당히 많이 사용되고 있다. 특히 마가린, 생크림, 제과 및 아이스크림에 사용된다. 음이온 유화제는 세척에 이용되며, 양이온 유화제는 독성이 있어서 식품에 이용되지 않고, 다만 감균효과를 위해 세척과정에서만 사용할 수 있다. 현재 사용하는 유화제는 대부분 모노글리세라이드이다.

보존료(preservatives)

보존료는 소독제와는 달리 병원성 미생물을 멸균하지 않고 증식을 억제하는 물질이다. 이 물질의 작용은 농도, 온도, 습도, 수분 함량, 삼투압 등에 의존하며, 무엇보다도 pH값에 큰 영향을 받는다. 한편, 식품의 저장성은 소금, 설탕, 알코올류, 젖산과 초산에 의해 개선된다. 그러나, 이것들은 엄밀히 말해 보존료가 아니며 이들의 방부효과는 삼투압(이용할 수 있는 물을 제거)과 pH내림에 기인한다. 보존료의 방부효과(preservative effect)는 해리되지 않는 상태의 분자에 기인한다. 이것들은 극성을 가지고 있지 않아서 미생물의 세포막을 뚫고 들어갈 수 있기 때문이다. 보존료는 대개 약산이며, 일단 염의 형태로 첨가하면 낮은 pH에서는 해리되지 않는 상태로 존재한다. 이것들이 미생물의 세포 내에 효소를 불활성화하는 것으로 알려졌다. 따라서, 벤조산(benzoic acid)은 산성식품에서 효과가 있다. 주로 효모, 곰팡이의 성장을 억제한다. 소브산(sorbic acid)은 약산에서(pH 5-6) 곰팡이와 효모의 증식을 억제하고, 인체 내 유해성이 없어서 많이 사용한다. 소브산의 방부작용은 효소의 황화수소(SH-)기의 변성에 기인한다. 소브산은 인체 내에 흡수된 후 지방산처럼 분해된다.

이산화유황(SO_2)은 가장 오래된 방부물질 가운데 하나이다. 방부효과가 있는 물질은 $SO_2 \cdot H_2O$이며, 따라서 낮은 pH(〈5)에서만 효과가 있다. 이들의 살균효과는 설프하이드릴기를 가진 효소의 불활성화에 기인한다. 개미산(HCOOH)는 엄밀히 말해서 보존료가 아니다. 이의 방부작용은 식초와 같이

pH를 낮추는 데 있다. 프로피온산(CH_3CH_2COOH)은 곰팡이의 생육을 억제하며 소디움염 및 칼슘염의 형태로 빵의 곰팡이 번식을 억제하는 데 사용한다. 아질산과 질산염은 육류의 보존료이다.

오염물질

오염물질을 광의의 의미로 해석하면 가공공정의 첨가물, 세척제, 소독제, 가공기구로부터 생성된 모든 물질, 즉 원료의 확보, 제조, 가공, 저장 등에서 발견되는 바람직하지 못한 모든 물질을 말한다. 많은 오염물질은 체내에 축적되어 독성을 나타내며, 특히 변이성, 발암성 및 발생학적 독성을 나타낸다. 따라서, 오염물질에는 일일섭취허용량(ADI)을 적용하지 않는다.

할로겐화 탄화수소

우리 환경에서 가장 중요시되고 널리 잔존하는 환경오염물질은 유기 염소제이다. 이 가운데 염소함유 탄화수소가 가장 많고, 그 다음은 산소함유 화합물이다.

저급 염화 알칸과 알켄은 일반 산업체에서 용제로 사용해 오는 물질이다. 이 화합물은 휘발성이 높고 침투성이 강하여 대기 중이나 지하수에 오염된 후 친유성 물질을 통해 식품에 들어온다. 예전에 살충제로 사용된 DDT는 잔류성이 강하여 1972년 사용금지를 취한 후 계속 환경오염 물질로 규제하고 있다. 더구나, DDT의 분해로 생성되는 DDE나 DDD는 아직도 사회적 문제를 야기하고 있다.

이 밖에 잔류성과 독성이 문제가 되어 사용 금지되었거나 사용이 극도로 제한된 유기염소제로 알드린과 그의 에폭사이드, 딜드린, 엔드린 및 엔도설판 등이 있다. 펜타클로로페놀(PCP)은 살균력, 방부 및 살충효과를 지닌 잘 알려진 방부제이다. 소디움염으로 물에 잘 녹으며, 우선 유리 페놀이 나무에 스며들면서, 일부가 휘발하여 인체에 해를 미친다. 폴리클로로바이페닐(PCB)은 냉매 및 연화제(플라스틱공업, 유압기계) 혹은 도료희석제로 널리 사용하는 화합물이기 때문에 광범위하게 퍼져있는 환경오염물질이다. 폴리염화 나프탈

렌(PCN)과 폴리염화 테르페닐(PCT)은 폴리클로로바이페닐(PCB)과 유사한 용도로 사용되고 있으며, 염화도에 따라 독성이 증가한다. 다이옥신(dioxin)은 폴리염화 다이벤조-p-다이옥신(PCDD)류를 말한다. 그리고, 이 화합물과 구조적으로 가까운 폴리염화 다이벤조휴란류(PCDF)도 다이옥신류에 포함한다. 이 고리화합물은 불안정하여 자연에 존재하지 않고, 전구물질인 테트라클로르다이벤조-p-다이옥신(TCDD, 2,3,7,8-Tetrachlordibenzo-p-dioxin)의 형태로 존재하며, 이 화합물(TCDD)이 가장 강한 독성을 지니고 있다.

중금속(heavy metals)

우리 주위에 널리 오염된 독성 중금속으로 납, 카드뮴 및 수은이 있다. 납은 특히 납생산공장과 폐차장의 부품회수과정에서 유출되어 환경을 오염시킨다. 일반적으로 식물성 식품은 동물성 식품보다 높은 납 함량을 보인다. 납은 사람의 간과 콩팥, 그리고 관절 등에 축적된다. 식품을 통한 납 성분의 흡수가 약 10%이고, 공기를 통한 오염이 약 40%이다. 수은은 쓰레기 및 석유화학 제품을 소각하는 산업체에서 생성된다. 혐기적 조건에서 2가의 수은은 바로 메틸수은으로 변하여 동식물에 쉽게 흡수된다.(이러한 인체에 대한 유기수은의 흡수속도는 95%인 데 반해 무기수은의 흡수속도는 10%에 불과하다.) 수은은 신경독으로 주로 간에 축적되며, 일부는 뇌에도 쌓인다. 카드뮴도 납처럼 도처에 오염되어 있다. 이 화합물은 부식방지제, 도료에 많이 이용되며, 소각장에서 주로 생성한다. 이 원소의 반감기는 30년이나 되어 세심한 주의가 필요하다.

방사능(radioactivity)

방사능은 자연방사능과 인공방사능으로 나뉜다. 식품도 매우 낮은 양이지만 어떤 특정의 방사능물질을 가지며, 대체로 칼륨-40, 탄소-14 및 트리티움에 의해서 나타난다. 원자폭탄의 폭발이나 핵누출 사고로 말미암은 식품에의 오염은 주로 요오드-131, 스트론티움-90, 세슘-134 및 세슘-137의 β-선에 의해 일어난다. 요오드-131은 비록 짧은 반감기(8일)를 가지고 있으나, 급격한 붕괴에 의한 방사선량의 높은 강도로 갑상선에 쉽게 침투하기 때문에 매우 위험하다. 스트론티움-90은 긴 반감기(29년)를 가지고 있으며, 특히 칼슘이 풍부한 식품(우유 및 유제품)에 들어 있다. 이 방사능은 칼슘과 스트론티움의 교환에 의해 관절에 축적된 후 에너지가 풍부한 β-방사선인 이트리움-90으로 전화된다. 세슘-134 및 세슘-137은 모든 식품(특히 야생버섯과 야생동물)에 들어 있다.

질산염과 나이트로소아민

질산염은 단백질의 최종 분해산물이기 때문에 모든 식품에 존재한다고 보아도 무방하다. 특히, 질소비료의 질소성분은 토양미생물에 의해 아질산염으로 전환되며, 식물에 의해 흡수되지 못한 과잉의 질산염은 수질을 오염시킨다. 질산염은 독성이 없으나 환원이 되어 독성을 가진 아질산염으로 변한다. 아질산염은 헤모글로빈을 메트헤모글로빈으로 산화시켜, 헤모글로빈의 산소운반 기능을 저해한다. 또, 아질산염은 후에 나이트로소아민으로 전환된다.

참고문헌

김동훈. 1988.《식품화학》. 탐구당.

김동훈. 1994.《식용유지의 산패》. 고려대학교출판부.

김솔 외. 2006.〈식품과학과 산업〉.《국제식품규격위원회의 활동현황과 전망》 제39권, 제4호, p.25.

농진청 농촌자원개발연구소. 2006.《식품성분표 7개정》. 농촌자원개발연구소, 수원.

伏木 亨. 2003.《식품과 맛》. 光琳, 東京.

小若順一. 1994.《食品添加農藥》. 學陽書房. 東京.

越智宏倫. 1995.《노화억제식품의 개발》. 光琳, 東京.

板倉弘重. 1998.《항산화식품이 몸을 지킨다》. 河出書房新社, 東京.

Brody, T. 1999. *Nutritional Biochemistry*. Academic Press, New York.

Buchanan, B.B., W.Cruissem, and R.Johnes. 2001. *Biochemistry and Molecular Biology of Plants*. American Society of Plant Physiologists, Rockville, Maryland.

DeMan. J.M. 1999. *Principles of Food Chemistry*. Aspen Publishers, Gaithersburg, Maryland.

Enig, M.G. 2001. *Know Your Fats*. Bethesda Press.

Fieldhouse, P. 1993. *Food and Nutrition; custom and culture*. Chapman & Hall, London.

Fox, A. and B.Adderly. 1997. *The Fat Blocker Diet; the revolutionalry discovery that lowers cholesterol, reduces fat, and controls weight naturally.*

Franzke. C. 1998. *Allgemeines Lehrbuch der Lebensmittelchemie.* Behr's Verlag, Hamburg.

Hall, R.M. 1974. *Food for Nought; the decline in nuitrition.* Harper & Row, Publishers, Inc., Maryland.

Gaman, P.M., and K.B.Sherrington. 1996. *The Science of Food.* Butterworth-Heineman, Oxford.

Holford, P. 1999. *The Optimum Nutrition Bible.* Judy Piatkus.

Hosking, R. 1996. *A Dictionary of Japanese Food; ingredients & culture.* Tuttle Publishing, Boston.

Juliano, B. O. 1994. *Rice; chemistry and technology.* AACC, Inc., Minnesota.

Karukstis, K. K. and G. R. Van Hecke. *Chemistry Connections; the chemical basis of everyday phenomena.* Academy Press, London.

Kunz, G. and P. Kaminsky. 2001. *The Elements of Taste.* Little, Brown and Company, Boston.

McLaren, D. S. 1981. *Nutrition and Its Disorder.* Churchhill Livingstone, New York.

Mueller, G. und H. Weber. 1996. *Mikrobiologie der Lebensmittel.* B. Behr's Verlag, Hamburg.

Nakai. S. and H. W. Modler. 1999. *Food Proteins: processing applications.* Wiley-Vch, New York.

Nicholls, D. G. 1982. *Bioenergetics; an introduction to the chemiosmotic theory.* Academic Press, London.

Potter, N. N. *1998 Food Science.* 5th ed. Aspen Publishers, Inc. New York.

Robbins, J. 2001. *The Food Revolution: How your diet can help save your life and our world.* Conari Press, Berkely, California.

Robyt, J. F. 1997. *Essentials of Carbohydrate Chemistry.* Springer-Verlag. New York; Saint Martins Press, New York.

12. 식이식품과 기능성식품

식이식품에 관한 인간의 관심은 기원전 그리스의 철학자 히포크라테스(Hippokrates, BC 460?-370?)부터 시작한다. 히포크라테스는 인체를 하나의 유기체로 간주하고 질병의 원인은 부적당한 식사로 인해 소화되지 않은 잔류물 때문이라고 주장하였다. 따라서, 질병을 나으려면 음식물에 의한 식이요법이 필요하다고 설명한다. 여기서 부적절한 음식물이 병의 원인이 된다는 생각이나 식이요법에 관한 생각이 싹트기 시작하였다.

부적절한 음식물이란 인체 내의 소화기관에서 소화되지 않거나 혹은 인체와 조화되지 않는 먹거리로 결국 인체 내에서 독소를 생성하여 질병을 야기한다는 것이다. 그리고, 이러한 논리는 로마의 갈레노스(C. Galenos)의 4체액설(theory of four humours)로 발전되어 유럽인의 건강관리방법의 기초를 이루게 된다. 4체액설이란 인체는 혈액, 수분, 황담즙 및 흑담즙으로 구성되어 있고, 인간은 네 가지 구성요소와 조화되도록 식이요법을 행할 때 건강한 삶을 누릴 수 있다는 요지이다. 따라서, 음식의 기능을 인체의 네 가지 구성요소에 따라 분류하고 각각의 구성요소의 기능에 적합한 음식을 섭취하는 것이 곧 치유의 방법이라는 것이다. 동양의 음양오행설의 기본원리와 거의 동일한 이 양생법(養生法)은 고대 로마인과 중세 유럽인의 식이요법이었다. 그렇지만 이러한 가설은 16세기 중반에 인체의 건강과 혈액순환의 상관관계가 밝혀지면서, 식품의 종류와 건강과의 직접적인 관련을 부정하고 식품의 구성성분과 건강과의 관계로 발전한다.

근대화학의 발전과 함께 음식물의 소화과정이 밝혀짐에 따라 영국의 프라우트(William Prout, 1785-1850)는 식품의 구성성분을 단백질, 지방질 및 탄수화물로 나누고 이러한 구성요소는 위에서 분해되어 인체 내에 흡수된다고 발표한다. 그리고 1842년 독일의 리비히(J. Liebig,1803-1873)는 탄수화물과 지방질이 산화되어 동물의 영양원이 되는 것으로 결론을 맺고, 식품의 종류에 관계없이 식품의 구성성분의 조성이 식이요법의 주요 인자가 됨을 제시한다. 한편, 거의 동일한 시기에 프랑스의 마장디(Fran ois Magendie, 1783-1855)는 생명체의 근본과 관련된 식품의 성분을 조사하는 실험에서 특정의 성분만으로는 건강을 지킬 수 없음을 알게 된다. 이후, 탄수화물, 단백질, 지방질 외에 인체에 필수적인 다른 영양소(vital elements: 비타민과 무기질)가 발견되면서, 식이요법은 식품의 구성성분과 인체의 건강과의 관계를 밝히는 방향으로 연구되고 있다. 즉, 어떤 종류의 음식을 먹는가라는 문제보다 어떤 특정 성분을 섭취하는 것이 건강을 지키는가의 문제였다.

산성식품과 알칼리성식품

19세기 후반 영양학은 탄수화물, 단백질, 지방질의 영양적 의의에 관한 연구로 집중되었다(표 12-1). 그런데 당시의 동물영양학자들은 동물의 건강은 사료가 지닌 영양물질(탄수화물, 단백질, 지방질)의 원활한 공급뿐 아니라, 생체 내 흡수된 비영양물질의 이화학적 기능에도 의존함을 알게 된다. 생명체의 본질(vital element)은 단백질 이외의 다른 물질일 수도 있다는 가정하에, 단백질 사료(고기)를 수세하여 염류를 제거한 후 투여한 결과, 염류를 제거한 실험군에서 동물의 성장과 발육이 더딘 것을 알아냈다. 그 결과, 생명체의 발육에 염류, 즉 무기질(알칼리)이 단백질에서 생성되는 인산과 아황산(당시는 일종의 체내 독성물질로 이해함) 등을 중화시켜 동물의 건강을 유지한다고 발표한다. 이 실험의 실제적인 결과는 나중에 비타민의 발견으로 이어졌으나, 생체 내에서 음식물의 분해에 의해 생성되는 산을 알칼리(무기질)로 중화하여 동물의 건강을 돕는다고 믿었다. 이러한 동물실험의 결과는 곧바로 인체의 생리작용에 응용하게 된다. 즉, 우리의 신체를 하나의 생물공장으로 비유하면서 알칼리

표 12-1. 근대화학의 발달과 식품영양학

300-400	석회 + 탄산칼륨 + 탄산 나트륨 = 가성소다합성
1500년	산처리법이 개발됨. 사우어크라우트와 요구르트 개발
1650후반	아라비아 알칼리 도입
1660	산성물질과 식물의 색소와의 관계를 언급. pH의 기초. 화학기초확립
1683	산성 알칼리성 물질을 최초로 언급
1743-1794	라부아지에(Laboisier) 분석기술로 공기와 음식물의 산화로 열발생기구 밝힘
1744	알칼리 정의
1827	단백질, 지방질, 탄수화물의 구별
1838	단백질의 발견
1839	단백질이 열량원이 아니라 함
1842	리비히(Liebig) 영양학의 기초 세움
1902	단백질 요구량에 대한 인식. 단백질 구성물질이 아미노산임을 밝힘
1909	단백질의 생물학적 가치를 해명
1913	산성식품 알칼리성식품 구별
1929	필수 지방산 인식

표 12-2. 체액의 구성

- 혈액(3.7kg)	- 담즙액(bile)
- 간질액(interstitial fluids)	- 뮤신(mucin)
- 소화액(digestive juice)	- 장액(intestinal juice)
- 타액(saliva pH 5.8-7.1)	- 관절활액(synovial fluids)
- 위액(gastric juice pH 1.0-1.5)	- 임파액(limph)
- 췌장액(pancreatic juices)	- 뇌척수(cerebrospinal fluids)

성의 무기질이 각각의 소화 및 흡수의 공정에서 항상성(homeostasis)을 유지하면서 우리 몸 안의 신진대사를 원만히 수행한다는 논리였다(그림 12-1). 이러한 이론은 인체의 신진대사를 지배하는 효소가 발견된 이후 더욱 활발히 전개되고, 마침내 독일의 베르크(R. Berg, 1913)에 의해 알칼리성식품의 유익론으로 발전하게 된다. 즉, 효소는 단백질로 구성되었으며, 단백질은 산과 알칼리성에 예민하게 반응하기 때문에 결국 우리의 생명체는 산성식품과 알칼리성식품에 영향을 받는다는 결론이었다.

인체는 소화 및 흡수기관으로 구성되어 있고, 각 기관에는 체액(body fluids)이 흐른다. 예를 들면, 소화액(위장액, 췌장액, 담즙)은 나트륨이온(Na^+), 칼륨

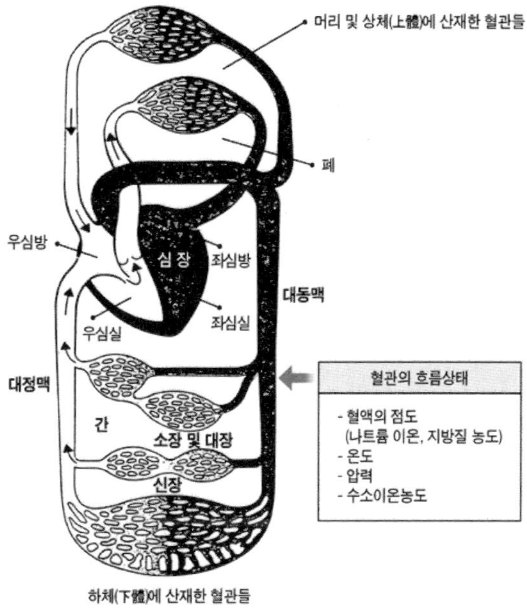

그림 12-1. 인체 내 혈액의 흐름도(공장의 배관 흐름도 비유)

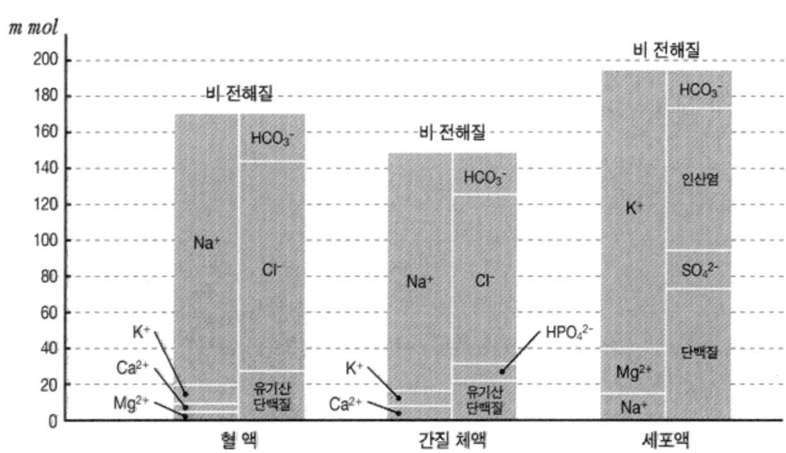

그림 12-2. 혈액, 간질체액 및 세포액의 양이온과 음이온

이온(K^+), 염소이온(Cl^-), 탄산이온($HCO3^-$)으로 구성되어 있으며, 이러한 이온 물질들은 음식물로부터 소화 흡수되어 체액의 양이온과 음이온이 평형에 영향을 준다는 가설이 산성식품과 알칼리성 식품론이다(그림 12-2).

생물체의 세포는 강한 산성 영역이나 강한 알칼리성 영역에서는 죽게 된다. 인간의 체액도 마찬가지로 중성 부근에 있어야만 생명력을 갖는다. 즉, 인체 내의 효소는 단백질로 구성되어 있기 때문에 체액의 수소이온농도(pH)에 의해 쉽게 변성될 수 있다. 특히 체액이 산성이 되면, 과잉의 수소이온 농도로 단백질의 구조가 변하여 결국 세포의 기능이 상실되기 때문에 원활한 신진대사와 건강을 위해 체액의 산성화를 방지하는 일종의 식이요법이 알칼리성식품의 섭취에 해당한다.

산성식품(acid foods)과 알칼리성식품(alkaline foods)을 화학적으로 구분하는 방법은 다음과 같다. 음식물이 체내에서 소화되면 분해물은 수소이온(H^+)이나 수산기(OH^-)를 띠는데, 한 식품의 양이온과 음이온을 정량적(定量的)으로 측정하여 가감한 후 음(-)이면 산성식품이고, 양(+)이면 알칼리성식품으로 구분한다. 즉, 인체 내의 체액의 조성(組成)에 대한 기여 정도에 의해 산성식품(酸性食品)과 알칼리성식품으로 분류한다. 따라서, 인이나 유황이 많은 식품은 산성을 띠고, 무기질, 특히 칼슘이나 칼륨이 많은 식품은 알칼리성을 띤다. 알칼리성식품론이란 사람의 체액이 알칼리화되는 경우는 드물고, 대부분 산성 쪽으로 기울어지면서 질병을 갖게 되기 때문에 알칼리성식품을 섭취하여 체액의 산성화를 억제하는 것이 건강을 지키는 방법이라는 설이다. 보다 구체적으로 식품에서 산을 생성하는 이온화합물은 인산(PO_4^{3-}), 아황산(SO_4^{2-}), 염소(Cl^-), 요오드(I^-)이고 알칼리를 생성하는 이온은 칼슘(Ca^{2+}), 나트륨(Na^+), 칼륨(K^+), 마그네슘(Mg^{2+}), 아연(Zn^{2+}) 등으로 정하였다. 그리하여, 식품에 함유된 이들 양원소의 단위를 비교하여 산 생성원소보다 알칼리 생성원소가 많은 식품을 알칼리성식품으로 정의한다. 또한, 식품이 지닌 알칼리성, 산성도의 합을 알칼리도, 산도로 표시하며, 식품 100g을 태워서 얻은 회분의 수용액을 중화하는 데 필요한 염산용액(1N-HCl) 또는 가성소다용액(1N-NaOH)의 소비량(ml)으로 표시하기도 한다.

이와 같은 분류법에 따르면, 산성식품군에는 육류, 생선, 지방질 식품, 정백미, 밀가루, 달걀, 백설탕, 차, 커피, 카카오 등이 속하고, 알칼리 식품군에는 채소, 우유, 해조류 등이 속한다. 과실류의 신맛 성분인 사과산, 초산 및 구연산 등은 인체 내 간에서 연소되기 때문에 혈액의 수소이온농도(pH)에 직접적인 영향을 주지 않는다고 주장한다(표 12-3).

그러나, 식품을 알칼리성식품 혹은 산성식품으로 분류하는 것은 쉽지 않은 일이다. 즉, 같은 과실 종류에 포함되지만 포도는 알칼리성식품으로 분류한다. 포도의 주석산염 때문이다. 곡물도 겨(bran) 부분은 알칼리성이지만 배유(endosperm)부분은 산성이다. 달걀의 노른자위는 인지질이 많아 산성인 반면 흰자는 알칼리성이며, 달걀전체의 성분으로서는 산성식품이다. 단백질이 체내에서 산화할 때는 다량의 이산화탄소가 생성되어 산의 분위기를 형성한다. 그러므로 쇠고기, 돼지고기, 닭고기 및 생선은 산성식품에 속한다. 같은 논리로, 탄수화물 함량이 많은 식품도 이산화탄소의 발생이 많기 때문에 산성식품군에 들어간다. 1920년대 유럽의 산성식품과 알칼리성식품론을 받아들인 일본은 자체 실험결과를 토대로 알칼리성식품군의 기준을 설정한 바 있다(표 12-4).

표 12-3. 체액의 수소이온농도(pH)의 변화에 영향을 주는 인자

녹말 및 단백질	탄산가스(CO_2)의 생산이 과량이면 탄산의 생성으로 산성화
과실(유기산)	간에서 산화됨으로써 체액의 수소이온농도(pH)에 영향 없음
인, 유황, 염소	산성화
지방질이 체액을 산성화시키는 경우	지방의 산화 → 케톤체 형성
칼슘과 칼륨	알칼리화

표 12-4. 알칼리식품군의 기준

식품의 정량분석 결과	(식품 내의 산화칼륨, 산화나트륨, 산화칼슘의 밀리당량)−(식품 내의 인산, 황산 및 염소의 밀리당량) 〉0
이온정량 외의 알칼리성식품의 요건	회분용액이 알칼리 혹은 중성일 것 칼슘 함량이 최소 500mg/100g일 것 P/Ca=1.0 이하일 것 비타민 A, B, B_2, C를 함유할 것

자료: 小池五郎, 1984,《산과 알칼리》, 豊文社.

현대의학에서 보는 알칼리성식품

인간의 혈액은 항상 약알칼리성이며, 언제나 pH 7.2-7.4 정도로 유지되고 있다. 따라서, 산성식품, 알칼리성식품의 섭취와 혈액의 수소이온농도와는 무관하다는 것이 의학계의 주장이다. 즉, 현대의학에서 보는 체액의 산성화는 식품의 분해과정에 의존한다기보다는 신진대사의 결과에서 비롯된다는 것이다. 먹거리가 아니더라도, 급격한 운동으로 근육에 흐르는 혈액이 부족하여 산소공급이 원활하지 않은 경우 젖산이 생성되어 체액의 산성화가 일어날 수 있으며, 지방산이 케톤체를 형성할 때에도 산성화가 일어난다는 것이다. 당뇨병과 같은 병적인 상태에서 혈액 내의 케톤체의 생성으로 수소이온농도(pH)가 증가하는 대사성산성증(acidosis)이나, 체내에 이산화탄소가 지나치게 축적되는 호흡성산성증은 나타나지만 음식물에 의한 경우는 없다고 주장한다. 더 나아가서, 체액의 알칼리화는 식품보다는 체액의 수소이온의 평형이동에 관련되어 있다고 한다. 즉, 식사 시 순간적인 위산의 과다분비로 혈중의 수소이온이 낮아져 상대적으로 체액의 알칼리화가 일어나는 식이성 알칼리증, 혹은 중조의 과다 섭취로 일어나는 혈액의 알칼리화 등, 체액의 산성화와 알칼리화에 관여하는 인자는 식품 외에도 수없이 많다는 것이다. 그리고, 이러한 체액의 변화는 중조 및 탄산계에 의한 혈액의 방어기능, 혈장의 단백질계(알부민, 프롤라민, 피브리노겐 등), 헤모글로빈계(globin), 인산계($NaHPO_4$), 호흡기에 의한 방어기능(뇌의 작용), 신장의 방어기능 등에 의해 완충된다는 것이다. 그렇지만, 아직도 많은 사람들은 여러 가지 성인병 치유에 알칼리성식품이 유효하다고 주장하고 있다. 특히, 회분 함량이 높은 해조류를 바다채소(sea vegetables)로서 그 가치를 인정하는 서구인이 많아지는 현상은 매우 흥미롭다.

대장 내 독성물질의 생성과 건강의 가설

20세기 초 메치니코프(I.I.Metchnikov,1845-1916)는 대장의 부패균에서 만

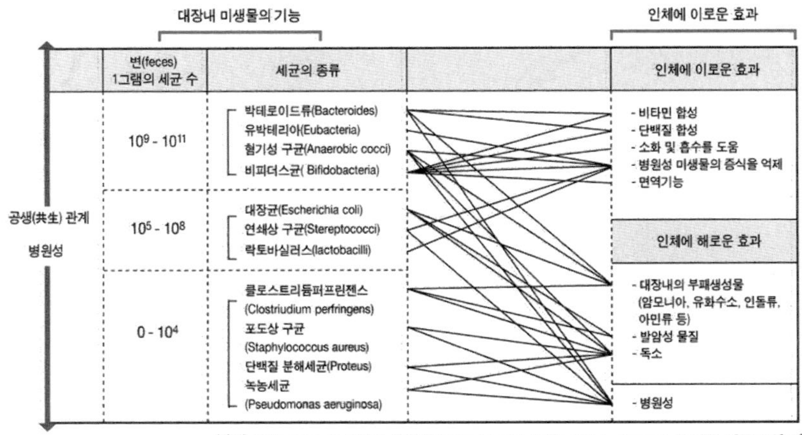

〈자료〉 Mitsuoka, T. 1990. Bifidobacteria and their role in human health. *Journal of Industrial Microbiology*, 6: 263-268

그림 12-3. 대장 내의 이로운 세균과 해로운 세균의 역할

들어진 어떤 독소는 혈관에 들어와 인체를 서서히 중독시킨다는 이론을 내세워 노쇠(老衰)의 원인을 장내(腸內) 세균의 독소의 생산에 기인한다고 발표하였다. 대장 내의 유해 미생물들이 생성하는 독소에 의해 질병이 발생한다는 가설이었다(그림 12-3). 그리고는 모유에 들어 있는 젖산균은 질병을 일으키는 유해 미생물을 파괴하는 약산성의 대사산물을 분비한다는 사실도 알아낸다. 즉, 대장 내 젖산균의 농도에 비례하여 유해미생물의 증식이 감소됨을 관찰한 그는 위의 염산보다도 더 강한 살균력을 가진 물질이 젖산균에서 생성되며 이러한 약산성의 분비물을 대장의 관장(灌腸)에 이용하는 것이 인체의 질병을 치유하는 방법이라고 말하였다. 사실상 대장의 관장 시술을 치료법으로 사용한 역사는 오래되었다. 앞서 말한 바와 같이 히포크라테스도 인체를 하나의 유기체로 보고 대장의 관장 시술이 질병의 치유의 방법이라고 권장하였다 한다.

인간이 태어나서 맨 먼저 먹는 물질은 모유이며, 따라서 인간의 대장에 첫 번째로 들어오는 세균은 젖산균이다. 그래서 모유를 먹은 유아의 대장은 산을 분비하는 비피더스균(bifido bacteria)에 의해 본디 약산성을 띠고 있다. 그리고, 이러한 약산성의 대장은 알칼리성 분위기에서 잘 자라는 해로운 미생물의 성장을 막는다. 즉, 젖산균이 분비하는 물질의 길항작용으로 젖산균의

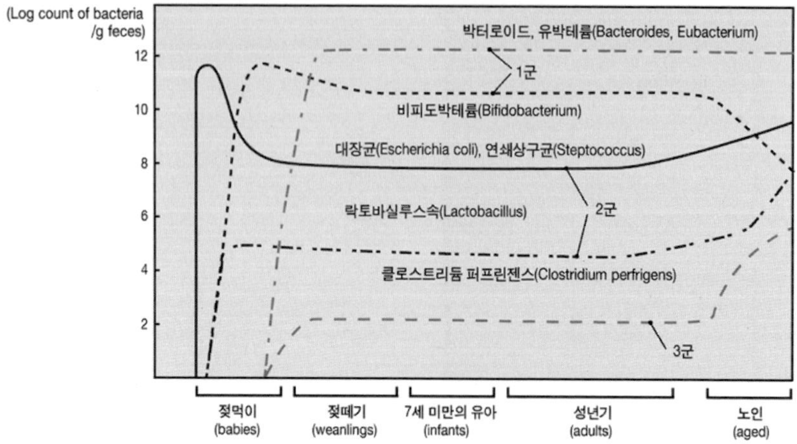

〈자료〉 Mitsuoka, T. 1978. *Intestinal Bacteria and Health*. Harcourt Brace Javanovich Japan Inc., Tokyo(Ishibashi, N et al. 1997. Bifidobacteria : their significance in human intestinal health. *Mal. J. Nutr.* 3. p.150에서 인용).

그림 12-4. 연령에 따른 대장 내 미생물의 분포

발육은 활발하나 부패균의 성장은 억제한다. 이런 연유로 젖산균을 활생균(probiotics)이라 부른다. 요즈음은 대장뿐만이 아니라 위장염을 일으키는 헬리코박터(Helicobacter pylori)까지도 제어하는 것으로 알려지고 있다.

건강한 성인남자의 대장에는 약 80-85%의 젖산균과 15-20%의 부패세균이 균형을 유지하고 있다(그림 12-4). 건강한 사람은 이러한 균형을 적절한 식사로 유지하면서, 대장이 약산성의 분위기를 갖도록 해야 보다 강한 면역체계를 갖는다고 한다. 또한, 젖산균은 유당과 같은 특정한 탄수화물을 발효하여 산성의 분비물을 생성하여, 그들의 숙주인 인간을 보호할 뿐 아니라, 비타민과 같은 인체에 유익한 영양소도 합성한다.

한편 대장의 알칼리화는 단백질 분해세균(부패균)의 성장으로 이어지면서, 젖산균(acidophilus)의 성장이 억제될 뿐 아니라, 칸디다균(candida)과 같은 유해미생물이 번식하고, 이러한 미생물들 대장의 내벽의 점막을 뚫어 아직 소화되지 않은 단백질분해산물을 체내 기관에 접촉시켜 알레르기 현상을 일으킨다. 그리고, 이와 같은 해로운 미생물에 의해 생성된 독소(스카톨, 유화수소, 히스타민, 타이라민, 인돌, 페놀, 카다버린 등)는 대장에서 흡수하여 간으로 들어가며, 간은 이런 독소에 의해 약화되거나, 또는 간이 분해하지 못하는 독소는 전 혈관에 들어간다. 따라서, 대장의 건강을 지키기 위해선 젖산균의 영양소가 충분히 공급되어야 하는데, 우유의 유당은 대장까지 도달하는 유일한 탄수화물원으로 젖산균의 성장에 가장 효과적인 먹이에 해당한다는 것이다. 결국, 사람의 질병의 원인이 대장에서 시작된다는 이 가설은 우유 및 유제품과 인체의 건강관리와의 관계로 발전되어 오늘에 이르고 있다.

기능성 식품에 대한 사고의 배경

사람의 건강과 대장 사이의 관계, 그리고 대장의 건강과 젖산균 사이의 상관관계는 모유와 우유의 논쟁으로 이어진다. 메치니코프는 성인의 대장의 건강을 위한 젖산균의 섭취방법으로 요구르트를 권장하였다. 그러나, 대장균(*E. coli*)을 최초로 분리한 에셔리히(Theodor Escherich, 1857-1911)는 우유(cow milk, 牛乳)가 아닌 모유(mother's milk, 母乳)와 대장의 건강과의 관계를 연결시키려 노력했던 것으로 보인다. 한 예로서, 1903년 에셔리히는 유아건강보호협회(infant defence society)를 창설하여 모유권장운동을 시작했다는 기록이 있다. 한편, 에셔리히와 함께 일한 모로(Ernst Moro, 1857-1911)는 우유의 발효균인 아시도필러스(*L. acidophilus*)를 분리 동정하여 모로 우유(Moro's milk)를 건강음료로 출시한다. 즉, 메치니코프와 같은 맥락의 건강론을 제시한 것이다. 같은 시기에 프랑스의 티시에(Henri Tissier)는 모유를 섭취한 유아에서만 발견되는 Y자형의 비피더스균(*Bacillus bifidus communis*)를 최초로 분리하여 이 균이 모유의 특정 세균으로서 유아의 건강에 직결된다고 발표한다.

이처럼 19세기 말 유럽 산업사회에 등장한 시유(city milk)는 유아와 성인의 건강에 대한 새로운 문제를 내놓았다. 즉, 모유와 우유의 차이를 규명하는 일이었다. 우유와 모유의 논쟁의 시작은 유아의 변(feces)에서 시작한다. 즉, 모유를 섭취하면 우유를 섭취하는 것보다 변은 산성화되어 대장 내의 유해균의 증식이 억제되니 유아의 건강에 이롭다는 것이다. 마침내 1920년대에는 모유

표 12-5. 모유와 우유의 기능성 논쟁으로부터 올리고당의 등장까지

1988년 에셔리히(Theodor Escherich, 1857-1911)의 대장균 발견.
1899년 프랑스의 티시에(Henri Tissier)가 모유섭취 유아로부터 bifidobacteria(*Bacillus bifidus communis*) 발견.
1900년대부터 우유보다 모유를 섭취한 유아의 변은 보다 더 산성을 띠어 대장의 유해균 억제사실 입증됨.
1900년 근대 면역학의 선구자인 메치니코프(Élie Metchnikoff)가 《장수론》(*The Prolongation of Life*)에서 젖산균(*Lactobacillus bulgaricus, Streptococcus thermophilus, Streptococcus thermophilus*)의 유용론을 주장함.
1906년 모로(Ernst Moro, 1857-1911)가 유아의 위에서 사워우유(sour milk)의 발효균인 아시도필러스균(*L.acidophilus*)을 분리하여 유아식품(Moro's milk) 제조.
1924년 네덜란드의 올라-젠센(Sigurd Orla-Jensen, 1870-1949) 비피도박테리엄속(Bifi-do--bacterium) 제안.
1926년 모유의 성분과 비피더스균 사이의 관계 연구.
1933년 폴로노프스키(M. Polonovski)와 레스파뇰(A. Lespagnol)은 모유에서 질소함유 올리고당류를 발견. 자이노락토오스로 명명. 10가지 이상의 혼합물로서 락토오스를 함유한 올리고당류로 발표.
1935년 모유섭취 유아는 질병에 강함을 증명.
1948년 독일 젖산-비피더스 우유 연구.
1954년 미국 필라델피아대학 교수진에 의해 비피더스인자(비피더스) 개념 등장. 자이노락토오스가 비피더스인자임을 발표함. *Lactobacillus bifidus*의 생육증진인자조사. 모유로부터 비피더스인자 분리. 1956년 모유에서 fucosido-lactose 결정화 성공, trehalose 분리.
1960년대 Bifidobacterium속으로 인정. (6탄당을 이용하여 부티르산, 초산, 알코올, 탄산가스 생성; 분위기의 산성화) 1964년 독일 하이델베르크의 막스플랑크 연구소에서 모유의 14개의 올리고당이 비피더스인자임을 밝혀낸다.
1969년 모유의 올리고당류의 분리 및 특성규명. (new pentasaccharide, lacto-N-fucopentaose 발견)
1972년 모유의 올리고당류 hexasaccharide 발견.
1974년 일본에서 모유의 올리고당(trisaccharide, galactosyllactose 발견).
1974년 버기의 세균검색표(Bergey's manual)에 비피도박테리움속(Bifidobacteria; 11 species)으로 등재. 특히, 인체의 건강과 관련된 균은 비피둠(*Bifidobacterium bifidum*)과 인팬티스(*Bifidobacterium infantis*)이며 비피도박테리움 비피둠은 대장균 등의 증식을 억제하는 작용이 있어서 유아가 장내감염증에 쉽게 걸리지 않음. 한때 젖산간균(*Lactobacillus bifidum*)으로 분류되었으나, 형태와 생리적 특성으로 지금은 방선균으로 분류됨.
1978년 일본에서 미쓰오카(Mitsuoka) 연구진이 이로운 장내세균과 건강과의 관계를 발표.
1980년 일본에서 이로운 장내세균(비피더스균)의 에너지원으로 올리고당 생산 시작.

와 비피더스균의 관계에 대한 연구가 시작되었다. 대장의 산성화는 모유의 비피더스가 주로 역할을 하며, 따라서 비피더스균을 증식시킬 수 있는 생육인자, 즉 비피더스의 먹거리를 충분히 공급해야 한다는 연구였다. 그 후, 1933년에 발표된 폴로노프스키(Polonovski)와 레스파뇰(Lespagnol)의 자이노락토오스(gynolactose), 즉 모유의 올리고당류가 비피더스의 생육인자로 인정되면서 자연계의 비피더스 생육인자의 분리 정제기술의 개발이 큰 관심사가 되었다. 결과적으로, 우유와 모유의 차이점의 발견에서 비롯된 비피더스균의 탐색 과정은 오늘날 올리고당류를 기능성 식품군으로 승격시킨 셈이다.

그러나, 모유나 우유나 대장 내의 세균에 미치는 영향은 공통점을 가지고 있다. 첫째는 유당이 분해되어 생성된 젖산, 초산 등은 대장 내의 알칼리화를 방지하는 것이고, 둘째는 젖산균 혹은 비피더스균이 유해균의 성장을 억제한다는 것이다. 따라서, 비피더스균만이 가지는 특정한 건강기능의 역할이 두드러지지 않는 한 모유의 우수성만을 고집할 수는 없는 듯하다. 더구나, 대장의 젖산균은 우유나 모유에서만 비롯되지 않는다. 대장의 세균의 종류와 농도는 식습관에 따라 다르게 나타난다.

젖산균의 영양원으로서의 올리고당

앞서 말한 바와 같이, 인체 내 대장의 건강이 우유 및 유제품과 관련되어 있다는 메치니코프의 가설은 유당과 젖산균의 상호관계로 발전하면서, 마침내 젖산균의 증식에 유효한 자이노락토오스(gynolactose)의 발견으로 이어졌다. 자이노락토오스란 유당과 기타 3-6당류, 즉 올리고당과의 혼합물로서 일종의 비피더스인자로 밝혀진다. 이는 모유 특유의 올리고당으로서 특히 비피도박테리움 비피둠(*Bifidobacterium bifidum*)의 증식에 크게 기여한다. 올리고당(oligosaccharide)이란 세 개 이상의 단당류가 결합한 당류를 말한다. 보통 중합도 3-10 정도까지의 당을 말하는데, 대장 내의 발효기질로서의 당류를 분류할 때에는 이당류를 포함하기도 한다(표 12-6).

표 12-6. 자연에 존재하는 주요한 올리고당류

말토오스, 이소말토오스, 젠티오비오스, 셀로비오스, 락토오스, 멜리비오스
자일로비오스, 슈크로오스, 트레할로오스, 말토트리오스, 이소말토트리오스
라피노오스, 젠티아노오스, 스타키오스, 알파-사이클로 덱스트린

대장 내 젖산균의 영양원으로서 유당 외에 많은 올리고당이 관여한다는 이 사실은 곧 자연에 존재하는 수많은 올리고당과 젖산균의 증식과의 상관 관계의 연구로 전개되었고, 동식물 혹은 미생물에 존재하는 상당수의 올리고당류가 대장의 젖산균의 발효에 유익한 성분으로 밝혀지게 된다. 이러한 결과로 등장한 첫 번째의 올리고당이 일본시장에서 유통되기 시작한 프룩토올리고당(fructooligosaccharides)이다. 즉, 1980년대 초반 대장 내 이로운 미생물군(microbial flora)의 원활한 증식을 위한 기능성식품의 하나로 프룩토올리고당이 등장한다. 프룩토올리고당은 곰팡이(*Aspergillus niger*)의 효소(β-fructofuranosidase)를 이용하여 설탕의 프룩토오스에 1개, 2개, 혹은 3개의 또 다른 프룩토오스를 결합시킨 것이다. 실제로, 올리고당은 바나나, 양파, 마늘, 돼지감자, 보리, 토마토, 라이, 꿀, 아스파라가스, 트리티케일 등에 존재하나, 그 함유량이 대단히 적어서 자연식품의 섭취로서는 사람이 필요한 충분한 함량을 얻을 수 없기 때문에 공업적으로 생산한다. 프룩토올리고당은 양파에 들어 있고, 대두 올리고당은 대두에, 그리고 갈락토올리고당은 우유에 함유된 당류이다. 앞서 말한 바와 같이, 이러한 올리고당은 소장에서 흡수되지 않기 때문에 그대로 대장 내에 들어가 비피더스균의 먹이가 되어, 대장 내의 유해균의 성장을 억제하여 대장의 건강을 지킨다. 또한, 단맛을 가지면서도 열량이 매우 낮아(1.5kcal/g) 다이어트 식품의 효과도 갖는다.

그러나, 올리고당(oligosaccharides)의 유통은 가공식품에 대한 근본적인 문제를 제기하였다. 즉, 올리고당은 영양을 목적으로 섭취하는 식품의 개념에 반하기 때문이다. 올리고당은 인체의 소화효소로 분해되지 않는 당류를 말한다. 그리고, 이러한 당류는 인간이 아닌 대장의 미생물이 이용하기 때문에 종래의 식품의 개념에 포함될 수 없었다. 식품이란 인체 내에서 소화 흡수되어 신진대사에 이용되는 물질이기 때문이다. 여기에서 식품의 기능성의 문제가 제

표 12-7. 올리고당류의 대사

난소화성 물질 (프룩토올리고당, 말티톨 등)
대장 내 발효
탄산가스　메탄가스　저급지방산　고체성분
(초산, 프로피온산, 젖산) → 유해 미생물 증식억제효과
흡수 → 생리적 효능
대사 (에너지 생산)

기된다. 식품의 근본적인 가치는 에너지와 영양소의 공급이지만, 영양기능 이외에 인체의 건강과 관련된 어떤 물질이 약품이 아닌 식품의 개념에 포함될 수 있는가에 대한 의문이었다. 이러한 의문을 해소하기 위한 일련의 연구가 일본 문부성의 연구프로젝트로 진행되었다. 그리고, 1984년부터 1986년까지 수행된 난소화성 당류의 소화 및 흡수에 관한 연구에서 올리고당류의 생체조절의 기능이 밝혀지게 된다. 즉, 올리고당은 식이섬유와 마찬가지로 생물기능과 생리적기능을 나타낸다는 것이다(표 12-7). 생물기능이란 어떤 물질이 다른 생물(대장 내 미생물)에 작용하여 그 생물이나 생산물이 숙주인 생체(인체)에 미치는 기능으로 정의하고, 바로 올리고당이 이러한 기능을 수행하기 때문에 가공식품의 개념에 포함된다는 것이며, 식이섬유 역시 인체의 순환기계에 영향을 미치기 때문에 식품으로 정의될 수 있다는 것이다.

그 후, 1991년 7월에 일본 후생성은 '특정보건용식품'이라는 새로운 용어를 제정하여 올리고당류를 일본식품위생법이 정한 '특별용도식품'으로 분류하였다. 이러한 올리고당류의 생리적 기능을 열거하면, 인체 내에서 항충치 효과, 변비개선, 정장작용, 장내부패산물의 생성억제작용, 콜레스테롤 억제, 혈당조절작용, 면역촉진활성, 칼슘흡수촉진활성 및 포접기능 등이다. 이제, 메치니코프의 대장과 건강과의 가설은 모유와 우유(동물성)의 가치의 논쟁에서 미생물이 생산한 각종 올리고당류(주로 식물성)로 옮겨진 것이다.

식이섬유

사람의 건강에 미치는 식이섬유의 중요성은 1970년 초반에 영국의 한 외과 의사가 발표한 대장암과 식이섬유의 인과설에서 출발한다(표 12-8).

일찍이 산업사회에 진입한 서구사회(특히 영국)의 식단은 육제품과 유제품이 주종을 이루며, 따라서 섬유소가 풍부한 식단을 가진 아프리카인과 비교하여 서구인은 대장암 등의 질병의 발병률이 높다는 가설이다.

식이섬유(dietary fiber)란 인체 내 소화효소로 가수분해되지 않는 모든 물질을 총칭한다. 따라서, 인체 내에서 소화되지 않고 대장에서 발효되는 모든 물질은 식이섬유의 기능을 갖는 것이며, 이러한 이치로 종래의 식물성 식이섬유는 물론 동물성 식이섬유라는 새로운 개념이 나타난다. 식물성 식이섬유는 주로 탄수화물로서 식물세포벽을 이루는 불용성 셀룰로오스와 더불어 수용성 펙틴, 헤미셀룰로오스 및 검물질, 그리고 리그닌 등을 말한다. 이에 비해 동물성 식이섬유는 키틴 또는 키토산과 같이 인체 내의 소화효소에 의해 분해되지 않으면서도 대장에서 식물성 섬유의 기능과 동일한 역할을 하는 물질이다.

식이섬유는 수용성 식이섬유와 불용성 식이섬유로 분류된다. 수용성 식이섬유(water-soluble dietary fiber)는 식물 세포벽에 있는 다당류 중에서 물에 녹는 성분으로 대표적으로 수용성 펙틴과 헤미셀룰로오스가 있다. 귀리, 호밀과 보리의 다당류는 수용성 식이섬유로서 혈중콜레스테롤을 낮추는 효과가 있는 것으로 알려져 있다. 수용성 식이섬유(콩과 오트)은 그의 보수성과 젤형성능력으로 졸(sol)을 형성하여 당과 콜레스테롤의 흡수를 지연시키는 효과

표 12-8. 대장암 발생률과 식이섬유 사이의 관계(섬유가설)

식품	
식이섬유 풍부한 식품	식이섬유 결핍된 식품
적절한 섬유	섬유 결핍, 정제당섭취과잉
정상적 장내세균 → 변 이동속도 큼	변의 이동속도 저하, 장내세균 변화, 발암물질 생성 가능
장점막 발암물질 접촉 단축	장점막 발암물질 접촉시간 연장
발암률 낮음	발암률 높음

를 가지고 있다. 과실에 함유된 펙틴, 곤약의 글루코만난, 해조류의 알진산 등은 수용성 식이섬유에 속하고, 채소류의 셀룰로오스, 리그닌 또는 갑각류의 껍질에 들어 있는 키틴(동물성 섬유)물질은 불용성 식이섬유(water-insoluble dietary fiber)에 들어간다.

식이섬유의 기능

식이섬유의 인체 내 기능은 크게 두 가지로 나눈다.

첫째, 소화된 음식물의 흡수속도를 조절하는 기능이다. 수용성 식이섬유(펙틴과 검물질)는 수분을 흡착하는 기능을 지녀서 소화된 음식물 분해물을 위에서 소장까지 이동하고 각종 영양소나 식품성분의 흡수를 조절한다. 즉, 소장에서 포도당의 흡수를 낮추면서 혈당의 상승을 지연시키고, 인슐린 분비를 절약할 수 있어서 당뇨에 효과가 있는 것으로 알려져 있다. 또한, 수용성 식이섬유의 이온교환작용으로 칼륨의 흡수속도를 증가시키고, 나트륨의 배출속도를 증가시켜 고혈압의 원인 중의 하나인 나트륨의 농도를 낮추어 혈압을 조절한다. 또, 이러한 수용성 식이섬유는 담즙산과 결합하기 때문에 콜레스테롤 대사에 영향을 주어 고지혈증을 예방하는 것으로 알려져 있다.

둘째, 대장(large intestine)의 건강기능이다. 불용성 식이섬유는 대장에서 수분과 결합한다. 이러한 작용으로 변의 부피를 증가시켜 정장운동을 촉진한다. 따라서, 불용성 식이섬유는 대변량의 증가, 소화관에서 음식물의 체류시간의 단축, 담즙과 중금속이온결합 등의 생리적 기능이 있다. 즉, 장내 노폐물이나 유해물질을 쉽게 배출하는 기능을 갖고 있다. 또, 식이섬유는 소장에서 소화 흡수되지 않기 때문에 올리고당과 마찬가지로 대장 내의 미생물의 영양소로 이용된다. 리그닌을 제외한 장내 식이섬유는 비피더스인자로 작용하여 대장 내의 세균의 수와 분포에 영향을 미친다. 식이섬유는 대장 내 미생물에 의해 발효되어 젖산, 초산, 저급지방산, 비타민 등을 만든다. 생성물 가운데 일부는 흡수되어 인체의 에너지로 이용되지만, 젖산과 저급지방산은 대장의 수소이

표 12-9. 식이섬유의 생리작용과 질환의 예방

식이섬유의 작용	식이섬유 부족에 기인된 질환
대장 내 세균수의 조절	
- 정장작용	변비, 대장암
- 유해세균의 억제	대장암
수분 흡착(대장 내 내압 조절)	맹장염
양이온 흡착(Na+배출)	고혈압
영양소 흡착 저해	
- 당류	당뇨병
- 콜레스테롤	고지혈증, 담석
- 중성지방	심장병

온농도를 증가시킨다. 이 작용으로 대장의 유해균의 성장을 억제하여, 단백질 유래의 질소나 유황을 지닌 유해물질의 생성을 억제한다(표 12-9).

이외에도 식이섬유의 기능은 다양하다. 보리의 글루캔은 혈당을 감소시키는 기능이 있다. 해조류의 알진산은 혈압강하에 효과가 있는 것으로 알려졌으며, 최근에는 내분비 교란물질(환경호르몬)인 다이옥신을 배출하는 효과도 인정되고 있다. 그러나, 식이섬유를 과다섭취하면 노폐물과 함께 비타민, 무기질의 일부도 체외로 배설되어 미량영양소의 결핍현상이 일어나는 경우도 예상된다.

결론적으로 식이섬유와 건강 사이의 상호관계는 곧 현대인의 식습관에서 비롯되었음을 기억해야 하겠다. 즉, 동물성 식품과 식물성 식품의 섭취비의 불균형에서 나타난 질병이 장질환 혹은 대사성 질환이다. 서구식단은 탄수화물 식품의 섭취가 절대적으로 부족하다. 따라서, 탄수화물에 속하는 올리고당과 식이섬유가 필요한 것이다.

현대적 개념의 식이식품과 건강기능식품

제2차 세계대전 이전만 해도 인간은 영양실조와 전염병에 기인된 여러 가지 질병에 시달려 왔으나 지금은 여러 가지 생활습관병, 특히 식습관과 관련된

표 12-10. 1900년과 2000년 미국인의 주요 사망원인

(%)

	1900년	2000년
결핵(Tuberculosis)	11.3	
폐렴(Pneumonia)	10.2	3.7
설사질환(Diarrheal disease)	8.1	2.7
간질환(Liver disease)	5.2	1
사고(Injuries, Accidents)	5.1	4.1
뇌졸중(Stroke)	4.5	6.9
암(Cancer)	3.7	23.3
폐질환(Lung disease)	4.7	
신장질환(Kidney disease)	1	
심장질환(Heart disease)		31.4

자료: M. Nestle, 2002, *Food Politics: How the food industry influences nutrition and health*, p.32, University of California Press.

이른바 대사성 질환 등으로 사망하고 있다. 미국인의 사망원인별 조사에 따르면, 1900년 주요 사망원인이었던 결핵과 폐렴이 2000년에는 심장질환과 암으로 순위가 바뀌었다(표 12-10). 일본의 경우도 식생활의 서구화에 따른 영양 불균형으로 인해 암, 순환기계질환(뇌혈관 질환, 심장 질환 등), 비만, 알레르기성 질환 등의 소위 성인병이 주요 사망원인으로 등장하였다. 작금의 우리의 실정도 고령화사회에 접어들면서 국민의 의료비가 먹거리에 관련된 순환기 질환의 치료에 편중하는 현상이 나타나고 있다.

이와 같은 배경에서 나타난 용어가 기능성식품(functional foods)으로 이해된다. 기능성식품이란 본디 식품의 가치인 맛과 영양소의 가치보다 인체 내에서의 생리작용에 기여하는 작용에 기본을 두고 있다. 다시 말하면, 종래의 생약성분의 체내효과와 같은 의미를 갖는다고 볼 수 있다. 식품과 약품의 사이에 자리 잡은 기능성식품은 식품의 근본이 되는 영양소와 열량가를 무시할 수 있는 위치에 있다. 종래의 영양학의 개념에서는 인체의 소화 흡수기관에 의해서 이용되지 않는 물질은 비영양물질(non-nutritive factors)로 구분하였다. 그러나, 이러한 비영양물질도 인체의 생리작용에 특정한 기능을 수행하는 경우엔 기존의 무기질과 비타민과 같은 인체 내 역할이 인정된다는 것이다. 앞서 말한 바와 같이 1980년대 초 일본의 프룩토올리고당(fructooligosaccharides, 상

표명; Neosugar)이 세계시장에서 성공을 거두자, 기능성식품이란 용어는 영어권의 국가에게까지 인정을 받게 되었다. 즉, 1990년 유럽공동체(EU)는 식품의 건강기능(health claim)을 법제화하고, 미국은 식품의약품관리청(FDA)의 건강보조식품 및 교육법(The Dietary Supplement Health & Education Act)에 따라 종래의 건강보조식품의 정의 및 표시 등을 확대하여 1994년도에 건강기능성 식품을 인정하게 된다.

식품의 건강기능(health claim)이란 엄밀히 말해 종래 식품이 갖는 기본적인 개념인 에너지 공급기능과 영양소 공급의 기능을 넘어서, 비록 인체의 소화 흡수기관에 의해 이용되지 않는 물질이라도 인체의 생리작용에 긍정적인 효과를 내는 물질이라면, 인간의 먹거리의 개념에 포함시킬 수 있다는 것이다. 이러한 개념은 식품의 비영양물질도 영양소의 개념에 포함된다는 의미가 되기 때문에 소비자의 혼돈을 피하고자 일본은 2001년 새로운 보건기능식품제도를 설립하게 된다.

보건기능식품은 특정보건용식품과 새로이 유형화된 영양기능식품으로 정의한다. 이 제도에 따르면, 정제나 캡슐형도 식품으로서 취급된다. 보건기능식품 및 기타 식품과의 관계는 다음과 같이 정의한다.

표 12-11. 특정보건용 식품군(일본 후생성)

장의 상태를 양호하게 조절하는 식품
올리고당 함유식품, 유산균 함유식품, 식이섬유 함유식품
콜레스테롤 수치가 높은 사람을 위한 식품
콜레스테롤 수치가 높기 때문에 질환을 느끼는 사람을 위한 식품
혈압이 높은 사람을 위한 식품
무기질 수지의 보조제
무기질 수지를 보정하여 병기를 조절하는 식품
뼈의 건강용 식품
치아건강용 식품
혈당치를 내리는 식품
식후 혈중 중성지방질의 증가를 억제하는 식품

자료: (財)일본건강영양식품협회(青柳康夫 편저, 2003, 《식품기능학》, p.5, 建帛社, 東京에서 인용).

첫째, 영양기능식품(nutritive supplement)이란 사람이 일일 동안 필요한 영양성분을 섭취하지 못한 경우 등을 대비하여 영양성분을 보완하는 취지에서 디자인된 식품을 말한다. 비타민, 무기질 등이 해당하나, 현대 식생활에서는 종전과 다르게 과잉섭취에 의한 건강위해 방지에 중점을 두고 있다.

둘째, 특별용도식품(food for special dietary use)이란 본래 식품에 함유된 영양성분을 증감하여 건강상 특수한 처지에 있는 사람(환자, 유아, 임산부, 고령자 등)을 위해 식사요법의 소재로 사용하는 이른바 환자식에 해당한다.

셋째, 특정보건용식품(food for specified health use)은 특별용도식품 가운데 식생활에 있어서 특정보건 목적으로 섭취하는 먹거리로서 해당보건목적이 기대될 수 있는 것을 표시한 식품을 말한다. 특정보건용식품은 인체의 생리기능에 영향을 주는 건강기능의 성분(식품성분)을 포함하며, 혈압, 혈중 콜레스테롤 등을 정상적으로 유지하도록 도움을 주고, 정장작용과 같이 대장의 안정에 역할을 하는 등 특정한 보건용도에 이용하는 취지로 생산된 식품이다(표 12-11).

건강기능식품(specified health foods)이란 생체조절기능을 수행하는 식품으로 면역기능의 강화, 노화 억제, 질병의 예방과 회복, 체내의 리듬 조절 등을 보완하는 먹거리군이다. 예를 들면, 혈전 예방에 효과가 있는 에이코사펜타엔산(EPA)을 지닌 소위 등 푸른 생선과 혈압조절에 바람직한 기능을 한다는 아미노산(타우린) 함량이 높은 문어, 오징어, 굴이 속한다. 사실상, 종래의 식품에서 특정 성분의 약리작용을 제시한 것이다. 다만, 식품에 들어 있는 함량으로서 충분한 효과를 거둘 수 없는 관계로 분리 농축하여 캡슐화한 점이 다르다. 사람들이 기능성식품에 관심을 갖는 것은 생체조절에 필요한 미량영양소를 섭취하기 쉽기 때문일지도 모른다. 전 세계의 건강기능식품의 생산액은 약 50조 원에 이른다. 이들 가운데 미국, 유럽, 일본이 각각 19조 원, 15조 원 및 9조 원으로서 전 세계 시장의 86%를 점유하고 있다. 이러한 건강기능식품의 종류 혹은 성분을 보면 다음과 같다.

- 글루코사민, 단백분해효소 분해물, 뮤코다당단백질, 아미노산
- 어유, EPA/DHA, 리놀렌산, 월견초유, 아마인유, 포도씨

- 굴껍데기, 잉어, 바지락, 녹색홍합, 자라, 자라오일
- 쌀배아, 밀배아, 보리배아, 율무배아, 보릿잎, 알파파, 녹차
- 올리고당, 식이섬유, 키토산
- 식물발효물질, 식물추출물 가르시니아 추출물, 화분, 가시오가피, 매실 추출물
- 표고버섯, 영지버섯, 인삼근, 인삼농축액, 로열젤리, 스쿠알렌, 클로렐라
- 대두레시틴, 대두사포닌, 대두이소플라본, 식물스테롤, 홍국
- 비타민 E, 비타민 C, 베타카로틴, 칼슘
- 알로에, 알로에베라, 해초, 스피루리나, 프로폴리스, 김네배실베스타
- 유산균, 효모, 옥타코사놀, 알콕시글리세롤, 코엔자임 Q_{10}

기능성식품의 개념 정립과 식품기능학

본디 식품이 갖는 인체 내의 과학적 기능은 사람에게 에너지원과 영양소를 공급하는 것이다. 이때 공급의 대상이 되는 인간은 건강이 전제되어야 한다. 건강하지 못한 사람은 의사의 처방에 따라 식이요법을 행하고 있다. 그런데, 기능성식품에 대한 사고는 건강하지 않은 즉, 병약한 사람을 대상으로 공급하는 일종의 식이식품의 형태로 발전하고 있는 듯하다. 기능성식품의 용어를 제안한 일본에서도 소위 반건강상태(half-healthy state)의 개념을 제시하고 있다. 즉, 병원에서는 특정한 진단을 내리지 못하나 사실상 시간이 지남에 따라 특정 질환에 들어갈 위험이 있는 상태를 반건강상태로 정의하고, 이러한 반건강상태를 건강상태로 회복하는 먹거리가 기능성식품이라고 말한다. 의약품은 질병을 치료하기 위해 복용하는 것이며 기능성식품은 질병을 막기 위해 일상생활에서 섭취하는 것으로 설명하고 있다. 다만, 특정 질병을 막기 위해 특이적으로 사용하는 기능성식품은 약과 동일한 의미가 된다는 것이다.

기능성식품이란 식품의 예방의학적 효과(prevention effect of certain disease)를 최대화하려는 데 그 의의가 있다고 보겠다. 치유의 목적은 아니지

만, 질병의 예방의 수단으로서보다 효과적인 성분의 추출, 농축 및 정제는 자연스런 일이다. 또, 특정인을 대상으로 하지 않기 때문에 체질에 따라 일어날 수 있는 부작용을 예상할 수 있고, 그래서 소위 특정 성분 소거형 기능성식품과 특정 성분 증강형 기능성식품으로 구분하게 된다.

기능성식품이 질병을 예방하는 방법은 인체의 신진대사를 적절히 조절하는 것과 신체의 면역력을 증가시키는 것으로 나눈다. 전자가 생체조절기능이고 후자는 생체방어기능이다. 비만을 조절하기 위해서 고추의 캅사이신(capsaicin)을 보강하는 것이 전자의 예이고, 이로운 비피더스균을 증강시켜 면역력을 증가시키는 예가 후자가 된다.

식품의 기능에 있어서 전통적인 개념은 에너지원의 기능과 체세포의 생성기능, 즉 영양기능이다. 기능성식품이란 종래의 식품이 갖는 역할에 건강기능, 즉 인체의 신진대사를 원활히 진행시키는 각종 생체조절 및 방어물질의 공급기능을 덧붙인 먹거리로 풀이된다.

이러한 장점에도 불구하고 기능성식품이 지닌 약점은 다음과 같다.

첫째, 기능성식품은 자연식품이 아닌 경우가 허다하다. 식품성분 가운데 약리작용을 나타내는 특정 성분을 추출하고 농축한 것이 기능성식품이다. 마치 한방의 보약의 개념과 같은 것이다. 농축된 성분은 체질에 따라 순기능과 역기능을 나타낼 수 있어서 또한 주의사항이 첨부되어야 한다. 이는 약처방전과 동일하다.

둘째, 특정 기능성 성분을 첨가하여 기능성식품으로 정하는 것이다. 이는 종래의 강화식품(enriched foods)의 개념과 동일하고 지금도 서구에서는 강화식품을 생산하고 있다. 그런데, 강화식품의 출현은 영양적 불균형을 해소하려는 데서 비롯되었다면, 기능성식품은 질병예방의 목적으로 디자인된 점이 다르다. 따라서, 강화식품보다 약리적 작용, 치유작용에 치중한 것이 기능성식품이다. 즉, 약에 가깝다.

식품기능학(science of functional foods)이란 인체의 생리적 기능에 관련된 식품이나 식품성분, 그의 효과 및 작용기구에 대한 체계적 학술적 연구분야를 말하고, 기능성식품이란 식품의 특정 구성성분이 갖는 인체 조절 및 방어기능을 활용하여 식품에 새로운 기능을 부여하는 물질을 말한다. 그리고, 기능성가공식품이란 실제로 기능성 성분을 분리, 농축하여, 이를 일반적인 가공식품에 배합하는데, 배합률이나 배합 후의 식품의 형태가 적절히 설계 작성되어 목적하는 기능, 예를 들면 정장작용 및 질병예방작용 등을 보다 효율적으로 발현시키도록 과학적으로 입증된 식품을 말한다.

이러한 맥락에서 작금의 일본학계에서는 식품의 기능을 1차기능(영양성), 2차기능(기호성) 및 3차기능(생체조절기능; regulation of physiological function)으로 나누고 있다. 이는 식품의 품질의 특성을 기준으로 분류한 것으로 보인다. 즉, 식품의 품질의 요인인 영양소, 향미 및 색깔 그리고 식품의 특수성분의 함량의 차이를 먹거리의 역할로 이해하고 있는 듯하다. 다시 말하면, 식품의 기능을 세 가지로 분류하는 데는 식품에 존재하는 특정 성분을 일반적인 먹거리로 보지 않고 특정한 약리적 작용을 가진 물질로 생각한 데서 비롯된다고 본다. 즉, 이들은 원래 식품이 갖는 기능인 영양소의 기능 외에 다른 기능이 있으며, 이를 소위 3차기능으로 분류한 것 같다. 이와 같은 분류법은 이미 한방에서 수천 년 동안 해 온 약재 분류방법이다. 그러나, 동양의 한약재는 식품으로 간주되지 않는다.

식품이 갖는 고유의 기능은 에너지와 영양소의 공급이다. 탄수화물은 에너지의 공급원이고 단백질과 지방질은 체성분의 재생을 위해 필요하기 때문이다. 선진 산업사회에서 발생한 각종 성인병은 주로 식습관, 즉 먹거리 선택과 섭취방법에서 비롯되는 경우가 대부분이다. 말하자면, 특정 성분의 결핍이 아니라, 총 섭취에너지의 과잉, 지방질과 단백질 섭취의 편식과 과잉에서 빚어지는 경우이다. 따라서, 균형된 영양소와 적절한 양의 섭취에서 찾는 것이 건강의 지름길이다. 즉, 인체의 건강은 올바른 먹거리의 선택과 과학적 섭취방법에 달린 것이다.

참고문헌

류미라(역). 1992.《식품기술. 식품기능연구의 앞으로의 전개》(荒井綜一; '91 식품개발전(일본) "식품기능연구세미나"). Vol.5, No.3, p.41.

박종현. 1992.《식품기술. 장내미생물과 건강》 제5권, 제3호, p.5.

정동효. 2004.《유산균의 과학》. 신일상사.

한국식품과학회. 2003.《건강기능식품법의 시행에 즈음한 대토론회》. 한국식품과학회.

藤券正生. 1988.《식품기능 機能性食品創製의 基盤》. 學會出版Center, 東京.

西山隆造 외. 2001.《알기 쉬운 食과 健康의 科學》. Ohmsha, 東京.

啓介 편저. 1997.《食物섬유의 과학》. 朝創書店, 東京.

越智宏倫. 1995.《노화억제식품의 개발》. 光琳, 東京.

青柳康夫 편저. 2003.《식품기능학》. 建帛社, 東京.

Crayhon, R. 1995. *The Health Benefits of FOS*. Keats Publishing, Inc., Connecticut.

Holford, P. 1999. *The Optimum Nutrition Bible*. Judy Piatkus.

Issues Intestinal Microbiol. Vol.7, pp.73-90.

Khan, R.(ed.) 1993. *Low-Calorie Foods and Food Ingredients*. Blackie Academic & Professional, London.

Kobata, A. 2003. *Chnag Gung Med J.*. Vol.25, No.9, p.621.

Kobata, A. 2003. "Possible Application of Milk Oligosaccharides for Drug Development." *Chang Gung Med. J.* Vol.26, No.9, p.620.

Ljungh A. and T. Curr. Wadstroem, 2006. *Lactic Acid Bacteria as Probiotics.*

McLaren, D.S. 1981. *Nutrition and Its Disorder.* Churchhill Livingstone, New York.

Mueller, G. und H.Weber. 1996. *Mikrobiologie der Lebensmittel*. B. Behr's Verlag GmbH, Hamburg.

Robbins, J. 1987. *Diet for a New America*. An H J Kramer Book, U.S.A.

Sahelian, R. 1996. *DHEA; a practical guide*. Avery Publishing Group, New York.

Sikorski, Z.E. 2002. *Chemical and Functional Properties of Food Components*. CRC Press, Florida.

Sikorski, Z.E. 2002. *Chemical and Functional Properties of Food Components*. CRC Press, New York.

Webster, D. 1995. *Acidophilus and Colon Health*. Hygeia Publishing Co.

13. 식품의 기능과 곡물

식품의 소화

인간의 몸체는 무엇을 먹느냐로 결정되는 것이 아니라, 무엇을 흡수하는가에 달렸다. 즉, 잘못된 소화와 흡수의 문제로 우리 인간의 면역은 결핍되고, 치료는 더디게 되며, 알레르기, 근육폐기물의 축적, 장운동의 불편 등으로 고생하게 된다. 소화불량으로 인해 흔히 위통 등을 말하나, 실제로는 기분전환이나 피부의 문제에 이르기까지 그릇된 소화와 흡수가 영향을 미친다.

음식물의 소화경로에 대한 과학적 탐구는 2백여 년 전부터 시작하였다. 인간의 몸을 화학공장에 비유하자면, 음식물이 각 소화관의 물리화학적 작용을 받아 간단히 용해되기 쉬운 물질로 흡수되어, 세포에 운반되는 경로가 흡수과정이다. 세포에 운반된 영양소는 마지막으로 동화(同化)되어 우리 몸의 조직을 재생하거나 에너지가 된다.

인체의 장기시스템은 입, 식도, 위, 소장과 대장, 침분비선, 간, 췌장과 담낭(gallblader)으로 이뤄진다. 이 장기 시스템의 기능은 우리의 식사에 들어 있는 거대한 먹거리(단백질, 탄수화물, 지방질)를 흡수하기 용이한 작은 성분(아미노산, 당분, 지방산)으로 쪼개는 일이다. 이렇게 잘게 쪼개진 영양물질은 장의 벽을 통해 혈관에 운반되어 몸 전체의 세포에 공급된다. 장기의 시스템은 가정에 설치된 수도관과 같이 인체가 독성물질에 접촉하는 것을 방지하고, 체내기관이 적절한 기능을 하지 못할 시에는 들어오는 영양소까지 차단하는 역할을 맡고 있다. 한편, 단백질, 탄수화물, 지방질과 같은 거대한 먹거리를 장내에서 흡수할 수 있는 보다 작은 입자로 분해하는 일은 효소가 맡고 있다. 소화효소

표 13-1. 소화효소의 종류와 작용

소화액	효소	기질	생성물
타액	프티알린	전분	덱스트린, 맥아당
위액	펩신	단백질	펩톤
	렌닌	카제인	파라카제인(우유 응고)
	리파아제	지방질	지방산, 글리세린
췌장액	트립신	단백질	폴리펩티드, 아미노산
	키모트립신		
	아밀롭신	전분	
		덱스트린	맥아당
		글리코겐	
	스테압신	지방질	지방산과 글리세린
	말타아제	맥아당	포도당
	락타아제	유당	포도당, 갈락토오스
	에렙신	폴리펩티드	아미노산
소장액	말타아제	맥아당	포도당
	락타아제		
	에렙신		
	리파아제		
	수크라아제	설탕	포도당, 과당
	뉴클리아제	핵산	염기, 리보오스, 인산

에는 단백질을 분해하는 효소(protease), 지방질을 분해하는 효소(lipase) 및 탄수화물을 분해하는 효소(amylase) 들이 존재한다(표 13-1).

입

맨 처음의 소화효소의 분비는 우리가 먹거리를 씹을 때 입안의 타액의 분비로 시작하며, 침 안의 아밀라아제(salivary amylase)는 녹말질 식품을 분해한다. 타액(saliva)은 시각, 후각, 미각 등 오관(심지어는 생각에 의해)에 의해 분비가 시작된다. 99.5%의 수분으로 구성된 침은 뮤신(mucin, 당단백질의 일종)이라는 점성물질로 프티알린(ptyalin)이라는 효소를 지니고 있다. 프티알린은 전분을 분해하여 맥아당이나 복합당질(소장에서 말타아제에 의해 또다시 포도당으로 분해)으로 만든다. 프티알린의 작용은 예비적인 것이다. 왜냐하면, 소장의 말타아제(maltase)와 작용하기에는 거리가 있기 때문이다. 췌장에서 분비되는 전분분해효소인 아밀라아제는 입 안에서 미처 소화하지 못한 전분을 맥아당과 아크로오덱스트린(achroodextrine)으로 분해한다. 프티알린은 약산이나 강알칼리에 쉽게 파괴되는 효소이다.

이러한 프티알린의 성질은 우리의 식사법에 많은 영향을 준다. 예를 들면, 입안에서 산성식품을 만나거나, 위에서 위산이 분비되면 프티알린의 작용은 멈춘다. 입안에서는 단백질과 지방질이 분해되지 않는다. 먹거리를 잘 씹어 먹어야 한다는 말은 주로 녹말질 식품의 소화를 위한 것이다.

우리가 음식을 먹을 때 먹거리에 대한 생각을 하는 단계가 소화의 첫 번째 단계(cephalic phase of digestion)이다. 우리가 먹거리에 대한 생각을 하는 순간, 위에서는 효소와 염산이 분비된다. 만일 우리가 먹는 도중 어떤 스트레스에 있게 되면, 효소나 염산은 충분히 분비되지 못하여 소화불량의 원인이 된다.

위(stomach)

음식이 위에 도달하면, 위장안을 도포하고 있는 위액분비선(gastric glands lining)의 세포들은 호르몬의 자극을 받아 위액을 분비한다. 위액분비선 가운데 첫 번째는 뮤신(mucin)을 분비하여 위산과 자체효소의 작용으로부터 위벽을 보호하는 기능을 한다. 어떤 이유로 위벽의 보호가 불가능하게 되면, 그 부위가 분해되어 위궤양의 원인이 된다. 또 다른 위액분비선에서는 염산(0.1mol/L)이 나온다. 이의 수소이온농도는 혈액에 비해 백만 배에 가깝다. 그리고, 세 번째 위액분비선에서는 치모겐(zymogen)이 분비된다. 일반적으로 활성을 띠지 않는 효소를 치모겐 혹은 프로엔자임(proenzyme)으로 부르며, 이러한 치모겐류는 항상 접미사 오겐(-ogen)을 붙여 주고 있다(예: pepsinogens, trypsinogens, chymotrypsinogen). 치모겐이 활성화되기 위해선 적절한 양의 코엔자임(coenzyme)이 필요하며, 이러한 조효소는 납이온과 망간이온으로 구성되어 있다. 따라서, 미량원소의 부족은 곧 소화불량으로 이어진다. 치모겐이라는 폴리펩티드류는 위에 도달한 후에야 효소로 전환된다.

우리 인체는 이와 같은 조직체계를 가지고 있어서, 자가소화를 방지하면서 음식물만을 분해하는 것이다.

위액의 산도는 섭취한 식품의 성질에 따라 거의 중성부근에서부터 강산에 이르기까지 다양하다. 위에는 두 개의 효소가 분비된다. 즉, 단백질에 작용하는 펩신과 지방질을 분해하는 리파아제이다. 그러나, 정량적으로 문제가 되는 효소는 펩신이다. 펩신은 모든 종류의 단백질을 분해시키는데, 초기화 작업을 행하는 효소이다. 서로 다른 단백질 분해효소는 단백질 소화의 각각 다른 과정에 참여한다. 즉, 단백질의 소화에는 순서가 있다. 예를 들면, 소장이나 췌장에 들어 있는 단백질 분해효소인 에렙신(erepsin)은 복합단백질은 분해하지 않는다. 오직 펩티드나 폴리펩티드에 작용하여 아미노산을 만드는 효소이다. 펩신은 산성분위기에서만 활동하며, 알칼리에 의해 파괴된다. 얼음물을 마신 경우에서처럼 저온이 형성되면 펩신의 활동을 정지시키거나 지연시킨다. 또, 알코올은 이 펩신의 작용을 정지시킨다. 지방질 분해효소인 리파아제는 산성에서 거의 작용하지 않기 때문에 위에서의 효과는 기대할 수 없다. 버터, 우유의 지방질과 같은 유화상태를 지방산과 글리세린으로 분해하지만, 대부분의 지방은 그대로 소장에 보내지게 된다.

위액 분비 호르몬인 가스트린(gastrin)은 위의 바깥 부위에 존재하는 세포에서 분비되는데, 이 호르몬의 분비는 단백질의 섭취에 의해 일어난다. 따라서, 단백질 함량이 대단히 낮은 먹거리는 가스트린의 분비를 촉진하지 못해 소화가 좋지 못하다. 가스트린은 체강벽(體腔壁)세포(parietal cell)이라 불리는 위안의 세포를 자극하여 염산의 분비를 일으키면 먹거리는 완전한 소화의 채비를 갖추게 된다. 이와 동시에 펩신(pepsin)이라는 단백질 분해효소도 분비되어 단백질을 분해하기 시작한다.

위에 분비된 펩시노겐은 염산의 작용을 받아 펩신으로 전환되어 활성을 띤다. 펩신이 작용하는 pH는 1.0-1.5이다. 이 펩신의 작용으로 단백질의 펩티드류 결합의 일부가 가수분해되어 보다 짧은 폴리펩티드류로 변한다. 성인보다 상대적으로 높은 pH를 갖는 유아의 위액의 단백질 분해과정은 성인과 차이가 있다. 즉, 유아의 위액 중의 렌닌이 우유단백질을 응고시키고 난 후, 응고된 우유단백질이 펩신효소의 작용을 받아 분해된다. 이에 반해, 성인의 위장 내에서는 산이 단백질을 응고시킨다. 또, 유아의 위액이 높은 pH를 지니고 있기 때문에 지방질 식품이 위에서 소화될 수 있지만, 성인의 경우는 십이지장(duodenum)에 들어선 후 소화될 수 있다.

위에서 음식물이 정체하는 시간은 음식물에 따라 다르다. 대체로 탄수화물을 많이 함유한 음식물은 체류시간이 가장 짧고 단백질식품이 그 다음이며, 지방을 함유한 식품은 체류시간이 가장 길어 공복감을 덜 느끼게 된다. 일반적으로 음식물의 지방질은 유화된 것이 위를 빨리 통과한다. 위에서는 수분, 알코올이 약간 흡수되나 대부분의 영양소의 흡수는 다음에 이어지는 소장에서 일어난다.

췌장(pancreas)

췌장액은 전분, 지방질, 단백질 및 적은 분자량의 폴리펩티드류의 분해를 총괄적으로 다루는 소화액이다. 음식덩어리(chyme)가 십이지장에 도달하면, 호르몬에 의해 중탄산염과 췌장액이 분비되는데, 중산탄염은 음식물을 중화시키고, 췌장액은 음식물을 소화시키는 기능을 행한다. 이 췌장액에는 알파-아밀라아제, 리파아제와 핵산분해효소(nuclease) 및 단백질 분해효소 들이 들어 있다. 췌장액에 들어 있는 단백질 분해효소(트립신, 키모트립신, 카르복시펩티다아제)는 췌장에서 불활성화된 상태로 존재하기 때문에 췌장 자체에는 해를 주지 않는다. 이 효소들이 췌장을 떠나 십이지장에 들어오면, 비로소 활성화되어, 십이지장의 소위 바통터치 효소(master switch enzyme)에 해당하는 엔테로키나아제(enterokinase)와 반응하여 트립신노겐을 트립신으로 전환시켜 단백질 분해를 시작하도록 준비한다. 트립신 및 키모트립신(chymotrypsin)은 고분자량의 폴리펩티드류를 저급 분자량의 폴리펩티드류로 전환시키고 카르복시펩티다아제(carboxypeptidase)는 다이펩티드 혹은 트리펩티드를 분해하여 아미노산을 한 개씩 유리시킨다.

습관적으로 단백질이 많은 음식물을 섭취하는 사람의 췌장에서는 정상치의 7배에 달하는 단백질 분해효소가 분비된다. 그러나, 녹말질이 많은 식사를 하는 사람은 아밀라아제의 활성이 정상치의 10배에 달한다. 이와 같이 췌장은 음식물의 성분과 일치한 효소를 분비하기 때문에 갑자기 새로운 성분의 먹거리를 만나게 되면, 소화불량, 가스차기 등의 고통을 겪는다. 따라서, 주식은 서서히 바꿀 수는 있어도, 하룻밤 사이에 바꾸지 말아야 한다. 오랫동안 굶는 경우엔 아밀라아제나 중탄산소다 분비기능이 약화되기 때문에, 굶은 후 녹말질이 많은 식사를 하면 가스가 많이 차게 된다. 가장 흔한 가스는 냄새가 없는 메탄가스와 수소가스이다. 만일 냄새가 고약한 가스를 풍기면, 이는 필시 유황이 많은 음식이 잘못 소화되었기 때문이다. 유황함유 단백질 식품으로서는 콩, 양파, 마늘, 달걀 및 고기류이다. 특히, 가스가 많이 나오는 경우는 우유의 유당이나 콩의 라피노오스 때문일 것이다.

담즙(bile)

췌장액의 지방질 분해효소(리파아제)가 지방질을 분해하기 위해선, 우선 담즙(膽汁)이 필요하다. 담즙은 간에서 만들어져 담낭(膽囊)에 채워져 있다가 십이지장에 분비된다. 담즙의 성분은 담즙산염, 담즙색소, 콜레스테린 등이다. 담즙산염의 작용은 장내에서 지방질의 표면장력을 낮추는 작용을 하기 때문에 지방질의 유화를 촉진시켜서 지방질을 분해하기 알맞은 상태로 만든다. 담즙산은 장관(腸管)으로 흡수되어 혈액을 통해 간에 운반된 후, 다시금 담즙으로 분비된다. 강력한 계면활성제인 담즙은 음식덩어리에 들어 있는 지방질 덩어리를 매우 작은 입자(globules)로 부수는 역할을 한다. 담즙에 의해 지방질이 물과 소화효소와 접촉하는 면이 넓어져서, 지방질이 쉽게 가수분해되어 지방산과 글리세롤로 전환되어 체내에 흡수된다. 이렇게 만들어진 지방산, 글리세롤, 모노아실글리세롤류는 십이지장의 장벽에 존재하는 세포로 이동되어 대부분 트리아실글리세롤로 전환되어 혈관보다는 림프시스템에 흡수된다.

또한, 담즙은 체외배설을 총괄하는 액이다. 즉, 과량의 콜레스테롤을 제거하거나 혹은 헤모글로빈 분해물질을 처리해 내는 등의 일을 담당한다. 담즙염은 지질의 소화를 도울 뿐 아니라, 소화기관에 들어온 비타민 A, D, E 및 K 등을 흡수하는 일을 돕는다. 그리고, 담즙은 새로 보내온 혈액 내의 담즙색소(bile pigments)의 일부를 요를 통해 밖으로 배출하는 일을 맡는다. 담즙색소는 변과 요의 색깔의 주요 인자이다.

소장(small intestine)의 소화와 흡수

소장은 십이지장, 공장(空腸), 회장(回腸)의 세 부분으로 되어 있는 길이 6m 정도의 소화흡수기관이다. 앞서 말한 바와 같이, 위에서 우유죽과 같은 모양의 소화된 음식물이 유문(幽門)을 통해 십이지장에 도달하면, 산성화된 음식물의 자극으로 십이지장의 세크레틴(secretin)이 혈액을 타고 췌장에 들어가 췌장액의 분비를 촉진한다. 따라서, 어떤 이유로 위산분비가 원활하지 못하는 경우엔 소화불량이 일어난다. 소장 내에서는 지방질이 스테압신(steapsin)에 의해 지방산과 글리세린으로 분해된다. 펩톤은 트립신과 에렙신에 의해 아미노산으로 변하고 자당은 수크라아제, 맥아당은 말타아제, 유당은 락타아제에 의해 분해된다.

소장의 기벽을 통해 영양소를 흡수하는 작용은 소장의 점액물질의 건강상태에 따라 좌우된다. 이 소장의 라이닝(lining)은 여러 겹으로 포개져 있고 수백만의 융털돌기(villi)가 장내 기벽에 죽 붙어 있는데, 이들이 특정의 영양소에 친화력을 나타내기 때문에 아미노산, 지방산, 포도당 및 기타 영양물질을 체내에 흡수하는 것이다. 만일 소장의 기벽에 염증이 일어나면 올바른 영양소 섭취가 불가능해져 일종의 영양실조가 일어난다.

소장의 영양소의 흡수기능을 돕는 물질에 식이섬유가 있다. 그러나, 식이섬유 가운데 피틴산(phytic acid)은 정반대의 기능을 한다. 즉, 피틴산은 무기질의 흡수를 방해하는 물질로 알려져 있다. 피틴산은 곡물의 종자, 특히 싹이 트지 않은 종자 및 이스트 발효빵이나 흑빵류에 많이 들어 있다.

소장 내에서의 영양소의 흡수는 적절한 양의 아연, 판토텐산 및 비타민 A 등에 의해 진행된다. 소장의 라이닝에 염증을 일으키는 장염은 이러한 무기질이나 비타민의 결핍, 혹은 식품 알레르기에 기인된 경우가 많다고 한다. 불완전하게 소화된 단백질이나 지방질은 알레르기 반응을 가져온다. 예를 들면 서구의 글루텐 알레르기이다. 건강한 소장은 세균이 없다. 즉, 정상적인 경우 대장처럼 세균이 들어 있지 않다. 소장은 모든 세균이 통과하는 영역이지 세균이 서식하는 자리는 아니다.

십이지장(duodenum, 12指腸)

십이지장은 단백질, 탄수화물, 지방질이 흡수될 수 있는 상태로 분해가 일어나는 곳이다. 위에서 일부 분해가 일어난 음식물은 반드시 산성을 띠어야 본격적인 소화과정에 필요한 갖가지 소화효소를 분비할 수 있다. 췌장에서 분비된 효소들은 단백질을 분해하는 카이모트립신 및 트립신과 지방질을 분해하는 리파아제, 그리고 전분, 덱스트린, 글리코겐에 작용하는 아밀롭신(amylopsin), 그 외에 사카라아제(saccharase, 자당분해효소), 락타아제(lactase, 유당분해효소) 등이다. 이 효소들은 췌장에서 십이지장으로 들어간다. 이러한 효소의 분비는 췌장의 외분비선(exocrine)에서 일어나며, 내분비선(endocrine)은 혈당을 제어하는 인슐린과 글루카곤(glucagon)을 내놓는다. 그리고, 췌장의 효소의 분비는 십이지장의 기벽에서 분비되는 세크레틴에 의해 조절된다. 췌장의 소화효소액은 중탄산소다와 함께 분비되며, 중탄산소다는 산성화된 먹거리를 중화시키는 일을 한다. 만일 충분한 중탄산소다가 분비되지 않으면, 췌장액의 효소들은 십이지장에서 효율적으로 먹거리를 분해하지 못한다.

간(liver)

간은 모든 신진대사가 일어나는 곳이다. 영양소의 대사뿐만 아니라, 독소의 해독작용도 일어난다. 영양소는 소장에서 흡수된 다음 간에 운반되어 세포에 의해 이용될 수 있는 성분으로 분해된다. 간은 세포의 활동역량에 맞춰 영양소를 혈관에 방출한다. 대장의 건강은 간의 활동과 직접적인 관계를 가진다. 간, 혈관 및 림프관은 대장의 정맥류와 통해 있기 때문에 대장에서 흡수된 독소물질은 간에서 해독되는 것이다.

림프는 세포를 에워싸고 있으면서 인체의 여과작용을 한다. 따라서, 독소물질을 해독하는 건강한 림프시스템을 유지하는 방법은 원활한 림프액의 순환이다. 이러한 림프액 순환에는 운동(수영, 자전거타기, 조깅 등)이 좋다.

대장(large intestine)의 기능

소장에서 충분히 소화되지 않은 영양소나 식이섬유(셀룰로오스, 헤미셀룰로오스) 등이 대장 내 세균에 의해 분해된다. 셀룰로오스의 대장 내 발효로 메탄가스, 탄산가스 및 저급지방산 등이 생성된다. 셀룰로오스의 발효과정에서 포도당이 생성되기도 하지만, 인체에서는 매우 적은 양이 생성되는 것으로 알려지고 있다.

대장은 소장에 비해 그 길이가 짧으나, 영양소의 균형과 위장시스템의 기능에서 대단히 중요한 역할을 한다. 만일 소화되지 않은 먹거리가 대장에까지 다다르게 되면, 대장 내의 세균은 이 분해되지 않은 먹거리를 분해하여 여러 가지 독성물질을 생성하기도 한다. 따라서, 음식이 대장에 도달하기 전에 완전히 소화시킬 수 있는 효소의 분비기능이 매우 중요하다. 맹장(cecum)은 대장에서 중요한 기능을 한다. 소장에서 대장으로 이행되는 물질이 나오는 경우, 맹장은 수축되어 음식물 찌꺼기를 혼합하고 대장으로 밀어낸다.

대장의 건강은 대장의 수축운동으로 알려진 연동작용(peristalsis)에 의존한다. 대장 내의 변은 75%의 수분과 25%의 고형분으로 구성되어 있다. 그리고 고형분 가운데 30%가 세균이다. 사람들에게 알려진 것과는 다르게, 대장은 체내 쓰레기를 제거하는 기능을 담당하고 있지 않다고 한다. 체내 노폐물의 처리는 우리의 피부, 신장 및 폐 등이 맡고 있다는 것이다. 대장은 소화 흡수가 끝난 물질을 변의 형태로 배출하는 기능을 맡고 있는데, 변은 사균, 약간의 혈액과 담즙, 그리고 장내에서 분해된 얼마간의 분해산물과 소화되지 않은 섬유소 등으로 구성되어 있다. 따라서, 변에 소화되지 않은 물질이 존재한다면, 이는 장내 소화효소의 문제를 말하는 것이다. 이처럼 변을 보고 소화기 계통의 건강을 유추할 수도 있다고 한다.

대장은 수백만의 세균의 집과 같다. 그러나, 이 세균들은 장의 상태에 따라 우리 몸에 이로운 활동을 하기도 하고 해롭게 작용하기도 한다. 즉, 장의 상태가 양호하지 못하면 이러한 세균은 질병을 일으킨다. 그리고, 질병을 일으키는 세균이 장내에서 증식하는 경우가 곧 장질환이다. 따라서, 우리는 이로운 장내 세균이 잘 증식할 수 있는 적절한 환경을 조성해 주어야 효율적인 폐기물 처리와 효과적인 영양소 흡수를 이룰 수 있다. 인간은 대장 내의 건강한 환경을 조성하기 위해 젖산균과 같은 이로운 미생물과 생태적으로 긴밀한 관계를 유지해야 하는데, 이러한 현상을 생물계의 공생(symbiosis)이라 한다. 만일 클로스트리디움 퍼어프린젠스와 같은 해로운 균이 왕성하게 증식하면, 이들이 생성하는 독성물질은 혈관에 운반되어 우리의 건강을 해친다.

인체 내 식품의 가치에 대한 인식의 변화

영양학적 관점에서 볼 때, 식품은 인체 내에 필요한 각종 신진대사물질의 공급원으로서의 기능을 수행한다. 즉, 인간은 식품으로부터 영양소를 공급받아 성장하고 활동한다. 그러나, 먹거리의 가치에 대한 인간의 인식은 시대와 사회문화적 배경에 따라 변화하고 있다(표 13-2). 수렵시대 인간의 먹거리의 가치는 생존의 수단이었으며, 농경사회에 들어서면서 먹거리가 부의 축적수단이

표 13-2. 시대에 따른 먹거리의 인식

수렵시대	생존을 위한 물질
농경시대	물질생산의 대상
고대사회	질병퇴치의 인식
로마시대	즐거움(향료), 저장성
산업혁명	경제성, 열량원, 노동력공급
산업혁명후기	소화율, 흡수율 향상
산업사회	비즈니스(부의 축적수단)의 대상
현재	건강유지의 수단

되었을 것이다. 흥미로운 것은 먹거리에 대한 인식은 고대철학에서부터 시작하고 있는 점이다. 기원전 4-6세기에 중국은 음양오행론에 의해 먹거리를 음과 양으로 구분하고, 질병의 퇴치 수단으로 먹거리를 인식하였으며, 그리스에서는 향신료에 의한 근대 의술의 기초를 세웠다. 또, 먹거리가 비교적 풍부했던 로마시대는 향료산업과 함께 맛의 즐거움(palatability)의 가치를 지닌 물질로 등장하였다. 그러나, 먹거리의 가치에 대한 보다 과학적인 이해는 근대과학기술의 태동과 함께 시작되었다.

첫째, 열원의 가치에 대한 인식이다. 19세기 후반 라부아지에(Laboisier, 1743-1794)가 산소에 의한 음식물의 산화기구를 발표한 후, 리비히(Liebig, 1842)의 소화 및 흡수이론에 따라 식품은 인간의 에너지원(Caloricum)으로 인식된다. 식품이라는 물질은 탄소, 수소, 산소 및 질소로 구성되어 있으며, 인간은 이러한 물질을 태워서 얻는 화학에너지로 생명을 유지한다는 것이다. 이러한 화학에너지는 주로 탄수화물과 지방질 그리고 단백질에 들어 있으며, 액화, 당화, 해당작용 및 이화작용(catabolism) 등의 복잡한 신진대사과정을 거치면서 생산된다. 단백질은 화학에너지의 주요원이라기보다는 생체구성성분의 성장 및 재창조에 이용되고, 드물게 열원으로 사용되기도 한다. 식품성분이 몸안에서 타는 과정은 일반적인 연소현상과는 다르다. 즉, 연소과정을 육안으로 관찰할 수 없고 열을 인지할 수도 없다. 이는 인체 내의 산화가 효소에 의해 진행되기 때문이다.

산화를 거친 탄수화물과 지방질의 에너지는 ATP(adenosine triphoshate)라는 화합물의 형태로 인체 내에 저장되어, 인체기능에 필요한 열원으로 작용한다. 다시 말하면, 이 에너지는 인체 내 효소의 작용으로 방출되어 근육과 신경을 가동하거나 다른 생체구성성분을 만들어 낸다. 사실상, 인체 내 모든 생화학적 합성, 분해 및 재합성의 과정이 이 화학에너지에 의해 이루어지고 있다.

에너지를 생산하는 인체의 주요 신진대사는 구연산 회로와 호흡체계의 경로이다. 구연산회로의 목적은 식품에서 분해되어 얻은 하이드라이드(Hydride ion, $H:^-$, 또는 C-H)를 호흡체계에 공급하는 것이며, 이러한 하이드라이드 이온은 호흡에 의해 들어온 산소와 반응하여 물(H_2O)과 탄산가스와 ATP로 전환된다. 그리고, 이러한 전자쌍과 양자는 대부분 당류와 지방질의 이화작용에서 얻게 된다. 일반적으로 식품의 구성성분인 탄소-수소의 전자가 사용되지만, 때때로 하이드라이드 이온(H:⁻)이 전자의 운송 기능을 맡고 있다. 그리고 전자이동에 관여하는 물질은 호흡효소이다. 세포 내의 수많은 호흡효소에 의해 전자가 산소까지 이동하면 에너지와 물이 생성된다. 식품에서 얻은 전자쌍이 호흡으로 들어온 산소와 반응하여 물과 에너지(ATP)를 생성하는 과정을 식으로 나타내면 다음과 같다.

$$(:) + 2H^{+} + O \rightarrow H\text{-}O\text{-}H + \text{Energy}$$

ATP는 식품의 에너지를 우리 몸 안에 가두는 수단이다. 따라서, 현대의학에서는 식품, 특히 탄수화물 식품과 지방질은 ATP의 전구물질이며, 인체 내의 신진대사를 산소와 식품 간의 전자이동의 회로로 인식하고 있다(그림 13-1).

우리 몸에서 에너지의 생산을 담당하는 구연산 회로(citric acid cycle, TCA)는 연료가 되는 아세틸코엔자임이 존재하지 않으면 가동하지 않는다. 탄수화물은 해당작용에 의해 아세틸코엔자임 A(acetyl coenzyme A)를 공급한다.

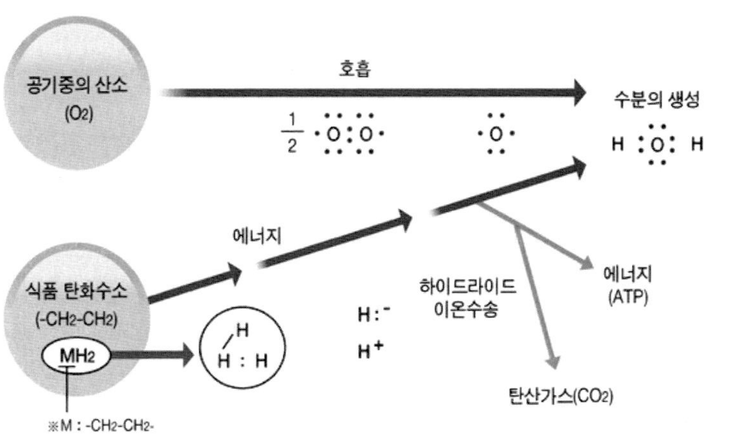

그림 13-1. 소화와 전자이동

즉, 포도당이 분해되어 피루빈산염이 되고, 이 피루빈산염은 곧 바로 아세틸코엔자임 A로 변한다. 포도당에서 시작하여 해당작용, 아세틸코엔자임 A의 생산, 호흡체계에 이르는 일련의 반응을 포도당의 호기적 이화작용(aerobic catabolism)이라 말하고, 산소가 존재하지 않는 포도당의 이화작용을 혐기적 이화작용으로 부른다. 운동선수의 경우 대부분 혐기적 이화작용의 ATP를 이용하여 힘을 얻으나, 혐기적 대사에 의한 세포 내의 노폐물의 축적이 따르기 때문에 호흡속도를 빠르게 하거나 휴식을 취함으로써 호기적 상태로 복귀한다. 지방산의 이화작용(catabolism)은 긴 지방산의 탄소고리를 한 번에 두 개씩 끊어 내어 아세틸코엔자임 A를 만드는 작용이다. 따라서, 지방질의 산화는 구연산 회로의 또 다른 에너지원으로 작용한다. 즉, 지방질 산화에서 얻어지는 중간대사산물인 하이드라이드 이온은 직접 호흡체계에 공급된다. 지방질은 탄수화물에 비해 두 배 이상의 하이드라이드 이온을 내놓을 수 있기 때문에 지방질 식품은 운동선수의 지구력을 함양하는 데 도움이 되고 있다. 한편, 단백질이 분해되어 얻어진 아미노산도 구연산 회로의 직접적인 중간대사산물이 될 수 있다. 일반적으로, 기아상태의 경우 우리 몸은 자신의 단백질을 이용하여 ATP를 만들어 힘을 얻는다. 그러나, 단백질은 화학에너지원이라기보다는 생

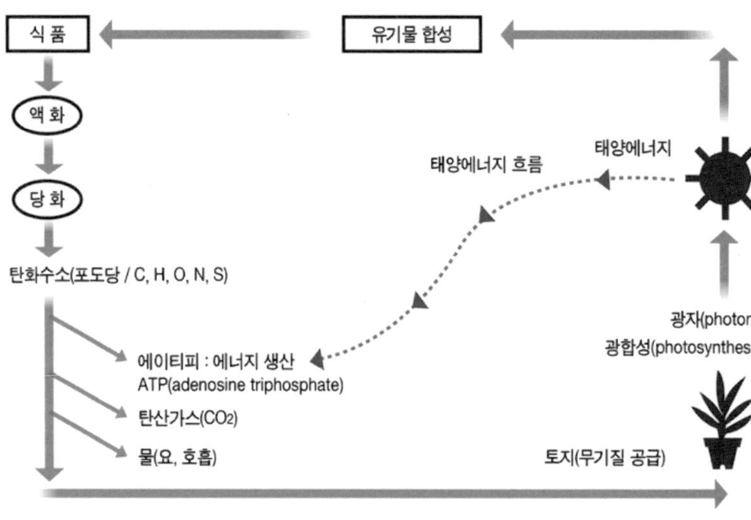

그림 13-2. 생물 에너지 사이클

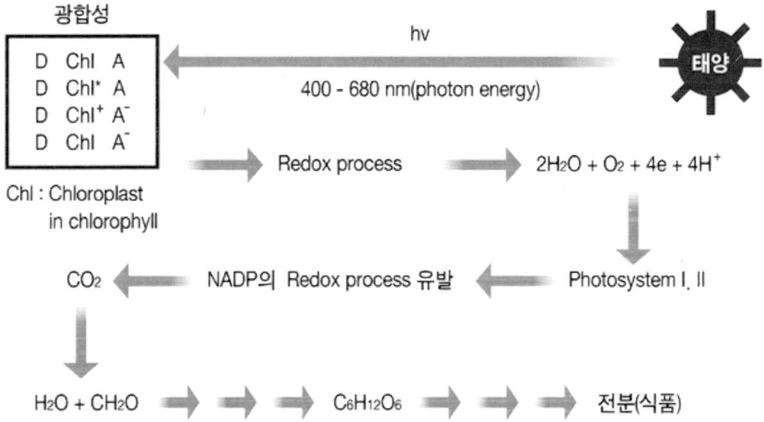

그림 13-3. 태양의 에너지에 의한 광합성 기구

체 구성성분을 재창조하는 전구물질에 해당한다고 보아야 할 것이다.

그렇다면, 인간이 얻는 화학에너지의 근원은 무엇인가? 자연계의 생물 사이클에서 이에 대한 답을 구할 수 있다. 앞서 말한 바와 같이, 인간을 포함한 동물은 유기물인 먹거리를 소화 · 흡수하여 ATP라는 화학에너지를 얻고, 물(요)과 탄산가스(CO_2)를 자연에 배출한다(그림 13-2). 이제 자연계의 식물은 토양의 물과 무기질 그리고 탄산가스를 기본 물질로 하여 광합성을 진행시키며 유기물을 생산한다(그림 13-3). 이것을 먹거리의 연쇄라고도 부른다. 인간은 지구상에서 전개되는 먹거리 연쇄계의 일개 구성원이다. 식물은 물, 탄산가스, 질소(암모니아, 초산태로서), 인산, 칼륨 등의 무기질로부터 태양에너지를 이용하여 광합성에 의한 유기물을 합성하면서 자란다. 인간과 동물은 식물(곡물, 채소, 과실 등) 또는 식물을 먹고 자란 동물을 먹으면서 성장 · 발육한다. 그리고, 성장과 발육에 소요되는 에너지는 ATP의 형태로 조달하는데, 이의 원천은 태양에너지이다. 다시 말하면, 태양에너지가 유기물의 화학에너지로 변하면서 유기물이 생성되고 인간은 이 화학에너지를 소화와 흡수의 과정을 통해 다시 분해하면서 태양으로부터 유래된 화학에너지를 에이티피라는 형태로 이용한다. 결국, 인간의 에너지는 태양에너지인 셈이다. 인간은 태양의 자손이라는 옛말이 전혀 틀리지 않다.

둘째, 생명체의 근원으로서의 인식이다. 19세기 초 식품과학자들은 단백질을 생명의 근본으로 인식하기 시작하였다. 먹거리는 신체를 발육시키고 성장시키는 근본물질이라는 것이다. 특히, 달걀이라는 생명체의 주요 구성성분이 단백질이라는 실험결과는 단백질을 생명체의 으뜸(protos)가는 성분으로 삼게 된다. 단백질은 세포와 각종 생리활성물질(효소, 항체, 호르몬 등)의 재창조에 이용되며, 체세포의 주요 성분이다. 그리고, 단백질은 몸 안에서 끊임없이 분해되고 있기 때문에 식사에 의해 단백질의 구성성분인 각종 아미노산이 매일 공급되어야 하며, 이러한 세포조직대체과정은 일생 동안 일어난다. 이런 배경에서 식품과학의 여명기에 사람들은 단백질의 일일필요량을 인식하게 되었다. 특히, 저개발국가에 일어난 단백질 결핍증(Kwashiorkor)으로 인간이 섭취해야 할 필수적인 식품군을 단백질로 규정하면서 단백질의 중요성은 더해갔다.

단백질을 섭취하면, 단백질은 효소에 의해 가수분해되어 아미노산을 생성한다. 흡수된 아미노산은 혈액에 의해 세포에 운반되고 세포 내에서 아미노산은 다시 재결합하여 새로운 단백질이 합성된다. 그런데, 모든 단백질이 세포조직을 수선하거나 성장하는 데 이용되지는 않는다. 여기서 아미노산의 효용성과 단백질의 품질을 논의하게 된다. 20세기 초 사람이 반드시 섭취해야 할 필수 아미노산의 종류가 등장하고, 급기야는 단백질 식품의 생물학적 가치에 대한 논란이 대두된다.

결론적으로, 식품의 단백질은 곧 인체의 아미노산 조성의 전구물질이다. 따라서, 인체의 단백질과 유사한 필수 아미노산의 분포를 갖는 단백질이 보다 품질이 나은 것으로 여겨졌다. 따라서, 단백질의 우열을 따지게 됐고 사람들은 고품질의 단백질 식품을 선택하게 됐다. 단백질의 품질은 생물가로 결정한다(표 13-3).

원칙적으로 단백질은 열량원으로 볼 수 없다. 사실상, 체내에서는 과잉의 단백질만이 열량원으로 이용된다. 즉, 단백질합성에 이용되지 못하는 과잉의 아미노산은 간에서 탈아미노 반응에 들어가서 질소함유부분이 요소(urea)를

표 13-3. 식품의 생물가

육류	어류	우유	대두	쌀	완두	땅콩	옥수수	밀	젤라틴
82	79	77	73	67	64	55	50	49	0

형성한다. 요소는 인체 내 아무런 가치가 없는 폐기물로서 혈액에 의해 콩팥으로 수송되어 요(urine)로 배설된다. 이와 동시에, 탈아미노가 일어난 아미노산 분자는 탄소, 산소, 수소로 구성되어 있어서 세포 내의 구연산회로에 들어가 열을 발생한다.

사람들이 탄수화물보다 단백질 섭취를 중요시한 이유는 어디에 있는가? 단백질 섭취의 필요성은 쥐실험을 근거로 제시된 것이다. 쥐는 단백질 요구량이 높은 동물이다. 예를 들면, 쥐 젖 성분의 단백질 백분율은 거의 50%(칼로리로 환산하여)에 가깝다(표 13-4). 이에 비해 모유에 들어 있는 단백질은 칼로리로 환산하여 전체의 5%를 점하고 있는 사실로 미루어 하루에 필요한 단백질의 함량은 5-10% 정도일 것으로 보아도 무방할 것이다.

셋째, 질병을 치유하고 건강을 유지하는 물질로서 식품을 인식하였다. 일찍이 동양에서는 병을 치료하는 사람은 병을 예방하는 이만 못하고 약제를 이용하는 사람은 양생법(건강관리법)을 가르치는 이보다 못하다고 여겨 왔다. 즉, 식품을 이용하는 양생법(regimen)이 곧 치유법이라는 뜻이며, 이러한 양생법의 기본이 음양오행설이다. 음양오행설(yin-yang five operatives theory)이란 우주와 인간의 모든 현상은 음과 양의 두 원리로 소멸되고 성장하며, 만물의 생성과 소멸은 목(木), 화(火), 토(土), 금(金), 수(水)의 변전(變轉)으로 일어난다는 두 원리를 함께 묶은 것이다. 목, 화, 토, 금, 수는 우주만물을 형성하는 원기이며, 이들 각각은 다시금 음과 양으로 나누어진다. 음의 성질은 차가움, 조용함, 수동적임, 어둠, 내성적임, 습함, 활동적임, 팽창, 상승을 나타내며 양의 성질은 따뜻함, 활동적임, 밝음, 외성적임, 표현적임, 건조함, 쉼, 수축, 하

표 13-4. 포유동물의 젖의 구성성분

(gram/100g)

종	수분	지방	카제인	유청단백질 (총단백질)	유당	회분	에너지 (kcal/100g)
사람	87.1	4.5	0.4	0.4 (0.8)	7.1	0.2	72
쥐(rat)	79.0	10.3	6.4	2.0 (8.4)	2.6	1.3	137
젖소	87.3	3.9	2.6	0.6 (3.2)	4.6	0.7	66
토끼	67.2	15.3	9.3	4.6 (13.9)	2.1	1.8	202

자료: Y.H.Hui, 1991, *Encyclopedia of Food Science and Technology*, vol. 3, p.1796, John Wiley & Sons, New York.

강 등을 나타낸다. 따라서, 만물 가운데 하나인 식품도 자연현상처럼 음과 양의 성질로 나눌 수 있다고 주장하는 설이 음양식품론이다. 즉, 식품은 음의 성질을 띤 음의 식품(yin-foods)과 양의 성질을 띤 양의 식품(yang-foods)으로 나뉘고, 오행의 속성에 따라 식품도 분류한다는 것이다. 예를 들면, 식물성 식품은 음의 식품에 속하고 동물성 식품은 양의 식품에 속한다. 그리고, 음의 식품 내에서도 양의 성질이 강한 식품과 음의 성질이 강한 식품으로 다시 나뉘게 된다. 강한 양의 성질을 띤 식품은 달걀, 고기, 가금류, 어류이며, 비교적 음의 성질을 띠는 식품에는 열대성 과실류가 속한다. 그리고 비교적 균형된 양의 성질을 보이는 식품군에는 곡류, 콩류, 채소류, 종실류, 넛류, 온대성 과실류가 있다. 일반적으로 채소류는 음의 성질이 강하고, 동물성 식품은 양의 성질이 강하다. 그러나, 채소류에 속한다 하더라도 음양의 성질의 차이가 있다. 예를 들면, 음의 성질이 강한 음식은 더운 여름에 몸을 식혀 주면서 물질적 정신적 팽창을 일으킨다. 다른 한편, 양의 성질을 지닌 조리된 채소는 신진대사를 활성화하여 체온을 상승시킨다. 따라서, 동물성 식품을 섭취하면 음의 성질을 띤 채소류를 섭취함으로써 식단의 조화를 가진다. 또한, 섭취하는 식품은 자연의 현상(환경)과 잘 조화(음양)를 이루어야 한다. 즉, 양의 환경에서는 음의 식품을, 그리고 음의 성질이 더 강한 환경에서는 양의 성질을 가진 식품을 섭취하는 것이 자연의 음과 양을 조화시키면서 건강한 신체를 갖는 비결이다.

추운 지방에서 사는 사람은 양의 성질이 강한 식품을 선택하여야 하며, 더운 지방은 음의 식품이 좋다. 온대지방(계절을 가지는 지역)의 사람들은 계절의 성질에 조화되는 식품을 섭취해야 한다. 예를 들면, 여름에는 과일이나 샐러드를, 그리고 겨울에는 양의 성질이 강한 수프나 스튜를 먹어야 한다. 계절에 따라 적절한 먹거리를 선택하는 것이 이상적이다. 계절에 따른 적절한 식품이 없을 때는 그 계절과 유사한 지역의 산물을 섭취한다. 대체로 이러한 논리이다.

16세기《동의보감》(東醫寶鑑, *Dong-ui Bogam*)에서는 인체의 장기(臟器)와 먹거리의 다섯 가지 맛(伍味)의 상호관계를 설명하고 있다. 단맛은 췌장이 다스리고, 짠맛은 신장이 제어하며, 쓴맛은 심장이 다스리고, 신맛은 간이 제어하며, 매운맛은 폐가 다스린다 하여 식품의 맛 혹은 약제의 맛 성분에 의한 치유법을 근본으로 삼았다.

그러나, 오행의 근본은 상생과 상극관계에 있다. 즉, 목(木), 화(火), 토(土), 금(金), 수(水)에 속하는 식품들 사이에 상생과 상극관계가 존재함으로써 어울리는 식품과 조화되지 못한 식품이 나타나게 된다. 이러한 오행의 성질에 기초하여 19세기 후반《동의수세보원》(東醫壽世保元, *Dong-ui Susebowon*)에서는 인체의 장기〔심장: 태극, 폐: 태양(喜), 간: 태음(怒), 신장: 소음(哀), 췌장: 소양(樂)〕를 음양으로 분류하고 식품을 음과 양의 식품으로 구분하여 양의 체질과 음의 체질에 조화되는 사상의학의 양생법을 주창하기에 이른다.

한편, 중국의 음양오행론과 거의 동일한 시기에 나타난 그리스의 히포크라테스(Hippocrates, 기원전 406-377?)의 체액론이 서구사회의 건강관리법의 근간을 이룬다. 아리스토텔레스의 우주의 4원소설(theory of four elements)로 완성된 4체액론(theory of four humours)에 따르면 만물은 불(火), 물(水), 공기(氣) 및 흙(土)로 구성되어 있고 이에 상응하는 인체의 구성성분은 혈액, 점액, 황담즙, 흑담즙이며, 이 네 가지의 액이 조화롭게 운행될 때 건강한 삶을 누리고 그렇지 못하면 질병이 발생한다는 설이다. 이러한 양생법은 12세기 이탈리아의 살레르노(Salerno) 대학에서《살레르노 건강관리법》(*Regimen Sanitatis Salernitanum*)으로 출간되어 19세기 초까지 유럽의 건강관리법의 자리를 차지하였다. 4체액설에 따른 본 양생법의 논지는 네 가지의 체액이 인체 내에서 조화롭지 못하면 곧 질병으로 나타난다는 것이다. 즉, 불 같은 성질의 소유자가 뜨거운 음식을 먹거나, 수분이 많은 성인이 찬 음식을 과하게 먹게 되

표 13-5. 물질계의 근본과 4원소설

물질계 근본(4원소설): 불(火), 물(水), 공기(氣), 흙(土)
4체액설: 황담즙, 흑담즙, 점액질(수분), 혈액
산성 및 알칼리성의 근본: O_2, H_2, C, N_2, S
유기물의 5원소 = 五行? 목(木), 화(火), 토(土), 금(金), 수(水)
인체의 기(Qi): 수분(moisture), 혈액(blood), 정신(spirit), 정(essence)

면, 체액의 과다로 병이 발생한다는 논리이다. 사실상 중국의학에서도 질병은 5기〔목(木), 화(火), 토(土), 금(金), 수(水)〕의 부조화에서 나타난다고 하였으니, 동서양이 질병의 원인에 대한 이론은 닮은 점이 많다(표 13-5). 서양의 건강관리법이 좀 색다른 점은 음식을 찬 음식과 더운 음식으로 구분하는 것이다. 인도나 중국에서도 식품을 찬 식품과 더운 식품으로 구별하기는 하였으나, 서양에서는 식생활의 규범으로 믿어진 것 같다. 즉, 전염병은 수분을 매개로 전염된다. 따라서, 12세기와 15세기에 유럽을 휩쓸었던 역병의 주범은 찬 음식이었으며, 따라서 데워 먹거나 아니면 발효음료(포도주, 맥주)를 마시는 것이 안전하다고 여겼다. 프랑스의 포도주, 독일의 맥주가 식단에 등장한 계기도 이런 것으로 판단된다. 또한, 과실과 채소와 같이 수분이 많은 음식은 찬 음식에 속한다. 자연히 과일과 채소를 반드시 삶아 먹어야 했고, 오늘날까지도 그러한 식습관이 전해 내려오고 있다. 그러나, 살레르노 건강관리법은 18세기 근대화학기술의 발전에 용해되어 사라지고 살레르노 대학도 19세기 초 문을 닫았다. 동서양이 동일한 논리에서 시작한 인간의 건강관리법은 근대과학에게 자리를 넘겨 준 것이다.

먹거리의 우열

먹거리에 우열이 있을까? 흰빵이 좋은가, 흑빵이 좋은가? 제분이 발달하지 못했던 로마시대 이전에는 물론 흑빵(보리개떡의 형태)만을 먹었다. 색소 물질이 많은 밀의 종피(種皮)와 과피(果皮; 겨)를 제거할 수 없었고, 따라서 거무튀튀한 밀가루는 흑빵으로 제조되었던 것이다. 제분기술이 발달하면서 밀겨의 제거율이 높아졌다. 자연히 빵의 색깔은 하얗게 변하고, 이것들은 지체 높은 귀족들이 선호하게 된다. 잘 도정하여 쌀겨층이 충분히 제거된 흰 쌀밥이 신분의 척도나 부(富)의 상징이었던 우리의 실정과 너무나 흡사하다. 사람이 먹고 맛을 알 수 있는 물질은 수용성(물에 쉽게 녹는 성질)이어야 한다. 실제로, 종피나 과피 부분의 고분자 물질은 물에 쉽게 풀어지지 않아, 그 자체로는 제 맛을 느끼지 못한다. 또한 체내 효소에 의해 잘 분해되지 않기 때문에 소화율도 낮다. 그렇지만, 이러한 물질은 인체의 신진대사에 빼놓을 수 없는 물질이며, 흰빵을 선호하는 서구인들의 성인병(당뇨병, 심장질환, 대장질환, 비만 등)의 발병률과도 관련되고 있다. 근래에 들어서는, 이러한 물질을 식이섬유라고 하여 상품화하고 있다. 지금은 사람들이 밀이나 벼의 과피에 무수한 생리활성물질(vital components)이 들어 있다고 하여 과피를 제거하지 않은 빵이나 밥을 즐겨 먹는다. 서양에서는 전밀빵(whole wheat bread)을 찾고, 우리나라에서는 과피를 완전히 제거한 백미보다는 종피만을 제거한 현미를 찾는 사람이 많다.

그렇다고, 인간이 먹거리에 우열을 전혀 생각하지 않은 것은 아닌 것 같다. 기원전 빈번한 질병에 시달렸던 고대사회에서는 치유기능을 가진 약초류가, 음식의 맛을 중요시한 로마시대에는 향료식품이, 그리고 노동력이 필요한 산업혁명의 시기는 소화가 용이하고 열량이 풍부한 먹거리가 우위를 차지한 게 사실이다. 요즈음은 인체의 생리작용에 긍정적 영향을 주는 음식이면 그 기능적 우수성을 강조한다. 요컨대, 체내에서 소화되는 먹거리의 산화회로가 규명되면서, 그때마다 종래 등한시 되었던 먹거리의 새로운 기능이 부각되는 것이다. 오관(伍官)의 관능이 우선되었던 시기는 향미식품이, 오장(伍臟)의 활력이 중요시되던 시기는 소화율이 높은 녹말식품군이, 인체의 종말처리장인 대장(大腸)의 건강이 중요시된 근대사회에는 올리고당이나 식이섬유와 같은 기능성식품군이, 마지막으로 체액의 정상적 순환과 균형이 문제되는 오늘날은 미량원소와 체액의 균형이 우위에 있다(표 13-6, 그림 13-4). 아직 등한시되고 있는 먹거리의 영향권은 인체의 어느 부분일까? 내분비계 신경 호르몬이 남아 있다. 먹어서 즐겁고, 위력적인 열량과 힘을 발휘하기 위해서는 어디에 시그널을 보내는 것이 가장 효율적인 것일까? 자칫 환각 성분이나 마약 성분과 혼동될 수도 있으나, 이는 2000년대의 호기심이다.

인간의 먹거리의 선택에 큰 영향을 주었던 시기는 비타민과 무기질이 발견된 20세기 초라고 할 수 있다. 그때까지만 해도 모든 먹거리는 양(量)과 열량에 따라 우열을 매겼다. 그러나, 비타민과 무기질을 비롯하여 필수 아미노산과 필

표 13-6. 식품의 기능에 대한 인식변화와 인체의 장기의 중요성

- 향미(good taste)	입 안	조미료, 향료산업
- 소화(good digestion)	위, 십이지장	소화제 제조 산업
- 흡수(good absorption)	소장	
- 운반(good transportation)	심장, 혈관	동맥, 정맥
- 전달(good transmission)	내분비선	신경전달물질, 호르몬
- 면역기능(good immune)	면역기관	항체, 면역물질

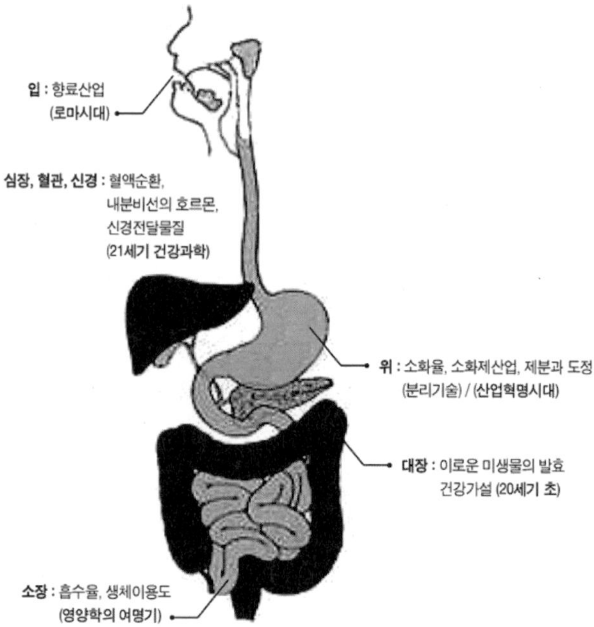

그림 13-4. 시대에 따른 식품의 가치와 용도

수 지방산이 인체의 건강에 중요한 인자임을 알게 된다. 요즈음의 기능성식품군의 효시이다.

먹거리의 참다운 가치는 맛과 영양소의 균형에서 찾을 수 있다. 미각을 통한 맛은 사람에게 즐거움을 가져다주고 균형을 갖춘 영양소는 건강한 체력을 유지시킨다. 그런데, 사람들은 식품의 맛을 우선하면서 건강을 해치고 있다.

사람들이 섭취하는 열량의 과다는 일반적으로 지방질에 의해 좌우된다. 지방질은 모든 향기성분의 운반자이다. 맛있는 식품이라면 대부분이 지방질 식품이다. 물론 설탕을 위시한 과다한 조미료도 한몫을 한다. 현대인의 식생활이 저염, 저당, 저지방식품으로 변화하고 있는 것은 위장(僞裝)된 가짜 먹거리를 피하고자 하는 사람들의 지혜이다.

인간의 주식은 곡물

인간의 먹거리는 크게 주식(staple foods)과 부식(side dishes)으로 구분할 수 있다. 주식이란 사람이 생존을 위해 매일 섭취하는 주된 음식물을 말하고, 부식은 주식을 먹을 때 곁들이는 음식물이다. 농경사회 이후 부식은 시대나 사회에 따라 변하여 왔으나, 주식은 곡물에 한정되어 있다. 쌀은 동양인의 주식이고, 밀은 서양인의 주된 먹거리임을 부인할 수 없다. 혹자는 서양인의 육제품과 유제품을 서양인의 주식의 반열에 올려놓기도 하나, 이는 산업혁명 이후 목축업이 산업화되면서 곡물, 육제품 및 유제품의 소비량이 대등한 추세를 나타냄에 따른 것이다. 즉, 일상생활에서 소비하는 주식과 부식의 경계선이 모호한 데서 비롯된 것이다.

쌀은 조리방법에 따라 인디카형과 자포니카형으로 나누고, 밀은 반죽의 성형여부에 기준을 두어 빵곡류와 기타곡류로 분류한다. 이러한 곡물이 인간의 주식으로 자리 잡게 된 사회과학적 근거는 무엇인가.

첫째, 곡물의 생산성과 경제성이다. 토양에서 생산되는 초본류 가운데, 인간이 선택한 곡물은 단위면적당 가장 높은 수확량을 보이고 있다. 또한, 경제적인 면에서 1시간의 노동으로 1*kg* 곡물을 생산할 수 있으며, 이는 1*kcal* 에너지 이용으로 14*kcal* 에너지를 얻는 결과를 가져오는 것이다. 즉, 곡물을 인간의 에너지원으로만 계산해도 14배의 생산성을 갖고 있다. 또한, 곡류의 재배는 축산에 비해 노동이 덜 들고 단백질 생산성이 높다. 동일한 초지에서 목축에 의한 단백질 생산량보다 콩을 재배하여 얻은 대두단백질의 양이 훨씬 높다는 사실은 익히 알려진 바와 같다.

사실상 동물에게 사료를 주면, 사료 가운데 약 15% 정도가 고기, 젖 및 달걀로 전환된다. 따라서, 식물성 단백질을 생산하는 것이 훨씬 경제적이다. 예를 들면, 황소를 1ha 초지에서 사육하면 한 사람이 3백 일 동안 먹을 수 있는 단백질이 생산된다. 그러나, 이 초지에 밀을 경작하면, 3,500일 동안 필요한 단백질을 생산할 수 있고, 만일 이 토지에 콩을 경작하면 8천 일 동안 필요한 단백질을 얻을 수 있다고 한다. 만일 미생물을 이용하면 단백질의 생산량은 더욱 상승한다. 최근에 증가하는 채식주의자를 위해 곰팡이를 발효시켜 얻은 고기대용품(Quorn, mycoprotein)이 미국 식품의약품관리청(FDA)의 승인을 얻어 영국과 미국시장에서 유통되고 있다.

둘째, 곡물의 저장성과 유통안정성(marketability)이다. 수확 후 건조된 알곡은 살아 숨 쉬고 있다. 이것들은 사람과 마찬가지로 탄산가스와 물과 열을 내놓으면서 호흡하고 곡물의 모든 영양소를 그대로 보존하는 능력을 지니고 있어서 장기간 저장이 가능하다.

셋째, 곡물은 온전식품(wholesome foods)에 속한다. 온전식품이란 어떤 생물의 발육과 성장에 필요한 모든 요소(elements)를 갖춘 물질이다. 예를 들면, 적당한 온도의 조건만 부여하면 한 생명체가 태어나는 달걀이나 유아기 동안에 섭취하는 우유나 모유와 같은 것을 말한다. 곡물도 마찬가지이다. 곡물은 일정한 수분과 온도의 조건을 갖추면 싹이 나 새로운 생명체를 형성할 수 있는 모든 요소를 완벽히 갖추고 있다. 따라서, 인간은 곡물만을 섭취하더라도 성장과 발육에 이상현상을 보이지 않는다. 간혹 쌀밥에 기인한 각기병이 거론된 적도 있으나, 이는 인간이 도정기술을 오용하여 온전한 쌀을 불완전한 곡물로 가공한 데서 비롯된 것이다.

넷째, 곡물의 열원으로서의 가치이다. 곡물의 배유 부위에 함유된 전분(60-80%)으로 말미암아 일상생활의 열량원으로 이용된다. 그러나, 곡물은 다른 식품에 비해 비교적 서서히 산화되는 먹거리이기 때문에 혈당을 순간적으로 올리지도 혹은 내리지도 않는 특성을 지닌다. 즉, 어떤 음식물보다 인체의 혈당을 안정시키는 먹거리에 해당한다.

쌀과 밀과 옥수수의 이해

동양인의 주식은 쌀이고 서양인의 주식은 밀이며 가축의 주사료는 옥수수이다. 따라서, 전 세계에서 생산하는 곡물 가운데 쌀과 밀과 옥수수의 연간 생산량은 7곡(쌀, 보리, 밀, 오트, 라이보리, 조, 옥수수) 가운데 가장 높다. 인간의 주식의 가치를 근거로 판단할 때, 쌀, 밀 그리고 옥수수 가운데 어느 곡물이 우위를 점할까? 가공적성을 기준으로 보면 물론 밀이다.

그러나, 곡물의 경제성과 영양생리적 기능의 측면에서 살펴보면, 쌀과 밀 및 옥수수의 우수성은 순서가 바뀌게 된다. 단위면적당 수확량은 옥수수, 쌀, 밀의 순서이다. 즉, 쌀의 생산성이 밀의 그것보다 2배 이상에 달한다(그림 13-5). 쌀 단백질의 아미노산 조성 역시 밀의 그것보다 우수하여 쌀의 생물가는 밀의 생물가에 비해 약 1.4배가 높다. 또한, 쌀에는 나트륨이 거의 존재하지 않아 저염식품(sodium-free foods)으로서 환자식으로 애용하기도 한다. 우리의 식단

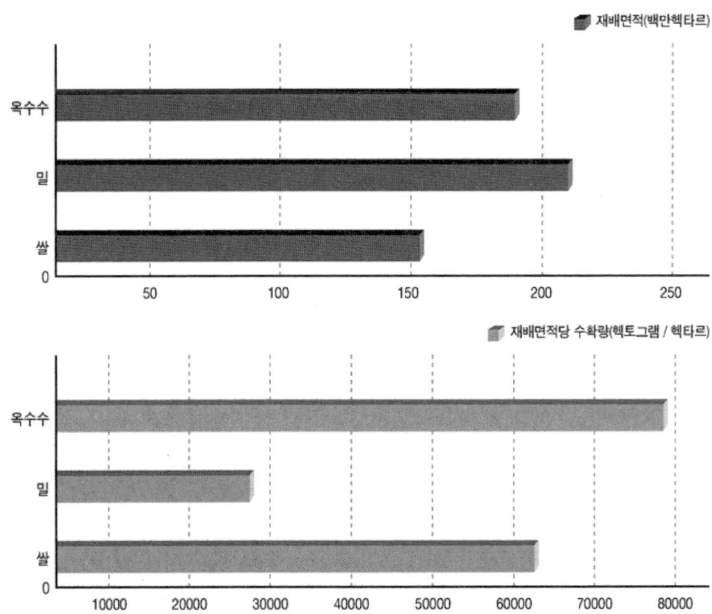

그림 13-5. 쌀, 밀, 옥수수 단위면적당 수확량과 재배면적의 비교

표 13-7. 식빵, 즉석면 및 쌀밥의 열량비교표

(kcal/100g)

식품의 종류	에너지	수분(%)	단백질(%)	지방질(%)	탄수화물(%)
식빵	264(1105)*	38.0	9.3	4.4	46.7
즉석면(라면)	445(1862)*	2.0	10.1	16.7	63.5
쌀밥(정백미)	168(703)*	60.0	2.7	0.6	36.4

* ( ) 안은 KJ

자료: 新식품성분표편집위원회, 2004,《식품성분표(五訂일본식품표준성분표)》, p.18, 一橋출판.

이 밥과 김치(rice & kimchi)로 구성(combination)된 근거가 바로 이것이다. 그리고, 쌀은 단순히 끓이거나 찌는 형태를 취함으로써 가공보조제의 필요성이 없으나, 밀은 소금과 기름(쇼트닝) 등을 첨가하지 않으면 안 된다. 따라서, 쌀밥은 첨가물에 대한 문제가 발생할 수가 없으나, 밀을 가공하기 위해선 가공형태 및 용도에 따라 많은 가공보조제가 필요하다. 또한, 열량 면에서 볼 때, 빵과 같은 밀 가공품은 쌀밥에 비해 무게당 1.6배의 열량을 낸다(표 13-7). 적은 열량을 선호하는 요즘의 식생활에서는 쌀은 다이어트 식품군에 분류되고 밀은 고열량식품에 속한다. 또한, 밀의 글루텐 알레르기(체강, 體腔, celiac, gluten intolerance)는 잘 알려져 있다. 유전적으로 여성에게 더 많이 나타나는 이러한 신진대사의 결함은 글리아딘(gliadin)이라는 밀단백질이 소장의 융모(villi)를 손상시켜 나타나는 증상이다. 이 알레르기는 서구인 2천 명에 한 명꼴로 나타나고 있다. 위가 메스꺼운 상태(gut intolerance)를 보이며 가스가 차는 이 증상을 치유하는 데 쌀이나 조를 먹는다고 하니 흥미롭다.

쌀은 육종과 변이 정도에 따라 보통 인디카형(*Oryza glaberrima*), 자포니카형(*Oryza sativa*) 및 자바니카형으로 나눈다. 쌀의 원형(prototype)인 인디카형(Indica type, long kernel rice)은 열대지방에서 널리 재배되며 길쭉한 형태를 갖고 있다. 다른 품종에 비해 수분을 적게 흡수하고 팽윤율도 낮으며 점성이 적어 조리 후에도 서로 엉키지 않는 성질을 지니고 있다. 동남아시아 주식이며, 대개 끓여서 익히는 방법을 이용한다.

이에 비해, 자포니카형(japonica type, round kernel rice)은 둥글고 수분을 많이 흡수하며 점성이 커서 조리 후에 잘 엉키는 성질을 가진다. 특히, 아밀로오스의 함량이 적어서 왁스형의 품종으로 불린다. 자포니카형은 중국에서 인디카형을 변종한 변이종으로 내한성과 내수성이 뛰어나 중국 중부, 한국 및 일본에서 주식화한 벼의 변이종이다. 점성이 커서 스팀으로 쪄 익히는 조리방법을 사용하는데, 인디카형과는 정반대의 물리적 성질을 띠고 있다. 서구인의 기호에는 적합하지 않기 때문에 서구에서는 자포니카를 주로 수프용으로 사용한다.

자바니카형(javanica, middle kernel rice)은 쌀의 중앙이 볼록한 형태를 가지며 주로 이탈리아에서 재배하는 품종이다. 이러한 품종도 조리과정에서 서로 엉키지 않도록 할 수 있기 때문에 용도는 인디카형과 유사하다. 특히, 리조토(risotto)의 제조에 적절한 품종이다.

자포니카형 쌀은 쌀알의 크기에 따라 단립(short, 한국과 일본), 중립(medium; Calrose, Nato, Saturn과 Vista) 및 장립(long; Belle patna, Bluebelle, Bluebonnet 50 및 Starbonnet)으로 분류하거나, 재배적 관점에서 조생종, 중생종 및 만생종으로 나누고 있다.

현미와 백미

벼(paddy rice, rough rice)를 연삭식 도정기에 보내어 왕겨를 벗기면 현미(brown rice)가 되고 다시금 도정기(huller)에서 쌀겨를 제거하면 백미(polished rice)가 얻어진다(표 13-8, 그림 13-6). 현미(brown rice)는 종피(pericarp), 배아(germ), 배유(starchy endosperm)로 구성되어 있다. 종피는 6겹의 속층으로 되어 있고, 배유는 전분질로 차 있다. 배유의 외층에 과피와 맞닿은 배유의 일부를 호분층(aleurone layer)으로 부르는데, 여기에는 단백질, 지방질, 비타민이 풍부하다. 도정하여 종피, 과피, 호분층을 제거한 현미가 정백미이다. 쌀겨는 단맛을 띤 갈색가루이며, 지질, 무기질 및 비타민 B군에 풍부하여 사료로의 가치가 높다. 쌀겨를 제거하지 않은 현미는 높은 과피 함량으로 수분흡수속도가 낮기 때문에 가압솥을 사용하여 익힌다. 또한, 과피의 높은 효소활성으로 산화되기 쉬워 백미에 비해 저장성도 낮다. 공기 중의 산소로 산화되어 갈색에서 검은색(玄)을 띤다. 백

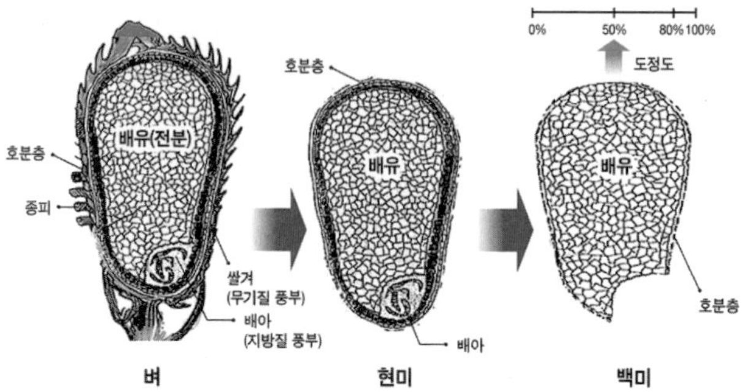

그림 13-6. 볍씨, 현미 및 백미의 구조

표 13-8. 백미와 부산물의 함량

왕겨(hulls)	17.0-21.0%	겨(bran)	8.0-14.0%
폴리쉬(polish)	1.8-4.0%	백미(head rice)	37.0-65.0%
쇄미(second heads)	2.6-11.7%	스크리닝(screenings)	3.1-11.0%
쇄미(brewer's rice)	2.0-4.9%	손실과 이물	1.2-3.0%

미는 살아 숨쉬는 벼와 비교할 때 저장성이 낮다. 더구나 호분층은 공기 중의 산소와 반응하여 쌀의 묵은취를 만들어 낸다. 서구에서는 장기저장의 목적으로 광유(talc, 독일에서는1975년 이후 금지됨)나 포도당 등으로 백미를 피복(glass rice)하여 유통하기도 한다.

파아보일드쌀(parboiled rice)

인도, 파키스탄 및 미얀마에서 수세기 동안 이용하는 쌀이다. 그리고, 전 세계의 쌀 생산량 가운데 약 20%가 파아보일드쌀로 가공되고 있다. 가공방법을 살펴보면 벼를 물 속에 침지하여 수분 함량을 30-35%로 만들고, 이 벼를 쪄서 호화시킨 다음 천일건조한다. 침지 가열 및 건조에 의해 쌀알의 조직은 바뀌어져, 보다 좋은 점조성과 높은 경도를 지닌다. 영양적 측면에서도 장점을 가지고 있는데, 예를 들면 수용성 비타민의 이동이다. 침지에 의해 외피 부분의 비타민은 배유의 내부로 확산되어 비타민의 손실을 줄일 수 있다. 특히, 비타민 E의 잔존량은 현저히 높다. 이 가공법에 의하면, 기계적 파손에 의한 파쇄미의 손실량도 줄일 수 있다. 이 밖에, 파아보일드쌀은 다음과 같은 장점을 가지고 있다.

- 처음의 조리과정에서 높은 온도로 살균함으로써 해충 및 기타 병원성 혹은 부패성 미생물의 제거.
- 수분 함량의 조절이 쉽다.
- 경도의 증가로 병원성 미생물의 오염이 어렵다.

밀의 제분

인간이 주식은 곡물에 들어 있는 전분이다. 그러나, 곡물에 들어 있는 전분을 얻는 방식은 동서양이 다르다. 동양인은 쌀알을 연삭식 도정기를 사용하여 호분층까지 깎아 내는 방법(abrasion)을 사용하고 있다. 그리하여 쌀겨층의 70%, 80% 혹은 100%를 제거하면 각각 70%도정백미, 80%도정백미 혹은 100%도정백미로 부른다. 그러나, 서구인은 밀을 빻아 밀알의 전분을 분리한다. 단단한 밀알의 겨조직으로 인해 쌀알처럼 도정이 불가능하기 때문이다. 따라서, 밀알을 완전히 빻아 배유부분과 밀겨의 물리적 특성의 차이로 밀전분을 분리해 내는 방법을 사용하고 있다. 밀을 빻은 다음 체로 치는 공정을 거쳐 전분질만을 얻어 낸다는 의미로 도정이라는 용어 대신에 추출률(extraction rate, %)을 사용한다. 밀알을 분쇄하면 밀겨는 거칠게 빻아져 체에 걸러지는 원리를 사용한 것이다. 체로 거르는 과정을 수십 회 반복함으로써 고운 밀가루가 만들어지는데, 이러한 과정을 제분(milling)이라 한다. 서구인에게 도정이라는 용어는 사실상 존재하지 않는다. 따라서 동양의 도정공정도 영어식 표현인 'milling'이라는 말을 사용한다. 제분이나 도정이나 알곡에서 배유(전분 위주의 성분)부위를 얻어 내는(추출하는) 방법이다. 따라서, 도정률(milling rate)이나 추출률은 동일한 의미를 가진다.

밀알의 주요 부분은 외피(5-8%), 호분층(6.0-7.0%), 배유(81.0-83.0%), 배

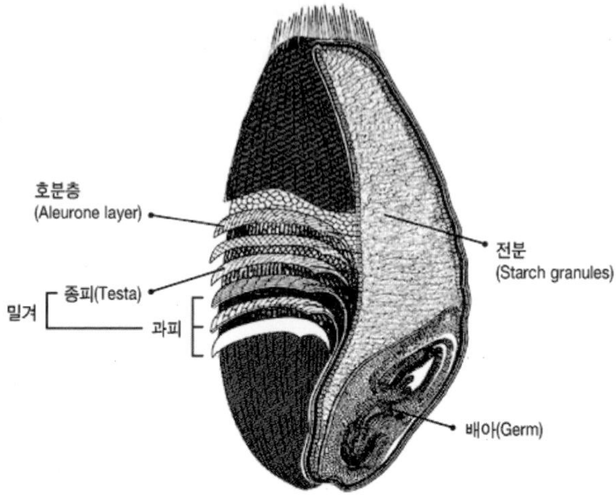

〈자료〉 Pomeranz, Y. 1987. *Modern Cereal Science and Technology*, p. 28. VCH Publishers, Inc., New York.

그림 13-7. 밀의 구조와 구성성분의 차이

아(1.0-1.5%)의 3부위로 구성되어 있다(그림 13-7).

제분은 제분 정도(추출률)에 따라 밀겨와 씨눈 부위가 섞여 나온다. 전분의 추출의 정도는 밀겨와 씨눈(섬유소, 색소물질 및 비타민과 무기질이 풍부한 부위)이 제거되는 정도이며 밀가루의 성분분석으로 판단한다. 즉, 겨와 씨눈(배아)에 많이 분포된 무기질(회분)의 제거 정도가 제분율의 지표가 된다. 이는 하얀 빵을 선호했던 옛 서구인의 식습관에 따라 내려온 관습이며, 배아와 밀겨의 영양소를 고려하지 않은 전통적 밀가루 분류방법이다. 요즈음 전밀빵을 찾는 소비자가 증가하고 있어, 다양한 밀 추출방법이 개발되고 있다.

19세기 산업혁명을 거치면서 제분기는 모두 고속 롤러(steel roller)로 교체되었다. 제분업의 이익은 증가하였지만, 고속제분에 의해서 겨와 배아는 사료로 이용되었다. 결과적으로, 제분업자의 이익으로 인간은 불충분한 영양소를 공급받고 대신에 동물은 건강식을 얻게 된 셈이다. 고속롤은 회전하면서 열을 내면서 비타민을 파괴한다.

제분은 여러 가지의 파쇄공정과 분체공정으로 이루어진다. 제분의 효율은 밀의 조정(tempering 혹은 conditioning)의 효율성과 원료의 적절한 유입량에

표 13-9. 밀의 부위별 구성성분의 차이

	중량(%)	전분	단백질	지방질	펜토산	무기질
전밀(Whole wheat)	100	60-70	10-14	1.5-2.5	5-8	1.6-2.0
배유(Endosperm)	82-85	70-85	8-13	1-1.6	0.5-3.0	0.3-0.8
밀겨(Bran)	15	0	7-8	1-5	30-40	3-10
배아(Germ)	3	20	35-40	15	20	5-6

의해 결정된다. 밀의 수분이 적절하게 조정되면, 겨와 배아는 떨어져 나가고 내배유가 쉽게 분리된다. 일반적으로 밀알의 72%는 밀가루로 회수되며, 나머지 28%는 사료로 이용한다(표 13-9).

빵의 기원

빵(bread)이란 밀가루와 물과 소금으로 된 반죽을 효모에 의해 생성된 탄산가스로 반죽 내에 수많은 기공(기포)을 만들어 구워낸 것을 말한다. 자연히, 속살이 부드러워 씹기 쉽고 소화가 잘되는 익힘 상태를 갖기 때문에, 밀을 섭취하는 서양인의 지혜로 평가되는 것이다.

이러한 서양인의 지혜는 밀가루를 이용한 과자의 제조로 이어진다. 근대 과학기술의 발달과 함께 사람들은 탄산가스를 만들어 내는 물질이나 기계적 방법을 이용하여 반죽 내에 수많은 기포를 만들어 낸다. 발효의 공정에서 생성되는 이산화탄소를 밀 단백질과 지방질(쇼트닝) 및 녹말질이 만드는 반죽에 공기를 혼입시키거나 약간의 팽창제를 첨가함으로써 속결을 부드럽게 하고 소화 흡수를 도운다. 파운드 케이크, 스위스롤 혹은 생일 케이크 등이 이에 속한다. 특히, 카스틸라(Castilla)는 공기를 고루 분산시켜 속살을 아이스크림처럼 부드럽게 만든 과자로 우리나라에 처음 소개될 때에 설고(雪羔)라고 하였다. 우리가 흔히 과자라고 부르는 사탕은 밀가루 대신 설탕이나 물엿으로 만든 것을 말한다.

비스킷은 빵일까, 과자일까? 대답은 간단하다. 반죽을 발효시켜서 속살을 부드럽게 만든 경우이다. 빵이다. 우리가 심심풀이로 먹는 미국식 크래커도 뱃사람 빵으로 알려진 하드택(hardtack)에서 비롯되었다. 군인들의 식량인 건빵도 갈무리가 잘 되고 휴대하기 쉽도록 제조한 빵이다. 우리는 서구인의 주식을 과자처럼 소비한다. 그래서 과자와 빵을 구별하지 못하는 것이다.

오늘의 발효 빵은 기원전 4000년경 고대 이집트에서 유래되었다. 우연히 반죽이 부풀어 오르는 현상을 발견한 고대 이집트인들은 혼령이 내려앉아 반죽을 부풀려 먹기 쉽고 소화가 잘되는 빵이 구워지는 사실을 발견하였다. 반죽을 그대로 구워 낸 밀떡과는 비교가 되지 않을 정도로 속살이 부드러운 이 빵은, 자기들의 신(神)만이 창조할 수 있으며, 따라서 빵을 굽는 것은 신의 은총(osiris)으로 가능하다고 믿었다. 자연히 발효 빵은 이집트인의 종교의식에서 중요한 제물이 되었다.

기원전 1400년경 이집트인의 발효기술은 유대인에게 전해진다. 사실, 출애굽기(Exodus) 이전에는 성서의 어느 구절에도 발효라는 단어가 없다. 실제로, 유일신을 믿는 유대인은 발효 빵을 만드는 신을 숭배할 수 없었고, 따라서 발효 빵은 이교도의 잡신의 조화로 여기게 된다. 발효를 부패(spoilage)와 동일하게 생각한 유대인 가운데는 아직도 발효제품을 먹지 않는 식생활을 고집하는 이가 있다.

요즈음 발효 빵을 먹는 유대인도 그들의 종교의식에서만은 무발효 빵을 사용하는데, 이것은 유월절(猶越節: 유대인의 이집트 탈출을 기념하는 축제)의 주요 제물이 된다. 후에 유월절에 최후의 만찬을 가진 예수 그리스도의 빵(mazzah)과 포도주로 이어진다. 성당의 미사에 이용하는 빵도 당연히 무발효 빵이어야 한다. 사실상, 유대인이 이집트에서 빵 발효법을 배웠다고 전한다. 유대인이 종교의식에 무발효 빵을 사용하는 것은 이집트로부터 탈출할 때, 발효 빵의 종지(씨)를 준비할 수 있는 시간적인 여유가 없었다는 이유와, 발효 빵의 기원이 이교도의 잡신에 근거하기 때문이라는 두 가지 설이 있다. 어쨌든 지금도 유대인에게는 무발효 빵(mazzah, matzoh)이 축제의 제물이다. 무발효 빵은 이집트의 노예신분으로부터 해방되는 이스라엘 백성을 기념하는 제물이다.

이집트의 제빵기술은 다시금 그리스에 전래되면서 현대적 오븐의 효시가

되는 화덕(baking oven)이 출현한다. 그리스인은 빵곡식(bread wheat)의 여신(Demeter)을 위한 성전을 신축한다. 또, 빵의 대량생산체제에 따라 제빵의 임무는 노예의 몫으로 넘어간다. 축력을 이용한 제분기술이 발전하고, 밀가루도 용도에 따라 네 가지로 분류(최상급, 상급, 중급, 하급)하여 생산하기 시작하였다. 보리를 이용한 제빵기술이 개발되었으며 빵 판매법도 만든다. 즉, 빵값을 고정하고 무게를 가감하는 판매방식을 사용하였다. 그리스인은 종지를 사용하지 않고 포도주스로 빵을 부풀리는 새로운 제빵기술이 개발된다. 아마 이것이 효모빵 개발의 효시가 될 것이다.

9-10세기경 철로 만든 오븐이 설치되고 북유럽과 중앙유럽에는 라이보리를 혼합한 복합분 빵이 성행하였다.

12세기경 십자군 전쟁을 거치면서 유럽인은 아랍인에게 지중해 연안의 밀밭을 빼앗기게 된다. 이때부터 독일인을 위시한 유럽 중북부 사람들은 라이맥 흑빵이나 복합분 빵 혹은 오트밀 빵을 먹는다. 밀빵에 비해 부피(loaf volume)가 훨씬 적은 사우어 도우(sour dough) 흑빵은 차라리 무발효 빵에 가까웠다. 밀처럼 고도로 제분할 필요가 없는 곡물들이라서 과피의 색소물질 그대로 남아 있게 된다. 이런 재료로 구운 빵은 자연히 흑빵이 되었다.

15세기 초 흰밀빵(Lord's bread)이 등장하고, 거친 복합분 빵은 서민층에 공급된다. 제분공정은 비싼 값을 지불해야 했기 때문에 흰빵은 사치로 여겼다. 동일 시대에 아우구스티누스 황제가 최초의 베이커의 길드제도를 창안하여 실시한다. 베이커의 길드제도는 일종의 도제제도로서 3-7년 동안의 제빵수습기간을 거친 후, 전 유럽을 돌아다니면서 제빵견습생 생활을 한다. 제빵기술자로 선정된 후, 선임자가 공석이면 제빵사업에 참여할 수 있다. 당시는 길드회원만 빵을 판매할 수 있도록 법제화하였다.

1600년경 제빵산업에는 별다른 변화가 없었다. 회교도들에게 지중해 연안의 밀생산지를 빼앗아 유럽인은 무발효 빵, 라이맥 흑빵, 보리빵 오트빵을 먹는다. 상업적 제빵업소가 줄어들고, 대부호만 밀빵을 먹을 수 있는 환경이었다. 이 시대의 특징은 제분업과 제빵업의 분리이다. 수력에 의한 제분업소가 등장하고 팽창제(barm)를 이용한 빵이 출현하며, 사우어 도우의 종지가 최초로 사용된다. 빵에 십자가 표시를 하여 빵을 쉽게 부수는 방법도 고안한다. 수력을 이용한 제분방법(풍차)의 개발로 제빵시설이 대량생산의 체제를 갖추기 시작하였으나, 흰빵은 역시 특별식에 해당하였다.

1700년경 미국(매사추세츠 주)은 빵관리법(Assize of bread)을 제정한다. 내용은 빵값은 일정하게 유지하고 빵무게는 곡물가에 따라 변동할 수 있도록 하였다. 13세기 영국의 빵관리법에 기초한 것이다. 각 제빵업소의 빵은 상표로 유통시키고, 유럽과는 달리 제빵의 독과점을 배제한 것이 특징이다. 밀빵 외에 미국에서 생산되는 옥수수를 주성분으로 한 옥수수빵, 비스킷, 하드택(hardtack; 뱃사람빵) 등이 성행하였다. 하드택은 물, 밀가루, 소금으로 제조된 저장성이 좋은 무발효 빵으로 나중에 크래커로 변형되어 미국식 제과의 상징이 된다. 특히 저장성이 좋은 쿠키와 크래커가 유럽의 제빵기술을 능가하였으며, 1840년 발발한 남북전쟁의 군용식품으로 큰 인기를 모은다.

산업혁명과 함께 제분기술이 발달하면서, 사람들은 소화율이 높고 조직감이 부드러운 밀빵을 갈망하게 된다. 녹말질이 높은 밀가루를 선호하게 된 것이다. 또, 가벼운 빵일수록 상업적 가치도 높았다. 미국에서 식빵(pan bread)을 상업화하는 데 성공하게 된 이유이다. 성공의 비결은 제분율의 향상이었다. 최적의 제분율로 빵의 부피를 증가시켜 속결을 부드럽게 만든 식빵은 우리에게도 쉽게 전래될 수 있었던 품목 중의 하나이다. 즉, 고도의 제분기술을 이용하여 순수한 녹말질만을 추출하였으니 식빵이 갖는 향기와 맛은 과자에 버금갔다.

제분은 곧 밀알로부터 녹말질을 분리하는 방법이다. 제분의 정도에 따라 녹말질 외에 밀겨와 씨눈 부위가 섞여 나온다. 제분율이 낮으면 밀겨와 씨눈의 제거율이 높아지면서 그만큼 녹말질의 함량은 높아진다. 녹말질의 함량이 높아서 빵의 부피는 최대로 증가한다. 또한, 알곡의 색소물질이 적어지니 밀가루의 색깔은 하얗고 구워 놓은 빵의 색깔은 먹음직스럽게 변한다. 밀겨와 씨눈은 먹거리 대신에 가축의 사료로 이용되었다.

문제는 밀겨와 씨눈의 영양소이다. 밀알은 녹말질 72%, 밀겨 16%, 씨눈 12%로 구성되어 있다. 제분으로 제거되는 밀겨와 씨눈에는 인체에 필요한 식이섬유, 비타민, 무기질 및 기타 생리활성 물질이 풍부하다. 유제품과 고기를 많이 소비하는 서구식단에 반드시 필요한 영양소이다. 특히, 밀겨에 들어 있는 식이섬유는 성인들의 질병을 예방하는 데 효과적이다. 뒤늦게 인체의 건강에 미치는 빵의 기능을 인식한 서구인들은 밀겨와 씨눈을 버리지 않는다. 빵의 색깔은 다시금 검어지고 있다.

각국의 대표적인 빵

각 나라의 빵은 문화적 배경, 부유의 정도, 작물재배의 지리적 조건, 식습관 및 가공기술의 발달이나 사회의 변천에 따라 다르다. 또는 그 시대의 필요성이나 환경의 변화에 따라 개발되는 빵의 종류가 많다.

영국

영국의 빵은 번즈(과자빵)라는 둥글납작한 빵이 대표적인데, 이는 산업사회로 진입을 하면서 빵을 쉽게 유통 분배시키는 데 유리하였을 것으로 생각된다. 이러한 방법은 일본에 전래되면서 일본식 과자빵이 되었고, 일본 특유의 팥소를 첨가하게 된다. 우리가 말하는 팥빵, 과자빵은 일본식으로 변형된 영국식 빵이다. 샌드위치(sandwich) 또한 영국에서 유래되어, 전 세계의 식사법이 되었는데, 이는 18세기 샌드위치 지방의 존 먼터규(John Montagu) 백작이 식음을 전폐하고 카드놀이에 몰두한 나머지 하인들이 들여놓은 간이식사가 유행하여, 하나의 샌드위치식 전통식사법이 탄생한 것이다.

미국

미국의 초기개척자들이 북미에 밀을 재배하기 전에는 이 지역 자생작물인 옥수수를 빻아 빵을 만들었다. 옥수수 전분은 익힌 다음 쉽게 굳어지는 성질을 갖고 있어서 뜨겁게 먹어야 제 맛을 알 수 있는데, 원주민은 이러한 단점을 보완하기 위해 얇은 종이 형태의 빵(paper bread 혹은 tortilla)을 유통하였던 것이다. 미국인은 우리가 아는 식빵(pan bread)을 상업화하는 데 성공하였다. 빵의 부피를 증가시켜 속결을 부드럽게 하는 소위 식빵의 개발로 동양인의 제빵산업에 일조를 했다고 본다. 원래의 유럽식 빵은 부피보다도 무게가 중요하고, 빵의 껍질부위(crumb)의 맛과 저장성에 초점을 두었다고 생각한다면, 미국식 흰빵(식빵)은 부피와 소화, 그리고 간편식(샌드위치)에 더 역점을 둔 것으로 판단된다. 이도 산업사회의 상업주의의 결과인 것으로 보인다. 지금의 미국은 흰빵에서 점차 특별식(special bread)의 소비가 늘고 있다. 즉, 유럽인이 즐겼던 라이맥빵이나 복합분빵의 소비가 늘고 있다.

프랑스

프랑스인이 빵에 대한 태도는 한국인의 쌀밥에 대한 관심이나, 독일인의 감자에 대한 애착과 같다. 그것은 지중해 연안의 밀재배적지와 농업국이라는 긍지에서도 찾게 된다. 빵에 대한 평가는 아마도 제일 까다로운 국민이라고 말할 수 있다. 막 구워 낸 빵이어야 하고, 빵껍질은 두꺼워야 하며 칼질도 반듯반듯 썰어져야(razor-sharp, 면도날로 자른 듯한)한다. 하루 세 끼 식사에 빵이 빠지지 않는데, 아침에는 뜨거운 밀크커피와, 점심에는 정식과, 그리고 저녁식사는 수프와 함께 빵을 즐긴다. 빵의 소비는 일반적으로 감소 추세이지만 아직도 유럽인 가운데에서는 빵의 소비가 가장 높다. 요컨대, 빵의 소비 중 가장 으뜸을 차지하는 종류는 둥글고 긴 빵(gros pain)이 40%이고, 나머지 40%가 바게트(baguette), 바타르(batard), 폴뤼트(folute) 및 피셀(ficelle)이다. 영국식 과자빵인 번즈에 맞먹는 크루아상(croissants)은 특별식에 속한다.

독일

사우어도우법으로 제조한 독일의 흑빵은 산도가 높아 저장성이 좋다. 오늘날은 밀가루-라이맥가루의 혼합분을 이용하여 여러 가지 형태의 복합분 빵을 제조한다. 프랑스식의 밀빵에서 독일식의 흑빵까지 여러 색깔을 띠고 있다. 또한 증기식 호화방법을 이용하는 품펜니켈(Pumpernickel)이라는 우리 식의 증기빵(찐빵)도 있다.

빵과 과자

빵의 이름은 Pão(포르투갈), Bread, Brot(독일), Pain(프랑스), Pan(라틴, Panis) 등으로 불린다. 우리나라에는 1840년경 면포(麵包)라는 중국식 이름으로 소개되었으나 후에 일본식 발음의 "팡(Pão)"을 본떠 빵으로 고쳐 부르게 되었다.

빵은 크게 발효 빵과 무발효 빵으로 나뉜다. 발효 빵이란 곡물가루와 물 및 소금으로 반죽한 것을 미생물(효모)을 이용하여 발효시킨 후, 가열처리로 익힌 먹거리이다. 발효 빵에는 효모가 아닌 초산균이나 젖산균을 이용하는 사우어도우(sourdough) 빵도 있다. 사우어도우 빵은 초산이나 젖산의 생성으로 신맛이 강한 반면 저장성도 좋다. 이는 북유럽에서 라이보리를 주재료로 만드는 빵 종류이다. 무발효 빵이란 미생물을 이용하지 않고 소화하기 좋도록 구운 빵이다. 효모나 젖산균을 이용하여 발효시키지 않고, 다만 물리적 방법(당류 및 식용유지 등의 첨가)으로 반죽의 물성을 조정한 후 구운 일종의 과자류(confections)를 말한다.

과자는 케이크(flour confection)와 캔디(sugar confection)로 나뉜다. 케이크는 밀가루 반죽에 공기를 혼입시켜 속결이 부드러운 망상구조를 만든 후 익힌 것을 말한다. 반죽의 속결을 만드는 방법에 따라 버터형 케이크(예: 파운드 케이크)와 스펀지 케이크(sponge cake)로 구분한다. 파운드 케이크가 버터 혹은 마가린으로 밀반죽을 소화하기 쉽도록 조정한 것이라면, 스펀지 케이크는 기계적 방법(whipping)으로 공기를 혼입시켜 소화하기 쉽도록 제조한 것으로 파운드 케이크, 크리스마스 케이크 및 카스틸라(Castilla)가 속한다. 특히, 카스틸라는 반죽에 공기를 고루 분산시켜 부피도 증가시키면서 아이스크림처럼 부드러운 텍스처를 갖도록 만든 것이다. 효모를 사용하는가의 여부외엔 빵과 케이크의 물리적 성상은 동일하다. 즉, 빵과 과자의 차이는 발효의 여부이다. 근대화학이 발전하면서 우리 가정에서는 손쉽게 화학팽창제(중조)를 이용하여 반죽을 부풀린다. 효모가 생성하는 탄산가스를 화학팽창제로 대체하는 경우에 불과하다. 캔디란 우리가 흔히 말하는 사탕류를 말한다.

옥수수와 잡곡

옥수수(Zea mays L.)는 신대륙 원주민의 주곡이었으며, 콜럼버스가 신대륙을 왕래하면서 구대륙에 전래된 곡물이다. 아메리카 원주민의 용어는 콘(corn)이 아니라 메이즈(maize)이며 따라서, 곡물 혹은 알곡을 말하는 콘(corn)과의 혼동을 피하기 위해 일반적으로 메이즈로 표기한다. 옥수수는 주로 따뜻한 기후조건에서 재배되는 곡류이자 채소류(sweet corn)이다. 옥수수의 유지 함량은 3.5-6%에 달하며 콜레스테롤이 거의 들어 있지 않다. 옥수수의 배아의 유지는 배유부분으로 이동이 쉽기 때문에 옥수수 가루의 저장성을 떨어뜨리는 요인이 된다.

지금까지 가장 생산량이 많은 품종은 마치종(dent)와 경립종(flint)이며, 우리나라에 수입되는 품종은 대부분 마치종에 속한다. 채소로 이용하는 감미종(sweet corn)과 과자용으로 생산하는 폭열종(popcorn)도 중요한 경제작물이다. 감미종은 전분입자보다 분자량이 훨씬 적은 덱스트린으로 구성되어 있기 때문에 부드러운 조직감과 단맛을 가진다. 팝콘은 단단한 배유의 조직에 의해 가열시 팝콘에 들어 있는 약 12%의 수분이 순간적으로 증발하는 현상을 이용한다. 팽창하면 부피가 20-30배 증가한다. 이외에 연립종(soft corn)과 찰옥수수(waxy corn)이 있다.

옥수수전분 가공품 가운데 가장 널리 이용되는 분야는 감미료, 즉 전분당의 제조이며, 그 밖의 옥수수의 용도는 다음과 같다.

- 옥수수빵(flat bread, Tortillas): 옥수수를 재와 산화칼슘(lime)으로 된 용액에 침지시켜 껍질을 벗기고 말린 다음 빵으로 제조한 것이다.
- 옥수수기름(corn oil): 옥수수의 배아에서 추출하고, 식용유로 이용한다. 옥배유라고도 한다.
- 옥수수전분(modified corn starch): 맥주제조, 제과 및 조리에 이용한다. 옥분이라고도 부른다.
- 콘플레이크(corn flake): 옥수수전분을 가열처리하여 알파전분으로 만든

것이다.

- 콘밀(corn meal): 옥수수를 분쇄하여 외피와 배아를 제거한 분말이다.
- 팝콘(pop corn): 폭열종을 이용하여 만든다.

옥수수 이외의 잡곡류와 콩류의 용도는 〈표 13-10〉, 〈표 13-11〉, 〈표 13-12〉에 요약하였다.

표 13-10. 잡곡류의 종류와 용도

종류	용도
보리 (*Hordeum vulgare* L.)	아시아 서부 페르시아 지역이 원산지. 2조 대맥과 6조 대맥, 과육이 껍질로 덮여 있는 것을 겉보리, 껍질이 쉽게 벗겨질 수 있도록 알곡이 튀어나온 것을 쌀보리라 한다. 2조맥은 맥주원료. 가식부의 탄수화물 함량은 약 75%이며 이 가운데 60%는 전분. 쌀보다 아미노산의 조성이 뛰어나다. 무기질, 칼슘, 섬유소가 많다. 혈당을 낮추는 글루캔 함유. 맥아, 맥아엿, 맥주, 위스키의 제조원료.
오트(*Avena sativa* L.)	고려시대 몽고족이 전래. 지방질 함량이 많고 무기질, 비타민이 풍부. 오트밀(oat meal) 제조. 사료, 특히 말먹이.
라이맥 (*Secale cereale* L.)	밀밭의 잡초에서 육종. 라이맥의 원산지는 소아시아, 코카서스 지역. 단백질 함량은 12% 정도이나 소맥과는 달리 글루텐은 발현되지 않음. 흑빵의 원료.
수수 (*Sorghum bivulgare* Perc.)	원산지는 아프리카. 분포는 중국 북부(만주)에 많고 고량으로 불린다. 제분하여 주식으로 이용. 카로티노이드 함유. 다른 전분에 비해 전분의 호화율이 낮다. 고량주 제조, 사료로 이용. 미국에서는 생물연료(biofuel)로의 용도 전환 연구.
조(*Setaria italica* Beauv.)	고대 중국과 한국의 5곡 가운데 하나. 원산지는 동아시아로 비교적 건조한 풍토에 적응한 식물. 쌀보다 단백질, 지방, 비타민 함량이 높으나 섬유소가 많다. 물엿의 원료. 가축, 가금의 사료로 이용.
기장 (*Panicum miliaceum* L.)	원산지는 인도. 건조한 토지에서 잘 재배됨. 용도는 엿 등의 제과원료로 이용하나, 미국은 돼지 사료로 이용.
피(*Panicum crus-galli* L.)	산간벽지에 재배. 구황작물로 이용. 인도 원산, 한랭하고 비교적 척박한 토지에서도 생육 가능. 엿, 양조원료, 사료로 이용.
메밀(*Fagopyrum esculentum* Moench)	중앙아시아 원산의 일년초. 제분하여 메밀국수를 제조. 단백질의 함유량이 높고, 아미노산의 조성이 우수. 고혈압을 예방하는 기능을 가진 루틴(rutin)을 함유하고 있어 영양가치가 높음.

표 13-11. 콩의 조성과 용도

콩 (*Glycins* Max L. Merill)	탄수화물의 조성(%): 설탕 5.7-8.7, 환원당 0.056-0.31, 전화당 0.09, 스타키오스 5.0-7.7, 라피노오스 1.2-1.6, 전분 0.0-0.02, 덱스트린 3.13-5.53, 펜토산 3.52-4.54, 갈락탄.57-2.28
	콩기름의 지방산 조성(%): 포화지방산 12, 불포화지방산 88.5, 팔미틴산 6.8, 리놀레산 51.0, 스테아린산 4.4, 올레산 35.6, 아라키돈산 0.7, 리놀렌산 2.9
단백질	콩 가운데 가장 중요한 것은 단백질이다. 대부분 프롤린(proline)의 일종인 글리시닌(glycinine)임. 대두 자체는 소화율이 낮으나 탈지된 것이나 분말화된 것은 소화율이 높다.
아미노산 조성	라이신, 류우신이 풍부하여 우수하다. 우유와 비슷하나 메티오닌이 적다.
지방질	콩에는 지방질이 20% 함유되어 있다. 특히, 리놀레산이 풍부하다.
탄수화물	약 20% 함유한다. 전분은 거의 없다. 슈크로오스, 스타키오스, 아라반, 갈락탄, 조섬유 등으로 되어 있으며, 종피에는 다량의 펙틴, 헤미셀룰로오스가 함유되어 있다. 대두가 다른 곡류와 현저한 차이점을 보이는 구성성분들이다.
무기질, 비타민	곡류에 비해 칼슘과 철분을 다량 함유하고 있다. 비타민 B군이 많고 A가 적다. B_1은 가열에 의해 1/3 이상 파괴된다. 기타 레시틴, 카로티노이드, 클로로필, 파이트산 및 사포닌이 들어 있다.

표 13-12. 발효되지 않은 대두식품의 성분조성

식품의 종류	수분(%)	단백질(%)	지방질(%)	섬유소(%)	회분(%)
콩기름	90.8	3.6	2.9	0.2	0.5
두부	86.8	6.8	5.0	0	0.6
유부	6.5	53.2	28.0	0	3.4
콩나물	88.3	5.4	2.2	0.8	0.7

자료: S. Nakai & H. W. Modler, 1999, *Food Proteins: processing applications*, p.314, Wiley-Vch, New York.

식생활 패턴의 변화와 식량

인간과 식량이라는 주제에 관심을 갖는 사람들은 한결같이 미래의 식량부족에 대한 위기의식에서 비롯하고 있다. 즉, 1798년 맬서스(T.R.Malthus)의 《인류(증가)의 원리》(*An essay on the principle of population*)라는 논문집에 근거하여 식량은 산술급수적으로 늘어나지만 인구는 기하급수적으로 늘어나므로 자연의 법칙에 따르면 우리의 미래는 과잉인구로 인한 식량부족을 피할 수 없고 이것은 곧 국가 간의 위기의식으로 발전할 수 있다는 생각이었다. 따라서, 당시의 식량위기의 대책의 효과적인 방법으로서 인구증가의 억제책이 가장 큰 반향을 일으켰고, 오늘날에도 가족계획에 의한 인구억제가 빈곤해소의 관건이라는 신맬서스주의가 주목을 받고 있다.

사실상, 세계의 인구증가는 기하급수적으로 증가하고 있다. 그렇다면, 세계의 식량생산량의 추이는 어떻게 변화되고 있는가? 세계식량농업기구(FAO)에 따르면, 1961년도 약 9억만 톤에서 2010년도 24억만 톤으로 증가하였다(표 13-13). 동일 기간 동안 세계인구가 2.5배로 증가하였으나, 인구증가에 따른 곡물생산량도 2-3배로 증가하였다. 이는 지난 반세기 동안 곡물수확면적의 증가에 따른 것이 아니라, 작물의 유전육종기술의 성과이다.

인간은 일일의 정상적인 생활을 영위하기 위하여 하루 2400㎉의 열량과 신

표 13-13. 곡물재배면적과 세계곡물생산량의 추이

년도	농업용 토지[*1] (1000헥타르)	곡물수확면적[*2] (1000헥타르)	총생산량 (백만톤)	총곡물수요[*3] (백만톤)	세계총인구 (억)
1961	4,486,558	648,052	876.8	613	28.00
1970	4,590,853	675,641	1192.5	808	36.93
1980	4,692,413	717,416	1549.9	973	44.35
1990	4,884,259	708,433	1951.7	1153	52.64
1998	4,960,642	680,782	2084.2	1314	60.00
2000	4,975,555	674,223	2020.6	1330	60.71
2003	4,973,406	671,488	2088.0	1383	63.13
2004	-	678,784	2272.4	1397	63.78
2005	-	690,162	2268.4	1409	64.36
2006	-	680,449	2236.4	1426	65.13
2007	-	696,427	2354.5	1443	65.90
2008	-	710,469	2525.1	14.76	67.39
2009	-	699,409	2495.4	14.93	68.18
2010	-	682,538	2432.2	15.10	68.95

*1: 농업용 토지(agricultural area) - 경작 가능한 토지와 목초지를 총괄한 면적. *2: 곡물수확면적(area harvested) - 실제로 곡물을 수확한 토지면적. *3: 총곡물수요 - 일일 일인당 곡물공급량 600그램으로 환산한 세계 전인구의 곡물의 양(사료용은 제외).

자료: FAO, United Nations(2012)

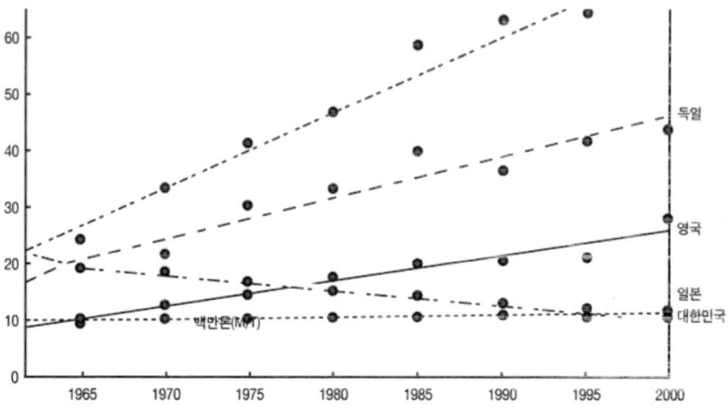

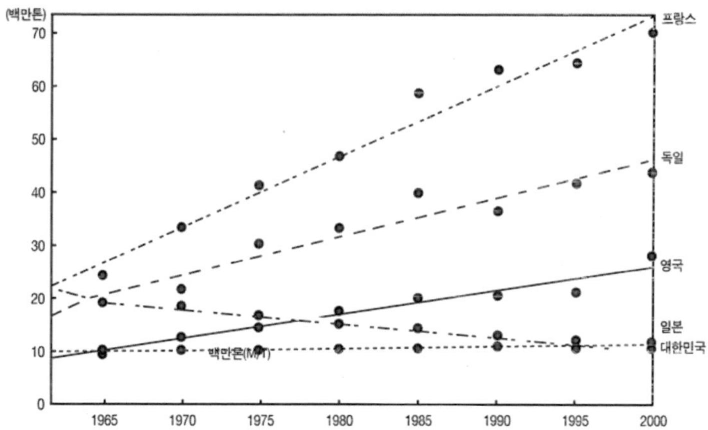

그림 13-8. 1961-2000년의 세계 주요 국가 곡물생산의 추이

체의 발육 및 성장에 필요한 약 70그램의 단백질을 필요로 한다. 따라서, 한 사람이 필요한 년간 곡물수요량은 219킬로그램(600그램/일×365일)과 단백질 및 기타 인체 생리활성물질이다. 〈표 13-13〉에 의하면 1970년도의 곡물생산량이 12억 톤, 1998년도의 곡물생산량이 21억 톤으로서 당시 세계인구의 곡물수요량을 상회하고 있다. 경작지의 증가는 둔화되었으나 세계곡물생산량은 가히 기하급수적으로 증가한 이러한 결과는 작물육종기술의 발전에 기인한다. 1960년대에 시작한 서구의 곡물증산 정책은 지난 반세기 동안 미국과 유럽의 곡물생산량을 2-3배 증가시켰다. 2차 세계대전 후의 녹색혁명(green revolution)은 인구증가와 식량생산의 관계를 비관한 맬서스의 주장을 무색하

게 만들었다(그림 13-8). 이러한 계산에 의하면 현재 70억 인구 1인당 필요한 곡물수요량은 15톤으로 세계 곡물 총생산량의 60%에 해당한다. 이제, 2045년의 인구를 90억으로 추산하고 있다. 따라서, 작물육종학자와 식품생물공학자들은 지금도 과학기술에 의한 식량증산에 혼신을 다하고 있다.

그렇다면, 미래의 식량위기는 어디서 시작할 것인가. 현재 70억 인구 가운데 10억은 기아생활에 허덕이고 또 다른 10억은 영양과잉에 의한 대사성 질환에 시달리고 있다. 결국, 식량위기는 곡물의 분배에서 찾을 수 있을 것이다. 소위 빈인빈 부익부의 사회적 현상의 결과로 이해될 수 있다. 그러나, 이보다 더 중요하고 분명한 원인은 식생활 패턴의 변화이다.

인간의 먹거리는 시대와 사회의 변천에 따라 다르게 나타나고 있다. 수렵시대의 동물성 위주의 먹거리가 농경사회에 들어서면서 식물성 위주로 전환되고, 다시 산업사회를 맞아 동식물성 식품섭취의 패턴으로 바뀌었다. 동물성 식품은 맛과 열량가 면에서 식물성 식품을 능가한다. 따라서, 국민소득이 증가할수록 동물성 식품의 소비는 증가하고 이 동물성 식품은 곡물을 사료로 생산된다. 즉, 먹거리의 품질이 문제되는 것이다. 60kg의 체중의 동물은 약 1,200 kcal를 소비한다. 성인 한 사람이 필요한 곡물이 돼지 1마리의 사료에 해당한다. 곡물로 환산하면, 년간 약 200kg이다. 돼지 1천만 두를 사육하는 데 연간 200만 톤의 사료용 곡물이 필요하다. 현재, 유럽의 1년간 곡물생산량은 식용곡물(빵밀)의 5배에 달한다. 즉, 동물성 식품의 소비증가에 따른 곡물생산의 증가이다. 따라서, 세계 곡물생산량의 절반이 사료로 이용되고 있다(그림 13-9, 그림 13-10). 우리나라도 산업사회에 진입한 지 벌써 30여 년이 흘렀다. 연간 육류 공급량도 1960년 4kg에서 2010년도 56kg으로 급증하였다. 그 결과, 주식이었던 곡물이 부식으로 위치이동을 하는 양상을 보인다(그림 13-11). 지난 30년간 국내 곡물(쌀) 소비가 급격하게 줄고, 대신 육제품과 유제품의 소비가 급증하고 있다.

전술한 바와 같이 농경사회에서 산업사회에 진입하는 모든 나라는 곡물 혹은 기타 식물성 식품의 소비가 감소되면서 동물성 식품이 차지하는 비율은 일인당 총 공급에너지의 30%에 달한다. 만일, 후발개도국의 식생활 패턴이 서구

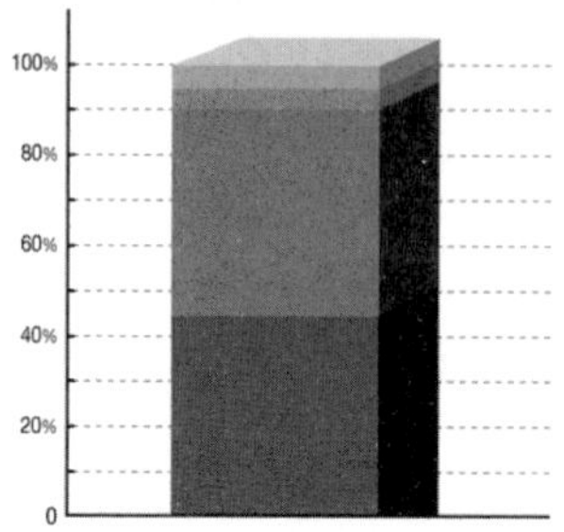

그림 13-9. 세계 곡물의 용도(%)

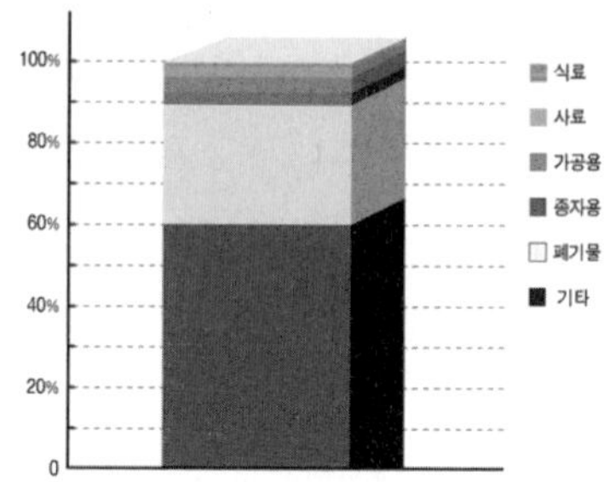

그림 13-10. 감자의 용도(독일)

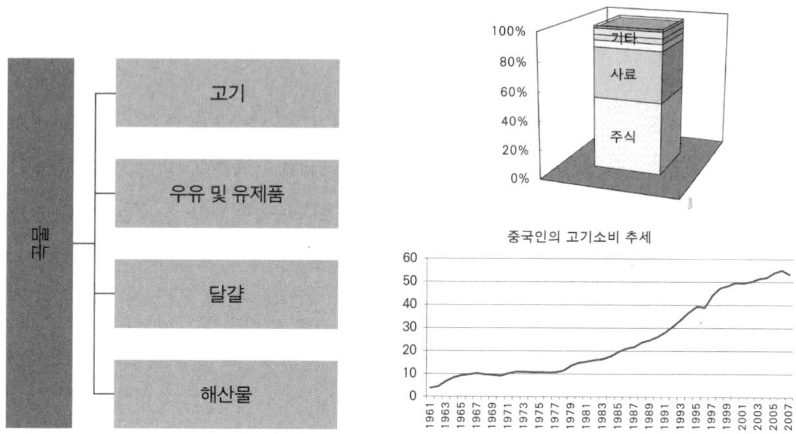

그림 13-11. 곡물의 용도

인의 식생활에 버금간다면, 미래의 곡물 수요량은 지수적으로 증가할 것이다. 개략적인 사료효율을 기준하여 계산하면 연간 일인당 80*kg*의 동물성 식품을 얻기 위해 일인당 약 400*kg* 이상의 곡물이 더 필요하다. 예를 들어 서구 식단에 비해 아직은 비교적 육류식품의 섭취량이 낮은 중국인의 식물성 식품/동물성 식품의 섭취비율이 지금의 7 : 3에서 서구식단의 5 : 5로 바뀐다면 중국인의 곡물 수요량은 천문학적 숫자가 된다. 작금의 중국의 급속한 경제개발과 국민소득의 증가는 다시금 자국 내의 곡물수요의 증가로 이어질 것이다. 다른 한편, 곡물사료 대신에 조사료, 즉, 목초나 농가 부산물을 이용하자는 주장도 있지만, 이 또한 앞서 말한 바와 같이 먹거리의 품질과 관련된다. 즉, 곡물을 이용한 배합사료(농후사료)가 전환된 고기맛과 조사료가 전환된 고기의 품질의 차이는 이미 과학적으로 밝혀진 바 있다. 고품질의 고기는 고품질의 사료에서 나오기 때문이다. 예를 들어, 콩을 먹인 가축의 지방질 패턴은 콩의 지방질 패턴에 가깝고, 옥수수를 먹이면 옥수수 기름의 패턴을 갖는다.

보유 식량위기의 진실

필자는 고려대 특유의 팀티칭 교양과목인 '인간과 식량'의 강의에 참여하고 있다. 강의 주제가 대단히 광범위한데도 매년 분반을 해야 할 정도로 수강자가 많아 그 동기가 궁금하였다. 일부 수강자는 식량의 정치적 무기화, 또 다른 일부는 기후변화에 따른 식량생산의 불확실성으로 수강을 하게 되었다고 말한다. 그러나, 대부분의 수강자는 식량생산의 한계성에 대한 근본적인 질문을 갖고 있었다. 말하자면, 19세기 영국의 토마스 맬서스의 경제론적 주장처럼 인구는 기하급수적으로 급증하는데 식량생산은 산술급수적으로 증가하니 인류가 피할 수 없는 미래의 식량위기를 어떻게 대처해야 하는가에 대한 궁금증을 갖고 있었다.

영양학에서는 사람이 하루에 필요한 열량을 2400칼로리로 정하고 있다. 이는 곡물 600그램에 해당한다. 따라서, 한 사람이 필요한 연간 곡물수요량은 약 200킬로그램(600그램/일×365일)이다. 이러한 계산에 따르면, 현재 68억의 인구에 필요한 곡물은 연간 15억 톤 정도이다. 2009년도 세계곡물 총생산량이 약 25억 톤이니 현재 세계인구의 곡물수요량을 훨씬 상회하고 있다. 사실상, 지난 반세기 동안 세계 곡물생산량은 항상 총인구수요량보다 높았다. 제2차 세계대전 후 경작지의 증가 추세는 둔화되었으나 곡물생산량은 2-3배 증가하였다. 이는 근대과학기술의 발전에 따른 이른바 녹색혁명의 결과이다. 이처럼 인구증가와 식량생산의 관계를 비관한 맬서스의 주장은 근대과학기술에 의해 그 근거를 상실하였다.

그렇다면, 미래의 식량위기는 어디서 시작할 것인가. 한마디로 식생활 패턴의 변화에 있다. 농경사회의 곡물 위주의 먹거리가 산업사회의 육제품과 유제품 섭취로 전환되면서 식량위기가 닥쳐오고 있는 것이다. 예전에는 육제품과 유제품을 초지에서 얻었다. 즉, 축산농가는 가축에 풀(草)을 먹여 고기를 생산하고 우유를 얻었다. 그러나, 지금의 동물사육은 주로 곡물을 사료로 이용한다. 곡물이 초지의 풀보다 더 품질 좋은 고기를 생산하기 때문이다. 게다가 고기생산의 경제성에서도 곡물이 풀보다 월등하다. 세계 곡물생산량의 절반이 사료로 이용되고 있는 근거이다. 우리도 곡물을 이용한 배합사료로 맛 좋은 고기와 유제품을 얻고 있다. 우리가 먹는 고기는 5배로 농축된 곡물이라 말할 수 있다. 예를 들면, 100킬로그램의 곡물로 20킬로그램의 쇠고기를 얻는다. 한편, 20세기부터 시작한 가두리 양식장의 사료도 곡물이다. 이젠 수산물도 곡물로 생산하는 시대이다. 이처럼 미래의 식량위기는 고기소비와 관련되어 있다. 특히 고기소비가 국가의 운명을 결정한 경우가 구소련의 붕괴이다. 소련연방정부가 출범한 1920년대부터 구소련은 매년 인구대비 주식용 곡물을 충분히 생산하여 왔다. 실제로, 1991년 소련의 붕괴 당시 3억 인구에 필요한 주식용 곡물의 수요량은 6천만 톤에 불과하였고, 실제로 생산된 전체곡물생산량은 1억 6천만 톤에 달했다. 국민들의 주식용 곡물만 생각하면 과잉생산이었다. 그러나, 문제는 소련의 고기소비의 증가에서 시작하였다. 1963년 연간 일인당 44킬로그램의 고기를 소비하던 소련국민이 1991년 일인당 66킬로그램으로 급증하였다. 당연히 사료곡물의 수요량은 1억 2천만 톤으로 치솟았다. 삶의 질에 대한 국민적 요구를 구소련 정부가 받아들이면서 곡물 총수요량은 2억 톤에 육박하고, 모자란 4천만 톤의 곡물을 매년 수입하지 않으면 안 되었다. 다른 정치적 이유도 있지만, 소련국민의 식생활의 변화가 구소련의 식량위기를 불러왔고 이는 연방정부의 붕괴로 이어졌다 해도 과언이 아니다.

우리나라의 연간 일인당 고기소비량은 약 56킬로그램이다. 그래서, 우리는 연간 260만 톤의 고기를 생산하기 위해 1300만 톤의 곡물이 필요하다. 2009년 현재 곡물수입량과 거의 맞아 떨어진다. 이제 우리의 육류소비량이 G7 국가 수준에 근접한다면 우리의 곡물 소비량은 연간 2600만 톤에 육박할 것이다. 우리나라의 쌀 생산량의 6배에 해당한다. 한때 중국의 곡물을 값싸게 들여왔다. 그러나, 지난 50년간 중국의 고기소비량도 우리처럼 12배로 뛰었다. 중국의 사료곡물의 소비량 역시 2천만 톤에서 1억2천만 톤으로 6배가 증가하였다. 가까운 장래 중국인의 고기소비량이 지금의 두 배로 증가하면, 중국의 곡물수요량도 8억 톤을 넘는다. 지금 중국의 곡물 총생산량의 두 배 이상이다. 식량위기는 바로 이런 곳에서 시작될 것이다.(《고대신문》 1656호, 2010.11.15)

곡물생산의 필요성

먹거리가 충분한 요즈음, 우리는 곡물생산의 필요성을 더 이상 느끼지 않는다. 곡물 증산(增産)의 필요성도 사라진 지 오래되었다. 그러면서도, 곡물 수입량은 매년 1천만 톤을 상회한다(그림 13-12).

우리 나라 쌀 생산량의 3배를 넘는 물량(物量)이다. 자료에 의하면, 공업국으로 들어선 나라 가운데 작물의 재배 품종이 줄고 주곡의 생산량이 감소한 나라는 한국과 일본이다. 일본이 60년대에 보리경작을 중단하자, 80년대에 우리가 뒤따랐다. 산업혁명의 발상지였던 유럽의 공업국들이 곡물 수출국으

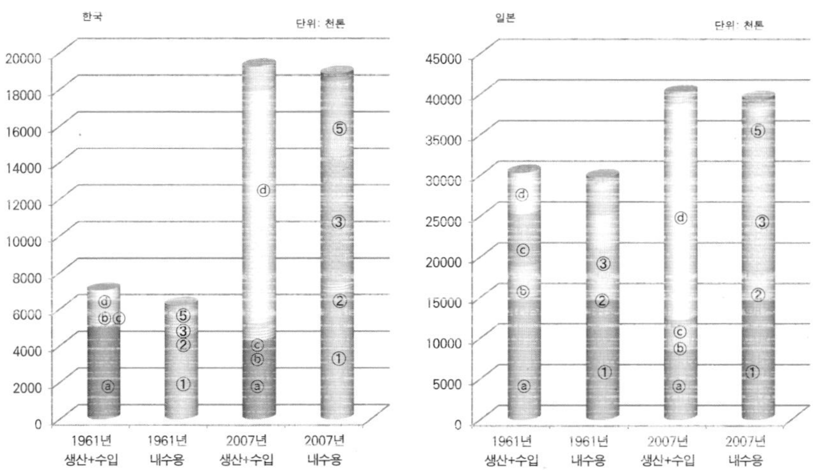

Σ국내생산량 = ⓐ곡물생산량 + ⓑ감자생산량 + ⓒ재고량, Σ수입량 = ⓓ곡물수입량 + ⓔ감자수입량
Σ내수용 곡물총량 = ①주식용 곡물 + ②주식용 감자 + ③사료용 곡물 + ④사료용 감자 + ⑤가공용 곡물 + 가공용 감자 + 기타(곡물) + 기타(감자)
Σ수출량 = ⑥수출용 곡물 + ⑦수출용 감자

그림 13-12. 한국 및 일본의 곡물 생산량 및 수요량 추이

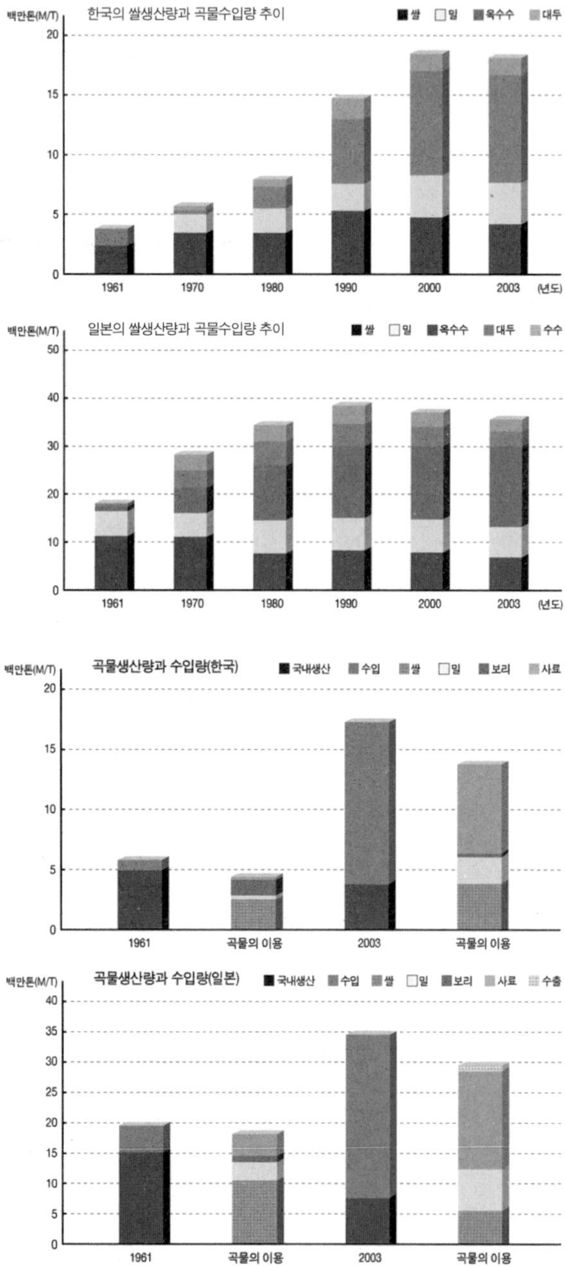

그림 13-13. 한국과 일본의 곡물생산 및 수입량 추이

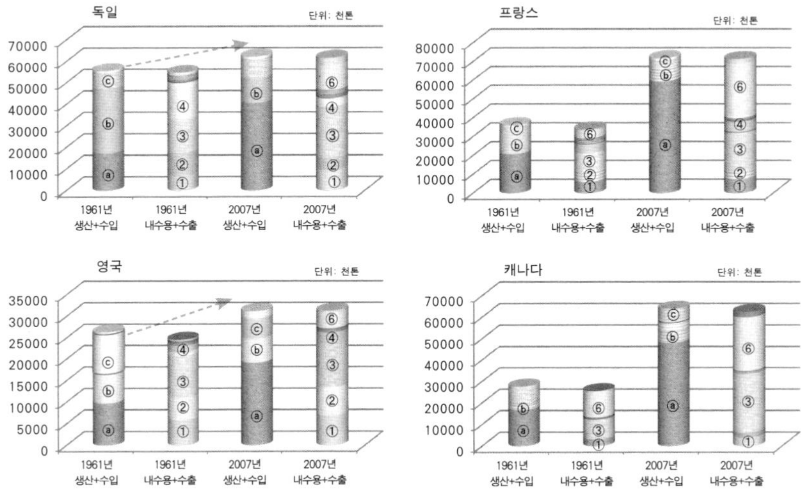

Σ국내생산량 = ⓐ곡물생산량 + ⓑ감자생산량 + ⓒ재고량, Σ수입량 = ⓓ곡물수입량 + ⓔ감자수입량
Σ내수용 곡물총량 = ①주식용 곡물 + ②주식용 감자 + ③사료용 곡물 + ④사료용 감자 + ⑤가공용 곡물 + 가공용 감자 + 기타(곡물) + 기타(감자)
Σ수출량 = ⑥수출용 곡물 + ⑦수출용 감자

그림 13-14. 유럽 각국의 곡물 생산량 및 수요량의 추이

로 전환한 반면, 신흥 공업국인 일본과 한국은 곡물 수입국이 된 것이다(그림 13-13).

우리보다 먼저 공업국에 들어선 서구인들은 곡물의 효용성에 무게를 두고 꾸준한 생산활동을 하고 있다. 그래서, 자원에서 얻어낸 물질의 현물가치(現物價值)에 얽매이지 않고, 자원의 무한한 가능성과 가치를 창출하는 데 노력한다. 또한, 그들은 산업혁명을 주도했던 열정으로, 녹색혁명도 이끌어 가고 있다. 의식주는 생존의 기본권이기 때문이다.

곡물은 주식과 부식의 원료이다. 탄수화물원이자 단백질원, 지방질원이기도 하다. 21세기는 곡물에서 고기, 우유 및 유제품, 달걀, 심지어 해산물까지 얻는다(그림 13-14).

1961년부터 2007년까지의 세계 주요국가의 곡물수급에서 각국에 연간 투입된 곡물량과 연간 소비된 곡물량의 관계를 보면, 거의 모든 나라에서 곡물생산의 지속적인 증가를 보인다(표 13-14).

100여 년 전 미국의 값싼 농산물이 유럽의 영세농을 강타한 적이 있다. 가장

표 13-14. 곡물수급표

곡물수급: Σ 연간 투입된 곡물량(Input) = Σ 연간 소비된 곡물량(Output)
Σ 투입된 곡물량(Input) = Σ 소비된 곡물량(Output)
Σ 투입된 곡물량 =Σ 국내생산량 + Σ 수입량
Σ 소비된 곡물량 =Σ 내수용 + Σ 수출량
Σ 국내생산량 = 곡물생산량+ 감자생산량+재고량
Σ 수입량 = 곡물 + 감자

Σ 내수용 = 주식용 곡물+ 주식용 감자+ 사료용 곡물+사료용 감자+ 가공용 곡물+가공용 감자+ 기타용도(곡물)+기타용도(감자)
Σ 수출량 = 곡물 + 감자

* Σ는 각 항목의 합을 뜻한다.

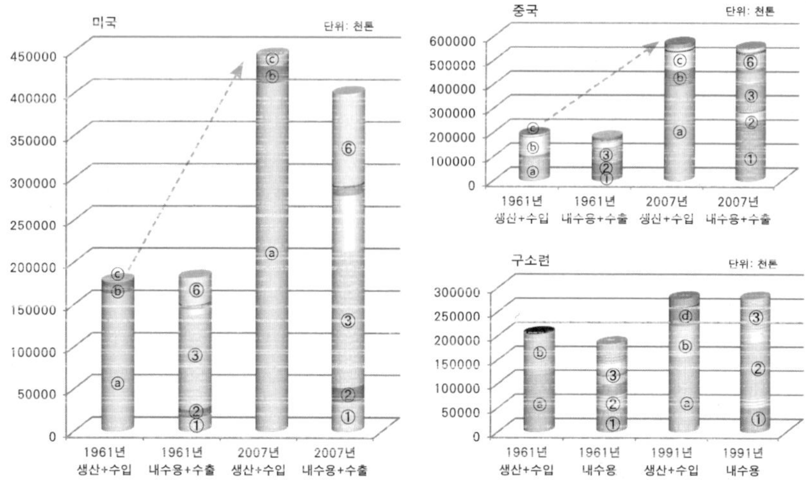

Σ국내생산량 = ⓐ곡물생산량 + ⓑ감자생산량 + ⓒ재고량, Σ수입량 = ⓓ곡물수입량 + ⓔ감자수입량
Σ내수용 곡물총량 = ①주식용 곡물 + ②주식용 감자 + ③사료용 곡물 + ④사료용 감자 + ⑤가공용 곡물 + 가공용 감자 + 기타(곡물)+기타(감자)
Σ수출량= ⑥수출용 곡물 + ⑦수출용 감자

그림 13-15. 미국, 중국 및 구소련의 곡물생산량과 수요량의 추이

협소한 농지를 가진 몇몇 나라는 이때부터 화훼와 낙농으로 전환하였으나, 대부분의 유럽 국가들은 녹색혁명의 이상을 버리지 않았다. 공업 우위의 산업사회에서 농경지가 감소하고, 농업인구가 절반이나 줄었으나 곡물생산량은 3배나 증가하였다(그림 13-15-1, 그림 13-15-2, 그림 13-15-3). 아이러니컬하게도, 공업화 정책으로 불어난 국민소득은 한국과 일본의 곡물 수요를 3배로 증가시켰다. 대부분 선진 산업국으로부터의 수입이다. 좀더 나은 삶을 위해 고품질의 동

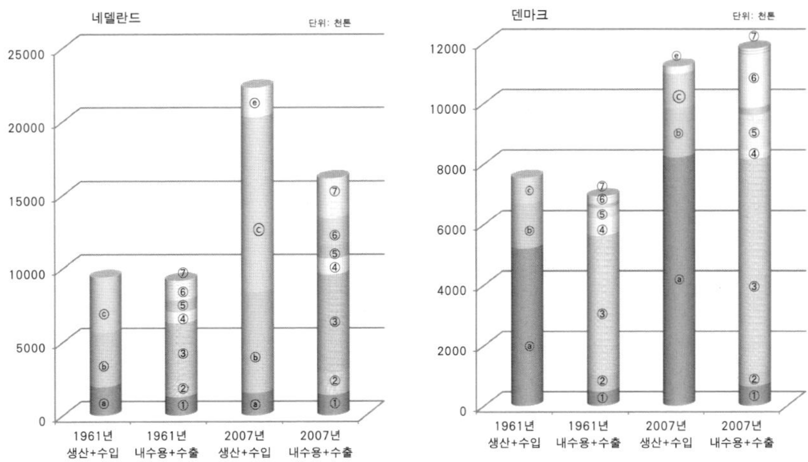

Σ국내생산량 = ⓐ곡물생산량+ⓑ감자생산량+ⓒ재고량, Σ수입량= ⓓ곡물수입량+ⓔ감자수입량
Σ내수용 곡물총량 = ①주식용 곡물 + ②주식용 감자 + ③사료용 곡물 + ④사료용 감자 + ⑤가공용 곡물 + 가공용 감자 + 기타(곡물) + 기타(감자)
Σ수출량 = ⑥수출용 곡물 + ⑦수출용 감자

그림 13-16. 네델란드 및 덴마크의 곡물 생산량 및 수요량의 추이

물성 단백질 섭취를 위한 생물에너지의 투자가 필요한 것이다(그림 13-16).

동물성 식품과 식물성 식품의 구성비로 미루어 볼 때, 우리의 국민소득이 선진국 수준에 도달하면, 우리나라는 연간 2천만 톤의 사료곡물(穀物)을 소비한다. 현재 국내산 곡물 생산능력의 5배에 달한다. 사실상, 곡물이 부족한 나라임에 틀림없다. 국민들의 생활수준 향상에 따른 쌀 소비량의 감소가 아니라, 국내산 쌀이 수입곡물로 대체되고 있는 것이다.

식량과 사료의 차이는 무엇인가? 이들의 생물학적 가치는 동일하다. 다만, 식량과 사료의 차이는 위생적인 조건뿐이다. 위생적으로 처리만 한다면 모든 사료는 식량이 될 수 있다. 그래서, 식량 자급도의 계산에 사료 수입량을 제외하는 것은 비합리적이다. 가축은 종국적으로 곡물의 농축물이라 볼 수 있다. 사료곡물은 육제품, 유제품, 난류 및 각종 산업재로 전환된다. 소위 사료효율(feed conversion ratio, FCR)의 관점에서 보면 100*kg*의 육제품을 얻기 위해선 500-1,000*kg*의 곡물사료가 필요하다. 따라서, 우리의 식량자급도는 30% 미만으로 떨어지고 있다. 우리의 경제가 나아지면 나아질수록 곡물 수입은 증가한다. 다시 말하면, 연간 육류 소비량이 40*kg*인 우리의 식생활에서는 연간 180만 톤의 육제품을 생산하기 위한 곡물이 필요하고, 이를 곡물로 환산하면 연간 900만 톤의 사료곡물이 된다. 우리의 식생활이 서구의 육류소비에 근접한다면 우리의 곡물 소비량은 연간 1,800만 톤에 달한다(표 13-15, 표 13-16). 작금의 추세로 미루어, 국내 쌀 생산량의 5배에 해당하는 곡물을 수입할 날도 멀지 않았다.

식량의 관점에서 살펴보면, 식물의 수확량이 식량자원의 확보의 기본이다. 수산물을 제외한 동물성 식품의 원료(사료)는 식물이다. 동물의 종류에 따라 다르지만, 동물을 살찌우는 데 약 5-10배의 사료, 즉 곡물이 필요하다. 미래의

표 13-15. 육류소비 증가에 따른 사료곡물의 수요량

사료곡물의 수입량	180만 톤/0.2 = 900만 톤
육류소비 예측	일인당 소비량이 2배 증가(연 80kg 소비) 연간 1,800만 톤의 사료수입 + 주곡 400만 톤
총 수요량	2,200만 톤(남한)

표 13-16. 1961년 대비 국가별 농업현황 및 식품수급(food balance)현황

국가	인구 (만명)	농업인구 (kg)	*2 경작지 (1000ha)	곡물 생산량	수입 (만톤)	수출 (만톤)	식료용 (만톤)	사료용 (만톤)	육류 생산 (만톤)	육류 소비 (만톤)	연간 육류 소비량 (kg)	연간 곡류 소비량 (kg)
한국	4500 (+2000)*1	520 (-784)	170 (-30)	463 (-400)	1263	60	753	725	152	177	40 (+36)	168 (-9)
일본	12500 (+3000)	1630 (-595)	400 (-150)	965 (-700)	2839	50	1612	1667	324	548	44 (+36)	129 (-26)
프랑스	5600 (+1000)	291 (-125)	18310 (-1296)	5357 (+4300)	193	3052	657	1942	631	568	98 (+22)	113 (-17)
독일 (서독)	7900 (+600)	274 (-193)	1200 (0)	4014 (+2800)	476	1102	719	2124	574	671	82 (+18)	88 (-9)
영국	5700 (+500)	126 (-22)	590 (-130)	2186 (+600)	342	548	550	925	381	427	73 (+3)	94 (-15)
덴마크	510 (+50)	28 (-7)	230 (-50)	904 (+450)	72	270	54	510	85	28	61 (-41)	104 (+3)
미국	26700 (+5000)		186000 (+18000)	27431	600	10548	3059	13857	3390	3187		
중국	122020		92000 (-12000)	35633 (+32000)	2847	122	22165	11423	5449	5368		

*1 괄호안의 +는 증가, -는 감소량을 표시(1961년도 기준)
*2 농업인구 감소는 1980년 대비 증감량을 표시

자료:FAO, United Nations(1961-1997).

식량부족은 동물과 인간의 곡물 쟁탈전에서 비롯될 것이다. 본래, 자연계에서의 동물의 생존두수는 사료의 공급량으로 결정된다. 역사적으로 식량의 생산량이 인구의 허용숫자를 지배하고 있기 때문이다.

지난 수십 년에 걸쳐 일어나고 있는 유럽의 녹색혁명의 동기는 생물에너지의 수급에 기인한다. 영양학적으로, 체중 60kg의 성인 한 사람이 하루 동안 필요한 에너지는 대략 2,400kcal이다. 식물은 에너지를 생산하고 동물은 소비한다. 곡물 에너지를 소비하는 것은 인간뿐 아니라 동물도 마찬가지다. 따라서, 생물에너지의 수급(需給)에서 볼 때, 식량자급도(degree of food self-support; 食糧自給度)란 소비 인구에 가축의 사육두수(飼育頭數)도 포함한다. 사료효율(飼料效率)을 감안하면, 각국의 식량자급도에 영향을 주는 것은 식용 곡물이 아니라, 사료용 곡물이다. 그래서, 유럽의 각 나라는 농업의 1차 생산물인 작물(作物)의 증산뿐만 아니라, 1차 생산물의 우회생산물(迂廻生産物)인 2차 생산물(축산물), 그리고 2차 생산물의 우회산물인 3차 생산물(産業材)의 균형적 개발을 유지하도록 노력하고 있다. 녹색혁명의 대상을 인간의 주곡생산에 국한하지 않고, 사료작물, 초지 및 환경 생태에까지 확장하고 있다. 지난 35년간 가축의 먹이를 3배 이상 증수한 서구 공업국들이다. 시장경제의 논리에 충실한 경제인들은 사료수입을 공업 에너지 수입 정도로 간주한다. 사료라는 생물에너지를 들여와 국민의 노동력을 얻고, 생산성을 함양하며, 공산품의 수출로 경제적 이익을 도모한다는 것이다. 우리의 생물자원을 공업 에너지의 수입처럼 전적으로 교역에만 의존할 수 없다. 생물자원 확보의 불확실성 때문이다. 생물자원의 확보는 기후, 환경, 지역에 따라 가변적(可變的)이다. 특히, 오늘의 첨단기술로서도 완전한 제어를 못하는 것이 우리의 생태계이다. 부분적인 형질(形質)변환 기술로 자연과 조화되는 데는 오랜 시행착오가 전제되는 것이 생물체이다. 또한, 생물체는 소비 에너지다. 생물체는 인체 내에서 4시간 정도면 물과 탄산가스와 에너지로 변하고 만다. 항구적인 소비는 항구적인 생산으로만 가능하다. 생명이 촌각(寸刻)이라 어떤 환경에서나 내핍할 수 없는 것이 생물자원이다. 외상으로라도 들여와야 하는 구황식물(救荒植物)에 해당한다. 생물자원은 생물체 외의 대체자원이 없기 때문이다.

보유 자원 없어도 잘사는 세상

우리나라 국민이라면 누구나 자주 들은 말이 있다. '자원이 없는 나라'이다. 자원이 없어 살기 힘든 나라라는 의미로 쓰였다. 그렇다면, 자원이 풍부한 나라는 잘사는 나라인가? 그렇지 않은 것 같다. 지금 세상은 지하자원이 풍부한 나라가 살기 어렵고, 반대로 자원을 수입하는 나라는 풍요롭다. 실제로 일부 아랍국가를 제외하면 자원이 풍부한 대부분의 국가는 살림살이가 어렵다. 석유수출국인 러시아와 이라크, 이란이 못살고, 지하자원이 많은 아프리카 국가가 그렇다. 이와 반대로 세계 최대 석유수입국인 미국이 풍요롭고, 일본, 독일, 이탈리아, 프랑스가 뒤를 잇는다. 후순위이지만 우리나라도 이 대열에 진입하려 온갖 노력을 다한다. 그렇다면, 자원과 풍요로운 삶과는 관련이 없는 것일까.

자원에 대한 고전적인 개념은 생산에 이용하는 물질을 뜻한다. 따라서, 자연계는 넓은 의미의 자원에 속한다. 그러나, 경제학에선 생산성의 개념으로 자원을 재정의하고 있다. 자연이 어떤 가치를 생산할 수 있을 때, 자연은 자원이 될 수 있다는 것이다. 탄층은 자연이고, 탄전은 자원이다. 벌판은 자연이고, 전답은 자원이 된다. 자원은 자연 스스로에 의해 생산되는 것이 아니라, 인간의 능력과 노력의 결과로 얻어진다. 그래서, 우리의 자연은 인간의 지혜와 능력에 따라 자연으로 남을 수도 있고, 자원이 될 수도 있는 것이다.

자원에 대한 신개념은 생산목적에 이용되는 물적 근원 뿐만이 아니라, 자연을 이용하는 인적 및 기술적 근원까지 확대되고 있다. 천연자원이 물적 근원이라면, 노동력이나 기술은 인적 근원이다. 어떤 능력이나 기능을 지니고 있서 또 다른 가치를 발현시킬 수 있는 모든 근원을 자원으로 부르는 근거이다. 우리나라의 근대화도 인적자원의 개념의 극대화에서 가능하였다. 물적자원을 들여와 인적자원으로 가공하여 생산성을 높힌 것이다.

21세기에 들어 고전적 개념의 자원은 크게 광물자원과 생물자원으로 나뉘어진다. 전자는 공업자원이며, 후자는 농업자원이다. 인류는 이 두 영역의 자원의 균형적 개발을 통해 보다 인간다운 삶을 추구해 오고 있다. 우리보다 먼저 공업국에 들어선 서구인들은 지금 생물자원의 기능성에 무게를 두고 생산활동을 하고 있다. 100여 년 전 미국의 값싼 농산물로 피폐된 유럽의 영세농으로 출발한 생물자원의 개념에 근거를 두고 있다. 가장 협소한 농지를 가진 네덜란드은 화훼산업으로 덴마크는 유제품으로 생물자원의 생산성을 극대화시키고 있다. 현재 남한 국토의 절반에 미치지 못하는 네덜란드와 덴마크는 미국에 이어 세계 2위의 농산물 수출국이다. 국민총생산액의 10%를 농업이 담당하고 있다. 액수로 치면 연간 미국 곡물수출량을 능가하고 있다. 이러한 의미에서 현재 우리나라 국민총생산액의 3%에 머물고 있는 농업생산액도 점차 10%로 증가할 수 있는 잠재력을 예시하고 있는 것이다. 우리나라의 미래산업이다. 생물자원은 인간의 노력여하에 따라 무한한 생산성을 갖기 때문이다. 생물자원은 광물자원에 비해 한계성이 없다. 생물자원은 인류 생존의 기본권을 지킨다는 점에서 그 중요성을 인식해야 한다. 생물자원의 대체 자원은 생물체뿐이라는 것이며, 생물자원은 광물자원과는 달리 제한된 경제성이 없고 재생산이 가능하다. 또한, 생물자원은 소비성을 띠기에 항구적으로 생산해야 하는 필요성을 지니며, 생물자원은 석유나 석탄과는 달리 환경 친화적이다. 항구적으로 소비하는 경제품목이다. 총체적으로 생물자원은 인간의 삶에서 무한한 가능성을 지닌 미래의 자원이다. 무에서 유를 창조할 수 있는 이 생물자원은 미래의 자원이다. 또한, 생물자원은 한정된 공간에서도 재생산이 가능하다.

우리나라는 과연 자원이 없는 나라일까. 그렇지 않다. 우리에겐 오천 년간 일구어 온 국토가 있다. 다만, 이들의 자원화가 문제인 것이다. 국토를 자연으로 되돌린 후, 우리는 다시 자원이 없는 나라라고 개탄할지 모른다. 자원은 존재하는 것이 아니다. 존재하는 것은 자연이다. 자원은 인간의 지혜와 능력으로 개발하는 것이다. 자원이 부족하다는 말은 곧 우리의 능력의 부족을 말하고, 자원의 고갈은 지혜의 결핍을 말한다.

우리가 생물자원의 경제성에 회의하고 있는 지금, 서구 산업사회에서의 생물자원의 기능은 변화하고 있다. 곡물이 먹거리의 기능에서 산업재로 전환된 지 오래되었다. 1차 산업의 생산물은 2차 산업의 자원이며, 2차 산업의 생산물은 3차 산업의 자원이다. 우리나라 영세농의 열악한 경제성으로 이제 휴경지가 10여 만 헥타르에 이르고 있다. 새해를 맞아 4만 헥타르의 새만금국책사업에라도 기대를 걸어 보고 싶다.(《고대신문》 1660호, 2011.1.1)

식습관의 영향인자

식품이란 인간의 체내에서 소화되어 생명을 유지하고 성장시킬 수 있는 영양소를 공급하는 물질을 말하고, 식습관(food habits)이란 어떤 문화적 배경에 의해 형성된 음식물의 선택과 섭취방법의 표준화된 행동을 말한다. 인간은 먹거리를 섭취한다 하고 동물은 사료를 먹인다고 한다.

인간과 동물의 먹거리의 섭취의 차이는 생물체의 생활에 필요한 먹거리를 반복적으로 소비하는가 혹은 능동적으로 선택하는가에 달렸다. 인간은 식품에 대해 피동적이 아니라 능동적으로 대처한다. 즉, 인간은 동물과는 달리 식물을 재배하고 가축을 사육한다. 이와 같이 생산된 식품은 규칙적으로 이용 될 수 있기 때문에 인간들은 이용 면에서의 규칙, 즉 식습관을 조성하게 된다. 또, 문화란 개인이 모여 이룬 어떤 집단에 의해 받아들여진 가치, 신념, 행위 등으로 정의한다. 따라서, 식문화(food culture)란 한 집단의 세대에서 세대로 이어진(enculturation) 먹거리에 대한 가치평가와 섭취행위라고 말할 수 있을 것이다. 이러한 식습관과 식문화에 미치는 영향인자들은 다음과 같다(그림 13-17).

첫째, 곡물을 주식으로 이용하여 살아 온 인간은 지리적 재배여건 및 기후환

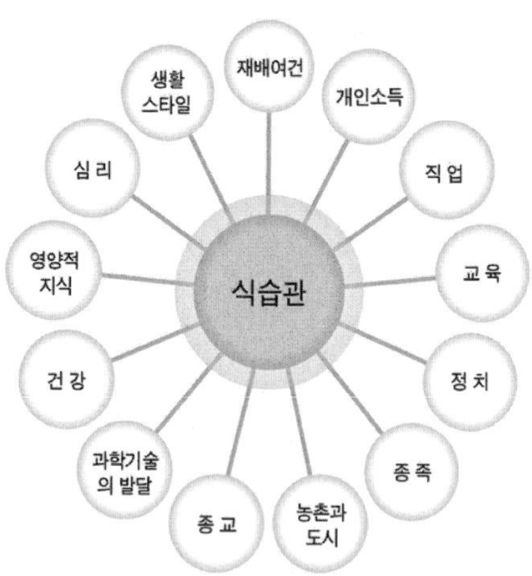

그림 13-17. 식습관의 영향인자

경에 따라 생산된 먹거리를 섭취해 왔다(그림 13-18). 그리고 이러한 곡류는 토양과 기후에 적응되어 변모하였다. 밀은 온화한 기후에서, 쌀은 따뜻한 기후나 혹은 열대기후에 적응되어 자라고, 보리는 한랭한 북쪽지역의 기후환경에서 생산된 것이다. 몬순기후조건에 강우량이 풍부한 아시아 지역은 아열대 작물인 벼가 주식이 되었다. 쌀의 재배지는 북위 43°에서 남위 39°에 이르기까지 다양하다. 아시아를 제외한 쌀 생산국으로는 동일한 위도에 위치한 미국, 스페인, 이탈리아, 이집트 및 브라질 등이 있다. 밀은 온화한 기후에서 잘 자라 유럽 동남부와 소아시아 지방에서 재배되었다. 근래에 들어서서 밀은 캐나다, 스칸디나비아 제국의 북반구 전역에 걸쳐 재배될 뿐 아니라, 40도선 이상의 남미와 호주 및 뉴질랜드에 이르기까지 지구 전역에 재배되는 작물로 이해되고 있지만 사실은 지난 수세기 동안의 작물과학의 성과에 의한 것이다. 한편, 인간은 초원지대에서 육제품과 유제품을 얻고, 고원지대에서는 감자를 주식으로 하였다.

인간의 곡물로서 밀이 좋은가, 쌀이 좋은가는 구별하지 않은 것 같다. 이슬람 문화가 번성했던 사라센 제국의 시절에 지중해 해안을 따라 유럽 중부에까지 벼가 소개된 적이 있다. 당시, 유럽 중남부에서는 말라리아의 진원지가 바로 논벼로 결론짓고 도시 주위의 논을 폐쇄한 데서부터 유럽인은 벼재배와 거리가 멀어졌다고 전한다. 지금도 이탈리아와 스페인에서는 전래받은 벼재배 기술로 쌀농사를 짓는다. 수수 및 귀리는 한랭한 기후에 잘 자라 구 소련지역

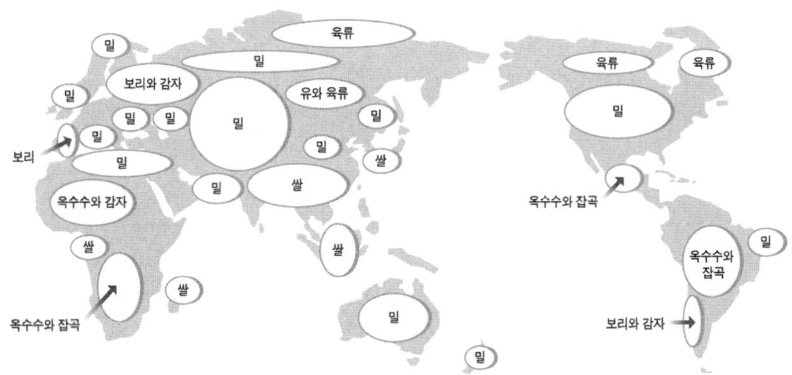

그림 13-18. 주곡의 분포

이나 유럽의 중북부 지역이 주산지가 된다. 아일랜드의 오트나 독일의 라이보리도 기후적인 재배 여건에서 생산된 것이다. 아메리카 원주민의 옥수수 역시 고원지대의 재배작물이기 때문에 가능했다.

둘째, 먹거리의 경제적 요인이다. 동양의 흰쌀밥과 잡곡밥 혹은 보리밥의 선택, 서양의 흰빵과 흑빵의 선택은 모두 먹거리의 가격에 기인한다. 지금은 식품영양학의 발달과 함께 흰쌀보다는 보리가, 흰빵보다는 흑빵의 영양가가 높게 평가되었지만 인간은 애초 값싼 먹거리를 선택한 것으로 보인다. 우리나라가 6 · 25전쟁 이후 분식을 장려하게 된 이유도 이에 해당한다. 한편, 근대 과학기술의 발달과 함께 가격이 비싼 먹거리는 항상 값싼 먹거리로 대체되었다. 값비싼 버터는 값싼 마가린으로 바뀌었고, 우유는 두유로, 또 곡물의 전분까지도 근채류(감자)의 전분으로 대체된 경우가 허다하다. 일반인의 먹거리의 선택은 먹거리의 가격이 결정한 것이다.

셋째, 사회 문화적 요인이다. 수렵시대에는 동물성 식품을, 농경시대에는 식물성 식품을 선정한다. 또, 농경사회에서는 자연식품을 주종으로 한 빵과 수프, 밥과 국의 단조로운 식사패턴을 갖는다. 그러나, 산업사회에서는 자연식품에서 가공식품으로 바뀌고 식사 때마다 메뉴가 다양하다. 산업사회에 들어서면 농경사회의 균형식은 동물성 식품 위주의 편식으로 바뀐다. 농업사회의 저열량 식품에서 지방질 위주의 고열량 식사로 전환되는 것이다. 즉, 고지방 고열량의 튀김식품(french fries, pork cutlet) 등의 근로자 식품이 등장한다. 칼로리가 곧 노동력으로 평가되기 때문이다. 식사시간은 정찬에서 편이식으로 바뀌고 식품은 즉석식품, 종합식품으로 변한다. 노동시간의 효율화는 식사시간의 절약으로 이어져 편이식, 즉 샌드위치, 피자 등의 간편식으로 바뀐다. 또한, 농경시대의 따뜻한 식사(warm dish)는 찬 식사(cold dish)로 바뀌고, 식사 횟수도 농경사회의 일일 2회에서 3회 혹은 5회로 바뀐다.

넷째, 인간의 식습관에 중요한 영향을 끼친 영역은 종교이다. 세계의 4대 종교인 기독교, 힌두교, 불교 및 이슬람교는 한결같이 올바른 식사법을 교리로 삼고 있다. 정신적 건강은 육체적 건강에서 비롯된다고 믿었기 때문이었다. 이에 따라 소식(素食), 생식(生食), 채식(菜食), 혹은 금식(禁食), 단식(斷食) 등의 식사법도 개발되었다. 특히, 동물성 식품의 섭취를 권장하는 종교는 없다. 오히려 대부분의 종교는 동물성 식품의 섭취에 제한을 가하고 있다. 육식은 까다로운 위생적 처리가 따르기 때문이었을 것이다. 동물성 식품의 섭취에 관용을 보이는 기독교에서도 먹을 수 있는 동물성 식품과 먹지 말아야 하는 동물성식품을 제시하고 있다. 예를 들면, 굽이 갈라지지 않고 반추하지 않은 동물은 계율로서 먹지 못하도록 정하고 있다(레위기). 돼지, 낙타, 토끼 등이 이에 속한다. 또, 지느러미 없는 물고기는 금하도록 하고 있다. 굽이 갈라지지 않은 동물은 발한작용이 없어 비위생적이고 지느러미가 없는 물고기도 뻘 속에 살기 때문일 것이다. 패류는 금기의 수산물이고 고등어, 연어, 청어, 전갱이 및 숭어는 권장된 어류이다. 오늘날 EPA와 DHA 함량이 높은 소위 등푸른 생선은 기원전부터 올바른 먹거리였던 것일까…

살생을 금지하는 힌두교와 불교에서는 아예 동물이 인간의 먹거리에 들어오지 못한다. 다만, 사회적 규범에 따라 특정한 동물성 식품의 섭취를 양해하고 있다. 여기에서 동물성 식품(meat, fish, milk, eggs 등)의 섭취를 완전히 배제하는 절대채식주의자(vegans)와 우유와 달걀의 섭취를 허용하는 락토-오보채식주의자(lacto-ovo-vegetarians)로 나뉘게 된다. 돼지고기를 불결한 먹거리(uncleaned meat)로 금기시하는 이슬람교에서는 모든 먹거리를 먹을 수 있는 식품(haraal)과 먹어서는 안 되는 식품(haraam)으로 분류하고 있다.

인간이 먹는 육류의 개념에는 쇠고기(牛肉), 돼지고기(豚肉), 양고기(羊肉), 말고기(馬肉), 개고기(狗肉, 狗醬) 등이 포함된다. 쇠고기는 영국인이 즐겨 먹는 육류식품이고, 양고기는 지중해 연안의 국가들이 주로 소비한다. 돼지고기는 이슬람의 금기품목이나 중국인이 즐겨 먹고 있다. 육류식품 가운데 역사적으로 논쟁을 자주 일으킨 품목이 말고기와 개고기이다. 말고기는 로마 교황청에서 식용 금지령이 내려진 유일한 먹거리이도 하다. 말고기는 영국인과 미국인이 육류의 개념에 포함시키지 않으려 하지만, 사실상 유럽 대부분의 나라에는 말고기 식습관(hippophagy)의 습성이 남아 있다. 한때 유럽대륙의 주요 육류식품원이었고, 지금도 말고기를 유통하고 있다. 다만, 일반 정육점이 아닌 특별 허가된 말고기 정육점에서만 유통되고 있다. 말고기와 쇠고기의 식별이 어렵기 때문이다. 제2차 세계대전 후 말의 사육두수가 증가하면서 미국에서도 말고기를 햄버거에 사용한 적 있다. 그러나, 말고기 혼합 햄버거가 부정식품으로 규제되고 말고기 사용금지 조치가 내려짐에 따라 말은 프랑스에 수출(1980년)되기도 하였다. 개고기는 동남아시아, 중국, 한국, 그리고 멀리는 유럽의 중부와 아프리카 북부지역의 육류식품이었다. 유럽과 아시아의 식문화적 충돌로 아직도 개고기의 식용문제는 논쟁 중이다. 아시아 지역의 개고기 애호가는 중국의 광동지방 사람들로 알려져 있다. 여름철이면 개고기를 보양식(dog-flesh eating ceremony)으로 먹는다. 우리와 마찬가지로 이열치열(以熱治熱)의 논리이다. 20세기 초 유럽문화권의 영향을 받게 된 광동지방은 1915년에 개고기판매금지 조치를 내린다. 그 후, 1960년 대만정부는 개고기전문인제도(Dog licence)를 두어 식용개의 위생적 도살 및 판매제도를 구축한다. 일본인의 복요리 전문인제도에서 인용하였다고 한다. 한편, 동일한 시기에 중국대륙에서는 개를 전염병 운반자로 규정하고 1963년 길거리의 개를 소탕한 후 1970년 북경에서 개고기의 식용 금지령을 내렸다. 일찍이 영국의 식문화권의 지배를 받아 온 홍콩의 개고기 애호가의 이야기는 최근까지 이어지고 있다. 1950년 홍콩은 영국인과 마찰로 인해 개고기 식용금지를 내린다. 그 후, 1980년 홍콩 반환 움직임에 따라 개고기 금지철회의 주장이 제기되었다. 그러나, 1988년 서울 올림픽에 따른 한국인의 보신탕(dog soup) 문제가 세계인의 언론에 조명되면서 홍콩 사람들의 개고기 식용 문제는 다시 원점으로 회귀한다.

발효식품에 대한 종교적 입장은 매우 흥미롭다. 유일신을 신봉하는 유대인은 발효식품을 부정하였다. 즉, 이교도의 혼령에 의해 제조된 발효빵은 부패된 빵(spoiled bread)으로 간주한 것이다. 아직도 유대인은 무발효 빵을 신성시하고 있다. 모세의 애급탈출을 기념하는 유월절(逾越節)의 정찬도 무발효 빵이고, 현대의 가톨릭의 미사에서도 무발효빵을 봉헌하는 것이 원칙이다. 발효된 치즈도 마찬가지이다. 이러한 사고는 중세에 유럽에 전래된 이교도의 모든 먹거리로 전개되었다. 즉, 이교도인 에티오피아인의 커피, 아메리카 인디언의 작물이었던 감자, 고추, 토마토 등은 기독교문화권에 들어오면서 심한 제한을 받게 되었다.

발효식품의 절제는 인간의 먹거리를 생물세포의 구성성분으로 제한한 데서 시작한다. 즉, 미생물이 만들어 내는 온갖 미지의 물질은 인체의 세포에 흡수되어 건강에 해를 입힐 수 있다는 것이다. 특히, 인체 내 세포에서 분해가 일어나지 않으면 알레르기나 면역기능의 방해가 따른다는 주장이다.

불교에서는 5신채(five hot vegetables; 백합과: 마늘, 부추, 양파, 골파, 산파)를 금지하고 있다. 이러한 음식은 인간의 몸을 오염(lust, temper)시키고 체취(odor)의 근원이라는 이유다. 즉, 정신적 수양에 방해되는 음식이라는 것이다. 이러한 사고는 지금도 사찰음식의 근간을 이루고 있다. 오늘날의 과학에서는 백합과 식물은 모두 인체에 유익한 건강 기능성을 나타낸다고 밝히고 있어 흥미롭다.

다섯째, 정치적 요인도 인간의 식습관에 영향을 미친다. 영국의 국민음료는 중국과 인도에서 들여온 차(tea)이다. 그러나, 북미로 이주한 미국인의 국민음료는 커피이다. 차가 커피로 바뀐 것이다. 1767년 영국은 차를 포함한 생필품에 높은 관세를 부과한다. 이는 보스턴 티 파티(Boston tea party)라는 사건으로 이어지고, 커피를 미국인의 애국음료로 승격시키는 원인이 된다. 커피하우스는 애국자와 혁명군의 장성들로 들어차고 사실상 미국 독립군의 총본부가 되었다 한다. 그 후 미국인은 커피를 상용하게 되었다.

여섯째, 가공기술의 발달에 따른 식습관의 변천이다. 근대 과학기술의 발달 이전에는 사람들은 염장식품이나 건조식품을 주요 먹거리로 선택하였다. 산업혁명 이후 철강공업의 발달로 통조림식품이 나오고 제2차 세계대전 후 대량생산과 소득증가로 냉동식품이 등장하였다. 도시산업화에 따라 인스턴트식품(즉석식품)이 나오고 가격과 향미의 균일화된 체인식품이 운영되고 있다. 한편, 과학기술의 발달로 말미암은 정제식품의 출현은 현대인의 식습관과 건강에 심각한 사회적 문제를 가져오고 있다. 고도의 분리기술은 쌀(도정)과 밀(제분)에서 순수한 녹말질만을 추출해 곡물의 영양적 불균형을 가져왔으며, 정제된 설탕, 정제된 소금, 정제된 식용유는 원래 설탕과 소금과 기름이 갖는 온갖 영양물질을 제거해 버리고 만다. 지금은 심지어 먹는 물까지 정수기(역삼투)를 이용해 각종 무기질을 분리 · 정제해서 음용하고 있다.

일곱째, 영양생리적 요인이다. 인체 내 식품의 역할이 건강기능성으로 이행하면서 식이탄수화물, 식이지방, 식이단백질이 주요 영양원으로 등장하고 있다. 3L(low salt, low sugar, low fat)의 수칙이 주요 관심사가 되어 나트륨 없는 짠맛, 열량이 없는 단맛, 소화되지 않는 지방질식품을 요구하고 있다.

유전자변형기술과 유전자조작식품

20세기 중반 생물의 유전형질과 특성을 결정하는 인자(transforming factor)는 세포 내의 DNA라는 화합물이라고 밝혀진 후, 인간은 한 생물의 유전형질을 화학적으로 처리하거나 보수하여 그 생물의 부적절한 형질을 교정하고 나아가서는 양과 질에서 보다 우수한 새로운 종(種)을 생산할 수 있게 되었다. 말하자면, 고전적인 생물학적 종의 번식의 개념을 화학적 종의 생산의 개념으로 바꾸어 놓았다. 동종이 아니더라도 모든 생물체의 세포의 유전형질이 새로운 종의 모체가 될 수 있는 가능성을 제시한 이러한 분자생물학의 개념은 농학, 약학 및 의학 분야에서 새로운 종을 탄생시키는 계기를 만들고 있다(표 13-17).

물론 이러한 형질변환기술은 유전공학기술이 처음은 아니다. 야생동물의 가축화, 야생식물의 작물화, 그리고 기존의 작물육종이나 품종개량, 미생물의 변이를 통한 발효식품의 개발기술 등은 오늘날의 유전자 변형기술의 원형(proto type)에 해당한다. 다만, 전통적 유전형질변환기술은 동일한 종(種)의 교배에 의한 제한된 유전변이종의 생산이라면, 유전자변형기술은 타종 간의 유전자, 즉 동물 유전자, 식물 유전자, 미생물 유전자, 심지어 인간의 유전자까지도 총 망라하여 용도 및 기능에 따라 상호 간 유전자를 이식하는 기술이다. 이와 같이 인간이 원하는 형질을 가진 생물체의 유전자를 특정한 효소로 절단하여 조작(gene-cutting & pasting approach)하거나 또는 이렇게 만든 재조합 DNA를 다른 세포에 집어넣어 증식시키는 기술을 유전변형기술이라 말한다. 그리고, 이러한 유전자변형기술은 농업분야에서 작물의 생산성을 높이고, 고등 동식물의 기능성을 개선시키는 데 주로 이용되고 있다. 결국 인체의 건강에

표 13-17. 유전자변형기술의 발달과 응용 분야

식량 및 식품산업 (동식물유전육종)	의료산업 (백신개발, 인슐린, 항암성 물질탐구)
19세기 중반 찰스 다윈(C. Darwin): 종의 기원. Mendel의 유전법칙. 미국에서 옥수수 Crossing실험(다수확기대). 20세기 초 멘델의 유전학 재등장. 20세기 중반 미국에서 유전형질변환인자(transforming factor) 발견. DNA-구조 규명. 녹색혁명. 1957: DNA, 호르몬, 클로로필 합성 성공. 1970: 다국적 종묘회사 합병흡수시작. 호주 종자 유전 시험개시. 생물공학시대 개막. 미국: 유전자재조합(recombinant DNA)기술을 유전공학으로 명명 1980년대: 유럽 평지씨(유채씨)의 유전형질 전환 성공. 혈전원인물질 생성억제의 평지씨 개발. 1990년대: 캐나다 토마토 형질전환 성공. 생물공학에 의한 첫 번째 제빵효모 생산. 1994: 미국 유전자변형작물(transgenic soybean) 생산특허. 호주 유전자 재조합 생물농약(recombinant DNA biopesticide)의 최초 사용.	14세기: 페스트 기인 200만 명 사망(400년간). 15세기: 탐험의 시대(괴혈병, scurvy). 16세기: 남미 티푸스 기인 200만 명 사망. 프랑스에서 백일해 기침 규명. 17세기 후반: 영국에 선페스트, 천연두, 이질, 말라리아 키니네 발견. 파리, 미국 필라델피아에서 황열병(yellow fever) 발병. 18세기 초: 프랑스 백신 개발. 영국 천연두 백신개발. 18세기 후반: 영국인 제너 백신 실험. 19세기 중반: 미국에 항생물질, 면역제 소개. 19세기 후반: 파리 동물에서 백신과 세럼 생산 디프테리아 백신 개발. 20세기 초: 프랑스에서 최초의 백일해 기침 백신 개발, BCG접종 백신 개발. 플레밍(Fleming의 페니실린, 황열병 백신 개발. 미국 사망자의 4%는 암 원인. 20세기 중반: 미국에서 인플렌자 백신 개발 연구팀 조성, 페니실린, 스트렙토 마이신 대량생산. 20세기 중반: 인슐린(insulin)구조 규명. 1982년: 캐나다 인슐린을 세균에서 생산. 1981년: 에이즈(AIDS)규명. 1985년: HIB백신 사용 승인.

유익한 형질을 지닌 종(種)의 생산이 목표인 것이다.

유전자변형기술을 이용하여 다른 생물체로부터 유전자를 가져다가 새로운 성질이 나타나도록 형질을 변형시킨 생물을 유전자변형생물(genetically modified organism, GMO)이라 말한다. 그리고, 유전자변형생물을 식재료로 이용하여 만든 가공식품을 유전자조작식품으로 정의한다.

농업분야의 대표적인 유전자변형생물은 병충해에 강한 유전인자가 이식된 작물이다. 즉, 제초제나 살충제를 살포하여 병충해를 막는 대신에 병충해에 강한 어떤 인자(화합물)를 아예 해당 작물에 집어넣는 적극적 방법을 사용하는데 이를 생물농약(biopesticide)이라 부른다. 현재 화학농약과 해충의 면역성을 제거하는 방법으로서 옥수수, 감자, 콩에 사용하는 BT세균제제(Bacillus thuringiensis)가 있다.

유전자조작식품(genetically modified food, GM food)은 유전자 변형기술

로 유전형질이 변형된 농축수산물 및 각종 가식성 물질을 재료로 하여 제조한 가공식품을 말한다. 그러나, 식품의 전제조건은 안전성이기 때문에 유전자조작식품에는 안전성이 확증되지 않는 가공식품은 식품의 범위에 들어올 수가 없다. 말하자면, 유전자조작식품이란 안전성이 이미 실험에 의해 증명된 것을 말하는 것이다. 농업분야의 유전자변형작물과는 달리 식품분야의 유전자조작식품은 식품의 저장성이 개선되거나 또는 인간의 인체에 미치는 특정 유해성분을 제거한 경우가 많다. 예로서, 식품의 저장성을 개선하는 데 성공한 유전자변형토마토(FlavrSavr@tomato)가 있다. 이 유전자변형토마토는 토마토를 무르게 만드는 폴리갈락투로네이스(polygalacturonase) 유전자를 제거한 신종으로 종래의 연화효소를 생산하지 않기 때문에 유통과정 중에 무르지 않고 완숙한 상태에서 소비자에게 공급할 수 있는 장점을 지니고 있다. 그리고, 인체에 유해한 성분을 제거한 대표적인 유전자조작식품으로는 카놀라가 있다. 카놀라는 평지씨를 유전자 변형시킨 새로운 품종으로 종래 혈관의 혈전물질로 알려진 에루스산(erucic acid) 함량을 5% 이하로 낮춘 것이다. 이와 같이 북미지역의 토마토와 인슐린 생산 세균의 개발, 그리고 유럽에서의 혈전 원인물질을 제거한 평지씨유(카놀라유로 명명)의 개발은 20세기 후반기의 생물공학의 개가로 평가받고 있다.

앞서 말한 바와 같이 농축산분야에서는 작물이나 가축의 이로운 유전형질의 선택적 개량에는 유전자변형기술이 많은 기여를 해 온 것으로 평가되지만, 작물과 가축의 양적생산에는 아직도 크게 도움을 주지 못한 것으로 보이며, 이러한 현상은 특히 가축과 미생물을 이용한 생물공업에서 두드러진다. 이는 물질은 물질과학에 근거하여 생산된다는 사실에 근거한다. 물질과학에서는 물질의 생산은 물질보존의 법칙(mass conservation law)에 따른다. 그리고, 물질보존의 법칙이란 물질은 근본적으로 생성(창조)되거나 소멸되지 않으며, 다만 그 형태가 달리나타난다는 것이다. 산술적으로 표현하자면, 투자된 만큼 소출을 얻는다는 말이고, 물질수지의 면에서는 들어간 양만큼 배출된다는 뜻이다. 즉, 무(無)에서 유(有)가 생겨나지 않는다는 법칙이다. 유전자변형기술을 이용하여 돼지만한 토끼를 생산했다면, 그 토끼에게는 돼지를 키우는 사료의 양이 필요할까, 아니면 집토끼의 사료로도 충분할까. 땅속엔 감자가 커 가고 땅위에는 토마토가 열리는 포마토(pomato)의 성장에는 토마토와 감자의 양분, 즉 2배의 양분이 필요하다. 한때, 효모에게 석유(n-paraffin)를 먹여 단세포단백질(single cell protein, SCP)을 생산하는 기술이 각광을 받은 적이 있었다. 탄화수소인 석유를 먹여 효모를 증식한 후, 효모단백질을 얻는 방법이었다. 원리는 옳았으나, 석유 가격이 문제가 되었다. 이와 같이 과학은 항상 경제성과 생산성에 따라 그 사회의 기술이 될 수도 있고 그렇지 못할 경우도 있다. 태양의 에너지를 축적하는 작물의 동화작용은 이와 같은 물질보존의 법칙에서 어느 정도 예외가 될 수 있을지 모르나, 유기물을 사료나 배지로 이용하는 가축의 이화작용은 이러한 질량보존의 법칙에서 벗어나지 못한다. 사람들은 과학과 기술을 혼돈하기 쉽다. 과학은 물질세계의 원리이고 이치이다. 자연의 이법을 인식하고 깨닫는 체계가 과학이라면, 기술이란 물질과학에서 생산수단의 체계이다. 즉, 기술이란 새로운 과학의 원리를 실제로 우리 사회에 실현시킬 수 있는 체계화된 방법을 말한다. 이런 점에서 우리는 현 산업사회에 실제로 기여하는 유전자변형기술이라는 말을 쓸 수 있는 것인지 아니면 응용생물과학에서 자연의 이법을 탐구하는 분자생물학적 기법이라고 말해야 할 것인지 한번쯤 생각해 볼 만한 일이다.

식품의 안전성과 유전자조작식품

식품에 대한 안전성의 논란은 수백 년간에 걸쳐 진행되어 오고 있다. 1970년대는 식품첨가물의 안전성에 관한 논란이 최고조에 달했으며, 1980년대는 살충제의 잔존량(환경호르몬 등)이 그리고 1990년대는 생물공학기법으로 생산된 농축수산물이 주요 과제로 등장하였다. 현재는 유전자조작식품의 문제로 소비자와 생산자 간에 논쟁이 끊이지 않는다.

식품의 안전성이란 어떤 식품을 간헐적 혹은 지속적으로 섭취한 후 인체의 건강에 해로운 결과가 나타나지 않음을 뜻한다. 안전성은 '1.0-위험성'

으로 수식화하여 안전성의 정도를 표기하기도 한다. 식품의 안전성은 일반적으로 위해요소(hazard)와 위험요소(risk)로 해석한다. 위해요소란 인체에 해로움을 일으킬수 있는 어떤 가능성(capacity)을 말하고, 위험요소란 특정위해가 일어날 수 있는 확률을 말한다. 어떤 물질의 위해요소가 확인(hazard identification)되면, 위해분석(risk analysis)에 따라 위해지수(risk index)로 수량화한다. 위해분석은 위해평가(risk assessment), 위해관리(risk management), 위해대화(risk communication)의 세단계로 구성되어 있다. 위해평가(risk assessment)란 특정가공식품이 인체의 건강에 미치는 나쁜 영향의 발생 확률과 그 정도를 과학적으로 평가하는 일이며, 위해관리(risk management)는 위해식품의 섭취에 따른 위해발생을 예방하기 위한 적절한 행정 조치(식품위생법)이고, 위해대화(risk communication)는 위해성에 대하여 관계자 상호 간의 정보와 의견 교환을 말한다. 위의 사항을 고려할 때, 모든 식품은 어느 정도의 위험도를 가지고 있으며, 절대적으로 안전한 식품은 없다. 중요한 것은 위험도의 크기이고, 이러한 위험도를 어떻게 감소시키느냐의 문제이다. 따라서, 식품 안전성의 목표는 식품공급체계에 심각한 타격을 주지 않으면서도 위험도(size of risk)를 최소한도로 감소시키는 데 있다.

유전자조작식품의 안전성을 평가하는데에도 위와같은 논리를 따른다. 즉, 유전자조작식품 혹은 그식품의 구성성분에 관련된 위해요소를 알아내고, 이 위해요소 일어날 위험의 크기를 측정한다. 예를 들면, 새롭게 탄생한 유전자변형생물이나 식품의 어떤 위해요소를 나타내는지를 일련의 동물실험을 통해 결정한 후, 특정 위해요소가 일어날 수 있는 통계적 확률이 어느 정도인지 알아보는 것이다. 이러한 위해평가는 독성학자, 미생물학자 및 통계학자들에 의해서 행해지는 소위 실험실적인 조사과정이다. 다음단계는 유전자조작식품의 위험요소를 어떻게 처리할 것인가를 결정하는 것이다. 즉, 위해요소를 묵인 할 수 있는가의 문제이다. 이 사항은 소비자와 생산자 그리고 행정부의 판단에 관한 문제이며 위험관리(risk management) 및 위해대화라 일컫는다. 유전자조작식품의 문제는 늘 이 과정에서 지루한 논쟁을 벌이고 있다. 그도 그럴것이 이 과정은 과학적이라기 보다는 사회적 여론이나 혹은 정치적으로 결정되기 때문이다.

첫째, 유전자조작식품의 문제는 안전성에 대한 의혹이다. 즉, 유전자조작식품을 농장에서 거두어들인 먹거리가 아니고 공장에서 만들어 낸 먹거리로 인식하기 때문이다. 또한 새로운 형질변화에 대한 두려움에서 유전자조작식품에 대한 거부감을 갖고 있다. 유전인자의 변형은 오래전부터 행해온 육종기술임에도 불구하고 지금의 유전자변형기술에 대한 부정적인 시각은 아마도 급격한 형질전환기술에 대한 의혹일 것이다. 사실상, 16세기까지만도 인간은 병충해에 강한 야생종을 교배하여 수확의 증대를 꾀해 왔다. 다만 지금은 종전처럼 우수한 유전형질을 가진 품종개발에 시간이 들지 않고 예측이 가능한 화학적 방법을 사용하고 있을 뿐이다. 생물공학기술로 유전인자를 복사하고, 예측가능한 형질의 새로운 먹거리를 생산하고 있는 것이다. 신종 먹거리(1-3만 종의 신종 제품 출현)에 대한 두려움과 유전자조작식품에 함유된 미지의 물질에 대한 두려움에 대한 결과이다. 유전자변형에 의한 신물질의 생산은 다음과 같은 문제를 일으킨다. 즉, 면역기능, 항체, 호르몬에 대한 거부반응, 특이체질에 알러지 발생, 그리고 생태변화의 불확실성을 야기한다.

둘째, 유전자조작식품의 표시에 관한 문제이다. 식품은 소비자를 위한 것이고, 따라서 소비자의 알 권리를 충족시켜야 한다. 마치 의사의 처방전을 알고 싶은 환자와 같은 것이다. 식품은 공중보건을 위한 물질이기 때문에 모든 사항을 투명하게 공시하는 것이 원칙이다. 그러나, 유전자변형식품에 대한 부정적 시각으로 유전자조작식품의 표시를 꺼리는 것이 생산자의 견해이다.

셋째, 윤리적인 문제이다. 즉, 유전자조작식품은 동물, 식물, 미생물 및 인간 유전자의 교환으로 완성된다. 종래의 유전육종이 동종 간의 유전자 재조합이었다면 오늘날의 유전자변형생물은 무작위적으로 생산된 변이 동식물과 미생물이라는 것이다. 식물에 동물유전자 이식되어 건강에 유익한 식물성 식품이 제조되어도 채식주의자에게는 큰 문제가 아닐 수 없다. 현대의 유전공학은 타종 간 유전자 이식에 더 중점을 두고 있다. 종전의 유전육종에서 생각할 수도 없던 기술이며, 동식물과 미생물 그리고 인간의 유전자의 경계선이 사라지니 성공 가능성은 그만큼 확대된 것이다. 한 예로써 유전자변형 시대를 촉발시킨 물질을 보자. 인슐린은 돼지에서 얻어 왔다. 그러나, 지금은 세균에 인간유전자를 이식하여 인슐린을 생산한다. 인간, 동물, 식물, 미생물의 유전인자들이 혼존하는 시대이다. 결과적으로 인간이 미생물을 먹는지 혹은 인간의 어떤 요소를 즐기는지 알 수 없는 것이다.

결론적으로, 유전자조작식품은 물질적 문제와 아울러 정신적 문제도 중요시된다. 따라서 소비자에게 선택의 자유를 부여하여야 한다. 소비자의 알 권리(원산지 표시 등)와 개체 간의 차이에 의한 먹거리를 선택할 권리(특이체질 소유자)를 존중해야 한다. 미국 식품의약품관리청이 아스파탐을 허가할 때 페닐알라닌을 분해하지 못하는 체질을 위해 반드시 주의사항을 표시하도록 한 것이 좋은 예이다. 또한 자연식품, 무공해식품, 유기농식품, 순수식품의 표시제와 마찬가지로 유전자조작식품도 생산이력제의 개념에 포함시켜야 할 것이다.

보유 안전과 안심

질적인 삶을 추구하는 현대인의 먹거리는 '안전'하고 '안심'할 수 있어야 한다. '안전'과 '안심'. 얼핏 보아 두 낱말은 동의어처럼 생각되나 실은 별개의 개념이다. 요즈음 먹거리 이슈에 '안심'이라는 용어가 흔히 등장하는 이유이다. 예전의 먹거리는 부정 불량식품이 아니면 안전했다. 그러나 지금은 기술적으로 안전하나 심정적으로 불안해 하는 먹거리가 많다.

'안전'의 개념은 1960년대 미국 소비자운동의 슬로건인 '안전할 권리'와 '알 권리'에서 시작한다. 그 후 1970년대 미국 FDA에서 고전적 부정불량식품의 개념을 초월하는 위해식품의 개념을 정리하면서 식품안전의 개념은 구체화되었다.

'안전'이라는 용어는 자연과학보다는 사회과학의 개념에 가깝다. 그래서, 자연과학이 바라본 식품안전과 사회과학에서 느끼는 안전의 개념은 차이가 있다. 자연과학에서의 안전의 개념은 위생적 안전, 즉 현대 과학기술에 의해 평가 · 관리되는 안전을 말한다면, 사회과학에서 보는 식품안전은 보다 포괄적 개념, 즉 정신적 혹은 심리적 안심까지를 포함한다.

안전에 대한 절대적 기준은 존재하는 것인가? 우리 사회에는 항상 위험이 있다. 실제로, 절대적 안전엔 한계가 있다. 마찬가지로, 식품기술도 완전하지 못하고, 늘 보다 나은 상대적 안전을 도모하고 있다. 그래서, 식품행정에서 '안전'이라는 낱말 대신에 '안전성'의 개념으로 문제의 해결에 접근하고 있다.

식품의 '안전성'이란 '위험성'을 염두에 둔 상대적인 개념이다. 그리고, 위험성은 특정 조건에서 부정적인 영향이 일어날 수 있는 확률이다. 확률은 크고 작음의 차이를 나타내는 상대적 개념이다. 따라서, 확률 자체가 위험성을 배제하지 못한다. 먹거리의 경우 천만 분의 일의 확률이라도 피해 당사자에게는 100%에 해당한다. 국민들이 기술적 안전보다 심리적 안심에 무게를 두는 이유이다. 이런 연유로, 우리 사회는 자연과학적 안전보다는 사회과학적 안전의 개념을 중시한다. 자연과학적 안전은 과학기술에 의해 성취될 수 있지만, 사회과학적 안전은 그렇지 못하다. 먹거리의 '안전'의 주체는 소비자이다. 안전한 먹거리의 기준은 전문가의 과학적 분석결과 자체보다 소비자의 이해와 납득이 우선한다.

식품의 안전성은 크게 자연과학적 위해평가와 사회과학적 위해대화를 통해 확보한다. 위해평가는 먹거리에 의해 부정적 영향이 나타날 확률을 과학적으로 평가하는 일이다. 이 과정은 현대과학기술에 의한 방법론에 따르기 때문에 큰 문제가 없다. 안전성이 확보되는 실험적 결과가 긍정적이면, 기술적 안전성은 확보된다. 그러나, 문제는 위해대화이다. 위해대화는 식품의 안전성에 대한 사회적 합의를 도출하는 과정이다. 여기선 과학적 분석기술의 수준보다도 책임의식과 투명성이 핵심이다. 과학적 입증보다는 심리적 이해와 설득의 과정이다.

먹거리에 대한 과학기술적 '안전'은 전문인의 몫이나 사회과학적 '안전'은 소비자인 국민이 말한다. 이러한 맥락에서 먹거리의 안전의 기준은 사회적 발전, 즉 국민들의 눈높이와도 연관되어 있다. 1980년대 말 우지파동 때 비식용등급의 쇠기름 원료를 정제한 튀김유를 부정식품으로 규정한 경우가 좋은 예이다. 현대적 첨단기술에 의한 정제기술로 건강에 무해함을 주장하였으나 국민들은 '기술적 처리'를 긍정적으로 받아들이지 않았다. 대신에 당시 국민소득 5000불 수준에 걸맞지 않는 열악한 원료에 대한 불만족의 표출이었다. 안전성에 대한 과학기술의 의구심보다는 심리적 불안감 앞섰던 것이다. 해외에서도 이런 일은 자주 있다. 같은 시기 우리나라 양송이를 수입한 캐나다 국민은 제품에 사균수(死菌數)가 많다는 이유로 우리나라 수출품의 리콜을 요구한 적이 있다. 완전살균을 하면 위생적으로 아무런 위해가 없음에도 불구하고 원료 자체가 지저분한 것을 살균하였다는 것이다. 현재 우리가 일부 중국산 식품에 대해 갖는 부정적인 선입견도 같은 맥락이다.

사회과학적 측면에서 볼 때 식품의 안전성의 기준은 '안전'보다는 '안심'이다. 그리고 안심은 기술적인 보장보다는 믿음과 신뢰에서 시작한다. 2003년 일본 국민이 광우병으로 불안해하고 있을 때, 일본 정부는 소위 일본식 식품안전기본법을 제정하여 자국민의 알 권리를 충족시켰다. 불확실성의 해외 농산물에 대한 불안감 해소에 정부가 먼저 서둘러 국민들에게 감동을 준 것이다.

광우병 이슈가 재발하고 있다. 이젠 검역주권의 문제로 바뀌고 있다. 이는 해외 농산물의 안전성에 대한 불신이 아니라, 식품행정의 불안을 말한다. 과학기술적 분석결과에만 의존하려는 수동적 식품정책에 대한 일반인의 의구심이다. 그래서 아무리 안전하다 해도 국민은 안심이 되지 않는가 보다. 국민의식은 벌써 G7국가 수준인데 식품행정은 종전의 관료적 보고 형태에 머물고 있지나 않은지… 국민들보다 한 발짝 앞선 정부의 능동적 주인의식이 아쉽다.(《과학기술출판협회》 통권 37호, 2012 봄호, pp.6-7)

참고문헌

고희종 외. 2004.《작물과 인간 그리고 미래》. 교우사.
김광호 외. 2004.《생존번영의 조건 식량》. 건국대학교출판부.
김무성 외. 2004.《식량과 인류》. 아카데미서적.
緑風出版編輯部 編. 2002.《유전자변형식품의 쟁점》. (주)緑風出版. 東京.
박준근 외. 2003.《인류의 식량》. 전남대학교출판부.
小池伍郎. 1984.《산과 알칼리》. 豊文社. 東京.
손경희 역. 1991.《食品文化社(*Food in history* by R. Tannahill)》. 효일문화사.
식품성분표편집위원회. 2004.《新식품성분표》. '伍訂일본식품표준성분표', p.18. 一橋출판.
식품안전법령연구회. 2004.《概說 식품안전기본법》. (주)行政. 東京.
식품의약품안전청. 2000.《소비자를 위한 식약생활정보》. 3월호.
심상칠 역. 1977.《인류와 자원》. 〔石光亨 著.《人類와 資源—살아남기위한 지혜》. 日本經

濟新聞社〕. 전파과학사.
최상진.2002.《인간 식량 환경》. 선진문화사.
鶴見隆史. 2002.《現代版 食物양생법》. (주) 評言社. 東京
한국농촌경제연구원. 2012.〈KREI 농업통계〉. http://www.krei.re.kr
한국식품과학회. 2012.《식품과학사전》. 교학사.
한복진. 2001.《우리생활 100년 음식》. 현암사.

Allan, C. B and Lutz, W. 2000. *Life Without Bread; how a low-carbohydrate diet can save your life*. Keats Publishing, U.S.A.
Counihan, C.1997. *Food and Culture*. Routledge, New York
Dendy, D.A. and Bobraszczyk, B.J. 2000. *Cereals and Cereal Products*. Aspen Publishers, Inc., Maryland
Food and Agriculture Organization of the United Nations(FAO). 2011. Statistical database, http://www.fao.org
Fieldhouse, P. 1993. *Food and Nutrition; custom and culture*. Chapman & Hall, London.
Hoseney, R.C.1998. *Principle of Cereal Science and Technology*. AACC, Inc., Minnesota.
Jacob, H. E. 1997. *Six Thousand Years of Bread; its holy and unholy history*. The Lyons Press, New York.
Khan, R.(Ed.). 1993. *Low-Calorie Foods and Food Ingredients*. Blackie Academic & Professional. London.
Kittler, P.G. and Sucher, K.P. 2000. *Cultural Food*. Wadsworth/Thomson Learning. Singapore.
Lupton, F.G.H. 1992. *Agro-ecological Atlas of Cereal Growing in Europe*. Pudoc, Wageningen.
Owens, G. 2001. *Cereal processing technology*. Woodhead Publishing Ltd., Cambridge.
Pomeranz, Y. 1987. *Modern Cereal Science and Technology*. VCH Publishers, Inc., New York.
Schaerer, M. and Fenton, A. 1998. *Food and Material Culture*. Tuckwell Press Ltd, Scotland.

14. 식품의 저장기술

인간은 식품의 저장에 많은 시간과 노력을 들여 왔으며, 앞으로도 이러한 노력은 계속될 것이다. 일찍이 인간은 그들의 환경에 맞는 저장방법을 사용함으로써 식품을 갈무리하였다. 천일건조, 염장 및 발효는 신선한 식품을 구하기 어려웠던 시대에 식품을 공급하기 위한 방법으로 이용하였다. 문명이 발달함에 따라, 보다 나은 품질의 식품이 요구되었고, 따라서 종래의 식품보다 더 큰 만족감을 주고 영양이 풍부하며 또한 경제적인 식품을 공급하기 위해 여러 가지 저장방법이 나타나게 되었다.

식품의 분류

광의의 식품군(食品群)을 대별하면, 생물과 생체로 구분할 수 있다. 생물이란 호흡을 하고 있는 식품군을 말하고, 생체(生體; 도체)란 호흡이 멎은 식품군

표 14-1. 식품군의 분류

분류	호흡의 유무	저장원리	실례
생물체	호흡	호흡속도의 조절(CA*) 미생물 증식속도 조절 자가소화 억제	볍씨, 밀 보리와 같은 곡류, 과실류, 채소류, 해산물
생체	호흡중단	효소의 활성억제, 구성성분 간의 화학반응 억제 오염미생물의 살균 병원성 미생물의 오염 억제	쌀, 밀가루 등 가공된 식품류 쇠고기(우육), 돼지고기(돈육),

*CA(Controlled Atmosphere)저장: 생물체의 호흡속도를 최소화하여 저장하는 기술.

을 가리킨다(표 14-1). 예를 들면, 모든 과실류와 채소류는 생물에 속한다. 또한 도정(搗精)하지 않은 벼(稻)는 생물의 범주에, 그리고 도정된 쌀은 생체(生體)의 식품군에 속한다. 활어(活魚)와 회(膾), 밀알과 밀가루의 차이이다.

다시금, 식품은 식품의 기원에 따라 동물성 식품, 식물성 및 광물성 식품으로 나눈다. 미생물에 의해 생산된 먹거리는 대부분 단백질과 지방질이 주성분이기 때문에 동물성 식품에 속하는 경우가 많다. 또한 먹거리의 생산양식에 따라 농산식품, 축산식품, 수산식품, 임산식품, 바이오산업 식품 등으로 분류한다. 식품을 구성하는 주성분에 따라 탄수화물 식품, 단백질 식품 및 지방질 식품으로 분류하거나 가공식품의 용도에 따라 육아식품, 다이어트 식품, 우주식품, 영양강화 식품, 인스턴트 식품, 군용식품, 근로자 식품, 구황식품 등으로도 분류하는 법도 있다. 한편, 전체의 식품군을 수개 군 수십개 군(우유, 치즈군, 육류, 생선, 달걀류, 과실채소류, 곡류, 빵류 등등)으로 나누는 경우도 있는데 이는 국민 영양 공급량을 결정할 때 적용하는 식품분류법이다. 우리나라 식사 구성안에 따른 분류법에 의하면, 1) 곡류와 녹말류, 2) 고기, 생선, 달걀, 콩류, 3) 채소와 과일류, 4) 우유와 유제품류, 5) 유지와 당류의 다섯 가지 식품군으로 나눈다. 최근 미국 농무성에서는 식품을 6그룹(빵, 곡류, 쌀과 파스타; 채소 및 과실; 우유, 요구르트, 치즈; 육류, 가금류, 어류, 건조콩, 난류, 견과류; 지방질류, 그리고 당류)으로 나누어 영양공급량의 결정에 기준으로 삼고 있다. 또한, 영양학에서는 식품이 인체 내의 체액의 조성(組成)에 대한 기여 정도에 의해 산성 식품(酸性食品)과 알칼리성 식품으로 분류한다.

이와 같이, 식품의 분류는 생물학적 기원, 생산양식, 구성성분, 또는 인체의 체액조성의 기여도에 따르는 것이 일반적이지만, 가공식품의 저장기술적인 측면에서 가공 및 저장의 용이도, 즉 산도(酸度, pH)에 따라 알칼리 식품, 중성 식품, 저산성 식품, 산성 식품, 강산성 식품 등으로 분류하는 것이 식품의 저장성을 이해하는 데 보다 바람직하다(표 14-2). 식품의 저장성에 영향을 주는 인자는 병원성 미생물들이며, 이러한 병원성 미생물의 오염이나 증식속도는 식품의 pH에 의존하기 때문이다.

일반적으로 알려져 있는 식중독 세균은 중성영역에서 최고의 증식속도를

표 14-2. 산도(酸度, pH)에 의한 식품의 분류

식품의 분류	식품	pH
알칼리 식품(pH>7.0)	달걀의 흰자	9.6
중성 식품(pH 6.5-7.0)	쇠고기, 돼지고기	7.2
	우유	6.8-7.0
	닭고기	6.3-6.7
저산성 식품(pH 4.6-6.5)	생선	5.7-6.6
	햄, 소시지	6.0-6.4
	숙성된 돼지고기	5.6-6.0
	채소류	5.0-6.5
	통조림 식품	4.6-5.2
산성 식품(pH 3.7-4.6)	절임류	3.5-4.6
	김치	4.0 내외
	토마토	4.0-4.4
	요구르트	3.8-4.2
	과실류	3.0-4.5
	마요네즈	3.0-4.1
강산성 식품(pH<3.7)	사우어크라우트	3.1-3.7
	사과 주스	3.3-3.5
	오렌지 주스	3.7

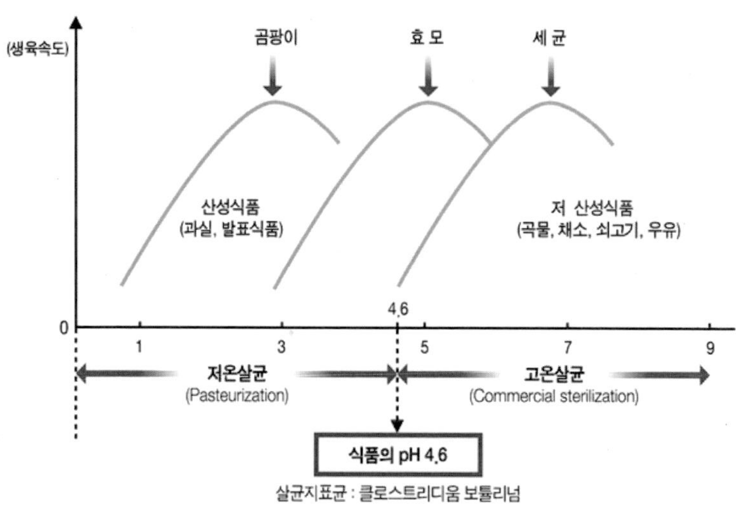

그림 14-1. 미생물의 증식속도에 미치는 식품의 pH의 영향

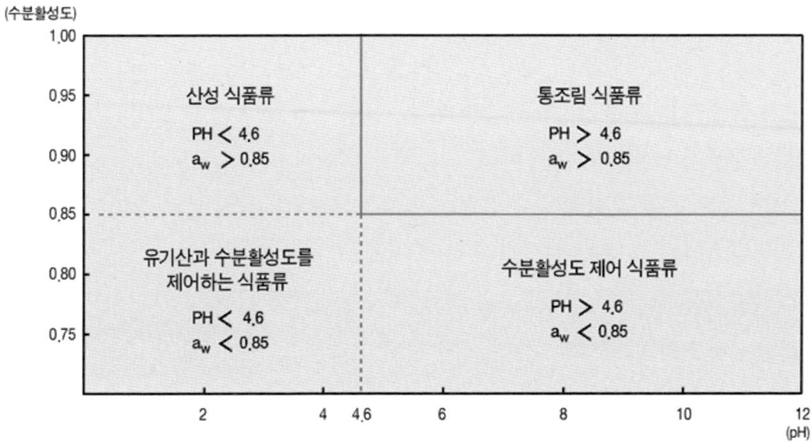

그림 14-2. 미국 식품의약품관리청의 제조관리수칙에 따른 식품의 분류

나타내지만 pH 4.6 이하에서는 증식이 정지 혹은 둔화되어 독소를 생성하지 못한다(그림 14-1). 한편, 인체에 주로 이로운 물질을 생산하는 곰팡이와 효모는 산성영역에서 잘 자란다. 즉, 산성영역의 식품은 비교적 안전하다. 따라서, 전체의 식품군을 산도(pH)에 따라 분류하여 식품의 저장성 및 안전성의 지표로 삼고 있다(그림 14-2).

저장성의 개념

식품의 저장이란 식품의 변패(deterioration)를 억제하는 행위를 말하고, 저장성(storage stability)이란 식품의 품질이 유통기간 동안 얼마나 잘 유지되는가를 나타내는 성질이다. 유통과정에서의 변패는 병원성 미생물의 증식과 품질(영양소, 향미, 조직감, 색깔)의 변질에서 비롯된다. 원래, 식품의 저장성에 대한 개념은 병원성 미생물의 사멸이나 오염의 방지 및 독성물질의 제거를 뜻한다. 그러나, 근래에 들어서는 인체에 대한 위생적인 관리의 개념을 초월하여 식품의 품질의 보존에 더 큰 비중을 두고 있다. 예를 들면, 완전한 멸균과정으로 유통기한에 제한을 받지 않았던 통조림 식품도 유통기한에 제한을 받는다.

미생물학적으로는 위험성이 전혀 없지만, 유통기간에 따라 향미가 변하고 또한 내용물의 물리화학적 변질을 막을 수 없기 때문이다. 또는 살균된 가공식품의 사균수(死菌數)를 측정하여 원료 자체의 청결 상태를 품질의 기준으로 삼는 경우가 있다. 즉, 식품이력이나 가공공정(good manufacturing practice, GMP) 자체도 품질지표에 포함하는 것이 오늘날의 저장성의 개념이다. 이와 같이 현대인이 요구하는 식품의 품질 저장 지표는 광범위하다. 그러나, 이 장에서는 식품의 저장성의 개념을 식품의 미생물학적 위생 및 안전성의 보장으로 한정하고자 한다. 왜냐하면, 시장에서 거래되는 유통식품으로서의 전제조건은 우선 인체에 해를 주지 않는 먹거리여야 하기 때문이다.

식품의 저장성과 미생물

식품의 변패(deterioration)란 식품의 품질이 떨어져 먹을 수 없게 되는 현상을 말하고, 일반적으로 변질(spoilage)라고도 한다. 식품의 변패는 크게 병원성 미생물에 의한 변패와 기타 물리화학적 변패(화학적, 생화학적 및 효소적 변질)로 구분한다. 물리화학적 변패는 주로 통념상의 식품의 품질(맛, 색깔 등)의 변질을 말하고, 미생물에 의한 변패는 인체의 위생 및 안전성, 즉 식중독의 발병을 뜻한다.

미생물에 의한 식품의 변패(變敗)는 식품의 수분 및 수분활성도(aw, water activity), pH, 온도 및 산소의 존재 유무 등에 의해 영향을 받는다.

첫째, 식품의 저장성에 미치는 수분의 영향이다. 모든 생명체는 물을 필요로 한다. 미생물의 신진대사에도 반드시 물이 필요하다. 물을 제거하면 미생물의 생육속도가 낮아지거나, 곧 죽게 된다. 그러나, 물에도 종류가 있다. 자유수(free water)는 모든 생명체가 쉽게 이용할 수 있지만, 결합수(bound water)는 그렇지 못하다. 결합수는 다른 화합물, 예를 들면 소금, 단백질 및 당류 등의 결합 정도에 따라 순수한 물로서의 기능이 감소된 수분이다. 따라서, 미생물은 이러한 결합수를 쉽게 이용하지 못한다.

우리가 수분 함량이라고 말할 때에는 식품에 들어 있는 총 수분 함량, 즉, 자유수(free water)와 결합수(bound water)를 말한다. 미생물이 이용하지 못하는 결합수는 사실상 통념상의 수분이라 말할 수 없다. 예를 들어, 잼의 수분 함량과 식빵의 수분 함량은 거의 40%에 가깝다. 그러나, 잼의 수분(결합수)은 미생물이 거의 이용하지 못하기 때문에 저장성이 높다. 반면에, 식빵의 수분(자유수)은 쉽게 이용되어 변질된다. 수분의 종류가 다르기 때문이다.

미생물이 이용하는 수분은 대부분 자유수이다. 따라서, 식품의 저장성은 식품 내의 결합수의 함량으로 예견할 수 있다. 다시 말하면, 미생물의 증식속도는 식품 내의 절대수분 함량(결합수+자유수)에 따르지 않고 수분의 성질, 즉 결합수와 자유수의 비(ratio)에 의존한다. 따라서, 미생물이 유용하게 이용할 수 있는 수분의 지표를 계산하는 방법으로 수분 활성도(water activity)라는 개념을 사용한다.

수분활성도는 동일한 온도에서 식품의 수증기압에 대한 순수한 물의 포화증기압(P_o)의 비로 정의한다. 즉, $a_w = P/P_o$이다. 여기서, a_w는 수분활성도, P는 식품 내 존재하는 수분의 증기압, P_o는 동일한 온도에서의 순수한 물의 포화증기압을 나타낸다. 종래는 이러한 증기압의 비를 백분율(%)로 나타내어 상대습도라는 개념을 이용하여 왔다. 순수한 물(P_o=P)의 수분활성도는 1.0이기 때문에 100% 상대습도를 뜻한다. 수분에 당류와 같은 용질이 녹아 들어가면 수분의 활성은 떨어진다. 즉, 수분의 기능이 감소된다. 수분과 결합할 수 있는 모든 화합물은 순수한 물의 증기압을 감소시켜 a_w는 1.0 미만으로 낮아진다. 따라서, 식품 내에 들어 있는 대부분의 수분은 a_w 〈 1.0의 영역에 들어 있다. 잼의 수분활성도는 0.65이고 식빵의 수분 함량은 0.94이기 때문에 식빵의 변질이 상대적으로 빠르다.

미생물이 증식하는 데 필요한 최저의 수분활성도는 〈표 14-3〉 및 〈그림 14-3〉과 같다. 식중독을 일으키는 세균의 최저의 수분활성도는 0.90 부근이다. 따라서, 식품의 수분활성도를 0.9(90% 상대습도)이하로 유지하면 세균에 의한 식중독을 예방할 수 있다.

병원성 미생물과 수분활성도의 관계로 볼 때, a_w 〉 0.96의 식품은 상하기 쉬

표 14-3. 미생물의 증식에 필요한 최소한의 수분활성도

최소 수분활성도 범위	미생물	식품
0.96 - 0.97	대부분의 세균	신선 채소류, 육류,가금류, 어류
0.91 - 0.95	대부분의 세균	햄, 소시지, 절인 육가공품
0.87 - 0.94	세균, 효모	가공 치즈, 시럽, 살라미
0.86 - 0.90	세균, 효모	밀가루, 케이크, 곡류가공품, 콩
0.65 - 0.80	곰팡이	대부분의 건조식품

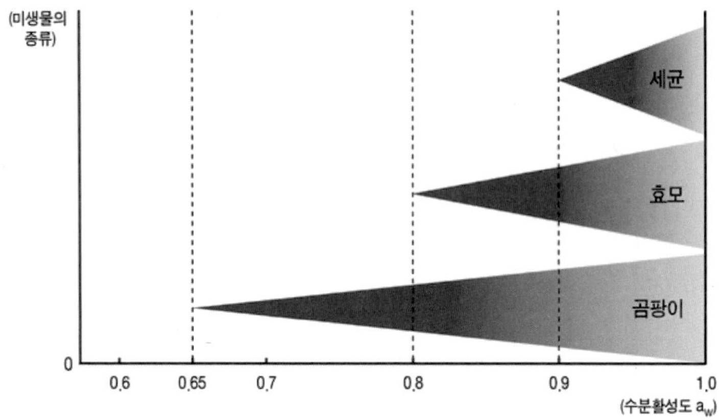

그림 14-3. 수분활성도와 미생물의 증식

운 식품군으로 분류한다. 여기에 육류식품, 달걀 및 생선 등이 속한다. 상하기 쉬운 정도가 중간 정도인 식품의 a_w는 0.95와 0.91 사이에 존재하는데, 이 영역은 부패를 일으키는 병원성 미생물이 증식하기 좋은 환경이지만 냉장저장으로 이러한 부패균의 증식을 억제할 수 있다. 수분 활성도 0.90 이하의 식품군은 저장성이 양호한데, 살라미, 숙성된 가공치즈, 염장생선, 과실주스 농축물이 이에 속한다. 일반적으로 수분 활성도가 0.95 정도의 식품은 냉장고에서 수일 동안의 저장성을 지니고 있는 데 반해, a_w 0.85 이하에서는 2주일간의 저장성을, a_w 0.75 이하에서는 2개월의 저장성을, a_w 0.65 이하에서는 2년 동안의, 그리고 0.60 이하에서는 미생물학적으로는 무한정의 저장성을 갖는다.

둘째, 식품의 저장성에 미치는 산도(acidity)의 영향이다. 미생물은 생육에 적절한 수소이온농도(pH)에서 자란다. 발효 미생물의 생육에 미치는 pH의 범

표 14-4. 발효미생물의 생육에 미치는 pH의 범위

미생물의 종류	최소 pH	최고 pH
젖산균(*Lactobacillus spp.*)	3.8 - 4.4	7.2
초산균(*Acetobacter acidophilus*)	2.6	4.3
효모(*Saccharomyces cerevisiae*)	2.3	8.6
곰팡이(*Aspergillus oryzae*)	1.6	9.3
* 병원성 미생물: 클로스트리디움 보튤리눔(*Clostridium botulinum* Type A)	4.6	8.5

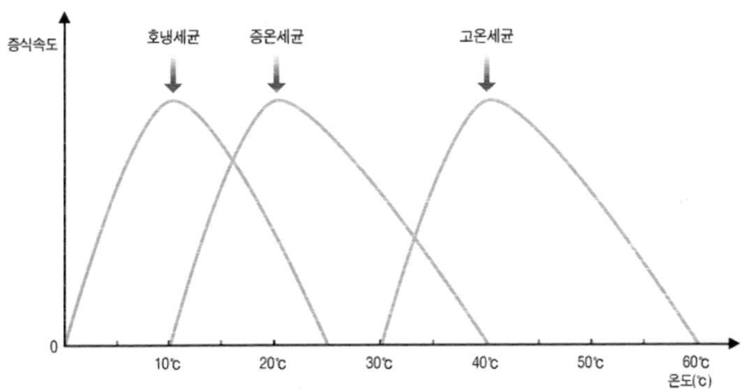

그림 14-4. 최적증식온도 범위에 따른 세균의 분류

위는 〈표 14-4〉와 같다. 병원성 미생물은 중성 영역에서 생육이 가능한데 반해, 젖산균과 효모 및 곰팡이는 산성영역에서도 잘 자란다. 대부분의 전통 발효식품의 pH가 낮은 이유이다. 병원성 미생물이 생육할 수 있는 pH의 범위는 4-9이다. 일반적으로 병원성 세균 혹은 부패균은 산성영역에서 잘 증식하지 못하기 때문에 식초와 같은 산성용액으로 미생물의 증식을 막는다. 자연에서도 과실이 발효되면, 발효 초기에는 여러 가지 잡균이 관찰되지만 점차 젖산균이 번식하여 환경이 산성영역으로 이동하여 잡균이 사멸된 후, 내산성의 효모들이 알코올 발효를 진행한다.

셋째, 미생물의 생육에 미치는 온도의 영향이다. 온도는 미생물의 생육에 중요한 환경인자이다. 미생물은 증식에 적절한 온도영역에 따라 호냉세균(psychrophile bacteria; 저온균), 중온세균(mesophile bacteria; 중온균), 고온세균(thermophile bacteria; 고온균)으로 나뉜다(그림 14-4). 호냉세균(psychros=

차가운)은 낮은 온도에도 잘 적응하는 미생물로서 -5℃에서도 증식하나 20℃ 이상에서는 자랄 수 없다. 이러한 미생물은 식품의 변패에 큰 영향을 미치지 않는다. 연중 낮은 온도를 유지하는 자연수에서 분리 동정된 미생물군이다. 일명 물세균류(water bacteria)로도 불리며, 독성이 거의 없기 때문에 인간은 끓이지 않은 물도 경우에 따라서 마실 수가 있다. 저온성균과 중온성균의 영역에서 식품의 변패에 영향을 미치는 미생물군을 내냉성(psychrotolerant)균으로 부른다. 내냉성균(psychrotropic bacteria)의 최적 생육온도는 중온세균의 영역(25-30℃)에 놓여 있으나 -5℃ 이하에서도 증식할 수 있는 것이다. 대표적인 예가 O-157 대장균이다. 모든 미생물은 저온에서 사멸되지 않으나, 증식은 중단된다. 따라서, 식품을 냉장유통하거나 냉동저장한다.

넷째, 식품의 산화환원 전위가 미생물의 생육속도에 미치는 영향이다. 산화는 전자를 내어 주며, 환원은 전자를 받는 것으로 정의한다. 어느 특정 물질이 전자를 내놓을 수 있는 지표를 산화환원 전위라 한다. 이는 산화환원 전위차계로 전자 방출의 경향을 측정함으로써 가능하다. 산화환원 전위는 산화된 물질의 양과 환원된 물질의 양의 관계를 말하며, 이는 식품의 구성성분 및 산소분압에 크게 영향을 받는다. 식품의 산화환원 전위를 낮추는 방법으로는 아스코브산과 같은 환원성 물질의 첨가, 미생물의 증식(호기성균의 생육에 의한 산소소비, 수소발생, 혹은 혐기성균의 증식으로 환원된 물질생산), 혹은 특수포장(진공포장, 가스치환 포장 등) 등이 있다.

전통적인 저장방법

미생물의 오염 및 증식을 방지하는 것이 식품저장의 기본이다. 따라서, 전통적인 식품저장기술은 미생물의 생육에 필수적인 수분을 제거(식품건조)하거나, 식품 내의 수소이온농도(pH)를 조절(피클링, pickling)하며, 온도를 낮추는(냉장, 냉동) 방법을 이용하여 왔다(표 14-5).

식품의 저장원리는 물리적, 화학적 및 생물학적 방법으로 나뉜다. 물리적

표 14-5. 전통적인 식품저장의 원리

물리적 저장원리	고온살균	100℃ 이상의 고온에 의한 살균효과
	저온살균	100℃ 이하에서의 가열살균
	건조	수분활성도의 낮춤, 미생물의 증식을 억제, 효소에 의한 변질의 방지
	당장	수분활성도 낮춤, 삼투압 작용, 미생물의 생육억제
	저온저장	미생물의 증식억제, 화학반응 억제 산소반응속도의 저하
	포장저장	외부로부터의 산소, 수분차단, 이물질혼입방지
	가스저장	질소, 탄산가스에 의한 세포의 호흡속도 낮춤
	감압저장	감압으로 에틸렌가스의 제거로 저장 중의 성숙 억제
	방사선조사	감마선 조사에 의한 살균효과, 발아억제
생물학적 저장원리	발효	발효에 의해 생성된 유기산에 의한 방부작용
	염장	수분활성도의 낮춤, 삼투압 작용, 염소이온에 의한 방부작용, 고농도 식염수에서 산소의 용존량 저하, 미생물의 생육억제
	절임	유기산에 의한 살균작용
화학적 저장원리	훈연	연기 중의 휘발성분에 의한 방부작용

방법이란 열을 가하거나(加熱處理) 또는 제거(냉장과 냉동)하여 병원성 미생물의 증식을 정지시키거나 사멸(死滅)시키는 조작을 말한다. 또한, 식품 내의 수분의 성질을 변화시키는 방법인 건조, 수분활성도의 조절(당장, 糖臟)도 물리적 방법에 속한다. 화학적 방법은 식품에 직접 방부제(antimicrobial agents)를 첨가하거나, 혹은 훈연(燻煙) 등에 의해서 생성된 방미물질(防微物質)로 병원성 미생물의 증식을 정지시키거나 지연시키는 방법이다. 또한, 식품포장 내의 가스조성의 변화(탄산가스 혹은 질소치환)로 미생물의 증식을 억제하는 방법도 있다. 발효에 의한 유기산과 알코올 생성으로 식품의 저장성을 향상시키는 방법(염장, 절임 등)은 생물학적 처리방법이다.

건조(乾燥, drying)

인류가 가장 먼저 이용한 먹거리의 갈무리 방법으로 미생물의 증식에 필수적인 수분을 제거하여 미생물의 증식을 방지하는 방법이다. 그러나, 건조식품에는 소위 가사상태(sublethal condition)의 병원성미생물이 존재한다. 건조식품을 이용하기 위해 가수(加水)하면 가사상태의 미생물이 활성화되어 식품을 부패시키고 식중독을 일으키기 쉽다.

염장(鹽藏, salting)

식품의 저장성에 미치는 염의 효과는 수분 활성도의 내림에 기인되기도 하지만, 염은 삼투압에 의해 세균의 세포의 원형질 분리를 일으키고, 용존 산소의 양을 줄이기 때문에 병원성 미생물의 증식을 억제한다.

훈연(燻煙, fumigation)과 항균물질(antimicrobial agent)

훈연식품의 저장성은 훈연에 의해 생성된 알데하이드류, 유기산(식초산, 개미산)의 항균효과 및 페놀류, 페놀알데하이드류 및 페놀산에 의한 항산화 효과에 기인한다. 훈연물질의 대부분은 식품의 표면에 부착되어 식품 내부로 침투하지 않는다. 훈연의 방법에는 냉훈(冷燻, 25℃), 온훈(溫燻, 25-50℃) 및 열훈(熱燻, 75℃ 이상)이 있다.

식품저장에 사용하는 안전한 항균물질의 종류는 매우 적으며, 일반적으로 젖산, 식초산 및 구연산을 사용하고 있다. 이외에 소브산 및 벤조산염류, 개미산, 프로피온산, 아황산 가스 혹은 칠리초석 등이 있지만, 이러한 항균물질은 인체 내에서 독성(toxicity)을 유발할 수 있기 때문에 엄격한 사용규제를 받고 있다. 항균물질의 독성실험은 동물실험에서 독성을 나타내지 않는 농도(no effect level)를 일일섭취허용량(acceptable daily intake, ADI)으로 표시한다. 일일섭취허용량이란 인간이 매일 먹어도 장해가 일어나지 않는다는 화학물질의 일일 섭취량을 말하며, 0.1-0.4%의 범위에 들어 있다. 소브산은 ADI(25)수치가 가장 높아서 많은 식품에 허용되어 있다. 가장 낮은 ADI수치를 보이는 개미산은 사용 금지되어 있는 품목이다. 또한, 일일섭취허용량(ADI)이 0.7인 아황산은 독성뿐 아니라 체내 효소나 비타민의 파괴를 가져오는 항균물질로 알려지면서, 국제적으로 규제가 강화되고 있다. 소브산과 벤조산의 항균작용의 대상은 주로 곰팡이와 효모이며, 세균에 대해서는 부분적인 정지효과만 보인다. 이에 비해, 아황산과 아질산염은 세균의 증식을 억제하는 항균물질로서 거리의 가공식품군(street foods)에서 흔히 검출되고 있다. 이러한 항균물질의 사용은 가공식품의 규제대상이 되어 있을 뿐 아니라 가공식품의 원료의 규제에도 해당된다(carry-over principle). 항균작용은 해리(解離)되지 않는 유기산(有機酸)에 기인한다. 즉, 저급 분자량의 유기산은 미생물의 세포 내에서 여러 가지 효소의 기능을 방해하거나, 세포막을 투과하여 세포의 신진대사를 방해하여 세균을 사멸시키는 것이다. 또한, 항균물질의 살균효과는 식품의 산도에 의해 영향을 받는다. 즉, 식품의 수소이온농도가 낮아짐에 따라 유기산의 항균효과는 증가한다. 따라서, 소브산은 약산에서, 벤조산과 개미산은 강산(强酸)에서 살균효과를 낸다. 특히, 해리상수가 매우 낮은 아황산은 pH 3.5 미만에서만 살균 효과를 가지고 있다.

당장(糖藏, sugaring)

식품에 설탕 등의 당류를 섞어 넣어 저장하는 방법이다. 당절임이라고도 한다. 당류를 넣어 세균이 증식하지 못하는 수분활성도로 조정하는 식품저장법이며, 잼이나 당삼(糖蔘) 등 중간수분 식품(Intermediate Moisture Foods, IMF)에 속하는 대부분의 반건조 식품이 이에 속한다. 결정형 당보다 액체당이 낮은 당 농도에서 수분 활성도의 내림에 효과가 크다.

발효

생물학적 처리인 발효(fermentation)는 유기산(젖산)과 알코올류의 생성으로 식품의 저장성을 향상시키는 방법이다(그림 14-5). 우리나라에서는 젖산 발효에 의한 김치의 저장성 개선에 이용하여 왔다. 다시 말하면, 김치의 재료가 되는 배추나 무의 pH는 6.8 부근이기 때문에, 배추와 무를 갈무리하는 방법으로, 젖산 발효의 과정을 거쳐 pH 4.5 부근으로 떨어뜨리는 방법이다. 물론, 이러한 저장방법은 경험적이긴 하나 동서양에서 공통적으로 이용한 전통적 식품저장 방법이다(표 14-6). 서양의 유목민은 우유(pH 6.8)의 갈무리를 위해, 젖산 발효시킨 요구르트(pH 3.8-4.2)를 제조하였으며, 유럽인들은 돈육과 우육(pH 7.0)의 저장방법으로 햄과 소시지(pH 5.6)를 만들어 왔다. 또한, 양배

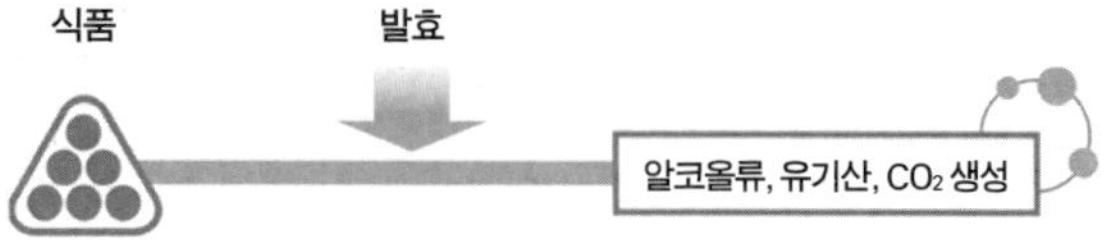

그림 14-5. 동서양의 발효방법과 식품의 저장성

표 14-6. 발효에 의한 식품의 수소이온의 변화

배추 pH 6.8	——〈젖산균 발효〉——→	pH 4.5 김치
우유 pH 6.8	——〈젖산균 발효〉——→	pH 4.0 요구르트
돼지고기 pH 7.0	——〈젖산균 발효〉——→	pH 5.8 소시지

추(pH 6.8)를 발효시킨 사우어크라우트(pH 3.1)는 전통적 발효식품 가운데 가장 낮은 pH를 나타내고 있다.

발효식품은 pH내림의 현상으로 병원성 세균의 최대 생육 속도의 영역(pH 7-8)으로부터 벗어나 이로운 미생물(곰팡이, 효모)의 생육이 가능한 산성영역으로 pH를 전이시키는 공통점이 있다. 그리하여, 일반적으로 식품의 분해과정으로 인해 pH가 상승하는 경우를 부패(腐敗)과정으로 말하고, 그 반대의 현상을 발효(醱酵)로 정의한다.

발효에 의한 식품저장의 원리

탄수화물이 발효되면 알코올, 유기산 및 탄산가스가 생성되는데, 이런 물질은 대부분 우리의 입맛에 나쁘지 않고, 오히려 맛을 돋우는 역할을 하다. 더구나, 알코올과 유기산은 적절한 농도로 생성될 때, 부패균에 속하는 단백질 분해세균과 지방질 분해세균의 증식을 막아 준다. 발효에 의한 식품저장의 원리는 이에 근거하고 있다. 그러나, 발효공학은 위와 같이 단순하지 않다. 이 과정은 참여하는 발효균주나 효소의 종류처럼 복잡하고 또한 발효기질이 되는 식품의 종류에 따라 여러 가지 발효산물이 생성된다. 어떤 발효공정을 보아도 한 개 혹은 두 개의 미생물이나 효소가 관여하며, 발효기질도 단일성분인 경우는 매우 드물다. 따라서, 발효식품의 맛과 향은 동일한 경우가 드물다. 동일한 균주를 사용하지만, 집집마다 장맛이 다르고, 생산지마다 향미가 다른 이유 가운데 하나다.

발효식품의 저장성과 향미를 결정하는 것은 발효미생물이지만 발효미생물의 작용을 제어하는 주요 인자는 유기산, 온도, 알코올 및 소금이다. 이들 가운데 유기산과 온도는 발효미생물과 부패미생물의 증식을 제어하면서 발효식품의 저장성과 향미를 결정한다.

유기산

우유를 자연에서 그대로 발효시킬 때 유기산이 미치는 영향은 어떨까? 우선, 소에서 갓 짜낸 우유를 실온에 방치하면, 처음에는 우유 자체가 지닌 살균능력으로 세균의 증식이 억제되지만(젖소의 면역능력), 이 기간이 지나면 스트렙토코커스(*Streptococcus lactis*)가 증식하면서 젖산이 생성된다. 이제 시간이 지나면서 일정 수준의 젖산이 생성되면 스트렙토코커스의 증식은 멈추고, 우유 속에 흔히 존재하는 내산성의 락토바실러스(Lactobacillus) 속의 특정 세균이 젖산의 생성을 이어간다. 이때 우유는 응고(curd)된다. 그러나, 강산성의 분위기에서 락토바실러스는 더 이상 증식하지 못하고, 이보다 더 내산성을 띤 효모와 곰팡이가 증식하기 시작한다. 왕성하게 증식하는 곰팡이는 이제 유기산을 잡아먹고(산화시키고) 효모는 단백질 분해과정을 통해서 알칼리성 분해산물을 만들어 낸다. 이 두 가지 반응에 따라 발효우유의 pH는 점점 높아 결국 우유는 단백질 분해세균과 지방질 분해부패세균이 이용하기 좋은 영양물질(배지)로 전환되는 것이다. 그리고, 이 부패세균은 응유(curd)를 소화하면서 부패취를 낸다. 이와 같이 주위의 환경의 변화에 따라 증식하는 미생물의 순서를 일컬어 미생물균총(microflora)이라고 부른다. 환경의 변화에 미생물의 순서에 따라 발효산물과 향미물질이 달라지기 때문에 발효식품의 맛은 기후, 지역, 식품의 구성성분, 발효순서 등의 무한한 맛의 조합이 가능하다.

알코올

유기산과 마찬가지로 알코올도 방부 역할을 한다. 포도주의 알코올 함량은 포도의 당류의 함량, 이스트 종류, 발효온도, 산소의 존재 유무에 의존한다. 유기산을 생성하는 미생물처럼 효모도 자신이 생성한 알코올 함량에 지배를 받는다. 대부분의 효모는 12-15%(v/v)의 알코올 농도에서 증식을 멈춘다. 따라서, 일반적으로 우리는 9-13%의 알코올 함량을 지닌 포도주를 마시는 것이다. 이 9-13%의 알코올 농도로는 포도주의 장기저장이 불가능하다. 따라서, 루이 파스퇴르가 개발한 저온살균처리를 한 후, 시장에 유통시키고 있다.

온도

미생물의 발효는 온도에 의존한다. 따라서, 주위의 온도에 따라 발효에 관여하는 미생물의 종류가 다르다. 특히, 젖산발효식품에 관여하는 미생물의 온도의존성은 매우 현저하게 나타난다. 예로서, 서양의 김치에 해당하는 사우어크라우트(sauerkraut)의 발효에 관여하는 세 가지의 미생물들의 온도의존성은 다음과 같다.

처음에 류코노스톡 메센테로이드(*Leuconostoc mesenteroides*)가 초산, 젖산, 알코올 및 탄산가스를 생성하면서 증식한다. 여기서 생성된 알코올과 유기산은 에스테화되어 사우어크라우트의 최종 향미성분에 기여한다. 유기산의 생성으로 류코노스톡의 증식을 멈추면, 락토바실러스 큐컴메리스(*Lactobacillus cucumeris*)와, 락토바실러스 펜토아세티커스(*Lactobacillus pentoaceticus*)가 이어서 젖산을 만들어 낸다. 그래서, 처음에 증식하는 류코노스톡(*Leuconostoc mesenteroides*)의 최적온도는 21℃ 이하이기 때문에 초기의 발효온도가 21℃를 넘게 되면, 이 온도에서 활성이 강한 락토바실러스가 환경을 지배하면서 먼저 고농도의 유기산을 생성한다. 이 고농도의 유기산은 류코노스톡 메센토로이드의 증식을 억제하기 때문에 사우어크라우트의 특유의 향미물질의 생성이 차단된다. 따라서, 사우어크라우트 발효는 초기에 낮은 온도(21℃ 이하)를 이용하다가, 초기발효가 종결된 다음 온도를 올려 익힌다. 우리의 김치발효도 마찬가지이다.

소금

올리브, 피클 및 사우어크라우트를 발효시키는 젖산균은 10-18%의 소금물에도 증식이 가능하다. 그러나, 단백분해세균과 부패세균은 2.5%의 소금물에서도 잘 살지 못한다. 따라서, 소금을 넣어도 젖산균의 생육은 그대로이나, 부패세균의 증식은 억제되는 것이다. 그리고 발효가 시작되면, 젖산균이 생성하는 유기산이 증가함에 따라 부패균의 증식은 더욱 억제된다. 예를 들어, 배추에 뿌린 소금으로 배추에 들어 있는 수분과 당류가 빠져나오고, 이 당류는 젖산균의 먹이가 되어 유기산의 생성은 계속 증가한다. 이것이 부패균의 증식을 억제하는 소금의 기능이다. 치즈제조에서도 마찬가지이다. 치즈제조에서는 숙성과정에서 오염될지 모르는 단백질 분해세균을 제어하기 위해 과량의 소금을 넣는다. 그러나, 소금에 대한 내성이 강한 락토바실러스는 계속 유기산을 생성하면서 숙성기간 동안 치즈 특유의 향미물질을 만들어 낸다.

이 밖에 소시지 및 기타 발효 육류가공품의 향미물질은 류코노스톡(Leuconostoc), 락토바실러스(Lactobacillus) 및 페디오코커스(Pediococcus)균에 의해 생성된다. 일반적으로 이러한 세균에 의해 발효된 육류는 발효채소의 경우보다 유기산 함량이 낮다. 즉, 채소류를 발효하면 pH 2.5- 3.5인 데 반해 발효소시지는 pH 5.0-5.5에 달한다. 이와 같이 낮은 산도는 저장성에 문제를 일으키기 때문에 발효육제품은 소금, 화학첨가물, 훈연, 가열처리 및 건조 등으로 보완하고 있다.

발효와 부패

서양에서 발효(fermentation)의 어원은 술의 효모(fermentum, yeast)라는 라틴어에서 유래한다. 동양에서도 효모(酵: 술밑 효)의 활성(發)에서 발효의 개념이 전해 내려오고 있다. 발효는 거품을 동반하니 거품이 이는 현상을 발효로 묘사하기도 한다. 서양에서는 포도주의 효모가 거품이 일게 하고, 동양에서는 술밑을 이루는 곰팡이에 의해 거품 현상이 나타난다. 이러한 거품 현상은 주로 당류가 탄산가스로 전환되는 데 기인한다. 기체의 법칙으로 유명한 게이뤼삭(Gay-Lussac)은 발효란 당류가 분해되어 탄산가스와 알코올로 바뀌는 것으로 정의하여 발효과학의 기초를 세웠다. 그 후, 프랑스의 루이 파스퇴르는 효모와 발효의 관계를 입증한다. 그리고, 발효라는 현상을 미생물의 작용으로 이해하고, 미생물이 발효식품을 만들어 내는 것으로 결론을 맺는다. 그러나, 부흐너(Buchner)가 효모를 죽인 후, 그 추출물을 이용하여 발효의 과정을 재생시키면서, 발효는 미생물만이 아니라 미생물에서 얻은 추출물에서도 진행됨을 알게 되었다. 결국 발효의 근본은 미생물보다도 미생물에 들어 있는 어떤 물질이라고 발표하면서, 이 물질을 발효를 일으키는 근본(素), 즉 효소(enzyme, 酵素)로 명명한다.

생화학에서의 발효란 분자레벨에서 일어나는 화학적 변화로 산소가 없는 혐기적조건(anaerobic condition)에서 일어나는 탄수화물의 분해과정이다. 흔히들 호기적 조건(aerobic condition)에서 일어나는 식초의 제조과정도 발효라고 말하지만 정확히 표현하자면 산화(oxidation)과정이다.

발효에 관한 초창기의 연구는 당류와 같은 탄수화물의 반응이었고, 여기서 생성되는 가스는 무취 무색의 탄산가스였다. 그러나, 그 후 많은 미생물과 효소는 탄수화물이 아닌 단백질과 지방질에도 작용하여 탄산가스와 그 밖의 기체, 혹은 기타 여러 가지 유기물을 만들어 낸다는 사실을 알게 된다. 발효를 말할 때에는 탄수화물의 분해에 국한시키는 경우가 많지만, 실제로는 식품이 발효될 때 탄수화물만이 발효기질이 되는 경우는 그리 많지 않다. 식품은 탄수화물, 지방질, 단백질로 구성되어 있어서 단백질과 지방질의 분해도 동시에 일어난다. 따라서, 발효의 개념을 적용할 때는 좁은 의미의 발효과정인 탄수화물의 분해를 진발효(true fermentation), 단백질의 분해가 일어나는 경우를 단백질부패(proteolytic) 혹은 부패(putrefactive), 그리고 지방질의 분해과정을 지방부패(lipolytic)로 정의한다. 여기서 발효와 부패(putrefaction)의 차이가 명백해진다. 왜냐하면, 탄수화물의 분해산물은 인체에 해가 없는 유기산, 알코올, 탄산가스가 생성되지만, 단백질과 지방질의 분해산물은 대부분 유해물질이기 때문이다. 결론적으로, 산소가 존재하지 않는 환경에서 일어난 반응을 발효반응으로 정의할 수 있으나, 대체로 반응의 생성물이 인체에 유익한 물질이면 발효라 일컫고, 만일 유해한 물질을 만드는 과정이면 부패로 부르게 된다. 따라서, 탄수화물은 발효한다 하고 단백질과 지방질은 썩는다고 표현한다. 그러나, 예외가 있다. 즉, 단백질 식품인 생선의 발효이다. 가자미를 발효시켜 식해(食醢)를 만들며, 조기를 발효시켜 굴비를 만든다. 이외에도 젓갈이나 소시지를 위시하여 단백질식품을 발효시킨 가공제품은 무수히 많다. 그러나, 이 경우 모두 다 부패세균이 아닌 이로운 젖산균에 의해서 발효된 것이다.

그렇다면 발효의 이점은 무엇인가? 우선 발효로 인해 생성된 유기산과 알코올은 식품의 저장성을 개선한다. 즉, 김치, 요구르트, 소시지, 사우어크라우트는 모두 발효에 의한 유기산 생성으로 저장성이 개선된 것이다. 또한, 발효식품은 발효되지 않은 원래의 식품재료에 비해 더 영양적이라고 말할 수 있다. 왜냐하면, 식품은 우리 몸 안의 소화효소로 분해되는데 미생물의 이화작용(catabolic)으로 전처리가 끝난 발효식품은 쉽게 흡수될 수 있기 때문이다. 또한, 미생물의 발효과정에서 일어나는 동화작용(anabolic)은 비타민이나 기타 여러 가지의 생리활성물질을 만들어 낸다. 즉, 리보플라본, 비타민 B12, 비타민 C의 전구물질은 대부분 발효과정을 이용해 산업적으로 생산한다. 배추보다도 김치의 비타민 C 함량이 높은 이유이다. 또, 인간의 소화효소로서 분해되지 않는 동식물의 고분자물질을 분해하여 영양가를 개선하고 향미를 증진시킨다. 즉, 발효식품이란 어느 정도 소화가 진행된 음식과 같아 쉽게 소화 흡수할 수 있는 먹거리이다. 발효식품에 체하지 않는 이유이다.

그렇다면, 발효과정은 인간에게 유익하기만 하는가. 발효과정에서 생성되는 주요 기체는 탄산가스이다. 그리고, 이 탄산가스는 공기보다 무거워 항상 낮은 바닥에 차 있다. 특히, 발효통을 청소하는 인부의 인명을 앗아가는 주범이다. 이뿐인가. 발효와 부패에서 생성되는 여러 가지의 가스는 하수도, 동굴 혹은 우물과 같이 지대가 낮은 곳에 모여 있다. 그리고는 소리 없이 인명을 앗아가기도 한다.

저온살균과 고온살균

식품의 살균이란 미생물의 생육세포와 포자를 죽이는 것이다. 생육세포는 단백질로 구성되어 있어서 열에 매우 약하다. 그래서 생육세포의 살균만을 목적으로 하는 경우는 단백질의 변성온도(60℃ 정도) 정도에서도 미생물을 사멸시킬 수 있기 때문에 큰 문제가 되지 않는다. 그러나, 포자를 형성하는 미생물인 경우는 포자의 내열성 때문에 100℃ 이상의 고온처리를 해야 한다. 포자는 보통 인지방질로 둘러싸여 있어 열침투가 쉽지 않다. 그리하여, 가열살균방법(heat sterilization method)은 저온살균법(100℃ 이하), 고온살균법(100℃ 이상), 그리고 초고온살균법(130-150℃) 등으로 나누어 설명하고 있다.

저온살균(pasteurization)이란 보통 100℃ 이하에서 가열하여 미생물을 사멸시키는 것을 말한다. 파스퇴르살균(pasteurization)이라고도 하는데 포자를 생성하지 않는 병원성 세균을 죽이는 목적이 있다. 식품의 경우에는 pH 4.6 이하의 산성식품에서 자랄 수 있는 곰팡이와 효모의 살균을 대상으로 한다. 그러나, 부패성 미생물 가운데 이러한 열처리를 견디는 미생물이 있기 때문에 미생물의 부패를 완전히 막기 위해 살균 후 냉장보관 등으로 식중독의 위험을 줄인다. 또, pH 4.6 이상의 식품의 경우도 고온처리(100℃ 이상)에 의해 식품의 관능적 성질이나 영양 생리적 성분의 변성이 문제가 되는 우유, 과실 및 달걀 제품류는 저온살균을 행한다. 저온살균방법은 60℃의 가열온도에서 30분간 열처리하는 재래적인 저온 장시간 살균(low temperature long time, LTLT)과 순간고온살균(high temperature short time pasteurization, HTST pasteurization)으로 구분한다. 순간고온살균은 우유 등을 72-75℃에서 15-20초 가열처리 병원성균을 사멸시키는 방법이다. 근래에는 저산성의 음료나 우유의 장기저장을 위해 초고온살균(ultra-high temperature sterilization, UHT)을 행한다. 초고온살균이란 130-135℃에서 수 초 동안 가열하여 미생물을 사멸시키는 방법을 말한다. 가열온도의 적용범위에서 판단하면 초고온 살균은 고온살균(sterilization)에 속하지만, 살균처리된 우유제품 등은 보통 제한된 저장성을 갖기 때문에 저온살균방법에서 다루고 있다.

고온살균(sterilization)이란 100℃ 이상의 고온에서 내열성을 지닌 세균의 포자(spore)를 사멸시킬 목적으로 열처리하는 것을 말한다. 보통 115-135℃의 고온으로 식품을 가열처리하여 살균하는 방법이다. 통조림이나 레토르트 식품 등의 살균방법이다. 미생물의 가열에 의한 사멸기구에 근거한 이 살균방법은 미생물학적으로 절대적 살균(absolute sterile)이라는 개념을 적용하기 어렵다. 왜냐하면, 열에 의한 미생물의 사멸은 지수적으로 일어나기 때문이다. 실제로 치사(sublethal) 상태에 들어간 미생물이나 포자는 살균 후의 포장조건에서 이상 증식이 불가능하여 위생적인 문제가 따르지 않지만, 미생물의 사멸기구에 근거하여 일반적인 절대적 살균이라는 개념 대신에 식품산업분야에서는 상업적 살균(commercial sterilization)이라는 개념을 사용하고 있다.

상업적 살균(commercial sterilization)이란 식품의 안전성과 품질 사이의 상관관계에서 식중독세균이나 부패 미생물을 지표미생물로 설정하여 12D개념(12D concept)으로 살균하는 가열처리방법을 말한다. 12D 개념이란 어떤 특정 살균온도에서 일정한 부피에 들어 있는 병원성 미생물의 포자를 10^{12}만큼 감소시킨다는 확률적 개념이다. 예를 들면, 살균 이전의 미생물 수가 1*ml*당 106(일반적인 토양세균의 농도)이면, 살균 후에는 10^{-6}/*ml*(또는 $1/10^6$의 생존확률을 의미)이 되어 사실상 완전한 살균을 얻는다는 의미를 갖는다. 상업적 살균의 식품은 일반적으로 2차 오염을 막기 위해 긴밀하게 밀폐된 용기(캔)에 충전하여 장기 보관한다.

냉장(cold storage)

냉장이란 식품의 어는점 이상의 낮은 온도에서 식품을 보관 및 저장하는 것을 말한다. 온도를 내려 병원성 미생물의 증식속도를 제어하는 방법이다. 냉장온도 4℃ 부근에서 일반적인 식중독균은 증식속도가 매우 낮고 독소가 생성되지 않기 때문에, 가정에서 사용하는 냉장고의 식품들은 보통 2-3일간의 저장성을 지닌다. 그러나, 냉장온도 8-10℃ 사이에서 4-5일 만에 1-3배로 증가한다. 또한, 저온균은 낮은 온도(5℃)에서 증식속도가 느릴 뿐이지, 정상적인 생육이 가능하다. 냉장에 의한 식품의 저장방법은 미생물의 증식속도를 낮추는 효과만 있다고 보아야 한다.

냉동(freezing, refrigeratrion)

냉동식품은 단순히 얼린 식품을 말하는 것이 아니라 식품의 중심온도가 -18℃ 이하를 계속 유지하는 식품을 말한다. 다만, 식품을 운송할 때 표면온도가 잠시 -15℃ 정도 상승하는 것은 허용되고 있다. 이러한 냉동저장온도에 저장된 식품은 미생물의 증식은 정지되지만, 효소의 분해작용(abiotic degradation)은 진행된다. 예를 들면, 지방분해 효소인 리파아제(lipase)는 -20℃에서도 활성을 지니고 있다. 냉동식품의 저장성에 영향을 주는 요인은 병원성 저온 미생물이 아니고 식품에 들어 있는 산화효소의 활성이다. 내한성의 효소는 주로 냉동식품의 저장수명을 단축시킨다.

물의 어는점인 0℃ 이하에서도 식품 내의 수분은 액체로 존재하는 경우가 있다. 따라서, 세균은 -5℃, 효모는 -10℃, 그리고 곰팡이는 -15℃에서도 증식이 가능하다. 즉, 식품의 동결온도는 순수한 물의 어는점과는 달리, 식품의 구성성분에 따라 어는점 내림 현상이 각기 다르기 때문이다. 육감(肉感)과 육안(肉眼)으로 구별할 수 없으나, 식품 내의 수분의 동결 수분 함량 백분율은 온도에 따라 다르다.

식품의 구성성분의 차이에 따라 동결수분 함량 백분율이 다르기 때문에 냉동식품의 저장온도를 엄격히 준수해야 한다. 〈표 14-7〉에 의하면, 육류는 -20℃에서 12%의 수분이 액상으로 존재하고 있다. 만일, 이 육류를 -5℃로 올리면 액상의 수분은 26%로 증가하여 14%의 동결된 수분이 해동되어 액상으로 존재하게 된다. 즉, 냉동저장 온도를 임의로 변화하게 되면, 냉동식품의 수분은 해동 혹은 동결과정이 되풀이되면서 냉동식품의 품질을 손상(drip, freeze-burn 등)하게 된다. 이러한 현상은 냉동식품을 기피하는 원인이 되고 있다.

표 14-7. 어는점 내림현상에 따른 식품의 동결수분 함량(%)의 변화

온도(℃)	육류(75%)	달걀(87%)	아이스크림(62%)
0	0	0	0
–2	48	48	0
–3	64	82	15
–20	88	93	85

냉동식품의 품질을 유지하기 위해서는 냉동저장 온도인 -18℃까지 급속 냉동(quick freezing)이 필요하다(시간당 1-5cm 얼음두께의 냉동속도). 급속 냉동과정에서는 작은 얼음 결정이 급격히 조직 세포의 안팎에 생성된다. 이에 비해, 완만동결(slow freezing, 0.1-1.0cm/시간)에서는 최대 얼음결정 형성기간(maximum ice crystal formation period)에 해당하는 -5℃ — -0.5℃에서 비교적 큰 얼음 결정이 형성되는데, 이러한 현상은 세포와 세포 사이에서 두드러진다. 이러한 결정의 형성으로 세포 내에 존재하는 비동결(非凍結) 수분의 삼투(滲透) 농도를 상승시켜 원형질 분리(plasmolysis)를 일으키며, 이는 다시금 세포의 파괴 혹은 수축 현상을 가져온다. 식물성 세포에서는 흔히 완만동결(緩慢凍結)에 의해 세포의 구조가 파괴된다. 또한, 동결속도가 시간당 5cm 이상이 되면, 동결과정에서 식품이 갈라지거나 부서지는 경우도 있다(액체질소를 사용한 경우).

최근의 저장기술

전통적인 식품저장방법은 가급적 최장의 저장수명을 지닌 가공식품을 생산하는 데 역점을 두었으나, 식문화의 발달과 편리한 운송수단으로 소비자들은 자연으로부터 생산된 것과 동일한 맛과 향을 가진 식품, 그러면서도 유통과정에 적절한 저장 수명을 지닌 가공식품을 추구하고 있다. 특히 외식산업의 번창과 식자재사업의 융성은 식품의 저장성보다 식품의 신선도에 더 관심으로 갖도록 유도하고 있다. 이를 만족시킬 수 있는 방법은 소위 최소가공방법(minimal processing methods)을 선택하는 것이다. 이 최소가공방법이란 가급적 열처리에 의존하지 않는 방법으로 식품의 저장성을 개선함과 동시에 식품의 영양소 및 관능적 특성을 최대한 보장하는 식품의 보존방법을 말한다. 넓은 의미에서는 냉장, 냉동, 발효방법이 이러한 최소 가공방법에 해당한다. 여기에 전기장을 이용하는 방법[펄스전기장, 저항가열(ohmic heating)], 초고압살균, 초음파 이용방법, 자외선조사, 이온화방사선 조사방법이 근래에 개발된 것들이다.

최소가공방법은 상온이나 상온보다 낮은 온도를 이용하기 때문에 식품의 색소, 영양소 및 향미성분의 변화가 최소화된다. 따라서, 소비자의 요구에 부응하는 고품질의 가공식품을 생산할 수 있다. 지난 수십 년 동안 연구되어 온 전자장 이용 및 초고압 살균방법은 이제 산업화의 초기단계에 들어서고 있다. 초음파는 가공공장의 세정공정과 식품의 균질화에 다년간 이용되어 왔다. 펄스 전기장 이용방법은 더욱 새로운 기술로서 음료수나 식품의 표면 및 포장재료의 살균에 많은 잠재력을 갖고 있다. 또한, 막분리기술(membrane technology)의 일종인 마이크로 여과방법(한외여과; ultrafiltration)은 이른바 비열처리(非熱處理; athermal treatment)맥주라는 이름으로 유통된 바 있다. 그리고, 아직 상업화되지는 않았지만 감광화학물질을 플라스틱 포장지에 고정하여 가시광선이나 레이저 광선에 의해 특정한 항균제를 방출하는 활성포장방법(active packaging)도 개발 중이다.

초고압살균(hydrostatic pressure sterlization)

미생물과 효소는 실온에서도 100-600MPa의 고압(高壓)에 놓이면 그 수효가 감소되거나 혹은 불활성화되는 사실에 기인한 살균방법이다. 즉, 고유체 정력압(high hydrostatic pressure, HHP)은 미생물의 형태, 생화학적 반응, 유전기구(遺傳機構), 세포막 및 세포벽의 변화를 유발(誘發)하는 인자이다. 예를 들면, 0.6MPa의 압력을 가하면 미생물의 세포 내의 기공(gas vacuoles)은 붕괴된다. 또한, 효모의 세포벽은 200MPa에서 손상을 입으며, 이때 세포벽의 중간층과 사이토 플라즈막은 분리되는 것으로 생각되고 있다. 특히, 가열처리에 의해 식품의 품질변화가 심하게 일어나는 발효식품류에 적용하기 위해 연구하는 분야이다. 예를 들면, 우리나라의 주요 발효식품인 김치의 유통안정성에 효과적인 것으로 생각하고 있다.

그러나, 초고압만으로 세균 포자의 사멸이 어렵다는 단점을 가지고 있다. 따라서, 실제로는 열처리와 병행하여 열처리의 양을 감소시키는 방법으로서의 이용을 모색하고 있다.

마이크로파 가열(초단파 가열; microwave heating)

마이크로파 가열처리법은 간접 가열법으로서 마이크로파(300MHz에서 300Giga Hz)의 영역에 있는 파장 1mm-1m의 전자기파(electromagnetic wave)를 이용한 가열 처리법이다. 세계적으로 2,450MHz가 허가되어 있다.

식품을 마이크로파의 균일한 전기장에 놓으면, 식품의 구성성분(주로 수분)의 극성은 마이크로파에 따라 주기적으로 변한다. 즉, 마이크로파는 식품 내에 들어가 식품 내의 극성분자(물분자의 쌍극자 힘, 아미노산과 펩티드)들을 번갈아 진동시켜 극성 분자들의 운동에너지를 마찰열로 바꾸어 놓는다. 따라서, 마이크로파의 전기 에너지가 분자의 운동 에너지로 전환되고, 이어서 운동 에너지는 마찰(vibration)에 의한 열에너지로 바뀌는 원리를 이용한 것이 마이크로파 가열방법이다. 마이크로파에 의한 미생물의 치사효과는 식품의 종류, 구성성분의 열전도도(熱傳導度)에 따라 다르다. 또한, 마이크로파 가열처리는 식품에 존재하는 병원성 미생물만을 사멸시키는 것이 아니라, 식품의 구성성분인 영양소의 파괴나 조직감의 변화를 가져오는 단점도 가지고 있다.

마이크로파를 이용한 가열방법의 장점은 재래식 방법에 비해 열이동 속도가 빠르고, 일반적으로 균일한 가열이 가능하다는 점을 강조한다. 그러나, 전자기파 (electromagnetic wave)는 방사형으로 조사되며 발생하는 열은 주파수에 의존한다. 따라서, 주파수가 증가하면 에너지 흡수도 증가하여, 조사되는 물질의 두께가 증가하거나 표면적이 증가하면 불균일한 가열은 피할 수 없다.

마이크로파가 미생물을 사멸시키는 과정이 가열처리에 의한 것인가 아니면 비열처리의 효과도 지니고 있는가에 대한 논쟁은 지난 50여 년간 계속되었으나, 아직도 비열처리의 효과에 대한 결론을 내리지 못하고 있다. 그러나, 마이크로파 가공의 장점은 신속한 가열과 건조효과, 에너지 절약, 좁은 가공장소의 이용효과, 가열처리의 간편함 및 제어의 편리성에 있으므로 여러 가지의 냉동식품의 가공이나 조리에 이용하고 있다.

막분리(membrane separation)에 의한 제균

미생물을 여과(濾過)에 의하여 걸러내는 제균 방법이다. 일반적으로, 곰팡

표 14-8. 미생물의 크기와 여과막의 기공의 크기

여과 방법	역삼투	한외여과		원심분리
용액의 형태	진용액	콜로이드 용액		서스펜존 혹은 에멀전
물질의 크기	이온의 크기	거대분자(단백질)		물질의 입자형태
미생물의 종류		세균	효모	곰팡이
여과기공의 크기(m)	10^{-10}-10^{-9}	10^{-8}-10^{-7}	10^{-6}	10^{-5}-10^{-4}

이, 효모, 세균 및 바이러스의 크기는 〈표 14-8〉과 같다. 막분리는 미생물의 크기에 적절한 여과막(濾過膜)을 이용하여 대상 미생물을 제거하는 방법으로 여과막의 기공의 크기가 작아 높은 압력이 발생하는 문제와 비용이 많이 드는 단점을 가지고 있다.

초음파

초음파(ultrasonic wave)가 액체에 맞닿으면 파상(波狀)을 일으키며, 이러한 압축/팽창의 파동에 의해 공동현상(空洞現像; cavitation)이 일어나고, 이 공동현상은 미생물, 효소 등에 쇼크를 일으킬 수 있다. 미생물이 높은 압력에서는 잘 견디나, 압력의 변화가 순간적으로 변화할 때에는 잘 생육하지 못하는 성질을 이용한 방법이다. 그러나, 미생물 균주에 따라 초음파에 저항성이 차이가 많아서 미래의 살균방법으로서는 단점이 많다.

고전압 펄스(high voltage pulse)

미생물은 고전압(高電壓) 펄스에 의해 사멸된다. 일반적으로 사멸이 시작되는 세포막의 임계 전위차(臨界電位差)는 1Volt이다. 전위차가 1Volt 이상일 때의 미생물의 사멸기구는 잘 알려져 있지 않고 있으나, 세포막의 투과도가 급격히 증가하는 것으로 알려져 있다. 우유 및 오렌지 주스에서, 20kV/cm 이상에서 살균효과가 있으며, 세균보다 효모의 살균효과가 더 큰 것으로 알려져 있다. 그러나, 엔도포자 및 아스코포자의 사멸은 불가능한 단점을 지니고 있다.

전기저항 가열(Ohmic heating)

열은 전류(電流)의 세기와 저항에 비례한다는 사실에 근거한 가열처리 방법이다. 마이크로파보다 열효율이 높은 장점을 가지고 있다. 1930년 전기 저온살균 방법으로 고안되어 주로 반죽이나 빵의 살균 및 감균(減菌)에 사용하였으며, 다른 한편 냉동식품의 해동방법으로도 이용하였다. 원리는 고체-액체 이성분계(二成分系)에 전류를 통하면, 고체와 액체의 전기저항의 차이로 고체의 온도가 액체보다 높게 나타나는 사실을 이용한 것이다. 일종의 고온 순간살균 방법으로서 유체식품(流體食品)의 가열처리에 이상적인 방법이다. 그러나, 열 이동에 의한 가열방법이 아니고, 발생된 열을 전부 이용하여야 하기 때문에 온도의 조절에 어려움이 많다.

전자기파 스펙트럼의 이용

동식물의 세포조직과 기능은 전자기파 스펙트럼(electromagnetic spectrum)의 특정 파장에 의해 손상되거나 저해를 받는다. 미생물의 생육과 증식이 전자기파에 의해 정지되거나 지연되는 사실에 근거한 살균방법으로 자외선 조사와 감마선 조사가 이에 속한다.

① 자외선 살균(ultraviolet ray sterilization, UV sterlization)

자외선은 파장의 길이가 10^{-6}m 이하로서 비교적 낮은 에너지를 지닌 전자기파이다. 미생물에 대한 살균력이 강한 파장은 260nm로서, 이 파장에서 최대의 자외선 흡수를 보인다. 조사량은 조사면적(m^2)에 대한 와트(watt)로 나타내며, 시간당 조사량은 ㎼/㎠로 표시한다.

자외선에 의한 미생물의 생육 정도는 조사(照射)된 미생물의 종류에 따라 다르다. 그람양성 세균은 그람음성 세균에 비해 자외선에 대한 저항성이 크다. 그리고, 세균포자, 효모, 곰팡이의 순으로 자외선에 대한 저항성을 증가한다. 일반적으로 자외선 조사는 음료수의 살균, 과실과 채소류의 표면 살균, 또는 치즈 살균에 이용한다. 자외선 조사는 표면 살균으로 제한된다는 점, 자외선에 의한 식품의 구성성분의 변화(비타민 손실)가 일어난다는 점, 그리고 식품의 관능적 성질(품질)의 변화가 일어나기 쉽다는 점 등의 단점을 가지고 있다. 또한 자외선 조사의 살균효과는 조사대상(照射對象)과의 거리에 따라 차이가 심하다는 단점을 가지고 있다.

② 감마선 조사(γ-ray radiation)

감마선은 파장이 10^{-12}-10^{-9} cm 사이에 들어 있는 에너지가 매우 높은 전자기파이다. 감마선을 얻는 데 코발트-60 방사선 동위원소를 사용하나, 세슘-137(cesium-137)을 사용하는 경우도 있다. 코발트-60과 세슘-137은 각각 1.17MeV, 0.6MeV의 에너지를 방출한다. 감마선은 침투력이 강하여, 20cm 깊이의 물을 통과해도 살균력(殺菌力)의 절반이 남을 정도이다. 이러한 이유로 포장된 냉동식품의 살균용으로 항상 주목을 받아 왔다.

감마선을 식품에 조사하면, 감마선의 높은 에너지는 식품구성성분의 분자의 전자를 떼어 내어 분자를 이온화하며, 떨어져 나간 전자는 다시금 다른 분자를 이온화하는 연쇄반응(자유 라디칼 반응)을 일으키는 원리이다. 감마

표 14-9. 이온화방사선의 조사량과 살균력

조사량 범위(kGy)	조사목적	응용의 실례
0.05-0.15	채소류의 발아를 억제하여 저장성 개선	감자, 양파, 마늘
0.1-0.3	기생충 사멸	고기
0.1-0.5	곤충 소독	곡물, 콩, 쌀, 밀가루, 건과류, 데이트(dates), 커피원두
0.075-1.1	곤충, 식물병의 검역관리용	망고, 두류, 과실
0.5-1.5	완숙기를 늦춤	버섯, 과실
1.5-5.0	세균, 곰팡이, 효모의 감균효과로 저장성 개선	과실, 채소, 전분
0.5-10	냉동식품의 저장성 개선	고기, 가금류, 어류
2.5-10	소화율 개선과 조리시간의 단축	두류 및 건조채소
3.0-13	살모넬라과 같은 식중독균의 살균	냉동육, 사료, 가금류, 달걀, 코코넛, 조미료 등
35-60	식품의 살균	냉동저장하지 않는 고기류

자료: Australia, Parliament, Senate Standing Committee on Environment, Recreation and the Arts, 1988, *Use of Ionizing Radiation,* Australian Government Publishing Service, Canberra, Australia Govt. Pub. Service(N.N.Potter, 1998, *Food Science*, 5th ed., p.253, Aspen, New York에서 재인용).

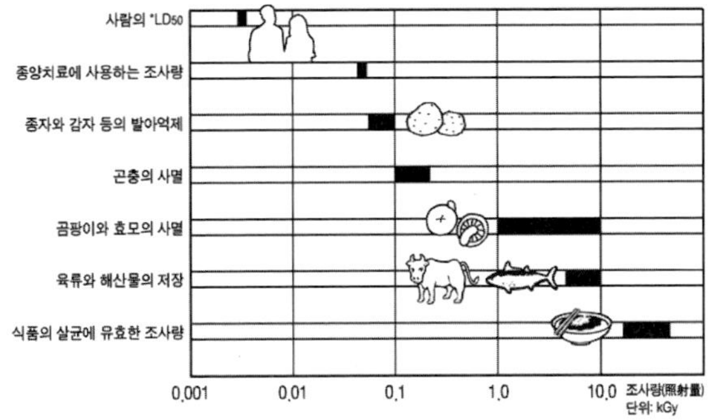

*LD50 : 인체의 전 부위가 이온화방사선에 노출된 경우 치사율이 50%에 달하는 조사선량.

〈자료〉 Goldblith. 1963. *Food Processing Operations*. AVI Publishing Co., Westport, CT. (Potter. N.N.1998. *Food Science* 5th ed., Aspen Publishers, Inc. New York에서 인용).

그림 14-6. 이온화방사선 조사량의 살균효과(100rad=1Gy(Gray))

선의 생물학적 살균효과는 조사된 식품의 종류에 따라 다르다. 또한, 자외선과 마찬가지로, 감마선의 살균효과도 미생물의 종류와 균주에 따라 다르다(표 14-9). 또한, 〈그림 14-6〉에 따르면, 세계보건기구(WHO)의 권장 조사량(10kGy) 미만에서는 실질적인 살균효과를 얻기 어려운 단점이 남아 있다.

감마선의 조사는 지금까지 감자, 양파, 마늘 등의 저장이나, 과실과 곡류의 소독의 목적으로 제한적으로 사용하여 왔다. 그러나, 최근에 냉동육의 유통(독성 대장균 O-157 발생)문제나 단체급식에서 내냉균 세균의 등장, 그리고 국제간에 유통되는 농산물의 화학약제 사용의 대안으로 다시 금 감마선 조사방법을 채택하려는 국가가 점차 늘고 있는 추세이다. 따라서, 이온화방사선의 반응기작과 응용의 문제를 다음 항목에서 더욱 상세히 다루고자 한다.

이온화방사선의 반응기작과 응용

농경시대에선 모든 먹거리의 안전성은 자신들의 몫이지만, 도시산업사회는 생산자와 소비자가 분리되어 있어 먹거리의 유통과정에서의 안전성은 중요한 사회적 이슈가 된다. 더구나, 농산물의 국제무역에서는 국가 간의 이해관계로 국제적 분쟁의 원인이 되기도 한다. 특히, 수입식품에 의한 농약의 유입은 국제간의 끊임없는 논쟁을 일으키고 있다. 특히, 곡물과 열대과실류는 곤충과 해충으로 오염되어 수출의 잠재력을 떨어뜨리기 때문에 반드시 소독을 하고, 숙성을 지연시켜 저장 수명을 늘린다. 지금은 이미 사용이 금지되긴 하였지만, 수확후농약(post-harvest pesticide)으로 알려진 인화수소(phosphine, PH_3), 클로로피크린(chloropicrin, CCl_3NO_2), 포스톡신(phostoxin), 청산(hydrogen cyanide, HCN) 및 메틸렌 브로마이드(methylene bromide) 등에 의존하여 곡물, 채소 및 과일의 저장기간을 연장하였던 것이다. 국제교역의 곡물 등은 장기저장이 유통의 전제조건이 되기 때문이다. 우리나라는 곡물수입국가이다. 사료곡물의 50%를 차지하고 가공용 및 식용이 50%이다. 농산물의 글로벌화의 시대에 들어선 우리 국민들도 식품의 저장기술과 수입곡물의 안전성에 대한 이해가 필요한 시기이다.

국제 간의 식품유통의 근간은 식품의 장기보존에 있다. 특히, 곡물을 위시한 농축수산물의 장기 저장기술은 국제무역의 필수적인 요소이다. 이를 위해 염장, 건조, 훈제 등의 전통적인 저장방법에서부터 식품첨가물, 농약, 냉장, 냉동기술, 질소충전, 진공포장기술 및 이온화방사선조사(ionizing radiation) 등의 현대적 기술이 식품의 저장성을 개선하고 국제 간의 건전한 먹거리의 유통에 기여하고 있다.

이러한 현대적 저장기술 가운데 강한 에너지를 지닌 방사선을 수출입 농축수산물에 응용하고자 하는 노력이 지난 반세기 동안 유엔기구(IAEA, WHO, FAO)를 중심으로 끊임없이 이어져 왔다.

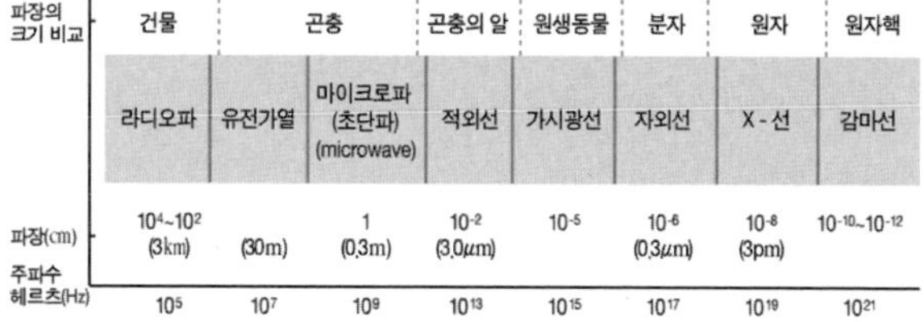

그림 14-7. 전자기파 스펙트럼에서의 이온화방사선

방사선이란 넓은 의미에서 모든 전자기파에서 방출되는 전파, 마이크로파, 적외선, 가시광선, 자외선, X선, 감마선 등을 말한다(그림 14-7). 방사선의 에너지가 다른 물질에 흡수되어 이동하면 그 물질에 열이 발생한다. 자외선에 의해 살갗이 검게 되는 것이나, 마이크로파를 이용하여 전자레인지로 가열하는 원리가 이에 해당한다. 방사선은 열의 이동방식과 작용에 따라 열선(thermic rays)과 화학선(chemical rays)으로 나뉜다. 마이크로파, 적외선(infrared ray), 가시광선 및 일부의 자외선은 전자기파의 에너지가 조사된 물질(수분 등)에 이동하는 열선에 해당하고, X선과 감마선은 물질의 전자를 떼어 내는 소위 전리(電離)작용에 의해 화학적 반응을 유발하면서 에너지가 이동되는 화학선이다. 협의의 의미로는 방사선이란 방사성 원소가 붕괴될 때 나오는 알파선, 베타선 및 감마선을 말한다. 이들 가운데 강한 에너지를 갖는 감마선이 이온화방사선(ionizing radiation)이다. 물론, 상업적으로는 별로 이용되지 않지만, X선과 전자(electrons)을 이용하여 얻는 감마선도 방사선에 포함된다. 그러나, 일반적으로 이온화방사선이란 방사성동위원소가 내는 파장이 짧고 에너지가 큰 감마선(γ-rays)를 말한다. 이온화방사선은 강한 에너지를 가진 물질이기 때문에 어떤 물질의 전자에 이 에너지가 흡수되면 그 물질의 전자는 떨어져 나온다. 식품의 살균에 사용하는 방사선은 엄밀히 말해서 이온화방사선이지만 사람들은 보통 방사선이라고 말한다.

방사능물질(radioactive substance)은 붕괴되면서, 알파입자, 베타입자 혹은 음극선, 감마선(혹은 광자) 및 자유전자(e^-)를 방출한다. 이들 가운데 감마선과 자유전자는 다른 방사선과는 달리 조사된 물질을 이온화시킨다. 즉, 감마선과 자유전자는 식품 내 구성성분의 화학결합을 끊어 이온화시킨다. 따라서, 감마선이나 자유전자를 받아들인 식품구성성분은 이온화되든지 혹은 자유래디칼로 존재하게 된다. 이를 방사선분해(radiolysis)라고 일컫는데 이러한 반응이 미생물, 곤충 및 기생충의 생물조직에 손상을 주어 방사선을 흡수한 생물체가 사멸된다.

이온화방사선조사는 식품을 가열할 필요가 없고, 포장된 채 혹은 냉동상태에서 방사선조사가 가능하며, 특히 화학첨가물을 사용하지 않고 대량의 농축

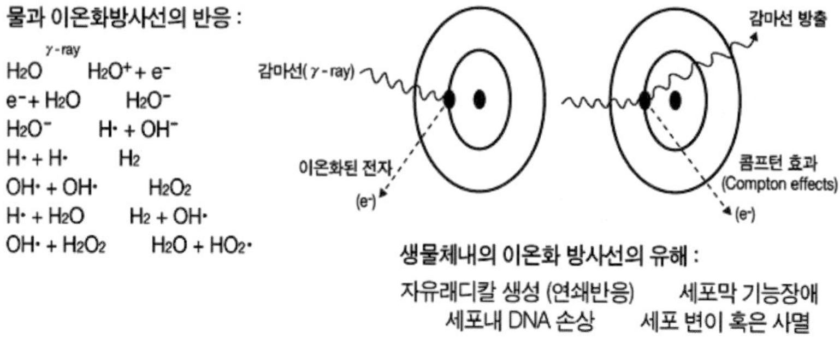

그림 14-8. 이온화방사선의 래디칼 생성기구

수산물의 저장이 가능하다는 이점을 지니고 있다. 그리하여 근래에 향신료를 이온화방사선에 쪼이는 래드아페르타이징(radappertisation)방법이 상용화되고 있다. 또한 유럽에서의 대표적인 식중독균인 살모넬라균은 비교적 낮은 흡수선량에서도 사멸되어 돼지고기의 저장개선(radicidation)에 효과적임이 나타났고, 효모나 곰팡이의 감균처리(radurisation)에도 긍정적인 결과를 보고하고 있다. 이밖에도 과실 및 채소류를 이온화방사선처리로 숙도를 조절하여 수출입 유통과정에서의 품질을 유지할 수 있으며, 곡물의 소독, 발아의 방지에 효과적이다.

이온화방사선이 사람을 해치는 흡수선량은 0.002kGy 이상에서부터 시작한다. 종전에는 래드(rad, radiation absorbed dose) 단위로 표기되었던 흡수선량단위가 그레이(Gy, gray)로 바뀌면서 매우 낮은 수치로 생각되나, 0.004-0.006kGy 정도로 피폭된 경우는 30일 이내에 반수 이상이 사망한다고 알려져 있다. 이온화방사선량에 관련된 최근의 단위와 환산관계는 다음과 같다(표 14-10).

표 14-10. 이온화방사선의 조사선량의 단위와 단위환산

	SI 단위	종래의 단위	단위환산
방사능(radioactivity)	*베크렐(Bq)	큐리Curie(Ci)	1 Bq = 27Ci
조사선량(radiation dose)	쿨롬C/kg)	뢴트겐(Roentgen)	1 C/kg = 3876R
선량당량(dose equivalent)	시버트(Sv)	렘(rem)	1 Sv = 100 rem
흡수선량(absorbed dose)	그레이(Gy)	래드(rad)	1 Gy= 100 rad

*베크렐(Bq: becqerel): 방사능원의 1초 동안의 붕괴에 해당하는 양으로 메가전자볼트(MeV: mega electron volt)로 표기한다.

방사선 처리에 의해 나타나는 중요한 단점은 일반적인 조사선량으로 부패 미생물은 사멸시키나 병원성 미생물은 생존할 수 있다는 사실과 독소를 생성하는 세균은 사멸되나 이미 생성된 독소는 없어지지 않는다는 것이다. 특히, 독소가 이미 생성된 경우는 세계보건기구(WHO)에서 권장하는 방사선 조사선량으로 완전살균이 불가능하다. 또한 병원성 미생물이 방사선에 내성을 띠는 경우가 있다. 이외에 조사선량에 의해 영양소가 손실되고, 방사선조사(irradiation)의 여부를 밝히는 검사방법이 미진하며, 식품에 유도된 방사능(radioactivity)에 대한 소비자의 거부감이 있고 핵 관련 산업체에 대한 전반적인 두려움이 있다. 즉, 소비자가 방사선조사식품의 안전성에 확신할 수 있는 지표가 아직 미진하다.

위와 같은 방사선조사식품의 안전성에 대해 1980년도 유엔합동방사선조사식품전문가위원회(Joint FAO/IAEA/WHO Expert Committee on the Wholesomeness of Irradiated Food, JECFI)가 최고 10kGy까지는 인체에 대한 독성과 영양소의 파괴가 일어나지 않는다고 결론을 내렸다. 그리고, 이 결론을 국제식품규격위원회(Codex Alimentarius Commission)가 받아들여 국가 간 교역되는 농축수산물의 이온화방사선처리의 국제적인 기준으로 삼고 있다. 그러나, 이온화방사선조사식품의 선택은 방사선 조사 표시제를 채택하여 소비자에게 위임하고 있다. 즉, 이온화방사선처리식품의 포장에는 방사선조사도안(그림 14-9)을 표시하도록 권고하고, 특히 도매로 유통되는 식품재료의

그림 14-9. 이온화방사선조사식품에 표시하는 방사선의 조사도안(래듀라, radura)

경우엔 도안과 함께 "본 식품은 방사선처리 되었음. 재차 방사선처리 금함"이라는 문구를 반드시 표기하여 안전을 도모하고 있다.

우리나라는 1960년대 중반 한국원자력원방사선농학연구소(Radiation Research Institute in Agriculture, RRIA)를 설립하여 농작물의 수확 및 저장에 미치는 이온화방사선의 영향을 검토하기 시작하였다. 그리고 1987년 감자, 양파, 생버섯, 건조버섯, 마늘, 밤의 발아억제 살충 살균 숙도조절의 목적으로 가공식품에 방사선 조사를 허용한다. 그 후 이온화방사선조사 허용항목은 건조향신료 6종(고춧가루, 마늘, 파, 양파, 후추 및 생강) 등 건조채소류, 인삼제품류, 분말조미식품류로 확대되었다(표 14-11). 현재, 국내 방사선조사시설은 민간기업〔그린피아기술(주)〕에서 운영하고 있다. 1984년 캐나다 원자력공사와의 기술합작으로 설치된 이 공장에선 방사선 선원인 코발트-60(cobalt-60)을 캐나다에서 수입하고 있으며, 아직은 주로 의료용품과 위생용품의 살균 소독에 사용하고 있으나 점차 식품의 방사선조사로 확대될 것으로 보인다.

이웃나라 일본은 1965년 원자력국에서 쌀, 밀, 양파, 감자, 밀감, 소시지, 수산연제품(어묵제품) 등 7개 품목의 농축수산물을 대상으로 이온화방사선조사의 가능성을 실험한 결과를 토대로 1974년부터 감자의 발아방지를 위한 이온화방사선처리를 행해 오고 있다. 그러나, 당시 감자를 제외한 6종의 품목은 유전적 안전성에 관한 실험이 미진하다고 판명되어 이온화방사선처리식품

표 14-11. 국내 방사선조사 허용 대상 식품과 최대 흡수선량

흡수선량(kGy)	허용 대상 식품
0.15	감자, 양파, 마늘
0.25	밤
1.0	생버섯, 건조버섯
5.0	조미식품 제조원료용 전분
7.0	가공식품 제조원료용 건조식육 및 어패류 분말, 된장분말, 고추장분말, 간장분말, 가공식품 제조원료용 건조채소류, 효모, 효소식품, 알로에 분말, 인삼(홍삼 포함)제품류
10.0	건조향신료 및 이들의 조제품, 2차살균이 필요한 환자식

자료: 한국식품공업협회, 2004, 《식품공전》, p.126, 문영사.

에서 제외시켰다. 따라서, 일본에서 유통되는 이온화방사선조사식품은 연간 1-2만 톤의 일본 북해도 지방의 감자에 한한다. 최근 유럽의회에서 향신료에 대한 방사선조사허가방침에 고무된 일본의 향신료 제조업계에서 1999년 향신료와 조미료의 이온화방사선조사의 필요성을 주장한 적은 있지만 피폭에 대한 두려움이 강한 일본 국민정서로 비추어 보아 감자 이외의 다른 품목을 방사선조사하려는 의도가 없는 것으로 생각된다.

일본식품위생법에 의하면 후생성의 '식품일반의 보존기준'에서 식품의 보존의 목적으로 식품에 방사선을 조사해서는 안 된다고 분명히 밝히고 있다. 다만, '식품일반의 제조, 가공 및 조리기준'에서 식품의 제조공정 또는 가공공정에 있어서 그의 제조공정 혹은 가공공정의 관리를 위해 방사선을 조사하는 경우는 식품의 흡수선량이 0.10Gy 이하로 제한되나, 일본식품위생법의 각조의 항목에서 특별히 정한 경우는 이 제한을 받지 않는다라고 예외로 규정을 두고 있다. 이 예외규정의 각조 가운데 1972년 일본의 후생성고시 제285호 '감자의 가공기준'에 따르면, 발아방지의 목적으로 감자에 방사선을 조사하는 경우, 사용하는 방사선의 선원 및 종류는 코발트 60의 감마선이어야 하며, 감자의 흡수선량은 150Gy를 초과하지 않고, 일단 방사선조사한 감자를 재차 조사하는 것은 금지하고 있다.

국제농축수산물의 유통과 이온화방사선조사, 그리고 안전성

현대인의 가공식품의 태생이 대부분 군용식품이었던 것처럼 이온화방사선조사식품도 원래 군용식품의 보존과 수송을 위해 고안되었다. 즉, 제2차 세계대전에 안전한 군용식품의 보급을 위해 개발된 방사선조사방법은 1953년부터 미국 육군 및 원자력위원회의 연구결과에 따라 1963년 미국 식품의약품관리청이 허가한 베이컨의 방사선조사식품이 효시이다. 그러나, 흡수선량에 따른 안전성의 문제가 제기되면서 1968년 방사선조사식품의 허가를 철회한다. 그 후, 방사선조사식품의 안전성과 온전성은 꾸준히 계속되었고, 마침내 1980년 유엔합동방사선조사식품전문가위원회 (the Joint FAO/IAEA/WHO Expert Committee on the Wholesomeness of

표 14-12. 식품에 대한 이온화방사선조사의 약사

<table>
<tr><td>1960년</td><td colspan="2">국제원자력기구(International Atomic Energy Agency, IAEA), 국제식량농업기구(FAO), 세계보건기구(WHO)가 방사선조사식품의 건전성에 관한 국제회의 개최. 이 회의에서 유엔합동방사선조사식품전문가위원회(Joint FAO/IAEA/ WHO Expert Committee on the Who-lesomeness of Irradiated Food, JECFI)의 설립. 20년 후(1980년), 이 전문가 회의는 인체에 안전한 방사선 흡수선량의 범위를 10kGy 이내로 결론을 맺고 IAEA, FAO, WHO에 보고서를 제출.</td></tr>
<tr><td>1980년</td><td colspan="2">WHO는 안전한 방사선조사선량을 10kGy로 선언.</td></tr>
<tr><td>1984년</td><td colspan="2">방사선조사식품의 시장유통의 목적으로 IAEA, WHO, FAO는 방사선조사식품 관한 국제자문기구(ICGFI)를 설립.</td></tr>
<tr><td>1985년</td><td colspan="2">ICGFI는 방사선조사식품에 관한 판매 및 홍보대책본부 구성. 각국정부, 식품업계, 일반인에게 방사선조사기술의 홍보 및 보급시작.</td></tr>
<tr><td>1986년</td><td colspan="2">미국 식품의약품관리청(FDA)에서 방사선조사식품의 허가 취소.</td></tr>
<tr><td>1987년</td><td colspan="2">유럽의회는 방사선조사식품의 허용 반대. 방사선조사식품의 수입을 금지하는 결의를 채택.</td></tr>
<tr><td>1988년</td><td colspan="2">스위스에서 IAEA, FAO, WHO, 국제무역센터(International Trade Center, ITC)의 유엔무역개발회의(United Nations Conference on Trade and Development, UNCTAD), 관세와 무역에 관한 일반협정(General Agreement on Tariff and Trade, GATT)이 공동으로 '방사선조사식품의 관리와 무역에 관한 국제회의' 개최. 본회의에서 국제 간에 교역되는 모든 농산물에 훈증제, 농약, 보존제 처리 대체방안으로 방사선조사의 사용을 결의.</td></tr>
<tr><td>1988년</td><td colspan="2">유럽 의회에서 방사선조사식품의 허용을 권고.</td></tr>
<tr><td>1989년</td><td colspan="2">유럽 의회는 향신료 이외에는 방사선조사를 허용하지 않는다고 결의. 영국 의료품, 성인용의 무균식 및 사료에 제한적으로 인가된 방사선조사를 일반 농산물에도 허용 결정.</td></tr>
<tr><td rowspan="6">1990년</td><td>일본</td><td>원자력위원회 주최 '제1회 아시아지역 원자력협력 국제회의' 개최.
참가국: 중국, 한국, 필리핀, 말레이시아, 인도네시아, 태국 및 호주
원자력위원회 주최 '제1회 아시아지역 원자력협력 국제회의' 개최.
참가국: 중국, 한국, 필리핀, 말레이시아, 인도네시아, 태국 및 호주</td></tr>
<tr><td>중국</td><td>지난 20년간 방사선조사식품연구 7품목 허가</td></tr>
<tr><td>한국</td><td>민간기업의 상업용조사공장이 1987년 완성</td></tr>
<tr><td>태국</td><td>캐나다와 1989년 합작하였으나, 식품에는 사용하지 않음</td></tr>
<tr><td>말레이시아</td><td>1987년 일본 원자력청과 협정을 체결하여 야자유제조공정 사용</td></tr>
<tr><td>인도네시아</td><td>1990년 상업용 조사시설을 완공.</td></tr>
<tr><td>1991년</td><td colspan="2">유럽회의에서 농축산물에 화학살균제 사용금지.</td></tr>
<tr><td>1992년</td><td colspan="2">유럽의회에서 식품에 관한 기준 및 규격의 논의에서 방사선조사식품 논의.</td></tr>
<tr><td>1996년</td><td colspan="2">O-157 병원성대장균의 살균목적으로 방사선조사 이용 검토.</td></tr>
</table>

Irradiated Food, JECFI)의 권고에 따라 제한된 흡수선량 내에서 방사선조사를 국제적으로 허용하게 된다. 1983년 미국 식품의약품관리청은 향신료의 미생물 감균방법으로 방사선처리를 허가하고, 1985년에는 딸기, 가금류, 다진 쇠고기, 돼지고기에도 방사선조사를 확대하였다. 한편, 유엔합동방사선조사식품전문가위원회의 권고에 따른 방사선조사의 허용은 지난 십수 년 동안 문제가 되어 온 국제 간의 수출입 농산물의 안전성 문제와 맞물려 국제간의 통상마찰을 완화할 수 있는 위생적 처리방법으로 평가되었으며, 그 후 소위 국제식품법(Codex Alimentarius)에 규격기준으로 정해지면서 일단락된 상황이다(표 14-12).

방사선조사를 식품에 응용하고자 했던 초기의 연구자들은 방사선조사를 통하여 가열처리방법에 따른 살균효과를 얻을 수 있다고 믿고, 방사선조사의 목적을 식품의 장기저장수단으로 이용하려 했던 것으로 생각된다. 그러나, 지금까지의 연구결과로 보아 방사선을 이용한 식품의 완전살균은 불가능한 것으로 보인다. 왜냐하면, 완전살균에 해당하는 상업적 살균을 얻기 위한 방사선조사량으로는 식품의 영양성과 상품성이 떨어지기 때문이다. 따라서, 요즈음의 방사선조사연구는 보다 적은 조사선량으로 식품의 변패를 가능한 줄이면서 저장성을 개선하는 방향으로 진행되는 것 같다. 현재로서는 농업 및 식품산업 분야에 응용될 수 있는 방사선처리의 영역은 첫째, 향신료, 채소 및 과일과 같은 식품에 들어 있는 해충의 제어에 사용하는 화학훈증제(fumigant, MB, PH_3 및 HCN 등)의 대체방안으로 사용될 수 있다는 것이고, 둘째는 농작물의 발아나 그 밖의 식품에서 일어나는 변패기구를 방지하는 것이며, 셋째는 인체에 유해한 병원성미생물과 식품의 부패에 관여하는 미생물(생육형)을 파괴하여 병원성 미생물의 농도를 줄이는 정도일 것이다. 특히, 미국이나 유럽에서 향신료의 살균(혹은 감균)처리에 방사선조사를 맨 먼저 허용한 것은 약제살균 외에 적절한 살균방법이 없었던 사정도 있었지만, 향신료는 수분이 거의 없는 건조식품이기 때문에 방사선조사에 의한 변패가 거의 무시되는 점이 크게 작용하였을 것이다.

농축수산물에 대한 이온화방사선조사를 공론화시키고 현재 전 세계의 50여 국가가 이온화방사선조사에 대한 긍정적인 판단을 하게 된 계기는 1988년 스위스 제네바에서 개최된 '방사선조사식품의 관리와 무역에 관한 국제회의'이다. 당시 국제 간에 교역되는 농축수산물에 첨가하는 화학첨가물의 독성보다는 위험이 적다고 생각되고, 처리방법이 간단하며 처리 후 외형상 큰 변화가 보이지 않는 이온화방사선처리가 더욱 안전하다고 합의한 것이다. 다만, 이온화방사선조사의 유무를 판단하는 공인된 실험방법이 미진하여 각국에 이온화방사선처리를 권장하는 선에 머문 것으로 보인다. 문제는 이 권장(recommendation)의 합의문이다. 이 권장이란 문구를 사용하는 합의문은 당시 참석한 국제소비자기구(International Organization on Consumers Unions, IOCU), 환경연락센터(Environment Liaison Center International, ELCI) 및 국제식품노동조합의 합의를 얻지 못했다는 의미도 가지고 있다. 그러나, 권장합의문이 각국에서 나타내는 효과는 대단하였다. 권장 혹은 권고의 의미를 확대해석했기 때문이다. 즉, 이 합의문을 받아들인 각국에서는 식품에 이온화방사선처리를 하는 것이 마땅하다는 의미로 해석하게 된다. 아는 바와 같이 유엔이라는 기관은 각국의 이해관계를 조정하는 기능을 가지고 있다. 따라서 유엔의 어느 기구에서도 해당 기구에서 제시한 지침에 대한 책임을 지지 않는다. 원래 10kGy의 조사를 발표한 세계보건기구(WHO)의 보고서에도 세계보건기구의 공식적인 의견이나 정책이 아님을 밝히고 있다. 즉, 세계의 권위 있는 전문가들의 견해를 제시하는 정도에서 그친다. 권장이나 권고에 대한 각국의 이해에 대한 편견은 이온화방사선조사 권고의 경우 외에도 대단히 많은 사례가 있다. 한때 세계 사료무역에서의 걸림돌이 항생물질의 첨가 문제였다. 의료기관을 국가가 국민의 세금으로 운영하는 나라에서는 지금도 사료에 항생물질을 첨가하는 것을 엄격히 규제하고 있다. 왜냐하면, 항생물질은 가축을 통해 인체에 들어와 내성을 나타내며, 이로 인해 국가적 손실(증가하는 의료비)이 우려되기 때문이었다. 그러나 전 세계의 사료수출 관계자들이 모인 유엔 회의에서는 사료는 인간이 직접 섭취하지 않기 때문에 인체에 유해가 되지 않는 정도의 항생물질은 사료곡물에 첨가 가능하도록 합의할 수 있었다. 또, 부적절한 사료의 유통관리로 더 오염된 미생물에 의한 독성물질의 위해성을 막을 수 있는 현실적인 대안이 적정한 항생물질의 첨가였다. 이러한 권고는 안전성에 대한 최종결정을 과학이 아닌 국제간의 중의를 통해 수렴한 결과이다. 이러한 권고에 접한 우리나라의 경우는 아예 항생물질이 들어 있지 않으면 사료관리법에 위배된 경우가 있었다. 왜냐하면, 권장이나 권고를 강제규정으로 이해했기 때문이다. 기타 비타민 등의 영양 권장량에 대한 논쟁도 마찬가지이다.

1988년도 '방사선조사식품의 관리와 무역에 관한 국제회의'의 합의문에서 농축수산물, 특히 곡물무역의 측면에서 방사선조사를 허용하는 것이 각국의 식량확보에 도움을 주고 또한 수확후의 손실을 줄이기 위해 사용하여 온 훈증제, 농약, 화학첨가물의 대안으로 채택되었다고 해석하는 국가는 별로 없는 듯하다. 대신에 모든 식품에 이온화방사선처리를 할 수 있다는 근거로 이용하고 있는 듯하다. 각 나라마다 1988년의 합의문을 근거로 국제무역에 관련된 농축수산물 외에도 이온화방사선조사 허용식품군을 확대하고 있는 것이 현실이다(그림 14-10). 중국은 지난 20년간 방사선조사식품의 연구결과를 토대로 7품목의 방사선조사식품을 허가하였고, 태국은 1989년 캐나다와 합작하여 조사시설을 건립하였다. 말레이시아는 1987년 일본 원자력청과 협정을 체결하여 야자유 제조공정을 가동하였으며, 인도네시아는 1990년 상업용 방사선 조사시설을 완공하였다.

한편, 1991년 유럽의회에선 농축산물에 대한 화학살균제 사용금지를 발표하고 난 다음, 1992년 식품에 관한 기준 및 규격의 논의에서 방사선조사식품허용을 검토하는 논의에 들어갔다. 한편, 방사선조사의 실용화문제는 1996년도 미국에서 발생한 O-157 병원성대장균의 사회적 문제로 더욱 촉진되었다고 생각한다. 햄버거의 재료인 냉동육에서 출현한 병원성대

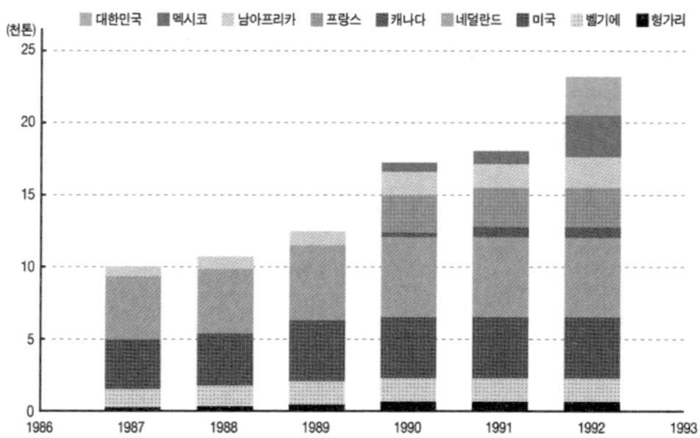

〈자료〉 Gould, G.W. 1995. *New Methods of Food Preservation*. Bkackie Academic & Professional, London

그림 14-10. 연도별 각국의 이온화방사선조사처리량

장균을 제거하는 방법으로 햄버거용 냉동육을 삶지 않는 현실적 대안은 방사선조사라는 결론이었다. 이후, 1999년 미국 FDA는 종전까지 지켜 왔던 방사선 조사도안 표시제도를 폐지하고 방사선조사에 대한 경계를 해제하였다.

그러면 다음으로 이온화방사선처리가 식품의 품질에 미치는 영향과 인체의 건강과의 관계를 알아보자. 앞에서 말한 바와 같이 이온화방사선은 물리적인 발열현상으로 나타나지 않고 식품의 구성성분인 분자나 원자를 화학적으로 변형시키는 강력한 반응물에 해당한다. 따라서 화학선인 이온화방사선은 식품의 조직이나 구성성분과 직접적인 화학반응을 일으켜 종국적으로 식품의 품질을 떨어뜨리고 경우에 따라서 생성된 미지의 독성물질에 의해 인체의 건강에 영향을 줄 수 있다.

첫째, 농축수산물의 저장성의 개선이다. 앞서 말한 바와 같이 이온화방사선은 조사된 분자구조로부터 전자를 떼어놓을 수 있을 정도의 강한 에너지를 지닌 전리(電離)방사선이다. 방사선이 식품에 닿으면 식품을 이루는 분자구조에서 전자가 튀어나와 분자구조가 바뀌며, 이로 인해 생물체가 죽게 되는 것이 이 방사선 처리의 원리이다. 국제간의 농축산물의 교역, 특히 곡물의 안전성의 이유로 이온화방사선처리가 허용된다는 것은 논리에 맞지 않다. 왜냐하면, 곡물은 살아 숨 쉴 때 저장성이 가장 높기 때문이다. 즉, 볍씨는 수년간 저장이 가능하지만, 도정을 하여 쌀이 되면(죽게 되면) 일상의 조건에서 3개월의 저장성도 보장하기 어렵다. 이는 곡물에 국한된 것이 아니며 모든 살아있는 농작물에 해당되는 이치이다. 한때, 외국산 쌀에 대해 큰 우려를 한 적이 있다. 그러나, 식품의 품질적 가치를 논할 때는 벼의 수입이 문제가 된다. 서울시민에게 공급되는 쌀은 생산지(rice processing center, RPC)에서 약 일주일 전에 도정하여 시장에 유통된다. 품질의 보존 때문이다. 곡물이나 채소 혹은 과실을 이온화방사선으로 죽이는 일은 곧 상품의 가치를 떨어뜨리는 일이기 때문에 실용화되기 어렵다. 또한 단순한 기관을 가진 미생물일수록, 그 미생물을 사멸하는 데 더 많은 조사선량이 필요하다. 예를 들면, 바이러스는 방사선에 대해 저항이 커서 일반적으로 사용하는 방사선 조사선량으로는 사멸되지 않지만, 곤충이나 기생충(선모충 등)은 매우 낮은 조사선량으로도 쉽게 사멸된다. 즉, 세균을 사멸시키기 전에 숙주에 해당하는 곡물이나 과일 및 채소류는 먼저 죽게 되는 경우가 많을 것이다. 또한, 방사선을 조사하면 싹이 나오지 않는데 이는 생물체의 생식능력이 파괴된 것을 의미한다. 따라서 방사선피폭으로 약해지거나 죽은 생물체(곡물, 과실, 채소)는 바이러스, 곰팡이에 대하여 저항력이 약화되어 조사 후 부패율은 신선한 채소에 비해 더욱 증가하는 경우가 있다. 특히, 수출입용 사일로에 장기간 보관되는 농산물의 변질은 더욱 염려된다. 이러한 문제 때문에 전통적인 채소 저장방법은 생물체가 살아 있도록 환경을 조성하면서 그 생물체의 호흡속도를 조절하는 이른바 CA저장방법(controlled atmosphere storage method, CA)을 이용하고 있다.

둘째, 방사선을 조사할 때 병원성 미생물만 선택으로 조사할 수 없기 때문에 식품전체가 감마선에 노출되면서 식품의 품질요소에 해당하는 갖가지의 영양소 등이 파괴되는 것을 피할 수 없다. 즉, 식품을 구성하고 있는 무수한 전자들이 떨어져 나와 자체 내 여러 가지 화학적 반응에 참여한다. 그리고, 화학반응을 일으키기 쉬운 불안정한 상태의 이온이나 래디칼이 분해와 재결합을 되풀이하면서 식품 내에 여러 가지 새로운 물질을 생성한다. 특히, 수분 함량이 높은 육류 및 과실류는 수분의 래디칼에 의해 쉽게 변질된다. 또한, 방사선조사에 의한 완전살균은 산화반응에 의한 방사선조사취가 나타나거나 물성의 변화가 일어나 식품의 상품성을 상실하는 경우가 많다. 따라서 이온화방사선으로는 완전살균을 행하지 않는 것이 상례이다. 이것은 이온화방사선이 조사된 식품 내에는 잔류하는 균이 존재한다는 것을 의미한다. 그리고 방사선 조사로 위약해진 수입식품이 현지에 도착하여 2차오염이 일어나면 더욱 큰일이다. 지방질에 대한 방사선의 영향은 지방질의 자동산화와 마찬가지이다. 즉, 방사선에 의해서 과산화물이 생성되고, 생성된 과산화물은 식품의 향미에 큰 영향을 미친다. 냉동된 식품을 방사선 처리를 하는 경우, 방사선의 부정적인 영향은 줄어들지만 지방질의 함량이 높은 식품은 방사선 처리가 적절하지 않은 것으로 알려지고 있다. 방사선조사에 의해 지용성 구성성분과 필수 지방산이 손실될 수 있다.

셋째, 식품포장지에 대한 방사선의 영향이다. 방사선은 포장을 투과할 수 있기 때문에 포장후의 오염에 대한 염려를 덜 수 있다. 그러나, 포장지 자체는 방사선에 의해 변화를 받는다. 즉, 방사선의 조사로 독성물질(저급 분자량의 탄화수소와 할로겐 폴리머)이 생성될 수 있으며, 또한 이렇게 생성된 화합물은 제품에 이동되어 식품을 오염시킬 수 있다. 따라서, 방사선에 의해 안정한 식품의 포장재료, 접착제, 인쇄용 잉크 등을 선택하여야 한다.

넷째, 방사선 조사에 의한 살균은 방사선 가운데 가장 침투력이 강한 감마선에 의존한다. 방사선도 다른 전자기파와 마찬가지로 식품을 투과하면서 흡수되기 때문에, 식품의 바깥 부위는 내부보다 높은 흡수선량을 갖게 되어 균일한 살균효과를 얻기 어렵다. 또, 흡수선량은 다양한 식품의 밀도에 따라 다르게 나타나는데, 예를 들어 밀도가 절반으로 줄어들면 침투의 깊이는 두 배로 늘어난다. 따라서, 식품의 바깥부위는 최대 허용 흡수선량이 문제가 되고, 식품의 내부는 원하는 살균효과를 거두기 위한 최소한의 흡수선량을 확보해야 하는 현실적으로 풀기 어려운 문제가 있다.

다섯째, 방사선에 의한 미생물의 사멸속도도 전통적인 가열처리(heat sterilization)와 마찬가지로 지수적이라고 생각되고 있다. 다시 말하면, 초기오염의 농도에 따라 살균효과가 결정된다는 것이다. 따라서, 완전한 살균효과를 얻기 위해서는 살균대상식품의 초기 오염 정도를 매번 검사하여 조사선량을 결정해야 한다. 그렇지 않고 클로스트리디움 보튤리넘의 지표미생물을 기준으로 12D개념(12D concept)을 적용하면, 흡수선량은 58kGy로 계산된다. 이 정도의 방사선처리이면 식품으로서 가치가 없게 된다.

여섯째, 방사선조사 식품의 판별법의 미진이다. 1980년대 이후 방사선으로 조사된 식품을 식별할 수 있는 조사 방법이 강구되고 있으나, 방사선조사식품은 식품의 품질적 변화가 곧바로 나타나지 않기 때문에 방사선조사의 유무를 판별하는 데 공인된 실험방법이 제시되지 못하고 있다. 수회에 걸쳐 방사선이 조사된 식품의 경우는 더욱 판별하기가 어렵다고 한다.

마지막으로, 앞서 언급한 바와 같이 이온화방사선조사식품은 완전살균식품이 아니다. 따라서, 논리적으로 보아 식중독에 대한 위험은 항상 존재한다. 또한, 통조림식품처럼 주위와 완전히 차단된 포장형태를 갖추고 있지 않기 때문에 이차오염의 가능성도 있다. 완전살균의 개념에서 시작한 식품에 대한 방사선조사의 살균기술은 현실적으로 감균처리나 소독의 대체수단에 머물러 있는 것 같다. 이를 우유의 저온살균의 개념으로 해석하기도 한다. 즉, 완전살균하지 않는 우유의 저온살균법(pasteurization)도 이젠 살균방법의 하나로 이해한다는 것이다. 그러나, 우유의 저온살균은 단기간, 즉, 수일에서 수 주일의 저장기간을 목표로 하고 있다. 그것도 저온살균 후 대부분 냉장유통되는 것이 상례이다. 이에 비해 수출입용 농축수산물은 장기저장을 목적으로 한다. 또, 벌크(bulk)로 유통되기 때문에 유통과정의 이차오염은 상존한다고 보아야 할 것이다. 결론적으로, 우유의 저온살균 개념을 국제농산물유통의 안전성 개념으로 전개하는 것은 큰 무리가 아닐 수 없다. 그리고, 이와 같은 저온살균 개념의 확대보다도 더욱 조심해야 할 것은 국제간의 이해관계에서 양해된 방사선조사방법이 곧바로 국내 식품산업의 신기술로 이해되는 것이다. 모든 전자기파(적외선, 자외선, X선 등)의 살균효과와 마찬가지로 방사선조사효과도 더 많은 연구결과의 바탕에서 논의되어야 할 것이다.

참고문헌

김동훈. 1988.《식품화학》. 탐구당.

정동효. 1993.《식품미생물학》. 선진문화사.

高見伸治 외. 2003.《식품미생물학》. 建帛社, 東京.

里見 宏 외. 2001.《방사선조사와 수입식품》. 北斗出版, 東京.

野中順三九 외. 2003.《食品保藏學》. 恒星社厚生閣, 東京.

Brennan, J.G et al. 1990. *Food Engineering Operations*. Elsevier Science Publishers Ltd., London.

Farkas, J. 2006. *Irradiation for better foods, Trends in Food Science & Technology*. Vol. 17, pp.148-152.

Fennema, O.R. 1975. "Part II Physical Principles of Food Preservation." *Principles of Food Science*. Marcel Dekker, New York.

Gould. G.W. 1995. *New Methods of Food Preservation*. Blackie Academic & Professional. London.

Greenpia Technology. 2005. *Gamma Irradiation Industrial Newsletter*. Greenpia, Seoul.

Kyzlink, V. 1990. *Principles of Food Preservation.* Elsvier Science Publishing Co. Inc., New York.

Ray, Bibek. 1996. *Fundamental Food Microbiology*. CRC Press, LLC, Florida.

Shephard, S. 2001. *Pickled, Potted, and Canned; how the art and science of food preserving changed the world*. Simon & Schuster, New York.

Smith, J.S. and S.Pillai. 2004. "Irradiation and Food Safety." *Food Technol.* Vol.58, No.11, p.48.

Stumbo, C.R. 1973. *Thermobacteriology in Food Processing*. Academic Press, New York.

Troller, J.A. 1978. *Water Activity and Food*. Academic Press, New York.

VanGarde, S.J. and M.Woodburn. 1994. *Food Preservation and Safety: Principles and Practice.* Iowa State University Press, Iowa.

찾아보기

인간과 식량

초 판 발행 2007년10월 1일
개정판 발행 2013년 3월20일
개정판 2쇄 2014년 3월 7일

지은이 성락춘 · 이 철

펴낸곳 고려대학교출판부
www.kupress.com
kupress@korea.ac.kr
136-701 서울특별시 성북구 안암동
02-3290-4230, 4232
Fax 923-6311

찍은곳 내일기획

ISBN 978-89-7641-816-6 93520

값 23,000원